复旦卓越 环境管理系列

DAQI WURAN KONGZHI GONGCHENG

大气污染控制工程

主　编　宋忠贤　焦桂枝

副主编　朱新锋　邓天天　任　平

李洁冰　扶咏梅　张金辉

复旦大學出版社

内容简介

大气污染控制工程是高等学校环境工程专业的重要课程。本书系统阐述了大气污染控制的原理、方法和相关设计计算问题，并以国内较为成熟的常用技术为主，介绍了国内外先进的实用技术，旨在培养学生分析问题和解决问题的能力。本书以控制工业烟气污染物为研究对象，介绍了除尘技术、脱硝技术、脱硫技术、VOCs控制技术等。本书不仅从理论上分析烟气污染物的污染及其控制技术，还列举了大量相关工程案例，力求理论联系实际，反映新工科标准下对本科生的培养要求。

本书还配有电子资源平台，扫下方二维码，即可获得配套拓展材料。

目录

Contents

第一章 概论

学习目标

1. 掌握大气污染、大气污染物概念。

2. 熟悉大气污染物种类及来源、环境空气质量控制标准体系和空气质量评价指标。

3. 了解大气污染的影响和大气污染的控制措施。

大气是人类赖以生存的一种自然资源，保护大气资源，保护大气环境，解决和控制全球气候变暖、臭氧层损耗、大范围的酸雨以及城市和地区的严重大气污染，是目前亟待解决的问题。本章讲述了大气污染的基本概念、国内外大气污染概况、控制大气污染的综合防治措施、大气环境质量控制标准等相关内容，使大家对大气污染及控制情况有一个全面的了解，为控制大气污染提供必要的基本知识。

第一节 大气与大气污染

一、大气及其组成

（一）大气

大气是自然环境的重要组成部分，是人类赖以生存的必不可少的物质。按照国际标准化组织(International Standardization Organization，ISO)对大气的定义，大气(atmosphere)是指环绕地球的全部空气的总和(the entire mass of air which surrounds the earth)，大气污染控制工程的研究内容和范围则侧重于和人类关系最密切的近地层大气。

（二）大气的组成成分

大气是多种成分的混合物，其中氮、氧、氩及微量氖、氦、氪、氙、氡等稀有气体的含量在地球表面几乎是不变的，为恒定组分，氮、氧两种气体所占的比例达到99.03%。大气中的二氧化碳和水蒸气的含量由于受到地区、季节、气象以及人们生活、生产活动的影响而发生变化，为可变组分。通常，二氧化碳的含量在0.02%～0.04%，水蒸气的含量在0.02%～6%。此外，火山爆发、森林火灾等自然现象和人为因素将造成大气某种成分（不定组分）的增加。

由恒定组分及可变组分所组成的大气，叫作洁净大气。不含水蒸气的洁净大气称为干洁空气，其组成如表1-1和表1-2所示。

表1-1 干洁空气的平均成分

气体名称	相对分子质量	体积百分比/%	质量百分比/%
氮	28.016	78.08	75.55
氧	32.000	20.95	23.13
氩	39.144	0.93	1.27
二氧化碳	39.941	0.04	0.05
合计		100	100

表1-2 干洁空气中微量气体的平均成分

气体名称	相对分子质量	体积浓度/(mL/m^3)	质量浓度/(mg/kg)
氖	20.183	18	12.9
氦	4.003	5.2	0.74
甲烷	16.040	2.2	1.3
氪	83.800	1	3.0
一氧化二氮	44.010	1	1.6
氢	2.106	0.5	0.03
氙	131.300	0.08	0.37
臭氧	48.000	0.01	0.02
氡	222.000	0.6×10^{-12}	
合计		27.99	19.96

干洁空气的平均相对分子质量为28.996，在标准状态下(273.15 K, 1 atm)的密度为1.293 kg/m^3，可近似看作理想气体。大气具有全球流动的特点，加上动植物代谢等的气体循环，大气的基本组成成分是稳定和均匀的。

二、大气污染及其类型

（一）大气污染

大气污染是指由于人类活动而排放到空气中的有害气体和颗粒物质，累积到超过大气自净化过程（稀释、转化、洗净、沉降等作用）所能降低的程度，在一定的持续时间内有害于生物及非生物的现象。按照国际标准化组织的定义，大气污染是指人类活动和自然过程引起某种物质进入大气中，呈现出足够的浓度，达到足够的时间，并因此危害了人体的舒适、健康和福利或危害了环境的现象。

大气污染的来源主要有两方面：一方面是自然现象引起的，此类污染一般依靠大气自净作用，最终可形成平衡；另一方面是由人类的生产、生活活动引起的，此类污染的特点是集中、持续、排放量大，常超过了环境自净作用的限度，有时甚至是不可逆转的。

大气污染影响着我们各方面的现代生活，它来自生产、运输过程以及为人们的生产、生活等提供能量的能源使用过程。其中，各类燃烧产能过程是造成大气污染最主要的原因。

大气具有良好的流动性和相当大的稀释容量，与受到边界条件约束的水体和固体污染相比，其污染特性也就表现出局地的严重性、区域性和全球性的特点。局地的严重性是指早期大气污染严重的区域往往出现在污染源附近，污染的急性效应往往随扩散距离而迅速衰减，同时局地的污染状况与地形、地理位置、气象条件等密切相关。

大气污染的区域性和全球性体现在大气无国界，那些在大气中具有较长停留时间的污染物或在大气中二次反应生成的污染物可扩散传播到数千千米尺度的范围甚至全球各地，在迁移转化过程中会产生影响全球气候、生态系统等的慢性效应，包括全球气候模式变化、臭氧层破坏和酸雨三大问题。

（二）大气污染分类

大气污染按影响范围分为局域性污染、地区性污染、广域性污染和全球性污染；按污染物特征分为煤烟型污染、石油型污染、混合型污染和特殊型污染；按放射性特性分为放射性污染和物理化学污染。历史上曾经发生过多起典型的大气污染事件，如洛杉矶光化学烟雾事件。

知识链接 1-1

洛杉矶光化学烟雾事件

第二节　大气污染物及大气污染源

一、大气污染物

大气污染物是指人类的活动或是自然过程直接排入大气或在大气中重新转化生成的对人或环境产生有害影响的物质。

人们从环境大气中已识别出的人为大气污染物已超过 2 800 种，其中 90%以上为有机化合物（包括金属有机物），而不到 10%为无机污染物。燃料燃烧污染源，尤其是机动车，能排放出大约 500 种组分的污染物。然而，目前人们仅对很少的已知大气污染物种类进行了测定，并且也只获得大约 200 种污染物的健康和生态效应数据。

影响健康的主要大气污染物包括悬浮颗粒物（烟雾、灰尘、PM_{10}、$PM_{2.5}$、$PM_{1.0}$）、二氧化硫（以及进一步氧化产物三氧化硫、硫酸盐）、氮氧化物、一氧化碳、挥发性有机化合物（碳氢化合物和氧化物）、臭氧、铅和其他有毒金属。我国很多地区频发的雾霾现象就是由区域大气中积聚或二次生成的细微颗粒物造成的。

污染物按存在的形态可分为两大类，即颗粒污染物和气态污染物。

（一）颗粒污染物

颗粒污染物是指分散在气体相中的固态或液态微粒，其与载气构成非均相体系。按来源和物理性质可将其分为以下 7 种。

(1) 粉尘(dust)指固体颗粒，能重力沉降，但可以在某段时间内保持悬浮，由物理破碎、风化等形成。粒子范围在 1～200 μm。

(2) 烟(fume)指冶金过程形成的固体离子气溶胶，为熔融物质挥发后的冷凝物，往往为氧化产物。烟的粒子尺寸很小，一般为 0.01～1 μm。

(3) 飞灰(fly ash)指随燃烧过程产生的随烟气飞出的分散得较细的灰分。

(4) 黑烟(smoke)一般指由燃料燃烧过程产生的可见气溶胶，我国将冶金和化学过程中形成的固体粒子气溶胶称为烟尘，燃烧过程中的飞灰和黑烟也称为烟尘，而其他情况或泛指小固体粒子时则统称粉尘。

(5) 雾(fog)是气体中液体悬浮物的总称。

(6) 烟雾(smog)是固液混合态气溶胶。当烟和雾同时形成时就构成了烟雾。Smog 一词本身就是由 smoke 和 fog 两个词复合而成的。

(7) 霾(haze)，或称阴霾、灰霾，是指原因不明的大量烟、尘等微粒悬浮而形成的浑浊现象。霾天气是指大气中悬浮的大量微小尘粒使空气混浊、能见度降低到 10 km 以下的天气现象，易出现在逆温、静风、相对湿度较大等气象条件下。霾的核心物质是空气中悬浮的灰尘颗粒，它可在一天中任何时候出现。从 2010 年开始，随着“霾”天气现象出现频率越来越高，空气质量逐渐恶化。霾中含有数百种大气化学颗粒物质，它们在人们毫无防范的时候侵入人体呼吸道和肺叶，从而引起呼吸系统疾病、心血管系统疾病、血液系统疾病、生殖系统疾病等，如咽喉炎、肺气肿、哮喘、鼻炎、支气管炎等炎症，长期处于这种环境还会诱发肺癌、心肌缺血及损伤。霾的出现也常常引发交通事故。

在大气质量管理和控制中，通常还根据大气中粉尘（或烟尘）颗粒的大小将其分为总悬浮颗粒（total suspended particulate，TSP）、降尘、飘尘和微细颗粒物。总悬浮颗粒是指大气中空气动力学直径小于 100 μm 的所有颗粒物。降尘是大气中空气动力学直径大于 10 μm 的固体颗粒。飘尘又称为可吸入尘、PM_{10}，是指空气中空气动力学直径小于 10 μm 的固体颗粒。微细颗粒物即 $PM_{2.5}$，是指空气中空气动力学直径小于 2.5 μm 的固体颗粒。就颗粒物的危害而言，小颗粒较大颗粒的危害要大得多。

（二）气态污染物

气态污染物是指在大气中以分子状态存在的污染物，与载气构成均相体系。气态污染物的种类很多，常见的有以二氧化硫为主的含硫化合物、以一氧化氮和二氧化氮为主的含氮化合物、碳氧化物、有机化合物及卤素化合物等（见表 1-3）。

污染物按形成过程又可分为一次污染物和二次污染物。

一次污染物是指由污染源直接排入环境大气且在大气中物理和化学性质均未发生变化的污染物，又称为原发性污染物，如 SO_2、CO、NO 和 VOCs（挥发性有机物）等。

二次污染物是指由一次污染物与大气中已有成分或几种污染物之间经过一系列的化学或光化学反应而生成的与一次污染物性质不同的新污染物，又称为继发性污染物。

在大气污染中，受到普遍重视的二次污染物主要有硫酸烟雾和光化学烟雾等。

硫酸烟雾是由大气中的二氧化硫等硫化物在有水雾、含有重金属的飘尘或氮氧化物存在时，发生一系列化学或光化学反应而生成的硫酸雾或硫酸盐气溶胶。光化学烟雾是由大气中氮氧化物、碳氢化合物与氧化剂在阳光照射下发生一系列光化学反应所生成的蓝色烟雾（有时带紫色或黄褐色），其主要成分有臭氧、过氧乙酰基硝酸酯（PAN）、酮类及醛类以及各类污染物在大气中转化形成的二次颗粒物等。通常，二次污染物对环境和人体的危害比一次污染物严重得多。

2012 年，颗粒污染物中的 PM_{10} 或 $PM_{2.5}$、硫氧化物中的 SO_2、氮氧化物中的 NO_2 及 CO、铅和臭氧等被划分为标准污染物，世界各国都对其制定了相应的大气质量标准。世界卫生组织（World Health Organization，WHO）2006 年提出 $PM_{2.5}$、PM_{10}、SO_2、NO_2、Pb、CO 和 O_3 的全球大气质量指导值。我国 2012 年修订的空气质量标准共提出了 10 种物质的空气质量标准，增加了 $PM_{2.5}$ 指标。

表 1-3　气态污染物的总分类

污染物	一次污染物	二次污染物
含硫化合物	SO_2、H_2S	SO_3、H_2SO_4、MSO_4
含氮化合物	NO、NH_3	NO_2、HNO_3、MNO_3
碳氧化物	CO、CO_2	无
有机化合物	C1～C10 化合物	醛、酮、过氧乙酰硝酸酯、O_3
卤素化合物	HF、HCl	无

注：MSO_4、MNO_3 分别为硫酸盐和硝酸盐。

二、大气污染源及其分类

（一）大气污染源

大气污染源是指向大气中排放各种污染物的生活或生产过程、设备、场所等。

（二）大气污染源分类

大气污染源可分为天然污染源和人为污染源两类。天然污染源是指因自然原因向环境释放污染物的污染源，如火山爆发、森林火灾、飓风、海啸、土壤和岩石的风化及生物腐烂等。人为污染源是指人类活动形成的污染源。

尽管大气污染源有人为和天然之分，但大气污染绝大多数是人为造成的。如表 1-4 所示为主要大气污染物和人为来源的简要情况。

表 1-4　主要大气污染物和人为来源

污染物	人为来源
二氧化硫	以煤和石油为燃料的火力发电厂、工业锅炉、垃圾焚烧炉、生活取暖、柴油发动机、金属冶炼厂、造纸厂等
颗粒物（灰尘，如雾、PM_{10}、$PM_{2.5}$）	以煤和石油为燃料的火力发电厂、工业锅炉、垃圾焚烧炉、生活取暖、餐饮、烹调、各类工厂、柴油发动机、建筑、采矿、水泥厂、裸露地面等
氮氧化物	以煤和石油为燃料的火力发电厂、工业锅炉、垃圾焚烧炉、机动车、氮肥厂等
一氧化碳	机动车、燃料燃烧
挥发性有机物（VOCs，如苯）	机动车、加油站泄漏气体、油漆涂装、石油化工、干洗等
有毒微量有机物（如多氯联苯）	垃圾焚烧炉、焦炭生产、燃煤、机动车
有毒金属（如铅、镉）	机动车尾气（含铅汽油）、金属加工、垃圾焚烧炉、石油和煤燃烧、电池厂、水泥厂、化肥厂
有毒化学品（如氯气、氨气、氟化物）	化工厂、金属加工、化肥厂

（续表）

污染物	人为来源
温室气体（如二氧化碳、甲烷）	二氧化碳：燃料燃烧，尤其是燃煤发电厂 甲烷：采煤、气体泄漏、垃圾填埋场
臭氧	挥发性有机物和氮氧化物形成的二次污染物
电离辐射（放射性核物质）	核反应堆、核废料储藏库
气味	污水处理厂、污水泵站、垃圾填埋场、化工厂、石油精炼厂、食品加工厂、油漆制造、制砖、塑料生产

从表1-4可知，人为的大气污染源种类繁多。根据对主要大气污染物的分类统计，大气污染源可大致划分为燃料燃烧、工业生产和交通运输3类，通常前两类统称为固定源，交通运输类称为移动源。另外，还有一类目前得到普遍关注的大气污染源为散发源（主要为扬尘污染）。

其他分类方法有以下几种：按源的形态分为固定源（工厂烟囱）和移动源（飞机、轮船、火车等）；按源的几何形状分为点源（烟囱）、线源（公路、一排烟囱）和面源（居民区、车间无组织排放）；按源离地面的高度分为高架源（排气筒有一定高度）和地面源（直接从地面排放）；按源的排放时间分为连续源（连续排放）和间断源（间歇排放）等。

不同行业排放的污染物有明显的行业特点，如化工行业污染源排放的污染物成分和状态都比较复杂，要根据具体问题进行分析和鉴定。

知识链接1-2

化工企业产生有机废气的排放

第三节　大气污染现状及空气质量评价指标

一、大气污染现状

大气污染的主要来源是能源和交通。发达国家由于主要采用了洁净的天然气和较为洁净的其他燃料，固定源的污染所占的份额相对较低，交通所造成的污染比重较大。我国由于燃料结构的原因，在现阶段，大气污染的主要问题仍然还是集中在燃煤过程的能量生产上，但从2010年起，随着机动车保有量的剧增，柴油车和汽油车等交通污染问题也越来越突出。各类生产生活过程的有毒有害污染物问题也越来越受到关注。有关世界能源的情况可参见英国石油公司每年出版的世界能源报告等资料。

（一）国外大气污染概况

发达国家在其工业化的进程中都不同程度地产生了大气污染。20世纪50年代前，由于主要还是采用煤为能源，所以大气污染主要是以烟尘和 SO_2 为主的煤烟型污染。其后，随着石油在能源中比重的剧增和机动车的发展，大气污染发展成为石油型污染。由于严重的环境污染、经济发展到了一定的水平以及环境对经济发展的制约作用等因素的综合作用，各国政府开始重视大气污染的控制工作。自20世纪70年代以来，通过大量人力、物力和财力的投入，加上立法等管理手段和污染控制技术进步两方面的作用，污染控制工作取得了显著的成效，环境质量得到明显的改善。在工业、经济增长的情况下，各发达国家大气污染物的浓度却不断下降。

第二次世界大战后的欧洲经济恢复期间，大量的污染物排放到大气中，形成了严重的污染。如德国的法兰克福在1965年左右 SO_2 年均浓度高达0.15 mg/m^3（标准状态），自20世纪70年代采取产业结构调整、燃料替代、烟气脱硫、绿化等措施后，SO_2 的浓度逐渐下降，20世纪80年代降到0.075 mg/m^3（标准状态），20世纪90年代降到0.03 mg/m^3（标准状态），2013年起维持在0.01～0.0 mg/m^3（标准状态）。由于燃油和交通等因素，法兰克福大气中的 NO_x 年均浓度较1965年前后有所上升。

在美国，由于出现了洛杉矶光化学烟雾事件，部分城市如匹兹堡和圣路易斯的大气质量也很糟糕，所以联邦政府于1956年就推出了首部空气污染控制法，但城市大气污染的概念在1968年前对大多数的美国人来说还相当陌生。到了1969年，美国人的环境意识开始迅速提高，1970年颁布的《洁净空气法》有力地推动了全美范围的空气污染控制活动。从20世纪70年代初开始，美国制定了一系列的法律控制大气污染，各州还根据自身的情况制定了地方性法规，如加州的机动车污染控制措施是全球最严格的，这些都对大气质量的改善做出了贡献。1990年的《洁净空气法》修正案在考虑局地大气污染问题的基础上，开始增加有关酸雨、臭氧耗竭等区域性、全球性问题的内容。就污染源排放控制而言，2012年与1970年相比，美国在人口增长53%、GDP增长2.19倍及公路行驶总里程增加1.69倍的情况下，6种主要污染物的排放量却下降了72%。大多数美国城市的空气质量比较好，但一些地区由于地形和气象因素，空气质量仍不能满足美国的环境空气质量要求。

第二次世界大战后，日本在工业和经济被全面摧毁的情况下，采取了各种措施以保证经济快速增长，但是没有考虑环境后果。在20世纪60年代和70年代初发生了一系列水污染和大气污染灾难之后，日本政府终于在20世纪70年代中期承认需要治理污染。当时东京的大气污染问题严重到会出现学生们在操场上晕倒的现象，很多人行道不得不安装投币式吸氧机。很快，污染被视为“社会犯罪”。通过采取严格执行改燃煤为燃低硫油的能源替代政策、工业装置上广泛安装污染控制设备、建成高效电气化铁路和地铁网、减少汽油中的铅含量并于 1975 年开始使用无铅汽油等政策措施，东京的大气质量得到明显改善。在这个有 2 000 万人的城市里，大气中二氧化硫、悬浮颗粒物和铅含量明显下降。现在主要的大气质量问题是由于机动车辆，特别是柴油卡车的大量增加造成的高浓度二氧化氮和臭氧问题。

总体来说，发达国家在过去的 30 年中，已经较有效地控制了煤烟型的污染，并在一定程度上控制了石油型污染的发展，加上其他措施，其大气质量已得到了很大的提高。但随着煤炭在一次能源中比例的回升，烟尘和二氧化硫的控制问题又重新引起各国的注意。酸沉积已成为地区性的污染问题，而伴随机动车产生的 NO_x、碳氢化合物（HC）和光化学臭氧的污染仍然困扰着一些发达国家的城市。

（二）国内大气污染概况

经历了 30 多年的快速经济增长，我国已成为全球最大的产品制造基地，同时也付出了巨大的环境代价，2012 年以来，我国中东部广大地区饱受雾霾之扰，控制大气污染已成为全体中国人民共同关注的焦点。国家出台了一系列控制大气污染的政策与措施，如《打赢蓝天保卫战三年行动计划》等，取得了显著成果。生态环境部网站每年的环境状况公报对大气状况予以公告，同时网上实时显示主要城市的空气质量情况。

2018 年，生态环境部在原有 74 个重点城市空气质量排名基础上，将排名城市范围扩大至 168 个地级及以上城市，包括京津冀及周边地区、长三角地区、汾渭平原、成渝地区、长江中游、珠三角等重点区域以及省会城市和计划单列市。从 2018 年 7 月起，每月发布空气质量相对较好的 20 个城市和空气质量相对较差的 20 个城市名单，每半年发布空气质量改善幅度相对较好和相对较差的 20 个城市名单。

2020 年度大气环境总体状况：全国 337 个地级及以上城市中，202 个城市环境空气质量达标（参与评价的 6 项污染物浓度均达标），占全部城市数的 59.9％，比 2019 年上升 13.3 个百分点；135 个城市环境空气质量超标，占 40.1％，比 2019 年下降 13.3 个百分点。若不扣除沙尘影响，337 个城市环境空气质量达标城市比例为 56.7％，超标城市比例为 43.3％。337 个城市平均优良天数比例为 87.0％，比 2019 年上升 5.0 个百分点。其中，17 个城市优良天数比例为 100％，243 个城市优良天数比例在 80％～100％，74 个城市优良天数比例在 50％～80％，3 个城市优良天数比例低于 50％。平均超标天数比例为 13.0％，以 $PM_{2.5}$、O_3、PM_{10}、NO_2 和 SO_2 为首要污染物的超标天数分别占总超标天数的 51.0％、37.1％、11.7％、0.5％和不足 0.1％，未出现以 CO 为首要污染物的超标天数。337 个城市累计发生严重污染 345 天，比 2019 年减少 107 天；重度污染 1 152 天，比 2019 年减少 514 天。以 $PM_{2.5}$、PM_{10} 和 O_3 为首要污染物的超标天数分别占重度及以上污染天数的 77.7％、22.0％和 1.5％，未出现以 SO_2、NO_2 和 CO 为首要污染物的重度及以上污染。

2020年，6项污染物$PM_{2.5}$、PM_{10}、O_3、SO_2、NO_2和CO浓度分别为33 μg/m³、56 μg/m³、138 μg/m³、10 μg/m³、24 μg/m³和1.3 mg/m³。与2019年相比，6项污染物浓度均下降。若不扣除沙尘影响，$PM_{2.5}$和PM_{10}平均浓度分别为33 μg/m³和59 μg/m³，分别比2019年下降10.8%和11.9%。$PM_{2.5}$未达标地级及以上城市平均浓度为37 μg/m³，比2019年下降7.5%，比2015年下降28.8%。$PM_{2.5}$、O_3、PM_{10}、NO_2、SO_2和CO超标天数比例分别为6.8%、4.9%、2.6%、0.4%、不足0.1%和不足0.1%。与2019年相比，SO_2和CO超标天数比例持平，其他4项污染物超标天数比例下降。

二、空气质量评价指标

（一）空气污染指数

空气污染指数（Air Pollution Index，API）就是将常规监测的几种空气污染物浓度简化为单一的概念性指数值形式，并分级表征空气污染程度和空气质量状况，适合用于表示城市的短期空气质量状况和变化趋势。空气污染的污染物包括烟尘、总悬浮颗粒物、可吸入悬浮颗粒物（飘尘）、二氧化氮、二氧化硫、一氧化碳、臭氧、VOCs等。

中国计入空气污染指数的项目暂定为二氧化硫、氮氧化物和总悬浮颗粒物。当i种污染物浓度满足$\rho_{i,j} \leqslant \rho_i \leqslant \rho_{i,j+1}$时，其污染分指数如下：

$$I_i = \frac{(\rho_i - \rho_{i,j})(I_{i,j+1} - I_{i,j})}{\rho_{i,j+1} - \rho_{i,j}} + I_{i,j} \tag{1-1}$$

其中：I_i为第i种污染物的污染分指数；ρ_i为第i种污染物的浓度值；$I_{i,j}$为第i种污染物j转折点的污染分指数值；$I_{i,j+1}$为第i种污染物$j+1$转折点的污染分指数值；$\rho_{i,j}$为第j转折点上i种污染物（对应于$I_{i,j}$）的浓度值；$\rho_{i,j+1}$为第$j+1$转折点上i种污染物（对应于$I_{i,j+1}$）的浓度值；各种污染参数的污染分指数都计算出以后，取最大者为该区域或城市的空气污染指数API。

$$API = \max(I_1, I_2, \cdots, I_i, \cdots, I_n) \tag{1-2}$$

（二）空气质量指数

空气质量指数（Air Quality Index，AQI）是定量描述空气质量状况的无量纲指数。针对单项污染物还规定了空气质量分指数。纳入空气质量评价的主要污染物为细颗粒物、可吸入颗粒物、二氧化硫、二氧化氮、臭氧、一氧化碳6项。

空气质量指数的计算与评价过程包括3个步骤。

第一步是对照各项污染物的分级浓度限值①。以细颗粒物（$PM_{2.5}$）、可吸入颗粒物

① *AQI*的浓度限值参照GB 3095—2012，*API*的浓度限值参照GB 3095—1996。

(PM_{10})、二氧化硫(SO_2)、二氧化氮(NO_2)、臭氧(O_3)、一氧化碳(CO)等各项污染物的实测浓度值(其中 $PM_{2.5}$、PM_{10} 为 24 h 平均浓度)分别计算得出空气质量分指数(Individual Air Quality Index, IAQI)：

$$IAQI_P = \frac{IAQI_{Hi} - IAQL_{L0}}{BP_{Hi} - BP_{L0}}(\rho_P - BP_{L0}) + IAQI_{L0} \tag{1-3}$$

其中：$IAQI_P$ 为污染物项目 P 的空气质量分指数；ρ_P 为污染物项目 P 的质量浓度值；BP_{Hi} 为相应地区的空气质量分指数及对应的污染物项目浓度指数表中与 ρ_P 相近的污染物浓度限值的高位值；BP_{L0} 为相应地区的空气质量分指数及对应的污染物项目浓度指数表中与 ρ_P 相近的污染物浓度限值的低位值；$IAQI_{Hi}$ 为相应地区的空气质量分指数及对应的污染物项目浓度指数表中与 BP_{Hi} 对应的空气质量分指数；$IAQI_{L0}$ 为相应地区的空气质量分指数及对应的污染物项目浓度指数表中与 BP_{L0} 对应的空气质量分指数。

第二步是从各项污染物的 $IAQI$ 中选择最大值确定为 AQI，当 $AQI > 50$ 时将 $IAQI$ 最大的污染物确定为首要污染物：

$$AQI = \max[IAQI_1, IAQI_2, IAQI_3, \cdots, IAQI_n] \tag{1-4}$$

其中：$IAQI$ 为空气质量分指数；n 为污染物项目。

第三步是对照 AQI 分级标准，确定空气质量级别、类别及表示颜色、健康影响与建议采取的措施。

简言之，AQI 就是各项污染物的空气质量分指数($IAQI$)中的最大值。当 $AQI > 50$ 时，对应的污染物即首要污染物；$IAQI > 100$ 的污染物为超标污染物。

(三) 评价指标的变更

AQI 与原来发布的空气污染指数(API)有着较大的区别。

在中国，API 是根据 1996 年颁布的空气质量“旧标准”《环境空气质量标准》(GB 3095—1996)制定的空气质量评价指数，评价指标有二氧化硫、二氧化氮、可吸入颗粒物(PM_{10})3 项污染物。从 2011 年年末开始，多个城市出现严重雾霾天气，市民的实际感受与 API 显示出的良好形势反差强烈，改进空气评价标准的呼声日趋强烈，也是从那时起，原本生涩的专业术语 $PM_{2.5}$ 逐渐成为“热词”。

AQI 分级计算参考的标准是新的《环境空气质量标准》(GB 3095—2012)，纳入评价的污染物为 SO_2、NO_2、PM_{10}、$PM_{2.5}$、O_3、CO，共 6 项，而 API 分级计算参考的标准是老的《环境空气质量标准》(GB 3095—1996)，评价的污染物仅包括 SO_2、NO_2 和 PM_{10}，而且 AQI 采用分级限制标准更严。因此，AQI 较 API 监测的污染物指标更多，其评价结果更加客观。

灰霾的形成主要与 $PM_{2.5}$ 有关。此外，反映机动车尾气造成的光化学污染的臭氧指标也没有纳入 API 的评价体系。

为此，空气质量新标准《环境空气质量标准》(GB 3095—2012)在 2012 年年初出台，对应的空气质量评价体系也变成了 AQI。“污染指数”变成了“质量指数”，在 API 的基础上增加了细颗粒物($PM_{2.5}$)、臭氧(O_3)、一氧化碳(CO)这 3 种污染物指标，发布频次也从每天一次变成每小时一次。

第四节 大气污染的影响及控制大气污染的技术措施

一、大气污染的影响

大气污染影响范围广，情况复杂。大气污染的主要危害包括：污染的大气直接产生危害；大气中的污染物通过干沉降、湿沉降或水面和地面吸收，进而污染土壤和水体，产生间接危害；大气中的污染物还会影响地表能量的得失，改变能量平衡关系，影响气候，也能产生间接危害。

(一) 对人体健康的危害

人需要呼吸空气以维持生命。一个成年人每一天呼吸大约 2 万多次，吸入空气 15～20 m^3。因此，被污染了的空气对人体健康有直接的影响。空气污染物对人体的主要影响包括：中毒、致癌、致畸、刺激眼睛及呼吸道；增加了人体对病毒感染的敏感性而易于患上肺炎、支气管炎，同时会加重心血管疾病等。许多情况下，空气污染物还具有协同效应，如二氧化硫的危害会因颗粒物的存在而成倍增加。城市地区的呼吸道疾病很大程度上是空气污染的结果。

下面介绍一些主要空气污染物的危害。

(1) 颗粒物。空气中的颗粒物是由有机物和无机物构成的复杂混合物，包括天然海盐、土壤颗粒以及燃烧生成的烟尘，空气中二次转化生成的硫酸盐、硝酸盐等。人们越来越认识到，是细颗粒物 $PM_{2.5}$ 而不是总悬浮颗粒物(TSP)导致了城区人口患病率和死亡率的增加。$PM_{2.5}$ 的浓度即使相对较低也能引起肺功能的改变，导致心血管和呼吸系统疾病(哮喘)增加。原因在于细颗粒物空气动力学直径较小，可以一直进入人体的下呼吸道和肺泡，并直接与血液接触。令人十分不安的是，细颗粒物可能没有一个安全浓度阈值。到达肺泡的细颗粒物一般不可能被无害地排出，更多的情况是被吸收进入血液对人体形成危害；或者如果细颗粒物不溶解，吸入的数量又很大，这些颗粒物可能存留于肺中，引起肺病(如肺气肿)。空气中的细颗粒物可能含有经过再次凝结的有机物或金属蒸气，使得其毒性更明显。柴油发动机排放的黑色油质细颗粒物(如煤烟或碳颗粒)中含多环芳烃类(PAH)的复杂有机化合物。对动物的实验研究表明,多环芳烃具有致癌性。多环芳烃是由两个或两个以上的苯环组成的有机化合物,其中苯并[a]芘是致癌性最强的物质之一。

(2) 硫氧化物。二氧化硫对人体的呼吸器官有较强的毒害作用,造成鼻炎、支气管炎、哮喘、肺气肿、肺癌等。此外,二氧化硫还通过皮肤经毛孔侵入人体,或通过食物和饮水经消化道进入人体而造成危害。但硫氧化物中对人体影响最大的为硫酸和硫酸盐,动物实验表明,硫酸烟雾引起的生理反应要比单一的二氧化硫气体强 4～20 倍。

(3) 一氧化碳。一氧化碳是一种影响全身的毒物,它之所以能影响健康是因为它妨碍血红蛋白吸收氧气,恶化心血管疾病,影响神经并导致心绞痛。通过呼吸摄入的一氧化碳会进入血液。人体血液中血红蛋白的正常功能之一是把氧气输送到身体的各个组织,但血红蛋白与一氧化碳的亲合力很强,会形成碳氧血红蛋白,占据了结合氧的位置。一氧化碳与血红蛋白的亲合力是氧与血红蛋白亲合力的 200～240 倍。因此,吸入一氧化碳的后果是降低血液的输氧能力,并可能使脑和其他组织缺氧。

(4) 氮氧化物。造成空气污染的氮氧化物主要是 NO 和 NO_2,其中 NO_2 的毒性要比 NO 大 5 倍。另外,若 NO_2 参与了光化学作用而形成光化学烟雾,其毒性更大。接触较高水平的二氧化氮会危及人体的健康。NO_2 的危害性与暴露接触的程度有关,据相关资料,若在含 NO_2 为$(50\sim100)\times10^{-6}$(体积比)的环境中暴露几分钟到 1 小时,有可能导致肺炎。二氧化氮的急性接触可引起呼吸系统疾病(如咳嗽和咽喉痛),如果再加上二氧化硫的影响则可加重支气管炎、哮喘病和肺气肿。这对幼童和哮喘病患者格外有害。实验室研究显示,765 $\mu g/m^3$ 的二氧化氮浓度(城市地区有时会达到这一浓度)可以增加人对传染病的敏感度。

NO 的活性和毒性都不及 NO_2。与 CO 和 NO_2 一样,NO 也能与血红蛋白作用,降低血液的输氧功能。然而,在大气污染物中,NO 的浓度远不如 CO,因此,它对人体血红蛋白的危害是有限的。

(5) 光化学氧化剂。臭氧、过氧乙酰硝酸酯(PAN)、过氧苯酰硝酸酯(PBN)等氧化剂及醛等其他能使碘化钾的碘离子氧化的痕量物质,称为光化学氧化剂。空气中的光化学氧化剂主要是臭氧和 PAN。光化学氧化剂(主要是 PAN 和 PBN)对眼睛有很强的刺激性,当它们和臭氧混合在一起时,会刺激鼻腔、喉,引起胸腔收缩,接触时间过长还会损害中枢神经。臭氧还会引起溶血反应、使骨骼早期钙化等。长期吸入光化学氧化剂会影响体内细胞的新陈代谢,加速人体的衰老。

(6) 有机化合物。某些挥发性有机物会刺激眼睛和皮肤,引起困倦、咳嗽和打喷嚏。同时,城市空气中含有的很多有机化合物是可疑的三致物质,包括卤代烃、芳香烃和含氮有机物等,特别是多环芳烃类物质,大多具有致癌作用,其中苯并[a]芘是国际公认的强致癌物质。城市空气中的苯并[a]芘主要来自煤、油等燃料的不完全燃烧及机动车尾气。另外,主要通过汽车尾气释放的苯和 1,3-丁二烯也是致癌物质,可引起白血病。和苯并[a]芘一样,苯也被划定为遗传中毒性致癌物质，这意味着它直接影响细胞的遗传物质(DNA)，因此无法确定其绝对安全的接触标准。苯在原油中天然存在，也会在炼油过程中形成。城市大气中苯的主要排放源包括机动车尾气、汽车加油以及储运过程的蒸气挥发。

（二）对植物的伤害

大气污染对植物的伤害作用包括对叶芽、果实组分的损害，抑制或降低生长速率，增加植物对病虫害及不利天气条件变化的敏感程度，干扰破坏植物的繁殖过程等。

排入大气中的污染物导致的酸雨对环境和生物体的危害性则更明显。大气污染还会因沉积而降低土壤和水体资源的质量。酸雨沉降到土壤中后，会导致钾、钙、磷等类碱性营养物质被淋洗而使土壤肥力显著下降，大大影响作物的生长。

（三）对器物和材料的伤害

污染的空气除使衣物、建筑物变脏外，还能使某些物质迅速发生质的变化，造成很大的损失。首先，在污染的大气中，金属的腐蚀速率要大大高于无污染或较少污染的情形，油漆涂层的寿命也有同样的情况。轮胎这类橡胶制品因大气中的臭氧而易于老化，人们不得不在橡胶制品中添加抗氧化剂。光化学烟雾还会加速电镀层的腐蚀。氮氧化物能使某些织物的染料褪色。氮氧化物对材料的腐蚀作用，主要是由其二次产物硝酸和硝酸盐引起的。此外，高浓度的氮氧化物能使尼龙织物分解。

大气污染还会造成建筑物的褪色、腐蚀和建筑材料的老化分解。对于一些名胜古迹，其损失就很难用物质财富来衡量了。如酸雨对于建筑物和露天材料有较强的腐蚀性，据不完全统计，全世界每年因遭酸雨腐蚀而造成的经济损失达200亿美元之巨。

（四）对大气能见度的影响

大气污染最常见的后果之一是能见度的下降。能见度是指视力正常的人在当时天气条件下，能够从天空背景中看到和辨认出的目标物(黑色、大小适度)的最大水平距离。能见度的下降不仅会使人感到不愉快，而且还会给人造成极大的心理影响。另外，它还会产生安全方面的公害。能见度下降是大气中的颗粒污染物对光的吸收和散射所造成的。能见度主要受大气中二次颗粒污染物的影响，同时二氧化碳、水蒸气和臭氧浓度的增高也会改变大气对光的吸收和透射特性。能否观察到目标其实是指一种对比度的阈值，即天空和目标间亮度的差异小到观察者几乎无法观察到目标物。实际上，确定能见度时还涉及被观察目标的大小、搜寻目标的时间和观察者生理和心理等因素，很难给出一个明确的客观标准。

通常我们说能见度变差，其实指的就是颗粒物对光线产生了散射作用，使得我们无法看清楚远方的物体。颗粒物对光线的吸收或散射作用的程度主要取决于颗粒物粒径和光波长的比例。如颗粒物粒径比光的波长大很多，光线会被吸收或反射(若颗粒物的反射性很好的话)；如果颗粒物粒径比光的波长小很多，光线既不会被吸收也不会被反射，而是透射而过；但当颗粒大小与入射光波长相当时，就会出现很强的光散射现象。研究表明，大气中由散射引起的光衰减是造成大气能见度下降的重要原因。可见光的波长范围大致在0.4～0.8 μm，而其最大强度在 0.52 μm 左右，因此，大小在 0.1～1.0 μm 范围内的固体和液滴对能见度的下降作用很大。值得注意的是，同样范围的颗粒物也能侵入人的肺部从而导致严重的健康问题。

当粒径为 0.1～1.0 μm 的颗粒的浓度大于 100 $\mu g/m^3$ 时，能见度会受到很大的影响。令人遗憾的是，目前许多除尘设备只对大于 1 μm 粒径的颗粒较为有效，尽管从总量上看，颗粒物的净化效率可能较高，但对那些对能见度影响很大的细微颗粒物的净化作用不大。

假设光衰减只是由微粒散射造成的，微粒为尺寸相同的球体，而且分布均匀，则能见度可按如下近似方程估算：

$$L_v = \frac{2.6\rho_p d_P}{K\rho} \tag{1-5}$$

其中：ρ 为视线方向上的颗粒浓度，mg/m^3；ρ_P 为颗粒的密度，kg/m^3；d_P 为颗粒直径，μm；K 为散射率，即受颗粒作用的波阵面积与颗粒面积之比。

根据范·德·赫尔斯(van de Hulst)提出的数据，不吸收光的球体散射率 K 值一般在 1.7～2.5 变化。

实测数据表明，在空气相对湿度超过 70%时，按式(1-5)计算可能产生较大误差。天然的气溶胶微粒及很多大气污染物都是吸湿的，在相对湿度为 70%～80%时开始潮解或发生吸湿反应，从而使颗粒粒径增大。

(五) 全球性和区域性影响

大气污染的全球性影响包括全球气候模式变化(温室效应)、臭氧层破坏和酸雨。

1. 全球气候模式变化

大气污染对气候的影响很大，污染物对局部地区和全球气候都会产生一定影响，尤其是对全球气候的影响，从长远来看，这种影响将是很严重的。

许多气体成分既造成局部地区大气污染，又影响气候变化。在已知的 30 多种与气候变化相关的大气组分中，二氧化碳、甲烷、氧化亚氮、氟利昂和臭氧是对气候变暖贡献最为显著的 5 种大气成分。气溶胶的致冷作用也逐渐得到重视。进入 21 世纪以来所进行的一些科学观测表明，大气中各种温室气体的浓度都在增加。1750 年之前，大气中二氧化碳含量基本维持在 280×10^{-6}。工业革命后，随着人类活动，特别是消耗的化石燃料(煤炭、石油等)的不断增长和森林植被的大量破坏，人为排放的二氧化碳等温室气体不断增长，大气中二氧化碳含量逐渐上升，每年大约上升 1.8×10^{-6}(约 0.4%)，到目前已上升到近 360×10^{-6}。从测量结果来看，大气中二氧化碳的增加部分约等于人为排放量的一半。

按现在的发展趋势，科学家预测气候变化有可能出现的影响和危害有以下 5 项。

(1) 海平面上升。全世界大约有 1/3 的人口生活在离海岸线 60 km 的范围内，这些地区经济发达，城市密集。到2100年，全球气候变暖导致的海洋水体膨胀和两极冰雪融化，可能使海平面上升50 cm，危及全球沿海地区，特别是那些人口稠密、经济发达的河口和沿海低地。这些地区可能会被淹没或遭受海水入侵，海滩和海岸受到侵蚀，土壤恶化，海水倒灌，洪水加剧，港口受损，并影响沿海养殖业，破坏供排水系统。

(2) 影响农业和自然生态系统。二氧化碳浓度增加和气候变暖，可能会促进植物的光合作用，延长生长季节，使世界上一些地区更加适合农业耕作。但全球气温和降雨形态的迅速变化，也可能使世界许多地区的农业和自然生态系统无法适应或不能很快适应这种变化，使其遭受很大的破坏性影响，造成大范围的森林植被破坏和农业灾害。

(3) 加剧洪涝、干旱及其他气象灾害。气候变暖导致的气候灾害增多可能是一个更为突出的问题。全球平均气温略有上升，就可能带来频繁的气候灾害——过多的降雨、大范围的干旱和持续的高温，造成大规模的灾害损失。有的科学家根据气候变化的历史数据，推测气候变暖可能破坏海洋环流，引发新的冰河期，给高纬度地区带来可怕的气候灾难。

(4) 影响人类健康。气候变暖有可能加大疾病危险和死亡率，增加传染病。高温会给人类的循环系统增加负担，热浪会引起死亡率的升高。由昆虫传播的疟疾及其他传染病与温度有很大的关系，随着温度升高，可能使许多国家疟疾、淋巴腺丝虫病、血吸虫病、黑热病、登革热、脑炎增加或再次发生。在高纬度地区，这些疾病传播的危险性可能会更大。

(5) 气候变化及其对我国的影响。从中外专家的一些研究结果来看，总体上我国的变暖趋势冬季将强于夏季；在北方和西部的温暖地区以及沿海地区降雨量将会增加，长江、黄河等流域的洪水暴发频率会更高；东南沿海地区台风和暴雨也将更为频繁；春季和初夏许多地区干旱加剧，干热风频繁，土壤蒸发量上升。农业是受影响最严重的：温度升高将延长生长期，减少霜冻，二氧化碳的"肥料效应"会促进光合作用，对农业产生有利影响；但土壤蒸发量上升、洪涝灾害增多和海水侵蚀等将造成农业减产。对草原畜牧业和渔业的影响总体上是不利的。海平面上升最严重的影响是增加了风暴潮和台风发生的频率和强度，海水入侵和沿海侵蚀也将造成经济和社会的巨大损失。

全球气候系统非常复杂，影响气候变化的因素非常多，涉及太阳辐射、大气构成、海洋、陆地和人类活动等诸多方面。对气候变化趋势，在科学认识上还存在不确定性，特别是对不同区域气候的变化趋势及其具体影响和危害还无法做出比较准确的判断。但从风险评价角度而言，大多数科学家断言气候变化是人类面临的一种巨大环境风险。

2. 臭氧层破坏

大气中的臭氧含量极低，但在平流层中存在着臭氧层，其中臭氧的含量占这一高度大气总量的十万分之一。臭氧层的臭氧含量虽然极少，却具有非常强大的吸收紫外线的功能，可以吸收太阳光紫外线中对生物有害的部分(UVB)。臭氧层有效地挡住了来自太阳紫外线的侵袭，才使得人类和地球上各种生命能够存在、繁衍和发展。

1985年，英国科学家观测到南极上空出现臭氧层空洞，并证实其同氟利昂分解产生的氯原子有直接关系。这一消息震惊了全世界。到 1994 年，南极上空的臭氧层破坏面积已达 2 400×10^4 km^2，北半球上空的臭氧层比以往任何时候都薄，欧洲和北美上空的臭氧层平均减少了 10%～15%，西伯利亚上空甚至减少了 35%。科学家警告说，地球上臭氧层被破坏的程度远比一般人想象的要严重得多。

氟利昂等消耗臭氧层物质(ozone-depleting substances，ODS)是臭氧层被破坏的元凶。氟利昂是 20 世纪 20 年代合成的，其化学性质稳定，不具有可燃性和毒性，被当作制冷剂、发泡剂和清洗剂，广泛用于家用电器、泡沫塑料、日用化学品、汽车、消防器材等领域。20 世纪 80 年代后期，氟利昂的生产达到了高峰，产量达到了 144×10^4 t。在对氟利昂实行控制之前，全世界向大气中排放的氟利昂已达到了 2 000×10^4 t。由于它们在大气中的平均寿命达数百年，所以排放的大部分仍留在大气层中，其中大部分仍然停留在对流层，一小部分升入平流层。在对流层相当稳定的氟利昂在上升进入平流层后，在一定的气象条件下，会在强烈紫外线作用下被分解，分解释放出的氯原子同臭氧会发生连锁反应，不断破坏臭氧分子。科学家估计，一个氯原子可以破坏数万个臭氧分子。

臭氧层破坏的后果是很严重的。如果平流层的臭氧总量减少 1%，预计到达地面的有害紫外线将增加 2%。有害紫外线的增加会产生以下危害。

(1) 使皮肤癌和白内障患者增加，破坏人的免疫力，使传染病的发病率增加。据估计，臭氧减少 1%，皮肤癌的发病率将提高 2%～4%，白内障的患者将增加 0.3%～0.6%。有一些初步证据表明，人体暴露于紫外线辐射强度增加的环境中，会使各种肤色的人们的免疫系统受到抑制。

(2) 破坏生态系统。对农作物的研究表明，过量的紫外线辐射会使植物的生长和光合作用受到抑制，使农作物减产。紫外线辐射也使处于食物链底层的浮游生物的生产力下降，从而损害整个水生生态系统。有报告指出，由于臭氧层空洞的出现，南极海域的藻类生长已受到了很大影响。紫外线辐射也可能导致某些生物物种的突变。

(3) 引起新的环境问题。过量的紫外线能使塑料等高分子材料更加容易老化和分解，结果又带来光化学大气污染。

3. 酸雨(acid rain)

酸雨通常指 pH 值低于 5.6 的降水，但现在泛指酸性物质以湿沉降或干沉降的形式从大气转移到地面上。湿沉降是指酸性物质以雨、雪形式降落地面，干沉降是指酸性颗粒物以重力沉降、微粒碰撞和气体吸附等形式由大气转移到地面。酸雨形成的机制相当复杂，是一种复杂的大气化学和大气物理过程。酸雨中的酸性物质绝大部分是硫酸和硝酸，主要来源于排放的二氧化硫和氮氧化物。

酸雨的危害主要表现在以下 3 个方面。

(1) 损害生物和自然生态系统。酸雨降落到地面后得不到中和，可使土壤、湖泊、河流酸化。湖水或河水的 pH 值降到 5 以下时，鱼的繁殖和发育会受到严重影响。土壤和底泥中的金属可被溶解到水中，毒害鱼类。水体酸化还可能改变水生生态系统。

(2) 酸雨还抑制土壤中有机物的分解和氮的固定，淋洗土壤中钙、镁、钾等营养元素，使土壤贫瘠化。酸雨损害植物的新生叶芽，从而影响其生长发育，导致森林生态系统的退化。

(3) 腐蚀建筑材料及金属结构。酸雨腐蚀建筑材料、金属结构、油漆等。特别是许多以大理石和石灰石为材料的历史建筑物和艺术品，耐酸性差，容易受酸雨腐蚀和变色。

从欧美各国的情况来看，欧洲地区土壤缓冲酸性物质的能力弱，酸雨危害的范围是比较大的，如欧洲30%的林区因酸雨影响而退化。在北欧，由于土壤自然酸度高，水体和土壤酸化都特别严重，特别是一些湖泊受害最为严重，湖泊酸化导致鱼类灭绝。另据报道，1980年前后，欧洲以德国为中心，森林受害面积迅速扩大，树木出现早枯和生长衰退现象。加拿大和美国的许多湖泊和河流也遭受着酸化危害。美国国家地表水调查数据显示，酸雨造成75%的湖泊和大约一半的河流酸化。加拿大政府估计，加拿大43%的土地(主要在东部)对酸雨高度敏感，有14 000个湖泊是酸性的。

虽然目前酸雨和环境酸化还不像全球气候模式变化和臭氧层破坏那样构成全球性危害，但无论对生态系统的破坏程度还是所造成的经济损失都是十分惊人的。酸雨和环境酸化已是不容忽视的重大环境问题。

二、控制大气污染的技术措施

控制大气污染的技术措施包括以下6项。

(1) 改革生产工艺，优先采用无污染或少污染工艺，实施清洁生产，是防治环境污染的根本途径，它可以从根本上消除污染源或减少污染物的产生量。

(2) 严格生产工艺操作，选配适当的原材料，亦可减轻污染或便于对所产生的污染物进行处理。

(3) 合理利用能源，改革能源构成，改进燃烧设备和燃烧方式，是节约能源和控制大气污染的重要途径。

(4) 建立综合性工业基地，开展综合利用、综合治理，使废气、废水、废渣资源化，有利于减少污染物的总排放量。

(5) 安装废气净化装置，是控制污染物排放量、使排放浓度达到大气环境标准的必不可少的技术措施，也是实行环境规划等综合防治措施的前提。各种净化装置的结构特点，工作原理、性能特点和选择计算、设计计算等是本书的重要内容，将在以后各章中陆续介绍。

(6) 实行集中供热及燃气化。我国的大气污染呈现出“煤烟型”污染的特点，大量分散的低效率的燃煤是根本原因。采取集中供热及燃气化不仅能提高热能利用率、节省燃料和人力，而且便于采取集中治理措施，改善大气环境。2018年，我国在集中供热及燃气化的基础上，实行农村天然气入户新政策，为顺利推行该政策，国家采取了多项优惠政策：①当地储气设施的建设补贴；②购买及安装设备的补贴；③天然气使用的补贴等。

第五节　环境空气质量控制标准体系

一、我国的空气质量控制法规体系

通过 20 多年的发展，我国已基本形成了完整的环境保护法规体系。空气污染防治法规体系属于其中的一个部分。

宪法是我国的基本法，它为制定环境保护基本法和专项法奠定了基础；我国刑法中也有“破坏环境资源罪”的条款，使得违反国家环境保护规定的个人或集体不仅负有行政责任，而且还要负刑事责任。环境保护基本法指《中华人民共和国环境保护法》，它是环境保护领域的基本法律，是环境保护专项法的基本依据，是由全国人大常务委员会批准颁布的。环境保护专项法为防治大气、水体、海洋、固体废物及噪声污染提供了法律依据。

《中华人民共和国大气污染防治法》1987 年由全国人大常委会通过，1995 年进行了第一次修正，2000 年、2015 年又进行了两次修订，2018 年进行了第二次修正。

《大气污染防治法》要求：国务院生态环境主管部门会同国务院有关部门，按照国务院的规定，对省、自治区、直辖市大气环境质量改善目标、大气污染防治重点任务完成情况进行考核。省、自治区、直辖市人民政府制定考核办法，对本行政区域内地方大气环境质量改善目标、大气污染防治重点任务完成情况实施考核。考核结果应当向社会公开。县级以上人民政府应当将大气污染防治工作纳入国民经济和社会发展规划，加大对大气污染防治的财政投入。地方各级人民政府应当对本行政区域的大气环境质量负责，制定规划，采取措施，控制或者逐步削减大气污染物的排放量，使大气环境质量达到规定标准并逐步改善。县级以上人民政府生态环境主管部门对大气污染防治实施统一监督管理。县级以上人民政府其他有关部门在各自职责范围内对大气污染防治实施监督管理。

《大气污染防治法》规定：国务院生态环境主管部门或者省、自治区、直辖市人民政府制定大气环境质量标准，应当以保障公众健康和保护生态环境为宗旨，与经济社会发展相适应，做到科学合理。国务院生态环境主管部门或者省、自治区、直辖市人民政府制定大气污染物排放标准，应当以大气环境质量标准和国家经济、技术条件为依据。制定大气环境质量标准、大气污染物排放标准，应当组织专家进行审查和论证，并征求有关部门、行业协会、企业事业单位和公众等方面的意见。省级以上人民政府生态环境主管部门应当在其网站上公布大气环境质量标准、大气污染物排放标准，供公众免费查阅、下载。大气环境质量标准、大气污染物排放标准的执行情况应当定期进行评估，根据评估结果对标准适时进行修订。

与其他介质的污染控制一样，空气污染控制采取的管理制度措施主要有 8 项：①环境影响评价制度；②“三同时”制度；③排污收费制度；④环境保护目标责任制；⑤城市环境综合整治定量考核制度；⑥排污许可证制度；⑦污染集中控制制度；⑧污染源限期治理制度。

知识链接 1-3

《中华人民共和国大气污染防治法》

从某种意义上说，我国目前对空气质量控制采用的措施主要是排放标准和空气质量标准，并辅以一定的行政和经济政策手段。

二、环境空气质量控制标准

环境空气质量控制标准是执行“环境保护法”和“大气污染防治法”、实施环境空气质量管理及防止大气污染的重要依据和手段。环境空气质量控制标准按其用途可分为环境空气质量标准、大气污染物排放标准、基础标准、方法标准等，其中环境空气质量标准和大气污染物排放标准为强制性标准；按标准的使用范围又可分为国家标准、地方标准和行业标准。

（一）环境空气质量标准

首先，制定环境空气质量标准，要考虑保障人体健康和保护生态环境这一空气质量目标。为此，需要综合研究这一目标与空气中污染物浓度之间关系的资料，并进行定量的相关分析，以确定符合这一目标的污染物的允许浓度。其次，要合理地协调与平衡实现标准所需的代价与社会经济效益之间的关系。这就需要进行损益分析，以求实施环境空气质量标准的投入费用最少而收益最大。最后，还应遵循区域差异性的原则。特别是像我国这样地域广阔的大国，要充分注意各地区的人群构成、生态系统的结构功能、技术经济发展水平等的差异性。

我国的《环境空气质量标准》(GB 3095)首次发布于 1982 年，1996 年第一次修订，2000 年第二次修订，2012 年第三次修订；2018 年 8 月，生态环境部会同国家市场监督管理总局发布了《环境空气质量标准》(GB 3095—2012)修改单，修改了标准中关于监测状态的规定，并完善了相应的配套监测方法标准，实现了与国际接轨。

环境空气功能区分为两类：一类区为自然保护区、风景名胜区和其他需要特殊保护的区域；二类区为居住区、商业交通居民混合区、文化区、工业区和农村地区。控制的污染物因子为一些量大面广、环境影响较普遍的大气常规污染物，包括二氧化硫、二氧化氮、一氧化碳、臭氧、PM_{10}、$PM_{2.5}$ 及 TSP、氮氧化物、铅、苯并[a]芘。

我国的《工业企业设计卫生标准》(GB Z1—2010)中规定了居住区大气中有害物质的最

高允许浓度。一些污染物在国家没有制定它们的大气环境质量标准时，可以使用该标准。

《工作场所有害因素职业接触限值　第1部分：化学有害因素》(GBZ 2.1—2007)中还规定了工作场所化学有害因素的职业接触限值。本标准适用于工业企业卫生设计及存在或产生化学有害因素的各类工作场所，适用于工作场所卫生状况、劳动条件、劳动者接触化学因素的程度、生产装置泄漏、防护措施效果的监测、评价、管理及职业卫生监督检查等。

（二）大气污染物排放标准

大气污染物排放标准是控制污染物的排放量和进行净化装置设计的依据，是控制大气污染的关键，同时也是环境管理部门的执法依据。

制定大气污染物排放标准应遵循的原则是，以大气环境质量标准为依据，必须综合考虑经济上的合理性、技术上的可行性和地区差异性，按最佳适用技术确定的方法和按污染物在大气中的扩散规律推算的方法制定排放标准。

最佳适用技术是指现阶段实际应用效果最好，而且经济合理的污染物控制技术。按该技术确定污染物排放标准，就是根据污染现状、最佳控制技术的效果和对现有控制得好的污染源进行损益分析来确定排放标准。这种方法的优点是便于实施、便于监督，缺点就是有时不一定能满足大气环境质量标准，有时又可能显得过严。

按污染物在大气中扩散规律推算排放标准的方法，是以大气环境质量标准为依据，应用大气污染扩散模式推算出不同烟囱高度污染物容许排放量或排放浓度，或根据污染物排放量推算出最低烟囱高度。

目前，我国大气污染物排放标准包括固定源标准和移动源标准两大类：固定源大气污染物排放标准体系由行业型、通用型和综合型排放标准构成；移动源大气污染物排放标准体系由道路、非道路的新车和在用车（发动机）排放标准构成。生态环境部网站列有现行的大气污染物排放标准。

本章小结

本章主要介绍了大气污染、大气污染物、大气污染源等基本概念，通过学习，应熟悉和了解大气环境质量对人类生存的影响及重要性、为控制污染人们应该关注的问题，以及作为环保人我们应该具备的职能及控制污染的技术能力。

关键词

大气污染；大气污染物；大气污染源；环境空气质量标准；大气污染物排放标准；空气质量指数

习　题

1. 简述目前存在的全球性大气污染问题及其对环境的影响。
2. 列举大气中主要的气态污染物及其来源。
3. 简述释放于大气中的硫氧化物、氮氧化物的来源和发生机制。
4. 硫酸型烟雾和光化学烟雾形成的气象条件有哪些不同?
5. 简要分析煤烟型污染和机动车污染的差别。
6. 根据我国《环境空气质量标准》的二级标准,求出 SO_2、NO_2、CO 这 3 种污染物日平均浓度限值的体积分数。
7. 成人每次吸入的空气量平均为 500 cm^3,假若每分钟呼吸 15 次,空气中颗粒物的浓度为 200 $\mu g/m^3$,试计算每小时沉积于肺泡内的颗粒物质量。已知该颗粒物在肺泡中的沉降系数为 0.12。
8. 设人体肺部气体含 CO 为 2.2×10^{-4},平均含氧量为 19.5%。如果这种浓度保持不变,求 COHb 浓度最终将达到饱和水平的百分率。
9. 粉尘密度 1 400 kg/m^3,平均粒径 1.4 μm,在大气中的浓度为 0.2 mg/m^3,对光的散射率为 2.2,计算大气的最大能见度。
10. 某市某日测得空气质量如下:PM_{10} 160 $\mu g/m^3$, SO_2 80 $\mu g/m^3$, NO_2 110 $\mu g/m^3$, CO 5 mg/m^3, $PM_{2.5}$ 53 $\mu g/m^3$, O_3 103 $\mu g/m^3$(最大小时平均),试计算该市的空气污染指数 AQI。

第二章　燃烧与大气污染

学习目标

1. 了解主要的燃料类型，掌握影响燃烧过程的因素，会计算燃烧过程所需理论空气量。

2. 掌握烟气体积与污染物排放量的计算。

3. 了解燃烧过程硫氧化物以及其他污染物的形成机理。

大气中的污染物，如烟尘、NO_x 和 SO_2 和碳氢化合物等，其来源主要为燃料的燃烧过程。本章侧重介绍燃料燃烧过程的基本原理、污染物的生成机理，以及如何控制燃烧过程以减少大气污染物的排放量。

第一节　燃料的性质

燃料是指在燃烧过程中能够放出热量，而且在经济上可以取得效益的物质。主要燃料为常规燃料（如煤、石油和天然气等），以及统称为非常规燃料的多种其他燃料。本章简要介绍这些燃料的各种物理和化学性质。

燃料按物理状态分为固体燃料、液体燃料和气体燃料 3 类。气体燃料的优点是燃烧迅速，其燃烧状态基本上由空气与燃料的混合或扩散所控制。液体燃料也是以气态形式燃烧，因而它的燃烧速度受其蒸发过程控制。固体燃料的燃烧则受以下现象控制：燃料中挥发性组分被蒸馏后以气态燃烧，而遗留下来的固定碳则以固态燃烧，后者的速率由氧向固体表面的扩散控制。

燃料的性质影响燃烧设备设计和各种操作条件，也影响大气污染物的形成和排放。

一、煤

煤是最重要的固体燃料，它是一种不均匀的有机燃料，主要是植物在地壳运动中经过分解和变质而形成的。煤的可燃成分主要是由碳、氢及少量氧、氮和硫等一起构成的有机聚合物。各种聚合物之间由不同的碳氢支链互相连接成更大的颗粒。煤中有机成分和无机成分的含量因煤的种类和产地的不同而有很大差别。

(一) 煤的分类

煤的形成要经历一个很长的时期,常常是处于高压覆盖层以及较高温度条件之下。不同种类的植物及其不同的腐蚀程度,形成不同成分的煤。植物性原料变成煤的过程被称为"煤化"过程,这个过程是分段发生的,并形成各种品质不同的煤。

(1) 褐煤。褐煤是最低品位的煤,是由泥煤形成的初始煤化物,形成年代最短。呈黑色、褐色或泥土色,其结构类似木材。褐煤呈黏结状及带状,水分含量高,与高品位煤相比,其热值较低。

(2) 烟煤。烟煤的形成年代较褐煤为长,呈黑色,外形有可见条纹,挥发分含量为 20%~45%,碳含量为 75%~90%。烟煤的成焦性较强且含氧量低,水分和灰分含量一般不高,适合工业上的一般应用。在空气中,它比褐煤更能抵抗风化。

(3) 无烟煤。无烟煤是碳含量最高、煤化时间最长的煤。它具有明亮的黑色光泽,机械强度高。碳的含量一般高于 93%,无机物含量低于 10%,因而着火困难,储存时稳定,不易自燃。无烟煤的成焦性极差。

(二) 煤的工业分析

煤的工业分析包括测定煤中水分、灰分、挥发分和固定碳,以及估测硫含量和热值,这是评价工业用煤的主要指标。

(1) 水分。水分包括外部水分和内部水分。测定外部水分的方法是:称取一定量的 13 mm 以下粒度的煤样,置于干燥箱内,在 318~323 K 温度下干燥 8 h,取出冷却,干燥后所失去的水分质量占试样原来质量的百分数就是煤的外部水分 (W_w)。测定内部水分的方法是将上述失去外部水分的煤样继续在 375~380 K 温度下干燥 2 h,所失去的水分质量占试样原来质量的百分数即内部水分 (W_n)。两部分水分之和即煤所含的全水分。煤中含水分使热值降低,影响燃烧的稳定,一般控制煤中水分在 10%~13%。

(2) 灰分。灰分是煤中不可燃矿物物质的总称,其含量和组成因煤种及粗加工的不同而异,我国煤炭的平均灰分约为 25%。煤中灰分的存在降低了煤的热值,也增加了烟尘污染及出渣量。高灰分、低熔点的煤极易结渣,使煤不能充分燃烧,从而影响热效率。以氧化物形式表示,灰分的组成如表 2-1 所示。

(3) 挥发分。煤在与空气隔绝的条件下加热分解出的可燃气体物质称为挥发分,通过将风干的煤样在 1 200 K 的炉中加热 7 min 而测定。挥发分主要由氢气、碳氢化合物、一氧化碳及少量的硫化氢等组成。在相同的热值下,煤中挥发分越高,就越容易燃着,火焰越长,越易燃烧完全。但挥发分含量过高,容易造成炉膛内没有充分的空间、时间,使氧气与逸出的

挥发分充分混合，这时所分解的大量碳粒子与烟气形成浓烟从烟筒冒出，污染环境。

表 2-1 煤中灰分的组成

成分	含量/%	成分	含量/%
SiO_2	20～60	MgO	0.3～4
Al_2O_3	10～35	TiO_2	0.5～2.5
Fe_2O_3	5～35	Na_2O 和 K_2O	1～4
CaO	1～20	SO_3	0.1～12

(4) 固定碳。从煤中扣除水分、灰分及挥发分后剩下的部分就是固定碳，是煤的主要可燃物质。煤中的碳不是以单质状态存在的，而是与氢、氮、硫、氧等组成有机化合物。

(三) 煤的元素分析

元素分析是用化学方法测定去掉外部水分的煤中主要组分碳、氢、氮、硫和氧等的含量。

碳和氢是通过燃烧后分析尾气 CO_2 和 H_2O 的生成量而测定的。

氮含量的测定是在催化剂作用下使煤中氮转变为氨，继而用碱吸收，最后用酸滴定。

硫的含量测定方法是将样品放在氧化镁和无水碳酸钠的混合物上加热，使硫化物转变为硫酸盐，再以重量法测定硫酸钡沉淀。

(四) 煤中硫的形态

采用物理、化学和放射化学方法测定的结果证实，煤中含有 4 种形态的硫：黄铁矿硫(FeS_2)、硫酸盐硫($MeSO_4$)、有机硫($C_XH_YS_Z$)和元素硫。煤中硫的分类情况如图 2-1 所示。

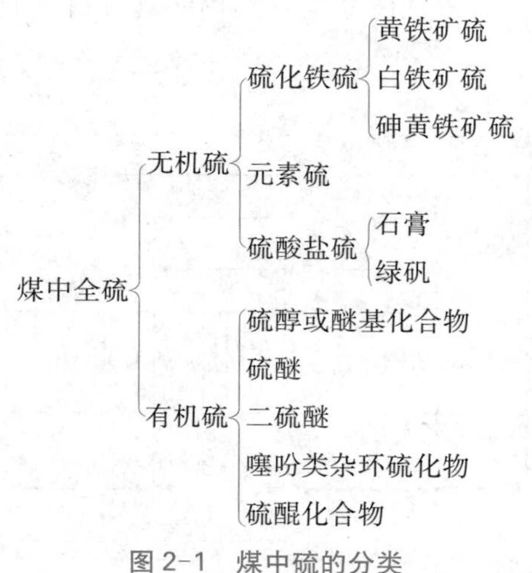

图 2-1 煤中硫的分类

煤中各种形态硫的比例直接影响煤炭脱硫方法的选择。人们一般把硫划分为硫化铁硫、有机硫和硫酸盐硫 3 种。前两种能燃烧放出热量，称为挥发硫；硫酸盐硫不参加燃烧，是灰分的一部分。

(1) 硫化铁硫。其主要代表为黄铁矿硫,它是煤中主要的含硫成分,在煤中通常呈独立相弥散分布。黄铁矿的硬度为 6～6.5,属中等硬度;比重为 4.7～5.2,比矸石和煤重得多;本身虽无磁性,但在强磁场下能够转变为顺磁性物质;和煤相比有不同的微波效应,吸收微波能力较强。根据这些性质,可以采用不同的物理或化学方法,把黄铁矿从煤中脱除。

(2) 有机硫。有机硫可分为原生有机硫和次生有机硫两类。原生有机硫来源于成煤植物蛋白质的原生质,一般蛋白质含硫量为 5%,以各种不同形式的含硫杂环分布在煤的有机质中。次生有机硫是在成煤时期,在形成黄铁矿的同时分离出来的。这种有机硫并未与煤中的其他有机质构成真正的分子,而是由一种松弛的键与煤中有机物构成有机联系。次生有机硫在煤中不是均匀分布的,主要局限于黄铁矿包裹体的周围。有机硫是以各种官能团形式存在的,如噻吩、芳香基硫化物、环硫化物、脂肪族硫化物、二硫化物、硫醇等。烟煤中的有机硫分主要由噻吩组成,占全部有机硫分的 40%～70%。其余由芳香基硫化物、环硫化物、脂肪族硫化物组成。烟煤中的二硫化物和硫醇不多,这些物质在褐煤中所占比例较高。有机硫分与煤中有机质构成复杂的分子,不宜用一般重力分选的方法除去,需要采用化学方法进行脱硫。

(3) 硫酸盐硫。硫酸盐硫主要以钙、铁和锰的硫酸盐形式存在,以石膏($CaSO_4 \cdot 2H_2O$)为主,也有少量绿矾($FeSO_4 \cdot 7H_2O$)。硫酸盐硫比前两种硫含量少得多。

据分析:低硫煤中主要是有机硫,约为无机硫的 8 倍;高硫煤中主要为无机硫,约为有机硫的 3 倍。

(五) 煤的成分表示方法

由于煤中水分和灰分受外界条件的影响,其质量百分比必然也随之改变。要确切说明煤的特性,必须同时指明质量百分比的基准。常用的基准有收到基、空气干燥基、干燥基和干燥无灰基 4 种(见图 2-2)。

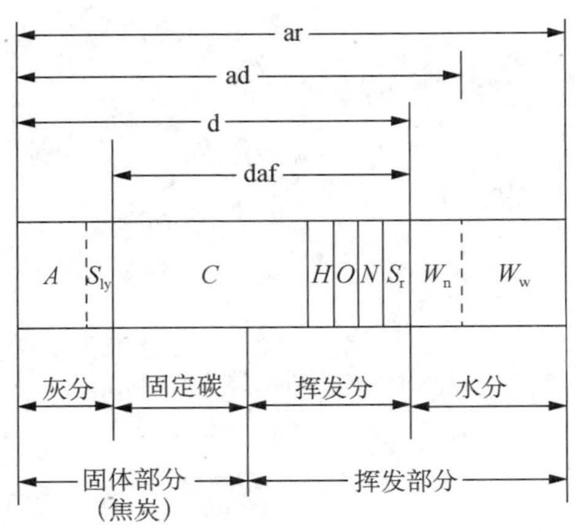

图 2-2　煤的成分表示方法及其组成相互关系

(1) 收到基。以包括全部水分和灰分的燃料作为 100%的成分,亦即锅炉燃料的实际成

分(锅炉炉前使用的燃料),可表示如下:

$$C^{ar}+H^{ar}+O^{ar}+N^{ar}+S^{ar}+A^{ar}+W^{ar}=100\% \tag{2-1}$$

角码"ar"表示收到基成分。因为收到基表示的是实际燃料,所以在进行燃料计算和热效应试验时,都以收到基为准。但由于煤的外部水分是不稳定的,收到基的成分也随之波动,因此利用收到基评价煤的性质是不准确的。

(2) 空气干燥基。以去掉外部水分的燃料作为 100%的成分,亦即在实验室内进行燃料分析时的试样成分,以角码"ad"表示,即

$$C^{ad}+H^{ad}+O^{ad}+N^{ad}+S^{ad}+W^{ad}+A^{ad}=100\% \tag{2-2}$$

(3) 干燥基。以去掉全部水分的燃料作为 100%的成分,以角码"d"表示:

$$C^{d}+H^{d}+O^{d}+N^{d}+S^{d}+A^{d}=100\% \tag{2-3}$$

灰分含量常用干燥基成分表示,因为排除了水分的影响,干燥基能确切地反映出灰分的多少。

(4) 干燥无灰基。以去掉水分和灰分的燃料作为 100%的成分叫作干燥无灰基成分。干燥无灰基用角码"daf"表示:

$$C^{daf}+H^{daf}+O^{daf}+N^{daf}+S^{daf}=100\% \tag{2-4}$$

干燥无灰基成分避免了水分和灰分的影响,因而比较稳定。煤矿通常提供的煤质资料为干燥无灰基成分(见表 2-2)。

表 2-2　我国部分煤种的煤质分析结果

煤种	产地	收到基水分 W^{ar}/%	干燥基灰分 A^{d}/%	干燥无灰基元素分析					收到基低位发热量 Q^{dw}/(kJ·kg^{-1})	干燥无灰基挥发分 V^{daf}/%	空气干燥基水分 W^{ad}/%
				碳 C^{daf}/%	氢 H^{daf}/%	氧 O^{daf}/%	氮 N^{daf}/%	硫 S^{daf}/%			
褐煤	内蒙古扎赉诺尔	35.42	15.2	73.0	4.85	20.3	0.89	0.96	14 038	43.0	6.24
	辽宁平庄	24.0	28.0	72.0	4.9	20.4	1.0	1.7	14 570	44.0	10.0
	云南皂角矿	45.0	24.91	70.02	5.91	20.94	1.82	1.31	10 312	56.11	13.47
烟煤	河南观音堂	3.0	26.0	87.0	5.5	5.0	1.5	1.0	24 702	20.0	1.0
	安徽淮南	6.92	22.8	81.4	5.6	10.6	1.43	0.92	22 588	38.52	—
	黑龙江鹤岗	5.5	24.0	83.1	5.7	10.0	0.8	0.4	23 865	36.0	1.6
	广西合山(劣烟)	4.93	49.2	77.6	4.5	6.9	1.7	9.3	14 150	22.07	—

（续表）

煤种	产地	收到基水分 W^{ar}/%	干燥基灰分 A^{d}/%	干燥无灰基元素分析					收到基低位发热量 Q^{dw}/(kJ·kg^{-1})	干燥无灰基挥发分 V^{daf}/%	空气干燥基水分 W^{ad}/%
				碳 C^{daf}/%	氢 H^{daf}/%	氧 O^{daf}/%	氮 N^{daf}/%	硫 S^{daf}/%			
无烟煤	山西阳泉	5.0	26.0	91.7	3.8	2.2	1.3	1.0	26 377	9.0	1.0
	湖南金竹山	7.5	24.0	92.5	3.6	2.0	0.9	1.0	22 190	0.7	2.0
	北京京西	4.0	24.0	94.0	1.4	3.7	0.6	0.3	23 027	5.5	0.8
洗中煤	河北开滦	9.0	38.0	81.5	5.4	10.2	1.3	1.6	17 166	35.0	0.9
	安徽淮北	9.2	43.0	79.7	6.69	10.92	1.92	0.77	16 806	25.0	1.62
	黑龙江鸡西	7.0	45.0	87.2	5.2	1.2	1.2	0.5	17 166	24.0	0.8

二、石油

石油是液体燃料的主要来源。原油是天然存在的易流动的液体，比重在0.78～1.00。它是多种化合物的混合物，主要由链烷烃、环烷烃和芳香烃等碳氢化合物组成。这些化合物主要含碳和氢，还有少量的硫、氮和氧，它们的含量因产地而异。通常原油还含有微量金属，如钒和镍，也会受到氯、砷和铅的污染。这些微量金属和污染物质的体积分数通常在10×10^{-6}左右。

原油虽然是易燃的，但出于安全和经济的考虑，一般将原油加工为各种石油化学产品，通过蒸馏、裂化和重整过程，生产出各种汽油、溶剂、化学产品和燃料油。

燃料油的一个重要性质是其比重为燃料油的化学组成和发热值提供了一种指示。当氢的含量增加时，比重减少，发热量增加。闪点是与安全有关的性质，在用泵输送或雾化过程导致燃料油温度升高时，必须避免超过其闪点。燃料油黏度是随温度的升高而降低的，当黏度较大时，雾化产生的液滴较大，因而不易较快汽化，导致不完全燃烧。

原油中的硫大部分以有机硫的形式存在，形成非碳氢化合物的巨大分子团。原油中硫的含量变化范围较大，一般为0.1%～7%(质量)。在轻馏分中，硫以下列形态存在：

(1) 硫化氢：溶解于原油中的一种气体；

(2) 硫醇：C_2H_5—S—H，硫乙醇；

(3) 一硫化物：R—S—R；

(4) 二硫化物：R—S—S—R；

(5) 环状硫化物：四氢噻吩(四氢硫杂茂)。

原油中的硫分有80%～90%留于重馏分中，以复杂的环状结构存在。因为硫原子仅是

庞大分子中的一小部分，所以当含硫3%～5%时，重馏分中含硫化合物的量可能占到全部质量的一半以上。因为需要从燃料中去除的仅是硫原子，所以不能用物理方法分离硫化物来降低燃料油中的硫分。采用高压下的催化加氢，以破坏C—S—C键，形成硫化氢气体，可以达到降低硫分的目的，但是费用很高。

重馏分与一定比例的轻油相配合而成为重油，通常作为固定燃烧装置的燃料，这时原油中的硫分便大部分转入重油中。

三、天然气

天然气是典型的气体燃料，它的组成一般为甲烷85%、乙烷10%、丙烷3%；含碳更高的碳氢化合物也可能存在于天然气中。天然气还含有碳氢化合物以外的其他组分，如H_2O、CO_2、N_2、He和H_2S等。

天然气中的硫化氢具有腐蚀性，它的燃烧产物为硫的氧化物，因而许多国家都规定了天然气中总硫含量和硫化氢含量的最大允许值。我国现行的《天然气》(GB 17820—2018)标准对可进入运输管道的商品天然气中硫化氢的含量要求不得超过6 mg/m^3，总硫含量不得超过20 mg/m^3。天然气中总硫的含量还将随着技术和经济的发展进一步降低。

在大多数情况下，天然气中的惰性组分可忽略不计，但当其所占比例增加时，将降低天然气燃烧热，并增加输送成本。惰性组分也会影响燃料的其他燃烧特征，当其影响严重时，必须除去惰性组分或与其他气体混合以使其稀释。例如，氦在天然气中的体积浓度超过0.2%时，就必须设法除去。

四、非常规燃料

除了煤、石油和天然气等常规燃料外，所有可燃性物质都在非常规燃料的范畴之内。某些较低级的化石燃料，如泥炭、焦油砂、油页岩，也可看作非常规燃料。

根据来源，非常规燃料可分为如下8类：①城市固体废物；②商业和工业固体废物；③农产物及农村废物；④水生植物和水生废物；⑤污泥处理厂废物；⑥可燃性工业和采矿废物；⑦天然存在的含碳和含碳氢的资源；⑧合成燃料。

非常规燃料的重要性在于它能够在某些领域代替日益减少的化石燃料的供应，同时也是处理废物的有效方式。因此，非常规燃料的开发是建立在复杂的环境因素基础上的，它既能提供能源，又能处置废物，减轻对环境的压力。但是，非常规燃料的燃烧常常产生比常规燃料更严重的空气污染和水体污染，应予以特殊的注意。

另外，非常规燃料常需要一些专门的制备技术，才能将其转变为更好使用的形式，如使之便于加工或改善其燃烧特性等。所用的技术可能只导致物理性能的改变，也可能使其纯化，或者引起化学变化而使之成为其他燃料形式，完全改变其特性(如通过微生物作用转化为醇或气化为燃料气)。现有的制备技术很多，其中有些对控制空气污染有重要的意义。例如，许多技术已用于将城市固体废物制成实用燃料，也就是常说的再生燃料（refuse derived fuels，RDF），但选择这些技术时，必须考虑可能导致的空气污染问题（见表 2-3）。

表 2-3　城市固体废物制备燃料的方法

燃料制备技术	燃烧系统应用举例	可能导致的空气污染
1. 有用物品的分离	特制的水冷壁堆积燃烧的焚烧炉	—
2. 含铁金属的粉碎和磁分离	特制的悬浮燃烧锅炉	颗粒物排放比堆积燃烧略低，HCl、痕量碳氢化合物
3. 粉碎、磁分离以及筛分、浮选和其他技术分离有色金属和玻璃等	RDF 用于特制的悬浮燃烧锅炉或供给现有的粉煤炉	颗粒物排放量低，HCl、痕量烃
4. 将由 3 制得的 RDF 进一步粉碎至 200 目的粉末	供给现有的煤粉炉	排放物同 3
5. 将由 3 制得的 RDF 造粒或模压成型	供应或取代煤作层燃锅炉燃料	颗粒物排放较 3 低，HCl、痕量烃
6. 由未处理的城市废物或 RDF 经热解制成固体、液体和气体燃料	各种常规燃烧设备	燃烧污染物排放量随燃烧物组分及燃烧器类型而变化

第二节　燃料燃烧过程

一、影响燃烧过程的主要因素

（一）燃烧过程及燃烧产物

燃烧是指可燃混合物的快速氧化过程，并伴随着能量（光和热）的释放，同时使燃料的组成元素转化为相应的氧化物。多数化石燃料完全燃烧的产物是二氧化碳和水蒸气。然而，不完全燃烧过程将产生黑烟、一氧化碳和其他部分氧化产物等大气污染物。若燃料中含有硫和氮，则会生成 SO_2 和 NO，以污染物形式存在于烟气中。此外，当燃烧室温度较高时，空气中的部分氮也会被氧化成 NO_x，常称为热力型氮氧化物（thermal NO_x）。

（二）燃料完全燃烧的条件

要使燃料完全燃烧，必须具备 4 个方面的条件。

(1) 空气条件。很显然，燃料燃烧时必须保证供应与燃料燃烧相适应的空气量。如果空

气供应不足,燃烧就不完全;相反,空气量过大,也会降低炉温,增加锅炉的排烟损失。因此,按燃烧不同阶段供给相适应的空气量是十分必要的。

(2) 温度条件。燃料只有达到着火温度,才能与氧化合而燃烧。着火温度是在氧存在下可燃质开始燃烧所必须达到的最低温度。各种燃料都具有自己特定的着火温度,按固体燃料、液体燃料、气体燃料的顺序上升。各种燃料的着火温度如表 2-4 所示。

表 2-4 燃料的着火温度

燃料	着火温度/K
木炭	593～643
无烟煤	713～773
重油	803～853
发生炉煤气	973～1 073
氢气	853～873
甲烷	923～1 023

当温度高于着火温度时,只有燃烧过程的放热速率高于向周围的散热速率,从而能维持在较高的温度,才能使燃烧过程继续进行。

(3) 时间条件。燃料在燃烧室中的停留时间是影响燃烧完全程度的另一基本因素。燃料在高温区的停留时间应超过燃料燃烧所需要的时间。因此,在所要求的燃烧反应速度下,停留时间将决定于燃烧室的大小和形状。反应速度随温度的升高而加快,所以在较高温度下燃烧所需要的时间较短。设计者必须面对这样一个经济问题:燃烧室越小,在可利用时间内氧化一定量的燃料的温度就必须越高。

(4) 燃料与空气的混合条件。燃料和空气中氧的充分混合也是有效燃烧的基本条件。混合程度取决于空气的湍流度。若混合不充分,将导致不完全燃烧产物的产生。对于蒸气相的燃烧,湍流可以加速液体燃料的蒸发。对于固体燃料的燃烧,湍流有助于破坏燃烧产物在燃料颗粒表面形成的边界层,从而提高表面反应的氧利用率,并使燃烧过程加速。

适当控制空气与燃料之比、温度、时间和湍流度,是在大气污染物排放量最低条件下实现有效燃烧所必需的,评价燃烧过程和燃烧设备时,必须认真地考虑这些因素。通常把温度(temperature)、时间(time)和湍流度(turbulence)称为燃烧过程的“三 T”。

二、燃料燃烧的理论空气量

(一) 理论空气量

燃料燃烧所需要的氧一般是从空气中获得的;单位量燃料按燃烧反应方程式完全燃烧所需要的空气量称为理论空气量,它由燃料的组成决定,可根据燃烧方程式计算求得。建立燃烧化学方程式时，通常假定：

(1) 空气仅是由氮和氧组成的，其体积比为 79.1/20.9，即 3.78；

(2) 燃料中的固定态氧可用于燃烧；

(3) 燃料中的硫主要被氧化为 SO_2；

(4) 热力型 NO_x 的生成量较小，燃料中含氮量也较低，在计算理论空气量时可以忽略；

(5) 燃料中的氮在燃烧时转化为 N_2 和 NO，一般以 N_2 为主；

(6) 燃料的化学式为 $C_xH_yS_zO_w$，其中下标 x、y、z、w 分别代表碳、氢、硫和氧的原子数。

由此可得燃料与空气中氧完全燃烧的化学反应方程式：

$$C_xH_yS_zO_w + \left(x+\frac{y}{4}+z-\frac{w}{2}\right)O_2 + 3.78\left(x+\frac{y}{4}+z-\frac{w}{2}\right)N_2$$

$$\longrightarrow xCO_2 + \frac{y}{2}H_2 + zSO_2 + 3.78\left(x+\frac{y}{4}+z-\frac{w}{2}\right)N_2 + Q \tag{2-5}$$

其中：Q 代表燃烧热。那么，理论空气量表示如下：

$$V_a^0 = 22.4\times 4.78\left(x+\frac{y}{4}+z-\frac{w}{2}\right)/(12x+1.008y+32z+16w)$$

$$\approx 107.1\left(x+\frac{y}{4}+z-\frac{w}{2}\right)/(12x+1.008y+32z+16w)\ \mathrm{m^3/kg} \tag{2-6}$$

例 2-1　计算辛烷(C_8H_{18})在理论空气量条件下燃烧时的燃料/空气质量比，并确定燃烧产物气体的组成。

解： 辛烷在理论空气量条件下燃烧，可表示如下：

$$C_8H_{18} + 12.5(O_2 + 3.78N_2) \longrightarrow 8CO_2 + 9H_2O + 47.25N_2$$

燃烧每摩尔燃料需要 59.75 mol 的空气，辛烷的摩尔质量为 114，因此，在理论空气量下燃烧时，燃料/空气的质量比如下：

$$\left(\frac{m_f}{m_a}\right)_s = \frac{114}{12.5(32+3.78\times 28)} = \frac{114}{1\,723} = 0.066\,2$$

气体的组成通常以摩尔百分比表示，它不随气体温度和压力变化。

燃烧产物总摩尔数 $=8+9+47.25=64.25$

因此，辛烷燃烧产生的烟气组成如下：

$$y_{CO_2} = \frac{8}{64.25} = 0.125 = 12.5\%$$

$$y_{H_2O}=\frac{9}{64.25}=0.140=14.0\%$$

$$y_{N_2}=\frac{47.25}{64.25}=0.735=73.5\%$$

对于大部分燃料，可得到的关于化学组成的信息多为基于质量的元素分析结果，在进行燃烧计算之前，首先要把这些数据转化为等效的摩尔组成。

例 2-2　假定煤的化学组成如下（以质量计）：C:77.2%；H:5.2%；N:1.2%；S:2.6%；O:5.9%；灰分:7.9%。试计算这种煤燃烧时的理论空气量。

	%(以质量计)		mol/100 g(煤)		mol/mol(C)
C	77.2	÷12=	6.43	÷6.43=	1.00
H	5.2	÷1=	5.2	÷6.43=	0.808
N	1.2	÷14=	0.085 7	÷6.43=	0.013
S	2.6	÷32=	0.081 2	÷6.43=	0.013
O	5.9	÷16=	0.369	÷6.43=	0.057
灰分	7.9				

解：首先由煤的质量百分比组成确定其摩尔组成。为了计算简便，相对于单一原子标准化其摩尔组成。

对于该种煤，其组成可表示为：$CH_{0.809}N_{0.013}S_{0.013}O_{0.057}$，燃料的摩尔质量（即相对于每摩尔碳的质量，包括灰分）如下：

$$M_{\delta}=\frac{100}{6.43}=15.55\ [\text{g/mol(C)}]$$

对于这种燃料的燃烧，根据上面的 6 项简化假定，则有：

$$CH_{0.809}N_{0.013}S_{0.013}O_{0.057}+a(O_2+3.78N_2)\longrightarrow$$
$$0.404H_2O+0.013SO_2+(3.78a+0.006\,5)N_2$$

$$\text{其中，}a=1+\frac{0.809}{4}+0.013-\frac{0.057}{2}=1.19$$

因此，理论空气条件下燃料/空气的质量比如下：

$$\left(\frac{m_f}{m_a}\right)_s=\frac{15.55\ \text{g/mol(C)}}{1.19(32+3.78\times 28)\ \text{g/mol(C)}}=0.094\,8$$

若以单位质量燃料（如 1 kg）需要空气的标准体积表示，则有：

$$V_a^0=\frac{1.19\times(1+3.78)\ \text{mol}}{15.55\ \text{g}}\times\frac{1\ 000\ \text{g}}{1\ \text{kg}}\times 22.4\times 10^{-3}\ \text{m}^3/\text{mol}$$
$$=8.19\ \text{m}^3/\text{kg(燃料)}$$

一般煤的理论空气量：$V=4\sim 9\ \text{m}^3/\text{kg}$

液体燃料的理论空气量：$V=10\sim 11\ \text{m}^3/\text{kg}$

（二）空气过剩系数

燃料完全燃烧时所需的实际空气量取决于所需的理论空气量和“三 T”条件的保证程度。在理想的混合状态下，理论量的空气即可保证完全燃烧；但在实际的燃烧装置中，“三 T”条件不可能达到理想化的程度，因而为使燃料完全燃烧，就必须供给过量的空气。一般把超过理论空气量多供给的空气量称为过剩空气量，并把实际空气量 V_a 与理论空气量 V_a^0 之比定义为空气过剩系数 α：

$$\alpha=V_a/V_a^0 \tag{2-7}$$

通常情况下 $\alpha>1$，α 值的大小决定于燃料种类、燃烧装置形式及燃烧条件等因素。如表 2-5 所示为不同燃料和炉型的空气过剩系数。

表 2-5　部分炉型的空气过剩系数

燃烧方式	烟煤	无烟煤	重油	煤气
手烧炉和抛煤机炉	1.3～1.5	1.3～2.0	—	—
链条炉	1.3～1.4	1.3～1.5	—	—
悬燃炉	1.2	1.25	1.15～1.2	1.05～1.1

（三）空燃比

有时也采用空燃比(air-fuel ratio, AF)这一术语。空燃比定义为单位质量燃料完全燃烧所需要的空气质量，它可以由燃烧方程式直接求得。例如，甲烷在理论空气量下的完全燃烧：

$$CH_4+2O_2+7.56N_2\longrightarrow CO_2+2H_2O+7.56N_2$$

空燃比：

$$AF=\frac{2\times 32+7.56\times 28}{1\times 16}=17.2$$

随着燃料中氢相对含量的减少、碳相对含量的增加，理论空燃比减小。例如，汽油($\sim C_8H_{18}$)的理论空燃比为 15，纯碳的理论空燃比约 11.5。同时也可以根据燃烧方程式计算燃烧产物的量，即燃料燃烧产生的烟气量。

对于纯的化合物，式(2-5)中的下标 x、y、z 和 w 为整数或零。然而大多数燃料为可燃质的混合物，x、y 等下标可以取为分数。燃料的通用分子式仅表示各种原子的相对丰度，而不是实际的分子结构，但式(2-5) 仍然能够适用。对于混合燃料，下标 x、y 等可由燃料的元素分析确定。

三、燃烧产生的污染物

燃料燃烧过程并不是如式(2-5)所示的简单过程，还有分解和其他的氧化、聚合等过程。燃烧烟气主要由悬浮的少量颗粒物、燃烧产物、未燃烧和部分燃烧的燃料、氧化剂以及惰性气体（主要为 N_2）等组成。燃烧可能释放出的污染物有二氧化碳、一氧化碳、硫氧化物、氮氧化物、烟、飞灰、金属及其氧化物金属盐类、醛、酮和稠环碳氢化合物等。这些都是有害物质，它们的形成与燃烧条件有关。从图 2-3 可以看出，温度对各种燃烧产物的绝对量和相对量都有影响。

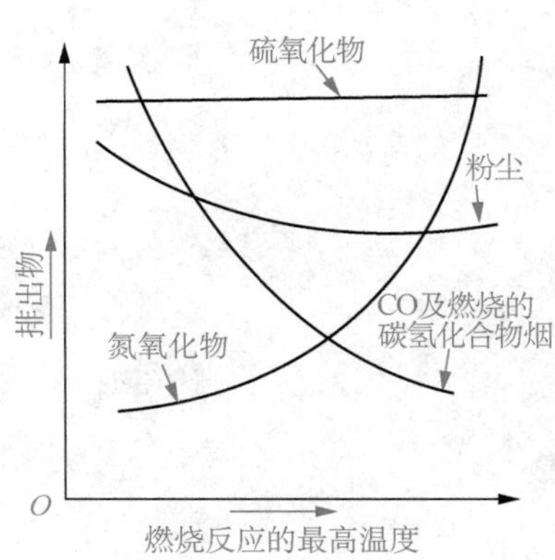

图 2-3　燃烧产物与温度的关系

由于各种燃料组成不同，燃烧方式不一样，燃烧产物也有一定差异。表 2-6 给出了 1 000 MW 电站产生的主要污染物的数量。

表 2-6　由 1 000 MW 电站排出的主要污染物

污染物	年排放量/10^6 kg		
	气①	油②	煤③
颗粒物	0.46	0.73	4.49
SO_2	0.012	52.66	139.00
NO_2	12.08	21.70	20.88
CO	可忽略	0.008	0.21
CH	可忽略	0.67	0.52

注：① 假定每年燃气 1.9×10^9 m^3。
② 假定每年燃油 1.57×10^9 kg，油的硫含量为 1.6%，灰分为 0.05%。
③ 假定每年耗煤 2.3×10^9 kg，煤的硫含量为 3.5%，硫转化为 SO_x 的比例为 85%，煤的灰分为 9%。

在我国的能源消耗结构中，煤炭是第一能源，在一次能源中占比达 60%。燃煤比燃油造成的环境负荷要大得多。煤的发热量低，灰分含量高，含硫量虽然可能比重油低，但为获得同样的热量，所耗煤量要大得多，所以产生的 SO_x 反而可能更多。煤的含氮量约比重油高 5 倍，因而 NO_x 的生成量也高于重油。此外，煤炭燃烧还会带来汞、砷等微量重金属污染，氟、氯等卤素污染和低水平的放射性污染。

例 2-3　某燃烧装置采用重油作燃料，重油成分分析结果如下（质量分数）：C 88.3%；H 9.5%；S 1.6%；H_2O 0.05%；灰分 0.10%。试确定燃烧 1 kg 重油所需要的理论空气量。

解： 以 1 kg 重油燃烧为基础，则整理如下：

	重量/g	摩尔数/mol	需氧数/mol
C	883	73.58	73.58
H	95	47.5	23.75
S	16	0.5	0.5
H_2O	0.5	0.027 8	0

所以，理论需氧量为 97.83 mol/kg 重油（73.58＋23.75＋0.5）。假定干空气中氮和氧的摩尔比（体积比）为 3.78，则 1 kg 重油完全燃烧所需要的理论空气量如下：

$$97.83\times(3.78+1)=467.627\ (\text{mol/kg 重油})$$

$$\text{即 } 467.63\times\frac{22.4}{1\,000}=10.47\ (\text{m}_\text{N}^3/\text{kg 重油})$$

四、热化学关系式

（一）发热量

1. 燃料的发热量

燃烧过程是放热反应，释放的能量（光和热）产生于化学键的重新排列。单位燃料完全燃烧时发生的热量变化，即在反应物开始状态和反应产物终了状态相同的情况下（通常为 298 K 和 1 atm）的热量变化，称为燃料的发热量，单位是 kJ/kg（固体、液体燃料）或kJ/m^3（气体燃料）。燃料的发热量有高位发热量和低位发热量之分：高位发热量包括燃料燃烧生成物中水蒸气的汽化潜热；低位发热量是指燃烧产物中的水蒸气仍以气态存在时完全燃烧所释放的热量。一般燃烧设备中的排烟温度均远远超过水蒸气的凝结温度，因而大都按低位发热量计算燃料发热量。

若已知燃料中氢和水的含量，低位发热量 q_L 可由高位发热量 q_H 减去水蒸气的凝结热而求得。若发热量以 kJ/kg 表示，则：

$$q_L=q_H-25(9W_H-W_W) \tag{2-8}$$

其中：W_H，W_W 为燃料中氢和水分的质量百分数。

2. 燃料设备的热损失

应当指出，燃料燃烧产生的热量仅有一部分能够被有效利用。这是因为所有的燃烧设

备都存在热损失，最优的设计和操作能使这种损失减至最小。燃烧设备的热损失主要包括排烟热损失、不完全燃烧热损失和炉体散热损失等。

(1) 排烟热损失。这主要是由于排烟带走了一部分热量而造成的。一般锅炉排烟热损失为6%～12%，它可根据排烟的焓与进入锅炉冷空气的焓之差来计算，影响排烟热损失的主要因素是排烟温度和排烟体积。烟温每升高12～15 K，排烟热损失可增加1%。锅炉尾部设置省煤器和空气预热器，就是为了降低排烟温度，但也应防止烟温过低而造成受热面的酸性腐蚀。工业锅炉的排烟温度选取433～473 K，大、中型锅炉的排烟温度选取383～453 K。

(2) 不完全燃烧热损失。不完全燃烧热损失包括化学不完全燃烧和机械不完全燃烧造成的热损失。前者是由于烟气中含有残余的可燃气体而造成的，主要为CO，还有少量的H_2、CH_4等。这项损失不大，煤粉炉不超过0.5%，油炉和气体炉为1%～1.5%，层燃炉1%左右。后者是由于灰中含有未燃尽的碳而造成的，它包括灰渣损失、飞灰损失和漏煤损失（层燃炉中，通过炉箅缝隙将煤漏入灰坑引起的损失）。机械不完全燃烧损失是比较大的一项损失：煤粉炉机械不完全燃烧损失为1%～5%；液体、气体炉正常燃烧可使该项损失减少到零；层燃炉该项损失高达5%～15%。

(3) 炉体散热损失。锅炉炉墙、锅筒、联箱、汽水管道等部分温度高于周围空气温度，因而有部分热量散失到空气中造成损失。散热损失不仅会降低锅炉的热效率，而且使锅炉房的温度升高，恶化司炉工的劳动条件。这项损失取决于锅炉外表面积的大小、绝热层质量的优劣，以及环境温度和风速等。

图2-4表明了空燃比对燃烧热损失的影响。在充分混合的条件下，热量总损失在理论空气量条件下最低。当混合不充分时，热量总损失的最小值出现在空气过量一侧，精确位置取决于燃料与空气之间混合的程度，也取决于各种燃料的特征燃烧速率。

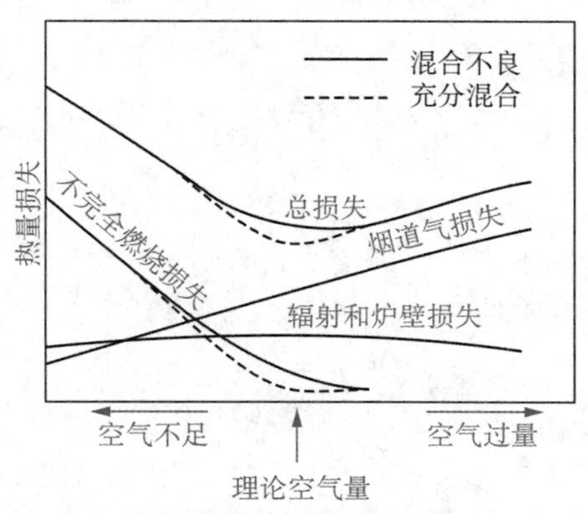

图2-4 燃烧热损失与空燃比的关系

防治大气污染最有力的措施就是有效地利用燃料资源，所有的节能措施几乎都会降低大气污染物的排放量，因此，如何减少燃料燃烧过程的热损失是环境保护工程师的重要职责之一。

第三节 烟气体积及污染物排放量计算

一、烟气体积计算

（一）理论烟气体积

在理论空气量下，燃料完全燃烧所生成的烟气体积称为理论烟气体积，以 V_{fg}^{0} 表示。烟气成分主要是 CO_2、SO_2、N_2 和水蒸气。通常把烟气中除了水蒸气以外的部分称为干烟气，把包括水蒸气在内的烟气称为湿烟气。所以理论烟气体积等于干烟气体积和水蒸气体积之和。

理论水蒸气体积由 3 个部分构成，即燃料中氢燃烧后生成的水蒸气体积、燃料中所含的水蒸气体积和由供给的理论空气量带入的水蒸气体积。

（二）烟气体积和密度的校正

燃烧装置产生的烟气的温度和压力总是高于标准状态（273 K，1 atm），在烟气体积和密度计算中往往需要换算成为标准状态。

大多数烟气可以视为理想气体，所以在烟气体积和密度换算中可以应用理想气体状态方程。若设观测状态下（温度 T_s、压力 P_s）烟气的体积为 V_s、密度为 ρ_s，在标准状态下（温度 T_N、压力 P_N）烟气的体积为 V_N，密度为 ρ_N，则由理想气体状态方程式可以得到标准状态下的烟气体积：

$$V_N = V_s \frac{P_s}{P_N} \cdot \frac{T_N}{T_s} \tag{2-9}$$

标准状态下烟气的密度如下：

$$\rho_N = \rho_s \frac{P_N}{P_s} \cdot \frac{T_s}{T_N} \tag{2-10}$$

需要指出的是，生态环境部办公厅 2018 年 8 月 14 日印发的《环境空气质量标准》（GB 3095—2012）修改单中规定：自 2018 年 9 月 1 日起，标准中的二氧化硫、二氧化氮、一氧化碳、臭氧、氮氧化物等气态污染物浓度为参比状态（reference state，大气温度为 298.15 K，大气压力为 1 013.25 hPa）下的浓度；可吸入颗粒物（PM_{10}，空气动力学当量直径小于等于 10 μm）、细颗粒物（$PM_{2.5}$，空气动力学当量直径小于等于 2.5 μm）、总悬浮颗粒物（TSP）及其组

分铅、苯并[a]芘等浓度为监测时大气温度和压力下的浓度。在做数据比较或校对时应予注意。

（三）过剩空气校正

因为实际燃烧过程是有过剩空气的，所以燃烧过程中的实际烟气体积应为理论烟气体积与过剩空气量之和。用奥氏烟气分析仪测定干烟气中 CO_2、O_2 和 CO 的含量，可以确定燃烧设备运行时的烟气成分和空气过剩系数。

以碳在空气中的完全燃烧为例：

$$C + O_2 + 3.78N_2 \longrightarrow CO_2 + 3.78N_2$$

烟气中仅含有 CO_2 和 N_2，若空气过量，则燃烧方程式如下：

$$C + (1+a)O_2 + (1+a)3.78N_2 \longrightarrow CO_2 + aO_2 + (1+a)3.78N_2$$

其中：a 是过剩空气中 O_2 的过剩摩尔数。根据定义，空气过剩系数如下：

$$\alpha = \frac{实际空气量}{理论空气量} = \frac{(1+a)[M(O_2)+3.78(N_2)]}{M(O_2)+3.78M(N_2)} = 1+a$$

要计算 α，必须知道过剩氧的摩尔数。

若燃烧是完全的，过剩空气中的氧仅能够以 O_2 的形式存在，假如燃烧产物以下标 p 表示，则：

$$C + (1+a)O_2 + (1+a)3.78N_2 \longrightarrow CO_{2p} + aO_{2p} + N_{2p}$$

其中：$O_{2p} = aO_2$，表示过剩氧量；N_{2p} 为实际空气量中所含的总氮量。假定空气的体积组成为 20.9% O_2 和 79.1% N_2，则实际空气量中所含的总氧量如下：

$$\frac{20.9}{79.1}\varphi(N_{2p}) = 0.264\varphi(N_{2p})$$

理论需氧量为 $0.264\varphi(N_{2p}) - \varphi(O_{2p})$，因而空气过剩系数如下：

$$\alpha = 1 + \frac{\varphi(O_{2p})}{0.264\varphi(N_{2p}) - \varphi(O_{2p})} \tag{2-11}$$

假如燃烧过程产生 CO，过剩氧量必须加以校正，即从测得的过剩氧中减去氧化 CO 和 CO_2 所需要的氧。因此，

$$\alpha = 1 + \frac{\varphi(O_{2p}) - 0.5\varphi(CO_p)}{0.264\varphi(N_{2p}) - [\varphi(O_{2p}) - 0.5\varphi(CO_p)]} \tag{2-12}$$

其中：各组分的量均为奥萨特仪所测得的各组分的体积百分数。

例如，奥萨特仪分析结果如下：$\varphi(CO_2) = 10\%$；$\varphi(O_2) = 4\%$；$\varphi(CO) = 1\%$。那么，$\varphi(N_2) = 85\%$，则：

$$\alpha = 1 + \frac{4 - 0.5 \times 1}{0.264 \times 85 - (4 - 0.5 \times 1)} = 1.18479$$

考虑过剩空气校正后，实际烟气体积：

$$V_{fg} = V_{fg}^0 + V_a^0(\alpha - 1) \tag{2-13}$$

二、污染物排放量的计算

通过测定烟气中污染物的浓度，根据实际排烟量，很容易计算污染物的排放量。但在很多情况下，需要根据同类燃烧设备的排污系数、燃料组成和燃烧状况，预测烟气量和污染物浓度。各种污染物的排污系数由其形成机理和燃烧条件决定，将在后文分别给予讨论。

下面以例题来说明有关的计算。

例 2-4　对于例 2-3 给定的重油，若燃料中硫全部转化为 SO_x（其中 SO_2 占 97%），试计算空气过剩系数 $\alpha = 1.2$ 时烟气中 SO_2 及 SO_3 的体积分数，以 10^{-6} 表示；并计算此时干烟气中 CO_2 的含量，以体积百分比表示。

解： 由例 2-3 可知，理论空气量条件下烟气组成(mol)如下：CO_2:73.58；H_2O:47.5+0.027 8；SO_2:0.5；N_2:97.83×3.78。

理论烟气量如下：

$73.58 + (47.5 + 0.0278) + 0.5 + 97.83 \times 3.78 = 491.405$ (mol/kg 重油)

即 $491.4 \times \frac{22.4}{1000} = 11.01$ (m_N^3/kg 重油)

空气过剩系数 $\alpha = 1.2$ 时，实际烟气量如下：

$$11.01 + 10.47 \times 0.2 = 13.10 \text{ (}m_N^3\text{/kg 重油)}$$

其中：10.47 为 1 kg 重油完全燃烧所需理论空气量(见例 2-3)。

烟气中 SO_2 的体积如下：

$$0.5 \times 0.97 \times \frac{22.4}{1000} = 0.0109 \text{ (}m_N^3\text{/kg)}$$

SO_3 的体积如下：

$$0.5 \times 0.03 \times \frac{22.4}{1000} = 3.36 \times 10^{-4} \text{ (}m_N^3\text{/kg)}$$

所以，烟气中 SO_2 及 SO_3 的体积分数分别如下：

$$\varphi_{SO_2}=\frac{0.010\,9}{13.10}=832\times10^{-6}$$

$$\varphi_{SO_3}=\frac{3.36\times10^{-4}}{13.10}=2.56\times10^{-7}$$

当 $\alpha=1.2$ 时,干烟气量如下:

$$[491.4-(47.4+0.027\,8)]\times\frac{22.4}{1\,000}+10.47\times0.2=12.04\ (m_N^3)$$

CO_2 的体积如下:

$$73.58\times22.4/1\,000=1.648\ (m_N^3/\text{kg 重油})$$

所以,干烟气中 CO_2 的体积分数如下:

$$1.648/12.04\times100\%=13.69\%$$

例 2-5 **已知某电厂烟气温度为 473 K,压力等于 96.93 kPa,湿烟气量 $Q=10\,400\ m^3/min$,含水汽 6.25%(体积),奥萨特仪分析结果是:$CO_2=10.7\%$,$O_2=8.2\%$,不含 CO,污染物排放的质量流量是 22.7 kg/min。**

求:(1) 污染物排放的质量速率(以 t/d 表示);

(2) 污染物在烟气中的浓度;

(3) 燃烧时的空气过剩系数;

(4) 校正至空气过剩系数 $\alpha=1.4$ 时污染物在烟气中的浓度。

解:(1) 污染物排放的质量流量:

$$22.7\frac{kg}{min}\times60\frac{min}{h}\times24\frac{h}{d}\times\frac{1\ t}{1\,000\ kg}=32.7\ t/d$$

(2) 测定条件下的干烟气量:

$$Q_d=10\,400\times(1-0.062\,5)=9\,750\ (m^3/min)$$

测定条件下在干烟气中污染物的浓度:

$$\rho=\frac{22.7\times10^6}{9\,750}=2\,328.21\ (mg/m^3)$$

修正为标准状态下的浓度:

$$\rho_N=\rho\left(\frac{p_N}{p}\right)\left(\frac{T}{T_N}\right)=2\,328.2\times\frac{101.33}{96.93}\times\frac{473}{273}=4\,216.95\ (mg/m_N^3)$$

(3) 空气过剩系数：

$$\alpha = 1 + \frac{O_{2p}}{0.264N_{2p} - O_{2p}} = 1 + \frac{8.2}{0.264 \times 81.1 - 8.2} = 1.62$$

(4) 校正至空气过剩系数 $\alpha = 1.4$ 条件下的污染物浓度：

根据近似推算校正：

$$\rho_{折} = \rho_{实}\frac{\alpha_{实}}{1.4}$$

其中：$\rho_{折}$ 为空气过剩系数 1.4 时的污染物浓度；$\rho_{实}$ 为实测的污染物浓度；$\alpha_{实}$ 为实测的空气过剩系数。

所以，

$$\rho_{折} = \rho_{实}\frac{\alpha_{实}}{1.4} = 4\,217.0 \times \frac{1.621}{1.4} = 4\,882.7\ (\mathrm{mg/m^3N})$$

第四节　燃烧过程中硫氧化物的形成

一、燃料中硫的氧化机理

(一) 燃料中硫的氧化

煤受热后，在热解释放挥发分的同时，煤中有机硫与无机硫也挥发出来。松散结合的有机硫在低温(<700 K)下分解，紧密结合的有机硫在较高温度(800 K)下分解释出。遇到氧气时，它们全部氧化成 H_2S 和少量的 SO_3；在还原气氛下，挥发出的主要是 H_2S 和 COS，在燃烧过程中也会被氧化为 SO_2。焦炭中的硫可能与氢反应生成 H_2S，也可能与氧反应生成 SO_2。

无机硫的分解速度较慢，在还原气氛、温度<800 K 以及足够停留时间的条件下，无机硫将分解为 FeS、S 和 H_2S。生成的 FeS 在更高的温度(≥1 700 K)和更长的时间下才能分解，其分解产物为 Fe、S_2 和 COS 等，它们再氧化成 SO_2 或 SO_3，有一部分 FeS 残留在焦炭中，与灰分中的其他成分形成低熔点共熔体，将导致结渣。

含硫燃料燃烧的特征是火焰呈浅蓝色，这种颜色是由以下反应产生的：

$$O + SO \longrightarrow SO_2 + hv \qquad (2\text{-}14)$$

在所有情况下，它都作为一种重要的反应中间体出现。对 H_2S、COS 和 CS_2 的燃烧机理已有相当详细的描述，但很少讨论煤炭燃烧过程中释放出的其他一些含硫气体的燃烧机理。

（二）H_2S 的氧化

萨克简(Sachzan)等人认为，H_2S 的氧化过程分 3 个阶段。

首先，大部分 H_2S 被消耗掉，其燃烧产物主要是 SO_2 和 H_2O。主要反应如下：

$$O + H_2S \longrightarrow SO + H_2 \tag{2-15}$$

$$SO + O_2 \longrightarrow SO_2 + O \tag{2-16}$$

还有某种程度的链分支反应：

$$O + H_2S \longrightarrow OH + SH \tag{2-17}$$

其次，SO 浓度减少，OH 浓度达到其最大值，SO_2 达到其最终浓度。反应式(2-17)较反应式(2-14)所起的作用大。

最后，当氢浓度达最大值时，水的浓度开始上升。其反应如下：

$$H_2 + O \longrightarrow OH + O \tag{2-18}$$

$$H + O_2 \longrightarrow OH + O \tag{2-19}$$

$$OH + H_2 \longrightarrow H_2O + H \tag{2-20}$$

（三）CS_2 和 COS 的氧化

CS_2 是很易燃的，COS 则是 CS_2 火焰中的一种中间体。有人提出，CS_2 氧化的链起始反应如下：

$$CS_2 + O_2 \longrightarrow CS + SOO \tag{2-21}$$

由该反应产生 CS，使一系列链反应开始：

$$CS + O_2 \longrightarrow CO + SO \tag{2-22}$$

$$SO + O_2 \longrightarrow SO_2 + O$$

$$O + CS_2 \longrightarrow SC + SO \tag{2-23}$$

$$CS + O \longrightarrow CO + S \tag{2-24}$$

$$O + CS_2 \longrightarrow COS + S \tag{2-25}$$

$$S + O_2 \longrightarrow SO + O \tag{2-26}$$

COS 火焰显示出两个区域：第一区中生成 CO 和 SO_2；第二区中 CO 转化为 CO_2。链反应是由 COS 的光解诱发的：

$$COS + h\upsilon \longrightarrow CO + S \tag{2-27}$$

$$S + O_2 \longrightarrow SO + O$$

$$O + COS \longrightarrow CO + SO \tag{2-28}$$

$$SO + O_2 \longrightarrow SO_2 O$$

与 CS_2 相比，COS 的可燃性较差。

（四）元素硫的氧化

所有硫化物的火焰中都曾发现元素硫，通常这种硫呈原子态或二聚硫 S_2。低温下纯硫蒸发时，这些蒸气分子是聚合的，其分子式为 S_8。对 373 K 左右的纯硫氧化的气相研究表明，此种氧化反应具有链反应特性。谢苗诺夫(Semyonov)提出了下列链分支反应：

$$S_8 \longrightarrow S_7 + S \tag{2-29}$$

$$S + O_2 \longrightarrow SO + O$$

$$S_8 + O \longrightarrow SO + S + S_6 \tag{2-30}$$

反应生成物来自下列反应：

$$SO + O \longrightarrow SO_2^* \longrightarrow SO_2 + h\upsilon$$

$$S + O_2 \longrightarrow SO + O$$

$$SO_2 + O_2 \longrightarrow SO_3 + O \tag{2-31}$$

$$SO_2 + O + M \longrightarrow SO_3 + M \tag{2-32}$$

纯硫氧化的唯一特点在于生成的 SO_3 所占 SO_x 的百分比较通常情况高得多(约 20%)。

（五）有机硫化物的氧化

燃料中的有机硫可能以硫醇、硫化物或二硫化物的形式存在，它们燃烧的主要产物都是二氧化硫。

在贫燃料状态下(空气过量)硫醇氧化时，即使温度约为 573 K，其中的硫也会全部被转化成 SO_2；当温度较低且在富燃料状态下(空气不足)，可以生成 SO_2 并可获得其他一些产物如醛和甲醇。

二硫化物的氧化是按照与硫化物类似的反应路线进行的。初始步骤如下：

$$RCH_2SSCH_2R + O_2 \longrightarrow RCH_2S - S - CHR + HO_2 \tag{2-33}$$

接着发生基的分解：

$$RCH_2S - S - CHR \longrightarrow RCH_2S + RCHS \tag{2-34}$$

然后再通过氢的取代生成硫醇：

$$RCH_2S + RH \longrightarrow RCH_2SH + R \tag{2-35}$$

硫醇的氧化反应如下：

$$RSH + O_2 \longrightarrow RS + HO_2 \tag{2-36}$$

$$RS + O_2 \longrightarrow R + SO_2 \tag{2-37}$$

最后生成烃基和二氧化硫。

二、SO_2 和 SO_3 之间的转化

低浓度的 SO_3 通过下述反应产生于燃烧过程中：

$$SO_2 + O + M \longrightarrow SO_3 + M$$

其中：M 是第三体，起着吸收能量的作用。三体过程本来是相当缓慢的，然而在炽热的反应区因氧原子浓度达到最大值，这个过程会迅速进行。在高温下，SO_3 可能会通过下列反应而被消耗：

$$SO_3 + O \longrightarrow SO_2 + O_2 \tag{2-38}$$

$$SO_3 + H \longrightarrow SO_2 + OH \tag{2-39}$$

$$SO_3 + M \longrightarrow SO_2 + O + M \tag{2-40}$$

最后一步是式(2-32)的简单可逆反应，是一种热分解过程。

在炽热的反应区，原子态氧浓度很高，假定式(2-32)和式(2-38)支配整个反应机理是合理的，应用基本的动力学概念，SO_3 生成速率如下：

$$\frac{d[SO_3]}{dt} = k_1[SO_2][O][M] - k_2[SO_3][O] \tag{2-41}$$

SO_3 最大浓度可以令 $\frac{d[SO_3]}{dt} = 0$ 而求得，结果如下：

$$[SO_3]_{max} = \frac{k_1[SO_2][M]}{k_2} \tag{2-42}$$

根据 k_1、k_2 和[M]的估值，可以求得$[SO_3]_{max}$的数值。估算结果表明，SO_3 浓度的最大值为 SO_2 浓度的 0.1%～5%，基本上与测量值一致。

在富燃料的碳氢化合物火焰中，因为氧原子浓度低得多，SO_3 去除反应主要是式(2-39)，根据式(2-32)和式(2-39)，可以得到在富燃料条件下 SO_3 的最大浓度：

$$[SO_3]_{max}=\frac{k_1[SO_2][M][O]}{k_2[H]}$$

在这种情况下，$[O]/[H]$的比值控制着$[SO_3]_{max}$的数值，因为$[O]/[H]$的值是很小的。在富燃料条件下，SO_2 向 SO_3 的转化就基本上被抑制了。这就是从防止腐蚀的观点考虑，希望炉膛中空气过剩系数降低的原因。当燃烧产物离开炽热的反应区后，温度迅速降低，同时各种原子的浓度也急剧降低，因而 SO_3 生成和除去的步骤得以忽略。当温度降低时，一些三氧化硫可能通过式(2-40)而热分解，但这个反应具有较高的活化能，所以当温度降低时，它的反应速率也就变得不重要了。因此，动力学预测，贫燃料时碳氢化合物火焰区的 SO_3 浓度超过平衡值；当气体冷却时，SO_3 浓度只略有降低。动力学预测表明 SO_3 最终浓度是 SO_2 浓度的 1/80～1/40，这与商业上的经验是一致的。

在有些燃烧设备中，烟气离开炉膛进入低温受热面，虽然烟气温度降低了，但 SO_3 的生成量将不断增加，这是受热面积和金属氧化物的催化作用的结果。这种催化作用也与温度有关。例如，Fe_2O_3 的催化作用在 590 ℃左右最大，V_2O_5 在 540 ℃左右时出现最大值，V_2O_5 的催化作用比 Fe_2O_3 的还强。SO_2 在 430 ℃～620 ℃条件下与 V_2O_5 接触，产生以下反应：

$$V_2O_5+SO_2\longrightarrow V_2O_4+SO_3$$

$$2SO_2+O_2+V_2O_4\longrightarrow 2VOSO_4$$

$$2VOSO_4\longrightarrow V_2O_5+SO_3+SO_2$$

据报道，在富含钒的燃料油燃烧烟气中，SO_3 的产生量高达 30%。其他氧化物如氧化硅、氧化铝、氧化钠等对 SO_2 的氧化均有一定的催化作用。受热面的燃料灰也能促进这种催化作用，因为燃料灰中含有多种金属氧化物。

燃料燃烧后烟气中含有部分水蒸气，这些水分和生成的 SO_3 化合生成 H_2SO_4 蒸气。SO_3 向 H_2SO_4 转化的份额 x 定义如下：

$$x=100P_{H_2SO_4}/(P_{SO_3}+P_{H_2SO_4})(\%) \tag{2-43}$$

转化率 x 与温度的关系很大。当温度低于 473 K 时，烟气中 SO_3 明显地转变成 H_2SO_4 蒸气，即转化率增加，而且温度越低，x 越大。当温度低至 383 K 时，几乎全部的 SO_3 都和水蒸气结合成硫酸气(见图 2-5)。硫酸蒸气的存在使烟气的露点(通常称酸露点)显著升高。例如，体积分数为 1×10^{-6} 的硫酸蒸气可使含水蒸气 11%的烟气的露点由 48 ℃升高至 110 ℃。硫酸浓度越高，酸露点则越高(见图 2-6)。烟气露点的升高极易引起管道和空气净化设施的腐蚀。

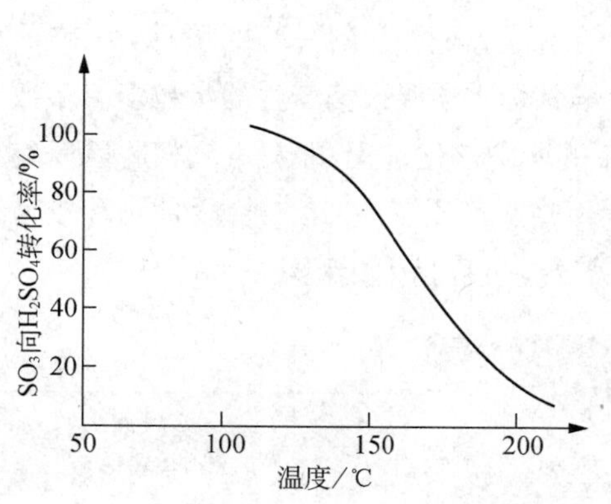

图 2-5　SO_2 向 H_2SO_4 的转化率与温度的关系

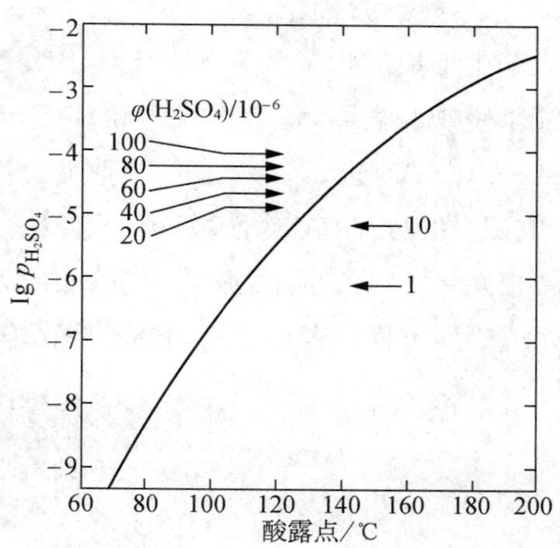

图 2-6　烟气的酸露点曲线(水蒸气含量 11%，101 325 Pa)

在特殊环境下，硫与无机组分的反应可以将硫固定在固相中。例如，加入氧化钙，可以有效地减少烟气中的 SO_2：

$$CaO(s)+SO_2+\frac{1}{2}O_2=CaSO_4(s)$$

该反应的平衡常数如下：

$$K_P=1.17\times10^{-14}e^{\frac{58.840}{T}}$$

平衡时 SO_2 的摩尔分数如下：

$$y_{SO_2}=p^{-3/2}K_P^{-1}y_{O_2}^{-1/2}$$

因此，低温和稀薄燃烧有利于将 SO_2 转化为硫酸钙。

第五节　燃烧过程中颗粒污染物的形成

一、碳粒子的生成

燃烧过程中生成一些主要成分为碳的粒子，通常由气相反应生成积炭，由液态烃燃料高温分解产生的那些粒子都是结焦或煤胞。

1. 积炭的生成

火焰中形成的积炭至少含有 1%(质量分数)的氢,近似地相当于一个经验分子式 C_8H。电子显微镜观测表明,积炭由大量粗糙的球形粒子组成,很像串在一起的珍珠,其粒子直径在 100～2 000Å,随火焰形式而明显改变。扩散火焰总是比预混火焰产生的炭粒多。多数人认为,生成积炭的过程有 3 个阶段:第一阶段是最复杂的所谓核化过程,即发生气相脱氢反应并产生凝聚相固体碳;第二阶段就在这些核表面上发生一些非均质反应;第三阶段是一种较为缓慢的聚团或凝聚过程。表 2-7 给出的乙炔火焰中生碳反应过程是生成积炭的一个例子。

表 2-7 乙炔火焰中生碳反应过程

乙炔	$\xrightarrow[\text{的基反应}]{\text{与 } C_2H \text{ 和 } C_2H_3}$	$\xrightarrow[\text{聚乙炔基}]{\text{聚乙炔}}$
$\xrightarrow[\text{某种基}]{\text{加入}}$	支链基	$\xrightarrow[\text{成环作用}]{\text{加入 } C_2H_2 \text{ 和聚乙炔}}$
$\longrightarrow$	聚环芳香烃 部分活化的环烃,富氢燃料 (第 3 组烃)	$\xrightarrow[\text{聚乙炔}]{\text{再加入}}$
$\longrightarrow$	细小积炭粒子(活化的) 由一些表面反应生成聚环芳香烃	$\xrightarrow[\text{粒子,并发生素}]{\text{加入细小积炭}}$
$\longrightarrow$	大积炭粒子(非活化的,直径 250Å)	$\xrightarrow{\text{乙炔过程,非活化的}}$
$\longrightarrow$	聚团的大积炭粒子聚结,通过 C_2H_2 和聚乙炔的非均质分解,使碳的数量缓慢增加	

是否出现积炭主要取决于核化步骤和氧化这些中间体的那些反应速率是否较高。燃料的分子结构是影响积炭的主导因素。通常碳氢比是控制积炭趋势的度量,有机化合物的不饱和度对生碳有一定影响,支链化合物比直链化合物释放碳的趋势要大。在扩散火焰中,碳的生成按下列顺序:

萘 > 苯 > 炔 > 双烯 > 单烯 > 烷

或按更一般的次序:

芳香烃 > 炔烃 > 烯烃 > 烷烃

在预混火焰中,从分子结构来看,这种发烟趋势是不同的,其发烟大小的顺序如下:

萘 > 苯 > 醇 > 烷 > 烯 > 醛 > 炔

实践证明,如果让碳氢化合物燃料与足量的氧化合,能够防止积炭生成。另外,在所有火焰中,压力越低则积炭生成趋势越小。这种受压敏感性与核化过程中所有反应速率的下降是一致的。三氧化硫、气态氢、镍和碱土金属盐都能抑制碳的生成,可在工业汽油中加入

钡盐作为积炭的一种抑制剂。

2. 石油焦和煤胞的生成

在多数情况下，液态燃料的燃烧尾气不仅含有气相过程形成的积炭，而且也会含有由液态烃燃料本身生成的碳粒。燃料油雾滴在被充分氧化之前，与炽热壁面接触，会导致液相裂化，接着发生高温分解，最后出现结焦。由此产生的碳粒叫石油焦，是一种比积炭更硬的物质。多组分重残油的燃烧实验表明：燃料液滴燃烧的后期，将生成一种被称为煤胞的焦粒，并且难以燃烧。早期的研究表明，这种焦粒生成反应的顺序可能是：烷烃→烯烃→带支链芳香烃→凝聚环系→柏油→沥青→半圆体沥青→沥青焦→焦炭。煤胞外形为微小空心的球形粒子，其大小与油滴的直径成正比，一般为 10～300 μm。

二、燃煤烟尘的形成

固体燃料燃烧产生的颗粒物通常称为烟尘，它包括黑烟和飞灰两部分。黑烟主要是未燃尽的炭粒，飞灰则主要是燃料所含的不可燃矿物质微粒，是灰分的一部分。飞灰中含有汞(Hg)、砷(As)、硒(Se)、铅(Pb)、铜(Cu)、锌(Zn)、氯(Cl)、溴(Br)、硫(S)，均属污染元素，对健康有害。这些污染物在飞灰中富集了数百至数千倍。Hg、Se、Pb、Cu、Zn 属重金属元素，在原煤中均属痕量元素。煤中痕量元素含量与成煤环境、时代的含硫量成正相关性。

（一）煤燃烧过程

为了解燃煤黑烟的产生，研究煤燃烧现象是必要的。煤中挥发物对能量的释放过程影响相当大，比起其他固体可燃成分来说，它们燃烧速度更快。决定煤燃烧过程性能的是残留下来的固体部分，即碳的表面燃烧速率决定煤的燃烧性能。实验已经证实，靠近碳表面的燃烧产物是 CO，它扩散离开表面，并与氧反应以生成 CO_2，然后二氧化碳在两个方向上——向着表面和离开表面扩散。当 CO_2 到达碳表面时，它就通过以下反应还原成 CO：

$$CO_2 + C \longrightarrow 2CO$$

实际上到达碳表面的氧气很少，碳主要消耗在使 CO_2 还原成 CO 上。在表面燃烧碳层中，气体成分和温度的分布如图 2-7 所示。

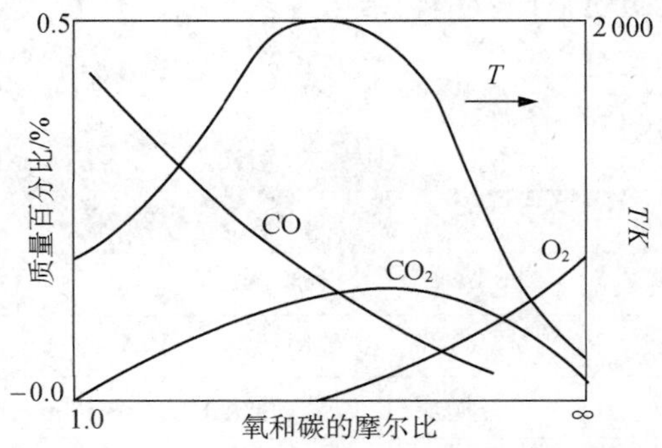

图 2-7　在表面燃烧碳层中，气体成分和温度的分布

如果燃烧条件非常理想，煤可以完全燃烧，即完全氧化为 CO_2 等气体，余下为灰分。如果燃烧不够理想，甚至很差，煤不但燃烧不好，而且会在高温下发生热解作用。煤热解极易形成多环化合物，这样就会冒黑烟。虽然开展了许多研究，但我们对黑烟形成机制的认识不十分完全。已经证明，当碳与氧的摩尔比接

近 1.0 时，最易形成黑烟。

$$C_mH_n + aO_2 \longrightarrow 2aCO + \frac{n}{2}H_2 + (m-2a)C_S$$

其中：C_S 表示固态的碳粒子。

研究也发现，在预混火焰中，C/O 小于 1.0、约为 0.5 时最易形成黑烟。据测定，在黑烟中含有芘、蒽、苯并芘等。燃烧装置不同，燃烧条件不同，产生这些多环芳香烃的数量有很大差异，以手烧炉最差，其次为下饲式加煤机，而以链条炉栅抛煤机燃烧效果为最佳。

在理想条件下，是否容易形成黑烟，与煤的种类和质量有很大关系。据研究，易于燃烧又少出现黑烟的燃料顺序如下：无烟煤→焦炭→褐煤→低挥发分烟煤→高挥发分烟煤。因此，烟煤最易形成黑烟。

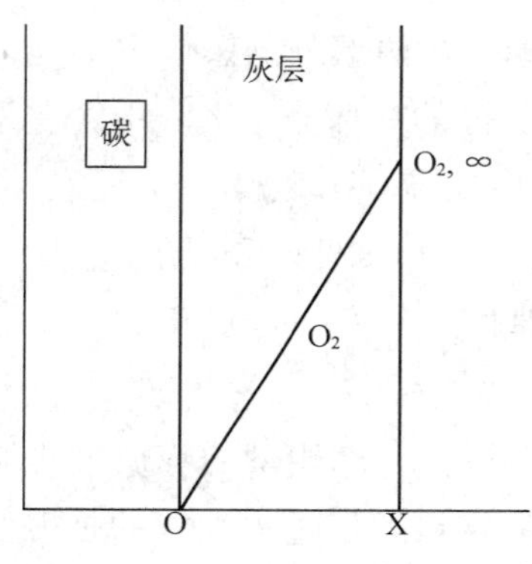

图 2-8　高灰分燃料扩散燃烧的灰层厚度

另外，煤中还含有灰分，假定煤燃烧时保存下来一个多孔的灰分层，当然这种灰分可能对非均质碳的燃烧反应具有催化作用，然而它增加了气体扩散阻力。因为氧气向颗粒的扩散比氧气穿过灰分的扩散快得多，所以通常假设在灰层边界上氧气浓度和烟气中氧的浓度相同，在燃料表面，氧气（或 CO_2）浓度接近于零，如图 2-8 所示。

基于以上燃烧模型导出的燃烧速率方程表明，碳粒子燃尽的时间与粒子的初始直径、粒子表面温度、氧气浓度等有关。因此，减少煤层气中未燃尽碳粒的主要途径应当是改善燃料和空气的混合，保证足够高的燃烧温度以及碳粒在高温区必要的停留时间。

（二）影响燃煤烟气中飞灰排放特征的因素

燃煤尾气中飞灰的浓度和粒度与煤质、燃烧方式、烟气流速、炉排和炉膛的热负荷、锅炉运行负荷以及锅炉结构等多种因素有关。表 2-8 给出了几种燃烧方式的烟尘占燃料中灰分的百分比。

表 2-8　几种燃烧方式的烟尘占燃料中灰分的百分比

燃烧方式	占燃料中灰分的百分比
手烧炉	15%～20%
链条炉	15%～20%
抛煤（机械风动）机炉	24%～40%
沸腾炉	40%～60%
煤粉炉	75%～85%

由表 2-8 可以看出，燃烧方式不同，排尘浓度可以相差几倍，甚至几十倍，以煤粉炉的烟尘量最大。燃烧方式对烟尘颗粒分布影响也很大。如表 2-9 所示，煤粉炉的烟尘颗粒最细。

表 2-9　几种燃烧方式的烟尘颗粒概况

飞灰颗粒组成	手烧炉	链条炉	抛煤机炉	煤粉炉	沸腾炉
<10 μm 的含量	5%	7%	11%	25%	4%
<20 μm 的含量	8%	15%	23%	49%	10%
<44 μm 的含量	30%	25%	42%	79%	20%
<74 μm 的含量	40%	38%	56%	92%	26%
<149 μm 的含量	49%	57%	73%	98%	74%
>149 μm 的含量	51%	43%	27%	2%	26%

煤质（灰分和水分含量以及颗粒大小）对排尘浓度也有较大影响。一般灰分越高，含水量越少，则排尘浓度就越高。

自然引风锅炉的烟气流速较低，排尘浓度也较低。但自然引风只适用于小锅炉，对于较大锅炉，自然引风会造成炉膛内氧量不足，致使炉温降低，燃烧不完全，热损失较大。对于机械引风锅炉，必须合理地控制风量，防止引风带尘的浓度过高。

炉排和炉膛的热负荷也将对排尘浓度产生影响。炉排热负荷是指每平方米炉排面积上每小时燃料燃烧所释放出来的热量。炉排热负荷增加，导致单位炉排面积上燃煤量增大，则流过炉排的气流速度也将成正比增加，灰分被气流夹带而飞逸的可能性就越大。炉膛热负荷是每立方米炉膛容积内每小时燃料燃烧所释放出的热量。炉膛必须保持足够的燃烧空间，以使燃烧过程逸出的可燃气体有充分的时间进行燃烧，提高锅炉的消烟效果。

燃煤锅炉排尘浓度还与锅炉运行负荷有关。锅炉运行负荷是指锅炉每小时蒸发量与该锅炉额定蒸发量的百分比；锅炉负荷越高，燃煤量越大，烟气量必然增大，排尘浓度就会增加。图 2-9 给出了 3 台往复炉和 1 台链条炉的排尘浓度与锅炉负荷的关系，显然烟尘浓度随锅炉运行负荷的增加而增加。

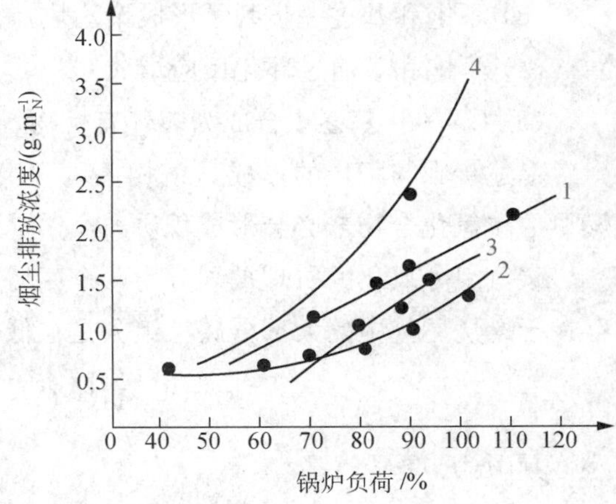

图 2-9　不同锅炉运行负荷的排尘浓度

第六节 燃烧过程中其他污染物的形成

除前面讲到的污染物外，燃烧过程还产生氮氧化物、有机污染物和一氧化碳等。第九章将详细讨论燃烧过程中氮氧化物的形成，这里仅对有机污染物和一氧化碳的形成进行简要介绍。

一、有机污染物的形成

有机污染物常常指未燃尽的碳氢化合物，是燃料燃烧不完全的结果。从生理学角度考虑，有些碳氢组分，如烷烃，对人体健康的危害并不严重，它在低浓度下总是惰性的。其他碳氢化合物，如多核有机化合物（POM），已经证明积累到某一临界浓度之上后能够引起癌症。比较活泼的碳氢化合物可能是产生光化学烟雾的直接原因。

排出的碳氢化合物的相对浓度受燃料组成的影响很大，对于含有较高浓度烯烃和芳香烃的燃料，燃烧尾气含有较高浓度的易反应的碳氢化合物和 POM。已经发现燃料中高分子量的碳氢化合物的浓度与排出 POM 水平之间的相关性。燃烧过程中碳氢化合物通过链式反应进行热分解，同时也会发生合成反应，在简单燃料的火焰后区形成复杂的碳氢化合物，其主要历程如下：

(1) 链烃分子氧化脱氢形成乙烯和乙炔；

(2) 延长乙炔的链形成各种不饱和基；

(3) 不饱和基进一步脱氢形成聚乙炔；

(4) 不饱和基通过环化反应形成 $C_6—C_2$ 型芳香族化合物；

(5) $C_6—C_2$ 基逐步合成为多环有机物。

上述步骤与积炭的形成紧密相关。积炭是在未燃尽的碳氢化合物存在下形成的，但未燃尽的碳氢化合物未必会形成积炭。

碳氢组分氧化的机理被划分为两个区域：低温区（$T<1\ 000$ K）和高温区（$T>1\ 000$ K）。存在于燃烧尾气中的大部分碳氢组分是在低温条件下形成的。链式反应通过下述反应激发：

$$RH + O_2 \longrightarrow R + HO_2$$

其中：R 是碳氢基。

高温氧化机理不同于低温时的情况，因为有几种中间组分（如过氧化物、醛类和过酸类）的重要性降低了。

在氮的氧化物被认为是一种重要的大气污染物之前，曾经通过充分混合把许多燃烧系

统排出的碳氢化合物的浓度降到非常低的水平，并且在低过量空气下获得很高的燃烧效率。在这些系统中，较高的温度有利于氮氧化物形成，而 NO_2 的浓度加大会造成污染，故要改变空燃比，以降低燃烧温度，减少 NO_2 的排放量；但这增加了碳氢化合物的排放量，同时也就降低了燃烧效率。要同时满足减少碳氢化合物和 NO_x 两者的排放量，只能通过仔细控制混合的形式、温度水平和在整个系统内的停留时间分布来实现。

二、一氧化碳的形成

一氧化碳是所有大气污染物中量最大、分布最广的一种，亦是燃烧过程中产生的主要污染物之一。因为它对健康有害甚至能致死，大部分工业部门都很重视对一氧化碳排放的细致监测和控制。当建筑物内的燃烧室和烟囱未做到严格密封时，可能导致 CO 的浓度达危险水平。CO 的主要来源是汽车排气。CO 体积分数在北半球大气中是 0.14×10^{-6}，而在南半球为 0.06×10^{-6}。CO 的全球排放量是 2×10^{8} t/a，但大气中 CO 体积分数似乎保持不变。CO 可以在天然过程中转化，如通过土壤微生物转变为 CO_2 和 CH_4。在含氢燃料的氧化中，CO 作为一种中间产物形成，其向 CO_2 转变几乎全部依赖下述基本反应：

$$CO + OH \rightleftharpoons CO_2 + H$$

其中：

$$k_{+1} = 4.4T^{1.5}e^{\frac{372}{T}} \ [m^3/(mol \cdot s)]$$

可以肯定，最初存在于燃料中的所有碳都将形成 CO。因此，所有控制 CO 排出的努力都集中在完全氧化 CO，而不是企图阻止它的形成。各种气体在预混的碳氢化合物火焰中的浓度分布如图 2-10 所示。测量时的火焰条件是：CH_4 7.8%；O_2 91.5%；$T=350$ K，$p=10^4$ N/m²。从图中可以看出，作为中间产物的 CO，在甲烷将要燃尽时，其浓度达最大

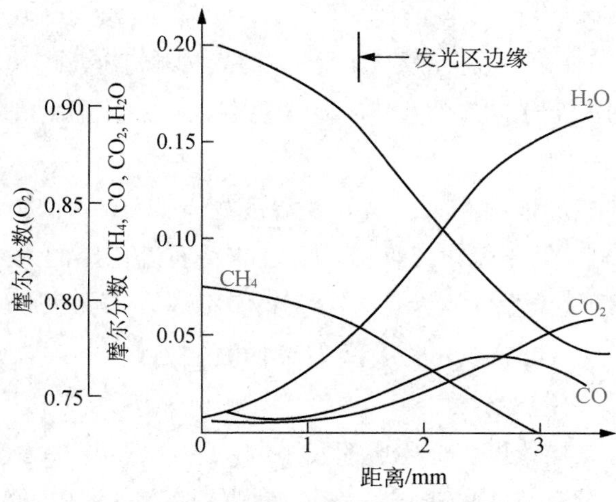

图 2-10　一维预混层流火焰中的浓度分布

值。假如在火焰温度下有足够的氧存在并且停留时间足够长,CO 浓度可以达到非常低的水平,转变为 CO_2。对于反应混合物的绝热燃烧,火焰中 CO 的最大浓度一般都大于平衡浓度。在尾气中监测到的 CO 浓度低于在火焰中的最大浓度,但仍高于尾气条件下的平衡浓度。

CO 形成和破坏过程都是由动力学控制的。在碳氢化合物燃烧机理中形成 CO 的最基本反应路线之一,可以表示如下:

$$RH \longrightarrow R \longrightarrow RCHO \longrightarrow RCO \longrightarrow CO$$

其中:R 是碳氢基。主要的 CO 形成反应基于 RCO 基的热分解,可以用一个综合的模式描述 CO 的形成:

$$C_nH_m = \frac{n}{2}O_2 \longrightarrow nCO + \frac{m}{2}H_2$$

CO 氧化为 CO_2 的速率较 CO 形成速率慢。在碳氢火焰中,通常有相对大的 OH 基浓度,CO 的氧化主要通过与 OH 基的反应。CO 的氧化反应如下:

$$CO + O_2 \longrightarrow CO_2 + O$$

由于反应速度很慢,在许多情况下可以忽略。氧化 CO 的各种基本步骤是清楚的,但除像甲烷一样简单的燃料外,CO 的形成步骤并不十分清楚。

三、汞的形成与排放

燃煤过程中的汞排放受到广泛关注。汞的挥发性很强,对人体健康的危害包括肾功能衰减、损害神经系统等。进入水体的汞经甲基化后,易累积在鱼类和以食鱼动物为主的食物链中,然后进入人的消化系统,尤其孕妇、胎儿、婴儿最易受到伤害。据调查,美国煤炭中平均汞含量为 0.06~0.33 mg/kg。1994—1995 年,电站锅炉向大气排放的汞达 51 t/a,占各行业汞排放量的 32.6%,排在第一位,成为美国最大的人为汞排放源。2003 年,中国人为源大气汞排放量为 696 t,约占全球排放的 1/3,煤炭燃烧和有色金属冶炼是最主要的排放源,排放量分别可占到 41%和 40%。

煤中汞的析出率与燃烧条件有关。当燃烧温度高于 900 ℃时,析出率大于 90%。相对而言,还原气氛下的析出率低于氧化气氛。对烧煤的循环流化床的汞平衡计算结果表明,在不加石灰石的工况下,烟气中汞排放为 0.17 mg/m_N^3;在添加石灰石的工况(Ca/S=2.2)下,烟气中汞的浓度为 0.018~0.044 mg/m_N^3。当添加石灰石时,在飞灰和灰渣中的汞的比例明显增加。

煤中汞的存在形态是导致煤燃烧生成挥发汞的主要原因,煤中汞多存在于黄铁矿中,汞也会以硒化物的形态以及有机汞的形式存在。在煤的燃烧过程中,燃烧室内的挥发以及后

续的氧化、在灰分表面的凝聚等因素会控制汞的排放。凝聚在颗粒表面的汞可在除尘设备中被部分捕集。煤在空气中燃烧的过程中，具有挥发性的汞会首先从煤炭颗粒当中挥发出来参与气相反应，经过成核作用生成新的粒子，或者凝结在已存在的颗粒表面。因此，汞以3种形态存在于燃煤烟气中：与颗粒结合的汞、单质汞和二价的气态汞。有效控制燃煤过程中的汞排放，是控制燃煤污染的新课题之一。

本章小结

本章主要讲解燃料燃烧的过程，并对燃烧产生的污染物进行定性定量的说明与计算。首先，对不同类型燃料的特性做简要介绍，进而说明燃料燃烧过程的基本原理。其次，通过推导得出燃料燃烧的理论空气量、烟气排放量，并通过例题进行说明。最后，介绍了燃烧过程中硫氧化物、颗粒污染物、有机污染物和一氧化碳等其他有毒污染物的生成机理，以及如何通过控制燃烧过程来减少大气污染物的排放。

关键词

燃料燃烧；理论空气量；过剩系数；烟气量；污染物形成

习　题

1. 已知重油元素分析结果如下：

   C 85.5%；H 11.3%；O 2.0%；N 0.2%；S 1.0%。

   试计算：

   (1) 燃油 1 kg 所需的理论空气量和产生的理论烟气量。

   (2) 干烟气中 SO_2 的浓度和 CO_2 的最大浓度。

   (3) 当空气的过剩量为 10%时，所需的空气量及产生的烟气量。

2. 普通煤的元素分析如下(含 N 量不计)：

   C 65.7%；灰分 18.1%；S 1.7%；H 3.2%；水分 9.0%；O 2.3%。

   (1) 计算燃煤 1 kg 所需要的理论空气量和 SO_2 在烟气中的浓度(以体积分数计)。

   (2) 假定烟尘的排放因子为 80%，计算烟气中灰分的浓度，用 mg/m^3 表示。

   (3) 假定用流化床燃烧技术加石灰石脱硫，石灰石中含 Ca 35%。当 Ca/S 为 1.7(摩尔比)时，计算燃煤 1 t 需加石灰石的量。

3. 煤的元素分析结果如下：

   S 0.6%；H 3.7%；C 79.5%；NO 0.9%；O 4.7%；灰分 10.6%。

在空气过剩 20%条件下完全燃烧，计算烟气中 SO_2 的浓度。

4. 某锅炉燃用煤气的成分如下：

H_2S 0.2%；CO_2 5%；O_2 0.2%；CO 28.5%；H_2 13.0%；CH_4 0.7%；N_2 52.4%。

空气含湿量为 12 g/m_N^3，$\alpha=1.2$，试求实际需要空气量和燃烧时产生的实际烟气量。

5. 干烟道气的组成如下：

CO_2 11%(体积)；O_2 0.8%；CO 2%；SO_2 120×10^{-6}(体积分数)。

颗粒物 30.0 g/m^3(在测定状态下)；烟道气流流量在 700 mmHg 和 443 K 条件下为 5 663.37 m^3/min；水汽含量 8%(体积)。

试计算：

(1) 过量空气百分比。

(2) SO_2 的排放浓度。

(3) 在标准状态下(1 atm 和 273 K)，干烟道气的体积。

(4) 在标准状态下颗粒物的浓度。

6. 煤炭的元素分析用重量百分比表示，结果如下：氢 50%；碳 75.8%；氮 1.5%；硫 1.6%；氧 7.4%；灰 8.7%。燃烧条件为空气过量 20%，空气的湿度为 0.011 6 mol(H_2O)/mol(干空气)，并假定完全燃烧。试计算烟气的组成。

7. 运用图 2-7 和上题的计算结果，估算燃煤烟气的酸露点。

8. 燃料油的重量组成如下：C 86%；H 14%。在干空气下燃烧，烟气分析结果(基于干烟气)如下：O_2 1.5%；CO 600×10^{6}(体积分数)。试计算燃烧过程的空气过剩系数。

第三章　大气污染气象学

学习目标

1. 了解并掌握大气圈结构、气象要素。

2. 掌握温度层结对污染物扩散的影响，能够根据气温垂直递减率判断温度层结及大气稳定度。

3. 了解大气运动的特点。

从污染源排到大气中的污染物的传输和扩散过程，与污染源本身特性、气象条件、地面特征和周围地区建筑物分布等因素皆有密切关系。特别是与气象条件的关系非常密切，随着风向、风速、大气湍流运动、气温垂直分布及大气稳定度等气象因素的变化，污染物在大气中的扩散稀释情况千差万别，所造成的污染程度有很大不同。因此，为了有效地控制大气污染，除应采取各种综合防治措施外，还应充分利用大气对污染物的扩散和稀释能力。本章主要对大气污染气象学的基本知识进行简要介绍。

第一节　大气圈结构及气象要素

一、大气圈垂直结构

地球表面环绕着一层很厚的气体，称为环境大气或地球大气，简称大气。大气是自然环境的重要组成部分，是人类及其他生物赖以生存的必不可少的物质。

自然地理学将受地心引力而随地球旋转的大气层称为大气圈。大气圈与宇宙空间之间很难确切划分，在大气物理学和污染气象学研究中，常把大气圈的上界定为 1 200～1 400 km。1 400 km 以外，气体非常稀薄，就是宇宙空间了。

大气圈的垂直结构是指气象要素的垂直分布情况，如气温、气压、大气密度和大气成分的垂直分布等。这里主要对气温的垂直分布情况进行简介。根据气温在垂直于下垫面（即地球表面情况)方向上的分布,可将大气圈分为5层:对流层、平流层、中间层、暖层和散逸层(见图3-1)。

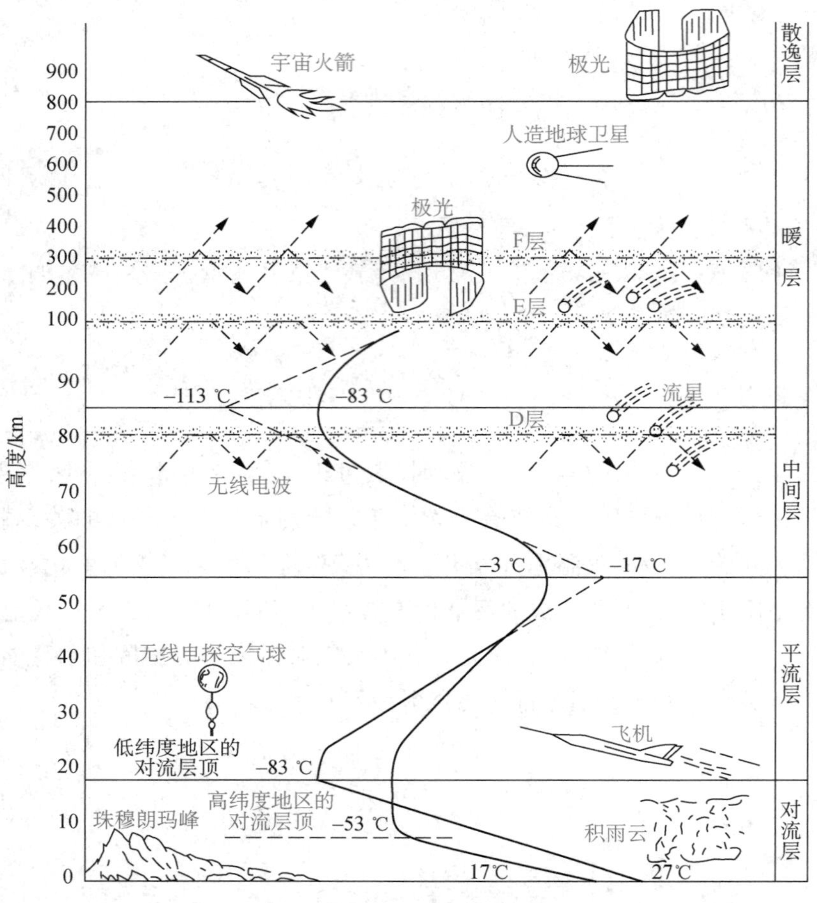

图3-1 大气垂直方向的分层

(一) 对流层

对流层是大气圈最低的一层。热带对流程度要比寒带强烈,故自下垫面算起的对流层的厚度随纬度增加而降低:赤道处16～17 km,中纬度地区10～12 km,两极附近只有8～9 km。对流层的主要特征包括4个方面。

(1) 对流层虽然较薄,却集中了整个大气质量的3/4和几乎全部水蒸气,主要的大气现象都发生在这一层中,它是天气变化最复杂、对人类活动影响最大的一层。

(2) 大气温度随高度增加而降低,每升高100 m平均降温约0.65 ℃。

(3) 空气具有强烈的对流运动,主要是由于下垫面受热不均及其本身特性不同而造成的。

(4) 温度和湿度的水平分布不均匀。在热带海洋上空,空气比较温暖潮湿;在高纬度内

陆上空，空气比较寒冷干燥，因而也经常发生大规模的空气水平运动。

对流层的下层，厚度为1～2 km，其中气流受地面阻滞和摩擦的影响很大，称为大气边界层(或摩擦层)。其中，从地面到50～100 m的一层又称近地层。在近地层中，垂直方向上热量和动量的交换甚微，所以上下气温之差很大，可达1～2 ℃。在近地层以上，气流受地面摩擦的影响越来越小。在大气边界层以上的气流，几乎不受地面摩擦的影响，所以称为自由大气。

在大气边界层中，由于受地面冷热的直接影响，所以气温的日变化很明显，特别是近地层，昼夜可相差十几乃至几十摄氏度。由于气流运动受地面摩擦的影响，故风速随高度的增高而增大。在这一层中，大气上下有规则的对流和无规则的湍流运动都比较盛行，加上水汽充足，直接影响着大气污染物的传输、扩散和转化。

（二）平流层

从对流层顶到50～55 km高度的一层称为平流层。从对流层顶到35～40 km，气温几乎不随高度变化，为−55 ℃左右，故称为同温层。从这以上到平流层顶，气温随高度增高而增高，至平流层顶达−3 ℃左右，亦称逆温层。平流层集中了大气中大部分臭氧 O_3，并且浓度在20～25 km高度上达到最大值，形成臭氧层。臭氧层能强烈吸收波长为200～300 nm的太阳紫外线，保护地球上的生命免受紫外线伤害。

在平流层中，几乎没有大气对流运动，大气垂直混合微弱，极少出现雨雪天气，所以进入平流层的大气污染物的停留时间很长。特别是进入平流层的氟氯碳化物(CFCs)等大气污染物，能与臭氧发生光化学反应，致使臭氧层的臭氧逐渐减少。

（三）中间层

从平流层顶到85 km高度的一层称为中间层。这一层的特点是，气温随高度升高而迅速降低，其顶部气温可达−83 ℃以下，因而大气的对流运动强烈，垂直混合明显。

（四）暖层

从中间层顶到800 km高度为暖层。其特点是，在强烈的太阳紫外线和宇宙射线作用下，再度出现气温随高度升高而增高的现象。暖层气体分子被高度电离，存在着大量的离子和电子，故又称为电离层。

（五）散逸层

暖层以上的大气层统称为散逸层。它是大气的外层，气温很高，空气极为稀薄，空气粒子的运动速度很大，可以摆脱地球引力而散逸到太空中。

大气压力的垂直分布总是随着高度的升高而降低，并可用气体静力学方程来描述。大气密度随高度的变化几乎和压力的变化规律相同。大气成分的垂直分布主要取决于分子扩散和湍流扩散的强弱。80～85 km以下的大气层以湍流扩散为主，大气的主要成分氮和氧的组成比例几乎不变，称作均质大气层(简称均质层)。均质层以上的大气层以分子扩散为主，气体组成随高度变化而变化，称为非均质层。非均质层中较轻的气体成分有明显增加。

二、主要气象要素

表示大气状态的物理量和物理现象称为气象要素。气象要素主要有气温、气压、气湿、风向、风速、云况、能见度等。这些气象要素都是从观测中直接获得的。下面简要介绍主要气象要素。

（一）气温

气象上讲的地面气温一般是指距地面 1.5 m 高处的百叶箱中观测到的空气温度。气温的单位一般用摄氏温度，或用热力学温度。

（二）气压

气压是指大气的压强。气压单位用帕(Pa)，1 Pa=1 N/m^2。气象上采用百帕(hPa)作单位，1 hPa＝100 Pa。国际上规定，温度 0 ℃、纬度 45°的海平面上的气压为一个标准大气压：

$$1\text{个标准大气压 } p_0=101\ 325\ \text{Pa}=1\ 013.25\ \text{hPa}$$

（三）气湿

空气的湿度简称气湿，表示空气中水汽含量的多少。气湿常用的表示方法有绝对湿度、水汽压、饱和水汽压、相对湿度、含湿量、水汽体积分数及露点等。

(1) 绝对湿度。1 m^3 湿空气中含有的水汽质量(kg)，称为湿空气的绝对湿度。由理想气体状态方程可得到：

$$\rho_w=\frac{P_w}{R_w T} \tag{3-1}$$

其中：ρ_w 为空气的绝对湿度，kg/m^3(湿空气)；P_w 为水汽分压，Pa；R_w 为水汽的气体常数，$R_w=461.4$ J/(kg · K)；T 为空气温度，K。

(2) 相对湿度。空气的绝对湿度 ρ_w 与同温度下饱和空气的绝对湿度 ρ_v 的百分比，称为空气的相对湿度。由式(3-1)可知，它等于空气的水汽分压与同温度下饱和空气的水汽分压的百分比：

$$\varphi=\frac{\rho_w}{\rho_v}\times 100=\frac{P_w}{P_v}\times 100 \tag{3-2}$$

其中：φ 为空气的相对湿度，%；ρ_v 为饱和绝对湿度，kg/m^3(饱和空气)；P_v 为饱和空气的水汽分压，Pa。

(3) 含湿量。湿空气中 1 kg 干空气所包含的水汽质量(kg)称为空气的含湿量，气象中也称为比湿，其定义式如下：

$$d=\frac{\rho_w}{\rho_d} \tag{3-3}$$

其中：d 为空气的含湿量，kg(水汽)/kg(干空气)；ρ_d 为干空气的密度，kg/m^3。

由理想气体状态方程及式(3-1)、式(3-2)和式(3-3)，可将含湿量表示如下：

$$d=\frac{R_d P_w}{R_w P_d}=\frac{R_d}{R_w}\cdot\frac{P_w}{P-P_w}=\frac{R_d}{R_w}\cdot\frac{\varphi P_v}{P-\varphi P_v} \tag{3-4}$$

其中：P 为湿空气的总压力；P_d 为干空气分压，因而有 $P=P_d+P_w$。

干空气的气体常数 $R_d=287.0$ J/(kg·K)，则 $R_d/R_w=287.0/461.4=0.622$，代入式(3-4)，得：

$$d=0.622\frac{P_w}{P_d}=0.622\frac{P_w}{P-P_w}=0.622\frac{\varphi P_v}{P-\varphi P_v} \tag{3-5}$$

在工程中，常将湿空气的含湿量定义为 1 标准立方米(1 m^3)干空气所包含的水汽质量(kg)，其单位是 kg(水汽)/m$_N^3$(干空气)，并用 d_0 表示，则得：

$$d_0=d\rho_{Nd} \tag{3-6}$$

其中：ρ_{Nd} 为标准状态(273.15 K，101 325 Pa)下干空气的密度，kg/m$_N^3$。考虑到 $R_d/R_w=0.804/\rho_{Nd}$，则得：

$$d_0=0.804\frac{P_w}{P_d}=0.804\frac{P_w}{P-P_w}=0.804\frac{\varphi P_v}{P-\varphi P_v} \tag{3-7}$$

(4) 水汽体积分数。对于理想气体来说，混合气体中某一气体的体积分数等于其摩尔分数，所以水汽的体积分数可表示如下：

$$y_w=\frac{P_w}{P}=\frac{\varphi P_v}{P}=\frac{d_0}{0.804+d_0}=\frac{d\rho_{Nd}}{0.804+d\rho_{Nd}} \tag{3-8}$$

例 3-1　已知大气压力 $P=101\ 325$ Pa，气温 $t=28$ ℃，空气相对湿度 $\varphi=70\%$，确定空气的含湿量、水汽体积分数。

解： 由附录一查得 $t=28$ ℃时饱和水汽压力 $P_v=3\ 746.5$ Pa，由式(3-5)求得空气含湿量：

$$d=0.622\times\frac{0.7\times3\ 746.5}{101\ 325-0.7\times3\ 746.5}=0.016\ 5\ [\text{kg(水汽)/kg(干空气)}]$$

由式(3-7)得：

$$d_0 = 0.804 \times \frac{0.7 \times 3\,746.5}{101\,325 - 0.7 \times 3\,746.5} = 0.021\,4\ [\text{kg(水汽)}/\text{m}_\text{N}^3\text{(干空气)}]$$

由式(3-8)得水汽体积分数：

$$y_w = \frac{0.7 \times 3\,746.5}{101\,325} = 0.025\,9 = 2.59\%$$

或：

$$y_w = \frac{0.021\,4}{0.804 + 0.021\,4} = 0.025\,9 = 2.59\%$$

(5) 露点。在一定气压下空气达到饱和状态时的温度，称为空气的露点。如上例中，若空气相对湿度 $\varphi = 100\%$，即 $P_w = P_v = 3\,746.5$ Pa，则此时空气的露点即 28 ℃。

(四) 风向和风速

气象上把水平方向的空气运动称为风，垂直方向的空气运动则称为升降气流。风是一个矢量，具有大小和方向。风向是指风的来向。例如，风从东方来称东风，风往北方吹称南风。风向可用 8 个方位或 16 个方位表示，也可用角度表示，如图 3-2 所示。

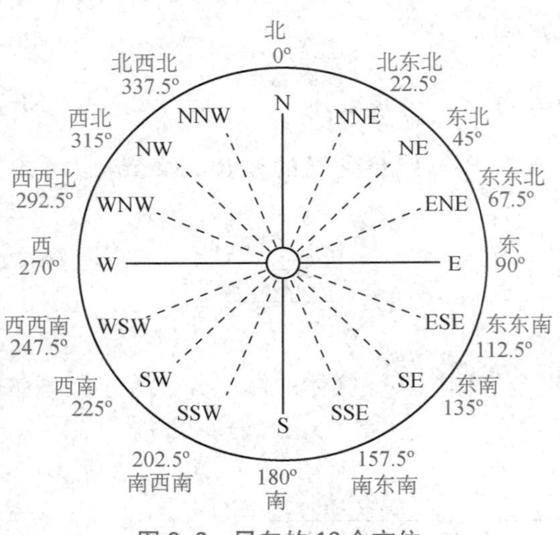

图 3-2　风向的 16 个方位

风速是指单位时间内空气在水平方向运动的距离，单位用 m/s 或 km/h 表示。通常气象台站所测定的风向、风速，都是指一定时间(如 2 min 或 10 min)的平均值。有时也需要测定瞬时风向、风速。根据自然现象将风力分为 13 个等级(0～12 级)，若用 F 表示风力等级，则风速 u（单位：km/h)如下：

$$u \approx 3.02\sqrt{F^3} \tag{3-9}$$

(五) 云

云是飘浮在空中的水汽凝结物。这些水汽凝结物是由大量小水滴、小冰晶或两者的混合物构成的。云的生成与否、形成特征、量的多少、分布及演变，不仅反映了当时大气的运动状态，而且预示着天气演变的趋势。云对太阳辐射和地面辐射起反射作用，反射的强弱视云的厚度而定。白天，云的存在阻挡太阳向地面辐射，所以阴天地面得到的太阳辐射减少。夜间存在云层，特别是有浓厚的低云时，会使地面向上的长波辐射反射回地面，因而地面不容易冷却。云层存在的效果是使气温随高度的增加而减小。

从污染物扩散的方面来看，主要关心的是云量及云高。

(1) 云高。云高是指云底距地面的高度，根据云底高度可将云分类如下：

高云——云底高度一般在 5 000 m 以上，它是由冰晶组成的，云体呈白色，有蚕丝般光泽，薄而透明；

中云——云底高度一般在 2 500～5 000 m，由过冷的微小水滴及冰晶构成，颜色为白色或灰白色，没有光泽，云体稠密；

低云——云底高度一般在 2 500 m 以下，不稳定气层中的低云常分散为孤立大云块，稳定气层中的低云云层低而黑，结构稀松。

(2) 云量。云量是指云遮蔽天空的成数。我国将天空分为十份，云遮蔽了几份，云量就是几。例如，碧空无云，云量为零，阴天云量为十。国外常将天空分为八等份，云遮蔽几份，云量就是几。两者间的换算关系如下：

$$国外云量 \times 1.25 = 我国云量$$

总云量：所有云遮蔽天空的成数，不论云的层次和高度。

低云量：低云遮蔽天空的成数。

云量记录：一般总云量和低云量以分数的形式记入观测记录，总云量作分子，低云量作分母，如 10/7，5/5，7/2 等。任何情况下，低云量不得大于总云量。

(六) 能见度

能见度是指视力正常的人在当时的天气条件下，能够从天空背景中看到或辨认出目标物(黑色、大小适度)的最大水平距离，单位采用 m 或 km。能见度表示了大气清洁、透明的程度。能见度的观测值通常分为 10 级，如表 3-1 所示。

表 3-1　能见度级数与白日视程

能见度级	白日视程/m
0	<50
1	50～200
2	200～500
3	500～1 000
4	1 000～2 000
5	2 000～4 000
6	4 000～10 000
7	10 000～20 000
8	20 000～50 000
9	>50 000

第二节 大气的热力过程

一、太阳、大气和地面的热交换

太阳是地球和大气的主要热源，低层大气的增热与冷却是太阳、大气和地面之间进行热量交换的结果。

太阳是一个炽热的球形体，表面温度约为 6 000 K，不断地以电磁波方式向外辐射能量。太阳以紫外线（<0.4 μm）、可见光（0.4～0.76 μm）和红外线（>0.76 μm）的形式向外辐射能量，波长在 0.15～4 μm 的辐射能占太阳总辐射能的 99%左右，辐射最强波长在 0.475 μm 附近。

大气本身直接吸收太阳短波辐射的能力很弱，地球表面上分布的陆地、海洋、植被等直接吸收太阳辐射的能力很强，因而太阳辐射到地球上的能量大部分穿过大气而被地面直接吸收。地面和大气吸收了太阳辐射，同时按其自身温度向外辐射能量。由于地面和大气温度低，其辐射是低温长波辐射，波长主要集中在 3～120 μm。大气中的水汽、二氧化碳吸收长波辐射的能力很强，大气中的水滴、臭氧和颗粒物也能选择吸收一定波长的长波辐射。据统计，约有 75%～95%的地面长波辐射被大气所吸收，而且几乎在近地面 40～50 m 厚的气层中就被全部吸收了。低层大气吸收了地面辐射后，又以辐射的方式传给上部气层，地面的热量就这样以长波辐射方式一层一层地向上传递，致使大气自下而上增热。

综上所述，太阳、大气、地面之间的热量交换过程，先是太阳短波辐射加热了地球表面，然后是地面长波辐射加热大气。因此，近地层大气温度随地表温度的升高而增高（自下而上地被加热），随地表温度的降低而降低（自下而上地被冷却），地表温度的周期性变化引起低层大气温度随之周期性地变化。

大气辐射的方向既可以向上也可以向下。大气向下辐射可使地面长波辐射的热损失减少，有利于地面温度的保持，大气的这种作用称为大气的保温效应。大气中的水汽和水汽凝结物（云），释放长波辐射的能力较强，它们的存在增强了大气向下的辐射，在有云（特别是浓密的低云）存在时，可以减少夜间地面向外部空间的辐射损失。因此，一般在有云的夜间和清晨的气温，要比晴天的夜间和清晨的气温高一些。

此外，应当指出，虽然长波辐射是地面与大气之间热交换的重要方式，但不是唯一方式。地面与大气之间、空气团与空气团之间还存在着温差热传导方式、气流的上下运动或不规则运动所形成的对流或湍流换热方式，以及由于水蒸发（或冰升华）后不在原处凝结（或凝

华)等实现的潜热交换方式。但是,这些热交换方式只有在空气密度大、温度梯度大的低层大气中才较为明显。

二、气温的垂直变化

(一) 大气的绝热过程与泊松方程

大气的升降运动总是伴有不同形式的能量交换。如果大气中某一空气块做垂直运动时与周围空气不发生热量交换,则将这样的状态变化过程称为大气的绝热过程。在实际大气中,当一干空气块绝热上升时,将因周围气压的减小而膨胀,消耗一部分内能而对外做膨胀功,导致气块内能减少和温度降低;反之,当干空气块绝热下降时,则因周围气压的增大而被压缩,外压力对空气块做压缩功,转换为它的内能,空气块温度升高。空气块在升降过程中因膨胀或被压缩引起的温度变化,要比它与外界进行热交换引起的温度变化大得多,所以一般可以将没有水相变化的空气块的垂直运动近似地看作绝热过程。

根据热力学第一定律和理想气体状态方程,可以推导出描述大气热力过程的微分方程:

$$\mathrm{d}Q = C_P \mathrm{d}T - RT\frac{\mathrm{d}P}{P} \tag{3-10}$$

其中:Q 为加入体系的热量,J/kg; C_P 为干空气的定压比热,$C_P = 1\,005$ J/(kg·K);R 为干空气的气体常数;T 为空气块温度,K; P 为空气块压力,hPa。

对于大气的绝热过程,$\mathrm{d}Q=0$,式(3-10)变化如下:

$$\frac{\mathrm{d}T}{T} = \frac{R}{C_P}\cdot\frac{\mathrm{d}P}{P} \tag{3-11}$$

将式(3-11)从空气块升降前的状态(T_0, P_0)积分到空气块升降后的状态(T, P),则得到:

$$\frac{T}{T_0} = \left(\frac{P}{P_0}\right)^{R/C_P} = \left(\frac{P}{P_0}\right)^{0.288} \tag{3-12}$$

上式称为泊松(Poisson)方程,它描述了空气块在绝热升降过程中,空气块的初态(T_0, P_0)与终态(T, P)之间的关系,说明绝热过程中气温的变化完全是由气压变化引起的。

(二) 干绝热直减率

干空气块(包括未饱和的湿空气块)绝热上升或下降单位高度(通常取 100 m)时,温度降低或升高的数值,称为干空气温度绝热垂直递减率,简称干绝热直减率,以 γ_d 表示,其定义式如下:

$$\gamma_d = -\left(\frac{\mathrm{d}T_i}{\mathrm{d}Z}\right)_d \tag{3-13}$$

其中:下标 i 表示空气块;下标 d 表示干空气。

利用式(3-11)和式(3-13)及气压随高度变化的气体静力学方程等关系式,可以得出:

$$\gamma_d = -\left(\frac{\mathrm{d}T_i}{\mathrm{d}Z}\right)_d \approx \frac{g}{C_P} \tag{3-14}$$

其中:重力加速度 $g = 9.8\ \mathrm{m/s^2}$,干空气定压比热 $C_P = 1\ 005\ \mathrm{J/(kg \cdot K)}$,则 $\gamma \approx 0.98\ \mathrm{K/100\ m}$。通常取 $\gamma_d = 1\ \mathrm{K/100\ m}$,它表示干空气块(包括未饱和的湿空气块)每升高(或下降)100 m 时,温度降低(或升高)约 1 K。

(三) 位温

一干空气块绝热升降到标准气压(1 013.25 hPa)处所具有的温度称为它的位温,以 θ 表示。由式(3-12)得:

$$\theta = T_0\left(\frac{1\ 013.25}{P_0}\right)^{\frac{R}{C_P}} = T_0\left(\frac{1\ 013.25}{P_0}\right)^{0.288} \tag{3-15}$$

其中:T_0 和 P_0 分别为气块最初的温度和压力。

对式(3-15)两端取对数后微分,代入绝热方程式(3-11)可得到 $\mathrm{d}\theta/\theta = 0$, $\mathrm{d}\theta = 0$, $\theta =$ 常数。这表明干空气块做绝热升降运动时,虽然其温度 T_i 是变化的,但其位温 θ 却是不变的。所以 θ 比 T_i 更能代表气块的热力学状态。

(四) 气温的垂直分布

气温随高度的变化可以用气温垂直递减率 $\gamma = -\partial T/\partial Z$ 来表示,简称气温直减率。它指单位高度(通常取 100 m)气温的变化值。若气温随高度增加是递减的,γ 为正值;反之,γ 为负值。

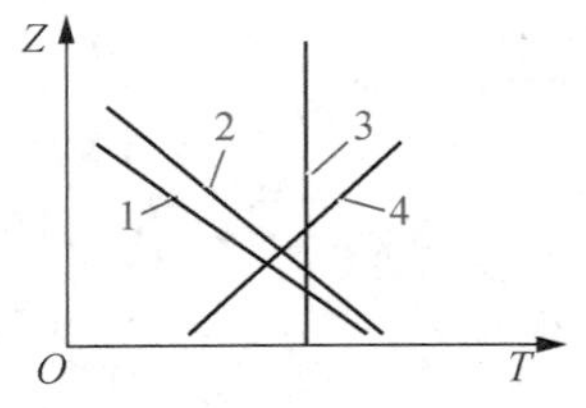

图 3-3 温度层结曲线

气温沿垂直高度的分布可用坐标图上的曲线表示,如图 3-3 所示。这种曲线称为气温沿高度分布曲线或温度层结曲线,简称温度层结。

大气中的温度层结有 4 种类型:①气温随高度增加而递减,而且 $\gamma > \gamma_d$,称为正常分布层结或递减层结;②气温直减率接近 1 K/1 000 m,即 $\gamma = \gamma_d$,称为中性层结;③ 气温不随高度变化,即 $\gamma = 0$,称为等温层结;④ 气温随高度增加而增加,即 $\gamma < 0$,称为气温逆转,简称逆温。

三、大气稳定度

(一) 大气稳定度的概念

污染物在大气中的扩散与大气稳定度有密切关系。大气稳定度是指在垂直方向上大气稳定的程度,即是否易于发生对流。对于大气稳定度可以这样理解,如果一空气块受到外力的作用，产生了上升或下降运动，当外力去除后，可能发生3种情况：①气块减速并有返回原来高度的趋势，则称这种大气是稳定的；②气块加速上升或下降，称这种大气是不稳定的；③气块被外力推到某一高度后，既不加速也不减速，保持不动，称这种大气是中性的。

（二）大气稳定度的判别

判别大气是否稳定，可用气块法来说明。假设一气块的状态参数为 T_i、P_i 和 ρ_i，周围大气状态参数为 T、p 和 ρ，单位体积气块所受四周大气的浮力为 ρg，本身重力为 $\rho_i g$，在此二力作用下产生的向上加速度如下：

$$a=\frac{g(\rho-\rho_i)}{\rho_i} \tag{3-16}$$

利用准静力条件 $P_1=P$ 和理想气体状态方程，则有：

$$a=\frac{g(T_i-T)}{T} \tag{3-17}$$

若在气块运动过程中满足绝热条件，则气块运动 Δz 高度时，其温度 $T_i=T_{i0}-\gamma_d\cdot\Delta z$，而同样高度的周围空气温度 $T=T_0-\gamma\cdot\Delta z$。假设起始温度相同，即 $T_0=T_{i0}$，则有：

$$a=g\,\frac{\gamma-\gamma_d}{\gamma}\Delta z \tag{3-18}$$

由式(3-18)可知，$(\gamma-\gamma_d)$ 的符号决定了气块加速度 a 与其位移 Δz 的方向是否一致，也就决定了大气是否稳定。若 $\Delta z>0$，则有3种情况：

(1) $\gamma>\gamma_d$ 时，$a>0$，气块加速度与其位移方向相同，气块加速运动，大气不稳定；

(2) $\gamma<\gamma_d$ 时，$a<0$，气块加速度与其位移方向相反，气块减速运动，大气稳定；

(3) $\gamma=\gamma_d$ 时，$a=0$，大气是中性的。

还可参考图3-4来进一步说明大气稳定度。在图3-4(a)中，$\gamma>\gamma_d$，气块上升(或下降)后，气块温度 T_i 将高于(或低于)周围大气温度 T，气块密度 ρ_i 小于(或大于)大气密度 ρ，因而气块继续上升(或下降)，所以是不稳定的。反之，在图3-4(b)中，$\gamma<\gamma_d$，气块上升(或下降)后，它的温度低于(或高于)周围大气，则气块的升降运动受到阻碍，所以大气是稳定的。

大气稳定度还可用位温梯度进行判别。对式(3-15)两边取对数，再对高度 z 求偏微分，可以得到：

$$\frac{\partial\theta}{\partial z}=\frac{\theta}{T}(\gamma_d-\gamma) \tag{3-19}$$

可见：当 $\partial\theta/\partial z<0$，即 $\gamma>\gamma_d$ 时，大气不稳定；当 $\partial\theta/\partial z>0$，即 $\gamma<\gamma_d$ 时，大气稳定；$\partial\theta/\partial z=0$，即 $\gamma=\gamma_d$ 时，大气是中性的。

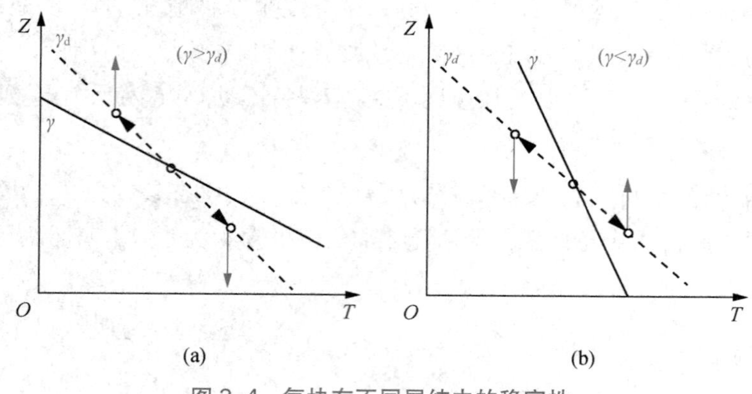

图 3-4　气块在不同层结中的稳定性

四、逆温

具有逆温层的大气层是强稳定的大气层。某一高度上的逆温层像一个盖子一样阻碍着气流的垂直运动，所以也叫阻挡层。由于污染的空气不能穿过逆温层，而只能在其下面积聚或扩散，所以可能造成严重污染。空气污染事件多数都发生在有逆温层和静风的条件下，因而对逆温应予以足够重视。

逆温可发生在近地层中，也可能发生在较高气层（自由大气）中。根据逆温生成的过程，可将逆温分为辐射逆温、下沉逆温、平流逆温、锋面逆温及湍流逆温 5 种。

（一）辐射逆温

由于地面强烈辐射冷却而形成的逆温，称为辐射逆温。在晴朗无云（或少云）、风速不大的夜间，地面辐射冷却很快，贴近地面气层冷却最快，较高的气层冷却较慢，因而形成自地面开始逐渐向上发展的逆温层，即辐射逆温。图 3-5 展示了辐射逆温在一昼夜间从生成到消失的过程。其中：下午时递减温度层结如图(a)所示；日落前 1 小时逆温开始生成，如图(b)所

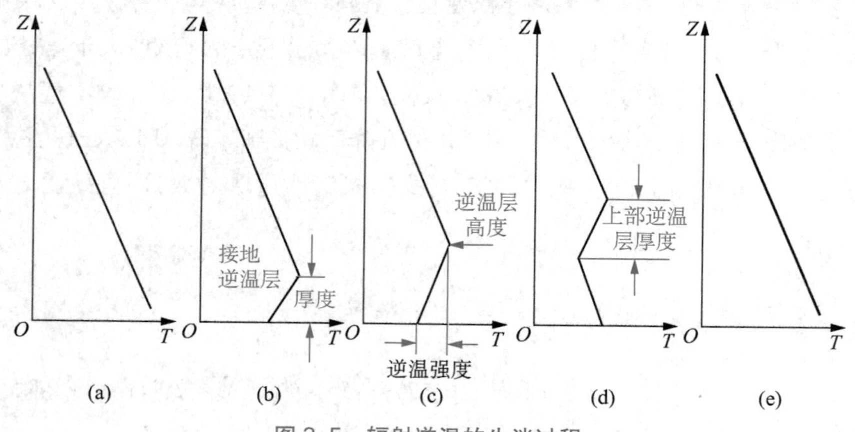

图 3-5　辐射逆温的生消过程

示；随着地面辐射冷却加剧，逆温逐渐向上扩展，黎明时逆温强度最大，如图(c)所示；日出后太阳辐射逐渐增强，地面逐渐增温，空气也随之自下而上地增温，逆温便自下而上逐渐消失，如图(d)所示；上午 10 点钟左右，逆温层完全消失，如图(e)所示。

辐射逆温在陆地上常年可见，但以冬季最强。在中纬度地区的冬季，辐射逆温层厚度可达 200～300 m，有时可达 400 m。冬季晴朗无云和微风的白天，由于地面辐射超过太阳辐射，也会形成逆温层。辐射逆温与大气污染关系最为密切。

（二）下沉逆温

由于空气下沉受到压缩增温而形成的逆温称为下沉逆温。下沉逆温的形成原因可用图 3-6 说明。假定某高度有一气层 $ABCD$，其厚度为 h，当它下沉时，由于低空气压增大及气层向水平方向辐散，该气层被压缩成 $A'B'C'D'$，厚度减小为 $h'(<h)$。这样，气层顶部 CD 比底部 AB 下降的距离大($H>H'$)，因而气层顶部绝热增温比底部增温多，从而形成逆温。

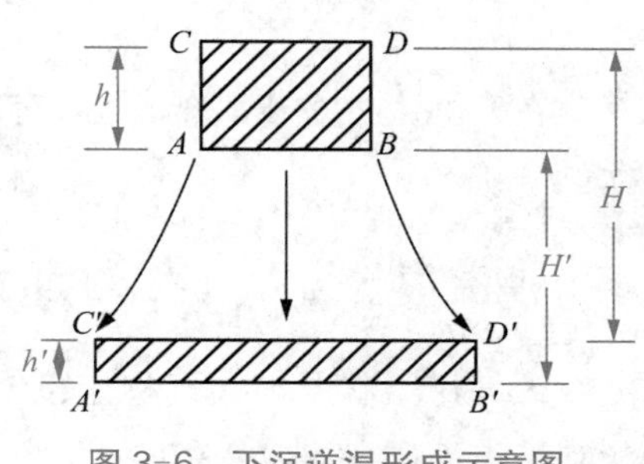

图 3-6　下沉逆温形成示意图

下沉逆温多出现在高压控制区内，范围很广，厚度也很大，一般可达数百米。下沉气流一般达到某一高度就停止了，所以下沉逆温多发生在高空大气中。

（三）平流逆温

由暖空气平流到冷地面上而形成的逆温称为平流逆温。这是由于低层空气受地面影响大，降温多，而上层空气降温少所形成的。暖空气与地面之间温差越大，逆温越强。当冬季中纬度沿海地区海上暖空气流到大陆上，以及暖空气平流到低地、盆地内积聚的冷空气上面时，皆可形成平流逆温。

（四）湍流逆温

由低层空气的湍流混合形成的逆温称为湍流逆温。湍流逆温的形成过程如图 3-7 所示：AB 线是气层在湍流混合前的气温分布，$\gamma<\gamma_d$；低层空气经湍流混合后，混合层的温度分布将逐渐接近干绝热直减率 γ_d，如图中的 CD 线所示。但在混合层以上，混合层与不受湍流混合影响的上层空气之间出现了一个过渡层 DE，即逆温层。湍流逆温层厚度不大，约几十米。

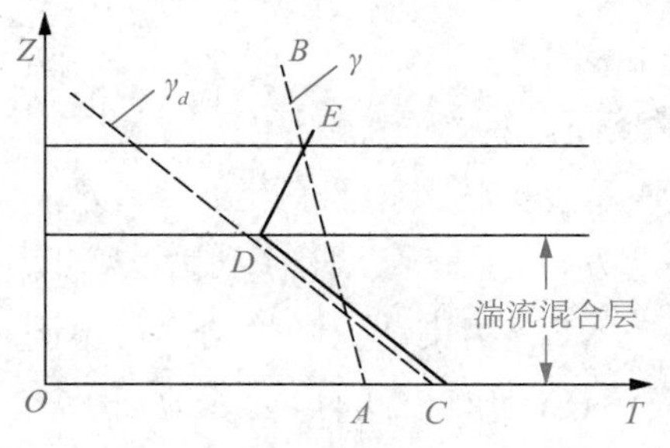

图 3-7　湍流逆温的形成过程

（五）锋面逆温

在对流层中的冷空气团与暖空气团相遇时，暖空气因其密度小就会爬到冷空气团上面去，形成一个倾斜的过渡区，称为锋面(见图 3-8)。在锋面上，冷暖空气的温差很大时，即可出现锋面逆温。

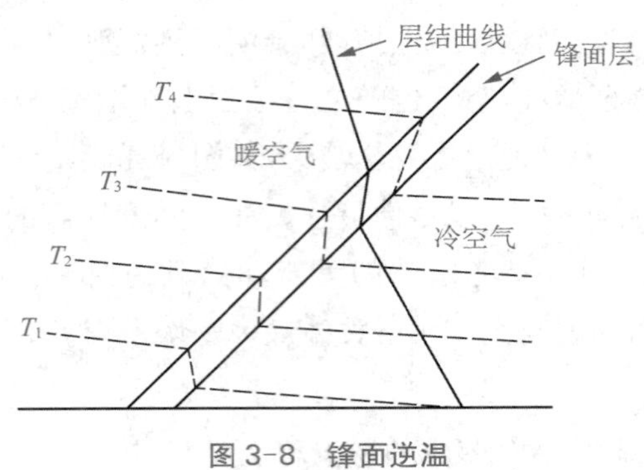

图 3-8 锋面逆温

在实际大气中出现的逆温，有时是由几种原因共同形成的，比较复杂，所以必须进行具体的分析。

五、烟流形状与大气稳定度的关系

大气污染状况与大气稳定度有密切关系。大气稳定度不同，高架点源排放烟流扩散形状和特点不同，造成的污染状况差别很大。典型的烟流形状有 5 种类型，如图 3-9 所示。

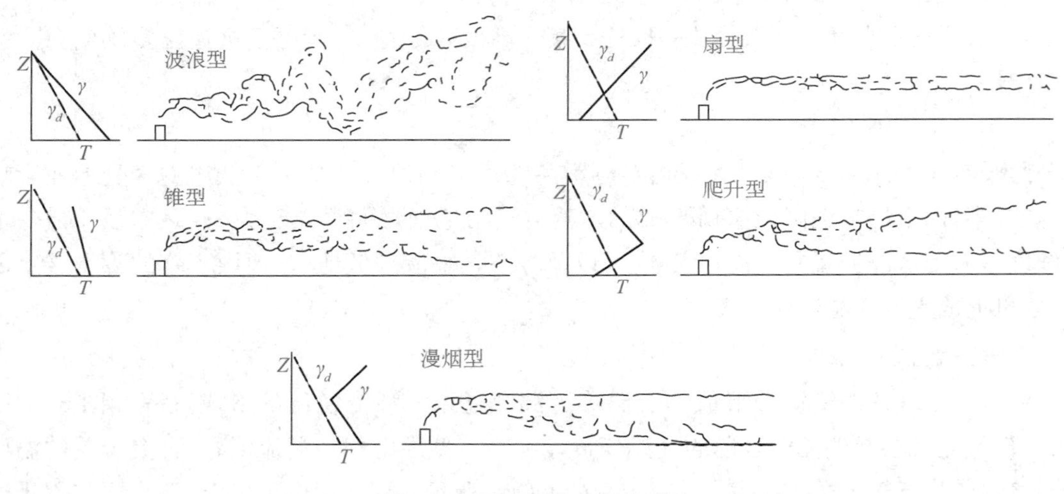

图 3-9 温度层结与烟流形状

（1）波浪型。烟流呈波浪状，污染物扩散良好，发生在全层不稳定大气中，即 $\gamma>\gamma_d$。多发生在晴朗的白天，地面最大浓度落地点距烟囱较近，浓度较高。

（2）锥型。烟流呈圆锥形，发生在中性条件下，即 $\gamma=\gamma_d$，垂直扩散比扇型好，比波浪型差。

（3）扇型。烟流垂直方向扩散很小，像一条带子飘向远方，从上面看，烟流呈扇形展开。它发生在烟囱出口处，位于逆温层中，即该层大气 $\gamma-\gamma_d<-1$。污染情况随烟囱高度不同而异。烟囱很高时，近处地面上不会造成污染，远方会造成污染；烟囱很低时，近处地面上会造成严重污染。

(4) 爬升型(屋脊型)。烟流的下部是稳定的大气，上部是不稳定的大气，一般在日落后出现，由于地面辐射冷却，低层形成逆温，而高空仍保持递减层结。持续时间较短，对近处地面污染较小。

(5) 漫烟型(熏烟型)。对于辐射逆温，日出后逆温从地面向上逐渐消失，即不稳定大气从地面向上逐渐扩展，当扩展到烟流的下边缘或更高一点时，烟流便发生了向下的强烈扩散，而上边缘仍处于逆温层中，漫烟型便发生了。这时烟流下部 $\gamma-\gamma_d>0$，上部 $\gamma-\gamma_d<-1$。这种烟流多发生在上午 8—10 时，持续时间很短。

对上述 5 种典型的烟流，这里只从温度层结和大气稳定度的角度做了粗略分析。实际的烟流要复杂得多，影响因素也复杂得多。例如，还应考虑动力因素的影响，在近地层主要考虑风和地面粗糙度的影响。

第三节　大气的运动和风

一、引起大气运动的作用力

大气的运动是在各种力的作用下产生的。作用于大气的力，有气压梯度力、重力、地转偏向力、摩擦力(即黏滞力)和惯性离心力。这些力之间的不同结合，构成了不同形式的大气运动和风。

(一) 水平气压梯度力

单位质量的空气在气压场中受到的作用力，称为气压梯度力。这一力可分解为垂直和水平方向两个分量。垂直气压梯度力虽大，但由于有空气重力与之平衡，所以空气在垂直方向所受作用力并不大。水平气压梯度力虽小，却是大气运动的主要原因。水平气压梯度力 G 的大小，与空气密度 ρ 成反比，与水平气压梯度 $\partial p/\partial n$ 成正比：

$$G=-\frac{1}{\rho}\cdot\frac{\partial p}{\partial n} \tag{3-20}$$

式(3-20)表明，只要水平方向存在着气压梯度，就有水平气压梯度力作用于大气，使大气由高压侧向低压侧运动，直到有其他力与之平衡为止。例如，实际大气中空气密度 $\rho=1.293\ \text{kg/m}^3$，水平气压梯度 $\partial p/\partial n=1\ \text{hPa}/$ 赤道度(1 赤道度 =111 km)，则可算出 $G=7\times10^{-4}\ \text{N/kg}$。在这一水平气压梯度力作用下，1 kg 大气可获得 $0.07\ \text{cm/s}^2$ 的加速度，如果此力持续 3 h，可使风速由零增大到 7.56 m/s。可见，尽管水平气压梯度力很小，却是大气水平

运动的直接动力。

（二）地转偏向力

由于地球自转而产生的使运动着的大气偏离气压梯度方向的力，称为地转偏向力。如果以 v、ω、φ 分别表示风速、地球自转角速度、当地纬度，以 D_n 表示水平地转偏向力，则有：

$$D_n = 2v\omega\sin\varphi \tag{3-21}$$

地转偏向力具有如下性质：①伴随风速的产生而产生；②水平地转偏向力的方向垂直于大气运动方向，在北半球指向运动方向的右方，在南半球则指向左方；③由于与运动方向垂直，所以只改变风向，不改变风速；④该力正比于 $\sin\varphi$，随纬度增高而增大，在两极最大（$2v\omega$），在赤道为零。

（三）惯性离心力

当大气做曲线运动时，将受到惯性离心力的作用。其方向与大气运动方向垂直，由曲线路径的曲率中心指向外；其大小与大气运动的线速度的平方成正比，与曲率半径成反比。实际上，由于大气运动的曲率半径一般很大，所以惯性离心力通常很小。

（四）摩擦力

运动速度不同的相邻两层大气层之间以及贴近地面运动的大气和地表之间，皆会产生阻碍大气运动的阻力，即摩擦力。前者称为内摩擦力，后者称为外摩擦力。外摩擦力的方向与大气运动方向相反，其大小与其运动速度和下垫面的粗糙度成正比。内摩擦力与外摩擦力的向量和称为总摩擦力。摩擦力的大小随大气高度不同而异，在近地层中最为显著，高度越高，作用越弱，在 1～2 km 的高度，摩擦力始终存在。所以一般把 1～2 km 以下的大气层称为摩擦层，把这以上的大气层称为自由大气层。

上述作用于大气的 4 种力中，水平气压梯度力是引起大气运动的直接动力，其他 3 种力的作用则视具体情况而定。例如：在讨论低纬度大气或近地层大气的运动时，地转偏向力可不考虑；在大气运动近于直线时，离心力可不考虑；在讨论自由大气的运动时，摩擦力可忽略不计。

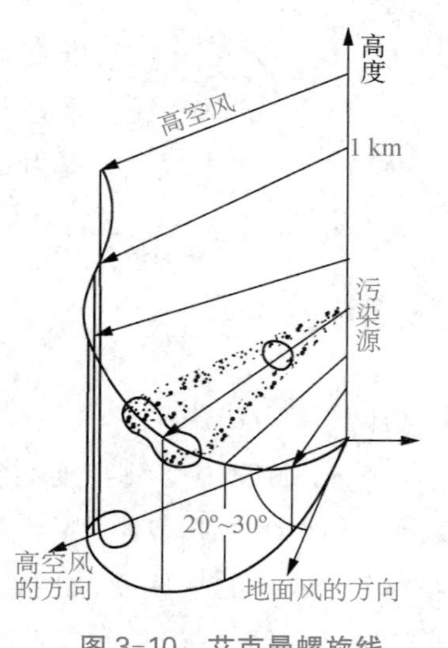

图 3-10　艾克曼螺旋线

二、大气边界层中风随高度的变化

在大气边界层中，由于摩擦力随高度增加而减小，当气压梯度力不随高度变化时，风速将随高度增加而增大，风向与等压线的交角随高度增加而减小。在北半球，如果把边界层中不同高度的风矢量用矢量图表示，把它们投影到同一水平面上，把风矢量顶点连接起来，就得到一风矢量迹线，称为艾克曼(Ekman)螺旋线，如图 3-10 所示。从地面向高空望

去，风向是顺时针变化的。到了大气边界层顶时，风速和风向完全接近了地转风。以上讨论的是理想的大气边界层，在实际的大气中，风矢量的变化没有那么整齐。

三、近地层中的风速廓线模式

平均风速随高度的变化曲线称为风速廓线，其数学表达式称为风速廓线模式。近地层的风速廓线模式有多种，这里介绍两种根据湍流半经验理论推导出的模式。

（一）对数律风速廓线模式

中性层结时近地层的风速廓线可用对数律模式描述：

$$\bar{u} = \frac{u^*}{k} \ln \frac{z}{z_0} \tag{3-22}$$

其中：$\bar{u}$ 为高度 z 处的平均风速，m/s；u^* 为摩擦速度，m/s；k 为卡门(Karman)常数，常取 0.4；z_0 为地面粗糙度，m。

表 3-2 给出了一些有代表性的地面粗糙度。实际的 z_0 和 u 值可利用不同高度上测得的风速值按式(3-22)求得。在近地层中性层结条件下应用对数律模式的精度较高，但在非中性层结条件下应用将会产生较大误差。

表 3-2　有代表性的地面粗糙度

地面类型	z_1/cm	有代表性的 z_0/cm
草原	1～10	3
农作物地区	10～30	10
村落、分散的树林	20～100	30
分散的大楼(城市)	100～400	100
密集的大楼(大城市)	400	＞300

（二）指数律风速廓线模式

由实测资料分析表明，非中性层结时的风速廓线可以用指数律模式描述：

$$\bar{u} = \bar{u}_1 \left(\frac{z}{z_1}\right)^m \tag{3-23}$$

其中：$\bar{u}_1$ 为已知高度 z_1 处的平均风速，m/s；m 为稳定度参数。

参数 m 的变化取决于温度层结和地面粗糙度，$0 < m < 1$，层结越不稳定时 m 值越小。m 值最好取实测值，当无实测值时，在高度 500 m 以下，可按《制定地方大气污染物排放标准的技术方法》(GB/T 13201—1991)选取(见表 3-3)。

表 3-3　参数 m 值

稳定度		A	B	C	D	E，F
m	城市	0.15	0.15	0.20	0.25	0.30
	乡村	0.07	0.07	0.10	0.15	0.25

一般认为，在中性层结条件下，指数律模式不如对数律模式准确，特别是在近地层。但指数律在中性条件下，能较好地应用于 300～500 m 的气层，而且在非中性条件下应用也较为准确和方便。所以，在大气污染浓度估算中应用指数律较多。

四、地方性风场

（一）海陆风

海陆风是海风和陆风的总称。它发生在海陆交界地带，是以 24 h 为周期的一种大气局地环流。海陆风是由于陆地和海洋热力性质的差异而引起的。如图 3-11 所示，在白天，由于太阳辐射，陆地升温比海洋快，在海陆大气之间产生了温度差、气压差，使低空大气由海洋流向陆地，形成海风。高空大气则从陆地流向海洋，形成反海风。它们同陆地上的上升气流和海洋上的下降气流一起形成了海陆风局地环流。在夜晚，由于有效辐射发生了变化，陆地比海洋降温快，在海陆之间产生了与白天相反的温度差、气压差，使低空大气从陆地流向海洋，形成陆风。高空大气则从海洋流向陆地，形成反陆风，它们同陆地下降气流和海面上升气流一起形成了海陆风局地环流。

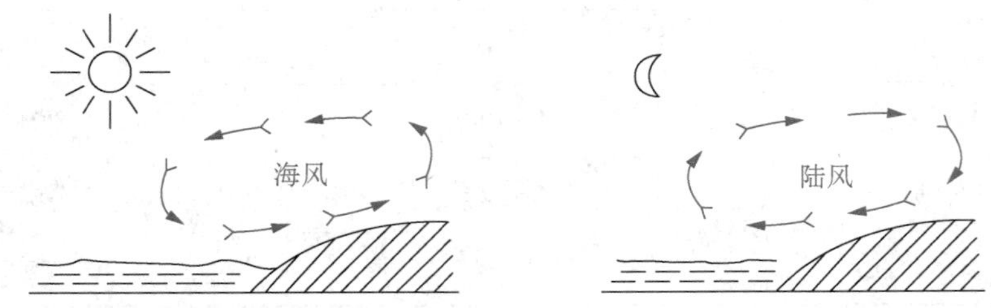

图 3-11　海陆风局地环流

在大湖泊、江河的水陆交界地带也会产生水陆风局地环流，称为水陆风，但水陆风的活动范围和强度比海陆风小。

由此可知，建在海边排出污染物的工厂必须考虑海陆风的影响，因为夜间随陆风吹到海面上的污染物可能白天又随海风吹回来，或者进入海陆风局地环流，使污染物不能充分地扩散稀释而造成严重的污染。

（二）山谷风

山谷风是山风和谷风的总称。它发生在山区，是以 24 h 为周期的局地环流。山谷风在

山区最为常见，它主要是由于山坡和谷地受热不均而产生的。如图 3-12 所示，白天，太阳先照射到山坡上，使山坡上大气比谷地上同高度的大气温度高，形成了由谷地吹向山坡的风，称为谷风。在高空则形成了由山坡吹向山谷的反谷风。它们同山坡上升气流和谷地下降气流一起形成了山谷风局地环流。在夜间，山坡和山顶比谷地冷却得快，使山坡和山顶的冷空气顺山坡下滑到谷底，形成了山风。在高空则形成了自山谷向山顶吹的反山风。它们同山坡下降气流和谷地上升气流一起形成了山谷风局地环流。

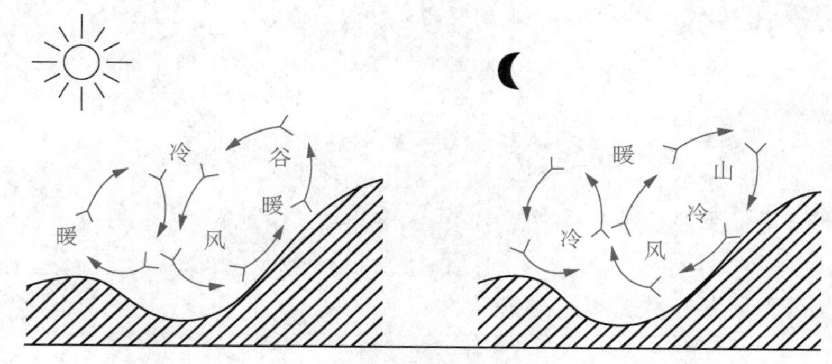

图 3-12　山谷风局地环流

山风和谷风的方向是相反的，但比较稳定。在山风与谷风的转换期，风向是不稳定的，山风和谷风均有机会出现，时而山风，时而谷风。这时若有大量污染物排入山谷，由于风向的摆动，污染物不易扩散，在山谷中停留时间较长，有可能造成严重的大气污染。

（三）城市热岛环流

城市热岛环流是由城乡温度差异引起的局地风。产生城乡温度差异的主要原因是：①城市人口密集、工业集中，使得能耗水平高；②城市的覆盖物（如建筑、水泥路面等）热容量大，白天吸收太阳辐射热，夜间放热缓慢，使低层空气冷却变缓；③城市上空笼罩着一层烟雾和二氧化碳，使地面有效辐射减弱。

由于上述原因，城市热量净收入比周围乡村多，平均气温比周围乡村高（特别是夜间），于是形成了所谓城市热岛。据统计，城乡年平均温差一般为 0.4～1.5 ℃，有时可达 3～4 ℃。其差值与城市大小、性质、当地气候条件及纬度有关。

由于城市温度经常比乡村高（特别是夜间），气压比乡村低，所以可以形成一种从周围农村吹向城市的特殊的局地风，称为城市热岛环流或城市风。这种风在市区汇合就会产生上升气流。因此，若城市周围有较多排放污染物的工厂，就会使污染物在夜间向市中心输送，特别是夜间城市上空有逆温存在时，会造成严重污染。

本章小结

本章主要介绍影响大气中污染物扩散的气象知识。第一节简要介绍了大气圈的基本结构与主要的气象要素，接着对大气的热力运动做了详细说明。第二节详细介绍了大气温度的垂直分布特点、温度层结、大气稳定度等重要概念，通过这些知识的学习，学生应掌握相应的计算并会判断大气特性及对污染物扩散的影响。第三节则介绍了大气的运动对污染物扩散的影响。

关键词

大气圈；气温垂直分布；逆温；大气稳定度；大气热运动；温度层结

习题

1. 一登山运动员在山脚处测得气压为 1 000 hPa，登山到达某高度后又测得气压为 500 hPa。试问登山运动员从山脚向上爬了多少米？
2. 在铁塔上观测到的气温资料如下表所示，试计算各层大气的气温直减率：$\gamma_{1.5\sim10}$，$\gamma_{10\sim30}$，$\gamma_{30\sim50}$，$\gamma_{1.5\sim30}$，$\gamma_{1.5\sim50}$，并判断各层大气的稳定度。

高度 Z/m	1.5	10	30	50
气温 T/K	298	297.8	297.5	297.3

3. 在气压 400 hPa 处，气块温度为 230 K，若气块绝热下降到气压为 600 hPa，气块温度变为多少？
4. 试用下列实测数据计算这一层大气的幂指数 m 值。

高度 Z/m	10	20	30	40	50
风速 u/(m · s^{-1})	3.0	3.5	3.9	4.2	4.5

5. 某市郊区地面 10 m 高处的风速为 2 m/s，估算 50 m、100 m、200 m、300 m、400 m 高度处在稳定度为 B、D、F 时的风速，并以高度为纵坐标、风速为横坐标作出风速廓线图。
6. 一个在 30 m 高度释放的探空气球，释放时记录的气温为 11.0 ℃，气压为 1 023 hPa，释放后陆续发回相应的气温和气压记录如下表所示。

(1) 估算每一组数据发出的高度。

(2) 以高度为纵坐标，以气温为横坐标，作出气温廓线图。

(3) 判断各层大气的稳定情况。

测定位置	2	3	4	5	6	7	8	9	10
气温/℃	9.8	12.0	14.0	15.0	13.0	13.0	12.6	1.6	0.8
气压/hPa	1 012	1 000	988	969	909	878	850	725	700

7. 用测得的地面气温和一定高度的气温数据，按平均温度梯度对大气稳定度进行分类。

测定编号	1	2	3	4	5	6
地面气温/℃	21.1	21.1	15.6	25.0	30.0	25.0
高度/m	458	763	580	2 000	500	700
相应气温/℃	26.7	15.6	8.9	5.0	20.0	28.0

8. 确定第 7 题中所给的每种条件下的位温梯度。

第四章　大气污染扩散模式

学习目标

1. 掌握点源、线源、面源的污染物浓度计算。
2. 熟悉烟囱高度确定。
3. 了解厂址选择的影响因素。

本章着重讨论污染物在大气中的扩散规律、污染物浓度的变化特点和估算，以及怎样利用气象资料进行厂址选择和烟囱设计等。

第一节　大气污染物的扩散

一、高斯扩散模式

高斯在大量的实测资料基础上，应用湍流统计理论得出了污染物在大气中的高斯扩散模式。虽然污染物浓度在实际大气扩散中不能严格符合正态分布的前提条件，但大量小尺度扩散试验证明，正态分布是一种可以接受的近似。

（一）高斯模式坐标系

高斯模式（正态分布模式）的坐标系如图 4-1 所示，其原点为排放点（无界点源或地面源）或高架源排放点在地面的投影点，x 轴正方向为平均风向，y 轴在水平面上垂直于 x 轴，正向在 x 轴的左侧，z 轴垂直水平面 xOy，向上为正向，即右手坐标系。在这种坐标系中，烟流中心线或与 x 轴重合，或在 xOy 面的投影为 x 轴（后面所有介绍的扩散模式都是在这种坐标系中导出来的）。

（二）高斯模式假定条件

大量的实验和理论研究证明，特别是对于连续点源的平均烟流，其浓度分布是符合正态分布的。因此，我们可以如下假定：①污染物浓度在 y、z 轴上的分布符合高斯分布（正态分

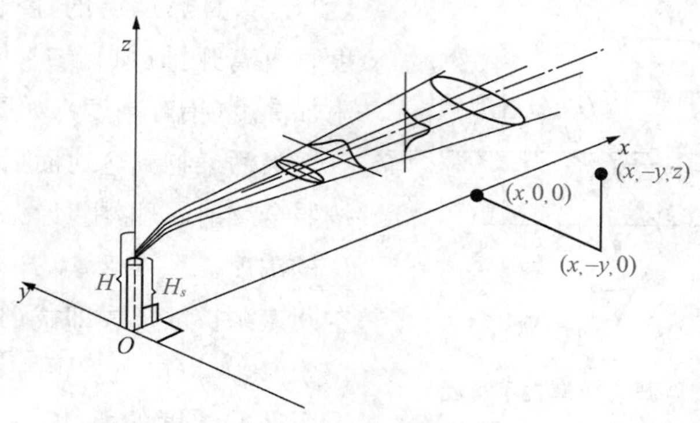

图 4-1 高斯模式坐标系

布);②在全部空间中风速是均匀的、稳定的;③源强是连续均匀的;④在扩散过程中污染物质量是守恒的。在后述的模式中,只要没有特别指明,以上 4 点假设条件都是遵守的。

二、连续点源的扩散

连续点源一般指排放大量污染物的烟囱、放散管、通风口等。排放口安置在地面的称为地面点源,处于高空位置的称为高架点源。

(一)无限空间连续点源扩散模式

假设点源在没有任何障碍物的自由空间扩散,不考虑下垫面的存在。大气中的扩散是具有 y 与 z 两个坐标方向的二维正态分布(见图 4-1),当两坐标方向的随机变量独立时,分布密度为每个坐标方向的一维正态分布密度函数的乘积。由正态分布的假设条件①,得出在点源下风向任一点的浓度分布函数如下:

$$\rho(x)=\frac{Q}{2\pi\bar{u}\sigma_y\sigma_z}\exp\left[-\left(\frac{y^2}{2\sigma_y^2}+\frac{z^2}{2\sigma_z^2}\right)\right] \tag{4-1}$$

其中:$\bar{u}$ 为平均风速,m/s;Q 为源强,g/s;σ_y 为距原点 x 处烟流中污染物在 y 向分布的标准偏差(水平方向扩散参数),m;σ_z 为距原点 x 处烟流中污染物在 z 向分布的标准偏差(垂直方向扩散参数),m;ρ 为任一点处污染物的浓度,g/m^3。

(二)高架连续点源扩散模式

1. 高架连续点源空间任一点污染物浓度估算模式

在点源的实际扩散中,污染物可能受到地面障碍物的阻挡,因而应当考虑地面对扩散的影响。处理的方法是,假定污染物在扩散过程中的质量不变,到达地面时不发生沉降或化学反应而全部反射,或者污染物没有反射而被全部吸收,实际情况应在这两者之间。

以点源在地面上的投影点 O 作为坐标原点,有效源位于 z 轴上某点,$z=H$(有效源高)。高架源的有效高度由两部分组成,即 $H=H_s+\Delta H$,其中,H_s 是排放口的有效高度(几何高

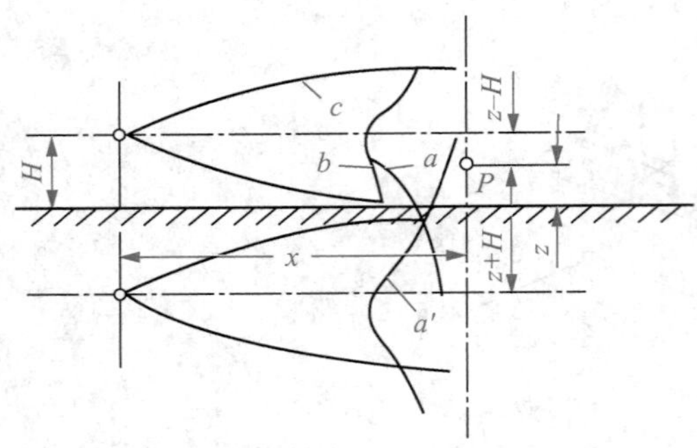

图 4-2　高架连续点源高斯模式示意图

度)，ΔH 是热烟流的浮升力和烟气以一定速度垂直离开排放口的冲力使烟流抬升的一个附加高度(抬升高度)，如图 4-2 所示。

当污染物到达地面后被全部反射时，可以按照全反射原理，用"像源法"来求解空间某点 P 的浓度。图 4-2 中，P 点的浓度显然比无限空间点源扩散模式即式(4-1) 计算值大，它是位于(0, 0, H) 的实源在 P 点扩散的浓度和反射回来的浓度的叠加。反射浓度可视为由一与实源对称的位于(0, 0, $-H$) 的像源(假想源) 扩散到 P 点的浓度。由图 4-2 可见，P 点在以实源为原点的坐标系中的垂直坐标为($z-H$)，则实源在 P 点扩散的浓度为式(4-1) 的坐标沿 z 轴向下平移距离 H：

$$\rho(x)=\frac{Q}{2\pi\bar{u}\sigma_y\sigma_z}\exp\left\{-\left[\frac{y^2}{2\sigma_y^2}+\frac{(z-H)^2}{2\sigma_z^2}\right]\right\} \tag{4-2}$$

P 点在以像源为原点的坐标系中的垂直坐标为($z+H$)，则像源在 P 点扩散的浓度为式(4-1) 的坐标沿 z 轴向上平移距离 H：

$$\rho(x)=\frac{Q}{2\pi\bar{u}\sigma_y\sigma_z}\exp\left\{-\left[\frac{y^2}{2\sigma_y^2}+\frac{(z+H)^2}{2\sigma_z^2}\right]\right\} \tag{4-3}$$

P 点的实际浓度应为实源和像源的贡献之和：

$$\begin{aligned}\rho&=\rho(x)_1+\rho(x)_2\\ \rho(x)&=\frac{Q}{2\pi\bar{u}\sigma_y\sigma_z}\exp\left(-\frac{y^2}{2\sigma_z^2}\right)\left\{\exp\left[-\frac{(z-H)^2}{2\sigma_z^2}\right]+\left[-\frac{(z+H)^2}{2\sigma_z^2}\right]\right\}\end{aligned} \tag{4-4}$$

式(4-4)即高架连续点源正态分布假设下的高斯扩散模式。由这一模式可求出下风向空间任一点的污染物浓度。

2. 地面浓度模式

我们平时最关心的是地面污染物浓度，而不是任一点的浓度；由式(4-4)在 $z=0$ 时得到地面浓度：

$$\rho(x,\ y,\ 0)=\frac{Q}{\pi\bar{u}\sigma_y\sigma_z}\exp\left(-\frac{y^2}{2\sigma_z^2}\right)\exp\left(-\frac{H^2}{2\sigma_z^2}\right) \tag{4-5}$$

3. 地面轴线浓度模式

地面浓度以 x 轴为对称轴，轴线 x 上具有最大值，向两侧(y 方向) 逐渐减小。由式

(4-5) 在 $y=0$ 时得到地面轴线浓度：

$$\rho(x,\ y,\ 0)=\frac{Q}{\pi\bar{u}\sigma_y\sigma_z}\exp\left(-\frac{H^2}{2\sigma_z^2}\right) \tag{4-6}$$

4. 地面最大浓度(即地面轴线最大浓度)模式

我们知道 σ_y、σ_z 是距离 x 的函数，随 x 的增大而增大。在式(4-6)中，$\frac{Q}{\pi\bar{u}\sigma_y\sigma_z}$ 项随 x 的增大而减小，而 $\exp\left(-\frac{H^2}{2\sigma_z^2}\right)$ 项则随 x 增大而增大。两项共同作用的结果，必然在某一距离 x 处出现浓度 ρ 的最大值。

为了简化运算，假设比值 σ_y/σ_z 不随距离 x 变化而为一常数，式(4-6)对 σ_z 求导数，令其等于零，再经过一些简单运算，即可求出地面最大浓度及其出现距离的计算公式：

$$\rho_{\max}=\frac{2Q}{\pi\bar{u}H^2\mathrm{e}}\cdot\frac{\sigma_z}{\sigma_y} \tag{4-7}$$

$$\sigma_{z|x=x_{\rho\max}}=\frac{H}{\sqrt{2}} \tag{4-8}$$

其中：H 为有效源高；$\mathrm{e}=2.718\ 3$；$\pi=3.14$。

（三）地面连续点源扩散模式

地面连续点源扩散模式可由高架连续点源扩散模式即式(4-4)令其有效源高 $H=0$ 时得到：

$$\rho(x,\ y,\ z)=\frac{Q}{\pi\bar{u}\sigma_y\sigma_z}\exp\left[-\left(\frac{y^2}{2\sigma_y^2}+\frac{z^2}{2\sigma_z^2}\right)\right] \tag{4-9}$$

比较式(4-1)和式(4-9)可以发现，地面连续点源造成的污染物浓度恰是无界空间连续点源所造成的污染物浓度的 2 倍。

三、颗粒物扩散模式

对于排气筒排放的粒径小于 15 μm 颗粒物，其地面浓度可按前述的气体扩散模式计算。对于粒径大于 15 μm 的颗粒物，由于具有明显的重力沉降作用，浓度分布将有所改变，可以按倾斜烟流模式计算地面浓度：

$$\rho(x,\ y,\ 0)=\sum\frac{(1+\alpha_i)Q_i}{2\pi\bar{u}\sigma_y\sigma_z}\exp\left(-\frac{y^2}{2\sigma_y^2}\right)\exp\left[-\frac{\left(H-\frac{v_i x}{\bar{u}}\right)^2}{2\sigma_z^2}\right] \tag{4-10}$$

$\left(\text{上式应满足：}\frac{v_i x}{\bar{u}}\leqslant H\right)$，其中：

$$v_i=\frac{d_{pi}^2\rho_p g}{18\mu} \tag{4-11}$$

其中：α_i 为表4-1中第 i 组颗粒的地面反射系数，按表4-1查取；Q_i 为表4-1中第 i 组颗粒的源强，g/s；d_{pi} 为表4-1中第 i 组颗粒的平均直径，m；v_i 为粒径为 d_{pi} 的颗粒的重力沉降速度，m/s；ρ_p 为颗粒密度，kg/m^3；μ 为空气黏度，Pa・s；g 为重力加速度，m/s^2。

表4-1　地面反射系数

粒径范围/μm	15～30	31～47	48～75	76～100
平均粒径/μm	22	38	60	85
反射系数	0.8	0.5	0.3	0

四、线源扩散模式

城市中街道和公路上的汽车排气可以作为线源。线源分为无限长线源和有限长线源两类。较长的街道和公路上行驶的车辆在道路两侧形成连续稳定浓度场的线源，称为无限长线源；在街道上行驶的车辆只能在街道两侧形成断续稳定浓度场的线源，称为有限长线源。

（一）无限长线源扩散模式

（1）当风向与线源垂直时，连续排放的无限长线源在横风向产生的浓度是处处相等的，因此，点源扩散模式的高斯模式对变量 y 进行积分，可获得无限长线源下风向的地面浓度模式：

$$\rho(x,\ y,\ 0)=\frac{Q_L}{\pi\bar{u}\sigma_y\sigma_z}\exp\left(-\frac{H^2}{2\sigma_z^2}\right)\int_{-\infty}^{\infty}\exp\left(-\frac{y^2}{2\sigma_y^2}\right)\mathrm{d}y \tag{4-12}$$

积分得：

$$\rho(x,\ 0)=\frac{2Q_L}{\sqrt{2\pi}\,\bar{u}\sigma_z}\exp\left(-\frac{H^2}{2\sigma_z^2}\right) \tag{4-13}$$

（2）当风向与线源不垂直时，若风向与线源交角 $\varphi\geqslant45°$，线源下风向的地面浓度模式如下：

$$\rho(x,\ 0)=\frac{2Q_L}{\sqrt{2\pi}\,\bar{u}\sigma_z\sin\varphi}\exp\left(-\frac{H^2}{2\sigma^2}\right) \tag{4-14}$$

当风向与线源交角 $\varphi<45°$时，此模式不能适用。

（二）有限长线源模式

在估算有限长线源的污染物浓度时，必须考虑线源末端引起的“边缘效应”。随着接受

点距线源距离的增加，“边缘效应”将在更大的横风距离上起作用。对于横风有限长线源，取通过所关心的接受点的平均风向为 x 轴，线源为 y 轴，其范围从 y_1 延伸到 y_2，且 $y_1 < y_2$，则有限长线源下风向的地面浓度模式如下：

$$\rho(x, y, 0) = \frac{2Q_L}{\sqrt{2\pi}\bar{u}\sigma_z}\exp\left(-\frac{H^2}{2\sigma_z^2}\right)\int_{p_1}^{p_2}\frac{1}{\sqrt{2\pi}}\exp\left(-\frac{p^2}{2}\right)\mathrm{d}p \tag{4-15}$$

其中：$p_1 = y_1/\sigma_y$；$p_2 = y_2/\sigma_y$。其中的积分值从正态概率表中查询。

例 4-1 **在阴天情况下，风向与公路垂直，平均风速为 4 m/s，最大交通量为 8 000 辆/小时，车辆平均速度为 64 km/h，每辆车排放 CO 量为 2×10^{-2} g/s，试求距公路下风向 300 m 处的 CO 浓度。**

解： 把公路当作一无限长线源，源强如下：

$$Q_L = \frac{8\ 000\times2\times10^{-2}}{64\ 000} = 2.5\times10^{-3}\ [\mathrm{g}\cdot辆/(\mathrm{s}\cdot\mathrm{m})]$$

阴天为 D 级稳定度，由表 4-4 查得，在 $x=300$ m 处，$\sigma_z=12.1$ m，由式(4-13)求得 CO 浓度：

$$\rho(300, 0) = \frac{2\times2.5\times10^{-3}}{\sqrt{2\times3.14}\times4\times12.1}\exp\left(-\frac{0.4^2}{2\times12.1^2}\right)$$
$$= 4.12\times10^{-2} = 0.041\ 2\ (\mathrm{g/m^3})$$

其中：H 为汽车尾气管距地面的高度，大约为 0.4 m。

五、面源扩散模式

城市中小工厂、企业的生活锅炉，居民的炉灶等数量众多、分布面广、排放高度低的污染源，可以作为面源处理。下面介绍几种常用的面源扩散模式。

（一）箱模式

假设污染物浓度在混合层内是均匀的。设城市平均面源源强为 Q(等于城市中污染物总排放量除以城市面积)，城市上空混合层高度为 D，则城市上风向距离 x 处(x 小于在风向上城区的长度)的浓度如下：

$$\rho = Q\cdot\frac{x}{\bar{u}}\cdot\frac{1}{D} = \frac{Qx}{\bar{u}D} \tag{4-16}$$

实际上，城市面源源强是不均匀的，应当划分成更小的面源单元。在横风向几千米的范围内，面源强度的变化不超过 10 倍，横向扩散的不均匀性可以忽略，则只考虑沿 x 方向的源强变化。这样，可将城市划分成若干块与风向垂直的条形面源，根据箱模式的假设，城市中任一点的浓度如下：

$$\rho = \Delta x \sum_{i=1}^{n} \frac{Q_i}{\bar{u} D} \tag{4-17}$$

其中：Δx 为条形面源的宽度，m；Q_i 为第 i 块面源的平均源强，g/(m^2 · s)；n 为计算点上风向的面源数。

箱模式假设污染物一旦由源排出，就立即在混合层内均匀分布，这与污染物垂直向的扩散情况不符。因此，箱模式往往低估了实际的地面浓度，但城市范围越大，应用效果越好。

（二）简化为点源的面源模式

计算面源浓度时，可以将城市中众多的低矮污染源依一定方式划分为若干小方格，每个方格内的源强为方格内所有源强的总和除以方格的面积。计算时，假设面源单元与上风向某一虚拟点源所造成的污染等效，当这个虚拟点源的烟流扩散到面源单元的中心时，其烟流的宽度正好等于面源的宽度，其厚度正好等于面源单元的高度（见图 4-3）。这相当于在点源公式中增加了一个初始扩散参数（σ_{y0}，σ_{z0}），以模拟面源单元中许多分散点源的扩散。其地面浓度可根据式（4-5）推导后用下式计算：

$$\rho(x, y, 0) = \frac{Q}{\pi \bar{u}(\sigma_y + \sigma_{y0})(\sigma_z + \sigma_{z0})} \exp\left\{-\frac{1}{2}\left[\frac{y^2}{(\sigma_y + \sigma_{y0})^2} + \frac{H^2}{(\sigma_z + \sigma_{z0})^2}\right]\right\} \tag{4-18}$$

σ_{y0}、σ_{z0} 常用以下经验方法确定：

$$\sigma_{y0} = \frac{W}{4.3} \tag{4-19}$$

$$\sigma_{z0} = \frac{\bar{H}}{2.15} \tag{4-20}$$

其中：W 为面源单元宽度，m；$\bar{H}$ 为面源单元的平均高度，m。

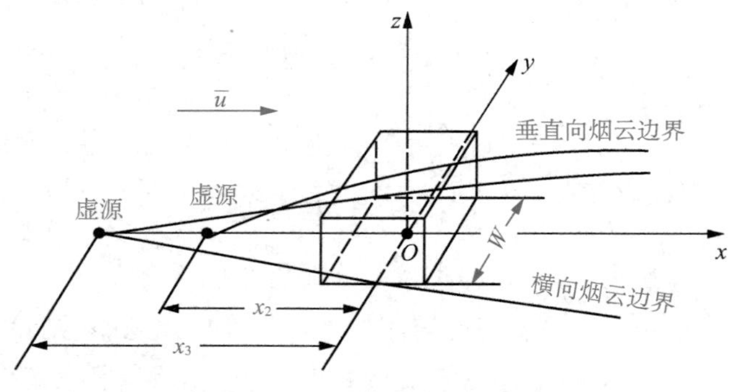

图 4-3　面源简化为点源示意图

（三）窄烟流模式

许多城市的污染源资料表明，一般面源的源强变化不大，相邻两个面单元之间变化一般不超过 2 倍，而且一个连续点源形成的烟流相当窄。因此，某点的污染物浓度主要取决于上风向面源单元的源强，上风向两侧面单元对其影响很小。据此可以导出计算点 M 所在的面单元和上风向各单元在该点形成的浓度模式——窄烟流模式（见图 4-4）。

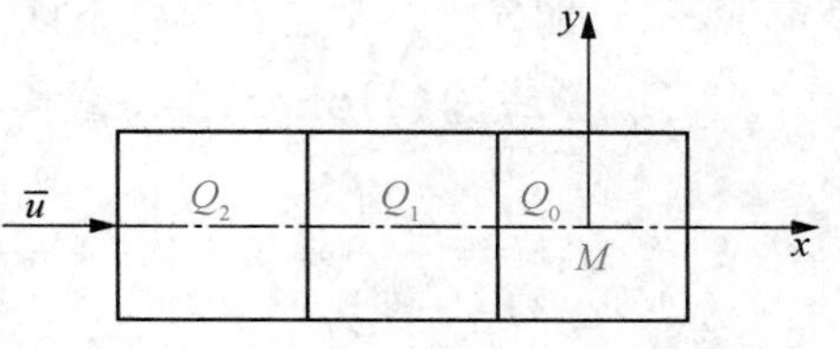

图 4-4　窄烟流模式示意图

进一步研究表明，M 点所在面单元对该点的污染物浓度的贡献比它上风向相邻 5 个面单元贡献的总和还要大，因此，M 点的污染物浓度主要由它所在面单元的源强所决定，于是可以得到简化的窄烟流模式：

$$\rho = A\frac{Q_0}{\bar{u}} \tag{4-21}$$

若取 $\sigma_z = \gamma_2 x^{a_2}$ 的形式，则：

$$A = \left(\frac{2}{\pi}\right)^{\frac{1}{2}} \cdot \frac{1}{1-a_2} \cdot \frac{x}{\gamma_2 x^{a_2}} = \frac{0.8}{1-a_2} \cdot \frac{x}{\sigma_z} \tag{4-22}$$

其中：Q_0 为计算点所在面单元的源强，$g/(m^2 \cdot s)$；x 为计算点到上风向城市边缘的距离，m。

用简化的窄烟流模式即式(4-21)计算时，只需要将每一单元的源强乘以相应的系数 A 就可得出该面单元的浓度。

第二节　污染物浓度估算

一、烟气抬升高度计算

烟囱的有效高度 H 应为烟囱的几何高度 H_s 与烟气抬升高度 ΔH 之和：

$$H = H_s + \Delta H$$

对于一个烟囱来说，几何高度 H_s 一定，只要计算出烟气抬升高度 ΔH，有效源高就随之确定。

产生烟气抬升的原因有两方面：一是烟囱出口烟气有一定的初始速度；二是由于烟温高

于周围气温而产生一定的浮力。初始动量的大小决定于烟气出口流速和烟囱出口内径，而浮力大小则主要决定于烟气与周围大气之间的温差。此外，平均风速、风速垂直切变及大气稳定度等，对烟气抬升都有影响。下面介绍几种常用的烟气抬升高度计算公式。

（一）霍兰德(Holland)公式

$$\Delta H = \frac{v_s D}{\bar{u}}\left(1.5 + 2.7\frac{T_s - T_a}{T_s}D\right) = \frac{1}{\bar{u}}(1.5 v_s D + 9.6 \times 10^{-3} Q_H) \tag{4-23}$$

其中：v_s 为烟囱出口流速，m/s；D 为烟囱出口内径，m；$\bar{u}$ 为烟囱出口处的平均风速，m/s；T_s 为烟囱出口处的烟流温度，K；T_a 为环境大气温度，K；Q_H 为烟气的热释放率，kW。

式(4-23)适用于中性大气条件。用于非中性条件时，霍兰德建议修正如下：对于不稳定条件，烟气抬升高度增加 10%～20%；对于稳定条件，减小 10%～20%。普遍认为霍兰德公式比较保守，特别是烟囱高、热释放率强时偏差更大。

（二）布里格斯(Briggs)公式

布里格斯公式是用因次分析方法导出、用实测资料推算的常数项。其计算值与实测值比较接近，应用较广。下面是适用于不稳定与中性大气条件的计算式。

(1) 当 $Q_H > 21\,000$ kW 时：

$$x < 10H_s,\ \Delta H = 0.362 Q_H^{\frac{1}{3}} x^{\frac{2}{3}} \bar{u}^{-1} \tag{4-24}$$

$$x > 10H_s,\ \Delta H = 1.55 Q_H^{\frac{1}{3}} H_s^{\frac{2}{3}} \bar{u}^{-1} \tag{4-25}$$

(2) 当 $Q_H < 21\,000$ kW 时：

$$x < 3x^*,\ \Delta H = 0.362 Q_H^{\frac{1}{3}} x^{\frac{1}{3}} \bar{u}^{-1} \tag{4-26}$$

$$x > 3x^*,\ \Delta H = 0.332 Q_H^{\frac{3}{5}} H_s^{\frac{2}{5}} \tag{4-27}$$

$$x^* = 0.33 Q_H^{\frac{2}{5}} H_s^{\frac{3}{5}} \bar{u}^{-\frac{6}{5}} \tag{4-28}$$

其中：x 是离烟囱的水平距离。

（三）我国国家标准中规定的公式

我国的《制定地方大气污染物排放标准的技术方法》(GB/T 3840—91)中对烟气抬升计算公式规定如下：

(1) 当 $Q_H \geqslant 21\,000$ kW，$T_s - T_a \geqslant 35$ K 时：

$$\Delta H = n_0 Q_H^{n1} H_s^{n2} \bar{u}^{-1} \tag{4-29}$$

$$Q_H = 0.35 p_a Q_v \frac{\Delta T}{T_s} \tag{4-30}$$

$$\Delta T = T_s - T_a \tag{4-31}$$

其中：n_0、n_1、n_2 为系数，按表 4-2 选取；P_a 为大气压力，hPa，取邻近气象台(站)年平均值；Q_v 为实际排烟率，m^3/s；T_s 为烟囱出口处的烟流温度，K；T_a 为环境大气温度，K。

表 4-2　系数 n_0、n_1 和 n_2 的值

Q_H/kW	地表状况(平原)	n_0	n_1	n_2
$Q_H \geqslant 21\ 000$	农村或城市远郊区	1.427	$\frac{1}{3}$	$\frac{2}{3}$
	城区及近郊区	1.303	$\frac{1}{3}$	$\frac{2}{3}$
$2\ 100 \leqslant Q_H < 21\ 000$，且 $\Delta T \geqslant 35$ K	农村或城市远郊区	0.332	$\frac{3}{5}$	$\frac{2}{5}$
	城区及近郊区	0.292	$\frac{3}{5}$	$\frac{2}{5}$

(2) 1 700 kW $< Q_H <$ 21 000 kW 时：

$$\Delta H = \Delta H_1 + (\Delta H_2 - \Delta H_1)\frac{Q_H - 1\ 700}{400} \tag{4-32}$$

$$\Delta H_1 = 2(1.5 v_s D + 0.01 Q_H)/\bar{u} - 0.048(Q_H - 1\ 700)/\bar{u} \tag{4-33}$$

ΔH_2 按式(4-29) 计算，n_0、n_1、n_2 按表 4-2 较小的一类选取。

(3) 当 $Q_H <$ 1 700 kW 或 $\Delta T <$ 35 K 时：

$$\Delta H = 2(1.5 v_s D + 0.01 Q_H)/\bar{u} \tag{4-34}$$

(4) 当 10 m 高处的平均风速小于或等于 1.5 m/s 时：

$$\Delta H = 5.5 Q_H^{\frac{1}{4}}\left(\frac{dT_a}{dz} + 0.009\ 8\right)^{-\frac{3}{8}} \tag{4-35}$$

其中：dT_a/dz 为排放源高度以上温度直减率，单位 K/m，取值不得小于 0.01 K/m。

例 4-2　某城市火电厂的烟囱高 100 m，出口内径 5 m。出口烟气流速 12.7 m/s，温度 140 ℃，流量 250 m^3/s。烟囱出口处平均风速 4 m/s，大气温度 20 ℃，当地气压 978.4 hPa，试确定烟气抬升高度及有效源高。

解：由式(4-30)得出烟气热释放率：

$$Q_H = 0.35 \times 978.4 \times 250 \times \frac{140 - 20}{140 + 273} = 24\ 875\ (\text{kW})$$

选用式(4-29)计算，由表 4-2 查得系数 ($Q_H \geqslant$ 21 000 kW，城区)：$n_0 = 1.303$，$n_1 = \frac{1}{3}$，$n_2 = \frac{2}{3}$，求得烟气抬升高度：

$$\Delta H = 1.303 \times 24\ 875^{\frac{1}{3}} \times 100^{\frac{2}{3}} \times 4 = 204.9\ (\mathrm{m})$$

则有效源高如下：

$$H = 100 + 204.9 = 304.9\ (\mathrm{m})$$

二、扩散参数的确定

应用大气扩散模式估算污染物浓度时，在有效源高确定后，还必须确定扩散参数 σ_y 和 σ_z。扩散参数可以现场测定，也可以用风洞模拟实验确定，还可以根据实测和实验数据归纳整理出来的经验公式或图表来估算。

（一）P-G 扩散曲线法

1. P-G 扩散曲线法要点

这一方法首先由帕斯奎尔(Pasquill)于 1961 年提出；吉福德(Gifford)进一步将其做成应用更方便的图表，所以这一方法简称为 P-G 曲线法。

该方法先根据太阳辐射情况（云量、云状和日照）和距地面 10 m 高处的风速 $\bar{u}_{10}$ 将大气的扩散稀释能力划分为 A～F 六个稳定度级别；然后根据大量的扩散实验数据和理论上的考虑，用曲线来表示每一个稳定度级别的 σ_y 和 σ_z 随下风距离 x 的变化。

2. P-G 扩散曲线法的应用

(1) 根据常规气象资料确定稳定度级别。P-G 法划分大气扩散稳定度级别的标准如表 4-3 所示。

表 4-3　稳定度级别划分表

地面风速 $\bar{u}_{10}$/(m/s)	白天太阳辐射			阴天的白天或夜间	有云的夜间	
	强	中	弱		薄云遮天或低云≥5/10	云量≤4/10
<2	A	A～B	B	D		
2～3	A～B	B	C	D	E	F
3～5	B	B～C	C	D	D	E
5～6	C	C～D	D	D	D	D
>6	C	D	D	D	D	D

① 稳定度级别中，A 为强不稳定，B 为不稳定，C 为弱不稳定，D 为中性，E 为较稳定，F 为稳定。

② 稳定度级别 A～B 表示按 A、B 级的数据内插。

③ 夜间定义为日落前 1 h 至日出后 1 h。

④ 不论何种天气状况，夜间前后各 1 h 算作中性，即 D 级稳定度。

⑤ 强太阳辐射对应于碧空下的太阳高度角大于 60°的条件；弱太阳辐射相当于碧空下太阳高度角为 15°～35°。在中纬度地区，仲夏晴天的中午为强太阳辐射，寒冬晴天中午为弱太阳辐射。云量将减少太阳辐射，云量应与太阳高度一起考虑。例如，在碧空下应是强太阳辐射，在有碎中云（云量 6/10～9/10）时，要减到中等太阳辐射，在碎低云时减到弱辐射。

⑥ 这种方法对于开阔的乡村地区能给出较可靠的稳定度，但对城市地区是不大可靠的。这是因为城市地区地面粗糙度较大且具有热岛效应。最大的差别出现在静风晴夜，在这样的夜间，乡村地区大气状况是稳定的，但在城市地区，在高度相当于建筑物的平均高度几倍之内，大气状况是弱不稳定或近中性的，而它的上部则有一个稳定层。

(2) 用扩散曲线确定 σ_y 和 σ_z。如图 4-5 和图 4-6 所示是帕斯奎尔和吉福德给出的不同稳定度时 σ_y 和 σ_z 随下风距离 x 变化的经验曲线，简称 P-G 曲线图（两图对应的取样时间为 10 min）。在按表 4-3 确定了某地属于何种稳定度级别后，便可用这两张图查出相应的 σ_y 和 σ_z 值。另外，英国伦敦气象局还给出了表 4-4，用内插法可求出 20 km 距离内的 σ_y 和 σ_z 值。

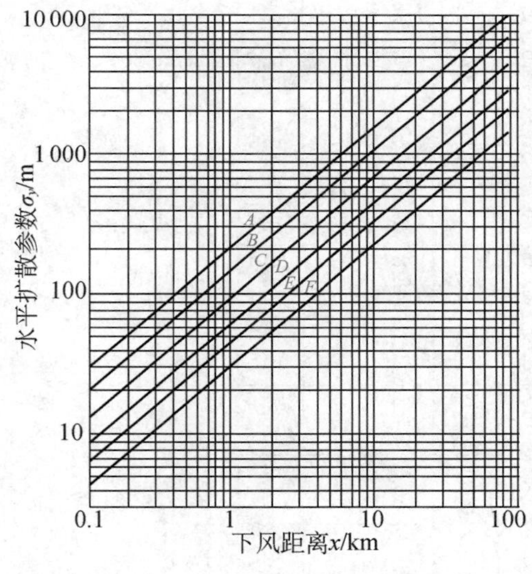

图 4-5 下风距离与水平扩散参数的关系

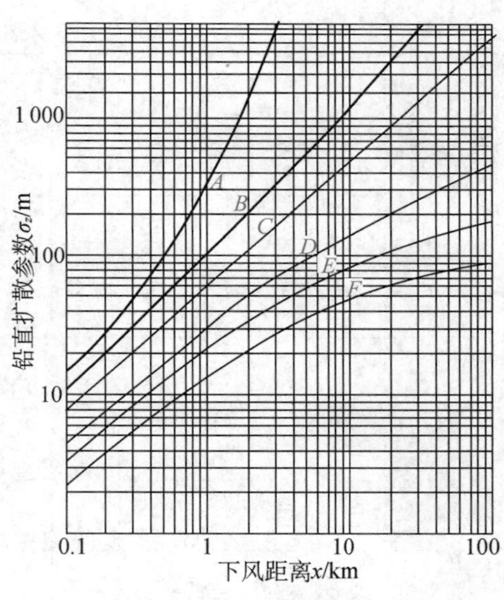

图 4-6 下风距离与垂直扩散参数的关系

(3) 浓度估算。当确定了 σ_y 和 σ_z 后，扩散方程中的其他参数也相应确定下来，利用前述一系列扩散模式，即可估算出各种情况下的浓度值。

地面最大浓度 $\rho_{\max}$ 和它出现的距离 $x_{\rho\max}$ 的估算方法如下：

① 先根据 H 用式(4-8) 计算出 $x = x_{\rho\max}$ 时的 σ_z 值；

② 再从曲线图 4-6(或表 4-4)中查出与之相应的距离 x 值，此值即该稳定度下的 $x_{\rho\max}$，从图或表中查出与之相对应的 σ_y 值；

③ 用式(4-7)计算出 $\rho_{\max}$。

表 4-4　英国伦敦气象局给出的 σ_y 和 σ_z

稳定度	标准差	距离 x/km																				
		0.1	0.2	0.3	0.4	0.5	0.6	0.8	1.0	1.2	1.4	1.6	1.8	2.0	3.0	4.0	6.0	8.0	10	12	16	20
A	σ_y	27.0	49.8	71.6	92.1	112	132	170	207	243	278	313										
	σ_z	14.0	29.3	47.4	72.1	105	153	279	456	674	930	1 230										
B	σ_y	19.1	35.8	51.6	67.0	81.4	95.8	123	151	178	203	228	253	278	395	508	723					
	σ_z	10.7	20.5	30.2	40.5	51.2	62.8	84.6	109	133	157	181	207	233	363	493	777					
C	σ_y	12.6	23.3	33.5	43.3	53.5	62.8	80.9	99.1	116	133	149	166	182	269	335	474	603	735			
	σ_z	7.44	14.0	20.5	26.5	32.6	38.6	50.7	61.4	73.0	83.7	95.3	107	116	167	219	316	409	498			
D	σ_y	8.37	15.3	21.9	28.8	35.3	40.9	53.5	65.6	76.7	87.9	98.6	109	121	173	221	315	405	488	569	729	884
	σ_z	4.65	8.37	12.1	15.3	18.1	20.9	27.0	32.1	37.2	41.9	47	52.1	56.7	79.1	100	140	177	212	244	307	372
E	σ_y	6.05	11.6	16.7	21.4	26.5	31.2	40.0	48.8	57.7	65.6	73.5	82.3	85.6	129	166	237	306	366	427	544	659
	σ_z	3.72	6.05	8.84	10.7	13.0	14.9	18.6	21.4	24.7	27.0	29.3	31.6	33.5	41.9	48.6	60.9	70.7	79.1	87.4	100	111
F	σ_y	4.19	7.91	10.7	14.4	17.7	20.5	26.5	32.6	38.1	43.3	48.8	54.5	60.5	86.5	102	156	207	242	285	365	437
	σ_z	2.33	4.19	5.58	6.98	8.37	9.77	12.1	14.0	15.8	17.2	19.1	20.5	21.9	27.0	31.2	37.7	42.8	46.5	50.2	55.8	60.5

例 4-3　某石油精炼厂自平均有效源高 60 m 的烟囱排放的 SO_2 量为 80 g/s，有效源高处的平均风速为 6 m/s，试估算冬季阴天正下风向距离烟囱 500 m 处地面的 SO_2 浓度。

解： 在阴天大气条件下，稳定度为 D 级，由表 4-4 查得，在 $x=500$ 处，$\sigma_y=35.3$，$\sigma_z=18.1$。把数据代入式(4-6)中：

$$\rho(500,0,0)=\frac{Q}{\pi\bar{u}\sigma_y\sigma_z}\exp\left(-\frac{H^2}{2\sigma_z^2}\right)$$

$$=\frac{80}{3.14\times6\times35.3\times18.1}\exp\left[-\frac{1}{2}\left(\frac{60}{18.1}\right)^2\right]$$

$$=2.73\times10^{-5}=0.0273\ (\text{mg/m}^3)$$

（二）我国国家标准规定的方法

我国《制定地方大气污染物排放标准的技术方法》中规定了大气污染物环境浓度的估算方法。

同样利用前面讲的扩散模式计算污染物浓度，首先需要确定扩散参数，而要确定扩散参数同样需要先确定大气稳定度。

(1) 大气稳定度分级方法。我国大气稳定度的确定采用修订的帕斯奎尔定量分级法。该方法首先根据云量和太阳高度角按表 4-5 确定太阳辐射等级，再由太阳辐射等级和地面风速按表 4-6 确定大气稳定度等级。

表 4-5　太阳辐射等级

总云量/低云量	太阳高度角 h_0				
	夜间	$h_0\leqslant15°$	$15°<h_0\leqslant35°$	$35°<h_0\leqslant65°$	$>65°$
≤4/≤4	−2	1	+1	+2	+3
(5～7)/≤4	−1	0	+1	+2	+3
≥8/≤4	−1	0	0	+1	+1
≥7/(5～7)	0	0	0	0	+1
≥8/≥8	0	0	0	0	0

表 4-6　大气稳定度等级

地面风速/(m/s)	太阳辐射等级					
	+3	+2	+1	0	−1	−2
≤1.9	A	A～B	B	D	E	F
2～2.9	A～B	B	C	D	E	F

（续表）

地面风速 /(m/s)	太阳辐射等级					
	+3	+2	+1	0	−1	−2
3～4.9	B	B～C	C	D	D	E
5～5.9	C	C～D	D	D	D	D
≥6	C	D	D	D	D	D

注：地面风速指距地面 10 m 高度处 10 min 平均风速。

太阳高度角计算公式如下：

$$h_0=\arcsin[\sin\Phi\sin\delta+\cos\Phi\cos\delta\cos(15t+\lambda-300)] \tag{4-36}$$

其中：h_0 为太阳高度角；Φ 为当地地理纬度；λ 为当地地理经度；t 为观测进行的北京时间，h；δ 为太阳倾角，按当时月份与日期由下式计算。

$$\delta=[0.006\,918-0.399\,12\cos\theta_0+0.070\,257\sin\theta_0-0.006\,758\cos 2\theta_0+0.000\,907\sin 2\theta_0-0.002\,697\cos 3\theta_0+0.001\,480\sin 3\theta_0]180/\pi$$

其中：θ_0 为 $360d_n/365$，(°)；d_n 为一年中日期序数，0，1，2，…，364。

(2) 扩散参数 σ_y、σ_z 的确定。《制定地方大气污染物排放标准的技术方法》中规定，取样时间为 0.5 h，扩散参数按下式计算：

$$\sigma_y=\gamma_1 x^{\alpha_1} \tag{4-37}$$

$$\sigma_z=\gamma_2 x^{\alpha_2} \tag{4-38}$$

其中：α_1 为横向扩散参数回归指数；α_2 为垂直扩散参数回归指数；γ_1 为横向扩散参数回归系数；γ_2 为垂直扩散参数回归系数。

上述各指数和系数可按表 4-7 查询，查算时应遵循如下原则：

① 平原地区农村和城市远郊区，A、B、C 级稳定度直接按表 4-7 查询，D、E、F 级稳定度则需向不稳定方向提半级后按表 4-7 查询；

② 工业区域或城区中的点源，A、B 级不提级，C 级提到 B 级，D、E、F 级向不稳定方向提一级，再按表 4-7 查询；

③ 丘陵山区的农村或城市，其扩散参数选取方向同工业区。

(3) 污染物浓度与取样时间的关系。当取样时间大于 0.5 h 时，垂直方向扩散参数 σ_z 不变，横向扩散参数按下式计算：

$$\sigma_{y2}=\sigma_{y1}\left(\frac{T_2}{T_1}\right)^q \tag{4-39}$$

或者 σ_y 的回归指数 α_1 不变，回归系数 γ_1 满足下式：

$$\gamma_{1T_2}=\gamma_{1T_1}\left(\frac{T_2}{T_1}\right)^q \tag{4-40}$$

其中：σ_{y2}、σ_{y1} 为对应取样时间 T_1、T_2 时的横向扩散参数，m；γ_{1T_2}、γ_{1T_1} 为对应取样时间 T_2、T_1 时横向扩散参数的回归系数；q 为时间稀释指数。1 h$\leqslant T<$100 h 时，$q=0.3$；0.5 h$\leqslant T<$1 h 时，$q=0.2$。

表 4-7　P-G 曲线幂函数数据(取样时间 0.5 h)

$\sigma_y=\gamma_1 x^{\alpha 1}$				$\sigma_z=\gamma_2 x^{\alpha 2}$			
稳定度	α_1	γ_1	下风距离/m	稳定度	α_2	γ_2	下风距离/m
A	0.901 074	0.425 809	0~1 000	A	1.121 540	0.079 990	0~300
	0.850 934	0.602 052	>1 000		1.523 600	0.008 548	300~500
					2.108 810	0.000 211 545	>500
B	0.914 370	0.281 846	0~1 000	B	0.964 435	0.127 190	0~500
	0.865 014	0.396 353	>1 000		1.093 560	0.057 025	>500
B~C	0.919 325	0.229 500	0~1 000	B~C	0.941 015	0.114 682	0~500
	0.875 086	0.314 238	>1 000		1.007 700	0.075 718	>500
C	0.924 279	0.177 154	0~1 000	C	0.917 595	0.106 803	>0
	0.885 157	0.232 123	>1 000				
C~D	0.926 849	0.143 940	0~1 000	C~D	0.838 628	0.126 152	0~2 000
	0.886 940	0.189 396	>1 000		0.756 410	0.235 667	2 000~10 000
					0.815 575	0.136 659	>10 000
D	0.929 418	0.110 726	0~1 000	D	0.826 212	0.104 634	0~1 000
	0.888 723	0.146 669	>1 000		0.632 023	0.400 167	1 000~10 000
					0.555 360	0.810 763	>10 000
D~E	0.925 118	0.098 563	0~1 000	D~E	0.776 864	0.111 771	0~2 000
	0.892 794	0.124 308	>1 000		0.572 347	0.528 992	2 000~10 000
					0.499 149	1.038 100	>10 000
E	0.920 818	0.086 400	0~1 000	E	0.788 370	0.092 753	0~1 000
	0.896 864	0.101 947	>1 000		0.565 188	0.433 384	1 000~10 000
					0.414 743	1.732 41	>10 000
F	0.929 418	0.055 363	0~1 000	F	0.784 400	0.062 076	0~1 000
	0.888 723	0.073 335	>100		0.525 969	0.370 015	1 000~10 000
					0.322 659	2.406 910	>10 000

例 4-4 **在例 4-2 的条件下，当烟气排出的 SO_2 速率为 150 g/s 时，试计算阴天的白天 SO_2 的最大地面浓度及其出现的距离。**

解：(1) 确定大气稳定度：根据题设，阴天的白天为 D 级。根据扩散参数的选取方法，城区中的点源，D 级向不稳定方向提一级，则应为 C 级。

(2) 计算地面最大浓度：由例 4-2 计算结果，有效源高 $H=304.9$ m，由式(4-8)求得出现最大地面浓度时的垂直扩散参数：

$$\sigma_{z|x=x_{\max}}=\frac{H}{\sqrt{2}}=\frac{304.9}{1.414}=215.6\ (\mathrm{m})$$

则 $\sigma_z=215.6=\gamma_2 x^{a_2}=0.106\ 803x^{0.917\ 595}\Rightarrow x=3\ 998$，再代入式(4-37)得：

$$\sigma_y=0.232\ 123\times 3\ 998^{0.885\ 157}=358.026\ (\mathrm{m})$$

由式(4-7)求得最大地面浓度：

$$\rho_{\max}=\frac{2Q}{\pi\bar{u}H^2\mathrm{e}}\cdot\frac{\sigma_z}{\sigma_y}=\frac{2\times 150}{3.14\times 4\times 304.9\times 2.718}\times\frac{215.6}{358}=0.017\ 357\ 6\ (\mathrm{g/m^3})$$

第三节　烟囱高度设计及厂址选择

一、烟囱高度的计算

高架连续点源的典型代表就是孤立的高烟囱。烟囱的作用除了利用热烟气与环境冷空气之间的密度差产生的自生通风力来克服烟气流动阻力向大气排放外，还要把烟气中的污染物散逸到高空之中，通过大气的稀释扩散能力降低污染物的浓度。

(一) 烟囱高度对烟气扩散的影响

烟囱高度对扩散稀释污染物以及降低污染物的落地浓度起着重要作用。由高斯扩散模式即式(4-7)可见，落地最大浓度与烟囱有效高度的平方成反比。一个高烟囱所造成的地面污染物浓度，总是比相同排放强度的低烟囱所造成的浓度低，即烟囱下风向高烟囱的地面烟气浓度小于低烟囱，只有离开烟囱相当长的距离后烟气浓度曲线才逐渐接近。此外，低烟囱的污染物地面最大浓度 $\rho_{\max}$ 位于离烟囱较近的距离 $X_{\max}$ 处，而且数值上比高烟囱污染物的最大落地浓度要大得多。因此，高烟囱的作用不是将高浓度的烟气由近处转移至远处，而是

使下风处约 10 km 范围内的烟气浓度都降低了。

烟囱的设计应合理地确定烟囱高度，做到既减少污染又不浪费。高烟囱虽然非常有利于污染物浓度的扩散稀释，但烟囱达到一定高度后，再继续增加高度对污染物落地浓度的降低已无明显作用，而烟囱的造价也近似地与烟囱高度的平方成正比。因此，烟囱高度设计的基本要求是，在排放源造成的地面最大浓度不超过国家规定的数值标准下，使建造投资费用最小。

（二）烟囱高度的设计方法

烟囱高度应满足排放总量控制的要求。目前，烟囱高度的计算一般采用按烟气在有效高度 H 处的正态分布扩散模式推导确定的简化公式，主要以地面最大浓度为依据，可以有以下两种计算方法。

（1）按污染物的地面最大浓度计算 H_s。若国家规定的排放标准浓度为 ρ_0，当地本底浓度为 ρ_b，则烟囱排放污染物产生的地面最大浓度应满足 $\rho_{\max} \leqslant \rho_0 - \rho_b$。设计有效高度为 H 的烟囱，当 σ_z/σ_y 为常数（一般取 0.5～1.0）时，由式(4-6)求解可得烟囱高度：

$$H_s \geqslant \sqrt{\frac{2Q}{\mathrm{e}\pi u_{平}(\rho_0 - \rho_b)}} - \Delta H \tag{4-41}$$

（2）按污染物的地面绝对最大浓度计算 H_s。烟囱排放污染物产生的地面绝对最大浓度应满足 $\rho_{\mathrm{absm}} \leqslant \rho_0 - \rho_b$。当 σ_z/σ_y 为常数（一般取 0.5～1.0）时，可得烟囱高度：

$$H_s \geqslant \sqrt{\frac{Q\sigma_z}{2\pi \mathrm{e} u_{危}\ \sigma_y(\rho_0 - \rho_b)}} \tag{4-42}$$

上述两种计算方法的差别在于风速取值不同。式(4-41)中按地面最大浓度计算 H_s 时取多年平均风速 u，而式(4-42) 则取用危险风速 $u_{危}$ 计算 H_s，这是考虑风速变化对地面最大浓度 $\rho_{\max}$ 的影响：一方面，当风速增加时，$\rho_{\max}$ 减小，如式(4-7) 所示；另一方面，从烟流抬升公式即式(4-23) 可见，烟流抬升高度 ΔH 减小，则 $\rho_{\max}$ 反而增大。这双重相反影响的结果是，定会在某一风速下出现地面最大浓度的极大值，称为地面绝对最大浓度 ρ_{absm}。出现绝对最大浓度时的风速即危险风速 $u_{危}$。显然，风速取值不同，计算结果也不同。

将烟流抬升高度公式代入式(4-7)中，对 u 求导，并令 $\rho_{\max}/\mathrm{d}u = 0$，即可解得危险风速 $u_{危}$。再将 $u_{危}$ 代入式(4-7)中，便可得到式(4-42)。

（3）按一定保证率的计算法。从以上两种计算方法可见，按保证 $\rho_{\max}$ 设计的烟囱高度较矮，造价较低，但当风速小于平均风速时，地面浓度即超标。按 ρ_{absm} 设计的烟囱则较高，不论风速大小，地面浓度皆不会超标，但烟囱造价较高。因此，对式(4-41)或式(4-42)中的平均风速和扩散参数取一定保证率下的值，计算结果即某一保证率的气象条件下的烟囱高度。

（三）烟囱高度设计中的影响因素

（1）计算公式。烟囱高度设计中，选择适当的计算公式是准确确定烟囱高度的必要条件。除了上述介绍的以外，还有一些计算公式。这些公式对地形地貌及气象条件的依赖性很强，而且计算结果差别也很大。如上述两种烟囱高度计算公式，按 $u_{平}=5$ m/s 和 $u_{危}=15$ m/s分别计算，可得 $H_{s平}=0.46H_{s危}$，即按 $u_{平}$ 计算的烟囱高度还不到按 $u_{危}$ 计算结果的一半。设计时应结合当地实际状况，考虑可能出现的最不利的气象条件，以及地面最大浓度的数值、出现的频率与持续时间，从而选择适合相应条件的计算公式。

（2）气象参数。主要的气象参数有风速和扩散参数。

近地面的风速是影响大气扩散和烟囱高度的重要因素。如前所述，随着风速的增大：一方面，增强了大气对污染物扩散稀释的能力，直接使地面最大浓度值减小；另一方面，减小了烟流的抬升高度，降低了烟囱有效高度，反而使地面最大浓度值增大。

若按危险风速或地面绝对最大浓度要求设计烟囱高度，实际风速下地面浓度均不会超标，但烟囱高、投资大；若按平均风速或地面最大浓度要求来设计，则烟囱较矮，可节省费用，但风速小于平均风速时，地面浓度可能超标。因此，对于不同的地区，应当选择一个合理的计算风速。

扩散参数对烟囱高度的设计影响也很大，选择时还需要考虑当地的气象条件与实测 σ_z、σ_y 数据的统计分析。

（3）烟流出口速度 v_S。污染物地面最大浓度随烟囱的高度和出口烟气流速的增加而降低。为了保证在烟囱高度处的平均风速 $\bar{u}$ 较大的情况下，不因过分降低烟气抬升高度而造成局部污染浓度过高，一般要求 $v_S/\bar{u}>1.5$。当有几个烟源相距较近时，可采用集合式的单座烟囱以提高 v_S。考虑到设备运行有先后以及为了启停时的 v_S 不致过低，还可采用多筒集合式烟囱排放。但在集合温度相差较大的烟囱排烟时，要认真考虑。应当注意的是，如果烟流抬升高度主要取决于热力抬升，则过高的 v_S 对烟流抬升的作用并不大，反而增大了烟气流动的阻力。

根据烟气流速度即可计算烟囱出口截面的内直径。

（4）烟气的干、湿沉降。为避免出现烟气的干、湿沉降现象，以及烟流受建筑物背风面涡流区影响，从而增加烟囱附近地区的污染浓度，要求烟囱与附近建筑物相距约 20 倍烟囱高度的距离，其高度不得低于周围建筑物高度的 2.5 倍。对于排放生产性粉尘的烟囱，其高度从地面算起应当大于 15 m，排气口高度应高于主厂房最高点 3 m 以上，烟流出口速度 $v_S=20\sim30$ m/s。

此外，还可以考虑改进烟囱结构。例如：在烟囱出口处安装一个帽檐状的、向外延伸的尺寸不小于烟囱出口直径的水平圆盘；将烟囱出口段设计成文丘里喷管形状以提高烟气的动力抬升高度，但不应过分增大阻力。

(5) 烟囱的散热。为了提高出口烟气温度，增加烟气的热力抬升能力，在烟囱设计过程中应考虑尽量减少烟道与烟囱的散热损失。例如，一座中型火电厂的排烟温度为 150 ℃左右，如果风速为 5 m/s，每提高 1 ℃烟气温度，可使抬升高度增加约 1.5 m。

总之，烟囱设计应当综合考虑各种因素的影响，才能得到较合理的设计方案。

二、厂址的选择

厂址选择是一个需要综合考虑的问题，涉及社会经济和科学技术等各个领域。从大气环境保护的角度出发，合理的厂址应是本底环境中的污染物浓度低、大气对污染物的扩散稀释能力强，以及所排放的污染物被输送到对人类居住区域影响小或污染危害轻的地方。这里仅就气象条件和地形状况对厂址选择的影响进行讨论。

（一）本底环境浓度

本底环境浓度是指某地区现有的某些污染物的浓度水平，又称背景浓度。显然，已超过国家《大气环境质量标准》(GB 3095—2012)规定的地区不宜再建排放这些污染物的新厂。虽然有些地方本底环境浓度没有超标，但加上拟建厂的排放物后浓度将会超标，而且在相当长的时期内无法改善，也不宜建厂。因此，厂址应选择本底环境浓度小的地区。

（二）风向和风速

厂址选择应考虑风对附近的生活区、工作区以及农作物区的影响，尤其是风向及其出现的频率与这些区域的关系。如果依据地区的风向频率图，其考虑原则如下：①厂址应设置在居住区等主要污染受体最小频率风向的上侧，排放量大或废气毒性大的企业应尽可能设在最小频率风向的最上侧，使居住区受污染的时间达到最少；②应尽量避免各企业之间发生重叠污染，不宜将各污染源布置在最大频率风向一致的直线上；③污染源应尽可能设置在对农作物和经济作物损害最小的生长季节的最大频率风向的下游。

此外，由于大气污染的危害程度与污染的停留时间和浓度两个因素有关，而风速与浓度成反比，所以影响大气污染物扩散稀释的另一重要因素是风速。如果仅按风向频率布局，只能保证居民区受污染的时间最短，但不能确保该区域受到的污染程度最轻，因而在确定污染源与被污染区的相对位置时，可定义一个污染系数 ε 来综合考虑风向频率 f 和平均风速 $\bar{u}$ 两个因素：

$$\varepsilon=\frac{f}{\bar{u}} \tag{4-43}$$

式(4-43)表明，某方位的风速大而风向频率小，该方位的污染系数就小，其下风向的大气污染程度就轻。因此，污染源应该设在使污染地区的污染系数达到最小的方位上风向。如表 4-8 所示为测定各方位风向频率和风速后的污染系数计算实例，表中的相对污染系数

表 4-8　风向频率及污染系数实例

方位	N	NE	E	SE	S	SW	W	NW	总计
风向频率/%	14	8	7	12	14	17	15	13	100
平均风速/(m/s)	3	3	3	4	5	6	6	6	
污染系数	4.7	2.7	2.3	3.0	2.8	2.8	2.5	2.1	
相对污染系数/%	21	12	10	13	12	12	11	9	100

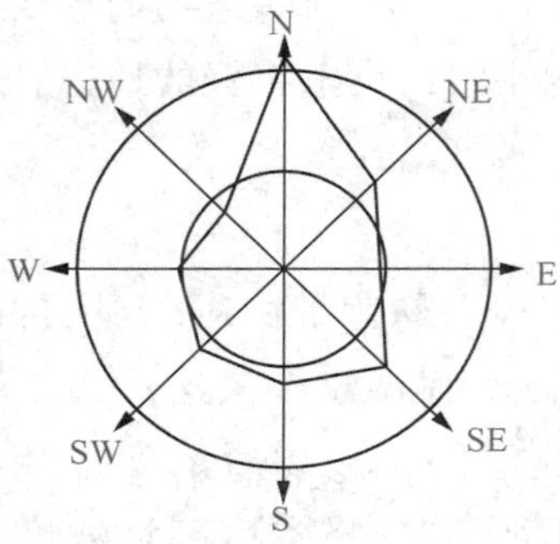

为某方位污染系数与各方位污染系数之和的比值。将各方位的污染系数连接后，得到如图 4-7 所示的污染系数玫瑰图。通过对实例的分析可以判断，如仅考虑风向频率，厂址应设置在东边，但从污染系数的大小来看，厂址就应选择在西北方向。可见，污染系数是选择厂址的重要判断依据。

N
NW
NE
W
E
SW
SE
S

图 4-7　污染系数玫瑰图

但是，污染系数没有考虑风速对烟流抬升的影响，即排放源下风向污染程度最轻的地方，污染系数值并非总是最小。由上述讨论可知，随着风速的增大：一方面，大气污染物的扩散稀释能力增强，直接减小地面最大浓度；另一方面，烟流抬升高度减小，反而增大了地面最大浓度，而风速达到危险风速时，地面出现绝对最大浓度。所以，只有当风速超过危险风速后，才出现风速越大而地面浓度越小的现象。对于中、矮烟囱，烟流抬升较弱，危险风速只有 1～2 m/s，此时仍可用污染系数来考虑厂址的选择。但对抬升高度很高的发电厂、冶炼厂，危险风速非常高，可能超过 10 m/s，如果风速小于危险风速，随着风速增大，地面浓度反而增高，因而不能仅利用污染系数估算污染的程度，还要根据烟流特性和气象资料进行分析计算。

对于静风(u<1.0 m/s)和微风(u=1～2 m/s)出现频率高、持续时间长的地区，由于大气的扩散能力差，容易引起大气中污染物的浓度增高而造成污染。因此，要统计静风频率和静风的持续时间，绘制出静风持续时间频率图进行分析，尽量避免在全年静风频率高或静风持续时间长的地方建厂。对于地形复杂的山区，随着地形高度的不同，风向风速变化很大，应选择适当的测点绘出局部污染系数玫瑰图。

（三）温度层结

近地层大气温度层结对污染物的扩散稀释过程影响极大。选择厂址时，可以利用已有的气象资料，按照帕斯奎尔法或其他方法对大气稳定度级别出现的频率进行分类统计，并绘制相应的图表。尤其要收集有关逆温情况的资料，如出现时的频率和持续时间，发生的高度、厚度以及强度等，特别要注意逆温与静风或微风同时出现的情况。

离地面 200～300 m 以内的逆温对大多数低矮烟源影响很大，由于此时地面风速都较小，污染物扩散稀释缓慢，往往在排放源附近造成很高的污染物浓度，所以具有低矮排放源

的工厂不宜建在近地层出现逆温频率高、持续时间长的地区。如果排放源的有效高度高于近地逆温层的顶部，污染物难以向下运动，将产生爬升型扩散，对防止污染最为有利。如果高大烟源位于逆温层内，在逆温消解时会产生短时间的熏烟型污染，其他时间一般不会使烟源附近出现高浓度污染，但扩散速度缓慢，污染范围较大，远距离地面浓度偏高。

上部逆温主要对高大污染源扩散的影响较大，即使增加烟囱高度也不能明显降低污染物的地面浓度，但它对低矮烟源的扩散无明显的影响。

厂址选择还要适当考虑其他气象条件。如低云和雾较多的地区容易形成更大的污染，而降水较多的地区由于雨水可以净化空气中的污染物，污染物浓度降低，空气往往较洁净。在降雨与固定的盛行风常常同时出现的地区，选择厂址时应考虑被污染的雨水可能会被风吹向下风方向的问题。

（四）地形

不同的地形，在其上空会产生不同的扩散条件。如果厂址选择在不利于污染物扩散稀释的地形位置，可能在小范围内造成污染物的聚积，产生较高的浓度，严重时会引起大气污染。因此，选择厂址时应考虑地形对污染物扩散的影响，最基本的考虑因素包括以下 4 个方面。

(1) 在低洼地区选择厂址时，应考虑四周山坡上的居民区及农田。当排放源的有效高度不能超过山坡上的农田与居民区的高度时，不宜建厂。对于高山或四周很高的深谷，由于静风、微风频率高且持续时间长，以及逆温层经常不易消散，污染物可能持久在深谷内聚积，浓度很高，不宜建厂。

(2) 在山坡附近选择厂址时，排放源的有效高度必须能够超过背风坡的湍流区及下坡风的厚度，否则不宜建厂。这是因为烟流会很快压向背风坡地面，造成高浓度的污染。如果要在背风坡建厂，工厂的排放源应设在远离背风坡湍流区的地方，而一般不宜将居住区设在背风面的污染区。

(3) 走向与盛行风向交角为 45°～135°的较深长的山谷，谷内风速一般较低，经常出现静风与微风现象，污染物不易扩散稀释。因此，排放源的有效高度应高于山谷内静风或微风的高度，否则不宜建厂。在风速有规律变化或日平均风速很小的山谷中也不宜建厂。

(4) 在海陆风比较稳定的大型水域，如果沿岸与山地毗邻，靠山地区不利于污染物的稀释扩散，不宜作为厂址。在水域毗邻的陆地建厂时，应该使生活区与厂区的排列与海岸平行，以减少海陆风环流对生活区造成的污染。

由于地形对大气污染的影响是多种多样的，也非常复杂，选址时必须对实地情况进行具体分析。如果在地形复杂的地区选址，应当根据地形和专门的气象观测判断可能出现的主要大气污染现象，一般应进行现场扩散实验或风洞模拟实验，这样才能对当地的大气扩散能力进行有效判断。

本章小结

本章主要介绍了在一定排放条件下的污染物扩散模式及污染浓度计算，在此基础上运用计算模式进行烟囱高度的计算及对厂址选择条件的判断。

关键词

高斯模式；点源；面源；线源；有效源高；抬升高度；污染系数

习　题

1. 在高斯扩散模式中，颗粒物的沉降作用是如何模拟的？
2. 什么是烟囱的有效高度？烟气抬升的主要原因是什么？抬升高度影响因素有哪些？
3. 烟气抬升高度的计算方法主要有哪几种？其适用范围如何？
4. 烟囱高度的计算方法有哪几种？它们各自的特点是什么？
5. 烟囱高度设计应考虑哪些方面的因素？
6. 从大气环境的角度出发，厂址的选择应考虑哪些方面的问题？
7. 某工业锅炉的烟囱高度 30 m，直径 0.6 m。烟气排放速率 20 m/s，温度 405 K，环境温度为 293 K。(1)若烟囱高度处的风速为 4 m/s，大气处于不稳定状态，计算烟气抬高度。(2)风速在 10 m 高处为 4 m/s 且大气稳定度为中性，计算此时的烟气抬升高度。
8. 一炼油厂烟囱高 80 m，有效源高 160 m，排气筒排放 SO_2 的强度为 150 g/s，地面 10 m 高度处的风速为 6 m/s，扩散参数 σ_y 和 σ_z 的值分别为 40.4 m 和 20.9 m。试问下风向 600 m 处点 A 和与风向成 45° 角直线距离 700 m 处点 B，哪一点的浓度较高？下风向何处 SO_2 污染最严重？
9. 某高速公路每小时车流量为 10 000 辆(每个方向 5 000 辆)，平均速度 80 km/h，CO 的排放因子约为 2.1 g/km。风向与道路成直角，风速 1 m/s。假定污染物可视为地面源且沿着道路的中心线排放，当时的大气稳定度等级为 C。估算道路中心线下风向 200 m 处的 CO 浓度(假定道路上风向 CO 浓度为零)。
10. 某污染源 SO_2 排放量为 80 g/s，烟气流量为 265 m^3/s，烟气温度为 418 K，大气温度为 293 K。这一地区的 SO_2 本底浓度为 0.05 mg/m^3，设 $\sigma_y/\sigma_z=0.5$，$\bar{u}=3$ m/s，$m=0.25$。试按《环境空气质量标准》的二级标准来设计烟囱的高度和出口直径。

第五章　颗粒污染物控制技术基础

学习目标

1. 了解粉尘物理性质对污染控制过程的影响。

2. 掌握粉尘物理性质的基本概念，掌握颗粒平均粒径的定义、粒径分布函数的基本形式和应用。

3. 熟悉净化装置分级除尘效率、总效率、通过率的定义和换算，熟悉不同力场中颗粒沉降的基本规律。

大气污染控制中涉及的颗粒物，一般是指所有大于分子的颗粒物，但实际的最小限界为 0.001 μm 左右。颗粒物的存在状态有多种，既可单个地分散于气体介质中，也可能因凝聚等作用使多个颗粒集合在一起，成为集合体的状态，它在气体介质中就像单一个体一样。此外，颗粒物还能从气体介质中分离出来，呈堆积状态存在，或者本来就呈堆积状态。一般将这种呈堆积状态存在的颗粒物称为粉体。本书考虑到一般工程技术中的习惯，也通称为粉尘。

充分认识粉尘颗粒的大小等物理特性，是研究颗粒的分离、沉降和捕集机理以及选择、设计和使用除尘装置的基础，本章将在讨论颗粒的粒径分布等物理特性及除尘装置性能表示方法的基础上，对粉尘颗粒在各种力场中的空气动力学行为（分离、沉降、捕集等）进行简要介绍。

第一节　颗粒粒径及其分布

一、粒径

颗粒的大小不同，其物理、化学特性各异，对人体和环境的危害也不相同，同时其对处理设施的去除机制和效果影响也很大。如果颗粒是大小均匀的球体，其直径可作为颗粒的代表尺寸，称为粒径。但实际上，颗粒不仅大小不同，而且形状也各种各样，因此，需要按一定的方法来确定一个表示颗粒大小的最佳代表性尺寸，以作为颗粒的粒径。一般将粒径分为反映单个颗粒大小的单一粒径和反映由不同颗粒组成的粒子群的平均粒径。

（一）单个颗粒的粒径

球形颗粒是用其直径来表示大小的，对非球形颗粒，一般有三种方法来定义粒径，即投影径、几何当量径和物理当量径。单个颗粒尺寸的各种表达法如表 5-1 所示。从中可以看出，同一颗粒按不同定义所得的粒径，在数值上是不同的。因此，在选用测定方法时应尽可能反映控制工艺过程的主要要求；在给出和应用粒径分析结果时，应说明所用的测定方法。

表 5-1　单个颗粒尺寸的表达法

测定方法	名称	符号	定义
投影径	面积等分径（Martin 径）	d_M	将颗粒的投影面积二等分的直线长度
	定向径（Feret 径）	d_F	与颗粒投影外形相切的一对平行线之间的距离的平均值
	长径		不考虑方向的最长粒径
	短径		不考虑方向的最短粒径
几何当量径	等投影面积径	d_A	在显微镜观察的平面上，与颗粒有同样大小投影面积的当量圆直径
	等表面积直径	d_v	与颗粒具有相同体积的圆球体直径
	等表面直径	ds	与颗粒具有相同表面积的圆球体直径
	等面积体积直径	d_{SV}	与颗粒具有相同的外表面积与体积的圆球体直径
	等周长径	d_L	与颗粒的投影外形有相等周长的当量圆直径
物理当量径	自由沉降直径	d_1	在某介质中，与颗粒有同样密度和相同沉降速度的圆球体直径
	空气动力直径	d_a	在空气中，与颗粒有相同沉降速度，且密度为 10^3 kg/m^3 的圆球体直径
	斯托克斯直径	d_d	当 $Re_p<1$（层流区）时的自由沉降直径
	分割直径	d_{c50}	某除尘器分级效率为 50%的颗粒的直径

粒径的测定结果还与颗粒的形状密切相关。通常用球形度来表示颗粒形状与球形颗粒不一致程度的尺寸。球形度的定义为与颗粒体积相等的球的表面积和颗粒表面积之比，用 ψ_s 表示。ψ_s 的值总是小于 1，例如，对于正方体，$\psi_s=0.806$。

（二）平均粒径

为了能简明地表示粒子群的某一物理性质，往往需要按照应用目的求出代表粒子群特性的粒径的平均值，即平均粒径。平均粒径的定义如下：对于一个由粒径大小不同的颗粒组成的粒子群，以及一个由均匀的球形颗粒组成的假想粒子群，如果它们具有相同的某一物理性质，则称此球形颗粒的直径为实际粒子群的平均粒径。常用的几种平均粒径如表 5-2 所示。

表 5-2　平均粒径的表示方法

名称	符号	定义	备注
算术平均径	d_L	粒子群中颗粒直径的总和除以粒子群的个数	$\overline{d_{10}} = \frac{1}{N}\sum d_i n_i$
中位径	d_{50}	粒子群中把颗粒质量平分一半的颗粒直径	
众径	d_d	颗粒数最多的直径	
几何平均径	d_g	粒子群中 n 个颗粒粒径的连乘积的 n 次方根	$\ln \overline{d_g} = \frac{1}{N}\sum n_i \lg d_i$
加权平均径	d_{40}	粒子群中各颗粒的直径乘以相应的质量分数加和而成的平均粒径	$d_{40} = \sum d_i C_{mi}$

二、粒径分布的表示法

粒径分布是指不同粒径范围内的颗粒个数(或质量、表面积)所占的比例。颗粒分级的原始数据可能用各种分析方法给出,其形式可能是在每一粒径间隔或粒径范围内颗粒的个数(或质量、表面积),也可能是小于(或大于)某一指定粒径的颗粒的总个数(或总质量、总表面积)。我们先给出按颗粒个数表示的粒径分布的定义,然后再给出按颗粒质量表示的粒径分布的相应定义以及它们之间的换算关系。

(一) 个数分布

按粒径间隔给出的个数分布数据列于表 5-3 中,如图 5-1 所示为其个数分布直方图,其中:n_i 为每一间隔测得的颗粒个数,$N=\sum n_i$,为颗粒的总个数(本例中 $N=1\ 000$ 个)。据此可以给出个数分布的其他定义。

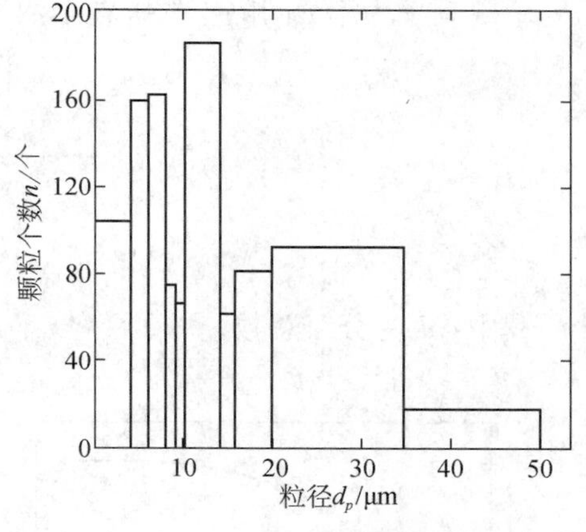

图 5-1　颗粒个数分布直方图

表 5-3　粒径个数分布数据的测定和计算结果

分级号 i	粒径范围 $d_p/\mu m$	颗粒个数 n_i/个	频率 f_i	间隔上限粒径/μm	筛下累积频率 F_i	粒径间隔 $\Delta d_{pi}/\mu m$	频率密度 $p/\mu m$
1	0~4	104	0.104	4	0.104	4	0.026
2	4~6	160	0.160	6	0.264	2	0.080
3	6~8	161	0.161	8	0.425	2	0.080 5
4	8~9	75	0.075	9	0.500	1	0.075

（续表）

分级号 i	粒径范围 $d_p/\mu m$	颗粒个数 n_i/个	频率 f_i	间隔上限粒径/μm	筛下累积频率 F_i	粒径间隔 $\Delta d_{pi}/\mu m$	频率密度 $p/\mu m$
5	9～10	67	0.067	10	0.567	1	0.067
6	10～14	186	0.186	14	0.753	4	0.046 5
7	14～16	61	0.061	16	0.814	2	0.030 5
8	16～20	79	0.079	20	0.893	4	0.019 7
9	20～35	103	0.103	35	0.996	15	0.006 8
10	35～50	4	0.004	50	1.000	15	0.000 3
11	>50	0	0.000	∞	1.000		0.000
总计		1 000	1.00				

算术平均粒径 $d_L = 11.8\ \mu m$；中位粒径 $d_{50} = 9.0\ \mu m$；众径 $d_d = 6.0\ \mu m$；几何平均粒径 $d_g = 8.96\ \mu m$。

1. 个数频率

个数频率为第 i 间隔中的颗粒个数 n_i 与颗粒总个数 $\sum n_i$ 之比：

$$f_i = \frac{n_i}{\sum n_i} \tag{5-1}$$

并有：

$$\sum^{N} f_i = 1$$

其中：N 为分级总数。

2. 个数筛下累积频率

小于第 i 间隔上限粒径的所有颗粒个数与颗粒总个数之比：

$$F_i = \frac{\sum^{i} n_i}{\sum^{N} n_i} \text{ 或 } F_i = \sum^{i} f_i \tag{5-2}$$

$$F_N = \sum^{N} f_i = 1$$

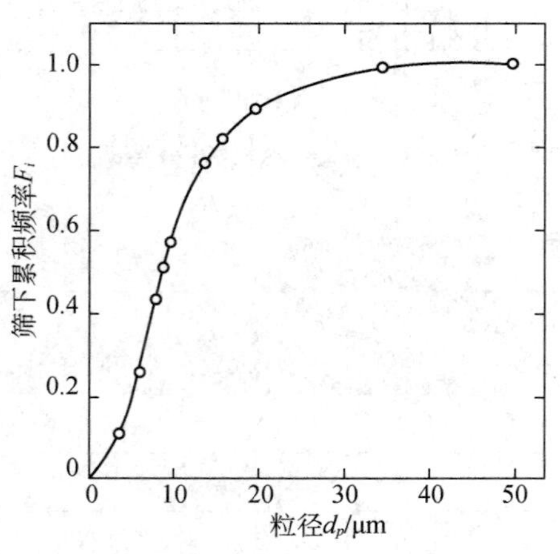

图 5-2　个数筛下累积频率分布曲线

将大于第 i 间隔上限粒径的所有颗粒个数与颗粒总个数之比称为筛上累积频率。根据计算出的各级筛下累积频率分布 F_i 值对应各级上限粒径 d_p，可以画出筛下累积频率分布曲线(见图 5-2)。

由累积频率曲线可以求出任一粒径间隔的频率 f 值。F 曲线上任取两点 a 和 b，对应的粒径 d_{pa} 和 d_{pb} 之间的 F 值之差(F_a-F_b)，即该间隔的 f 值。按 F 曲线的斜率还可列出计算式：

$$f_{a-b}=F_a-F_b=\int_{F_b}^{F_a}\mathrm{d}F=\int_{d_{pb}}^{d_{pa}}\frac{\mathrm{d}F}{\mathrm{d}d_p}\cdot\mathrm{d}d_p=\int_{d_{pb}}^{d_{pa}}p\cdot\mathrm{d}d_p \tag{5-3}$$

3. 个数频率密度

函数 $p(d_p)=\mathrm{d}F/\mathrm{d}d_p$，称为个数频率密度，简称个数频度，单位为 $\mu\mathrm{m}^{-1}$。显然个数频率密度为单位粒径间隔(即 1 μm)时的频率。

根据表 5-3 中的数据，可以计算出每一间隔的平均频度 $\bar{p}_i=\Delta F_i/\Delta d_{pi}$，按 $\bar{p}_i$ 值对间隔中值 d_{p_i} 作出频率密度分布曲线(见图 5-3)，用几个点能画出一条光滑的频率密度分布曲线。

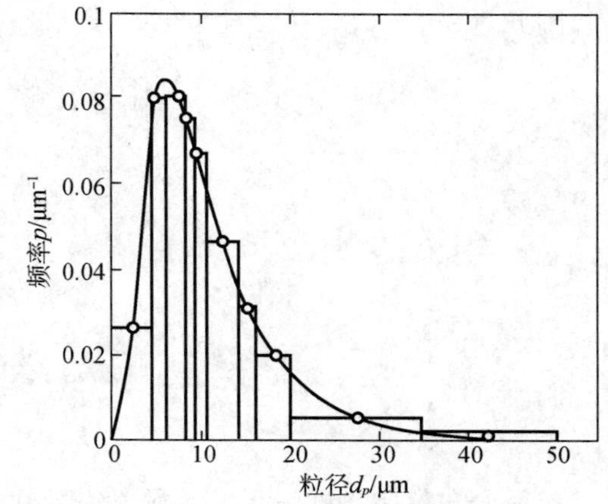

图 5-3 个数频率密度分布曲线

频率密度 p 是粒径 d_p 的连续函数，由其定义可得到：

$$F=\int_0^{d_p}p\cdot\mathrm{d}d_p \text{ 和} \int_0^{\infty}p\cdot\mathrm{d}d_p=1 \tag{5-4}$$

$$\frac{\mathrm{d}p}{\mathrm{d}d_p}=\frac{\mathrm{d}^2F}{\mathrm{d}d_p^2} \tag{5-5}$$

当 $d_p\to0$ 时，$p\to0$，$F\to0$，$d_p/\mathrm{d}d_p\to0$；当 $d_p\to\infty$ 时，$p\to0$，$F\to1$，$d_p/\mathrm{d}d_p\to0$。F 曲线应是有一拐点的“S”形曲线，拐点发生在频率密度 p 为最大值时对应的粒径处。这一粒径称为众径 d_d，即此处：

$$\frac{\mathrm{d}p}{\mathrm{d}d_p}=\frac{\mathrm{d}^2F}{\mathrm{d}d_p^2}=0 \tag{5-6}$$

累积频率 $F=0.5$ 时对应的粒径 d_{50} 称为个数中位粒径(NMD)。

（二）质量分布

以颗粒个数给出的粒径分布数据可以转换为以颗粒质量表示的粒径分布数据，或者进行相反的换算。它是根据所有颗粒都具有相同的密度以及颗粒的质量与其粒径的立方成正比的假定进行的。这样，类似于按个数分布数据所做的定义，可以按质量分级给出频率、筛下累积频率和频率密度的定义式。

第 i 级颗粒发生的质量频率：

$$g_i=\frac{m_i}{\sum m_i}=\frac{n_id_{pi}^3}{\sum^N n_id_{pi}^3} \tag{5-7}$$

小于第 i 间隔上限粒径的所有颗粒发生的质量频率，即质量筛下累积频率：

$$G_i = \sum^{i} g_i = \frac{\sum^{i} n_i d_{pi}^3}{\sum^{N} n_i d_{pi}^3} \tag{5-8}$$

并有质量频率密度：

$$q = \frac{\mathrm{d}G}{\mathrm{d}d_p} \tag{5-9}$$

因此，得到：

$$G = \int_0^{d_p} q \cdot \mathrm{d}d_p \text{ 和} \int_0^{d_p} q \cdot \mathrm{d}d_p = 0 \tag{5-10}$$

第二节　粒径分布函数

粒径分布最完美的表示法是数学函数法。它可用较少特征参数确定的数学函数来表示粒径分布，应用更为方便。在日常生产生活中，常用一些半经验函数描述一定种类粉尘的粒径分布。大量数据的统计结果表明，对数正态分布及罗辛-拉姆勒分布（Rosin-Rammler 分布，R-R 分布）适用面广。

一、正态分布

频率密度：

$$p(d_p) = \frac{1}{\sigma\sqrt{2\pi}} \exp\left[-\frac{(d_p - \bar{d}_p)^2}{2\sigma^2}\right] \tag{5-11}$$

筛下累积频率：

$$F(d_p) = \frac{1}{\sigma\sqrt{2\pi}} \int_0^{d_0} \exp\left[-\frac{(d_p - \bar{d}_p)^2}{2\sigma^2}\right] \mathrm{d}d_p \tag{5-12}$$

标准差：

$$\sigma = \left[\frac{\sum n_i (d_{pi} - \bar{d}_p)^2}{N-1}\right]^{\frac{1}{2}} \tag{5-13}$$

正态分布是最简单的函数形式，它的频率密度 p 分布曲线是关于算术平均粒径 $\bar{d}_p$ 的对称性钟形曲线，因而 $\bar{d}_p$ 值与中位粒径 d_{50} 和众径 d_d 均相等。它的累积频率 F 曲线在正态概率坐标纸上为一条直线(见图 5-4)，其斜率决定于标准差 σ 值。从 F 曲线图中可以查出对应于 $F=15.87\%$ 的粒径 $d_{15.87}$，$F=84.13\%$ 的粒径 $d_{84.13}$，以及 $F=50\%$ 的中位粒径 d_{50}，则可以计算出标准差：

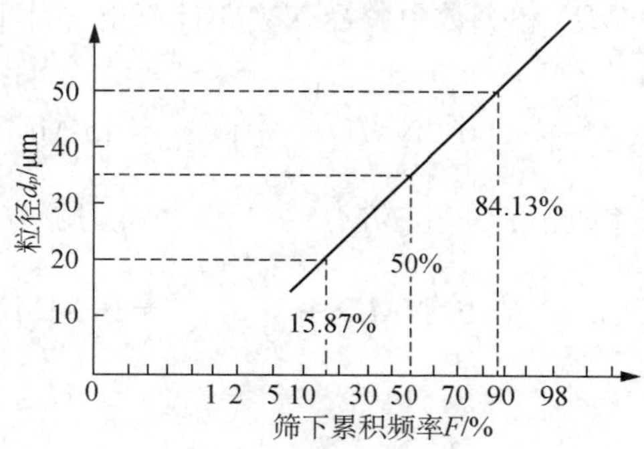

图 5-4 正态分布的累积频率分布曲线

$$\sigma = d_{84.13} - d_{50} = d_{50} - d_{15.87} = \frac{1}{2}(d_{84.13} - d_{15.87}) \tag{5-14}$$

二、对数正态分布

以 $\ln d_p$ 代替 d_p 得到正态分布的频度曲线。

$$F(d_p) = \frac{1}{\sqrt{2\pi}\ln\sigma_g}\int_{-\infty}^{\ln d_p} \exp\left[-\left(\frac{\ln\frac{d_p}{d_g}}{\sqrt{2}\ln\sigma_g}\right)^2\right] \mathrm{d}(\ln d_p) \tag{5-15}$$

$$p(d_p) = \frac{\mathrm{d}F(d_p)}{d_{d_p}} = \frac{1}{\sqrt{2\pi}d_p\ln\sigma_g}\exp\left[-\left(\frac{\ln\frac{d_p}{d_g}}{\sqrt{2}\ln\sigma_g}\right)^2\right] \tag{5-16}$$

$$\ln\sigma_g = \left[\sum n_i\left(\frac{\ln d_{pi}}{d_g}\right)^2\right]^{\frac{1}{2}} \tag{5-17}$$

对数正态分布在对数概率坐标纸上为一直线，斜率决定于：

$$\sigma_g = \frac{d_{84.1}}{d_{50}} = \frac{d_{50}}{d_{15.9}} = \left(\frac{d_{84.1}}{d_{15.9}}\right)^{\frac{1}{2}} \tag{5-18}$$

$$\sigma_g \geqslant 1(\sigma_g = 1 \text{ 时为单分散气溶胶})$$

平均粒径的换算关系如下：

$$\ln MMD = \ln NMD + 3\ln^2\sigma_g$$

$$\ln SMD = \ln NMD + 2\ln^2\sigma_g$$

可用 σ_g、质量中位径 MMD 和个数中位径 NMD 计算出各种平均直径：

$$\text{算术平均粒径：} \ln \overline{d_L} = \ln NMD + \frac{1}{2}\ln^2\sigma_g = \ln MMD - \frac{5}{2}\ln^2\sigma_g$$

$$\text{表面积平均粒径：} \ln \overline{d_s} = \ln NMD + \ln^2\sigma_g = \ln MMD - 2\ln^2\sigma_g$$

$$\text{体积平均粒径：} \ln \overline{d_V} = \ln NMD + \frac{3}{2}\ln^2\sigma_g = \ln MMD - \frac{3}{2}\ln^2\sigma_g$$

三、罗辛-拉姆勒分布

$$G = 1 - \exp(-\beta d_p^n) \tag{5-19}$$

若设 $\bar{d}_p = \left(\frac{1}{\beta}\right)^{\frac{1}{n}}$，得到：

$$G = 1 - \exp\left[-\left(\frac{d_p}{\bar{d}_p}\right)^n\right] \tag{5-20}$$

一般 $\bar{d}_p$ 多选用质量中位径 d_{50} 或 $d_{63.2}$：

$$G = 1 - \exp\left[-0.639\left(\frac{d_p}{d_{50}}\right)^n\right] \text{或} G = 1 - \exp\left[-\left(\frac{d_p}{d_{63.2}}\right)^n\right] \tag{5-21}$$

R-R 分布函数如下：

$$d_{50} = 0.693^{\frac{1}{n}} d_{63.2}$$

$$d_d = \left(\frac{n-1}{n}\right)^{\frac{1}{n}} d_{63.2}$$

判断是否符合 R-R 分布的条件是：$\lg\left[\ln\left(\frac{1}{1-G}\right)\right] = \lg \beta + n\ln d_p$ 应为一条直线。

R-R 的适用范围较广，特别对破碎、研磨、筛分过程产生的较细粉尘更为适用。分布指数 $n > 1$ 时，近似于对数正态分布；$n > 3$ 时，更适合正态分布。

第三节 颗粒粒径的测量方法

一、显微镜法

显微镜法观测粒径直径的三种方法如图 5-5 所示。

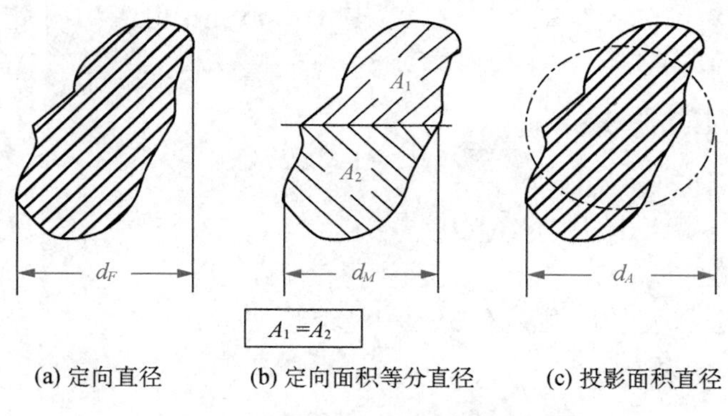

图 5-5 显微镜法观测粒径直径的方法

黑乌德(Heywood)测定分析表明,同一颗粒的 $d_F > d_A > d_M$。

二、筛分法

筛分直径是指颗粒能够通过的最小方筛孔的宽度。

筛分法是颗粒粒径测量中最为通用也最为直观的方法。筛分的实现非常简单:根据不同的需要,选择一系列不同筛孔直径的标准筛,按照孔径从小到大依次摞起,最下面为底筛,最上面为筛盖,然后固定在振筛机上,选择适当的模式及时长,自动振动即可实现筛分。筛分完成后,通过称重的方式记录下每层标准筛中得到的颗粒质量,并由此求得以质量分数表示的颗粒粒度分布。

筛分法的优点是原理简单、直观,操作方便,易于实现,这也是其获得广泛应用的重要原因。筛分法的缺陷也不能忽视。一般来说,筛分法因为粒径段的划分受限于筛层数,所以对粒径分布的测量略显粗糙,在一定程度上影响了结果的精度。另外,筛分的过程中因为振动强烈,一些颗粒种类可能极易破损,从而破坏了粒径分布,影响了测量结果;某些颗粒相互吸附的作用较强,在筛分中经常出现聚合成团的现象,这也影响了筛分结果的准确性。

基于筛分法的特点,其主要应用在大粒径颗粒的粒径分布测量中,如 45 μm 以上。对于粒径较小的颗粒，除非使用特殊的方法，筛分法的可靠性较低。

三、光散射法

光散射法是通过激光散射的方法来测量悬浮液、乳浊液和粉末样品颗粒分布的一种方法。纳米型和微米型激光粒度仪还可以通过安装的软件来分析颗粒的形状。光散射法现在已经成为颗粒测试的主流方法。

（一）光散射法的特点

1. 优点

(1) 适用性广，既可测粉末状的颗粒，也可测悬浮液和乳浊液中的颗粒。

(2) 测试范围宽，国际标准 ISO 13320《粒度分析：激光衍射法》中规定激光衍射散射法的应用范围为 0～3 000 μm。

(3) 准确性高，重复性好。

(4) 测试速度快。

(5) 可进行在线测量。

2. 缺点

不宜测量粒度分布很窄的样品，分辨率相对较低。

（二）光散射技术分类

1. 静态光散射法（即时间平均散射）

测量散射光的空间分布规律采用米氏理论。测试的有效下限只能达到 50 nm，对于更小的颗粒则无能为力。纳米颗粒测试必须采用“动态光散射”技术。

2. 动态光散射法

研究散射光在某固定空间位置的强度随时间变化的规律。原理基于 ISO 13321《粒度分析：光子相关光谱法》中的分析颗粒粒度标准方法，即利用运动着的颗粒所产生的动态的散射光，通过光子相关光谱法分析颗粒粒径。按仪器接受的散射信号可以分为衍射法、角散射法、全散射法、光子相关光谱法、光子交叉相关光谱法等。其中，以激光为光源的激光衍射散射式粒度仪（习惯上简称此类仪器为激光粒度仪）发展最为成熟，在颗粒测量技术中已经得到了普遍的运用。用光散射法测定时可得到等体积直径 d_v，即与颗粒体积相等的球体的直径。若颗粒体积为 V，则 $d_v=(6V/\pi)^{\frac{1}{3}}$。

四、沉降法

斯托克斯（Stokes）直径 d_s：同一流体中与颗粒密度相同、沉降速度相等的球体直径。

空气动力学当量直径 d_a：在空气中与颗粒沉降速度相等的单位密度（1 g/cm^3）的球体的直径。

斯托克斯直径和空气动力学当量直径与颗粒的空气动力学行为密切相关，是除尘技术中应用最多的两种直径。

此外，沉降法根据所处介质的不同又可分为液体沉降法和气体沉降法两种。

其中，液体沉降法是根据不同大小颗粒在液体介质中的沉降速度各不相同这一原理(见图 5-6)而得出的。

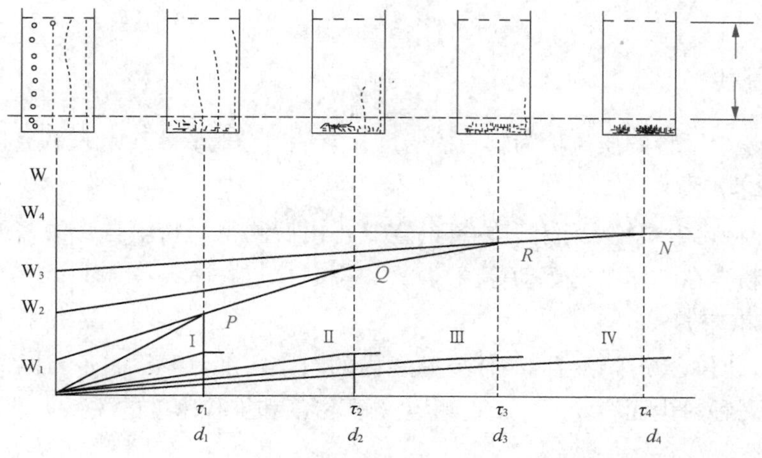

图 5-6 沉降天平法原理图

气体沉降法是使尘粒在气体介质中进行沉降的测定方法。

离心分级机(见图 5-7)带有一套节流片，可以通过改变分级机的风量以调节风量，可以逐级吹出粉尘，使粉尘由细到粗逐渐分级。两次分级室内残留的粉尘质量差就是对应的尘粒粒径间隔之间的粉尘质量，以此计算粒径分布。

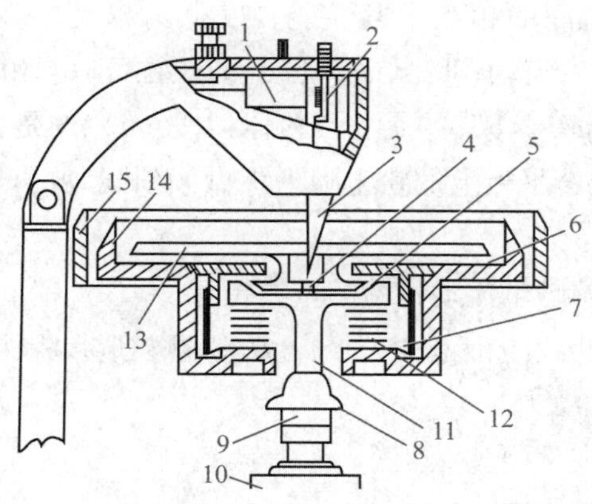

1—带金属筛的试料容器；2—带调节螺钉的垂直遮板；3—供料漏斗；4—小孔；5—旋转通道；6—气流出口；7—分级室；8—节流；9—节流片；10—电机；11—圆柱状芯子；12—均流片；13—辐射叶片；14—上部边缘；15—保护圈

图 5-7 离心分级机结构示意图

第四节　粉尘的其他物理性质

一、粉尘的密度

单位体积粉尘颗粒的质量称为颗粒的密度。它一般分为真密度和堆积密度。

（一）真密度

真密度，即将粉尘颗粒表面和其内部的空气排出后测得的粉尘自身的密度，用 ρ_p 表示，通常用于研究粉尘在气体中的运动等。

（二）堆积密度

堆积密度，即包含粉尘颗粒间气体空间在内的粉尘密度，用 ρ_b 表示，计算粉尘容积时都用它。对于同一种粉尘而言，$\rho_b \leqslant \rho_p$。粉尘的真密度和堆积密度的关系如下：

$$\rho_b = (1-\varepsilon)\rho_p$$

其中：ε 是粉尘的空隙率，它与粉尘的种类、粒径大小和充填方式等有关。

单位体积粉尘的质量单位为 kg/m^3 或 g/cm^3。

二、粉尘的安息角与滑动角

粉尘自漏斗连续落到水平板上，自然堆积成圆锥体。圆锥体母线与水平面的夹角称为粉体的安息角 ψ_r，表示颗粒间的相互摩擦性能。安息角越大，表示粒群的流动性越差。一般，$\psi_r < 30°$ 的颗粒很易自由流动；$30° < \psi_r < 38°$ 的颗粒可以自由流动；$38° < \psi_r < 45°$ 的是还可以流动的颗粒；$45° < \psi_r < 55°$ 的是黏性粉体；$\psi_r > 55°$ 的是黏性很大的粉体。

滑动角：自然堆积在光滑平板上的粉尘随平板做倾斜运动时，粉尘开始发生滑动的平板倾角。

安息角与滑动角是评价粉尘流动特性的重要指标。

安息角和滑动角的影响因素包括粉尘粒径、含水率、颗粒形状、颗粒表面光滑程度、粉尘黏性。

三、粉尘的比表面积

单位体积粉尘所具有的表面积：

$$S_v = \frac{\overline{S}}{\overline{V}} = \frac{6}{\overline{d}_{sv}} \ (cm^2/cm^3) \tag{5-22}$$

以质量表示的比表面积：

$$S_m = \frac{\overline{S}}{\rho_p \overline{V}} = \frac{6}{\rho_P \overline{d_{sv}}} \ (\mathrm{cm^2/g}) \tag{5-23}$$

以堆积体积表示的比表面积：

$$S_b = \frac{\overline{S}(1-\varepsilon)}{\overline{V}} = (1-\varepsilon)S_V = \frac{6(1-\varepsilon)}{\overline{d_{sv}}} \ (\mathrm{cm^2/cm^3}) \tag{5-24}$$

四、粉尘的含水率

粉尘中的水分包括附在颗粒表面和包含在凹坑和细孔中的自由水分以及颗粒内部的结合水分。

含水率指水分质量与粉尘总质量之比。

含水率影响粉尘的导电性、黏附性、流动性等物理特性。

五、粉尘的湿润性

粉尘的湿润性是指粉尘颗粒与液体接触后能够互相附着或附着的难易程度的性质。常用 $V_{20} = L_{20}/20(\mathrm{mm/min})$ 表示，与粒径、表面张力有关，是选用除尘设备的主要依据之一。

① $V_{20} < 0.5$ 强脱水性：石蜡、沥青等；

② $V_{20} < 2.5$ 憎水：石墨、煤尘、硫黄等；

③ $V_{20} < 8.0$ 中等亲水：石英粉尘、玻璃等；

④ $V_{20} > 8.0$ 强亲水：锅炉飞灰、石灰尘等。

液体对固体颗粒的湿润程度取决于液体分子对颗粒表面的作用力。在固-液-气相交界处的表面张力作用如图 5-8 所示，切点处的作用力达到平衡时，有 $f_{la}\cos\theta + f_{sl} = f_{sa}$，或 $\cos\theta = (f_{sa} - f_{sl})/f_{la}$。$\theta$ 角越小，被湿润的固体表面就越大，即表面张力 f_{la} 越小的液体，颗粒越易湿润。

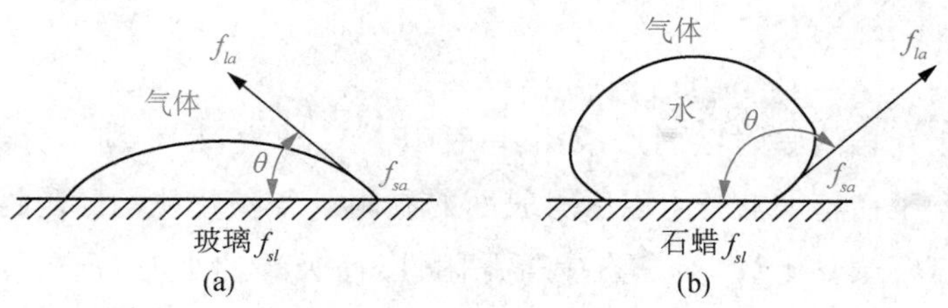

图 5-8　粉尘的湿润性

颗粒的湿润性还与颗粒的形状和大小有关。球形颗粒的湿润性比不规则颗粒要小；颗粒越小，亲水能力就越差。颗粒表面粗糙也不易被湿润。将水加热到接近 70 ℃时，可最有效地湿润颗粒，这对于水洗涤除尘是很有利的。

六、粉尘的荷电性与导电性

（一）颗粒的荷电性

在颗粒产生和运动过程中，粒子与粒子间的碰撞、粒子与器壁间的摩擦，都可能使粒子获得静电荷。在气体电离化的电场内，粒子会从气体离子获得电荷，大粒子与气体离子碰撞而得电荷，小粒子则由于扩散而获电荷。粒子荷电后，将改变它的某些物理性质，如凝聚性、附着性以及在气体中的稳定性。粒子的荷电性对于纤维层过滤及静电除尘是很重要的。

天然粉尘和工业粉尘几乎都带有一定的电荷。

荷电因素为电离辐射、高压放电、高温产生的离子或电子被捕获、颗粒间或颗粒与壁面间摩擦过程中产生荷电。

天然粉尘和人工粉尘的荷电量一般为最大荷电量的 1/10。

荷电量随温度增高、表面积增大及含水率减小而增加，而且与化学组成有关。

（二）颗粒的导电性

粉尘的导电性通常以电阻率表示，单位 Ω · cm。粉尘的导电不仅包括靠粉尘颗粒本体内的电子或离子发生的所谓容积导电，也包括靠颗粒表面吸附的水分和化学膜发生的所谓表面导电。电阻率高的粉尘，在较低温度下，主要是表面导电；在较高温度下，容积导电占主导地位。粉尘的电阻率仅是一种可以互相比较的表观电阻率，又称比电阻。它是粉尘的主要特性之一，对电除尘器性能有主要影响。

粉尘的导电机制：

(1) 高温(200 ℃以上)，粉尘本体内部的电子和离子——体积比电阻；

(2) 低温(100 ℃以下)，粉尘表面吸附的水分或其他化学物质——表面比电阻；

(3) 中间温度，同时起作用。

比电阻对电除尘器运行有很大影响，最适宜范围为 $10^4 \sim 10^{10}$(Ω · m)。

七、粉尘的黏附性

颗粒之间由于互相的黏附性而形成团聚，使其粒径增大，是有利于分离的，许多除尘器的捕集机制都依赖于在施加捕集力以后对表面的黏附。各种颗粒的黏附性不同，例如：锅炉飞灰及粗煤粉只有轻微黏附性，炭黑有中等黏附性，而吸湿的水泥、石灰等则有强烈的黏附性。但是，在含尘气流管道和净化设备中，又要防止粒子在管壁上黏附，以免造成管道和设备的堵塞。

黏附力，即克服附着现象所需要的力，包括分子力（范德华力）、毛细力、静电力（库仑力）。

根据粉尘的黏附性大小可以将粉尘分为不黏性、微黏性、中等黏性、强黏性 4 种。此外，粒径、形状、表面粗糙度、湿润性、荷电量均影响粉尘的黏附性。

八、粉尘的自燃性和爆炸性

（一）粉尘的自燃性

粉尘的自燃是指粉尘在常温下存放过程中自然发热，此热量经长时间的积累，达到该粉尘的燃点而引起燃烧的现象。粉尘自燃的原因在于自然发热，并且产热速率超过物系的排热速率，使物系热量不断积累。

引起粉尘自然发热的原因包括：①氧化热，即因吸收氧而发热的粉尘，包括金属粉尘（锌、铝、锆、锡、铁、镁、锰等及其合金的粉末），碳素粉末类（活性炭、木炭、炭黑等），其他粉末（胶木、黄铁矿、煤、橡胶、原棉、骨粉、鱼粉等）。②分解热，因自然分解而发热的粉尘，包括漂白粉、硫代硫酸钠、乙基黄原酸钠、硝化棉、赛璐珞等。③聚合热，因发生聚合而发热的粉料，如丙烯腈、异戊间二烯、苯乙烯、异丁烯酸盐等。④发酵热，因微生物和酶的作用而发热的物质，如干草、饲料等。

各种粉尘的自燃温度相差很大，某些粉尘的自燃温度较低，如黄磷、还原铁粉、还原镍粉、烷基铝等。由于它们同空气的反应活化能极小，所以在常温下暴露于空气中就可能直接起火。

影响粉尘自燃的因素，除了粉尘本身的结构和物理化学性质外，还包括粉尘的存在状态和环境，处于悬浮状态的粉尘的自燃温度要比堆积状态粉体的自燃温度高很多。悬浮粉尘的粒径越小、比表面积越大、浓度越高，越易自燃。堆积粉体较松散，环境温度较低，通风良好，就不易自燃。

（二）粉尘的爆炸性

这里所说的爆炸是指可燃物的剧烈氧化作用在瞬间产生大量的热量和燃烧产物，在空间造成很高的温度和压力，故称为化学爆炸。可燃物包括可燃粉尘、可燃气体和蒸气等，引起可燃物爆炸必须具备的条件有两个：一是由可燃物与空气或氧构成的可燃混合物达到一定的浓度；二是存在能量足够的火源。

可燃混合物中可燃物的浓度只有在一定范围内才能引起爆炸。能够引起可燃混合物爆炸的最低可燃物浓度，称为爆炸浓度下限；最高可燃物浓度称为爆炸浓度上限。在可燃物浓度低于爆炸浓度下限或高于爆炸浓度上限时，均无爆炸危险。由于上限浓度值过大（如糖粉在空气中的爆炸浓度上限为 13.5 kg/m^3），在多数场合下都达不到，故实际意义不大。

此外，有些粉尘与水接触后引起自燃或爆炸，如镁粉、碳化钙粉等；有些粉尘互相接触或混合后也会引起爆炸，如溴与磷、锌粉与镁粉等。

第五节　颗粒捕集的理论基础

除尘过程的机理就是将除尘气体引入具有一种或几种力作用的除尘器，使颗粒相对其运载气流产生一定的位移，并从气流中分离出来，最后沉降到捕集表面上。颗粒的粒径大小和种类不同，所受作用力不同，颗粒的动力学行为亦不同。颗粒捕集过程所要考虑的作用力有外力、流体阻力和颗粒间的相互作用力。外力一般包括重力、离心力、惯性力、静电力、磁力、热力、泳力等；作用在运动颗粒上的流体阻力，对所有捕集过程来说都是最基本的作用力；颗粒间的相互作用力在颗粒浓度不是很高时是可以忽略的。下面对在流体阻力、重力、离心力、静电力、热力和惯性力等作用下颗粒的沉降规律进行简要介绍。

一、流体阻力

在不可压缩的连续流体中，做稳定运动的颗粒必然受到流体阻力的作用。这种阻力是由两种现象引起的。由于颗粒具有一定的形状，运动时必须排开其周围的流体，导致其前面的压力较后面大，产生了所谓的形状阻力。此外，颗粒与其周围流体之间存在着摩擦，导致了所谓的摩擦阻力。通常把两种阻力合称为流体阻力。阻力的大小取决于颗粒的形状、粒径、表面特性、运动速度及流体的种类和性质。阻力的方向总是和速度向量方向相反，其大小可按以下标量方程计算：

$$F_D=\frac{1}{2}C_DA_P\rho u^2\ (\mathrm{N}) \tag{5-25}$$

其中：C_D 为由实验确定的阻力系数（无因次）；A_P 为颗粒在其运动方向上的投影面积，m^2，对球形颗粒，$A_P=\pi d_P^2$；ρ 为流体的密度，kg/m^3；u 为颗粒与流体之间的相对运动速度，m/s。

由相似理论可知，阻力系数是颗粒雷诺数的函数：

$$C_D=f(Re_P)$$

其中：$Re_P=d_P\rho u/\mu$；d_P 为颗粒的定性尺寸，m，对球形颗粒为其直径；μ 为流体的黏度（Pa·s）。如图 5-9 所示为 C_D 随 Re_P 变化的实验曲线，一般可分为 3 个区域。

当 $Re_P\leqslant 1$ 时，颗粒运动处于层流状态，C_D 与 Re_p 近似呈直线关系：

$$C_D=\frac{24}{Re_p} \tag{5-26}$$

对于球形颗粒，将上式代入式(5-25)，得到：

$$F_D = 3\pi\mu d_p u \quad (\text{N}) \tag{5-27}$$

式(5-27)即著名的斯托克斯(Stokes)阻力定律。通常把 $Re_p \leqslant 1$ 的区域称为斯托克斯区域。

当 $1 < Re_p \leqslant 500$ 时，颗粒运动处于湍流过渡区，C_D 与 Re_p 呈曲线关系，C_D 的计算式有多种，如博德(Bird)公式：

$$C_D = \frac{18.5}{Re_p^{0.6}} \tag{5-28}$$

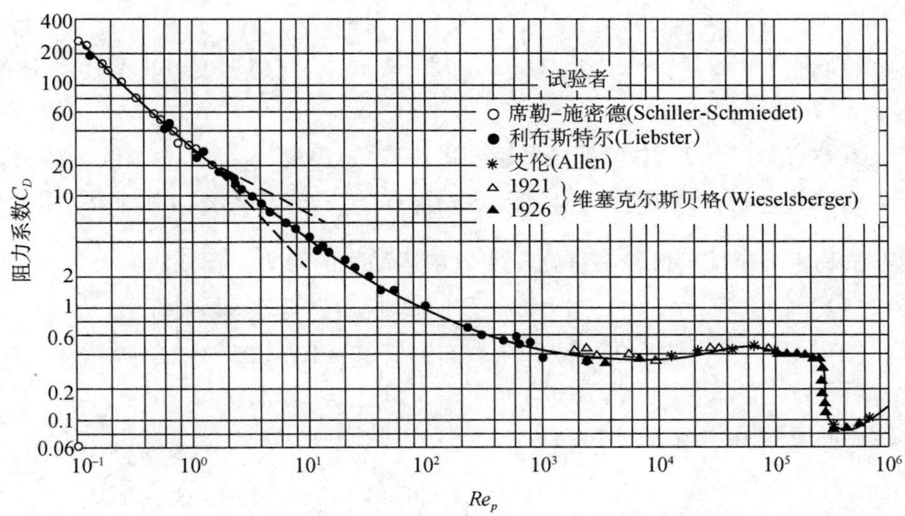

图 5-9 球形颗粒的流体阻力与颗粒雷诺数的函数关系

当 $500 < Re_p < 2\times10^5$ 时，颗粒运动处于湍流状态，C_D 几乎不随 Re_p 变化，近似取 $C_D \approx 0.44$，即通常所说的牛顿区域，流体阻力公式如下：

$$F_D = 0.055\pi\rho d_p^2 u^2 \quad (\text{N}) \tag{5-29}$$

当颗粒尺寸小到与气体分子平均自由程大小差不多时，颗粒开始脱离与气体分子接触，颗粒运动发生所谓“滑动”。这时，相对颗粒来说，气体不再具有连续流体介质的特性，流体阻力将减小。为了对这种滑动条件进行修正，可以将坎宁汉(Cunningham)修正系数 C 引入斯托克斯定律，则流体阻力计算公式如下：

$$F_D = \frac{3\pi\mu d_p u}{C} \quad (\text{N}) \tag{5-30}$$

坎宁汉系数的值取决于努森(Knudsen)数 $Kn = 2\lambda/d_p$，可用戴维斯(Davis)建议的公式计算：

$$C = 1 + Kn\left[1.257 + 0.400\exp\left(-\frac{1.10}{Kn}\right)\right] \tag{5-31}$$

气体分子平均自由程 λ 可按下式计算：

$$\lambda = \frac{\mu}{0.499\rho\bar{v}} \ (\text{m}) \tag{5-32}$$

其中：$\bar{v}$ 是气体分子的算术平均速度。

$$\bar{v} = \sqrt{\frac{8RT}{\pi M}} \ (\text{m/s}) \tag{5-33}$$

其中：R 为通用气体常数，$R=8.314\ \text{J/(mol}\cdot\text{K)}$；$T$ 为气体温度，K；M 为气体的摩尔质量，kg/mol。

坎宁汉系数 C 与气体的温度、压力和颗粒大小有关，温度越高、压力越低、粒径越小，C 值越大。作为粗略估计，在 293 K 和 101 325 Pa 下，$C \approx 1 + 0.165/d_p$，其中 d_p 用 μm 单位。

例 5-1 **试确定一个球形颗粒在静止干空气中运动时的阻力。已知：**

(1) $d_p = 100$ μm，$u = 1.0$ m/s，$T = 293$ K，$P = 101\ 325$ Pa；

(2) $d_p = 1$ μm，$u = 0.1$ m/s，$T = 373$ K，$P = 101\ 325$ Pa。

解：(1) 在 293 K 和 101 325 Pa 下，干空气黏度 $\mu = 1.81 \times 10^{-5}$ Pa·s，密度 $\rho = 1.205\ \text{kg/m}^3$，则颗粒雷诺数：

$$Re_p = \frac{100 \times 10^{6} \times 1.205 \times 1.0}{1.81 \times 10^{-5}} = 6.66 > 1.0$$

颗粒的运动处于过渡区，由式(5-28)得到阻力系数：

$$C_D = \frac{18.5}{6.66^{0.6}} = 5.93$$

代入式(5-29)，得到流体阻力：

$$F_D = 5.93 \times \frac{\pi(100 \times 10^{-6})^2}{4} \times \frac{1.205 \times 1.0^2}{2} = 2.81 \times 10^{-8} \ (\text{N})$$

(2) 在 373 K 和 101 325 Pa 下，$\mu = 2.18 \times 10^{-5}$ Pa·s，$\rho = 0.947\ \text{kg/m}^3$。

$$Re_p = \frac{1 \times 10^{-6} \times 0.947 \times 0.1}{2.18 \times 10^{-5}} = 4.34 \times 10^{-3} < 1$$

说明颗粒运动处于滑动区域，需要对斯托克斯定律进行坎宁汉修正，由式(5-33)求得

气体分子算术平均速度：

$$\bar{v}=\sqrt{\frac{8\times 8.314\times 373}{\pi\times 28.97\times 10^{-3}}}=522.2\ (\text{m/s})$$

由式(5-32)求得气体分子平均自由程：

$$\lambda=\frac{2.18\times 10^{-5}}{0.499\times 0.974\times 522.2}=8.83\times 10^{-8}\ (\text{m})$$

则努森数如下：

$$Kn=\frac{2\times 8.83\times 10^{-8}}{1\times 10^{-6}}=0.177$$

坎宁汉修正系数：

$$C=1+0.177\left[1.257+0.400\exp\left(-\frac{1.10}{0.177}\right)\right]=1.223$$

由式(5-30)求得流体阻力：

$$F_D=\frac{3\pi\times 2.18\times 10^{-5}\times 1\times 10^{-6}\times 0.1}{1.223}=1.68\times 10^{-11}\ (\text{N})$$

二、阻力导致的减速运动

在接近静止的气体中，以某一初速度 u_0 运动的球形颗粒，除了气体阻力外再无其他作用力时，颗粒不能相对气体做稳态运动，只能做非稳态的减速运动。根据牛顿第二定律：

$$\frac{\pi d_p^3}{\sigma}\rho_p\frac{\text{d}u}{\text{d}t}=-F_D=-C_D\frac{\pi d_p^2}{4}\cdot\frac{\rho u^2}{2} \tag{5-34}$$

即由阻力导致的加速度如下：

$$\frac{\text{d}u}{\text{d}t}=-\frac{3}{4}C_D\frac{\rho}{\rho_p}\cdot\frac{u^2}{d_p} \tag{5-35}$$

根据菲克(Fick)的研究，当 Re_p 不超过几百时，假定阻力大小与加速度无关，并不会产生显著的误差，因而可忽略加速度对 C_D 值的影响。

若只考虑斯托克斯区域颗粒的减速运动，则气体阻力 F_D 可用式(5-29)确定，式(5-35)变化如下：

$$\frac{\text{d}u}{\text{d}t}=-\frac{18\mu}{d_p^2\rho_p}u=-\frac{u}{\tau} \tag{5-36}$$

参数 $\tau = d_p^2\rho_p/(18\mu)$ 是颗粒-气体系统的一个基本特征参数，称为颗粒的弛豫时间。

在时间 $t=0$ 时运动速度为 u_0 的颗粒，减速到 u 所需的时间 t，由式(5-36)作定积分得：

$$t=\tau\ln\frac{u_0}{u}\ (\mathrm{s}) \tag{5-37}$$

在时间 t 时的颗粒速度如下：

$$u=u_0\mathrm{e}^{-t/\tau}\ (\mathrm{m/s}) \tag{5-38}$$

对于颗粒由初速度 u_0 减速到 u 所迁移的距离 x，利用 $u=\mathrm{d}x/\mathrm{d}t$，变换式(5-36)，积分后得到：

$$x=\tau(u_0-u)=\tau u_0(1-\mathrm{e}^{-t/\tau})\ (\mathrm{m}) \tag{5-39}$$

由以上讨论可见，弛豫时间 τ 的物理意义可以叙述为，由于流体阻力，颗粒的运动速度减小到它的初速度的 1/e(约 36.8%)时所需的时间。

对于处于滑动区域的颗粒，则应引入坎宁汉修正系数 C，相应的迁移时间和迁移距离如下：

$$t=\tau C\ln\frac{u_0}{u}\ (\mathrm{s}) \tag{5-40}$$

$$x=\tau u_0 C(1-\mathrm{e}^{-t/\tau C})\ (\mathrm{m}) \tag{5-41}$$

使颗粒由初速度 u_0 达到静止所需的时间是无限长的，但颗粒在静止之前所迁移的距离是有限的，这个距离称为颗粒的停止距离：

$$x_\tau=\tau u_0 \text{ 或 } x_\tau=\tau u_0 C \tag{5-42}$$

三、重力沉降

静止流体中的单个球形颗粒在重力作用下沉降时，所受作用力有重力 F_G、流体浮力 F_B 和流体阻力 F_D，三力平衡关系式如下：

$$F_D=F_G-F_B=\frac{\pi d_p^3}{6}(\rho_p-\rho)g \tag{5-43}$$

对于斯托克斯区域的颗粒，代入阻力计算式(5-43)，得到颗粒的重力沉降末端速度：

$$u_s=\frac{d_p^2(\rho_p-\rho)g}{18\mu}\ (\mathrm{m/s}) \tag{5-44}$$

当流体介质是气体时，$\rho_p \gg \rho$，可忽略浮力的影响，则沉降速度公式简化如下：

$$u_s = \frac{d_p^2 \rho_p}{18\mu} g = \tau g \ (\text{m/s}) \tag{5-45}$$

对于坎宁汉滑动区域的小颗粒，应修正如下：

$$u_s = \frac{d_p^2 \rho_p}{18\mu} gC = \tau gC \ (\text{m/s}) \tag{5-46}$$

式(5-45)对粒径为 1.5～75 μm 的单位密度的颗粒，计算精度在±10%以内。当考虑坎宁汉修正后，对小至 0.001 μm 的微粒也是精确的。对于较大的球形颗粒（$Re_p > 1$），将式(5-25)代入式(5-43)，则得到重力作用下的末端沉降速度：

$$u_s = \left[\frac{4d_p(\rho_p - \rho)g}{3C_D\rho}\right]^{1/2} \ (\text{m/s}) \tag{5-47}$$

按式(5-47)计算 u_s，必须确定 C_D 值。对于湍流过渡区，代入式(5-47)，得：

$$u_s = \frac{0.153 d_p^{1.114} (\rho_p - \rho)^{0.714} g^{0.714}}{\mu^{0.428} \rho^{0.286}} \ (\text{m/s}) \tag{5-48}$$

对于牛顿区，$C_D = 0.44$，则：

$$u_s = 1.74[d_p(\rho_p - \rho)g/\rho]^{1/2} \ (\text{m/s}) \tag{5-49}$$

最后，对前述的斯托克斯直径 d_s 和空气动力学当量直径 d_a 的计算进行讨论。根据斯托克斯沉降速度公式即式(5-46)，可以得到斯托克斯直径：

$$d_s = \sqrt{\frac{18\mu u_s}{\rho_p g C}} \ (\text{m}) \tag{5-50}$$

由空气动力学直径的定义，单位密度（$\rho_p = 1\,000 \ \text{kg/m}^3$）球形颗粒的空气动力学当量直径如下：

$$d_a = \sqrt{\frac{18\mu u_s}{1\,000 g C_a}} \ (\text{m}) \tag{5-51}$$

则空气动力学直径与斯托克斯直径的关系如下：

$$d_a = d_s \left(\frac{\rho_p C}{C_a}\right)^{1/2} \tag{5-52}$$

其中：颗粒密度 ρ_p 单位为 g/cm^3；C_a 为与空气动力学当量直径 d_a 相应的坎宁汉修正系数。

例 5-2 **已知石灰石颗粒的密度为 2.67 g/cm³，试计算粒径为 1 μm 和 400 μm 的球形颗粒在 293 K 空气中的重力沉降速度。**

解：

(1) 对于粒径 1 μm 的颗粒，应按式(5-46)计算重力沉降速度。在 293 K 空气中坎宁汉修正系数近似如下：

$$C=1+\frac{0.165}{d_p}=1+\frac{0.165}{1}=1.165$$

则：$$u_s=\frac{(1\times10^{-6})^2\times2\,670\times9.81\times1.165}{18\times1.81\times10^{-5}}=9.37\times10^{-5}\,(\mathrm{m/s})$$

(2) 对于 $d_P=400$ μm 的颗粒，为验证是否可用斯托克斯沉降速度公式即式(5-45)，先计算 u_s 和 Re_p 值：

$$u_s=\frac{(400\times10^{-6})^2\times2\,670\times9.81}{18\times1.81\times10^{-5}}=12.86\ (\mathrm{m/s})$$

$$Re_p=\frac{400\times10^{-6}\times1.205\times12.86}{1.81\times10^{-5}}=342$$

显然 $1<Re_p<500$，应采用湍流过渡区公式即式(5-48)，则：

$$u_s=\frac{0.153d_p^{1.14}(\rho_p g)^{0.714}}{\mu^{0.428}\times1.205^{0.286}}=\frac{0.153_p^{1.114}(2\,670\times9.81)^{0.714}}{(1.81\times10^{-5})^{0.428}\times1.205^{0.286}}=2.97\ (\mathrm{m/s})$$

实际的颗粒雷诺数如下：

$$Re_p=\frac{400\times1.205\times2.97}{1.81\times10^{-5}}=79.0$$

可见，应用湍流过渡区公式是适宜的。

四、离心沉降

旋风除尘器是应用离心力的分离作用的一种除尘装置，离心力也是造成旋转运动和涡旋的一种体系。此外，离心力也是惯性碰撞和拦截作用的主要除尘机制之一，但这些属于非稳态运动的情况。

随着气流一起旋转的球形颗粒，所受离心力可用牛顿定律确定：

$$F_c=\frac{\pi}{6}d_p^3\rho_p\frac{u_t^2}{R}\ (\mathrm{N})\tag{5-53}$$

其中：R 为旋转气流流线的半径，m；u_t 为 R 处气流的切向速度，m/s。

在离心力作用下，颗粒将产生离心的径向运动（垂直于切向）。若颗粒运动处于斯托克斯区，则颗粒所受向心的流体阻力可用式(5-27)确定。当离心力和阻力达到平衡时，颗粒便达到了一个离心沉降的末端速度：

$$u_c = \frac{d_p^2 \rho_p}{18\mu} \cdot \frac{u_t^2}{R} = \tau a_c \ (\mathrm{m/s}) \tag{5-54}$$

其中：$a_c = u_t^2/R$ 为离心加速度。若颗粒运动处于滑动区，还应乘以坎宁汉修正系数 C。

五、静电沉降

在强电场中，如在电除尘器中，若忽略重力等的作用，荷电颗粒所受作用力主要是静电力（即库仑力）和气流阻力。静电力如下：

$$F_E = qE \ (\mathrm{N}) \tag{5-55}$$

其中：q 为颗粒的荷电量，C；E 为颗粒所处位置的电场强度，V/m。

对于斯托克斯区域的颗粒，颗粒所受气流阻力按式(5-27)确定，当静电力和阻力达到平衡时，颗粒便达到一个静电沉降的末端速度，习惯上称为颗粒的驱进速度，并用 ω 表示：

$$\omega = \frac{qE}{3\pi\mu d_p} \ (\mathrm{m/s}) \tag{5-56}$$

同样，对于滑动区域的颗粒，还应乘以坎宁汉修正系数 C。

六、惯性沉降

通常认为，气流中的颗粒随着气流一起运动，很少或不产生滑动。但是，若有一静止的或缓慢运动的障碍物（如液滴或纤维等）处于气流中，则成为一个靶子，使气体产生绕流，使某些颗粒沉降到上面。颗粒能否沉降到靶上，取决于颗粒的质量及相对于靶的运动速度和位置。图 5-10 中所示的小颗粒 1，随着气流一起绕过靶；距停滞流线较远的大颗粒 2，也能避开靶；距停滞流线较近的大颗粒 3，因其惯性较大而脱离流线，保持自身原来运动方向而与靶碰撞，继而被捕集。通常将这种捕尘机制称为惯性碰撞。颗粒 4 和颗粒 5 刚好避开与靶碰撞，但其表面与靶表面接触时被靶拦截住，并保持附着。

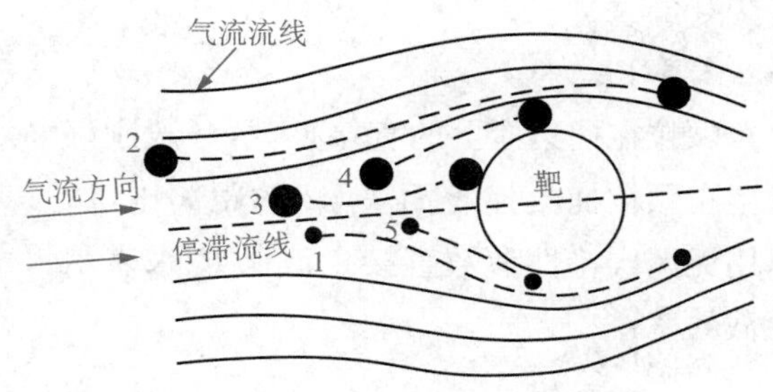

图 5-10　运动气流中接近靶时颗粒运动的几种可能情况

由于惯性碰撞和拦截皆是唯一靠靶来捕集尘粒的重要除尘机制，所以有必要作为单独问题进行讨论。在惯性捕集过程中，如果以某一初速度 u_0 运动的颗粒除了受气流阻力作用外，不再受其他外力的作用，则属于非稳态的减速运动。

（一）惯性碰撞

惯性碰撞的捕集效率主要取决于 3 个因素。

(1) 气流速度在捕集体（即靶）周围的分布。它随气体相对捕集流动的雷诺数 Re_D 而变化。Re_D 定义式如下：

$$Re_D = \frac{u_0 \rho D_c}{\mu} \tag{5-57}$$

其中：u_0 为未被扰动的上游气流相对捕集体的流速，m/s；D_c 为捕集体的定性尺寸，m。

在高 Re_D 下（势流），除了邻近捕集体表面附近外，气流流型与理想气体一致；当 Re_D 较低时，气流受黏性力支配，即为黏性流。

(2) 颗粒运动轨迹。它取决于颗粒的质量、气流阻力、捕集体的尺寸和形状，以及气流速度等。描述颗粒运动特征的参数，可以采用无因次的惯性碰撞参数 St，也称斯托克斯准数，定义为颗粒的停止距离 x 与捕集体直径 D_c 之比。对于球形的斯托克斯颗粒：

$$St = \frac{xC}{D_c} = \frac{u_0 \tau C}{D_c} = \frac{d_p^2 \rho_p u_0 C}{18 \mu D_c} \tag{5-58}$$

图 5-11 给出了不同形状的捕集体在不同 Re_D 下的惯性碰撞分级效率 η 与 $\sqrt{St}$ 的关系。

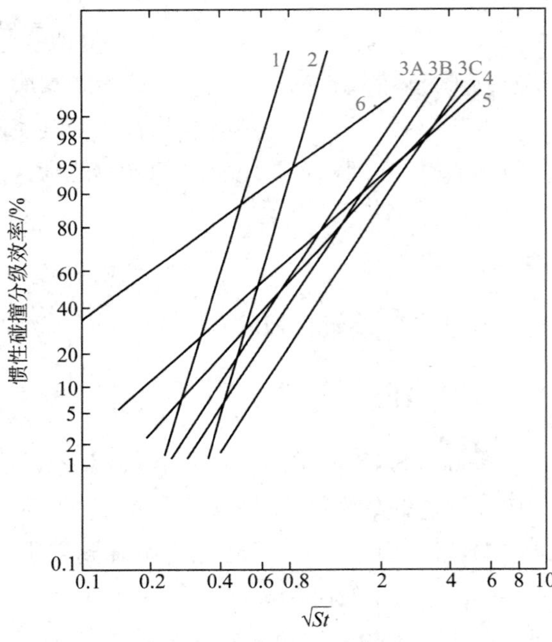

1—向圆板喷射；2—向矩形板喷射；3—圆柱体；（A $Re_D = 150$；B $Re_D = 10$；C $Re_D = 0.2$）
4—球体；5—半矩形体；6—聚焦

图 5-11　惯性碰撞分级效率与 $\sqrt{St}$ 的关系

(3) 颗粒对捕集体的附着。通常假定为 100%。

（二）拦截

颗粒在捕集体上的直接拦截，一般刚好发生在颗粒捕集体表面 $d_p/2$ 的距离内，所以用无因次特性参数直接拦截比 R 来表示拦截效率：

$$R = \frac{d_p}{D_c} \tag{5-59}$$

对于惯性大沿直线运动的颗粒，即 $S_t \to \infty$ 时，除了在直径为 D_c 的流管内的颗粒都能与捕集体碰撞外，与捕集体表面距离 $d_p/2$ 的颗粒也会与捕集体表面接触。因此，靠拦截引起的捕集效率的增量 η_{Dl} 是：对于圆柱形捕集体，$\eta_{Dl}=R$；对于球形捕集体，$\eta_{Dl}=2R+R^2\approx 2R$。

对于惯性小沿流线运动的颗粒，即 $S_t \to 0$ 时，拦截效率分别如下：

对于绕过圆柱体的势流：

$$\eta_{Dl}=1+R-\frac{1}{1+R}\approx 2R(R<0.1) \tag{5-60}$$

对于绕过球体的势流：

$$\eta_{Dl}=(1+R)^2-\frac{1}{1+R}\approx 3R(R<0.1) \tag{5-61}$$

对于绕过圆柱体的黏性流：

$$\eta_{Dl}=\frac{1}{2.002-\ln Re_D}\left[(1+R)\ln(1+R)-\frac{R(2+R)}{2(1+R)}\right] \tag{5-62}$$

$$\approx\frac{R^2}{2.002-\ln Re_D}\ (R<0.07,\ Re_D<0.5) \tag{5-63}$$

对于绕过球体的黏性流：

$$\eta_{Dl}=(1+R)^2-\frac{3(1+R)}{2}+\frac{1}{2(1+R)}\approx\frac{3R^2}{2}\ (R<0.1) \tag{5-64}$$

七、扩散沉降

捕集很小的颗粒往往要比按惯性碰撞机制估计的更有效。这是布朗扩散作用的结果。小颗粒受到气体分子无规则的撞击，使它们像气体分子一样做无规则运动，便会发生颗粒从浓度较高的区域向浓度较低的区域的扩散。颗粒的扩散过程类似于气体分子的扩散过程，并可用形式相同的微分方程式来描述：

$$\frac{\partial n}{\partial t}=D\left(\frac{\partial^2 n}{\partial x^2}+\frac{\partial^2 n}{\partial y^2}+\frac{\partial^2 n}{\partial z^2}\right) \tag{5-65}$$

其中：n 为颗粒的个数(或质量)浓度，个/m^3(或 g/m^3)；t 为时间，s；D 为颗粒的扩散系数，m^2/s。

颗粒的扩散系数 D 取决于气体的种类和温度以及颗粒的粒径，其数值比气体扩散系数小几个数量级，可用两种理论方法求得。

对于粒径约等于或大于气体分子平均自由程（$Kn \leqslant 0.5$）的颗粒，可用爱因斯坦(Einstein)公式计算：

$$D=\frac{CkT}{3\pi\mu d_p}\ (\mathrm{m^2/s}) \tag{5-66}$$

其中：k 为玻尔兹曼常数，$k=1.38\times10^{-23}$ J/K；T 为气体温度，K。

对于粒径大于气体分子但小于气体分子平均自由程（$Kn>0.5$）的颗粒，可由朗格缪尔(Langmuir)公式计算：

$$D=\frac{4kT}{3\pi d_p^2 P}\sqrt{\frac{8RT}{\pi M}}\ (\mathrm{m^2/s}) \tag{5-67}$$

其中：P 为气体的压力，Pa；R 为气体常数，$R=8.314$ J/(mol·K)；M 为气体的摩尔质量，kg/mol。

表 5-4 给出了颗粒在 293 K 和 101 325 Pa 干空气中的扩散系数的计算值。式(5-66)中的坎宁汉系数 C 是按式(5-31)计算的。

表 5-4　颗粒的扩散系数(293 K，101 325 Pa)

粒径 d_p/μm	Kn	扩散系数 D/($\mathrm{m^2\cdot s^{-1}}$)	
		爱因斯坦公式	朗格缪尔公式
10	0.013 1	2.41×10^{-12}	—
1	0.131	2.76×10^{-11}	—
0.1	1.31	6.78×10^{-10}	7.84×10^{-10}
0.01	13.1	5.25×10^{-8}	7.84×10^{-8}
0.001	131	—	7.84×10^{-6}

根据爱因斯坦研究的结果，由于布朗扩散，颗粒在时间 t 秒内沿 x 轴的均方根位移如下：

$$\bar{x}=\sqrt{2Dt}\ (\mathrm{m}) \tag{5-68}$$

表 5-5 给出了单位密度的球形颗粒在 1 秒内布朗扩散的平均位移 x_{BM} 和重力沉降距离 x_G。

表 5-5 在标准状态下布朗扩散的平均位移与重力沉降距离的比较

粒径 $d_p/\mu m$	x_{BM}/m	x_G/m	x_{BM}/x_G
0.000 37①	6×10^{-3}	2.4×10^{-9}	2.5×10^{6}
0.01	2.6×10^{-4}	6.6×10^{-8}	3 900
0.1	3.0×10^{-5}	8.6×10^{-7}	35
1.0	5.9×10^{-6}	3.5×10^{-5}	0.17
10	1.7×10^{-6}	3.0×10^{-3}	5.7×10^{-4}

注：①一个“空气分子”的直径。

由表 5-5 可见，随着粒径的减小，在相同时间内布朗扩散的平均位移比重力沉降距离大得多。

扩散沉降效率取决于捕集体的质量传递佩克莱(Peclet)数 Pe 和雷诺数 Re_D。佩克莱数 Pe 定义如下：

$$Pe=\frac{u_0D_c}{D} \tag{5-69}$$

佩克莱数 Pe 是由惯性力产生的颗粒的迁移量与布朗扩散产生的颗粒的迁移量之比，是捕集过程中扩散沉降重要性的量度。Pe 值越大，扩散沉降越不重要。

对于黏性流，朗格缪尔提出的颗粒在孤立的单个圆柱形捕集体上的扩散沉降速率如下：

$$\eta_{BD}=\frac{1.71Pe^{-2/3}}{(2-\ln Re_D)^{1/3}} \tag{5-70}$$

纳坦森(Natamson)和弗里德兰德(Friedlander)等人也分别导出了类似的方程。在他们的方程中，分别用 2.92 和 2.22 代替了上述方程中的 1.71。

势流、速度场与 Re_D 无关，在高 Re_D 下纳坦森等提出了如下方程：

$$\eta_{BD}=\frac{3.19}{Pe^{1/2}} \tag{5-71}$$

从这些方程可以看出，除非 Pe 非常小，否则颗粒的扩散沉降速率将是非常低的。此外，从理论上讲，$\eta_{BD}>1$ 是可能的，因为布朗扩散可能导致来自 D_c 距离之外的颗粒与捕集体碰撞。

对于孤立的单个球形捕集体，约翰斯通(Johnstone)和罗伯兹(Roberts)建议用下式计算扩散沉降效率：

$$\eta_{BD}=\frac{8}{Pe}+2.23Re_D^{1/8}Pe^{5/8} \tag{5-72}$$

例 5-3 **试比较靠惯性碰撞、直接拦截和布朗扩散捕集粒径为 0.001～20 μm 的单位密度球形颗粒的相对重要性。捕集体为直径 100 μm 的纤维，在 293 K 和 101 325 Pa 下的气流速度为 0.1 m/s。**

解： 在给定条件下：

$$Re_D = \frac{100\times10^{-6}\times1.205\times0.1}{1.81\times10^{-5}} = 0.66$$

所以，必须采用黏性流条件下的颗粒沉降效率公式，计算结果列入下表中，其中惯性碰撞效率 η_{II} 是由图 5-11 估算的，拦截效率 η_{DI} 用式(5-63)、扩散沉降效率 η_{BD} 用式(5-70)计算。

d_p /μtn	St	η_{II} /%	R	η_{DI} /%	Pe	η_{BD} /%
0.001	—	—	—	—	1.28	108
0.01	—	—	—	—	1.90×10^2	3.86
0.2	—	—	—	—	4.52×10^4	0.10
1	3.45×10^{-3}	0	0.01	0.004	3.62×10^5	0.025
10	0.308	3	0.1	0.5	—	—
20	1.23	37	0.2	1.5	—	—

由上例可见，对于大颗粒的捕集，布朗扩散的作用很小，主要靠惯性碰撞作用；反之，对于很小的颗粒，惯性碰撞的作用微乎其微，主要靠扩散沉降。在惯性碰撞和扩散沉降均无效的粒径范围内(本例中约为 0.2～1 μm)捕集效率最低。

类似的分析也可以得到捕集效率最低的气流速度范围。

第六节　净化装置的性能

净化装置的性能指标主要包括技术指标和经济指标两方面。技术指标主要有处理气体量、净化效率和压力损失等；经济指标主要有设备费、运行费和占地面积等。

一、净化装置的性能指标

(一) 处理气体量

处理气体量是代表装置处理能力大小的指标，通常用体积流量表示。由于实际运行中

处理装置本体漏气等原因，装置进出口的气体流量不同，因而采用两者的平均值作为处理装置的代表值：

$$Q_N = (Q_{1N} + Q_{2N})/2 \tag{5-73}$$

其中：Q_N，Q_{1N}，Q_{2N} 分别表示标准状态(273.15 K，101.33 kPa)下净化装置处理流量代表值、进口流量和出口流量，Nm^3/s。

净化装置的漏风率 δ_0 可用下式计算：

$$\delta_0 = \frac{Q_{1N} - Q_{2N}}{Q_{1N}} \times 100\% \tag{5-74}$$

（二）净化效率

净化效率是表示净化装置对污染物净化效果的重要技术指标。净化效率定义如下：在单位时间内净化装置去除污染物的量与进入装置的污染物量之百分比，用 η 表示。通常，对除尘装置称除尘效率，对吸收装置称吸收效率，对吸附装置则称吸附效率。

（三）压降

净化装置进口与出口的静压之差称为净化装置压降 ΔP（单位：Pa），它是分离过程必须耗损的能量。净化装置的压降不仅取决于它的结构型式，还与其操作条件（如气体黏度、密度、气流速度等）有密切关系，很难用一个统一的公式表达，但一般为方便起见，可写成如下形式：

$$\Delta P = \xi \frac{\rho v_1^2}{2} \tag{5-75}$$

其中：ρ 为流体密度，kg/m^3；v_1 为进口流体速度，m/s；ξ 为阻力系数，与分离器结构型式、尺寸、表面粗糙度及雷诺数等有关。

二、净化效率的计算方法

（一）总效率

如图 5-12 所示，净化装置入口的气体流量为 Q_{1N} (m_N^3/s)，污染物流量为 S_1(g/s)，污染物浓度为 C_{1N} (g/m_N^3)，装置出口的气体流量为 Q_{2N} (m_N^3/s)，污染物流量为 S_2(g/s)，污染物浓度为 C_{2N} (g/m_N^3)，装置捕集的污染物量为 S_3(g/s)，则：

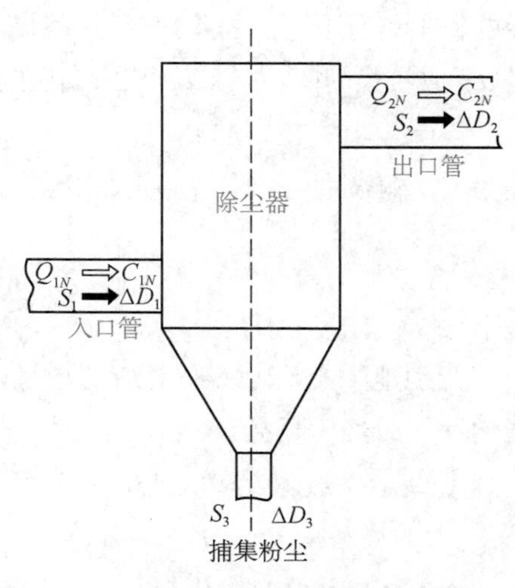

图 5-12　净化装置效率计算

$$S_1 = S_2 + S_3 \tag{5-76}$$

$$S_2 = C_{2N} Q_{2N}$$

$$S_1 = C_{1N} Q_{1N}$$

净化效率的定义如下：

$$\eta=\frac{S_3}{S_1}=1-\frac{S_2}{S_1} \tag{5-77}$$

或者：

$$\eta=1-\frac{C_{2N}Q_{2N}}{C_{1N}Q_{1N}} \tag{5-78}$$

如净化装置不漏风，即 $Q_{1N}=Q_{2N}$，则式(5-78)简化如下：

$$\eta=1-\frac{C_{2N}}{C_{1N}} \tag{5-79}$$

当污染物浓度很高时，有时将几级净化装置串联使用，若已知每一级的净化效率为 η_1，η_2，η_3，…，则总效率可按下式计算：

$$\eta_T=[1-(1-\eta_1)(1-\eta_2)(1-\eta_3)\cdots] \tag{5-80}$$

（二）通过率

当净化效率很高时，或为了说明污染物的排放率，有时采用通过率 P 来表示装置的性能，它定义为未被捕集的污染物量占进入装置的污染物量的百分数：

$$P=\frac{S_2}{S_1}=\frac{C_{2N}Q_{2N}}{C_{1N}Q_{1N}}=1-\eta \tag{5-81}$$

（三）分级效率

除尘器的除尘效率往往与粉尘粒径有关，粒径越大，越易去除，也就是说，除尘器对不同粒径的粉尘具有不同的去除效果，这就提出了分级效率的概念。分级效率是指除尘装置对某一粒径 d_{pi} 或粒径间隔 d_{pi} 至 $d_{pi}+\Delta d_p$ 内的除尘效率。分级效率可用表格、曲线图和函数形式表示。

设除尘器进口、出口和捕集的 d_{pi} 颗粒的质量流量分别为 S_{1i}、S_{2i}、S_{3i}，则该除尘器对粒径为 d_{pi} 颗粒的分级效率 η_{di} 如下：

$$\eta_{di}=\frac{S_{3i}}{S_{1i}}=1-\frac{S_{2i}}{S_{1i}} \tag{5-82}$$

特别地，$\eta_{di}=50\%$ 所对应的粒径，称为除尘器的分割粒径，一般用 d_{c50} 表示，在讨论除尘器的性能时经常用到。

（四）分级效率与总除尘效率的关系

1. 由总效率求分级效率

如以 ΔD_{1i}、ΔD_{2i}、ΔD_{3i} 分别表示除尘器进口、出口和捕集颗粒的粒径频率分布，则粒径

频率和分级效率的定义式如下：

$$S_{1i}=S_1\Delta D_{1i},\ S_{2i}=S_2\Delta D_{2i},\ S_{3i}=S_3\Delta D_{3i}$$

$$\eta_{di}=\frac{S_3\Delta D_{3i}}{S_1\Delta D_{1i}}=\eta\frac{\Delta D_{3i}}{\Delta D_{1i}} \tag{5-83}$$

或者：

$$\eta_{di}=1-\frac{S_2\Delta D_{2i}}{S_1\Delta D_{1i}}=1-(1-\eta)\frac{\Delta D_{2i}}{\Delta D_{1i}} \tag{5-84}$$

同样，若以 f_{1i}、f_{2i}、f_{3i} 分别表示除尘器进口、出口和捕集颗粒的粒径频率密度分布，则可得到总效率和分级效率的关系如下：

$$\eta_{di}=\eta\frac{f_{3i}}{f_{1i}} \tag{5-85}$$

$$\eta_{di}=1-(1-\eta)\frac{f_{2i}}{f_{1i}} \tag{5-86}$$

由上可知，在已知 η 和 ΔD_{1i}、ΔD_{2i}、ΔD_{3i} 或 f_{1i}、f_{2i}、f_{3i} 中任意两项时，可以用式(5-83)或式(5-85)计算出分级效率。表 5-6 为旋风除尘器分级效率的计算实例。

表 5-6　分级效率的计算实例(η =90.8%)

粒径范围 Δd_p/μm	粒径频度分布/(%/μm)			分级效率 η_{di}/%		
	入口 f_1	出口 f_2	捕集 f_3	按式(5-85)	按式(5-86)	二式平均
0～5	2.08	16.32	0.64	28.0	27.5	27.8
5～10	2.80	3.00	2.56	83.1	90.0	86.6
10～20	1.96	0.24	2.00	92.8	98.7	95.8
20～40	1.12	0.05	1.16	94.2	99.5	96.9
40～60	0.70	0	0.74	96.0	100.0	98.0
≥60	—	0	—	100.0	100.0	100.0

2. 由分级效率求总效率

根据某一除尘器净化某类粉尘的分级效率数据和某粉尘的粒径分布数据可以求出该除尘器净化此粉尘时能达到的总除尘效率。由式(5-83)有 $\eta\Delta D_{3i}=\eta_{di}\Delta D_{1i}$，等式两端对各种粒径间隔求和，并注意到 $\sum\Delta D_{3i}=1$，可得：

$$\eta=\sum\eta_{di}\Delta D_{1i} \tag{5-87}$$

表 5-7 给出了这类计算的例子。

表 5-7 由粒径分布和分级效率计算总效率的实例

$\Delta d_p/\mu m$	0～5.8	5.8～8.2	8.2～11.7	11.7～16.5	16.5～22.6	22.6～33	33～47	47
$\Delta D_{1i}/\%$	31	4	7	8	13	19	10	8
$\eta_{di}/\%$	61	85	93	96	98	99	100	100
$\eta_{di}\Delta D_{1i}$	18.9	3.4	6.5	7.7	12.7	18.8	10.0	8.0
$\eta/\%$	$\eta=\sum_i \eta_{di}\Delta D_{1i}=86.0$							

若分级效率以 $\eta_{di}=\eta_d(d_p)$ 函数形式给出，入口尘粒粒径分布以 $\Delta D_{1i}=\Delta D_1(d_p)$ 形式或频度函数 $f_{1i}=f_1(d_p)$ 形式给出，则总效率可按下式积分得到：

$$\eta=\int_0^1 \eta_d(d_p)\mathrm{d}(\Delta D)_{1i}=\int_0^{\infty}\eta_d(d_p)f_i(d_p)\mathrm{d}d_p \tag{5-88}$$

本章小结

本章主要介绍了颗粒平均粒径的定义、粒径分布函数的应用，以及颗粒的物理性质和净化装置的主要性能参数。

关键词

颗粒平均粒径；粒径分布函数；物理性质；性能指标

习 题

1. 区别众径、中位粒径、算术平均粒径。
2. 简述粒径分布、分级效率的定义。
3. 根据以往的分析知道，由破碎过程产生的粉尘的粒径分布符合对数正态分布，为此在对该粉尘进行粒径分布测定时只取了 4 组数据（见下表）。试确定：①几何平均直径和几何标准差；②绘制频率密度分布曲线。

粉尘粒径 $d_p/\mu m$	0～10	10～20	20～40	>40
质量频率 $g/\%$	36.9	19.1	18.0	26.0

4. 已知某粉尘粒径分布数据（见下表）。①判断该粉尘的粒径分布是否符合对数分布；②如

果符合，求其几何标准差、质量中位粒径、个数中位粒径、算术平均粒径及表面积-体积平均直径。

粒径间隔/μm	0～2	2～4	4～6	6～10	10～20	20～40	>40
浓度/($\mu g \cdot m^{-3}$)	0.8	12.2	25	56	76	27	3

5. 经测定，某城市大气中飘尘的质量分布符合对数正态分布，而且质量中位粒径 $d_{50}=5.7\ \mu m$，筛上累积分布 $R=15.87\%$ 时，粒径 $d_p=9.0\ \mu m$，试确定几何标准差 σ_g、个数中位径 NMD 和算术平均径 $\overline{d_L}$。
6. 将直径为 200 μm、真密度为 1 850 kg/m^3 的球形颗粒置于水平的筛子上，用温度 293 K 和压力 101 325 Pa 的空气由筛子下部垂直向上吹筛上的颗粒。试确定：①恰好能吹起颗粒时的气流速度；②在此条件下的颗粒雷诺数；③作用在颗粒上的阻力和阻力系数。
7. 串联使用两个除尘装置净化烟气中的粉尘，其第一级除尘效率 $\eta_1=91.9\%$，第二级除尘效率 $\eta_2=82\%$，问串联除尘装置的总除尘效率为多少。
8. 某种粉尘的粒径分布和分级除尘效率数据如下，试确定总除尘效率。

平均粒径/μm	0.5	2.0	4.0	8.0	10.0	14.0	20.0	22.5
质量频率/%	0.4	7.6	25.0	28.0	16.2	14.3	7.4	1.1
分级效率/%	10.0	48.0	69.0	79.0	87.0	98.0	99.0	100.0

9. 有一两级除尘系统，已知系统的流量为 2.22 m^3/s，工艺设备产生粉尘量为 22.2 g/s，各级除尘效率分别为 80% 和 95%，试计算该除尘系统的总除尘效率、粉尘排放浓度和排放量。
10. 计算粒径不同的 3 种飞灰颗粒在空气中的重力沉降速度，以及每种颗粒在 30 秒内的沉降高度。假定飞灰颗粒为球形，颗粒直径分别为 0.4 μm、40 μm、4 000 μm，空气温度为 387.5 K，压力为 101 325 Pa，飞灰真密度为 2 310 kg/m^3。
11. 某种粉尘真密度为 2 700 kg/m^3，气体介质(近于空气)温度为 433 K，压力为 101 325 Pa，试计算粒径为 10 μm 和 500 μm 的尘粒在离心力作用下的末端沉降速度。已知离心力场中颗粒的旋转半径为 200 mm，该处的气流切向速度为 16 m/s。

第六章　除尘装置

学习目标

1. 了解各类除尘器的结构特点、效率及影响因素。
2. 掌握电除尘器的效率计算及相关关系。
3. 熟悉各类除尘器的选择依据及发展趋势。

除尘装置是指从气体中除去或收集固态或液态离子的设备，也称除尘器。按照各种除尘器分离捕集离子的主要机制不同，可将除尘器分为机械除尘器、过滤式除尘器、电除尘器和湿式除尘器。在实际应用中，一种除尘器常常同时利用了几种除尘机制。本章将分别针对以上 4 种常见的除尘器的原理、类型、特点、结构图及设计等进行介绍。

第一节　机械除尘器

机械除尘装置主要包括重力除尘器、惯性除尘器和旋风除尘器等，其除尘机理可概括为 5 个方面。

(1) 重力沉降：气流中的尘粒依靠重力自然沉降，从气流中分离出来。主要适用于粒径较大的尘粒，沉降速度较小。

(2) 离心碰撞：含尘气流做圆周运动时，在惯性离心力作用下，尘粒和气流产生相对运动，使尘粒从气流中分离。主要适用于 10 μm 以上的尘粒。

(3) 惯性碰撞：含尘气流运动过程中遇到障碍物(如挡板、水滴等)时，气流会改变方向而绕流，细小的尘粒会随气流一起流动，而较大的尘粒惯性较大，则脱离流线保持自身的惯性运动，于是尘粒就和物体发生了碰撞。

(4) 滞留：细小的尘粒随气流绕流时，如流线和物体表面靠得很近，有些尘粒就和物体表面接触，从气流中分离出来。

(5) 扩散：小于 1 μm 的微小粒子在气流中会和气体一样做不规则的布朗运动，布朗运动

随粒径减小而增大。若做布朗运动的尘粒和物体表面接触，就可能从气流中分离，这种分离机理称为扩散。

此外，还涉及筛滤、静电力和声波凝聚作用等。

一、重力除尘器

重力除尘是利用粉尘颗粒的重力沉降作用而使粉尘与气体分离的除尘技术，利用重力除尘是一种最古老最简易的除尘方法。重力沉降除尘装置称为重力除尘器，又称重力沉降室，其主要优点包括：①结构简单，维护容易；②阻力小，一般为 50～150 Pa，主要是气体入口和出口的压力损失；③维护费用低，经久耐用；④可靠性优良，很少有故障。它的缺点如下：①除尘效率低，一般只有 40%～50%，适于捕集粒径大于 50 μm 的粉尘粒子；②设备较庞大，适合处理中等气量的常温或高温气体，多作为多级除尘的预除尘使用。当尘量很大或粒度很粗时，对串联使用的下一级除尘器会产生有害作用，此时先使用重力除尘器预先净化是特别有利的。

（一）重力除尘的原理

当气体由进风管进入重力除尘器时，由于气体流动通道横截面积突然增大，气体流速迅速下降，粉尘便借自身重力作用逐渐沉落，随后落入下面的集灰斗中，经输送机械送出。重力沉降室是通过重力从气流中分离尘粒的。其结构如图 6-1 所示。

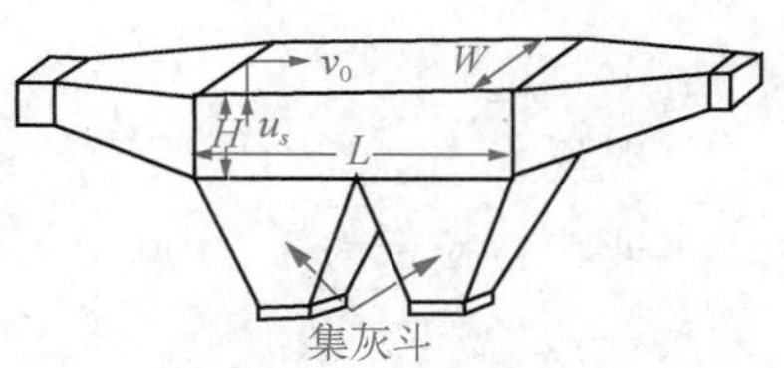

图 6-1 重力沉降室

沉降室可能是所有空气污染控制装置中最简单和最粗糙的。就其本身的特点而论，它有广泛的用途。能用于分离颗粒分布中的大颗粒，在某些情况下，其本身就能进行适当的污染控制，它的主要用途是进行初筛选，可以作为更有效的控制装置的一种初筛选装置。其优点就在于能除掉颗粒分布中大量的大颗粒，这些颗粒如不除掉，就会堵塞其他控制装置。

粒子的沉降速度是粒子动力学最基本的特性。设一直径为 d_p 的球形粒子，在静止的流体中自由沉降，所受作用力主要包括重力 F_1、流体对尘粒的浮力 F_2 及流体对尘粒的阻力 F_3。作用在尘粒上的总作用力如下：

$$F = F_1 - F_2 - F_3 \tag{6-1}$$

尘粒在上述合力作用下从静止开始做加速下降运动，随着尘粒运动速度的增加，流体阻力也增加，F 逐渐趋向于零，尘粒开始在流体中等速沉降。这时的沉降速度称为尘粒的终末沉降速度，用 u_t 表示。

层流区，雷诺数 $Re_p \leqslant 1$，对球形粒子而言，其运动规律符合斯托克斯公式：

$$u_t = \frac{d_p^2(\rho_p - \rho)g}{18\mu} \ (\text{m/s}) \tag{6-2}$$

当介质为空气时 $\rho_p \gg \rho$，则有：$u_t=\dfrac{d_p^2\rho_p g}{18\mu}$ (m/s)

由上式可以看出，粉尘粒子的沉降速度与粒子直径、尘粒密度及气体介质的性质有关。当一种尘粒在某一种气体中，处在重力作用下，尘粒的沉降速度与尘粒直径平方成正比。所以，粒径越大，沉降速度越大，越容易分离。反之，粒径越小，沉降速度越小，以致没有分离的可能。若将雷诺数 $Re_p=1$ 代入，可求出尘粒沉降时的临界粒径 d_c。

$$Re_p=\frac{d_p u_c \rho}{\mu}=1 \tag{6-3}$$

得：

$$u_c=\frac{\mu}{d_p\rho}$$

代入式(6-2)，得：

$$d_c=2.63\sqrt[3]{\frac{\mu^2}{(\rho_p-\rho)\rho g}} \tag{6-4}$$

一般说来，式(6-3)应用于粒径小于 50 μm 的球形尘粒，小于 100 μm 的尘粒误差也不大。工业粉尘粒径为 1～100 μm，粒径小于 5 μm 的尘粒实际沉降速度要比斯托克斯定律预示的大，需要修正。故 $d_p \leqslant 5$ μm 的尘粒：$u_s=c\cdot u_s\cdot Stocks$。

其中：c 为修正系数，在空气中温度为 20 ℃，压强为 101 325 Pa 时，$c=1+\dfrac{0.172}{d_p}$，d_p 单位为 μm。在其他温度下，c 值随温度而变化。

粉尘颗粒物的自由沉降主要取决于粒子的密度。如果粒子密度比周围气体介质大，气体介质中的粒子在重力作用下便沉降；反之，粒子则上升。此外，影响粒子沉降的因素还包括：①颗粒物的粒径，粒径越大越容易沉降；②颗粒物形状，圆形粒子最容易沉降；③粒子运动的方向性；④介质黏度，气体黏度大时不容易沉降；⑤与重力无关的影响因素，如粒子变形、在高浓度下粒子的相互干扰、对流以及除尘器密封状况等。

（二）重力除尘器的类型

重力除尘器的构造是所有除尘器构造中最简单的一种。由于构造简单，粉尘粒子受力单一，所以设计计算较其他类型除尘器容易且准确。重力除尘一般是让气流慢慢地通过结构简单而体积较大的除尘室，这样可为颗粒提供落入底部集灰斗的机会。颗粒需要降落的距离可通过在除尘室中放置一些水平隔板而缩短。

重力除尘器按段数有一段重力沉降室和多段沉降室之分。按气体流动方向可以分为水平气流重力除尘器和垂直气流重力除尘器两种。按除尘器内部有无挡板还可以分为无挡板动除尘器和有挡板动除尘器。其中以水平气流重力除尘器应用最为广泛。

水平气流重力除尘器如图 6-2 所示。其主要由室体、进气口、出气口和集灰斗组成。含尘气体在室体内缓慢流动，尘粒借助自身重力作用被分离而捕集起来。

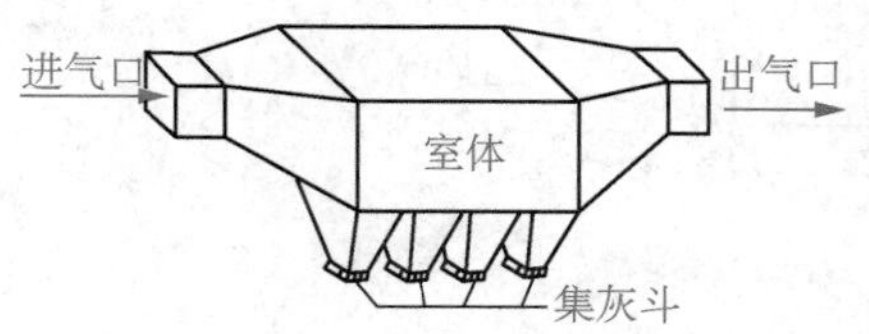

图 6-2　水平气流重力除尘器

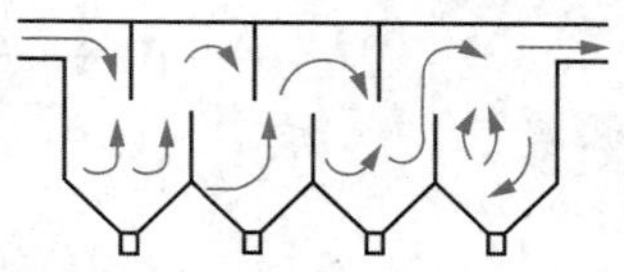
图 6-3　垂直挡板沉降室

为了提高除尘效率，有的在室中加装一些垂直挡板（见图 6-3）。其目的包括：一是改变气流的运动方向，这是由于粉尘颗粒惯性较大，不能随同气体一起改变方向，撞到挡板上，失去继续飞扬的动能，沉降到下面的集灰斗中；二是延长粉尘的通行路程，使它在重力作用下逐渐沉降下来。有的采用百叶窗形式代替挡板，效果更好。有的还将垂直挡板改为“人”字形挡板，其目的是使气体产生一些小股螺旋，尘粒受到离心力作用，与气体分开，并碰到室壁上和挡板上，沉降下来。对装有挡板的重力除尘器，气流速度可以提高到 6～8 m/s。多段沉降室设有多个室段，这样相对地降低了尘粒的沉降高度。

（三）重力除尘器的设计

1. 设计要求

① 保证粉尘能沉降，L 足够长。

② 气流在沉降室的停留时间要大于尘粒沉降所需的时间：

$$\frac{L}{v_0} \geqslant \frac{H}{u_s}$$

③ 能 100%沉降的最小粒径 $d_{\min} = \sqrt{\dfrac{18\mu u_{t\min} H}{\rho_p g L}}$。

2. 设计的主要内容

重力除尘器的除尘过程主要受重力的作用。除尘器内气流运动比较简单，除尘器设计计算包括含尘气流在除尘器内停留时间及除尘器的具体尺寸。

假设通过重力沉降室断面的水平气流的速度 v_0 分布是均匀的，呈层流状态，入口断面上粉尘分布均匀（即每个颗粒以自己的沉降末端速度沉降，互不影响），在气流流动方向上尘粒和气流速度相等，就可得到除尘设计的简单模式（见图 6-4）。

(1) 沉降时间和（最小粒径时的）沉降速度。尘粒的沉降速度为 u_s，沉降室的长、宽、高分别为 L、W、H，要使沉降速度为 u_t 的尘粒在沉降室内全部去除，气流在沉降室内的停留时间 $t\left(t_{停} = \dfrac{L}{v_0}\right)$ 应大于或等于尘粒从顶部沉降到集灰斗的时间$\left(t_{沉} = \dfrac{H}{u_s}\right)$，即$\dfrac{L}{v_0} \geqslant \dfrac{H}{u_s}$。

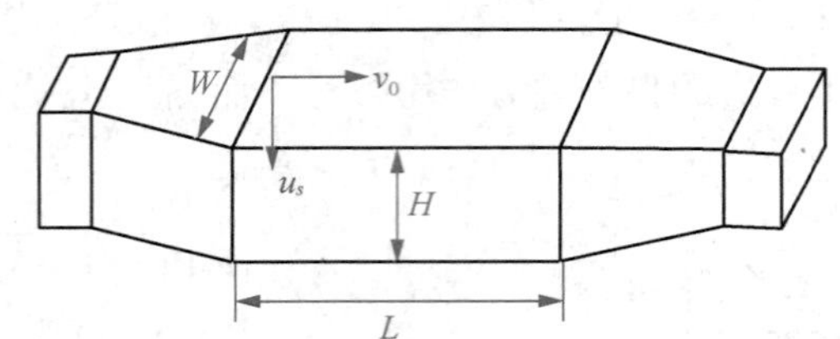

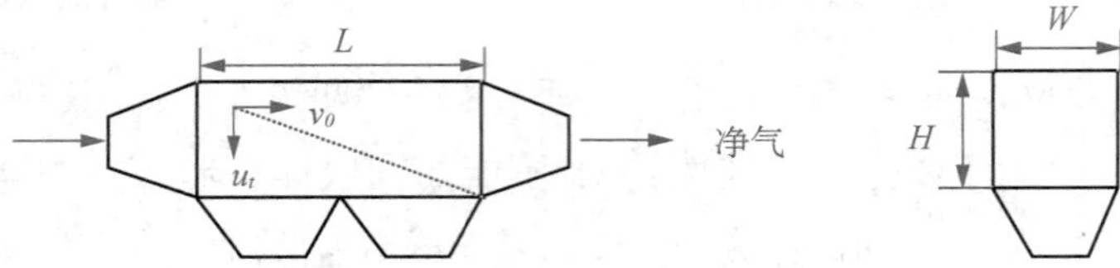

图 6-4　重力除尘器原理示意图

将 $u_s=\dfrac{d_p^2\rho_p g}{18\mu}$ 代入，可求出沉降室能 100%捕集的最小粒径 $d_{\min}$。

$$d_{\min}=\sqrt{\frac{18\mu H v_0}{\rho_p g L}}=\sqrt{\frac{18\mu q_v}{g\rho_p LW}} \tag{6-5}$$

式(6-5)是在理想状况下得到的，实际中常出现“反混”现象，工程上常用 36 代替式中的 18，使理论和实践更接近。室内的气流速度 v_0 应根据尘粒的密度和粒径确定。常取 0.3～0.5 m/s，一般取 0.2～2 m/s。q_v 为处理气体量。

(2) 除尘器相关尺寸。

① 除尘器的截面积：

$$S=\frac{q_v}{v_0} \tag{6-6}$$

其中：S 为除尘器截面积，m^2；q_v 为处理气体量，m^3/s；v_0 为除尘器内气流速度，m/s，一般要求小于 0.5 m/s。

② 除尘器容积：

$$V=q_v t_{停} \tag{6-7}$$

其中：V 为除尘器容积，m^3；q_v 为处理气体量，m^3/s；$t_{停}$ 为气体在除尘器内停留时间，s，一般取 30～60 s。

③ 除尘器的高度：

$$H=u_s t_{沉} \tag{6-8}$$

其中：H 为除尘器高度，m；u_s 为尘粒沉降速度，m/s，对于粒径为 40 μm 的尘粒，可取 0.2 m/s。

④ 除尘器宽度：

$$B=\frac{S}{H} \tag{6-9}$$

其中：B 为除尘器宽度，m；S 为除尘器截面积，m^2。

⑤ 除尘器长度：

$$L=\frac{V}{S} \tag{6-10}$$

其中：L 为除尘器长度，m。

由以上计算可知，要提高细颗粒的捕集效率，应尽量减小气流速度 v_0 和除尘器高度 H，尽量加大除尘器宽度 B 和长度 L。例如，在常温常压空气中，在气流速度 $v_0=3$ m/s 条件下，要完全沉降 $\rho_p=2\,000$ kg/m³ 的颗粒，设为层流条件，所需除尘器的 L/H 值及每处理 1 m³/s 气量所需的占地面积 BL 如表 6-1 所示。

表 6-1　设定条件下所需除尘器的几个参数值

d_p /μm	1	10	25	50	75	100	150
L/H	50 640	506	81	20	9	5.06	2.21
BL /[m²/(m³/s)]	16 880	168.7	27	6.67	3	1.7	0.75

若考虑到实际 Re 较大，可能已进入湍流条件，则按表 6-1 中所需的 L/H 值及占地面积 BL 至少还要乘以 4.6 才够。由此可见，重力除尘器一般只能用来分离 75 μm 以上的粗颗粒，对细颗粒的捕集效率很低，或所需设备过于庞大，占地面积太大，并不经济。为了克服上述缺点，可在除尘器内加水平挡板或斜挡板，做成多层沉降器。

若用 n 块水平挡板将高度为 H 的沉降室分成 $n+1$ 个通道，则每个通道就是一个单层沉降室，其高度为 $\frac{H}{n+1}$。此时，沉降室可捕集的最小粉尘粒径如下：

$$d_{\min}=\sqrt{\frac{18\mu H v_0}{\rho_g g L(n+1)}} \tag{6-11}$$

由式(6-11)可知，沉降室分层后，能捕集的最小粉尘粒径是单层沉降室的 $\sqrt{\frac{1}{n+1}}$，除尘效率得到了提高。

沉降室分层越多，效果越好，所以多层沉降室内各层间距最小可为 25 mm。多层沉降室的缺点是清灰困难，为此要设置清扫刷，定期清扫积尘，此外也可用水冲洗清灰。这种沉降室的另外一个缺点是易于引起二次扬尘（特别是挡板之间间距很小时）。此外，还存在处理高温气体时金属挡板易翘曲变形、处理高浓度的含尘气体时难以保证各层挡板之间气流分布均匀等问题，故多层沉降室在实际生产中应用较少。再就是多级沉降室，就是在一个沉降室后面串联几个沉降室，第一个是除去粗粉尘的，第二个是除去细粉尘的，再往后就是除去微细粉尘的。因为沉降法属于低效除尘方法，它只能作为一个预处理方法来使用。

重力沉降室设计的另一种模式是假定沉降室中气流为湍流状态，在垂直于气流方向的每个横截面上粒子完全混合，即各种粒径的粒子都均匀分布于气流中。为了确定对粒径为 d_p 的粒子的分级除尘效率，需要寻求沉降室内任一位置 x 与留在气流中的粒径为 d_p 的粒子数目 N_p 之间的关系。

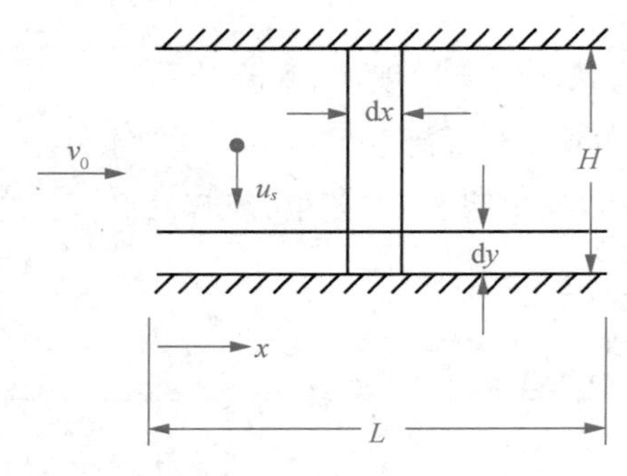

图 6-5　湍流式重力沉降室内粒子分离示意图

图 6-5 为湍流式重力除尘室内粒子分离示意图。考虑宽度为 W、高度为 H 和长度为 d_x 的捕集元，假如 d_y 代表边界层的厚度，在气体流过距离 d_x 的时间 $\frac{d_x}{v_0}$ 内，边界层内粒径为 d_p 的粒子都将沉降至集灰斗而从气流中除去，被除去的粒子分数可以简单地表示为 $\frac{\mathrm{d}N_p}{N_p}$。在时间 $\frac{\mathrm{d}x}{v_0}$ 内，粒径为 d_p 的粒子以其沉降速度 u_s 沉降，在垂直方向上沉降的最大距离 $y=u_s\cdot\frac{\mathrm{d}x}{v_0}$，因此 $y/u_s=\mathrm{d}x/v_0$。对于粒子完全混合系统，比率 y/H 是进入边界层且被从气流中除去粒子所占的分数。因此：

$$\frac{\mathrm{d}N_p}{N_p}=-\frac{y}{H}=-\frac{u_s\mathrm{d}x}{v_0H} \tag{6-12}$$

其中：负号表示随着 x 的增加粒子数目减少。对式(6-12)积分，得：

$$\ln N_p=-\frac{u_s\mathrm{d}x}{v_0H}+\ln C \tag{6-13}$$

对此方程有两个边界条件：在 $x=0$ 处，$N_p=N_{p,0}$；在 $x=L$ 处，$N_p=N_{p,L}$。因此：

$$N_{p,L}=N_{p,0}\exp\left(-\frac{u_sL}{v_0H}\right) \tag{6-14}$$

因此，粒径为 d_p 的粒子的分级除尘效率如下：

$$\eta_i = 1 - \frac{N_{p,L}}{N_{p,0}} = 1 - \exp\left(-\frac{u_s L}{v_0 H}\right) = 1 - \exp\left(-\frac{u_s L W}{q_v}\right) \tag{6-15}$$

根据分级除尘效率，可以很容易地求得沉降室的总除尘效率(见图 6-6)。

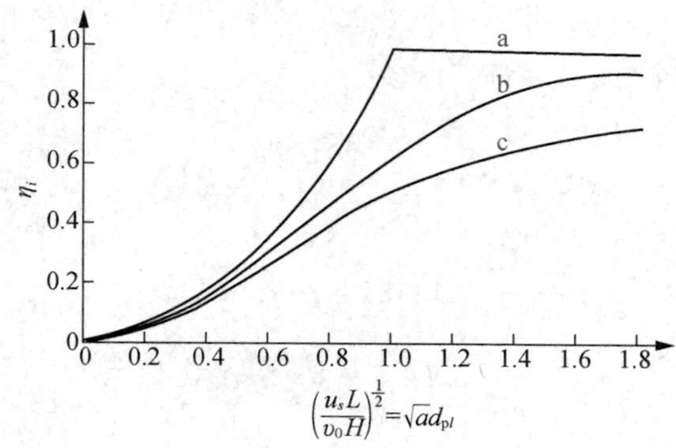

a—层流-无混合；b—湍流-垂直混合；c—湍流-完全混合

图 6-6 重力除尘器归一化的分级除尘效率曲线

设计计算注意事项：

① 设计的重力除尘器在具体应用时往往有许多情况和理想的条件不符，如气流速度分布不均匀，气流是紊流，涡流未能完全避免，在粒子浓度大时沉降会受阻碍等。为了使气流均匀分布，可采取安装逐渐扩散的入口、导流叶片等措施。为了使除尘器的设计可靠，也有人提出把计算出来的末端速度减半使用。

② 除尘器内气流应呈层流(雷诺数小于 2 000)状态，因为紊流会使已降落的粉尘二次飞扬，破坏沉降作用，除尘器的进风管应通过平滑的渐扩管与之相连。如受位置限制，应装设导流板，以保证气流均匀分布。如条件允许，把进风管装在降尘室上部，会收到意想不到的效果。

③ 保证尘粒有足够的沉降时间。即在含尘气流流经整个室长的这段时间内，保证尘粒由上部降落到底部。

④ 所有排灰口和门、孔都必须切实密闭，除尘器才能发挥应有的作用。

⑤ 除尘器的结构强度和刚度，按有关规范设计计算。

例 6-1 **欲利用重力除尘器捕集粒径为 40 μm，密度为 2 000 kg/m³ 的粒子。假定气流速度为 0.5 m/s，除尘器高度为 1.5 m，试求当捕集效率为 90% 时的除尘器长度。**

解： 设气体是在温度为 293 K 和压强为 101.325 kPa 的状态下。利用斯托克斯公式计算粒子的沉降速度：

$$\mu_s = \frac{\rho_d d_p^2 g}{18\mu} = \frac{2\,000 \times (40 \times 10^{-6})^2 \times 9.81}{18 \times 1.81 \times 10^{-5}} = 9.6 \times 10^{-2} \ (\text{m/s})$$

利用式 $\eta_i=\frac{h_c}{H}=\frac{u_s L}{v_0 H}=\frac{u_s LW}{qv}$，并考虑扰动的影响，得：

$$L=\frac{2\eta H v_0}{\mu s}=2\times0.90\times1.5\times\frac{0.5}{0.096}=14\ (\mathrm{m})$$

作为比较，由式(6-15)得：

$$0.90=1-\exp\left(-\frac{u_s L}{v_0 H}\right)$$

或：$\frac{-u_s L}{v_0 H}=\ln 0.1=-2.303$

$$L=2.303\frac{v_0 H}{u_s}=\frac{2.303\times0.5\times1.5}{0.096}=18\ (\mathrm{m})$$

两种模式计算的结果较为接近。

重力除尘器的主要优点是结构简单、投资少、压力损失小(一般为 50～130 Pa)，以及维修管理容易。但它的体积大，效率低，因而只能作为高效除尘的预除尘装置，除去较大和较重的粒子。

二、惯性除尘器

惯性除尘技术是借助挡板使气流改变方向，利用气流中尘粒的惯性力使之分离的技术。利用惯性除尘技术设计的除尘器称作惯性除尘器或惰性除尘器。

在惯性除尘器内，主要是使气流急速转向或冲击在挡板上再急速转向，其中颗粒由于惯性效应，其运动轨迹就与气流轨迹不一样，从而使两者获得分离。气流速度高，这种惯性效应就大，所以这类除尘器的体积可以大大减少，占地面积也小，没有活动部件，可用于高温和高浓度粉尘场合，对细颗粒的分离效率比重力除尘器大为提高，可捕集到 10 μm 的颗粒。惯性除尘器的阻力在 600～1 200 Pa。惯性除尘器的主要缺点是磨损严重，从而影响其性能。

(一) 惯性除尘的原理

惯性除尘器是利用气流方向急剧转变时，尘粒因惯性力作用而从气体中分离出来的原理而设计的。它一般多用于密度大、颗粒粗的金属或矿物性粉尘的处理，对密度小、颗粒细的粉尘或纤维性的粉尘不宜采用。

其工作原理是含尘气体以一定的进口速度冲击到挡板 1 上，具有较大惯性力的大颗粒 d_1 撞击到挡板1上而被分离捕集。小颗粒 d_2 则随着气流以一定旋转半径绕过挡板1，由于挡板 2 的作用，使气流方向发生转变，小颗粒 d_2 借助离心力被分离捕集。如气流的旋转半径为

R_2，圆周切向速度为 v_t，这时小颗粒 d_2 受到的离心力与 $d_2^2 \cdot v_t^2/R_2$ 成正比。因此，粉尘粒径越大，气流速度越大，挡板板数越多和距离越小，除尘效率就越高，但压力损失相应也越大。原理示意图见图 6-7。

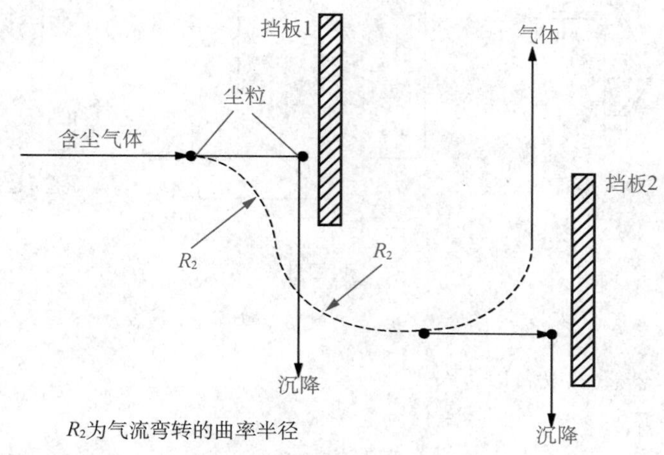

图 6-7　惯性除尘的分离机理

（二）惯性除尘器的类型

利用惯性分离原理，可以做成各种各样的惯性除尘器。一般可分为以气流中粒子冲击挡板捕集较粗粒子的冲击式，以及通过改变气流流动方向而捕集较细粒子的反转式。图 6-8为冲击式惯性除尘器结构示意图，其中图(a)为单级型，图(b)为多级型。在这种设备中，沿气流方向设置一级或多级挡板，使气体中的尘粒冲撞挡板而被分离。

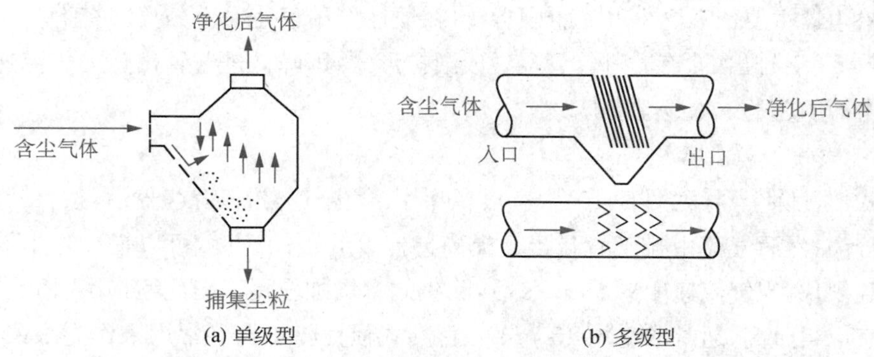

图 6-8　冲击式惯性除尘器结构示意图

如图 6-9 所示为几种反转式惯性除尘器，图(a)为弯管式，图(b)为百叶式，图(c)为多层挡板式（塔式）。弯管式和百叶式反转式惯性除尘装置和冲击式惯性除尘装置一样都适用于烟道除尘，塔式除尘装置主要用于烟雾的分离。

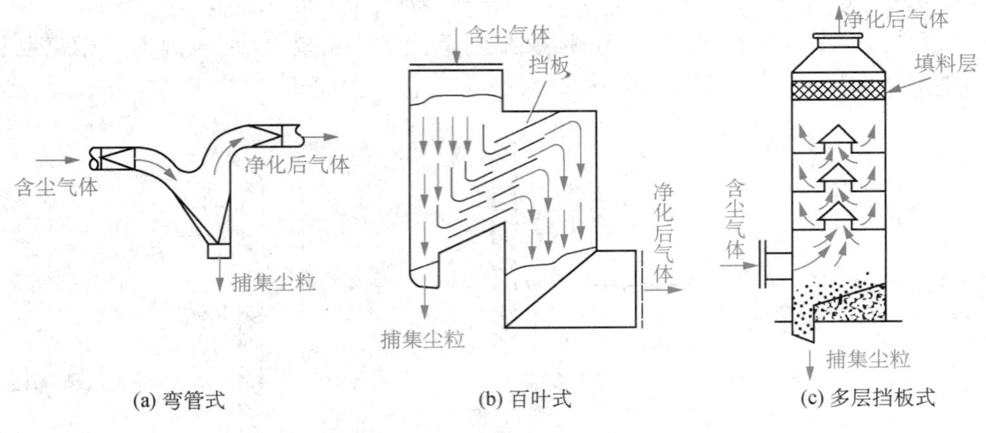

图 6-9　反转式惯性除尘装置

此外，惯性除尘器还可以做以下分类。

1. 挡板式惯性除尘器

挡板式惯性除尘器结构简单，只是在沉降室中增加若干排小挡条或设数排多孔板，以提高对粉尘的惯性分离效率。采用槽形挡板组成的惯性除尘器可以有效地防止已被捕集的粉尘被气流冲刷而再次飞扬，这种除尘器也称为迷宫式除尘器，含尘气流由两板之间的缝隙以较高的速度喷出，流向下一排槽形板中的凹部。气流沿圆弧状的边沿绕到下一排，而粉尘则碰撞到槽内沿板面落入下部集灰斗。清灰可采用振打或水冲洗的方法。沿气流方向设置的槽形板一般为 3～6 排，有时还可以设更多排。

2. 气流折转式惯性除尘器

这种除尘器主要依靠含尘气流急剧折转，在惯性作用下使粉尘分离。有折转 90°后排出的，有折转 180°后排出的，有时进气管也做成渐扩形式，以降低进气管出口的气流速度，减少由气流冲击而引起的二次扬尘。

3. 百叶式惯性除尘器

百叶式惯性除尘器(见图 6-10)中有很多叶片，含尘气体进入除尘器后，按百叶的方向折转使粉尘分离，然后气流由排气管排出。提高冲向百叶板的速度，可以提高除尘效率，开始时效率提高很快，当气流速度达 10 m/s 后，除尘效率增加较慢。因此，百叶式惯性除尘器中的流速不宜取得过高，通常取 12～15 m/s。百叶式惯性除尘器经常用来作为浓聚器。粉尘由于惯性作用撞击到百叶板的斜面上，然后返回中心气流，这样在剩余的 10%气流中，粉尘得到浓聚。这股气流被引入作为二次除尘的旋风除尘器，在这里除尘后的气流再返回百叶式除尘器的入口再次净化。这种除尘器的总效率为 73%～94%，对水泥尘的总除尘率为 85%左右。它的缺点是阻力较一般惯性除尘器大，达 500～700 Pa。百叶式惯性除尘器不适用于纤维性粉尘，因为这种粉尘易将叶片之间的缝隙堵死，难以清灰。

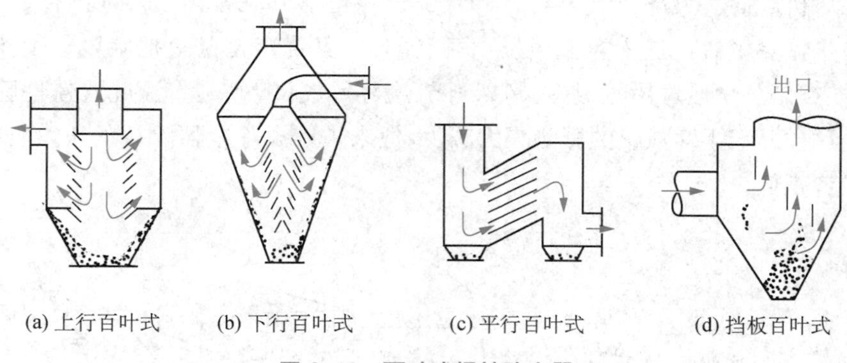

(a) 上行百叶式　(b) 下行百叶式　(c) 平行百叶式　(d) 挡板百叶式

图 6-10　百叶式惯性除尘器

对于惯性除尘器来说，气流速度愈高，气流方向转变角度愈大，转变次数愈多，除尘效率愈高，但压力损失愈大。惯性除尘器宜用于净化密度和粒径较大的金属或矿物性粉尘，而不宜用来净化黏结性粉尘和纤维粉尘。这类除尘器由于净化效率不高，一般常被用来作为多级除尘中的第一级，用以捕集 10～20 μm 以上的粗尘粒，其压力损失因结构形式不同而有很大差异，范围为 100～1 000 Pa。

惯性除尘器定型产品不多，大多数是根据需要专门设计的。到 20 世纪 90 年代，回流式惯性除尘器获得技术突破，由于叶片形式和通道比例的改进，它在应用中取得了良好的效果。影响惯性除尘器性能的因素可根据以下事项进行判定：

① 对于碰撞式惯性除尘器，碰撞前的气流速度越高，而出口的气流速度越低，其除尘效率也就越高；

② 对于转向式惯性除尘器，含尘气流转向的曲率半径越小，就越能捕集微细的尘粒；

③ 含尘气流转向次数越多，除尘效率越高，但其压力损失也就越大；

④ 灰斗的形状应能满足已捕集的粉尘不至于被气流带走，并且有足够的容积。

惯性除尘器实际上可能捕集尘粒的粒径为 20～40 μm，被处理气流速度一般是每秒几米至十几米，压力损失随形式不同而异，最高可达 1 500 Pa。惯性除尘器捕集尘粒较大，并且除尘效率一般，通常作为高性能除尘装置的前置级预除尘器，用来捕集粒径较大的尘粒，或者对燃烧所产生的粉尘进行一次除尘，或者作为能满足一般要求的一级除尘器。

（三）惯性除尘器的应用

惯性除尘器如同重力除尘器一样可以单独使用，也可以作为多级除尘器的预除尘器，还有些大型除尘器在气体入口部分按惯性除尘器原理和形式进行设计。其叶片容易磨损，设计和应用中要采取相应的技术措施加以解决，否则除尘器使用寿命较短。

在惯性除尘器中，回流式除尘器是应用较多的一种。回流式除尘器易与除尘系统配置和连接，除尘效果也较好，一般单独使用，也可以作为预除尘器使用。

百叶式惯性除尘器单独使用时有两种配置方法，如图 6-11 所示。图(a)中的百叶式惯性除尘器装在风机后面。大部分气体经百叶式惯性除尘器外壳排出；小部分含大量灰尘的气体经旋风除尘器除尘后再进入风机，进行密闭循环。其优点是避免把旋风除尘器除净的灰尘排出去，缺点是灰尘通过风机，易把风机叶轮磨坏。图(b)则是将百叶式惯性除尘器装在风机前面。这样。灰尘对风机的影响大大减少，但未被旋风除尘器除掉的灰尘直接排走，除尘效率比前者稍低。

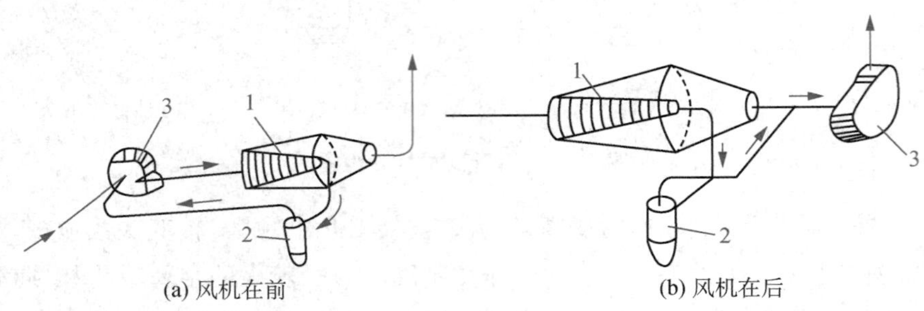

1—百叶式分离器；2—旋风除尘器；3—风机

图 6-11　百叶式惯性除尘器的配置

三、旋风除尘器

旋风除尘器是利用旋转气流产生的离心力使尘粒从气流中分离的，用来分离粒径在 5～10 μm 以上的颗粒物，工业上已有 100 多年的历史。自 1886 年摩尔斯(Morse)的第一台圆锥形旋风除尘器问世以来的百余年里，学者们对其流场特性、结构、型式、尺寸比例的研究一直进行着。范登格南(Vandengnam)于 1929—1939 年对旋风除尘器气流型式的研究发现了旋风除尘器中存在的双涡流。1953 年，特林丹(Trindane)画出了旋风除尘器内的流线。20 世纪 70 年代，西门子公司推出带二次风的旋风除尘器。1983 年，许宏庆在论文中提出旋风除尘器内径向速度分布呈现非轴对称性现象，研究出抑制湍流耗散的降阻技术。2001 年，浙江大学研究发现除尘器方腔内的流场偏离其几何中心，并呈中间为强旋流动和边壁附近为弱旋的准自由涡区的特点。随着数学模型的完善和计算机仿真的引入，旋风除尘器的研究与设计将更为深入。虽然对旋风除尘器的运行机理做了大量的研究工作，但旋风除尘器内部流态复杂，准确地测定有关参数比较困难，因而至今理论上仍不十分完善，捕集小于 5 μm 尘粒的效率不高。旋风除尘器的优点是结构简单，造价便宜，体积小，无运动部件，操作维修方便，压力损失中等，动力消耗不大；缺点是除尘效率不高，对于流量变化大的含尘气体性能较差。旋风除尘器可以单独使用，也可以作为多级除尘系统的预除尘之用。

（一）旋风除尘器的原理

旋风除尘器的结构如图 6-12 所示。当含尘气体由进气管进入旋风除尘器时，气流将由

直线运动转变为圆周运动，旋转气流的绝大部分沿器壁呈螺旋形向下，朝锥体流动，通常称为外旋气流，含尘气体在旋转过程中产生离心力，将重度大于气体的尘粒甩向器壁。尘粒一旦与器壁接触，便失去惯性力而靠入口速度的动量和向下的重力沿壁面下落，进入排灰管。旋转下降的外旋气流在到达锥体时，因锥体形状的收缩而向除尘器中心靠拢。根据"旋转矩"不变原理，其切向速度不断增加。当气流到达锥体下端某一位置时，即以同样的旋转方向从旋风除尘器中部由下反转而上，继续做螺旋运动，形成内旋气流。最后，净化气体经排气管排出旋风除尘器外，一部分未被捕集的尘粒也由此排出。

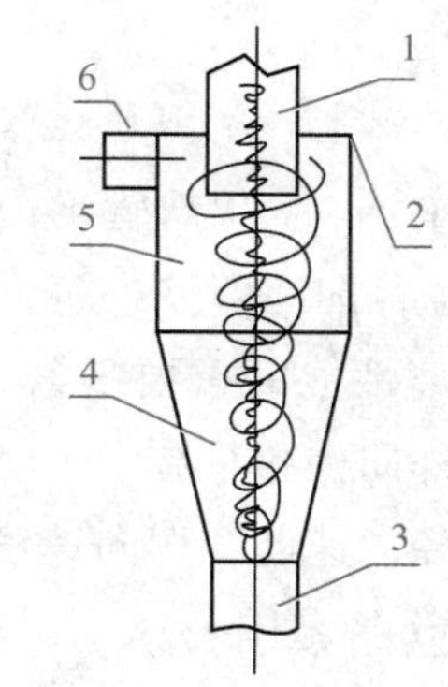

1—排气管；2—顶盖；3—排灰管；4—圆锥体；5—圆筒体；6—进气管

图 6-12 旋风除尘器

1. 旋风除尘器内的流场

旋风除尘器内的流场是一个相当复杂的三维流场。气体在旋风器内做旋转运动时，任一点的速度均可分解为切向速度 v_t、轴向速度 v_z 和径向速度 v_r。

(1) 切向速度 v_t。切向速度对于粉尘颗粒的捕集与分离起着主导作用，含尘气体在切向速度的作用下，由里向外离心沉降。排气管以下任一截面上的切向速度 v_t 沿半径的变化规律如下：在旋风除尘器中心部分的旋转气流，其切向速度 v_t 随着半径的增大而增大，是类似刚体旋转运动的强制涡旋，称为"内涡旋"；除尘器外部的旋转气流，其切向速度 v_t 则随着半径的增加而减少，称为"外涡旋"。在内外涡旋的交界面上，切向速度达到最大值。各种不同结构的旋风除尘器，其切向速度分布规律基本相同。表达通式如下：

$$v_t R^n = \text{常数} \tag{6-16}$$

其中：R 为气流质点的旋转半径；n 为速度分布指数，一般为 0.5～0.9。

若忽略旋风除尘器内气流所存在的内摩擦力，根据能量守恒定律，在理想情况下 $n=1$，此时，$v_t R=$常数，称为自由旋流。因此，n 和 1 的差值就是旋流和自由旋流的差异，该 n 值可由下式计算：

$$n = 1-(1-0.67D_0^{0.14})\left(\frac{T}{283}\right)^{0.3} \tag{6-17}$$

其中：D_0 为旋风除尘器的直径，m；T 为热力学温度，K；n 为速度分布指数。

内涡旋的切向速度正比于旋转半径 R，比例常数等于气流的旋转角速度 ω：

$$v_t/R=\omega \tag{6-18}$$

因此，在内、外涡旋交界圆柱面上，气流的切向速度最大，最大切向速度的位置 r_m 称为强制旋流的半径，实验证明：

$$r_m = \frac{2}{3r_e} \tag{6-19}$$

其中：r_e 为出口管半径。

(2) 径向速度 v_r。径向速度 v_r 是影响旋风除尘器分离性能的重要因素，因为它可以使尘粒沿半径由外向内推向漩涡中心，阻碍尘粒的沉降。但是该径向速度和切向速度之比较小，通常 v_r 在 ±1～5 m/s 范围内。

(3) 轴向速度 v_z。轴向速度 v_z 分布构成了旋风除尘器的外层下行、内层上行的气体双层旋转流动结构。实验表明，有一个零轴向速度面（内、外涡旋交界圆柱）始终和器壁平行，即使在锥体部分，也能保持外层气流厚度不变。

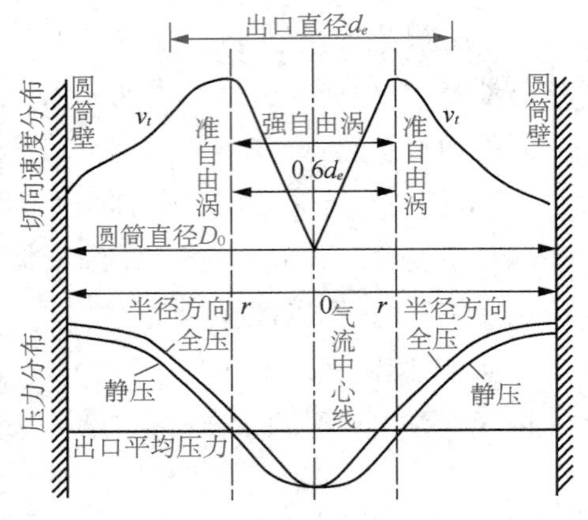

图 6-13　旋风除尘器内的流场分布

除了上述 3 种流速外，还由于轴向流速和径向流速的作用引起涡流（见图 6-13）。它们都将引起除尘效率的降低。

2. 旋风除尘器内的压力损失

在评价旋风分离器设计和性能时的一个主要指标是气流通过旋风器时的压力损失，亦称为压力降。旋风分离器的压力损失与其结构和运行条件等有关。

实验证明，旋风除尘器的压力损失 Δp 一般与气体入口速度的平方成正比：

$$\Delta p = \frac{1}{2}\xi\rho v_1^2 \ (\text{Pa}) \tag{6-20}$$

其中：ρ 为气体的密度，kg/m^3；v_1 为气体入口速度，m/s；ξ 为局部阻力系数。

依据对旋风除尘器的工作原理、结构形式、尺寸以及气体的温度、湿度和压力等的分析和试验测试，其压力损失的主要影响因素可归纳如下。

(1) 结构形式的影响：旋风除尘器的构造形式相同或几何图形状相似，则旋风除尘器的阻力系数 ξ 相同。若进口的流速相同，压力损失基本不变。

(2) 进口风量的影响：压力损失与进口速度的平方成正比，因而进口风量较大时，压力损失随之增大。

(3) 除尘器尺寸的影响：除尘器的尺寸对压力损失影响较大，表现为进口面积增大，排气管直径减小，而压力损失随之增大，随圆筒与锥体部分长度的增加而减小。

(4) 气体密度变化的影响：压力损失随气体密度增大而增大。由于气体密度变化与 T、P 有关，换句话说，压力损失随气体温度或压力的增大而增大。

(5) 含尘气体浓度大小的影响：实验表明，含尘气体浓度增高时，压力损失随之下降，这

是旋转气流与尘粒之间的摩擦作用使旋转速度降低所致。

(6) 除尘器内部障碍物的影响：旋风除尘器内部的叶片、突起和支撑物等障碍物能使气流旋转速度降低。但是，除尘器内部粗糙却使压力损失增大。

旋风除尘器操作运行中可以接受的压力损失一般低于 2 kPa。

(二) 旋风除尘器的类型

旋风除尘器经历了百年的发展历程，由于不断改进和为了适应各种应用场合，出现了很多类型，因而可以根据不同的特点和要求来进行分类。

(1) 按旋风除尘器的构造，可分为普通旋风除尘器、异形旋风除尘器、双旋风除尘器和组合式旋风除尘器。

(2) 按旋风除尘器的效率不同，可分为两类，即通用旋风除尘器(包括普通旋风除尘器和大流量旋风除尘器)和高效旋风除尘器。其效率范围如表 6-2 所示。高效除尘器一般制成小直径筒体，因而消耗钢材较多，造价也高，如内燃机进气用除尘器。大流量旋风除尘器，其筒体较大，单个除尘器所处理的风量较大，因而处理同样风量所消耗的钢材量较少，如木屑用旋风除尘器。

表 6-2　旋风除尘器的分类及其效率范围

粒径/μm	效率范围/%	
	通用旋风除尘器	高效旋风除尘器
＜5	＜5	50～80
5～20	50～80	80～95
15～40	80～95	95～99
＞40	95～99	95～99

(3) 按清灰方式可分为干式和湿式两种。在旋风除尘器中，粉尘被分离到除尘器筒体内壁上后直接依靠重力而落于集灰斗中，称为干式清灰，如果通过喷淋水或喷蒸气的方法使内壁上的粉尘落到集灰斗中，则称为湿式清灰。属于湿式清灰的旋风除尘器有水膜除尘器和中心喷水旋风除尘器等。由于采用湿式清灰，消除了反弹、冲刷等二次扬尘，所以除尘效率可显著提高，但同时也增加了尘泥处理工序。本章把这种湿式清灰的除尘器列为湿式除尘器。

(4) 按进气方式和排灰方式，旋风除尘器可分为以下 4 类(见图 6-14)。

① 切向进气，轴向排灰[见图 6-14(a)]。采用切向进气获得较大的离心力，清除下来的粉尘由下部排出。这种除尘器是应用最多的旋风除尘器。

② 切向进气，周边排灰[见图 6-14(b)]。用切向进气周边排灰，需要抽出少量气体另行

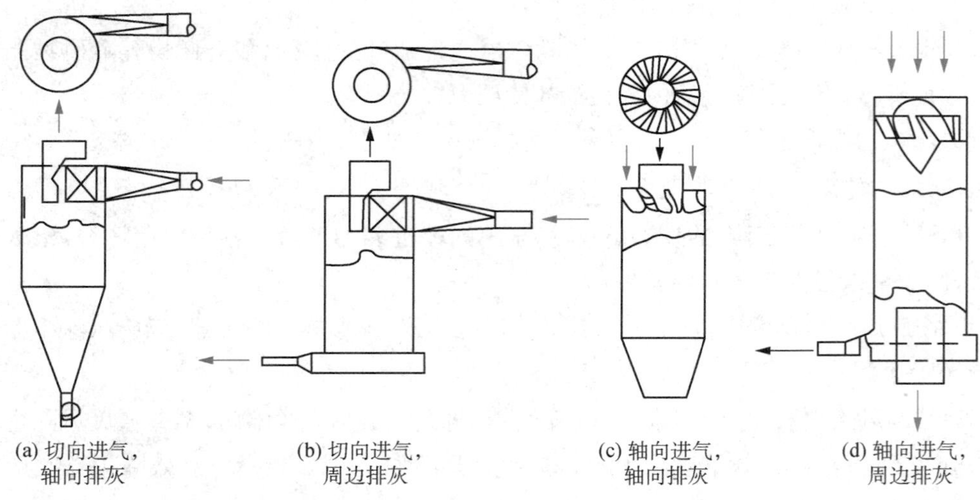

图 6-14　旋风除尘器的分类

净化，但这部分气体通常小于总气流量的 10%。这种旋风除尘器的特点是允许入口含尘浓度高，净化较为容易，总除尘效率高。

③ 轴向进气，轴向排灰[见图 6-14(c)]。这种形式的离心力较切向进气要小，但多个除尘器并联时(多管除尘器)布置很方便，因而多用于处理风量大的场合。

④ 轴向进气，周边排灰[见图 6-14(d)]。这种除尘器具有采用了轴向进气便于除尘器并联，以及周边抽气排灰可提高除尘效率这两方面的优点。常用于卧式多管除尘器中。

国内外常用的旋风除尘器种类很多，新型旋风除尘器还在不断出现。国外的旋风除尘器有的用研究者的姓名命名，也有的用生产厂家的产品型号来命名。国内的旋风除尘器通常根据结构特点用汉语拼音字母来命名。例如，XLP/B-4.2 型除尘器，即 X 代表旋风除尘器，L 代表立式布置，P 代表旁路式，B 代表除尘器系列中的 B 类，4.2 代表除尘器的外筒直径，单位是 dm。根据除尘器在除尘系统安装位置的不同分为：吸入式(除尘器安装在通风机之前)，用汉语拼音字母 X 表示；压入式(除尘器安装在通风机之后)，用字母 Y 表示。为了安装方便，X 型和 Y 型中各设有 S 型和 N 型两种，S 型的进气按顺时针方向旋转，N 型进气按逆时针方向旋转(旋转方向按俯视位置判断)。

例 6-2　**已知 XZT-90 型旋风除尘器选取入口速度 $v_1 = 13$ m/s 时，处理气体量 $q_v = 1.37$ m^3/s。试确定净化工业锅炉烟气(温度为 423 K，烟尘真密度为 2.1 g/m^3)时的分割直径和压力损失。已知该除尘器筒体直径为 0.9 m，排气管直径为 0.45 m，排气管下缘至锥顶的高度为 2.58 m；423 K 时烟气的黏度(近似取空气的值)$\mu = 2.4 \times 10^{-5}$ Pa·s。**

解：假设接近圆筒壁处的气流切向速度近似等于气流的入口速度，即 $v_1=13$ m/s，取内、外涡旋交界圆柱的直径 $d_0=0.7d_e$，根据式(6-17)：

$$n=1-(1-0.67D^{0.14})\left(\frac{T}{283}\right)^{0.3}=1-(1-0.67\times0.9^{0.14})\left(\frac{423}{283}\right)^{0.3}=0.62$$

由式(6-18)得气流在交界面上的切向速度：

$$v_{t_o}=13\times\left(\frac{0.9}{0.7\times0.45}\right)^{0.62}=24.92\ (\text{m/s})$$

v_r 由式 $v_r=\frac{q_v}{2\pi r_0h_0}$ 计算：

$$v_r=\frac{q_v}{2\pi r_0h_0}=\frac{1.37}{2\times3.14\times0.7\times0.225\times2.58}=0.54\ (\text{m/s})$$

根据式 $d_c=\left(\frac{18\mu v_r r_0}{\rho_p v_{t_o}^2}\right)^{1/2}$ 计算：

$$d_c=\left[\frac{18\mu v_r r_0}{\rho_p v_{t_o}^2}\right]^{1/2}=\left[\frac{18\times2.4\times10^{-5}\times0.7\times0.225}{2\ 100\times24.92^2}\right]^{1/2}=5.31\times10^{-6}\ (\text{m})$$

此时旋风除尘器的分割直径为 5.31×10^{-6} m，即 5.31 μm。

根据式(6-16)计算旋风除尘器操作条件下的压力损失，423 K 时烟气密度可近似如下：

$$\rho=1.293\times\frac{273}{423}=0.834\ (\text{kg/m}^3)$$

$$\xi=16A/d_e^2=16\times\frac{1.37}{13\times(0.45)^2}=8.33$$

$$\Delta p=\frac{1}{2}\xi\rho v_1^2=\frac{1}{2}\times8.33\times0.834\times13^2=587\ (\text{Pa})$$

（三）旋风除尘器的性能及其影响因素

1. 旋风除尘器的技术性能

反映旋风分离器的分离性能的主要指标有临界直径和分离效率。

旋风除尘器的除尘效率与颗粒的直径有关，直径愈大，效率愈高。当 d_p 达到某一值时，其除尘效率可达 100%，此时的颗粒直径为全分离直径 d_{c100}（临界直径），同样，η 为 50%时的颗粒直径为半分离直径 d_{c50}（切割直径）。

分离直径越小，除尘器性能越好。

2. 影响旋风除尘器性能的主要因素

(1) 旋风除尘器几何尺寸的影响。在旋风除尘器的几何尺寸中,旋风除尘器的直径、气体进口以及排气管形状与大小为最重要的影响因素。

① 筒体与锥体。一般旋风除尘器的筒体直径越小,粉尘颗粒所受的离心力越大,旋风除尘器的除尘效率也就越高。但过小的筒体直径会造成较大直径颗粒有可能反弹至中心气流而被带走,使除尘效率降低。另外,筒体太小对于黏性物料容易引起堵塞。因此,一般筒体直径不宜小于 50～75 mm;大型化后,已出现筒径大于 2 000 mm 的大型旋风除尘器。

较高除尘效率的旋风除尘器都有合适的长度比例;合适的长度不但使进入筒体的尘粒停留时间增长,有利于分离,而且能使尚未到达排气管的颗粒有更多的机会从旋流核心中分离出来,减少二次夹带,以提高除尘效率。足够长的旋风除尘器还可避免旋转气流对灰尘顶部的磨损,但是过长会占据圈套的空间。因此,旋风除尘器从排气管下端至自然旋转顶端的距离一般用下式确定。

$$L = 2.3D_e\left(\frac{D_0^2}{Bh}\right)^{1/3} \tag{6-21}$$

其中: L 为旋风除尘器特征长度,m; D_0 为旋风除尘器筒体直径,m; B 为除尘器入口宽度,m; h 为除尘器入口高度,m; D_e 为除尘器出口直径,m。一般常取旋风除尘器的圆筒段高度 $H=(1.5\sim2.0)D_0$。旋风除尘器的圆锥体可以在较短的轴向距离内将外旋流转变为内旋流,因而节约了空间和材料。除尘器圆锥体的作用是将已分离出来的粉尘微粒集中于旋风除尘器中心,以便将其排入储灰斗。当锥体高度一定而锥体角度较大时,由于气流旋流半径很快变小,很容易造成核心气流与器壁撞击,使沿锥壁旋转而下的尘粒被内旋流所带走,影响除尘效率。所以,半锥角 α 不宜过大,设计时常取 $\alpha=13°\sim15°$。

② 旋风除尘器的进口。有两种主要的进口型式——轴向进口和切向进口,如图 6-15 所示。切向进口为最普通的一种进口型式,制造简单,用得比较多;这种进口型式的旋风除尘器外形尺寸紧凑。在切向进口中螺旋面进口为气流通过螺旋而进口,这种进口有利于气流向下做倾斜的螺旋运动,同时也可以避免相邻两螺旋圈的气流互相干扰。

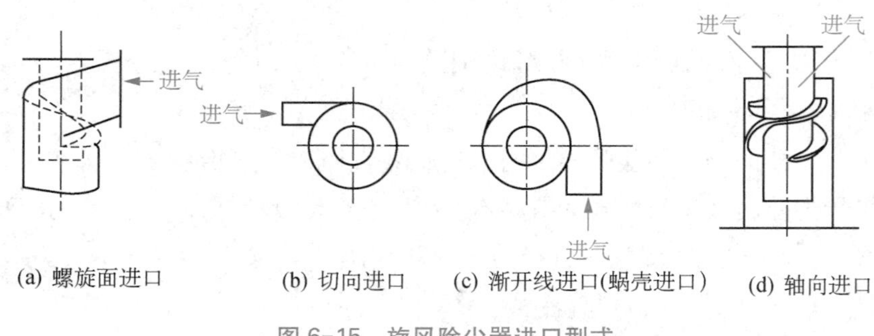

图 6-15　旋风除尘器进口型式

渐开线(蜗壳形)进口进入筒体的气流宽度逐渐变窄，可以减少气流对筒体内气流的撞击和干扰，使颗粒向壁移动的距离减小，而且加大了进口气体和排气管的距离，减少气流的短路机会，从而提高除尘效率。这种进口处理气量大，压力损失少，是比较理想的一种进口型式。

轴向进口是较好的进口型式，它可以最大限度地避免进入气体与旋转气流之间的干扰，以提高效率。气体均匀分布的关键是叶片形状和数量，否则靠近中心处分离效果很差。轴向进口常用于多管式旋风除尘器和平置式旋风除尘器。

进口管可以制成矩形和圆形两种型式。由于圆形进口管与旋风除尘器器壁只有一点相切，而矩形进口管整个高度均与筒壁相切，故一般多采用后者。矩形宽度和高度的比例要适当，因为宽度越小，临界粒径越小，除尘效率越高；但过长而窄的进口也是不利的，一般矩形进口管高与宽之比为 2～4。

③ 旋风除尘器的排气管。常见的排气管有两种型式：一种是下端收缩式；另一种为直筒式。在设计分离较细粉尘的旋风除尘器时，可考虑设计为排气管下端收缩式。排气管直径越小，则旋风除尘器的除尘效率越高，压力损失也越大；反之，除尘器的效率越低，压力损失也越小。排气管直径对除尘效率和阻力系数的影响如图 6-16 所示。

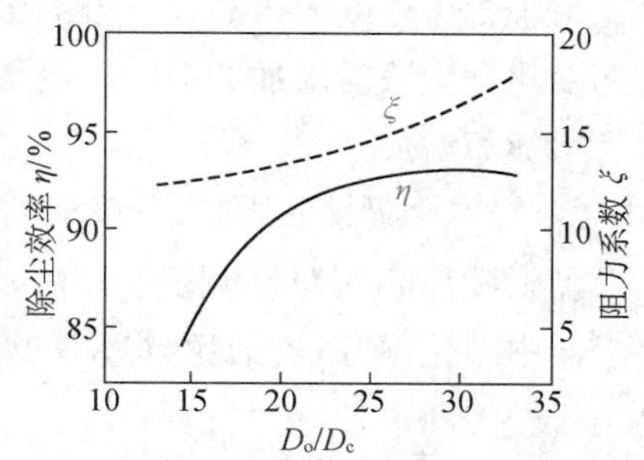

图 6-16　排气管直径对除尘效率与阻力系数的影响

在设计旋风除尘器时，需要把排气管与筒径之比控制在一定的范围内。由于气体在排气管内剧烈地旋转，将排气管末端制成蜗壳形状可以减少能量损耗，这在设计中已被采用。

④ 集灰斗。这是旋风除尘器设计中不容忽视的部分，因为在除尘器的锥度处气流处于湍流状态，而粉尘也由此推出，容易出现二次夹带的机会，如果设计不当，造成集灰斗漏气，就会使粉尘的二次飞扬加剧，影响除尘效率。

常用旋风除尘器各部分间的比例如表 6-3 所示(表中 D_0 为外筒直径)。

表 6-3　常用旋风除尘器各部分间的比例

序号	项目	常用旋风除尘器比例	序号	项目	常用旋风除尘器比例
1	直筒长	$L_1=(1.5\sim 2)D_0$	5	入口宽	$b=(0.2\sim 0.25)D_0$
2	锥体长	$L_2=(2\sim 2.5)D_0$	6	灰尘出口直径	$D_d=(0.1\sim 0.15)D_0$
3	出口直径	$D_e=(0.3\sim 0.5)D_0$	7	内筒长	$L=(0.3\sim 0.75)D_0$
4	入口高	$h=(0.4\sim 0.5)D_0$	8	内筒直径	$D_n=(0.3\sim 0.5)D_0$

(2) 气体参数对除尘性能的影响。气体参数对性能的影响包括以下 4 个方面。

① 气体流量的影响。气体流量或者说除尘器入口气体流速对除尘器的压力损失、除尘效率都有很大影响。从理论上来说，旋风除尘器的压力损失与气体流量的平方成正比，因而也和入口气体流速的平方成正比(与实际有一定偏差)。

入口气体流速增加能增加尘粒在运动中的离心力，尘粒易于分离，除尘效率提高。除尘效率随入口气体流速平方根而变化，但是当入口气体流速超过临界值时，紊流的影响就比分离作用增加得更快，以致除尘效率随入口气体流速增加的指数小于1；若流速进一步增加，除尘效率反而降低。因此，旋风除尘器的入口气体流速宜选取 18～23 m/s。

② 气体含尘浓度的影响。气体的含尘浓度对旋风除尘器的除尘效率和压力损失都有影响。实验结果表明，压力损失随含尘负荷增加而减少，这是因为径向运动的大量尘粒拖曳了大量空气，粉尘从速度较高的气流向外运动到速度较低的气流中时，把能量传递给涡旋气流的外层，减少其需要的压力，从而降低压力损失。

由于含尘浓度的提高，粉尘的凝集与团聚性能提高，因而除尘效率明显提高，但是提高的速度比含尘浓度增加的速度要慢得多，因此，排出气体的含尘浓度总是随着入口处的粉尘浓度增加而增加。

③ 气体含湿量的影响。气体的含湿量对旋风除尘器工况有较大影响。例如，分散度很高而黏附性很小的粉尘(小于 10 μm 的颗粒含量为 30%～40%，含湿量为 1%)气体在旋风除尘器中净化不好；若细颗粒量不变，含湿量增至 5%～10%时，则颗粒在旋风除尘器内互相黏结成较大的颗粒，这些大颗粒被猛烈冲击在器壁上，气体净化将大有改善。

④ 气体的密度、黏度、压力、温度对旋风除尘器性能的影响。气体的密度越大，除尘效率越低，但是气体的密度和固体密度相比几乎可以忽略。所以，其对除尘效率的影响相较于固体密度来说，也可以忽略不计。通常温度越高，旋风除尘器压力损失越小。气体黏度的影响在考虑除尘器压力损失时常忽略不计。但从临界粒径的计算公式中可知，临界粒径与黏度的平方根成正比。所以，除尘效率随着气体黏度的增加而降低。由于温度升高，气体黏度增加，当进口气流速度等条件保持不变时，除尘效率略有降低。

气体流量为常数时，黏度对除尘效率的影响可按下式进行近似计算：

$$\frac{100-\eta_a}{100-\eta_b}=\sqrt{\frac{\mu_a}{\mu_b}} \tag{6-22}$$

其中：η_a、η_b 为 a、b 条件下的总除尘效率，%；μ_a、μ_b 为 a、b 条件下的气体黏度，kg・s/m^3。

(3) 粉尘的物理性质对除尘器的影响。

① 粒径对除尘器性能的影响。较大粒径的颗粒在旋风除尘器中会产生较大的离心力，有利于分离。所以，大颗粒所占的百分数越大，总除尘效率越高。

② 粉尘密度对除尘器性能的影响。粉尘密度对除尘效率有着重要的影响。临界粒径 d_{50} 或 d_{100} 和颗粒密度的平方根成反比，密度越大，d_{50} 或 d_{100} 越小，除尘效率也越高。但粉尘

密度对压力损失影响很小，设计计算中可以忽略不计。

除上述因素外，除尘器内壁粗糙度也会影响旋风除尘器的性能。浓缩在壁面附近的粉尘微粒会因粗糙的表面引起旋流，使一些粉尘微粒被抛入上升的气流，进入排气管，降低除尘效率。所以，在旋风除尘器的设计中应避免没有打光的焊缝、粗糙的法兰连接点等。

旋风除尘器性能与各影响因素的关系如表 6-4 所示。

表 6-4　旋风除尘器性能与各影响因素的关系

变化因素		性能趋势		投资趋向
		流体阻力	除尘效率	
烟尘性质	烟尘密度增大	几乎不变	提高	(磨损)增加
	烟尘粒度增大	几乎不变	提高	(磨损)增加
	烟气含尘浓度增大	几乎不变	略提高	(磨损)增加
	烟气温度增高	减少	提高	增加
结构尺寸	圆筒体直径增大	降低	降低	增加
	圆筒体加长	稍降低	提高	增加
	圆锥体加长	降低	提高	增加
	入口面积增大(流量不变)	降低	降低	
	排气管直径增加	降低	降低	增加
	排气管插入长度增加	增大	提高(降低)	增加
运行状况	入口气流速度增大	增大	提高	
	集灰斗气密性降低	稍增大	大大降低	减少
	内壁粗糙度增加(或有障碍物)	增大	降低	

（四）旋风除尘器的选型与设计计算

1. 旋风除尘器选型

旋风除尘器选型原则包括以下 8 个方面。

(1) 旋风除尘器净化气体量应与实际需要处理的含尘气体量一致。选择除尘器直径时应尽量小些，如果要求通过的风量较大，可采用若干个小直径的旋风除尘器并联为宜；如气量与多管旋风除尘器相符，以选多管除尘器为宜。

(2) 旋风除尘器入口气流速度要保持 18～23 m/s。低于 18 m/s 时，其除尘效率降低；高于 23 m/s 时，除尘效率提高不明显，但压力损失增加，耗电量增高很多。

(3) 选择除尘器时，要根据工况考虑阻力损失及结构形式，尽可能使之动力消耗减少且便于制造维护。

(4) 旋风除尘器能捕集到的最小尘粒应等于或稍小于被处理气体的粉尘密度。

(5) 当含尘气体温度很高时，要注意保温，避免水分在除尘器内凝结。假如粉尘不吸收水分，露点为 30～50 ℃，则除尘器内的温度最少应高出 30 ℃左右；假如粉尘吸水性较强（如水泥、石膏和含碱粉尘等），露点为 20～50 ℃，则除尘器的温度应高出露点温度 40～50 ℃。

(6) 旋风除尘器结构的密闭要好，确保不漏风。尤其是负压操作，更应注意卸料锁风装置的可靠性。

(7) 易燃易爆粉尘（如煤粉）应设有防爆装置。安装防爆装置的通常做法是在入口管道上加一个安全防爆阀门。

(8) 当粉尘浓度减小时，最大允许含尘质量浓度与旋风筒直径有关，即直径越大，其允许含尘质量浓度也越大。具体的关系如表 6-5 所示。

表 6-5 旋风除尘器直径与允许含尘质量浓度关系

旋风除尘器直径/mm	800	600	400	200	100	60	40
允许含尘质量浓度/(g/m^3)	400	300	200	150	60	40	20

旋风除尘器的选型一般选用计算法和经验法。

计算法：①由入口浓度 c_0、出口浓度 c_e（或排放标准）计算除尘效率 η；② 选结构型式；③ 根据选用的除尘器的分级效率 η_d（分级效率曲线）和净化粉尘的粒径频度分布 f_0，计算 η_T，若 $\eta_T > \eta$，即满足要求，否则按要求重新计算；④确定型号规格；⑤计算压力损失。

经验法：①计算所要求的除尘效率 η；② 选定除尘器的结构型式；③ 根据选用的除尘器的 η-v_i 实验曲线，确定入口气流速度 v_i；④ 根据气量 Q、入口气流速度 v_i 计算进口面积 A；⑤ 由旋风器的类型系数 $k=\dfrac{A}{D^2}$ 求除尘器筒体直径 D，然后便可从手册中查到所需的型号规格。

2. 旋风除尘器设计计算

目前，多用经验法来进行除尘器的型号设计计算（见表 6-6）。其基本步骤如下：

(1) 根据含尘浓度、粒度分布、密度等烟气特征，以及除尘要求、允许的压力损失和制造条件等因素全面分析，合理地选择旋风除尘器的类型；

(2) 根据使用时允许的压力损失确定进口气流速度，一般取 12～25 m/s；

(3) 确定旋风除尘器的进口截面 A、入口宽度 B 和高度 h；

(4) 确定各部分几何尺寸，包括进口截面 A、入口宽度 B 和高度 h。

表 6-6 几种常用旋风除尘器的主要尺寸比例

尺寸名称	XLP/A	XLP/B	XLT/A	XLT
入口宽度 B	$\sqrt{\dfrac{A}{3}}$	$\sqrt{\dfrac{A}{2}}$	$\sqrt{\dfrac{A}{2.5}}$	$\sqrt{\dfrac{A}{1.75}}$

（续表）

尺寸名称		XLP/A	XLP/B	XLT/A	XLT
入口高度 h		$\sqrt{3A}$	$\sqrt{2A}$	$\sqrt{2.5A}$	$\sqrt{1.75A}$
筒体直径 D		上 $385b$	$3.33b$ ($b=0.3D$)	$3.85b$	$4.9b$
		下 $0.7D$			
排出管直径		上 $0.6D$	$0.6D$	$0.6D$	$0.58D$
		下 $0.6D$			
筒体长度		上 $1.35D$	$1.7D$	$2.26D$	$1.6D$
		下 $1.0D$			
锥体长度		上 $0.50D$	$2.3D$	$2.0D$	$1.3D$
		下 $1.0D$			
排灰口直径 d_1		$0.029\ 6D$	$0.43D$	$0.3D$	$0.145D$
进口速度为右值时的压力损失	12 m/s	700(600)①	5 000(420)	860(770)	440(490)
	15 m/s	1 100(940)	890(700)②	1 350(1 210)	440(490)
	18 m/s	1 400(1 260)	1 450(1 150)③	1 950(1 740)	990(1 110)

注：① 括号内的数字为出口无蜗壳式的压力损失。
② 进口速度为 16 m/s 时的压力损失。
③ 进口速度为 20 m/s 时的压力损失。

例 6-3 **已知烟气处理量 $q_V=5\ 000\ m^3/h$，烟气密度 $\rho=1.2\ kg/m^3$，允许压力损失为 900 Pa，若选用 XLP/B 型旋风除尘器，试求其主要尺寸。**

解：由式(6-16)得：

$$v_1=\sqrt{\frac{2\Delta p}{\xi p}} \tag{6-23}$$

查表得：$\xi=5.8$

$$v_1=\sqrt{\frac{2\times 900}{5.8\times 1.2}}=16.1\ (\mathrm{m/s})$$

v_1 的计算值与表 6-6 的气流速度与压力损失数据基本一致：

$$A=\frac{q_v}{3\ 600v_1}=\frac{5\ 000}{3\ 600\times 16.1}=0.086\ 3\ (\mathrm{m^2})$$

$$h=\sqrt{2A}=\sqrt{2\times 0.086\ 3}=0.42\ (\mathrm{m})$$

$$b=\sqrt{A/2}=\sqrt{0.086\ 3/2}=0.208\ (\mathrm{m})$$

$$D=3.33b=3.33\times0.208=0.693=693\ (\text{mm})$$

参考 XLP/B 型系列；取 $D=700$mm：

$$d_e=0.6D=0.6\times700=420\ (\text{mm})$$
$$L=1.7D=1.7\times700=1\ 190\ (\text{mm})$$
$$H=2.3D=2.3\times700=1\ 610\ (\text{mm})$$
$$d_1=0.43D=0.43\times700=301\ (\text{mm})$$

当已提供有关除尘器性能时，则可根据处理气体量和允许的压力损失，选择适宜的进口气流速度，即可查得设备型号，从而决定各部分尺寸。查表取型号为 XLP/B-7.0，其中 7.0 表示除尘器筒体直径 D 的大小(dm)。

第二节　电除尘器

电除尘器是火力发电厂较常采用的配套设备，它的功能是将燃煤或燃油锅炉排放烟气中的颗粒烟尘加以清除，从而大幅度降低排入大气层的烟尘量，这是改善环境污染、提高空气质量的重要环保设备。国外多称静电除尘器，而实际上“静电除尘”这个名词并不准确，因为粉尘粒子荷电后和气体离子在电场力作用下会产生微小的电流，并不真正是静电。但是，习惯上将所有高压低电流现象都包括在静电范围之内，所以把这种除尘装置也称为静电除尘器，我国习惯上叫静电除尘器或电除尘器。

一、电除尘器的工作原理

电除尘器的工作原理是烟气在通过高压电场进行电离的过程中，使尘粒荷电，由于带负电荷烟尘与阳极电板的相互吸附作用，烟气中的颗粒烟尘吸附在阳极上，定时打击阳极板，使具有一定厚度的烟尘在自重和振动的双重作用下跌落在电除尘器结构下方的集灰斗中，从而达到清除烟气中的烟尘的目的(见图 6-17)。

用电除尘的方法分离气体中的悬浮尘粒，主要包括以下 4 个复杂而又相互关联的物理过程：①气体的电离；②烟气粉尘的荷电；③荷电尘粒向收尘极运动；④荷电尘粒的捕集。

实现电除尘的基本条件如下：①由电晕极和收尘极组成的电场应是极不均匀的电场，以实现气体的局部电离；②具有在两电极之间施加足够高的电压、能提供足够大电流的直流高压电源，为电晕放电、尘粒荷电和捕集提供充足的动力；③电除尘器应具备密闭的外壳，保证含尘气流从电场内部通过；④气体中应含有电负性气体(如 O_2、SO_2、NH_3、H_2O 等)，以便

在电场中产生足够多的负离子，来满足尘粒荷电的需要；⑤气体流速不能过高或电场长度不能太短，以保证荷电尘粒向收尘极驱进所需的时间；⑥具备保证电极清洁和防止二次扬尘的清灰和卸灰装置。

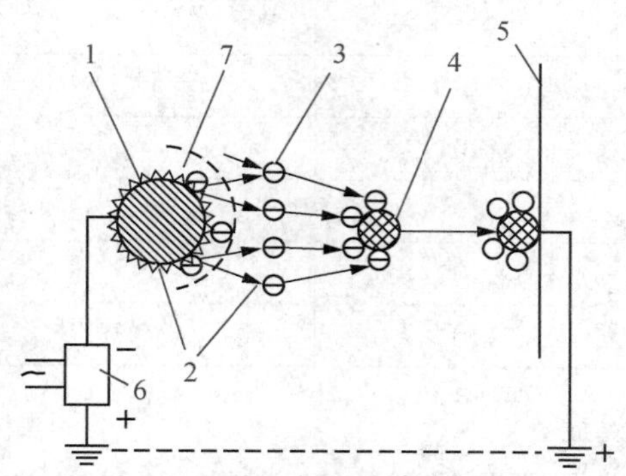

1—放电极；2—电子；3—离子；4—尘粒；5—收尘极；6—供电装置；7—电晕区

图 6-17　电除尘器除尘过程示意图

（一）气体的电离

空气在正常状态下几乎是不能导电的绝缘体，但是当气体分子获得能量时就可能使气体分子中的电子脱离而成为自由电子，这些电子成为输送电流的媒介，气体就具有导电的能力了。使气体具有导电能力的过程就称为气体的电离。如何使气体电离对于理解电除尘的基本理论是很有必要的。

1. 原子结构

任何物质都是由原子构成的，而原子又是由带负电荷的电子、带正电荷的质子以及中性的中子 3 类亚原子粒子组成的。电子的负电荷与质子的电荷量是等量的，一个电子或一个质子的电荷量是电荷的最小单位，这个电荷量用 e 表示。在原子核的外部空间有电子，电子的数目等于原子核中质子的数目。电子围绕原子核沿一定的轨迹运行，不同的原子其形状和层数都是不同的。如果原子没有受到干扰，没有电子从原子核的周围空间移出，则整个原子呈电中性，也就是原子核的正电荷与电子的负电荷相加为零。如果移去一个或多个电子，剩下来带正电荷的结构就称为正离子，获得一个或多个额外电子的原子称为负离子，失去或得到电子的过程称为电离。

2. 负电性气体

负电性气体分子是指电子附着容易的气体，表 6-7 列出了部分气体分子捕获电子的概率，用电子附着成功所需要的碰撞次数(平均值) β 表示。实验表明，卤族元素与分子结构中有氧原子的气体大多数都有良好的电子附着性。负电性气体得到电子后就成为在工业电除尘器中起主要作用的荷电粒子——负离子，工业烟气除尘中像二氧化碳、氧、水蒸气之类负电性气体是大量存在的，在这里，负电性气体是粉尘荷电的中间媒介。

表 6-7　部分气体分子捕获电子所需碰撞次数

气体	β(平均碰撞次数)	气体	β(平均碰撞次数)
惰性气体	∞	N_2O	6.1×10^5
N_2H_2	∞	C_2HCl	3.7×10^5
CO	1.6×10^8	H_2O	4.0×10^4
NH_3	9.9×10^7	O_2	8.7×10^3
C_2H_4	4.7×10^7	Cl_2	2.1×10^3
C_2H_2	7.8×10^6	SO_2	3.5×10^3
C_2H_6	2.5×10^6	空气	4.3×10^4

3. 气体的电离和导电过程

在电场中，由自由电子获得能量而传递的电流是微不足道的，所以它不能使粉尘荷电而沉积在收尘极上。当电压差再继续增大时，气体中通过的电流可以超过饱和值，从而发生辉光放电、电晕放电和火花放电现象，气体导电过程如图 6-18 所示。

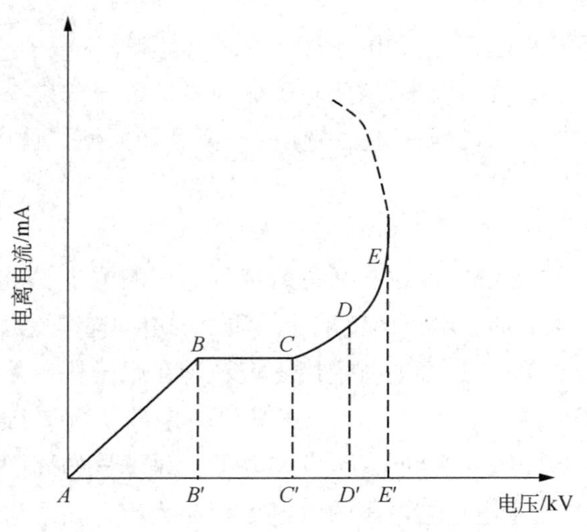

图 6-18　气体导电过程的曲线

在图中 AB 段，气体导电仅借助大气中存在的少量自由电子。在 BC 段，电流已不再增加，而电压自 B' 增加至 C'，使部分电子获得足够的动能，足以使与之碰撞的气体中性分子发生电离，结果在气体中开始产生新的电子和离子，并开始由气体离子传递电流，所以 C' 点电压是气体开始电离的电压，通常称为始发临界电压或临界电离电压。

在 CD 段，电子与气体中性分子碰撞，形成阳离子，被冲击出来的自由电子又与其他中性分子结合形成阴离子。因为阴离子迁移率比阳离子迁移率大，所以在 CD 段使气体发生碰撞电离的离子只是阴离子。因此，将电子与中性分子碰撞而产生新离子的现象，称为二次电离

或碰撞电离。它的放电现象不产生声响，又称无声自发性放电。

在 DE 段，随着电压的升高，不仅迁移率大的阴离子与中性气体碰撞产生电离，迁移率较小的阳离子也因获得能量与中性分子碰撞使之电离，因而电场中连续不断地生成大量的新离子和电子，这就是所谓气体电离中的“电子雪崩”现象。为满足电除尘的需要，电场中 1 cm^3 的空间就要有上亿个离子。此时，在放电极周围可以在黑暗中观察到蓝色的光点，同时还可以听到较大的嗞嗞之声和噼啪的爆裂声。这些蓝色的光点或光环称为电晕，也将这一段的放电称为电晕放电，亦称电晕电离过程。我们将开始发生电晕时的电压（即 D' 点的电压）称为临界电晕电压。

电极间的电压升到 E' 点，由于电晕区扩大，电极间可能产生火花，甚至产生电弧。此时，电极间的气体介质全部产生电击穿现象。E' 点的电压称为火花放电电压。火花放电的特性是使电压急剧下降，同时在极短暂的时间内通过大量的电流。

气体的电离和导电过程具有临界电离、二次电离、电晕电离、火花放电现象，随着电压的变化，其特性也发生变化，电除尘器就是利用两极间的电晕电离而工作的，而火花放电是有限制的。电晕电离主要是电子雪崩的结果。所谓电子雪崩，即当一个电子从放电极（阴极）向收尘极（阳极）运动时，若电场强度足够大，则电子被加速，在运动路径上碰撞气体原子会发生碰撞电离。和气体原子第一次碰撞引起电离后，就多了一个自由电子；这两个自由电子向收尘极运动时，又与气体原子碰撞使之电离，每一原子又多产生一个自由电子，于是第二次碰撞后，就变成 4 个自由电子；这 4 个自由电子又与气体原子碰撞使之电离，产生更多的自由原子。所以，一个电子从放电极到除尘极，由于碰撞电离，电子数像雪崩一样增加，这种现象称为电子雪崩。

（二）烟气粉尘的荷电

尘粒荷电是电除尘过程中最基本的过程。虽然有许多与物理和化学现象有关的荷电方式可以使尘粒荷电，但是，大多数方式产生的电荷量不大，不能满足电除尘净化大量含尘气体的要求。因为在电除尘中使尘粒分离的力主要是库仑力，而库仑力与尘粒所带的电荷量和除尘区电场强度的乘积成比例，所以要尽量使尘粒多荷电，如果荷电量加倍，则库仑力会加倍。若其他因素相同，这意味着电除尘器的尺寸可以缩小一半。理论和实践证明，单极性高压电晕放电使尘粒荷电效果更好，能使尘粒荷电达到很高的程度，所以电除尘都是采用单极性荷电。就本质而言，阳性电荷与阴性电荷并无区别，都能达到同样的荷电程度。实践中对电性的选择是由其他标准所决定的。工业气体净化的电除尘器，选择阴性是由于它具有较高的稳定性，并且能获得较高的操作电压和较大的电流。在电除尘器的电场中，尘粒的荷电量与尘粒的粒径、电场强度和停留时间等因素有关。尘粒的荷电机理基本有两种：一种是电场中离子的依附荷电，这种荷电机理通常称为电场荷电或碰撞荷电；另一种则是由于离子扩散现象产生的荷电过程，通常这种荷电过程为扩散荷电。哪种荷电机理是主要的，取决于尘粒的粒径。对于粒径大于 0.5 μm 的尘粒，电场荷电是主要的；对于粒径小于 0.2 μm 的尘粒，扩散荷电是主要的；对于粒径在 0.2～0.5 μm 的尘粒，二者均起作用。但是，就大多数实际应用的工业电除尘器所捕集的尘粒范围而言，电场荷电更为重要。

1. 电场荷电

将一球形尘粒置于电场中，这一尘粒与其他尘粒的距离比尘粒的半径要大得多，并且尘粒附近各点的离子密度和电场强度均相等。因为尘粒的相对介电常数 ε_r 大于 1，所以尘粒周围的电场线发生变化，与球体表面相交。沿电场线运动的离子与尘粒碰撞将电荷传给尘粒，尘粒荷电后，就会对后来的离子产生斥力。因此，尘粒的荷电率逐渐下降，最终荷电尘粒本身产生的电场与外加电场平衡时，荷电便停止。这时尘粒的荷电达到饱和状态，这种荷电过程就是电场荷电，公式如下：

$$Q=3\pi\left(\frac{\varepsilon_r}{\varepsilon_r+2}\right)\varepsilon_0 d_p^2 E_0 \tag{6-24}$$

其中：ε_r 是尘粒相对介电常数；d_p 是尘粒的直径，m；ε_0 是真空介电常数；E_0 是未变形的电场强度，V/m。

例 6-4　假定将直径为 1 μm 的粒子置于电晕电场，电场强度 $E_0=6\times10^5$ V/m，粒子的相对介电常数为 6，求粒子的荷电量。

解：由式 $Q=3\pi\left(\frac{\varepsilon_r}{\varepsilon_r+2}\right)\varepsilon_0 d_p^2 E_0$，得：

$$Q=3\times3.14\times\left(\frac{6}{8}\right)\left(8.85\times10^{-12}\,\frac{C}{V.m}\right)(10^{-6}m)^2\left(6\times10^5\,\frac{V}{m}\right)$$

$$=3.75\times10^{-17}C\approx234(\text{电子电量})$$

2. 扩散荷电

尘粒的扩散荷电是由离子无规则的热运动造成的。离子的热运动使得离子通过气体而扩散。扩散时与气体中所含的尘粒相碰撞，这样离子一般都能吸附在尘粒上，这是由于离子接近尘粒时，有吸引的电磁力在起作用。粒子的扩散荷电取决于离子的热能、尘粒的大小和尘粒在电场中停留的时间等。在扩散荷电过程中，离子的运动并不是沿着电力线而是任意的。扩散荷电的计算公式如下：

$$Q=\frac{2\pi\varepsilon_0 kTd_p}{e^2}\ln\left(1+\frac{e^2\bar{u}d_pN_0t}{8\varepsilon_0 kT}\right) \tag{6-25}$$

其中：e 为电子电荷，1.6×10^{-19}C；d_p 为尘粒的直径，m；k_0 为玻尔兹曼常数，1.38×10^{-23} J/K；T 为热力学温度，K；N 为单位体积中的离子数（密度），个数/m^3；c 为离子均方根速度，$c=\sqrt{\frac{8k_0T}{\pi m}}$，$m$ 为离子的质量，kg。

烟气中含有大量氧、二氧化碳、水蒸气之类的负电性气体，当电子与负电性气体分子碰撞后，电子被捕获并附着在分子上而形成负离子，因而在电晕区边界到收尘极之间的区域内含有大量负离子和少量的自由电子。烟气中所带的尘粒主要在此区域荷电。

（三）荷电尘粒的运动

粉尘荷电后，在电场的作用下，带有不同极性电荷的尘粒则分别向极性相反的电极运动，并沉积在电极上。工业电除尘多采用负电晕，在电晕区内少量带正电荷的尘粒沉积到电晕极上，而电晕外区的大量尘粒带负电荷，因而向收尘极运动。

驱进速度：荷电悬浮尘粒在电场力作用下向收尘极板表面运动的速度。在电除尘器中作用在悬浮尘粒上的力只剩下电场力、惯性力和介质阻力。在正常情况下，尘粒到达其终速度所需时间与尘粒在收尘器中停留的时间相比是很小的，也就意味着荷电粒子在电场力作用下向收尘极运动时，电场力和介质阻力很快就达到平衡，并向收尘极做匀速运动，相当于忽略惯性力，并且认为荷电区的电场强度 E_0 和收尘区的场强 E_p 相等，都为 E。因此，已荷电的尘粒在电场中主要受两种力作用：电场力 $F_{1(电场力)}$ 及介质阻力 $F_{2(介质阻力)}$。

$$F_{1(电场力)}=qE \tag{6-26}$$

其中：q 为尘粒所带荷电量；E 为尘粒所在处电场强度。

$$F_{2(介质阻力)}=6\pi a\mu\omega$$

通过公式推导（推导略），得：

$$\omega=\frac{2\omega_0 E_0 E_P a}{\mu}\approx\frac{0.05E^2 a}{\mu} \tag{6-27}$$

其中：a 为尘粒半径；μ 为黏滞系数；ω 为驱进速度。

由式(6-27)可知，尘粒驱进速度与收尘区的电场强度和粒径成正比，而与气体的黏滞系数成反比。

（四）荷电尘粉的捕集

在电除尘器中，荷电极性不同的粉尘在电场力的作用下，分别向不同极性的电极运动。电晕区和靠近电晕区很近的一部分荷电尘粒与电晕极的极性相反，于是就沉积在电晕极上。但因为电晕区的范围小，所以数量也小，而晕外区的尘粒绝大部分带有与电晕极极性相同的电荷，所以当这些荷电尘粒接近收尘极表面时，便沉积在极板上而被捕集。尘粒的捕集与许多因素有关，如尘粒的比电阻、介电常数和密度，气体的流速、温度和湿度，电场的伏安特性，以及收尘极的表面状态等。要从理论上将每一个因素的影响皆表达出来是不可能的，因而尘粒在电除尘器的捕集过程中，需要根据实验或实践经验来确定各因素的影响。

尘粒在电场中的运动轨迹主要取决于气流状态和电场的综合影响，气流的状态和性质是确定尘粒被捕集的基础。气流的状态原则上可以是层流或紊流。层流的模式只能在实验室实现。工业上用的电除尘器都是以不同程度的紊流进行的。层流条件下的尘粒运行轨迹可视为气流速度与驱进速度的矢量和,紊流条件下电场中尘粒运动的途径几乎完全受紊流的支配,只有当尘粒偶然进入库仑力能够起作用的层流边界区内,尘粒才有可能被捕集。这时通过电除尘器的尘粒既不可能选择它的运动途径,也不可能选择它进入边界区的地点,很有可能直接通过电除尘器而未进入边界层。在这种情况下,显然尘粒不能被收尘极捕集。因此,尘粒能否被捕集应该说是一个概率问题。

就单个粒子来说,收尘效率要么是零,要么是100%。电除尘器尘粒的捕集概率就是除尘效率。除尘效率为除尘器捕捉下来的飞灰重量与进入除尘器的烟气含有的飞灰重量之比,用η表示。

$$\eta=\frac{C_E-C_0}{C_E}=1-\frac{C_0}{C_E} \tag{6-28}$$

其中:C_E为进口烟气含尘浓度,g/Nm^3;C_0为出口烟气含尘浓度,g/Nm^3。

在计算和选择电除尘器时,我们经常使用多依奇(Deutsch)公式作为估算除尘效率的公式,推导此式做了如下假设:

① 气流的紊流和扩散使粉尘得以完全混合,因而在任何断面上的粉尘浓度都是均匀的;

② 通过除尘器的气流速度除除尘器壁边界层外都是均匀的,同时不影响尘粒的驱进速度;

③ 粉尘一进入除尘器内就认为已经完全荷电;

④ 收尘极表面附近尘粒的驱进速度,对于所有粉尘都为一常数,与气流速度相比是很小的;

⑤ 不考虑冲刷二次扬尘、反电晕和粉尘凝聚等因素的影响。

经推导的除尘效率公式如下:

$$\eta=1-e^{\frac{-A}{Q}\omega}=1-e^{-f\omega} \tag{6-29}$$

其中:A为收尘极板面积,m^2;Q为烟气量,m^3/s;ω为驱进速度,m/s;f为A/Q的比值,称为比集尘面积,即一秒内净化一立方米烟气所需的收尘面,$m^2/(m^3/s)$。

从式(6-29)中可以看出,当除尘效率η一定时,除尘器的大小和尘粒驱进速度ω成反比,和处理烟气量Q成正比。由于多依奇(Deutsch)在推导公式中做了与实际运行条件出入较大的假设,所以式(6-29)不能完全作为实际设计使用的公式,但它是分析、评价和比较电除尘器的理论基础。

（五）振打清灰及灰料输送

荷电粉尘到达电极后,在电场力和介质阻力的作用下附集在电极上形成一定厚度的尘层,在电除尘器中通常设计有振打装置,能给电极一个足够大的加速度,在已捕集的粉尘层中产生惯性力,用来克服粉尘在电极上的附着力,将粉尘打下来。在电极上形成一定厚度的尘层,受到振打后,该尘层脱离电极,一部分会在重力的作用下落入集灰斗,而另一部分会在

下落过程中重新回到气流中去，已被电极捕捉的粉尘重新回到气流中去称为粉尘的二次飞扬。二次飞扬影响除尘效率，在电除尘过程中是不能完全避免的，但又需要努力去控制减少它，除了设计有利于克服二次飞扬的收尘极结构外，选取一个合理的振打制度很重要。理论和实践都证明，粉尘层在电极上形成一定厚度后再振打，让粉尘成块状下落，可以避免引起较大的二次飞扬。积聚在集灰斗中的粉尘采用合适的卸、输灰设备输送到灰库或灰场。

例 6-5 **利用下列数据，确定电场和扩散荷电综合作用下粒子荷电量随时间的变化。已知 $\varepsilon_r=5$，$E_0=3\times10^6$ V/m，$T=300$ K，$N=2\times10^{15}$个/m²，$d_p=0.1$ μm，0.5 μm，1.0 μm。**

解： 由式 $Q=3\pi\left(\dfrac{\varepsilon_r}{\varepsilon_r+2}\right)\varepsilon_0 d_p^2 E_0$，得电场荷电和荷电量：

$$Q=3\pi\times8.85\times10^{-12}\times3\times10^6\times\frac{5}{5+2}d_p^2=1.79\times10^{-4}d_p^2$$

由式(6-25)可以计算扩散荷电过程的荷电量随时间的变化：

$$\begin{aligned}Q_n&=\frac{2\pi\times8.85\times10^{-12}\times300\times1.38\times10^{-23}d_p}{(1.6\times10^{-19})^2}\\&\quad\times\ln\left[1+\frac{(1.6\times10^{-19})^2\times467\times2\times10^{15}d_pt}{8\times8.85\times10^{-12}\times300\times1.38\times10^{-23}}\right]\\&=8.99\times10^6d_p\ln\left[1+8.16\times10^{10}td_p\right]\end{aligned}$$

那么电场荷电和扩散荷电综合作用下粒子的荷电量如下：

$Q_c=Q+Q_n\cdot e=1.79\times10^{-4}d_p^2+1.44\times10^{-12}d_p\ln(1+8.16\times10^{10}\ td_p)$，如图 6-19 所示为各种粒径粒子的荷电量随时间 t 的变化。

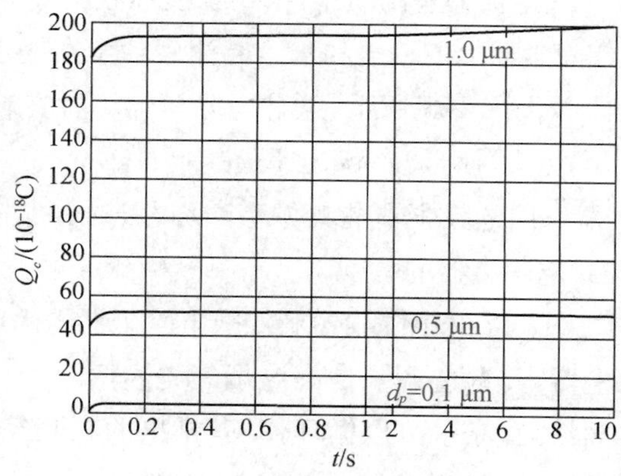

图 6-19 粒子荷电量随时间和粒径的变化

二、电除尘器的分类

电除尘器的类型较多，性能参数和影响除尘效果的因素也较其他除尘器复杂。因此，按照电除尘器不同类型与性能参数，分析和掌握其影响因素，确保电除尘器良好运行特别重要。

1. 按清灰方式不同

可分干式电除尘器、湿式电除尘器、雾状粒子电捕集器和半湿式电除尘器等。

(1) 干式电除尘器(见图 6-20)。在干燥状态下捕集烟气中的粉尘，沉积在收尘极板上的粉尘借助机械振打、电磁振打、声波等清灰的除尘器称为干式电除尘器。这种除尘器，清灰方式有利于回收有价值粉尘，但是容易使粉尘二次飞扬，所以设计干式电除尘器时，应充分考虑粉尘二次飞扬问题。现大多数除尘器都采用干式。

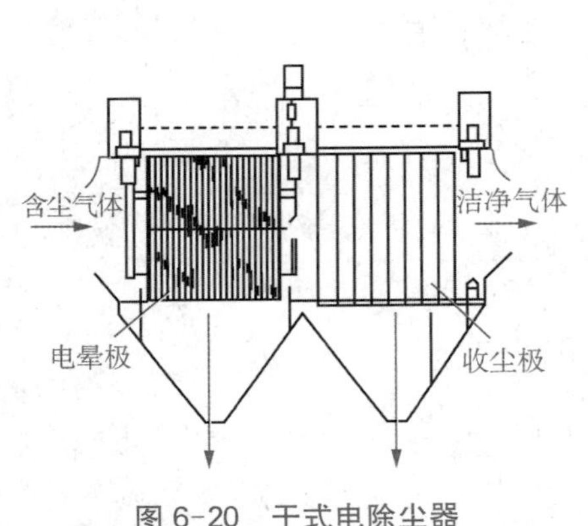

图 6-20　干式电除尘器

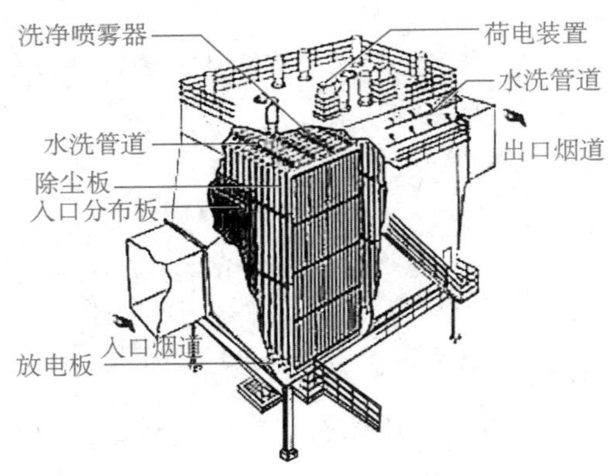

图 6-21　湿式电除尘器

(2) 湿式电除尘器。对收尘极捕集的粉尘，采用水喷淋溢流或用适当的方法在收尘极表面形成一层水膜，使沉积在除尘器上的粉尘和水一起流到除尘器的下部排出，采用这种清灰方法的称为湿式电除尘器。如图 6-21 所示，这种电除尘器不存在粉尘二次飞扬的问题，但是极板清灰排出的水会二次污染，而且容易腐蚀设备。

(3) 雾状粒子电捕集器。用电除尘器捕集像硫酸雾、焦油雾那样的液滴，捕集后呈液态流下并除去。它也属于湿式电除尘器的范围。

(4) 半湿式电除尘器。兼有干式电除尘器和湿式电除尘器的优点，出现了干湿混合式电除尘器，也称半湿式电除尘器，其构造系统是高温烟气先经两个干式除尘室，再经湿式除尘器经烟囱排出。湿式除尘器的洗涤水可以循环使用，排出的泥浆经浓缩池用泥浆泵送入干燥器烘干，烘干后的粉尘进入干式电除尘器的集灰斗排出。

2. 按气体在电除尘器内的运动方向

可分为立式电除尘器和卧式电除尘器。

(1) 立式电除尘器。气体在电除尘器内自下而上做垂直运动的称为立式电除尘器。这种电除尘器适用于气体流量小、除尘效率要求不高、粉尘易于捕集和安装场地较狭窄的情况。一般管式电除尘器都是立式电除尘器。

(2) 卧式电除尘器。气体在电除尘器内沿水平方向运动的称为卧式电除尘器。卧式电除尘器与立式电除尘器相比有以下5个特点:

① 根据气流方向可分为若干个电场,这样根据电除尘器内的工作状态,各个电场可分别施加不同的电压以便充分提高电除尘的效率;

② 根据所要求达到的除尘效率,可任意延长电场长度,而立式电除尘器的电场不宜太高,否则需要建造高的建筑物,而且设备安装也比较困难;

③ 在处理较大的烟气量时,卧式电除尘器比较容易保证气流沿电场断面均匀分布;

④ 各个电场可以分别捕集不同粒度的粉尘,这有利于有价值粉料的捕集回收;

⑤ 占地面积比立式电除尘器大,所以旧厂扩建或除尘系统改造时采用卧式电除尘器往往要受到场地的限制。

3. 按除尘器收尘极的形式

可分为管式电除尘器和板式电除尘器。

(1) 管式电除尘器。在金属圆管中心放置电晕极,而把圆管的内壁作为收尘的表面,管径通常为150~300 mm,管长为2~5 m。单根通过的气体量很小,通常是用多管并列而成,为了充分利用空间可以用六角形(即蜂房形)的管子来代替圆管,也可以采用多个同心圆的形式,在各个同心圆之间布置电晕极。管式电除尘器一般适用于流量较小的情况,如图6-22所示。

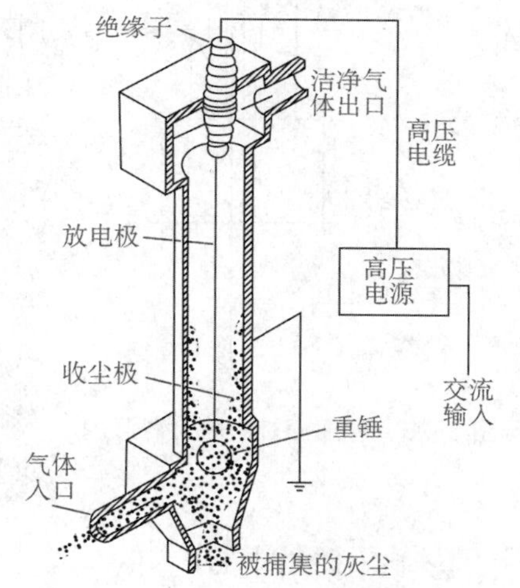

图6-22 管式电除尘器示意图

(2) 板式电除尘器。这种电除尘器的收尘极板由若干块平板组成,为了减少粉尘的二次飞扬和增强极板的刚度,极板一般要轧制成各种不同的断面形状,电晕极安装在每排收尘极板构成的通道中间。

4. 按收尘极和电晕极的不同配置

可分为单区电除尘器和双区电除尘器。

(1) 单区电除尘器。单区电除尘器的收尘极和电晕极都装在同一区域内,含尘粒子荷电和捕集也在同一区域内完成,是应用最为广泛的除尘器。如图6-23所示为板式单区电除尘器的结构示意。

(2) 双区电除尘器。双区电除尘器的收尘极系统和电晕极系统分别装在两个不同区域内:前区安装放电极,称放电区,粉尘粒子在前区荷电;后区安装收尘极,称收尘区,荷电粉尘粒子在收尘区被捕集。如图6-24所示为双区电除尘器的结构示意。双区电除尘器主要用于空调净化方面。

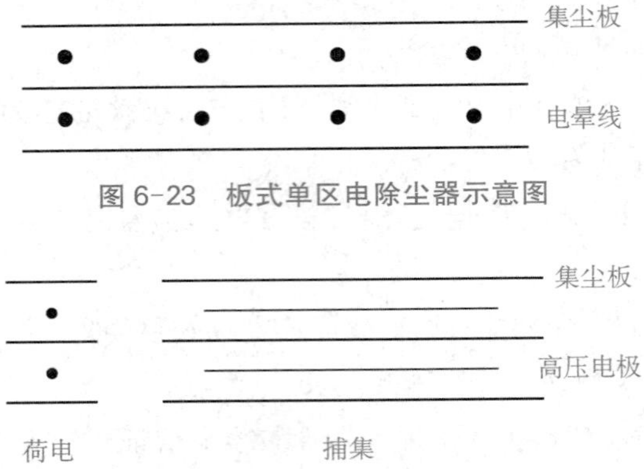

图 6-23　板式单区电除尘器示意图

图 6-24　双区电除尘器示意图

5. 按振打方式

可分为侧部振打电除尘器和顶部振打电除尘器。

(1) 侧部振打电除尘器。这种除尘器的振打装置设置于除尘器的阴极或阳极的侧部，称为侧部振打电除尘器，应用较多的均为侧部挠臂锤振打。为防止粉尘的二次飞扬，在振打轴的 360°方位上均匀布置各锤头周期循回振打，避免因同时振打引起的二次飞扬，其振打力的传递与粉尘下落方向成一定夹角。

(2) 顶部振打电除尘器。振打装置设置在除尘器的阴极或阳极的部位，称为顶部振打电除尘器。应用较多的顶部振打为刚性单元式，除尘器顶部振打的传递效果好，运行安全可靠，检修维护方便。BE 型顶部电磁锤振打电除尘器如图 6-25 所示。

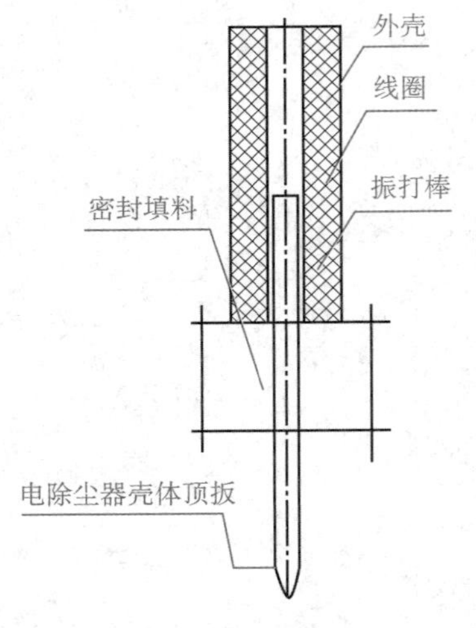

图 6-25　顶部振打电除尘器原理

三、影响电除尘器效率的因素

除尘效率的高低意味着对含尘气体所能达到的净化程度。影响电除尘器除尘效率的因素主要包括含尘气体的流量和流速、含尘浓度、粉尘比电阻、气体温度、湿度以及除尘器本身的结构等。

1. 含尘气体的流量和流速对除尘效率的影响

对于一定型号规格的电除尘器，它的除尘效率是针对处理的气体量在一定范围内而言的。如果气体量超过设计的范围，则除尘效率也就达不到设计的要求。

气体流量大于电除尘器所设计的允许范围时，除尘效率降低，主要原因是气体流速增

大，减少了粉尘与电离的离子结合的机会，加大了粉尘微粒被高速气流带走的数量，同时也增加了已沉聚下来的粉尘再度被高速气流扬起带走的数量，即加大了二次扬尘。

从电除尘器原理来看，气体流速愈低，粉尘微粒荷电的机会愈多，因而除尘效率愈高。一般认为气体流速取 0.6～1.3 m/s 为宜。对于大型除尘器，可以取上限值，因为气体在电除尘器内停留的时间长些；反之，则可取较小的值。

2. 气体的含尘浓度对除尘效率的影响

在电晕极和收尘极所形成的不均匀电场中，气体发生电离。电离产生的正离子向电晕极运动；电离产生的负离子(包括电子)向收尘极运动。正负离子各向相反的方向移动，形成电风。由于晕外区比电晕区大得多，所以负离子在电场中的运动居于主导地位，即由负离子形成的电风是主要的。这种电风的速度可以达到 60～100 cm/s。通过电场的粉尘微粒黏附到负离子后，也成为带负电荷粒子向收尘极运动，这种带电微粒的运动速度很慢，只有每秒几厘米，在电场中形成空间电荷。当气体的含尘浓度不是很大时，带粉尘微粒受到电风的影响而加速向收尘极移动，改善了除尘效率；但当气体含尘量过大时，气体电离而成的离子为粉尘微粒所饱和，高速运动的电风为低速运动的带电微粒所代替，电风停止，高压电流几乎降低到零，电晕受到了抑制，气体的电离受到了影响，除尘效率大大下降，这种现象叫电晕封闭。

为此，必须降低含尘气体的含尘浓度，可以采用二次除尘的办法来解决，即含尘气体在进入电除尘器之前，先经过旋风除尘器或其他除尘设备以降低含尘浓度。此外，芒刺形电晕极也有助于减少电晕封闭现象。目前，对造成电晕封闭的含尘浓度极值尚无实践资料，一般认为气体的含尘浓度在 40～60 g/m^3 以下时不至于造成电晕封闭。

3. 粉尘比电阻对除尘效率的影响

粉尘比电阻与除尘效率及电晕电流的关系：比电阻小于 10^4 Ω·cm 时，比电阻愈小，粉尘的导电性愈好，除尘效率愈低，而电晕电流愈高。这一类属于低阻型粉尘。由于导电性能好，当它在晕外区带上负电荷后，就向收尘极运动，一到达收尘极，粉尘立即放出负电荷而使尘粒本身电性中和；中和后的尘粒，在收尘极处又立即带上收尘极的正电荷，从而被收尘极所排斥，再进入晕外区，与负离子中和；中和后的尘粒又在负离子流中重新带上负电荷，向收尘极运动，重复上述过程。这样，既多消耗了电流，又很难把粉尘捕集下来，使除尘效率大大降低；比电阻在 10^4～2×10^{10} Ω·cm 时，除尘效率较高，电流消耗亦较稳定。这类粉尘属于正常型粉尘，其比电阻高于低阻型，而低于高阻型粉尘。粉尘比电阻大于 2×10^{10} Ω·cm 时，随着比电阻的增大，除尘效率急剧下降，电晕电流开始下降，随后急剧上升。这是由于高阻型粉尘的缘故。当这类粉尘在晕外区带上负离子后，被正电所吸引，但当到达收尘极后，粉尘的负电荷不能很快释放，因而被带正电的收尘极牢牢吸引。当这层粉尘的负电荷中和后，随后而来的粉尘起到绝缘或阻碍负电荷中和的作用。因此，随着粉尘愈积愈多，粉尘层聚积的负电荷也越来越多，于是先后聚积的粉尘层之间出现了电势梯度，并出现微电场，从而减少带负电离子的尘粒向收尘极沉积，并使电晕电流下降。随着尘粒不断地在收尘极上沉积，负电荷不断增加，粉尘层中的气体发生电离。当聚积的电荷达到一定程度后，微电场发生局部击穿，而且在粉尘层最外层到降尘极板之间形成通道并发生火花放电现象，这就是反电晕。局部放电的存在改变了电场线分布，使通道外电场线高度集中，其他地方电场线变稀。反电晕产生的正离子离开收尘极而奔向晕外区空间，与电晕极产生的负离子及带负电粉尘粒子中和，使除尘状况恶化，而电流量急剧上升，除尘效率显著下降。

对于高比电阻粉尘，反电晕致使电除尘器的工作不稳定，效率下降。目前，已经提出了许多解决高比电阻粉尘的捕集措施，主要包括两方面：

(1) 对烟气进行调质处理(喷雾增湿、加入化学添加剂)，降低粉尘比电阻，以适合电除尘器工作；

(2) 改变供电方式，采用新型除尘器，提高除尘效率。

4. 气体的温度对除尘效率的影响

含尘气体的温度高低主要影响粉尘比电阻。在低温时，粉尘表面吸附物和水蒸气或其他化学物质的影响起作用；随着温度的升高，作用减弱，而使比电阻增加。但高温时，尘粒本身的电阻起作用，随着温度的升高，尘粒中质点的能量增加，电阻降低，而使比电阻降低。

另外，气体的黏度和密度都与温度有关。温度升高时，气体质点运动的内摩擦力加大，因此黏度增加。气体黏度增加，使荷电粉尘驱进速度降低，除尘效率随之降低。在一定压力下，气体的密度与温度成反比，而气体的击穿电压和密度成正比。也就是说，温度升高时，气体的密度减小，击穿电压降低，使除尘效率降低；温度降低时，气体密度增大，击穿电压升高，除尘效率提高。

5. 气体的湿度对除尘效率的影响

进入电除尘器的含尘气体很难避免水蒸气的存在。这种水蒸气在电除尘器里，温度如果低于露点，结果如下：一方面，会使捕集到的粉尘黏结在降尘极和电晕极上，难以振落，影响除尘效率；另一方面，由于湿气冷凝成水后，水中溶有酸性物质，从而造成极板和极线的严重腐蚀。但是，水蒸气的温度如果高于露点，则不仅无害反而有益。在极间距相同的条件下，湿度大的气体，其击穿电压也相应增高，因而提高了除尘效率。同时，黏附在粉尘表面的水蒸气分子薄膜又使比电阻较高的尘粒比电阻降低，因而提高了除尘效率。

四、电除尘器的结构

电除尘器的形式多种多样，从其结构看，一般包括电晕电极和收尘极的清灰装置、气流分布装置、壳体、高压瓷瓶的保温箱、输灰装置及供电装置等主要部分(见图 6-26)。

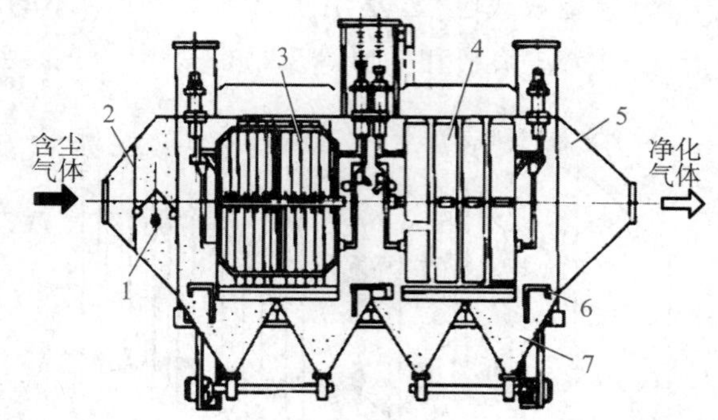

1—振打器；2—气流分布板；3—电晕电极；4—收尘极；5—外壳；6—检修平台；7—集灰斗

图 6-26 卧式电除尘器示意

1. 电晕电极

电晕电极是电除尘器中使气体产生电晕放电的电极，主要包括电晕线、电晕框架、电晕框悬吊架、悬吊管和支撑绝缘套管等。

对电晕线的一般要求如下：起始电晕电压低；放电强度高；机械强度高，耐腐蚀；能维持准确的极距；易清灰。

电晕线形式很多，目前常用的有金属丝、芒刺线、锯齿钱、麻花线、圆形线等，如图 6-27 所示。

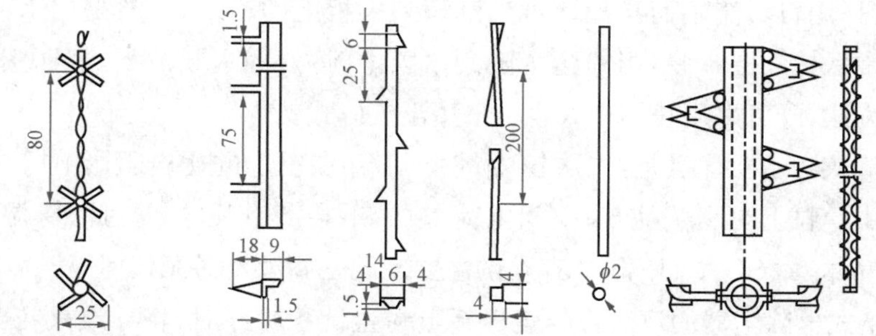

(a) 2根金属丝ϕ2.5蒺藜丝 (b) 芒刺角钢 (c) 锯齿线 (d) 麻花形线 (e) 圆形线 (f) RS型

图 6-27 电晕线的形式(单位：mm)

2. 收尘极

收尘极的结构形式直接影响除尘效率、金属耗量和造价，所以应精心设计。对收尘极的一般要求如下：①极板表面上的电极强度和电流分布均匀，火花电压高；②有利于粉尘在板面上沉积，顺利落入集灰斗，二次扬尘少；③极板的振打性能好，清灰效果好；④形状简单，制作容易；⑤刚度好，在运输、安装、清灰过程中不易变形。

收尘极形式很多，主要有板式、管式两大类，如图 6-28 所示。

板式电极可分为 3 种：①平板形电极，包括网状电极和棒帏形电极等；②箱式电极，包括鱼鳞板式和袋式电极式电极；③型板式电极，是用 1.15～2.5 mm 厚的钢板冷轧加工成一定形状的型板，如 Z 形、C 形、CS 形、波浪形和槽形等。

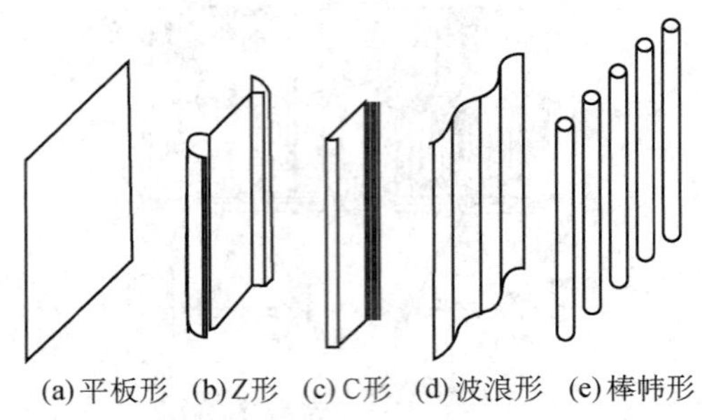

图 6-28　各种收尘极的形式

极板间的间距对电除尘器的电场性能和除尘效率影响很大。间距太小（0.2 m 以下），电压升不高，会影响效率；间距太大，电压升高又受供电设备容许电压限制。因此，在采用 60～72 kV 变压器的情况下，极板间距一般取 0.3～0.4 m。

3. 电极清灰装置

及时清除收尘极和电晕极上的积灰，是保证电除尘器高效运行的重要环节之一。湿式和干式电除尘器的清灰方法不同。

(1) 湿式电除尘器的清灰。在液体气溶胶捕集器中，沉降到极板上的液滴凝聚成大液滴，靠重力作用自行流下而排掉。对于沉积到极板上的粉尘，一般是用水冲洗收尘极，使极板表面经常保持一层水膜，当粉尘沉降到水膜上时，便随水膜流下，从而达到清灰目的。形成水膜的方法，既可采用喷雾方式也可采用溢流方式。

湿式清灰的主要优点是：二次扬尘量小；不存在粉尘的比电阻影响除尘效率的问题；水滴凝聚在小尘粒上更利于捕集；空间电荷增加，不会产生反电晕。此外，湿式电除尘器还可净化有害气体，如 SO_2、HF 等。存在的主要问题是腐蚀及污泥处理等。

(2) 干式电除尘器的清灰。收尘极板上粉尘沉积较厚时，将导致火花电压降低，电晕电流减小，有效驱进速度显著减小，除尘效率大大下降。收尘极板的清灰方式有多种，如刷子清灰、机械振打、压缩空气振打、电磁振打及电容振打等。目前，应用较广的是挠臂锤振打。因此，一般对电晕极上沉积的粉尘采取连续振打清灰方式，使之很快被清除干净。常用的振打方式有提升振打、电磁振打及气动振打等。

4. 气流分布装置

电除尘器中气流分布的均匀性对除尘效率影响很大，当气流分布不均匀时，在流速低处所增加的除尘效率不足以弥补流速高处的效率降低，因而总效率降低。

气流分布的均匀程度一般是通过测定电除尘器入口断面上的气流速度分布来决定的。测定时把入口断面分成若干个等面积小矩形，在每个小矩形中点测定气体流速，为了准确，

有时要分成几百个小矩形。评定气流分布均匀程度的指标有几种，如速度场不均匀系数和均方根差等。

气流分布的均匀程度取决于除尘器断面与其出口管道断面的比例和形状，以及在扩散管内设置气流分布装置情况。在场地面积不受限制时，一般水平布置进气管，并通过一条渐扩管和除尘器相连。同时，在含尘气体进入除尘电场之前，设1～3层气流分布板。气流分布板的均匀程度还取决于渐扩管的扩散角和分布板的结构。

气流分布板的形式多为百叶式、多孔板、分布格子等。气流分布板的开孔率（开孔面积与分布板总面积之比）约为25%～50%。相邻分布板的间距与入口高度之比为0.2～0.5。若占地面积受限，采用直角形入口时，在气流转弯处加导流叶片，同时在进入除尘器之前再加一块多孔分布板。

5. 电除尘器的外壳

电除尘器的外壳必须保持严密，尽量减少漏风。电除尘器风量大，不但使风机负荷加大，也会因电场风速的提高使除尘效率降低。此外，在处理高温烟气时，冷空气的渗入将使局部烟气温度降至露点以下，导致电除尘器构件的积灰和腐蚀。

外壳的材料要根据处理烟气的性质和操作温度来选择。一般为普通钢板，特殊要求除外。

6. 电除尘器的供电装置

电除尘器只有在良好的供电情况下，才能获得高效率。随着供电电压的升高，电晕电流和电晕功率皆急剧增大，有效驱进速度和除尘效率也迅速提高。因此，为了充分发挥电除尘器的作用，供电装置应能提供足够的高压并具有足够的功率。

电除尘器的供电装置主要包括升压变压器、整流器和控制装置，此外，还有输出经过整流的高压直流电的高压电缆，通过高压电缆将直流电输入电除尘器。对供电装置的基本要求是提供粉尘荷电及收尘所需的高电场强度和电晕电流，工作可靠，使用寿命长，检查及维修量少。

五、电除尘器的选择和设计

（一）比集尘表面积的确定

根据运行和设计经验，确定有效驱进速度 ω_e，按多伊奇方程求得比集尘表面积 A/Q：

$$\frac{A}{Q}=\frac{1}{\omega_e}\ln\left(\frac{1}{1-\eta}\right)=\frac{1}{\omega_e}\ln\left(\frac{1}{p}\right) \tag{6-30}$$

（二）长高比的确定

电除尘器长高比定义为集尘板有效长度与高度之比。它直接影响振打清灰时二次扬尘的多少。与集尘板高度相比，假如集尘板不够长，部分下落粉尘在到达集灰斗之前可能被烟气带出电除尘器，从而降低除尘效率。要求除尘效率大于99%时，电除尘器的长高比至少要为1.0～1.5。

（三）气流速度的确定

虽然在集尘区气流速度变化较大，但电除尘器内平均流速却是设计和运行中的重要参数。通常由处理烟气量和电除尘器过烟气断面积，计算烟气的平均流速。烟气平均流速对振打方式和粉尘的重新进入量有重要影响。当平均流速高于某一临界速度时，作用在粒子上的空气动力学阻力会迅速增加，进而使粉尘的重新进入量亦迅速增加。对于给定的集尘板类型，这个临界速度的大小取决于烟气流动特征、板的形状、供电方式、除尘器的大小和其他因素。

（四）气体的含尘浓度

电除尘器内同时存在着两种空间电荷。一种是气体离子的电荷，一种是带电尘粒的电荷。由于气体离子运动速度大大高于带电尘粒的运动速度，所以含尘气流通过电除尘器时的电晕电流要比通过清洁气流时小。如果气体含尘浓度很高，电场内尘粒的空间电荷很高，会使电除尘器的电晕电流急剧下降，严重时可能会趋于零，这种情况称为电晕闭塞。为了防止电晕闭塞的发生，处理含尘浓度较高的气体时，必须采取一定的措施，如提高工作电压、采用放电强烈的芒刺型电晕极、电除尘器前增设预净化设备等。

第三节　袋式除尘器

过滤式除尘器又称空气过滤器，是使含尘气流通过过滤材料将粉尘分离捕集的装置。采用滤纸或玻璃纤维等填充层做滤料的空气过滤器，主要可用于通风及空气调节方面的气体净化。采用廉价的砂、砾、焦炭等颗粒物作为滤料的颗粒层除尘器，是20世纪70年代出现的一种除尘装置，在高温烟气除尘方面引人注目。采用纤维织物作为滤料的袋式除尘器，主要在工业尾气的除尘方面应用较广。本节主要讨论这类除尘器。

袋式除尘器的除尘效率一般可达99%以上。虽然它是最古老的除尘方法之一，但它效率高，性能稳定可靠，操作简单，因而获得越来越广泛的应用。同时，在结构型式、滤料、清灰方式和运行方式等方面也都得到不断的发展。滤袋形状传统上为圆形，1980年以来又出现了扁袋，在相同过滤面积下体积小而显示出较大的生命力。

一、袋式除尘器的工作原理

简单的袋式除尘器如图6-29所示。含尘气流从下部进入圆筒形滤袋，在通过滤料的孔

隙时，粉尘被捕集到滤料上，透过滤料的清洁气体由排出口排出。沉积在滤料上的粉尘可在机械振动的作用下从滤料表面脱落，落入集灰斗中。常用滤料由棉、毛、人造纤维等加工而成，滤料本身网孔较大，一般为 20～50 μm，表面起绒的滤料为 5～10 μm，因而新鲜滤料的除尘效率较低。粉尘因截留、惯性碰撞、静电和扩散等作用，逐渐在滤袋表面形成粉尘层，常称为粉层初层。初层形成后，成为袋式除尘器的主要过滤层，提高了除尘效率。滤布只不过起着形成粉尘初层和支撑它骨架的作用，但随着粉尘在滤袋上积聚，滤袋两侧的压力差增大，会把有些已附在滤料上的细小粉尘挤压过去，使除尘效率下降。另外，若除尘器阻力过高，还会使除尘系统的处理气体量显著下降，影响生产系统的排风效果。因此，除尘器阻力达到一定数值后，要及时清灰。

另一个影响袋式除尘器效率的因素是过滤速度，它的定义为烟气实际体积流量与滤布面积之比，所以也称气布比。过滤速度是一个重要的技术经济指标。

从经济上考虑，选用高的过滤速度，处理相应体积烟气所需要的滤布面积小，则除尘器体积、占地面积和一次投资等都会减小，但除尘器的压力损失却会加大。

从除尘机理看，过滤速度主要影响惯性碰撞和扩散作用。选取过滤速度时还应当考虑欲捕集粉尘的粒径及其分布。一般来讲，除尘效率随过滤速度增加而下降。另外，过滤速度的选取还与滤料种类和清灰方式有关。

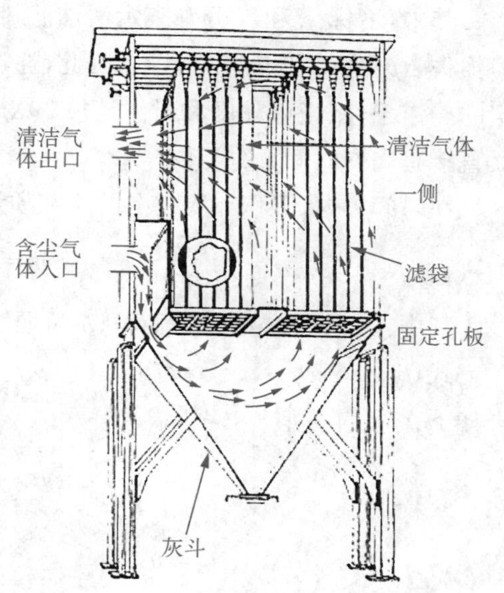

图 6-29　袋式除尘器

二、袋式除尘器的压力损失

迫使气流通过滤袋是需要能量的，这种能量通常用气流通过滤袋的压力损失表示，它是一个重要的技术经济指标，不仅决定着能量消耗，而且决定着除尘效率和清灰间隔时间等。

袋式除尘器的压力损失 Δp 由通过清洁滤料的压力损失 Δp_f 和通过灰层的压力损失 Δp_p 组成。对于相对清洁的滤袋，Δp_f 大约为 100～130 Pa。当灰层形成后，压力损失为 500～750 Pa 时，除尘效率达 99%；当压力损失接近 1 000 Pa，一般需要对滤袋清灰，假设通过滤袋和颗粒层的气流为黏滞流，Δp_f 和 Δp_p 均可以用达西(Darcy)方程表示。达西方程的一般形式如下：

$$\frac{\Delta p}{x}=\frac{v\mu_g}{K} \tag{6-31}$$

其中：K 为颗粒层或滤料的渗透率；x 为颗粒层或滤料厚度；v 和 μ_g 分别为气流速度和气体黏度。

式(6-31)实际上是渗透率 K 的定义式。未经实验测定，K 是很难预测的参数，它是沉积灰层性质（如孔隙率、比表面积、孔隙大小分布和颗粒粒径分布等）的函数。渗透率的量纲为长度的平方。

根据达西方程，则：

$$\Delta p = \Delta p_f + \Delta p_p = \frac{x_f \mu_g v}{K_f} + \frac{x_p \mu_g v}{K_p} \tag{6-32}$$

其中：下标 f 和 p 分别表示清洁滤料和颗粒层。对于给定的滤料和操作条件，滤料的压力损失 Δp_f 基本上是一个常数，因此，通过袋式除尘器的压力损失主要由 Δp_p 决定。对于给定的操作条件（气体黏度和过滤速度），Δp_p 主要由灰层渗透率 K 和厚度 x_p 决定。进而，x_p 又直接是操作时间 t 的函数。

在时间 t 内，沉积在滤袋上的飞灰质量 m 可以表示如下：

$$m = v \cdot A \cdot t \cdot \rho \tag{6-33}$$

其中：A 为滤袋的过滤面积；ρ 为烟气中的粉尘浓度。

式(6-33)表明，$x = v\rho t / \rho_c$，其中 ρ_c 是灰层的密度。因此，气流通过新沉积灰层的压力损失如下：

$$\Delta p = \frac{x_p \mu_g v}{K_p} = \frac{v \rho t}{\rho_c}\left(\frac{\mu_g v}{K_p}\right) = \frac{v^2 \rho t \mu_g}{K_p \rho_c} \tag{6-34}$$

对于给定的含尘气体，μ_g、ρ_c 和 K_p 的值是定值，令飞灰的比阻力系数 $R_p = \dfrac{\mu_g}{K_p \rho_c}$，则式(6-34)变化如下：

$$\Delta p_p = R_p v^2 \rho t \tag{6-35}$$

对于给定的烟气特征和颗粒层渗透率，显然 Δp_p 与ρ 和过滤时间t 呈线性关系，而与过滤速度的平方成正比。比阻力系数 R_p 主要由颗粒物特征决定，假如已知颗粒的粒径分布、堆积密度和真密度，可以利用丹尼斯(Dennis)和克莱姆(Klemm)提出的下述方程式估算：

$$R_p = \frac{\mu_g S_0^2}{6 \rho_p C} = \frac{3 + 2\beta^{\frac{5}{3}}}{3 - 4.5\beta^{\frac{1}{3}} + 4.5\beta^{\frac{5}{3}} - 3\beta^2} \tag{6-36}$$

其中：μ_g 为气体黏度，10^{-1} Pa·s；S_0 为比表面参数，$S_0 = 6\left(\dfrac{10^{1.151 \lg^2 \sigma_g}}{MMD}\right)$，$cm^{-1}$；$\sigma_p$ 为颗粒直径的几何标准偏差；ρ_p 为粒子的真密度，g/cm^3；C 为坎宁汉修正系数；$\beta = \rho_c / \rho_p$。

三、袋式除尘器的滤料

1. 对滤料的要求

滤料是组成袋式除尘器的核心部分，其性能对袋式除尘器操作有很大影响。选择滤料时必须考虑含尘气体的特征，如粉尘和气体性质(温度、湿度、粒径和含尘浓度等)。性能良好的滤料应容尘量大、吸湿性小、效率高、阻力低，使用寿命长，同时具备耐温、耐磨、耐腐蚀、机械强度高等优点。滤料特性除与纤维本身的性质有关外，还与滤料表面结构有很大关系。表面光滑的滤料容尘量小，清灰方便，适用于含尘浓度低、黏性大的粉尘，采用的过滤速度不宜过高。表面起毛(绒)的滤料(如羊毛毡)容尘量大，粉尘能深入滤料内部，可以采用较高的过滤速度，但必须及时清灰。

2. 滤料种类

袋式除尘器的滤料种类很多。按滤料材质分，有天然纤维、无机纤维和合成纤维等；按滤料结构分，有滤布和毛毡两类。

无机纤维滤料主要指玻璃纤维滤料，具有过滤性能好、阻力低、化学稳定性好、价格便宜等优点。用硅酮树脂处理玻璃纤维滤料能提高其耐磨性、疏水性和柔软性，还可使其表面光滑易于清灰，可在 523 K 下长期使用。

随着化学工业的发展，出现了许多新型滤料。尼龙织布的最高使用温度可达 368 K，耐酸性不如毛织物，但耐磨性很好，适合过滤磨损性很强的粉尘，如黏土、水泥熟料、石灰石等。奥伦的耐酸性好，耐磨性差，最高使用温度达 423 K。涤纶的耐热、耐酸性能较好，耐磨性能仅次于尼龙，可长期在 413 K 下使用，涤纶绒布在我国是性能较好的一种滤料。针刺呢是我国研制的一种新型滤料，以涤纶、锦纶为原料织成底布，然后再在底布上针刺短纤维，使表面起绒。这种滤料具有容尘量大、除尘效率高、阻力小、清灰效果好等优点。芳香族聚酰胺、聚四氟乙烯等耐高温滤料的出现，扩大了袋式除尘器的应用领域。

此外，国外还出现了耐 720 K 以上高温的金属纤维毡，但价格昂贵，不便大量采用。

20 世纪 60 年代以来，国外广泛采用毛毡滤料，特别是针刺毛毡，其纤维主要是聚酯或诺梅克斯，毛毡滤料制造工艺简单，造价低，同时除尘效率也有明显的提高。

四、袋式除尘器的清灰

清灰是袋式除尘器运行中十分重要的一环，实际上多数袋式除尘器是按清灰方式命名和分类的。常用的清灰方式有 3 种：最早的方法是振动滤料以使沉积的粉尘脱落，称为机械振动清灰；另外两种是利用气流把沉积粉尘吹走，即用低压气流反吹或用压缩空气喷吹，分别称为逆气流清灰和脉冲喷吹清灰。此外，还有一些其他清灰方式，但出于经济和技术的原因，现在并不常用。对于难以清除的粉尘，也有同时并用两种清灰方法的。

1. 机械振动清灰

如图 6-30 所示为机械振动袋式除尘器的工作过程。含尘气体通过除尘器底部的滑板进入滤袋内部，当气体通过滤料时，粉尘沉积在滤袋内部，净化后的气体经风机由烟囱排出。振动方式大致有 3 种，即滤袋沿水平方向摆动，或沿垂直方向振动，或靠机械转动定期将滤袋扭转一定的角度，使沉积于滤袋的粉尘层破碎而落入集灰斗。

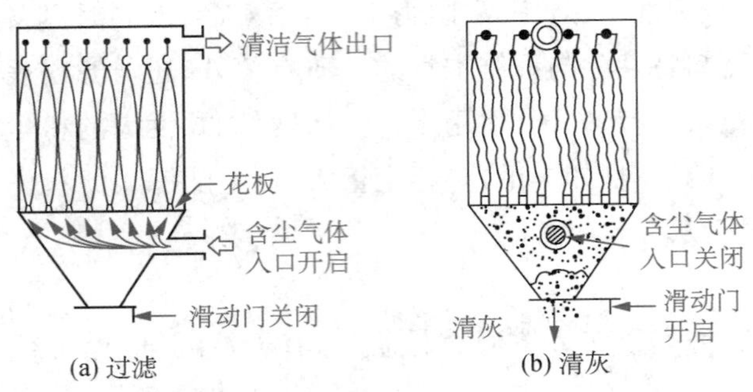

图 6-30 机械振动袋式除尘器工作过程

2. 逆气流清灰

逆气流清灰是指清灰时气流方向与正常过滤时相反，其形式有反吹风和反吸风两种。过滤操作过程与机械振动清灰相像，但在清灰时，要关闭含尘气流、开启逆气流进行反吹风。此时滤袋变形，沉积使滤袋内表面的粉尘层破坏、脱落，通过花板落入集灰斗。

逆气流清灰袋式除尘器系统常采用标准化设计，许多滤袋组合起来，用于连续工艺过程。虽然可以利用除尘器本身的负压从外部吸入气流，但多数情况下专门安装提供逆气流的风机，逆气压通常为几百帕斯卡。这种清灰方式的除尘器结构简单，清灰效果好，滤袋磨损少，特别适用于粉尘黏性小、采用玻璃纤维滤袋的情况。

3. 脉冲喷吹清灰

脉冲喷吹清灰也包括逆流反吹过程。这种清灰方法是利用 4～7 标准大气压的压缩空气反吹，产生强度较大的清灰效果。压缩空气的脉冲产生冲击波，使滤袋振动，导致积附在滤袋上的粉尘层脱落。这种清灰方式有可能使滤袋清灰过度，继而使粉尘通过率上升。因此，必须选取适当压力的压缩空气和适当的脉冲持续时间。每清灰一次，叫作一个脉冲。全部滤袋完成一个清灰循环的时间称为脉冲周期，通常为 60 s。脉冲清灰的控制参数为脉冲压力、频率、脉冲持续时间和清灰次序。

五、袋式除尘器的选择、设计和应用

1. 选择与设计

(1) 选定除尘器型式、滤料及清灰方式。先决定采用的除尘器型式，如在除尘效率要求高、厂房面积受限制、投资和设备定货皆有条件的情况下，可以采用脉冲喷清灰吹袋式除尘

器，否则采用机械振动清灰或逆气流清灰。然后根据含尘气体特性选择合适的滤料：气体温度超过 410 K，但低于 530 K 时，可选用玻璃纤维滤袋；对纤维状粉尘则应选用表面光滑的滤料，如平绸、尼龙等；对一般工业性粉尘，可采用涤纶布、棉绒布等。

(2) 计算过滤面积。根据含尘浓度、滤料种类及清灰方式等，即可确定过滤气流速度，并算出过滤总面积。

(3) 除尘器设计。如果选择定型产品，则根据处理烟气量和总过滤面积，即可选定除尘器型号规格。

2. 应用

袋式除尘器作为一种高效除尘器，已被广泛应用于各种工业部门的尾气除尘。它比电除尘器结构简单，投资省，运行稳定，可以回收高比电阻粉尘；与文丘里洗涤除尘器相比，其动力消耗小，回收的干颗粒物便于综合利用。因此对于微细的干燥颗粒物，采用袋式除尘器捕集是适宜的。

第四节 湿式除尘器

湿式除尘器是用洗涤水或其他液体与含尘气体相互接触实现分离捕集粉尘粒子的装置。它基于含尘气体与液体的接触，借助惯性碰撞、扩散等机理，将粉尘予以捕集。这种方法简单、有效，因而在实际中得到相当广泛的应用。

湿式除尘器与其他除尘器相比具有以下 5 个优点。

(1) 在消耗同等能量的情况下，湿式除尘器的除尘效率要比干式的高，高能湿式洗涤器(文丘里洗涤除尘器)对于小至 0.1 μm 的粉尘仍有很高的除尘效率。

(2) 湿式除尘器适用于处理高温、高湿烟气以及黏性大的粉尘。在这些情况下，采用干式除尘器往往要受到各种条件的限制。

(3) 很多有害气体可以采用湿法净化，因此，在这些情况下湿式除尘器可以同时除尘和净化有害气体。为了更有效地净化有害气体，可以根据有害气体的性质选用其他液体(如化学溶剂)代替水。

(4) 湿式除尘器结构简单，一次性投资低，占地面积小。

(5) 安全性好。可有效防止设备内可燃性粉尘的燃烧、爆炸，但对特殊粉尘要注意工作液体的成分，如氧化镁粉尘不能与酸性溶液接触，以免产生氢气。

湿式除尘器有以下 5 个缺点。

(1) 从湿式除尘器中排出的泥浆要进行处理，否则会造成二次污染。

(2) 当净化有腐蚀性的气体时，化学腐蚀性转移到水中，因而污水系统需要使用防腐材料加以保护。

(3) 不适用于憎水性和水硬性粉尘。

(4) 排气温度低，不利于排气的抬升、扩散，还可能出现白烟。如进行尾气再热，则需要消耗能量。

(5) 在寒冷地区要防止冬季结冰。

一、湿式除尘器的除尘原理

在湿式除尘器中，水与含尘气体的接触大致有 3 种形式。

1. 水滴

机械喷雾或其他方法使水形成大小不同的水滴，分散于气体中成为捕尘体，如喷淋塔、文氏管除尘器等。从原理上讲，捕尘的机理符合在过滤理论中所介绍的各种机理，只是以水滴作为捕尘体。

2. 水膜

这是指在除尘器内表面形成水膜，气体中的粉尘由于惯性、离心力等作用而撞击到水膜中，如旋风水膜除尘器、填充式洗涤器等。其分离原理与干式旋风除尘器或颗粒层除尘器相同。然而由于水膜的存在，增加了捕尘的概率，有效地防止了二次扬尘，因而可以大大提高除尘效率。

3. 气泡

由于气体穿过水层，根据气流速度、水的表面张力等因素，产生不同大小的气泡。粉尘在气泡中沉降，主要是由于惯性、重力和扩散等机理作用。在实际的湿式除尘器中，可以兼有以上 2 种甚至 3 种接触形式。

二、湿式除尘器的分类

湿式除尘器的分类方法有以下 4 种。

1. 按不同的能耗分类

按不同的能耗分为低能耗、中能耗和高能耗 3 类。

压力损失不超过 1 kPa 的除尘器属于低能耗湿式除尘器，这类除尘器有重力喷雾除尘器、湿式离心(旋风)除尘器；压力损失为 1～4 kPa 的除尘器属于中能耗湿式除尘器，这类除尘器有冲激除尘器和冲击水浴除尘器；压力损失大于 4 kPa 的除尘器属于高能耗湿式除尘器，这类除尘器主要有文丘里洗涤除尘器和喷射洗涤除尘器。

2. 按不同除尘机制分类

根据湿式除尘器中除尘机制的不同，可分为 7 种类型：①重力喷雾洗涤器；②离心洗涤除尘器；③贮水式冲击水浴除尘器；④板式塔洗涤除尘器；⑤填料塔洗涤除尘器；⑥文丘里洗涤

除尘器；⑦机械动力洗涤除尘器。

3. 按气液分散情况分类

根据气液分散情况的不同，湿式除尘器可分为液滴洗涤类、液膜洗涤类和液层洗涤类3种。

液滴洗涤类除尘器主要以液滴为捕集体，包括重力喷雾塔、离心喷洒洗涤塔、自激喷雾洗涤器、文丘里洗涤器和机械诱导喷雾洗涤器等。液膜洗涤类主要靠惯性力、离心力等作用使粉尘撞击到水膜上而被捕集，包括旋风水膜除尘器、填料塔洗涤器等。液层洗涤器（如泡沫除尘器）中含尘气体分散成气泡与水接触，主要作用因素有惯性、重力和扩散等。

4. 按不同结构形式分类

根据湿式除尘器的结构形式不同，分为压力式除尘器、填料塔洗涤除尘器、贮水式冲击水浴除尘器和机械回转式洗涤器。

主要湿式除尘装置的性能和操作范围摘要如表6-8所示。为简化讨论，本书主要讨论应用广泛的4类湿式除尘器，即重力喷雾洗涤器、旋风水膜除尘器、自激喷雾洗涤器和文丘里洗涤除尘器。

表6-8　主要湿式除尘装置的性能和操作范围摘要

装置名称	气流速度	液气比/(L/m^3)	压力损失/Pa	分割直径/μm
喷雾塔洗涤器	0.1～2 m/s	2～3	100～500	3.0
填料洗涤器	0.5～1 m/s	2～3	1 000～2 500	1.0
旋风洗涤器	15～45 m/s	0.5～1.5	1 200～1 500	1.0
转筒洗涤器	300～750 r/min	0.7～2	500～1 500	0.2
冲击式洗涤器	10～20 m/s	10～50	0～150	0.2
文丘里洗涤器	60～90 m/s	0.3～1.5	3 000～8 000	0.1

三、常见湿式除尘器的构造特点

1. 重力喷雾洗涤器

重力喷雾洗涤器是湿式除尘器中最简单的一种，也称喷雾塔或洗涤塔。它是一种空塔，当含尘气体通过喷淋液体所形成的液滴空间时，因尘粒和液滴之间发生碰撞、拦截和凝聚等作用，较大较重的尘粒靠重力作用沉降下来，与洗涤液一起从塔底部排走。为保证塔内气流分布均匀，常用孔板型分布板或填料床。若断面气流速度较高，则需要在塔顶部设除雾器。

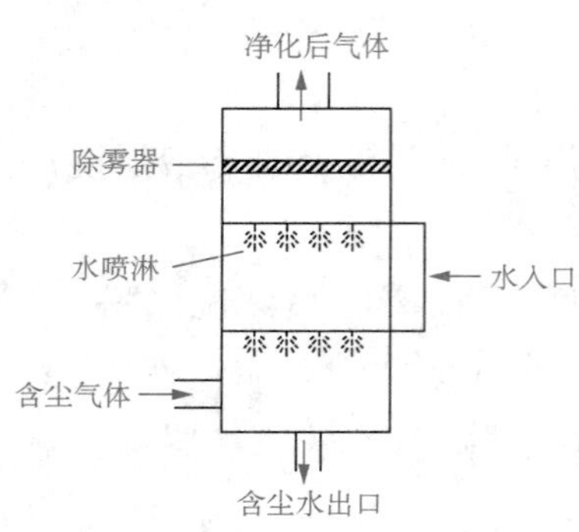

图 6-31　喷雾塔洗涤器示意图

喷雾塔的压力损失小，一般小于 250 Pa。如图 6-31 所示，喷雾塔对小于 10 μm 尘粒的捕集效率较低，工业上常用于净化大于 50 μm 的尘粒，也用于脱除气态污染物。喷雾塔常与高效洗涤器联用，起预净化和降温加湿的作用。喷雾塔的特点是结构简单，压损小，操作稳定方便，但设备庞大，效率低，耗水量及占地面积较大。

2. 旋风水膜除尘器

采用喷雾或其他方式，使旋风除尘器的内壁上形成一薄层水膜，可以有效地防止粉尘在器壁上反弹、冲刷而引起的二次扬尘，从而大大提高旋风除尘器的除尘效率。这类除尘器适于净化大于 5 μm 的粉尘。在净化亚微米范围的粉尘时，常将其串接在文丘里洗涤器之后，作为凝聚水滴的脱水器，也常用于吸收某些气体，这时洗涤液往往不单纯是水。旋风水膜除尘器除尘效率一般可超过 90%，压力损失为 0.25～1 kPa，特别适用于气体量大和含尘浓度高的场合。

常用的旋风水膜除尘器(见图 6-32)有立式旋风水膜除尘器和卧式旋风水膜除尘器。

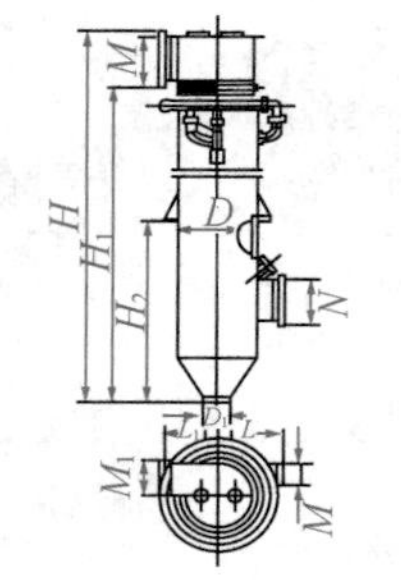
(a) 立式旋风水膜除尘器

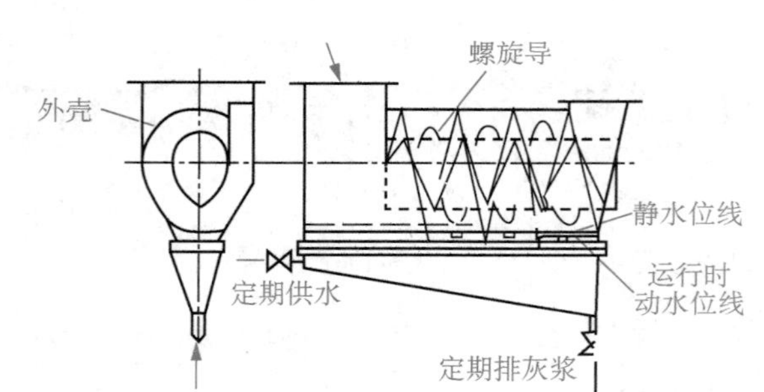

(b) 卧式旋风水膜除尘器

图 6-32　旋风水膜除尘器

3. 自激喷雾洗涤器

具有一定动能的气流直接冲击液面以形成雾滴的洗涤器称为自激喷雾洗涤器，如图 6-33 所示。自激喷雾在效果上与喷嘴喷雾不同，它的优点是在高含尘浓度时能维持高的气流量，耗水量小，一般低于 0.13 L/m^3。压力损失范围为 500～4 000 Pa。常见的自激喷雾洗涤器有冲击水浴除尘器和自激式除尘器。

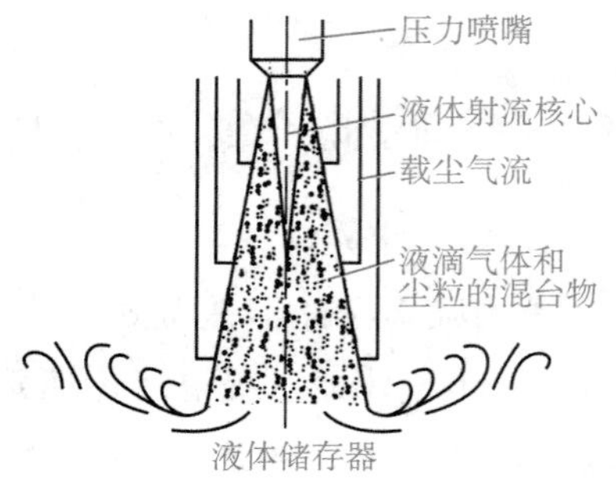

图 6-33　自激喷雾洗涤器

4. 文丘里洗涤除尘器

文丘里洗涤除尘器是一种高效湿式洗涤除尘器，如

图 6-34 所示，它既可用于高温烟气的降温，也可净化含有微米和亚微米粉尘粒子及易于被洗涤液吸收的有毒有害气体。文丘里洗涤除尘器的除尘过程可分为雾化、凝聚和脱水 3 个过程，前两个过程在文氏管内进行，后一过程在脱水器内完成。在收缩管和喉管中气液两相之间的相对流速很大，喷嘴喷射出来的水滴在高速气流冲击下进一步雾化成更细的雾滴。同时，气体完全被水所饱和，尘粒表面附着的气膜被冲破，使尘粒被水润湿。因此，在尘粒与水滴或尘粒之间发生着激烈的碰撞、凝聚。在扩散管中，气流速度的减小和压力的回升使这种以尘粒为凝结核的凝聚作用发生得更快、更完善，凝聚成较大直径的含尘水滴，容易被其他形式的低能洗涤器或脱水器捕集下来。

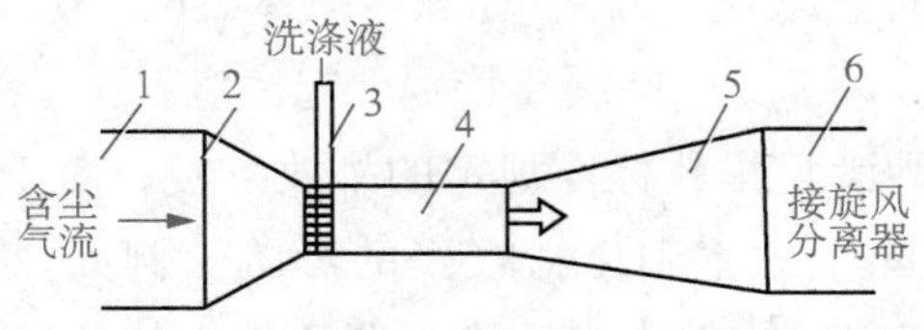

图 6-34　文丘里洗涤除尘器示意图

例 6-6　**以液气比 1.0 L/m³ 将水喷入文丘里洗涤除尘器的喉部，气体流速为 122 m/s，密度和黏度为 1.15 kg/m³ 和 2.08×10⁻⁵ Pa，喉管横断面积为 0.08 m²，参数 f 取为 0.25。对于粒径为 1.0 μm、密度为 1.5 g/cm³ 的粒子，试确定气流通过该洗涤器的压力损失和粒子的通过率。**

解：由式 $\Delta p = -1.03 \times 10^{-3} v_T^2 \left(\dfrac{q_{V,L}}{q_{V,G}}\right)$ 得：

$$\Delta p = -1.03 \times 10^{-13} \times 12\ 200^2 \times \left(\frac{1.0 \times 10^3}{1}\right) = -153.3\ (\text{cmH}_2\text{O})$$

现在运用海斯凯茨提出的公式 $\Delta p = 0.863 \rho_G A^{0.133} v_T^2 (L)^{0.78}$，得：

$$\begin{aligned} \Delta P &= 0.863 \times 1.15 \times 0.08^{0.133} \times 122^2 (1.0)^{0.78} \\ &= 10\ 557\ (\text{Pa}) \end{aligned}$$

利用式 $P = \exp\left(\dfrac{-6.1 \times 10^{-9} \rho_L \rho_p C d_p^2 f^2 \Delta p}{\mu_G^2}\right)$，估算粒子的通过率：

$$C = 1 + \frac{0.172}{d_p} = 1.172$$

$$p = \exp\left[-\frac{6.1 \times 10^{-9} \times 1 \times 1.5 \times 1.172 \times 1^2 \times 0.25^2 \times 153.3}{(2.08 \times 10^{-4})^2}\right] = \exp(-2.375) = 0.093$$

第五节 除尘器的选择与发展

一、除尘器的选择

选择除尘器时必须全面考虑有关因素，如除尘效率、压力损失、一次投资、维修管理等，其中最主要的是除尘效率。以下 6 个问题要特别引起注意。

(1) 选用的除尘器必须满足排放标准规定的排放浓度。对于运行状况不稳定的系统，要注意烟气处理量变化对除尘效率和压力损失的影响。例如，旋风除尘器除尘效率和压力损失随处理烟气量增加而增加，但大多数除尘器的效率却随处理烟气量的增加而下降。

(2) 粉尘的物理性质对除尘器性能具有较大的影响。例如：黏性大的粉尘容易黏结在除尘器表面，不宜采用干法除尘；比电阻过大或过小的粉尘，不宜采用电除尘；纤维性或憎水性粉尘不宜采用湿法除尘。

(3) 气体的含尘浓度。含尘浓度较高时，在电除尘器或袋式除尘器前应设置低阻力的预净化设备，去除粗大尘粒，以使设备更好地发挥作用。

(4) 气体温度和其他性质也是选择除尘设备时必须考虑的因素。对于高温、高湿气体不宜采用袋式除尘器。

(5) 选择除尘器时，必须同时考虑捕集粉尘的处理问题。

(6) 选择除尘器时需要考虑的其他因素。选择除尘器还必须考虑设备的位置、可利用的空间、环境条件等因素；设备的一次投资（设备、安装和工程等）以及操作和维修费用等经济因素也必须考虑。

二、除尘设备的发展

国内外除尘设备的发展，着重体现在以下 5 个方面。

(1) 除尘设备趋向高效率。由于对烟尘排放浓度要求愈来愈严格，趋于发展高效率的除尘器。

(2) 发展处理大烟气量的除尘设备。当前，工艺设备朝大型化发展，相应需要处理的烟气量也大大增加。如 500 t 平炉的烟气量达 $50\times10^4\ m^3/h$ 之多，没有大型除尘设备是不能满足要求的。国外电除尘器已经发展到 500～600 m^2，大型袋式除尘器处理的烟气量每小时可达几十万到百余万立方米。

(3) 着重研究提高现有高效除尘器的性能。国内外对电除尘器的供电方式、各部件的结

构、振打清灰、解决高比电阻粉尘的捕集等方面做了大量工作，从而使电除尘器运行可靠、效率稳定。对于袋式除尘器，着重改进滤料及其清灰方式。

(4) 发展新型除尘设备。宽间距或脉冲高压电除尘器、环形喷吹袋式除尘器、顺气流喷吹袋式除尘器等，都是近年来研究的热点。

(5) 重视除尘机理及理论方面的研究。工业发达国家大都建立一些能对多种运行参数进行大范围调整的试验台，研究现有各种除尘设备的基本规律、计算方法，作为设计和改进设备的依据，还探索一些新的除尘机理，以期应用。

知识链接 6-1

除尘装置应用实例

本章小结

除尘器是除尘系统中的主要组成部分，其性能优劣不仅影响除尘系统的可靠运行，还关系到生产关系的正常运行等众多问题。因此，选择除尘器时我们应考虑除尘效率、压力损失、一次投资、维修管理等有关因素。

机械除尘器，利用质量力(重力、惯性力和离心力等)的作用使粉尘与气流分离沉降下来，包括重力除尘器、惯性除尘器和旋风除尘器等。过滤式除尘器使含尘气体通过织物或多孔的填料层进行过滤分离，包括袋式除尘器、颗粒层除尘器等。电除尘器利用高压电场使粉尘粒子荷电，在库仑力的作用下使粉尘与气流分离沉降。湿式洗涤器利用液滴或液膜洗涤含尘气流，使粉尘与气流分离沉降。湿式洗涤器可用于气体除尘方面，也可用于气体吸收方面。在用于气体除尘时也称湿式除尘器。

20 世纪 80 年代以来，各国十分重视研究新的微粒控制捕集装置。这些新的微粒控制装置除了利用质量力、静电力、过滤、洗涤等除尘机制外，还利用了泳力(热泳、扩散泳、光泳)、磁力、声凝聚、冷凝、蒸发、凝聚等机制，或者在同一装置中同时利用了几种机制。

关键词

机械除尘器；电除尘器；袋式除尘器；湿式除尘器；除尘器设计；除尘器应用

习题

1. 有一沉降室长 7.0 m，高 12 m，气流速度 30 cm/s，空气温度 300 K，尘粒密度 2.5 g/cm^3，空气黏度 0.067 kg/(kg·h)，求该沉降室能 100%捕集的最小粒径。
2. 在 298 K 的空气中，NaOH 飞沫用重力沉降室收集。沉降室大小为宽 914 cm，高 457 cm，长 1 219 cm。空气的体积流速为 1.2 m^3/s。计算能被 100%捕集的最小雾滴直径。假设雾滴的比重为 1.21。
3. 直径为 1.09 μm 的单分散相气溶胶通过一重力沉降室，该沉降室宽 20 cm，长 50 cm，共 18 层，层间距 0.124 cm，气体流速是 8.61 L/min，并观测到其操作效率为 64.9%。问需要设置多少层可能得到 80%的操作效率。
4. 气溶胶含有粒径为 0.63 μm 和 0.83 μm 的粒子(质量分数相等)，以 3.61 L/min 的流量通过多层沉降室。给出下列数据，运用斯托克斯定律和坎宁汉校正系数计算沉降效率。$L=50$ cm，$\rho=1.05$ g/cm^3，$W=20$ cm，$h=0.129$ cm，$\mu=0.000\ 182$ g/(cm·s)，$n=19$ 层。
5. 某旋风除尘器的阻力系数为 9.9，进口速度 15 m/s，试计算标准状态下的压力损失。
6. 含尘气流用旋风除尘器净化，含尘粒子的粒径分布可用对数正态分布函数表示，而且 $D_m=20$ μm，$\sigma=1.25$。在实际操作条件下，该旋风除尘器的分割直径为 5 μm，试基于颗粒质量浓度计算该除尘器的总除尘效率。
7. 某旋风除尘器处理含有 4.58 g/m^3 灰尘的气流($\mu=2.5\times10^{-5}$ Pa·s)，其除尘总效率为 90%。粉尘分析试验得到下列结果：

粒径范围/μm	捕集粉尘的质量百分数/%	逸出粉尘的质量百分数/%
0～5	0.5	76.0
5～10	1.4	12.9
10～15	1.9	4.5
15～20	2.1	2.1
20～25	2.1	1.5
25～30	2.0	0.7
30～35	2.0	0.5
35～40	2.0	0.4
40～45	2.0	0.3
＞45	84.0	1.1

(1) 作出分级效率曲线；

(2) 确定分割粒径。

8. 在气体压力为 1 标准大气压，温度为 293 K 下运行的管式电除尘器。圆筒形集尘管直径为0.3 m，$L=2.0$ m，气体流量 0.075 m^3/s。若集尘板附近的平均场强 $E=100$ kV/m，粒径为1.0 μm 的粉尘荷电量 $q=0.3\times10^{-15}$ C，计算该粉尘的驱进速度 w 和电除尘效率。

9. 板间距为 25 cm 的板式电除尘器的分割直径为 0.9 μm，使用者希望总效率不小于 98%，有关法规规定排气中含尘量不得超过 0.1 g/m^3。假定电除尘器入口处粉尘浓度为 30 g/m^3，且粒径分布如下：

质量百分比范围/%	0～20	20～40	40～60	60～80	80～100
平均粒径/μm	3.5	8.0	13.0	19.0	45.0

并假定多伊奇方程的形式为 $\eta=1-e^{-kdp}$，其中：η 为捕集效率；k 为经验常数；d 为颗粒直径。试确定：

(1) 该除尘器效率能否等于或大于 98%。

(2) 出口处烟气中尘浓度能否满足环保规定。

(3) 能否满足使用者需要。

10. 电除尘器的集尘效率为 95%，某工程师推荐使用一种添加剂以降低集尘器上粉尘层的比电阻，预期可使电除尘器的有效驱进速度提高一倍。若工程师的推荐成立，试求使用该添加剂后电除尘器的集尘效率。

11. 安装一个滤袋室处理被污染的气体，试估算某些布袋破裂时粉尘的出口浓度。已知系统的操作条件：1 标准大气压，288 K，进口处浓度 9.15 g/m^3，布袋破裂前的出口浓度 0.045 8 g/m^3，被污染气体的体积流量 14 158 m^3/h，布袋室数为 6，每室中的布袋数 100，布袋直径 15 cm，系统的压降 1 500 Pa，破裂的布袋数为 2。

12. 除尘器系统的处理烟气量为 10 000 m^3/h，初始含尘浓度为 6 g/m^3，拟采用逆气流反吹清灰袋式除尘器，选用涤纶绒布滤料，要求进入除尘器的气体温度不超过 393 K，除尘器压力损失不超过 1 200 Pa，烟气性质近似于空气。试确定：

①过滤速度；②粉尘负荷；③除尘器压力损失；④最大清灰周期；⑤滤袋面积；⑥滤袋的尺寸(直径和长度)和滤袋条数。

第七章　气态污染物控制技术基础

学习目标

1. 了解气体吸收、吸附和催化转化的原理和相关设备。
2. 掌握固定床吸附器保护作用时间的确定。
3. 熟悉物理吸收过程中操作线方程的计算与应用。

气态污染物的净化，就是利用化学、物理及生物等方法，将污染物从废气中分离或转化。气态污染物的净化有多种方法，广泛采用的有吸收法、吸附法、燃烧法、催化转化法，其他的方法还有冷凝法、生物法、膜分离法及电子辐射-化学净化法等。气态污染物的净化可采用一种净化方法，或多种方法联合使用。本章主要介绍几种主要的气态污染物控制技术方法。

第一节　吸　收　法

吸收是利用气体混合物中不同组分在吸收剂中溶解度不同，或者与吸收剂发生选择性化学反应，从而将有害组分从气流中分离出来的过程。

吸收可分为物理吸收和化学吸收。若只是溶质溶解于液体中，并不伴随着化学反应，称为物理吸收；气相组分不仅在液相中溶解，同时与液相中的活性组分发生化学反应，生成一种或几种新物质的过程，称为化学吸收。在实际的空气污染控制过程中，由于废气需要吸收的有害气体浓度一般很低，为使其达到排放标准，需要较高的吸收效率和吸收速度，常常用化学吸收法。

吸收法具有捕集效率高、设备简单、一次性投资（基建费用）低等优点，但是也存在运行费用较高、运行维护较复杂、吸收剂的富液需要后续处理等缺点。

一、吸收机理

（一）气体的溶解与平衡

在一定的温度与压力下，混合气体与吸收剂接触时，混合气体中的 A 组分向液相迁移而

被吸收，同时液相中的A组分也会从液体逸出而被解吸，当气液之间的吸收与解吸速度相等时，达到动态平衡状态。此时吸收剂所能溶解的气体量称为平衡溶解度，它是吸收过程的极限。

1. 气体在液体中的溶解度

气体的溶解度是每100 kg水中溶解气体的质量(kg)。它与气体和溶剂的性质有关，并受温度和压力的影响。由于组分的溶解度与该组分在气相中的分压成正比，故溶解度也可以用组分在气相中的分压表示。如图7-1所示为SO_2、NH_3、HCl在不同温度下，溶解于水中的平衡溶解度。由图7-1可知，采用溶解能力强、选择性好的溶剂，提高总压和降低温度，都有利于提高被溶解气体组分的溶解度。

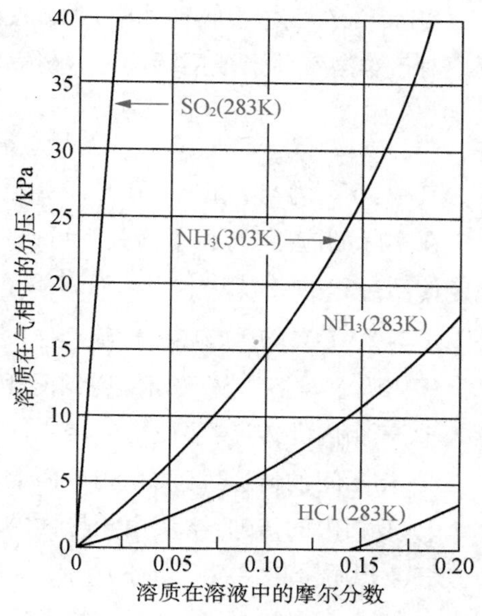

图7-1　常见气体在溶液中的平衡溶解度

2. 亨利定律

对于非理想溶液，在吸收溶液中被吸收组分A浓度较低的情况下，平衡状态时气相A组分的分压(平衡或饱和分压)与液相中A组分的浓度(平衡或饱和浓度)之间的关系可用亨利定律来描述：

$$p_A^* = E_A x_A \qquad (7\text{-}1)$$

其中：p_A^* 为组分A在气相中的平衡分压，Pa；E_A 为亨利系数，Pa；x_A 为组分A在液相中的摩尔分数。

难溶解气体的 E_A 值较大，而易溶解气体的 E_A 值较小。亨利系数基本不受压力的影响，但随温度的提高而增加，变化较大。亨利定律也可表示如下：

$$c_A = H_A P_A^* \qquad (7\text{-}2)$$

其中：c_A 为组分A在液相中的溶解度，kmol/m^3；H_A 为溶解度系数，kmol/(m^3·Pa)；P_A^* 为平衡分压，Pa。

难溶气体的 H_A 值较小，易溶气体的 H_A 值大。亨利定律是吸收工艺计算的重要依据和定律，它说明了在一定温度和压力下溶质在两相平衡中的关系，指出传质方向和限度。其适用条件如下：①常压或低压(0.5 MPa以下)下的稀溶液；②溶质在气相和溶液中的分子状态相同，即液相的溶质均以分子状态存在，没有离解成离子形态或与其他物质发生化学反应。若发生了离解或者化学反应，要对亨利定律进行修正。

若吸收质在气相与液相中的组成分别用摩尔分数 y 和 x 表示，则亨利定律可以写成如下形式：

$$y_A^* = mX_A \tag{7-3}$$

其中：y_A^* 为与 x 相平衡的气相中溶质的摩尔分数；X_A 为溶质在液相中的摩尔分数；m 为相平衡常数，无量纲。

实际上，在气体吸收计算中，为方便起见，常采用摩尔比 Y 与 X 分别表示气、液两相的组成。对于难溶气体形成的稀溶液，平衡关系可近似表示如下：

$$Y_A^* = mX_A \tag{7-4}$$

其中：Y_A^* 为与 x 相平衡的气相中溶质的摩尔比；X_A 为溶质在液相中的摩尔比。

在实际的应用中，相平衡关系可以用来判断传质过程的方向、计算相际的传质推动力和确定传质过程的极限。

（二）吸收的动力学基础

气体吸收是溶质从气相传递到液相的相际传质过程。该过程可以分解为 3 个主要步骤：

① 气相内的传递：溶质由气相主体传递至气、液两相界面的气相侧。

② 相际间的传递：溶质在相界面上由气相溶解至液相。

③ 液相内的传递：溶质由相界面的液相一侧传递给液相主体。

气液相质量传递过程如下所示：

$$\text{吸收质从气相主体}\xrightarrow{\text{湍流扩散}}\text{气膜表面}\xrightarrow{\text{分子通过气膜扩散}}$$

$$\text{相界面}\xrightarrow{\text{分子通过液膜扩散}}\text{液膜表面}\xrightarrow{\text{湍流扩散}}\text{液相主体}$$

关于气液两相的物质传递理论，随着工业的进步和发展，已有许多学说，如双膜理论（又称“滞留膜理论”）、溶质渗透理论、表面更新理论等，但在解释吸收过程机理时，仍以双膜理论为基础，其应用也最广泛。

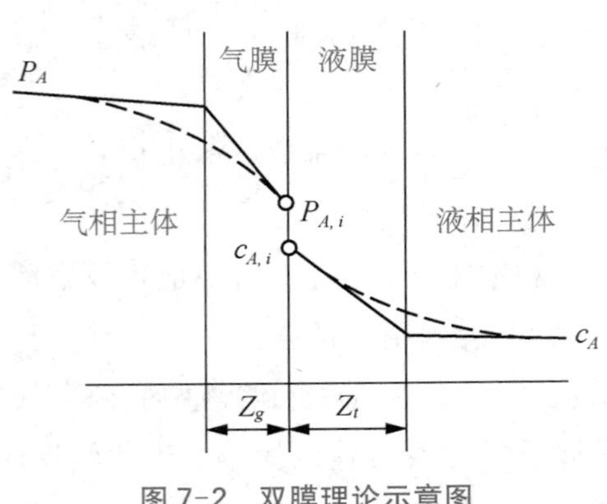

图 7-2 双膜理论示意图

该理论是刘易斯（W. K. Lewis）和怀特曼（W. G. Whitman）提出的，它不仅适用于分析物理吸收过程，也可用来分析伴有化学反应的化学吸收过程。如图 7-2 所示，其中直线表示双膜理论模型两相中浓度分布，虚线表示扩散边界层理论模型两相中浓度分布。其基本论点可以概括为以下 4 个方面。

① 在气液两相接触时，两相间有个相界面。在相界面附近两侧分别存在一层稳定的滞留膜层（不发生对流作用的膜层）——气膜和液膜。

② 气液两个膜层分别将各相主体流与相界面隔开，滞留膜的厚度随各相主体的流速和

湍流状态而变，流速愈大，膜厚度愈薄。

③ 在相界面上，气液两相呈平衡态，即液相的界面浓度和界面处的气相组成呈平衡的饱和状态，也可理解为在相界面上无扩散阻力。

④ 在两相主体中吸收质的浓度均匀不变，因而不存在传质阻力，仅在薄膜中发生浓度变化；存在分子扩散阻力，两相薄膜中的浓度差等于膜外的气液两相的平均浓度差。

通过上述分析可以看出传质的推动力来自可溶组分的分压差和在溶液中该组分的浓度差，而传质阻力主要来自气膜和液膜。吸收质在单位时间内通过单位面积界面而被吸收剂吸收的量称为吸收速率。根据双膜理论，在稳定吸收操作中，从气相主体传递到界面吸收质的通量等于从界面传递到液相主体吸收质的通量，在界面上无吸收质积累和亏损，因而通过两层膜的分子扩散阻力就是吸收过程的总阻力。

（三）传质速率方程

传质速率方程式是描述从一相主体流至气液两相接触表面或从两相接触表面至另一相主体流的传质方程式。设组分从浓度为 y_A 的气相传递到浓度为 x_A 的液相中，如图 7-3 所示。

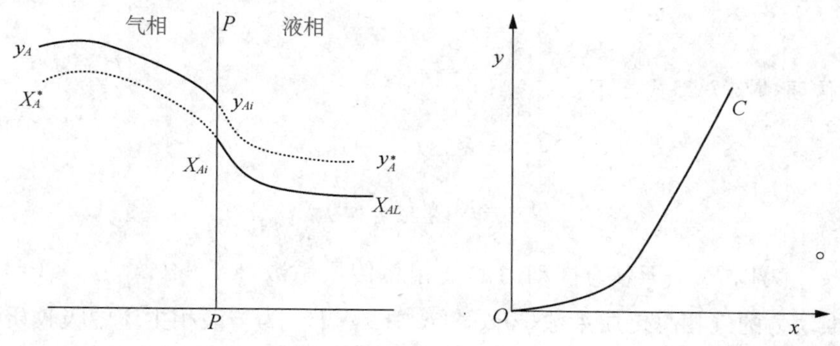

PP—相界面；OC—平衡线

图 7-3　气液两相间的传质过程示意图

设组分从浓度为 y_A 的气相传递到浓度为 y_{Ai} 呈平衡的液相中，如图 7-3 所示。若以 $P_A - P_{Ai}$ 或 $y_A - y_{Ai}$ 为气相传质推动力，则气相分传质速率方程式如下：

$$N_A = k_y(y_A - y_{Ai}) \tag{7-5}$$

$$N_A = k_G(P_A - P_{Ai}) \tag{7-6}$$

其中：P_A、P_{Ai} 分别表示吸收质 A 在气相主体和相界面上的分压，Pa；y_A、y_{Ai} 分别表示吸收质 A 在气相主体和相界面上的摩尔分率；k_y 表示以（$y_A - y_{Ai}$）为推动力的气相分传质系数，kmol/（m^2 · s）；k_G 为以（$P_A - P_{Ai}$）为推动力的气相分传质系数，kmol/（m^2 · s · Pa）。

若以 x_{Ai}—x_A 或 C_{Ai}—C_A 为液相传质推动力，则液相分传质方程如下：

$$N_A = k_x(x_{Ai} - x_A) \tag{7-7}$$

$$N_A = k_L(C_{Ai} - C_A) \tag{7-8}$$

其中：x_{Ai}、x_A 分别表示吸收质 A 在液相主体和相界面上的摩尔分率；C_{Ai}、C_A 分别表示吸收质 A 在液相主体和相界面上的摩尔浓度，kmol/m^3；k_x 为以（$x_{Ai} - x_A$）为推动力的液相分传质系数，kmol/(m^2 · s)；k_L 为以（$C_{Ai} - C_A$）为推动力的液相分传质系数，m/s。

无论气相分传质速率方程还是液相分传质速率方程，为计算 N_A 都必须知道 $k_G(k_y)$、$k_L(k_x)$ 及相界面上的平衡关系。这样，这些方程式的实用价值大大降低。因此，有必要推导出总传质速率方程。

以一个相的虚拟浓度与另一相中该组分平衡浓度的浓度差为总传质过程的推动力，则分别得到稳定吸收过程的气相和液相总传质速率方程式。

气相总传质速率方程式如下：

$$N_A = K_{Ag}(P_A - P_A^*) \tag{7-9}$$

$$N_A = K_y(y_A - y_A^*) \tag{7-10}$$

液相总传质速率方程式如下：

$$N_A = K_{AL}(C_A^* - C_A) \tag{7-11}$$

$$N_A = K_x(x_A^* - x_A) \tag{7-12}$$

其中：K_{Ag} 为以 $P_A—P_A^*$ 为推动力的气相总传质系数，kmol/(m^2 · s · Pa)；K_y 为以 $y_A—y_A^*$ 为推动力的气相总传质系数，kmol/(m^2 · s)；P^* 为与液相主体中吸收质浓度 C_A 成平衡的气相虚拟分压，Pa；y_A^* 为与液相主体中吸收质浓度 x_A 成平衡的气相虚拟分压，Pa；K_{AL} 为以 $C_A^*—C_A$ 为推动力的液相总传质系数，m/s；K_x 为以 $x_A^*—x_A$ 为推动力的液相总传质系数，kmol/(m^2 · s)；x_A^* 为与气相中吸收质浓度 y_A 成平衡的液相虚拟浓度；C_A^* 为与气相中吸收质分压 P_A 成平衡的液相中吸收质的摩尔浓度，kmol/m^3。

（四）吸收系数

由于吸收推动力表示方法不同，吸收速率方程式呈现了多种不同的形式，对应地出现了多种形式的吸收系数。应用时，应注意吸收系数与传质推动力相对应。对式（7-5）、式(7-7)、式(7-10)和气液界面上平衡关系式 $y_A = m_{xi}$ 进行数学联解，即可得到气相总传质系数与气、液相传质分系数的关系式：

$$\frac{1}{K_y} = \frac{1}{k_y} + \frac{m}{k_x} \tag{7-13}$$

其中:传质阻力=1/吸收系数;$1/k_y$ 为组分在气相主体中的传质阻力;m/k_x 为组分在液相主体流中的传质阻力;$1/K_y$ 为组分从气相传质到液相的总阻力。

m 为相平衡常数的平均值,其计算方式如下:

$$m=\frac{m_{Ai}x_{Ai}-m^{*}x}{x_{Ai}-x}=\frac{y_{Ai}-y^{*}}{x_{Ai}-x} \tag{7-14}$$

同理可得液相总传质系数与气、液相传质分系数的关系式:

$$\frac{1}{K_x}=\frac{1}{mk_y}+\frac{1}{k_x} \tag{7-15}$$

其中:

$$m=\frac{y-y_{Ai}}{\dfrac{y}{m_0}-\dfrac{y_{Ai}}{m_{Ai}}}=\frac{y-y_{Ai}}{x^{*}-x_{Ai}} \tag{7-16}$$

不难发现:在总阻力中,每一项阻力所占的分数不仅取决于 k_x 和 k_y 值,而且还取决于相平衡常数平均值 m。若 m_1、m_2 一定,m 大小直接影响不同相中传质阻力分数。

现分 3 种情况讨论吸收控制步骤。

1. 气膜控制

对于易溶气体组分,溶质在吸收剂中的溶解度很大。当 m 值很小时,组分在液相中的传质阻力可以忽略,这时总吸收系数可以近似地认为等于气相吸收系数,即 $K_y \approx k_y$,这种情况下的传质速率为气膜传质控制过程,如碱或氨溶液吸收 SO_2 的过程。

2. 液膜控制

对于难溶气体组分,当 m 值很大时,可以忽略组分在气体中的传质阻力。这时,总吸收系数可近似地认为等于液相中的传质分系数,即 $K_x \approx k_x$,这种情况下的传质速率为液膜传质控制过程,如碱吸收 CO_2、水吸收 O_2 的过程。

m 很大,有$\dfrac{1}{k_x} \gg \dfrac{1}{mk_y}$,$\dfrac{1}{mk_y}$ 可忽略,则有$\dfrac{1}{K_x} \approx \dfrac{1}{k_x}$,即有 $K_x \approx k_x$,属于液膜传质过程控制。

3. 气液膜控制

对于中等溶解度的气体组分,m 值适中时,气液两相传质阻力都不可忽略,受气液膜传质过程控制,如水吸收 SO_2、丙酮等过程。总之,在选择设备形式及确定操作条件时,应特别注意减小传质阻力,以提高传质速率。

吸收传质速率是计算吸收设备的重要参数,吸收速率高,吸收设备单位时间内吸收的量也随之提高。在实际的操作过程中,可以采取以下措施来提高吸收效果:

① 提升气液两相相对运动速度，降低气膜、液膜的厚度以减少阻力；

② 选用对吸收质溶解度大的液体作为吸收剂；

③ 适当提高供液量，降低液相主体中吸收质浓度以增大吸收推动力；

④ 增大气液相接触面积。

（五）界面浓度的确定

气液界面上气相浓度和液相浓度难以用取样分析法确定，常用作图法和解析法求算。

1. 作图法

已知气液相传质分系数 k_x、k_y，以及某一界面气液相主体中组分A的浓度 x_A、y_A，则通过该点（x_A，y_A）作斜率为 $-k_x/k_y$ 的直线，与平衡线的交点对应的坐标即界面浓度（x_{Ai}，y_{Ai}），如图7-4所示。稳定传质过程满足：

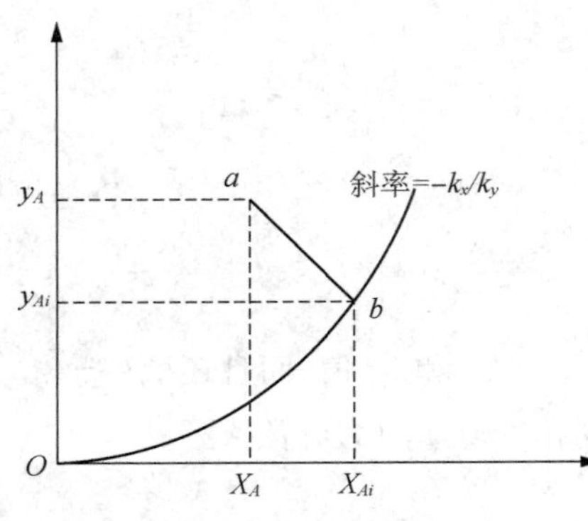

图7-4 界面浓度的求取

$$N_A = k_y(y_A - y_{Ai}) = k_x(x_{Ai} - x_A) \quad (7\text{-}17)$$

所以：

$$-\frac{k_x}{k_y} = \frac{y_A - y_{Ai}}{x_A - x_{Ai}} \text{ 或 } y_A - y_{Ai} = -\frac{k_x}{k_y}(x_A - x_{Ai}) \quad (7\text{-}18)$$

其中：x_A、y_A 易测得，若 k_x、k_y 已知，则上式在 x_A、y_A 坐标系中是一条通过点（x_A，y_A）而斜率为 $-k_x/k_y$ 的直线。

2. 解析法

联立方程组：

$$-\frac{k_x}{k_y} = \frac{y_A - y_{Ai}}{x_A - x_{Ai}} \quad y_{Ai} = m_{Ai}x_{Ai}$$

求解可得 x_{Ai}、y_{Ai}。

二、物理吸收

（一）物料衡算与吸收操作线方程

在吸收操作中，一般应用逆流原理可提高溶剂的使用效率，获得最大的分离效果，所以在此重点讨论逆流操作的物料平衡。另外，在吸收操作中，由于在气、液两相间有物质传递，通过全塔的气液流量都在随时变化。液体因不断吸收可溶组分，其流量不断增大；与此相反，气体流量也不断减少。气液流量作为变量，以它们为基准进行工艺设计是不方便的。然而纯吸收剂和惰性气体这两种载体的流量是不变的，所以在吸收设计中通常采用载体流量作为运算的基准，这时气液浓度就以摩尔分数比来表示。

为了确定吸收剂的用量，首先对整个吸收塔进行物料衡算。吸收操作计算的依据是物

料衡算,气、液平衡关系及速率关系。整个计算过程限于如下基本条件:①吸收为低浓度等温物理吸收,总吸收系数为常数;②惰性组分B在吸收剂中完全不溶解,吸收剂在操作条件下完全不挥发,惰性气体和吸收剂在整个吸收塔中均为常量。逆流吸收时,塔内气液流量和组成变化情况如图7-5所示。

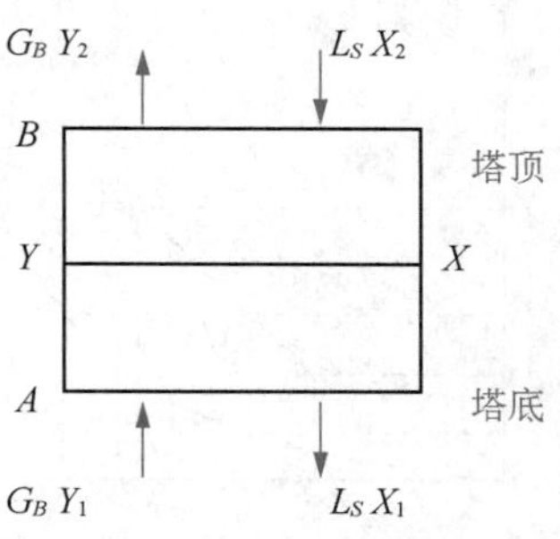

图7-5 逆流吸收塔操作示意图

参数加下标“1”代表浓端;参数加下标“2”代表稀端。图中各符号的意义如下:

① G 为单位时间通过塔任一截面单位面积的混合气体的流量,kmol/(m^2 · s);

② G_B 为单位时间通过塔任一截面单位面积的惰性气体的量,kmol/(m^2 · s);

③ L_S 为单位时间通过塔任一截面单位面积纯吸收剂的量,kmol/(m^2 · h);

④ Y、Y_1、Y_2 分别为塔的任意截面、塔底和塔顶的气相组成,kmol吸收质/kmol惰性气体;

⑤ X、X_1、X_2 分别为塔的任意截面、塔底和塔顶的液相组成,kmol吸收质/kmol吸收剂。

对全塔进行物料衡算,有:

$$G_B(Y_1-Y_2)=L_S(X_1-X_2) \tag{7-19}$$

若就任意截面与塔底间进行物料衡算,有:

$$G_B(Y_1-Y)=L_S(X_1-X)\text{ 或 }Y=\frac{L_S}{G_B}X+\left(Y_1-\frac{L_S}{G_B}X_1\right) \tag{7-20}$$

在 Y-X 图上作式(7-20)的图线为一条直线,直线斜率为 L_S/G_B,截距为$\left(Y_1-\frac{L_S}{G_B}X_1\right)$,直线的两端分别反映了塔底($Y_1$, X_1)和塔顶(Y_2, X_2)的气液两相组成。此直线上任一点的 Y、X 都对应着吸收塔中某一截面处的气液相组成。吸收操作线斜率 L_S/G_B 称为吸收操作的液气比,物理含义为处理单位惰性气体所消耗的纯吸收剂的量。

操作线方程式的意义在于说明塔内气液浓度变化情况,更重要的是通过气液情况与平衡关系的对比,确定吸收推动力,进行吸收速率计算,并可确定吸收剂的最小用量,计算出吸收剂的操作用量。

在操作线与平衡线间的关系上,要掌握以下3个方面。

(1) 在 Y-X 图上,吸收操作线必须处于平衡线之上。这是由于吸收过程是可溶组分由气相溶于液相的过程,所以可溶组分在气相中的浓度必定大于其在液相和气相相平衡的浓度;否则就成为工业废水处理中的“吹脱”处理,而变成一个解吸过程。

(2) 操作线与平衡线之间的距离反映了吸收推动力的大小。如对操作线上任一点 M,截交操作线和平衡线的垂直线段就等于推动力($Y-Y^*$),而截交此同一点的水平线段等于推动力(X^*-X),这就是说,在任一塔截面上,气相中可溶。如图7-6所示,吸收操作线和推动力组分的浓度比与液相平衡浓度相对应气相平衡浓度大得愈多,则吸收推动力愈大。

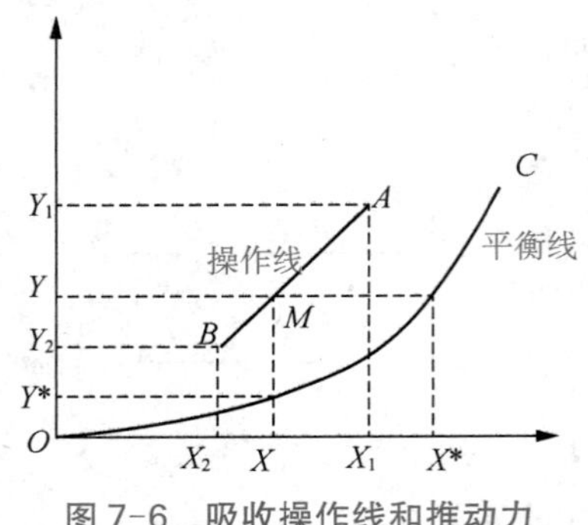

图 7-6　吸收操作线和推动力

(3) 平衡线与操作线不能相交或相切。假如两者相交,就意味着在塔的某一截面处吸收推动力等于零。因此,为达到一定的浓度变化,两相的接触时间应为无限长,因而需要的填料层高度为无限大,这种操作情况是不可能实现的。

需要指出,操作线方程式及操作线都是由物料衡算得来的,与系统的平衡关系、操作温度和压力以及塔的结构形式都无关。

（二）吸收剂用量与液气比

对于一定的气液体系,当温度、压力一定时,平衡关系全部确定,也就是平衡线在 Y-X 图上的位置是确定的,而操作线的位置则是由操作条件决定的。在吸收塔设计中要处理的废气流量、进出塔气体溶质浓度(即 G、G_B、Y_1、Y_2)均由设计任务而定,吸收剂的种类和进塔浓度 X_2 由设计者决定。因此,只有吸收剂用量 L_S 及出塔溶液中吸收质浓度 x 是待计算的。根据物料衡算,L_S 与 X_1 之中只有一个是独立的未知量,通常在计算中先确定 L_S 值,X_1 便随之而定了。由于 G_B 属已知条件,因而可通过确定操作线斜率 L_S/G_B(液气比)来确定 L_S。

1. 如何确定 L_s/G_B?

结合图 7-7(a)可见,由于 X_2、Y_2 已知,即 A 点(X_2, Y_2)位置一定,从 A 点按斜率 L_S/G_B 引直线终于纵坐标为 Y_1 的某点即吸收操作线。当减少吸收剂流量 L_S 时,L_S/G_B 下降,即操作线斜率变小,出塔吸收液浓度 X_1 减小,如 AC-AB-AD 线变化趋势所示。当塔底操作点 D 与平衡线相交时,X_1 与 Y_1 成平衡,这是理论上吸收液所能达到的最高浓度,以 X_1^* 表示,此操作线对应的液气比称为最小液气比,以 $(L_S/G_B)_{min}$ 表示。

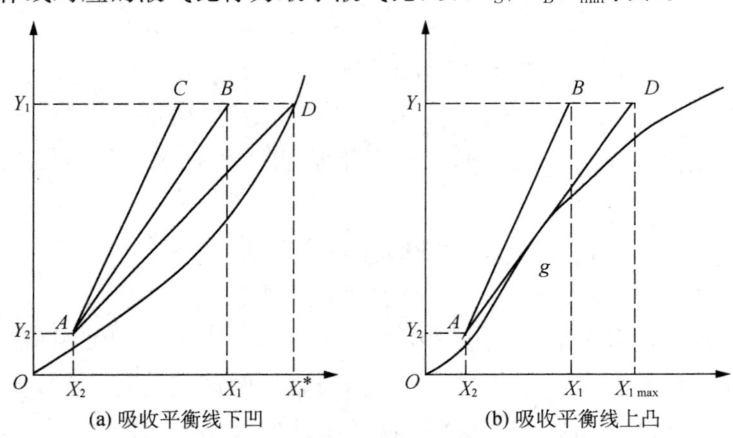

(a) 吸收平衡线下凹　　(b) 吸收平衡线上凸

图 7-7　吸收塔的最小液气比

最小液气比可用作图法求取,具体做法分以下两种情况。

(1) 吸收平衡线下凹,如图 7-7(a)所示。由 $Y=Y_1$ 作水平线与平衡线相交,交点的横坐

标即 X_1^*，由全塔的物料平衡计算可得：

$$\left(\frac{L_S}{G_B}\right)_{\min}=\frac{Y_1-Y_2}{X_1^*-X_2} \tag{7-21}$$

(2) 吸收平衡线上凸，如图 7-7(b)所示。当气液比 (L_S/G_B) 减少到操作线与平衡线相切，尽管塔底两相浓度 $(X_1,\ Y_1)$ 未达到平衡，但切点处达到平衡，此时的气液比即 $(L_s/G_B)_{\min}$。理论上，吸收液的最大浓度为该切线和 $Y=Y_1$ 水平线交点 D 的横坐标 $X_{1\max}$，此时最小气液比计算式如下：

$$\left(\frac{L_S}{G_B}\right)_{\min}=\frac{Y_1-Y_2}{X_{1\max}-X_2} \tag{7-22}$$

2. 实际设计中气液比的确定必须满足的 3 个原则

① 操作液气比必须大于最小液气比。

② 就填料塔而言，操作液体的喷淋密度，即每平方米的塔截面上每小时的喷淋量 [$m^3/(m^2\cdot h)$]，应大于充分润湿填料所必需的最小喷淋密度，一般为 3～4 $m^3/(m^2\cdot h)$，此时设备的阻力较小。

③ 操作气液比的选定应尽可能从设备投资和操作费用两方面权衡考虑，以达到最经济的要求。一方面，选择较大的喷淋量，操作线的斜率增大，传质推动力增大，有利于吸收的操作，可减少设备的尺寸和投资；另一方面，增大吸收剂用量，动力消耗增大，X_1 降低，对需要回收吸收剂的操作来说，增加了溶液再生的困难，操作费用增加。可通过两方面综合得出气液比的最佳值。

先要求 $L_{\min}$，然后确定吸收剂操作用量 L，再选用一个合适的 L/G，根据实际经验，取 $L=(1.1-2.0)L_{\min}$。通过上述分析，可利用操作线图，结合考虑吸收液用量来确定吸收液最终浓度和吸收器尺寸等参数，从而选择最佳操作条件。

例 7-1 **在填料塔中，用清水吸收尾气中的 SO_2，进塔气体的 SO_2 摩尔分数为 10%，要求出塔气体的摩尔分数不大于 0.5%。水的质量速度为 1.5 倍最小质量速度，入塔气体质量速度(不含 SO_2)为 500 kg/($m^2\cdot h$)，操作条件为 101 325 Pa，303 K，求所需的填料层高度 z（其中图 7-8 为图解积分法计算气相总传质单元数，表 7-1 为 303 K 时 SO_2 在水中的溶解度数据）。**

在 303 K 时，水吸收 SO_2 的吸收系数方程式如下：

$$k_x a=0.663\,4W^{0.82}$$

$$k_y a=0.099\,44W^{0.25}G^{0.7}$$

其中：W、G 为水和气体的质量速度，kg/($m^2\cdot h$)；$k_x a$、$k_y a$ 为体积吸收系数，kg/($m^3\cdot h$)。

表 7-1　303 K 时 SO_2 在水中的溶解度数据

溶解度	1	0.7	0.5	0.3	0.2	0.15	0.1	0.05	0.02
液相摩尔分数 $X/10^{-3}$	2.800	1.960	1.400	0.843	0.562	0.422	0.281	0.141	0.056
液相摩尔比 $X/10^{-3}$	2.808	1.964	1.402	0.844	0.562	0.422	0.281	0.141	0.056
SO_2 气相分压 p/kPa	10.535	6.929	4.802	2.624	1.570	1.084	0.626	0.227	0.079
SO_2 气相摩尔分数 y	0.104 0	0.068 4	0.047 4	0.025 9	0.015 5	0.010 7	0.006 2	0.002 2	0.000 8
SO_2 气相摩尔比 Y	0.116 1	0.073 4	0.049 8	0.026 6	0.015 7	0.010 8	0.006 2	0.002 2	0.000 8

解：入塔空气质量速度 500 kg/(m^2·h)，空气的摩尔质量 0.029 kg/mol。

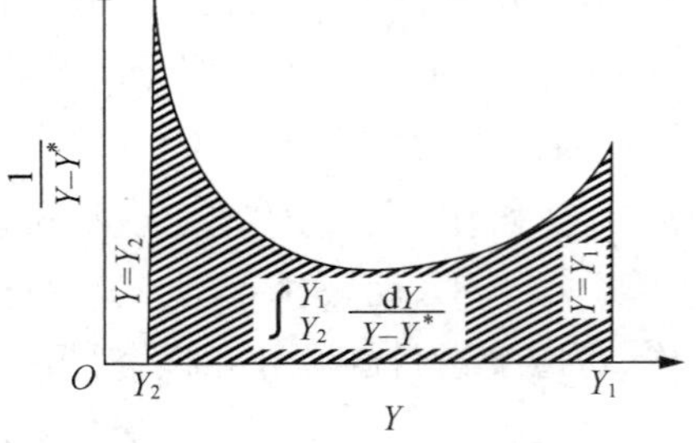

图 7-8　图解积分法计算气相总传质单元数

入塔空气流量：

$$G_B=500/0.029\ \text{mol/(m}^2\cdot\text{h)}=17.24\ \text{kmol/(m}^2\cdot\text{h)}$$

入塔 SO_2 流量 G_{SO_2} 根据

$$G_{SO_2}/(17.24+G_{SO_2})=10\%$$

求得：$G_{SO_2}=1.91\ \text{kmol/(m}^2\cdot\text{h)}$

入塔 SO_2 质量速度$=64\times1.91=122\ [\text{kg/(m}^2\cdot\text{h)}]$

入塔的总气体质量速度为 622 kg/(m^2·h)。

出塔 SO_2 流量 G_{SO_2} 根据

$$G'_{SO_2}/(17.24+G'_{SO_2})=0.5\%$$

求得：$G'_{SO_2}=0.086\ 6\ \text{kmol/(m}^2\cdot\text{h)}$

出塔 SO_2 质量速度$=64\times0.086\ 6\approx5.5\ [\text{kg/(m}^2\cdot\text{h)}]$

出塔的总气体质量速度为 505.5 kg/(m^2·h)。

利用这些数据可计算平衡曲线，纵轴为 SO_2 气相摩尔比，横轴为 SO_2 在水中的摩尔分数，如图 7-9 所示。

首先，计算水的最小流量。根据逆流吸收塔的操作线方程，有：

$$L_S(X-X_1)=G_B(Y-Y_1)$$

$$\text{或}\ L_S\left(\frac{x}{1-x}-\frac{x_1}{1-x_1}\right)=G_B\left(\frac{y}{1-y}-\frac{y_1}{1-y_1}\right)$$

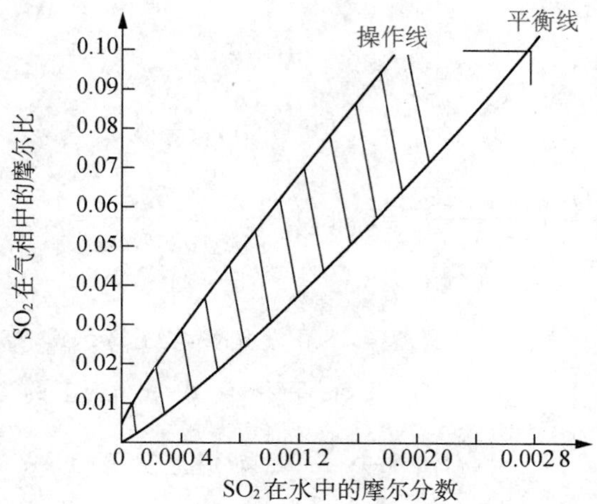

图 7-9　水吸收 SO_2 的平衡线和操作线

根据图 7-9 得到：$y_1=10\%$ 时，$x_1^*=0.002\ 7$；$y=0.5\%$ 时，$x=0$。将这些值代入：

$$(L_S)_{\min}=675.5\ \mathrm{kmol/(m^2\cdot h)}$$

实际所用的水流量如下：

$$675.5\times1.5=1\ 013\ [\mathrm{kmol/(m^2\cdot h)}]$$

出塔液体中 SO_2 的摩尔分数 X_1 如下：

$$(1.91-0.086\ 6)/(1\ 013+1.91-0.086\ 6)=0.001\ 8$$

操作线方程如下：

$$\begin{aligned}X&=\frac{G_B}{L_s}(Y-Y_1)+X_1\\&=\frac{17.24}{1\ 013}\left(Y-\frac{10\%}{1-10\%}\right)+\frac{0.001\ 8}{1-0.001\ 8}\\&=0.017\ 0Y-0.000\ 088\end{aligned}$$

塔顶清水的质量速度如下：

$$1\ 013\times18=18\ 234\ [\mathrm{kg/(m^2\cdot h)}]$$

离开塔底的富液质量速度如下：

$$18\ 234+122-5.5=18\ 350.5\ [\mathrm{kg/(m^2\cdot h)}]$$

由于总气体流量在塔顶到塔底之间变化，k_ya 随之在塔高范围内变化，其在塔顶和塔底的值分别如下：

$$k_y a = 0.099\,44 W^{0.25} G^{0.7}$$

$$(k_y a)_1 = 104.4 \quad (k_y a)_2 = 90.3$$

则：
$$\left(\frac{G}{k_y a}\right)_1 = \frac{622}{104.4} = 5.958 \quad \left(\frac{G}{k_y a}\right)_2 = \frac{505.5}{90.3} = 5.598$$

可取平均值 5.778。

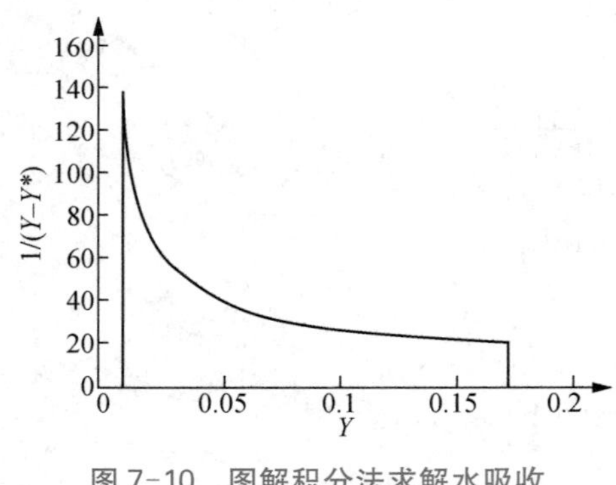

图 7-10　图解积分法求解水吸收 SO_2 的传质单元数

沿操作线在 Y_1 及 Y_2 范围内任选若干操作点，联系平衡线求出相应的 $(Y-Y^*)$，计算得到 $\frac{1}{Y-Y^*}$；以 Y 为横坐标，$\frac{1}{Y-Y^*}$ 为纵坐标，将各组 Y 和 $\frac{1}{Y-Y^*}$ 数据描点作曲线，如图 7-10 所示。图解积分得到气相总传质单元数为 5.625。

由此估算填料层高度如下：$5.625 \times 5.778 = 32.5$（m）。

对于一个吸收操作，当生产任务确定了混合气体的流量和组成后，如何提高吸收过程的吸收率（即降低气相的出口摩尔比 Y_2）则是吸收操作的控制目标。

影响吸收质吸收率的因素主要有物系本身的性质、设备的情况（结构、传质面积等）及操作条件（温度、压力、液相流量及吸收剂入口浓度）。因为气相入口条件是由生产任务确定的，不能随意改变，塔的设备又相对固定，所以吸收塔在操作过程中可调节的因素只能是改变吸收剂入口的条件，例如吸收剂的流量、温度、摩尔比 X_2。一般可以考虑从以下 3 个方面来强化传质过程：①增大吸收剂用量，操作线斜率增大，出口气体含量下降，平均推动力增大；②降低吸收剂温度，气体溶解度增大，平衡常数减小，平衡线下移，平衡推动力增大；③降低吸收剂入口含量，液相入口处推动力增大，全塔平衡推动力亦随之增大。

三、化学吸收

化学吸收与物理吸收相比，有以下 3 个优点。

(1) 溶质进入溶剂后因化学反应而消耗掉，单位体积溶剂能容纳的溶质量增多，表现在平衡关系上为溶液的平衡分压降低，甚至可以降到零，从而使吸收推动力增加。

(2) 如果反应进行得很快，以致气体刚进入气液界面就被消耗殆尽，则溶质在液膜中的扩散阻力大为降低，甚至降为零。这就使总吸收系数增大，吸收速率提高。

(3) 填料表明有一部分液体停滞不动或流动很慢，在物理吸收中这部分液体往往被溶

质所饱和而不能再进行吸收，但在化学吸收中则要吸收多得多的溶质才能达到饱和。所以对物理吸收不是有效的湿表面，对化学吸收仍然可能是有效的。吸收操作中的化学反应有许多种。这里选取两分子反应(A＋B→AB)，定性地考察化学反应速率对液相吸收系数，即对吸收速率的影响。如图7-11所示，各图纵坐标表示液相内A的浓度与B的浓度；过O点的垂直线代表气液界面；横坐标表示液相内各点距相界面的距离，Z_L为液膜的厚度。

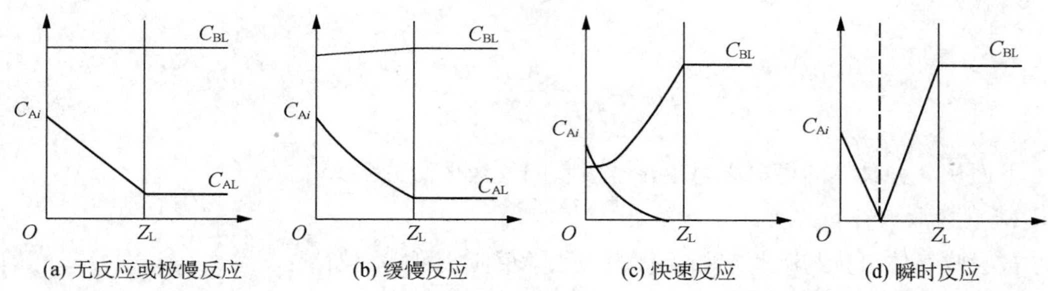

图 7-11 两分子反应中相界面附近液相内 A 与 B 的浓度分布

(一) 化学吸收的气液平衡

亨利定律只适用于常压或低压下的稀溶液，而且吸收质(被吸收组分)在气相与溶剂中的分子状态应相同，若被溶解的气体分子在溶液中发生化学反应，则此时亨利定律只适用于溶液中发生化学反应的那部分吸收质分子的浓度，而该浓度决定于液相化学反应的平衡条件。

气体溶于液体中，若发生化学反应，则被吸收组分的气液平衡关系既应服从相平衡关系，又应服从化学平衡关系。即有：

$$C_A = [A]_{物理平衡} + [A]_{化学平衡} \tag{7-23}$$

为讨论方便，设备吸收组分A与溶液中所含的组分B发生相互反应(通式)：

$$\begin{gathered} aA_g \\ \uparrow\downarrow \\ aA_l + bB \Leftrightarrow cC + dD \end{gathered}$$

假设被吸收组分浓度及各反应组分浓度较低，则可以得到以下关系式：

① 亨利定律关系式：

$$[A] = H_A p_A^* \tag{7-24}$$

② 化学平衡关系式：

$$k=\frac{[C]^c[D]^d}{[A]^a[B]^b} \tag{7-25}$$

上式可变化如下：

$$[A]=\left\{\frac{[C]^c[D]^d}{[B]^b k}\right\}^{\frac{1}{a}} \tag{7-26}$$

将式(7-26)代入式(7-24)，得：

$$p_A^*=\frac{1}{H_A}\left\{\frac{[C]^c[D]^d}{[B]^b k}\right\}^{\frac{1}{a}} \tag{7-27}$$

下面从3种具体的情况来讨论化学吸收的气液平衡关系。

1. 被吸收组分与溶剂的相互作用

被吸收气体组分与吸收剂相互作用的化学反应式可表示如下：

$$\begin{array}{c} A_g \\ \downarrow\uparrow \\ A_l + B \overset{k}{\longleftrightarrow} M_l \end{array}$$

被吸收组分A进入液相后的总浓度 C_A 可写成：

$$C_A=[A]+[M] \tag{7-28}$$

其化学平衡常数如下：

$$k=\frac{[M]}{[A][B]}=\frac{C_A-[A]}{[A][B]} \tag{7-29}$$

于是有：

$$[A]=\frac{C_A}{1+k[B]} \tag{7-30}$$

若是稀溶液吸收，则遵循亨利定律，即有 $[A]=H_A P_A^*$，代入，于是有：

$$P_A^*=\frac{C_A}{H_A(1+K[B])} \tag{7-31}$$

在稀溶液中，B 可视为常数，而且 k 不随浓度变化，故 $1+k[B]$ 可视为常数。此时，$p_A^* \propto C_A$，即形式上服从亨利定律，但不同的是 $H'_A=H_A(1+k[B])$，$H'_A/H_A=1+k[B]$，表明溶解度系数较 H_A 增大了 $(1+k[B])$ 倍，结果使过程有利于气体组分A的吸收。水吸收氨气的过程就是按上述反应进行的。

2. 被吸收组分在溶液中解离

若用水作为吸收剂，生成的反应产物又解离成离子时，则化学反应按解离反应平衡式来建立。设反应产物的解离反应式如下：

$$\begin{array}{l}A_g \\ \Updownarrow \\ A_g + B \overset{k}{\longleftrightarrow} M \overset{k}{\longleftrightarrow} K^+ + A^-\end{array}$$

吸收平衡时，离解常数如下：

$$k_1 = \frac{[K^+][A^-]}{[M]} \tag{7-32}$$

当溶液中无相同离子存在时，$[K^+]=[A^-]$，于是有：

$$k_l = \frac{[A^-]^2}{[M]} \tag{7-33}$$

$$[A^-] = \sqrt{k_l[M]} \tag{7-34}$$

被吸收组分 A 在溶液中的总浓度为物理溶解量与离解溶解量之和：

$$C_A = [A] + [M] + [A^-] = [A] + [M] + \sqrt{k_1[M]} \tag{7-35}$$

对式(7-28)、式(7-32)、式(7-35)和组分的物料平衡方程式联解得：

$$[A] = \frac{(2C_A + k_A) - \sqrt{k_A(4C_A + k_A)}}{2(1 + k[B])} \tag{7-36}$$

其中：

$$k_A = \frac{k_1 k[B]}{1 + k[B]} \tag{7-37}$$

将式(7-36)代入亨利定律式，则：

$$P_A^* = \frac{1}{2(1 + k[B])H_A}\left[(2C_A + k_A) - \sqrt{k_A(4C_A + k_A)}\right] \tag{7-38}$$

由此可见，对反应产物有解离的化学吸收过程，相平衡方程式与气相组分 A 在吸收液中总浓度 $[C_A]$ 为非线性关系。CO_2 和 SO_2 在水中吸收，即属于上述过程。

3. 被吸收组分与溶剂中活性组分作用

这种吸收过程的吸收液中含有未被反应的气体组分 A、活性组分 B 和惰性溶剂，实际环

境工程中多数采用此吸收过程,如反应式:

$$A_g$$
$$\Updownarrow$$
$$A_l + B_l \rightarrow M_l$$

设溶剂中活性组分 B 的起始浓度为 C_B^0,反应达平衡后,转化率为 R,则溶液中活性组分 B 的浓度$[B]=C_B^0(1-R)$,而生成物 M 的平衡浓度$[M]=C_B^0R_0$,由化学平衡关系得平衡常数:

$$k=\frac{[M]}{[A][B]}=\frac{C_B^0R}{[A]C_B^0(1-R)}=\frac{R}{[A](1-R)} \tag{7-39}$$

又,亨利定律$[A]=H_AP_A^*$,得:

$$P_A^*=\frac{R}{H_Ak(1-R)} \tag{7-40}$$

若物理溶解量可忽略不计,则由上式可得:

$$C_A^*=[M]=C_B^0R=C_B^0\frac{H_AkP_A^*}{1+H_AkP_A^*}$$

令 $k_1=H_Ak$,于是 $C_A^*=C_B^0\dfrac{k_1P_A^*}{1+H_AkP_A^*}$

变换如下:

$$C_A^*=C_B^0\frac{1}{\dfrac{1}{k_1P_A^*}+1} \tag{7-41}$$

由此可见:①溶液的吸收能力 C_A^* 随 P_A^* 增大而增大,溶液的吸收能力 C_A^* 随 k 增大而减小;② 溶液的吸收能力还受活性组分起始浓度 $C_B{}^0$ 的限制,$C_A^*\leqslant C_B^0$(只能趋近于而不能超过)。

例 7-2 **在 20 ℃ 下,用水吸收空气中的 SO_2,达到吸收平衡时,SO_2 的平衡分压为 5.05 kPa,如果只考虑 SO_2 在水中的一级解离,求此时水中 SO_2 的溶解度。已知该条件下 SO_2 溶解度系数 $H=1.56\times10^{-2}$ kmol/(kPa · m³),一级解离常数为 $K_1=1.7\times10^{-2}$ kmol/(kPa · m³)。**

解: 考虑解离情况下 SO_2 的吸收情况可以表示为以下两个过程:

扩散传质过程 $SO_2(g) \longrightarrow SO_2(l)$

解离过程 $SO_2 + H_2O \longrightarrow H^+ + HSO_3^-$

由传质平衡可以求得吸收液中 SO_2 的浓度：

$$c_A = Hp_A^* = 1.56 \times 10^{-2} \times 5.05 = 0.078\,8\ (\text{kmol/m}^3)$$

由吸收液中 SO_2 的浓度，根据解离平衡，求得 HSO_3^- 浓度：

$$K_1 = \frac{[H^+][HSO_3^-]}{[SO_2]}$$

$$[HSO_3^-] = \sqrt{K_1[SO_2]} = \sqrt{1.7 \times 10^{-2} \times 0.078\,8} = 0.036\,6\ (\text{kmol/m}^3)$$

所以溶液中溶解的 SO_2 总体浓度如下：

$$[SO_2] + [HSO_3^-] = 0.078\,8 + 0.036\,6 = 0.115\,4\ (\text{kmol/m}^3)$$

即溶液中溶解的 SO_2 总浓度为 0.115 4 kmol/m^3。

（二）伴有化学反应的吸收速率方程

化学吸收比物理吸收具有更高的吸收速率，这是因为被吸收气体组分与吸收剂或吸收剂中活性组分发生化学反应。化学反应降低了被吸收气体组分在液相中的游离浓度，相应地增大了传质推动力和传质系数，从而提高了吸收过程的速率。

每单位接触面积的气液间化学反应吸收速率方程可用下式表示：

$$N = \beta k_L (C_{Ai} - C_{AL}) \tag{7-42}$$

其中：k_L 为未发生化学反应时液相传质分系数，亦即物理吸收的液相传质分系数，m/h；β 为由于化学反应使吸收速率增强的系数，简称增强系数，其单位无量纲；C_{Ai} 为气液界面未反应的气体溶质的浓度，kmol/m^3；C_{AL} 为在液相中未反应的气体溶质的浓度，kmol/m^3，通常是假定在液相中达到化学平衡状态下求出，反应为可逆反应即化学平衡常数 k 为无穷时，其值为零。

由于化学吸收增大传质推动力和传质系数，致使吸收过程的速率增强。为了表明其增强的程度，引入“增强系数”的概念。所谓增强系数，就是与物理吸收比较，由于化学反应而使传质系数或推动力增加的倍数。

反应吸收速率增强系数是与反应级数、反应速率常数、化学平衡常数、液相中各组分的浓度、扩散系数、液相的流动状态等诸多因素相关的较为复杂的一个系数。一般通过联立方程组函数式求解，用分析法求解较困难，只有在具有某简单形式，给出若干假定时，应用膜模型、溶质渗透膜模型和表面更新模型及其他理论才有可能求得解析解或近似解，以及应用计算机得数值求解。

四、吸收设备及计算

(一) 吸收设备

吸收过程是在塔器内进行的。为了强化吸收过程,降低设备的投资和运行费用,要求吸收设备满足以下基本要求:气液之间应有较大的接触面积和一定的接触时间;气液之间扰动强烈,吸收阻力低,吸收效率高;气流通过时的压力损失小,操作稳定;结构简单,制作维修方便,造价低廉;应具有相应的抗腐蚀和防堵塞能力。

所以,正确地选择吸收设备的型式是保证经济有效地分离或净化废气的关键。

目前,工业上常用的吸收设备的类型主要有填料吸收塔、板式吸收塔、喷淋塔、鼓泡塔、超重力吸收器等。

1. 填料吸收塔

普通填料吸收塔结构如图 7-12 所示。

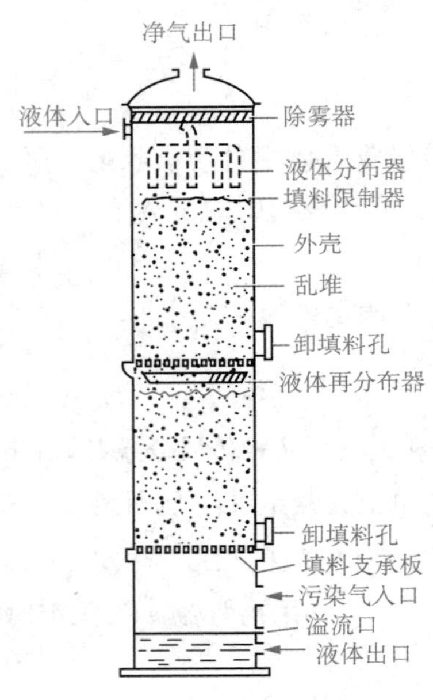

图 7-12 填料吸收塔结构

塔内填充的填料使气、液两相良好接触,达到良好传质效果。在塔内气、液两相并流或逆流过程中,液体将填料表面充分润湿,气体在填料空隙间的不规则通道中流动,气液两相在填料表面连续接触(也称微分接触),塔内气、液两相的浓度呈连续变化。为提高吸收效果,应使流体间有良好的、尽可能大的接触表面,而这是由流体经填料表面形成的,因而高性能的填料和流体的均匀分布是填料吸收塔高效率的两个关键。性能优良的填料应具有比表面积大、空隙率大、压降小、耐腐蚀、耐用、重量轻等特点。根据制作材料,填料可分为实体填料和网体填料两大类:实体填料如拉西环、鲍尔环、鞍形填料、波纹填料等;网体填料则是由丝网制成的各种填料,如鞍型网、θ 网环填料等。根据装填方式,可分为乱堆填料和规整填料两大类:乱堆填料为各种颗粒性填料,如拉西环、鲍尔环、鞍形填料、θ 网环等;规整(整砌)填料如实体波纹板、栅格板、波纹网、平行板等。一般规整填料较乱堆填料压降低、阻力小。详细资料可查有关化工手册。液体喷淋装置及液体再分布装置的结构和性能直接影响吸收剂在填料吸收塔内的分布情况,进而影响填料表面的有效利用率及脱除污染物的效果。液体喷淋装置有多种,可分为管式、莲蓬式、盘式等。液体再分布装置可分为截锥式、升气管式等。详细资料可参考相关的化工手册。普通填料吸收塔具有结构简单、阻力小、便于用非金属耐腐蚀材料制造、适于小直径等优点。但用于大直径时,往往效率低、造价高。一般来说,填料吸收塔,尤其是乱堆填料吸收塔不适用于气、液相中含有较多固体悬浮物的场合,如燃

煤锅炉尾气中含有大量烟尘，直接进入填料吸收塔很容易堵塞，造成压降过大。但规整填料中的栅格填料适用于气体通量大、要求阻力小、液体含有固体悬浮物的场合（如日本三菱重工的钙法脱硫即采用栅格填料吸收塔），安装时要特别注意水平和液体的均匀分布。

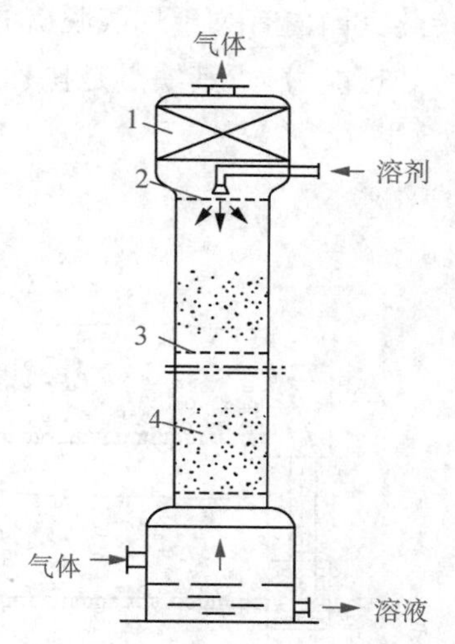

1—除沫器；2—挡球网；3—栅（筛）板；4—小球

图 7-13　湍球塔结构

湍球塔是一种特殊的填料吸收塔（见图 7-13），塔内分层装有若干很轻的湍球。气体以很高的速度通过流层使湍球处于流化状态。湍球表面的液膜是气液传质的主要场合，而且处于不断更新的状态，因而塔内传质、传热效率高。它的优点是气、液分布均匀，不易堵塞，适用于快速化学反应吸收过程（如用水吸收氨，碱液吸收含 HCl 废气，NaOH 溶液吸收含 SO_2 废气等）以及除尘过程。与普通填料吸收塔相比，湍球塔塔径可缩小。其缺点是塔内有一定程度的返混，传质效果受到一定影响。此外，湍球材料的选择及防球的老化、破损等是长期操作要考虑的问题。

2. 板式吸收塔

板式吸收塔内沿塔高装有多块板式分离部件（塔板），板上开有不同形状的小孔。气液逆流操作时，液体靠重力作用逐板往下流动，并在各板上形成流动的液层。气体则靠压强差推动，自下依次穿过塔板上的小孔及塔板上方的液层而向上流动，气、液两相在塔内逐级接触传质、传热和（或）化学反应，因而两相的组成沿塔高呈阶跃变化，而不是像填料吸收塔那样呈连续变化。与填料吸收塔相比，通常板式吸收塔空塔速度较高，因而处理能力较大，但压降也较大。大直径板式吸收塔较同直径填料吸收塔轻，造价低，检修清理容易。板式吸收塔放大时，塔板效率较为稳定。

板式吸收塔可分为有降液管及无降液管（穿流板）两类；按在塔板上气液两相的流动关系，可分为错流型（如一般单流型及双流型）、逆流型（如穿流板）及并流型（如气体提升管型的卧式塔）；按气液两相在塔板上的接触状态，可分为鼓泡状态、喷射状态和过渡状态 3 种。塔板的结构形式有多种，如筛板、垂直筛板、旋流板、泡罩板、浮筏板、舌形板、浮动喷射板等。各种塔板结构和相应塔型的区别主要就在于板上开启的气体通道的形式不同，通道形式对板式吸收塔的性能影响较大。

筛板塔是一种简单的板式吸收塔，塔板上根据设计开有 $\Phi 2 \sim 8$ mm 的圆孔。筛板塔具有结构简单、造价低、安装容易、清洁方便等特点，应用较广。

泡沫塔的结构类似于筛板塔，不同之处在于它的降液管设在塔外（见图 7-14），做成箱状，以破坏泡沫，便于溢流。由于塔板上有一层泡沫，气液间有巨大的接触面，有利于传质、传热。国内有关于烟气脱硫的报道。穿流塔没有降液管，与普通板式塔相比，它开孔率大，处理能力强；其缺点是操作弹性小，废气流量过大、过小均会造成不正常操作，影响净化效果。

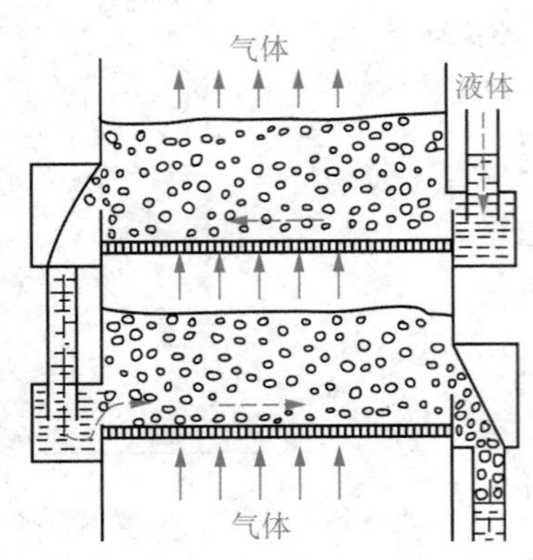

图 7-14　泡沫塔结构

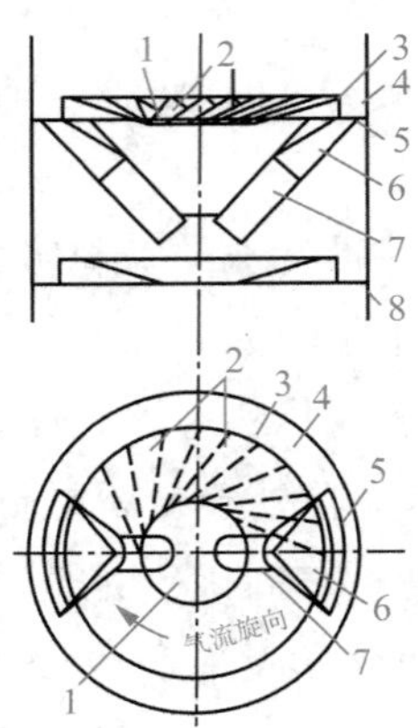

1—盲板；2—旋流叶片；3—罩筒；4—集液槽；
5—溢流口；6—异形接管；7—圆形溢流管；8—塔壁

图 7-15　旋流塔板

旋流塔板（见图 7-15）由类似风机的叶片及中央盲板等组成，气流自下而上通过旋流板叶片时，产生旋转和离心运动，与加入盲板被分配流向各叶片的液体激烈碰撞、混合，实现传质、传热与除尘。被强大旋转气流喷散成液滴的液体被甩向塔壁，气液分离，完成吸收过程。旋流板的开孔率较大，压降低，不易堵塞，操作弹性也较大，适合用于除尘或快速反应吸收过程。国内大量用它来脱除烟气中 SO_2 及烟尘。由于板上气液接触时间很短，对于慢速或中速化学反应吸收过程，一般其净化效率比普通板式塔低些。

3. 喷淋塔

在喷淋塔内，液体呈分散相，气体为连续相（见图 7-16），一般气液比较小，适用于极快或快速化学吸收过程。

喷淋塔结构简单，压降低，不易堵塞，气体处理能力大，投资费用低。其缺点是效率较低，占地面积大，气流速度大时雾沫夹带较板式塔重。目前，国内外大型电厂锅炉烟气脱硫大部分采用直径很大（$>$10 m）的喷淋塔，由于使用新的液流通道很大的大型喷头，尽管钙法脱硫液中悬浮物的体积分数高达 20%～25%，也不会堵塞。一般采用很大的液气比以弥补喷淋塔传质效果差的不足。

为保证净化效率，应注意使气、液分布均匀、充分接触。喷淋塔通常采用多层喷淋。旋流喷淋塔可增加相同大小的塔的传质单元数，卧式喷淋塔的传质单元数较少。喷淋塔的关键部件是喷嘴，它常常是喷淋塔能否成功的关键之一。

文丘里（喷雾器）是一种常用的湿式除尘、吸收设备，在湿式除尘中使用更多。

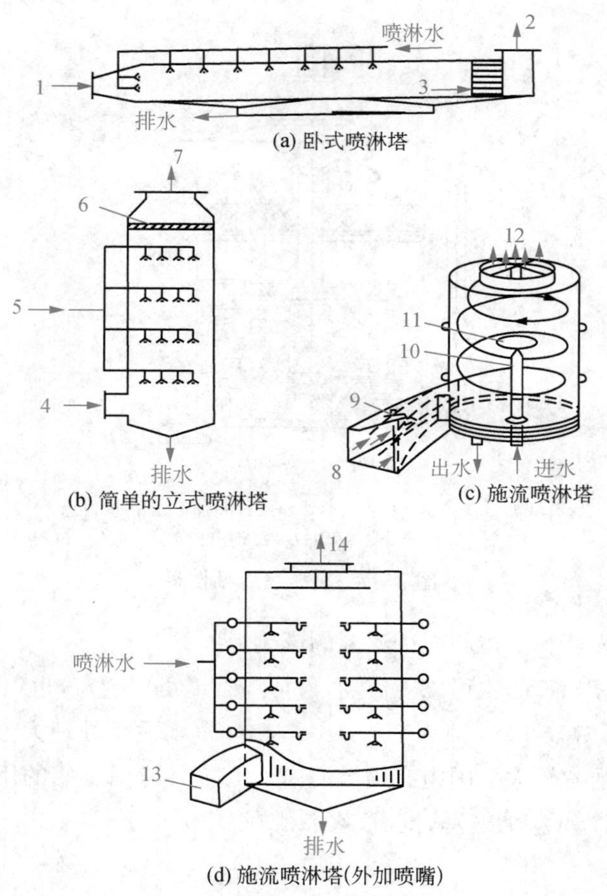

(a) 卧式喷淋塔
(b) 简单的立式喷淋塔
(c) 施流喷淋塔
(d) 施流喷淋塔(外加喷嘴)

1、4、8、13—气体进口；2、7、12、14—气体出口；
3、6—除雾器；5—喷淋水；9—调节板；10—多管喷嘴；11—防爆盘

图 7-16　各种类型的喷淋

机械喷洒吸收器是另一种结构不同的吸收器,优点是效率较高、压降小、尺寸小,适用于少量液体吸收大量气体;但它能耗较高,结构较为复杂。机械喷洒吸收器的形式有多种,但共同的特点是不用喷嘴,而是靠机械转动,将液体喷洒开来形成大量雾滴,与连续相的气体接触进行传质。机械喷洒吸收器有浸入式转动锥体吸收器（见图 7-17)和卧式机械喷洒吸收器等形式。

4. 鼓泡塔

鼓泡塔的圆柱形塔内存有一定量液体,气体从下部多孔花板下方通入,穿过花板时被分散成很细的气泡,在花板上形成一鼓泡层,使气液间有很大的接触面。由于该塔形可以保证足够的液相体积和足够的气相停留时间,故它适于进行中速或慢速反应的化学吸收。鼓泡塔中易发生纵向环流,导致液体在塔内上下翻滚搅动、纵向返混,效率降低,可采用塔内分段

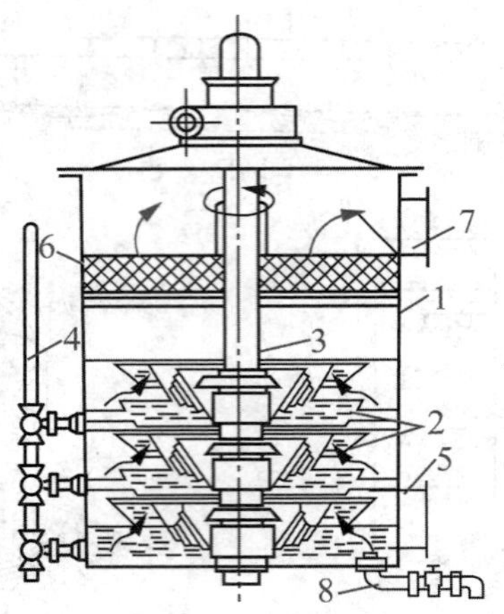

1—外壳；2—盘形槽；3—有喷洒器的轴；4—液体进口；
5—气体进口；6—除沫器；7—气体出口；8—液体出口

图 7-17　机械喷洒吸收器

或设置内部构件、加入填料等措施减少返混的影响。

鼓泡塔中液体可以流动，也可以不流动；液体与气流可以逆流，也可以并流（见图 7-18）。鼓泡塔的空塔速度通常较小（一般为 30～1 000 m/h），不适宜处理大流量气体；压力损失主要取决于液层高度，通常较大。国内有用鼓泡塔作为气、液、固三相的反应场所，进行废气治理（如软锰矿浆处理含 SO_2 烟气）的报道，效果很好。

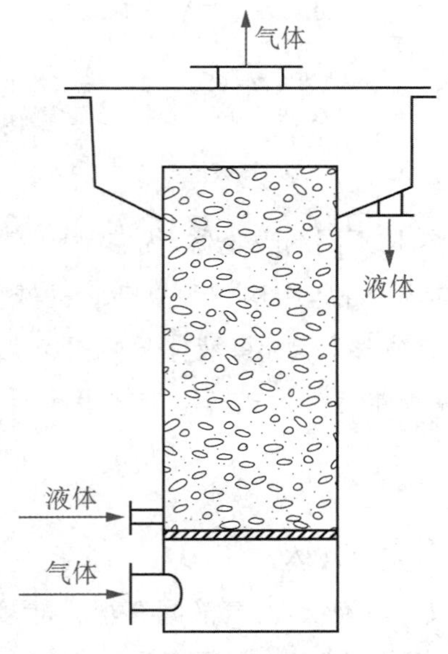

图 7-18　连续鼓泡层吸收器

表 7-2 常用吸收设备的操作参数及优缺点比较

名称	操作要点	优点	缺点
填料吸收塔	液气比 1～10 L/m^3 喷淋密度 6～8 m^3/(m^2·h) 压力损失 500 Pa 空塔气速 0.5～1.2 m/s	结构简单，制造容易；填料可用耐酸陶瓷，易解决防腐问题；流体阻力小，能量消耗低；操作弹性大，运行可靠	气速过大会形成液泛，处理能力低；填料多，重量大，检修时劳动量大，直径大时，气液分布不均，传质效率下降
湍球塔	空塔气速 0.02～3.5 m/s 喷淋密度 20～110 m^3/(m^2·h) 压力损失 1.5～3.8 kPa	气液接触良好，相接触面不断变更，传质系数不断变大；空塔气速大；球体湍动，互相碰撞，不易结垢与堵塞	气液接触时间短，不适宜吸收难溶气体；气速不够大时，小球不能浮起，不能运转，小球易损坏渗液，影响正常操作
鼓泡塔	空塔气速 1.0～4.0 m/s 常用空塔气速＜0.5 m/s 液层厚度 0.2～3.5 m	装置简单，造价低，易于防腐蚀；塔内存液多，吸收容量大；气液接触时间长，利于慢速反应的化学吸收	空塔气速低，不适宜处理大气量废气；液层厚，压力损失大，能耗高
筛板塔	空塔气速 1.0～4.0 m/s 小孔气速 16～22 m/s 液层厚度 40～60 mm 单板阻力 300～600 Pa 喷淋密度 12～15 m^3/(m^2·h)	结构较简单，空塔速度高，处理气量大；能够处理含尘气体，可以同时除尘、降温、吸收；大直径塔检修方便	安装要求严格，塔板要求水平；操作弹性较小，易形成偏流和漏液，致使吸收率下降
斜孔板塔	空塔气速 0.5～2.0 m/s 液层厚度 30～40 mm 单板阻力 270～340 Pa	空塔气速高，处理能力大，气体交叉斜喷，加强了气液接触和传质，吸收效率高；可处理含尘气体，不易堵塞	结构比筛板塔复杂，制造也较困难；安装要求严格，容易偏流
喷淋塔	空塔气速 0.5～2.0 m/s 液气比 0.6～1.0 L/m^3 压力损失 100～200 Pa	结构简单，造价低，操作容易；可同时除尘、降温、吸收，压力损失小	气液接触时间短，混合不易均匀，吸收率低；液体经喷嘴喷入，动力消耗大，喷嘴易堵塞产生雾滴，需要设除雾器
文丘里	喉口气速 30～100 m/s 液气比 0.3～1.2 L/m^3 压力损失 0.8～9 kPa 水压 0.2～0.5 MPa	结构简单，设备小，占空间小；气速高，处理气量大，气液接触好，传质好，可同时除尘、降温、吸收	气液接触时间短，对于难溶气体或慢反应吸收率低；压力损失大，动力消耗多

五、吸收设备的设计

（一）设计计算依据和步骤

1. 设计计算依据

① 单位时间内所处理的气体流量；②气体的组成成分；③被吸收组分的吸收率或净化后气体的浓度；④使用何种吸收液；⑤吸收操作的工作条件，如工作压力、操作温度等。

其中：③④⑤多数情况下是设计者选定的，但是确定时要考虑经济效益，取最佳条件。

2. 设计步骤

(1) 吸收剂的选择。吸收剂性能的优劣是决定吸收操作效果的关键之一。

要求:

① 对溶质的溶解度大,以提高吸收速度并减少吸收剂的需用量。

② 对溶质的选择性好,对溶质组分以外的其他组分的溶解度要很低或基本不吸收;挥发性低,以减少吸收和再生过程中吸收剂的挥发损失。

③ 操作温度下吸收剂应具有较低的黏度,而且不易产生泡沫,以实现吸收塔内良好的气流接触状况。

④ 对设备腐蚀性小或无腐蚀性,尽可能无毒。

⑤ 要考虑到价廉、易得、化学稳定性好、便于再生、不易燃烧等经济和安全因素。

说明以下几点:

① 水是常用的吸收剂。常用于净化煤气中的 CO_2 和废气中的 SO_2、HF、SiF_4 以及去除 NH_3 和 HCl 等。

优点:加压和低温下吸收,降压和升温下解吸,价廉易得,流程设备简单。

缺点:净化效率低,设备庞大,动力消耗大。

② 碱金属钠、钾、铵或碱土金属钙、镁等的溶液,也是很有效的吸收剂。

优点:它们能与气态污染物 SO_2、HCl、HF、NO_x 等发生化学反应,因而吸收能力大大提高,净化效率高,液气比低。例如,用水或碱液净化气体中的 H_2S 时,理论值可推算出,H_2S 在 pH=9 的碱液中的溶解度为 pH=7 的中性水的 50 倍,H_2S 在 pH=10 的碱液中的溶解度为 pH=7 的中性水的 500 倍。

缺点:化学吸收流程长,设备较多,操作也较复杂,吸收剂价格较贵,同时由于吸收能力强,吸收剂不易再生。

(2) 温度和压力。通常温度降低,压力升高,则气体溶解度增大。实际中,要考虑加压、冷却所需的费用及工艺上造成的经济效益问题。

(3) 确定吸收剂的用量。

根据生产经验,$L_S=(1.1\sim 2)G_B(L_S/G_B)_{\min}$;

对于低浓度气体的吸收,$L=(1.1\sim 2)G(L/G)_{\min}$。

(4) 根据物料平衡、相平衡、传质速率方程式和反应动力学方程式确定吸收设备主要尺寸。

(5) 压损的计算。

(二) 填料塔的计算

1. 填料的选择

作用:可为气液传质提供良好的传质条件。

基本要求:①具有较大的比表面积和良好的润湿性;②有较高的孔隙率(多在 0.45~0.95);③对气流的阻力较小;④填料的尺寸要适当,通常不应大于塔径的 1/10~1/8;⑤耐腐

蚀，机械强度大，造价低，堆积密度小，稳定性好等。

2. 液泛气速与填料塔的压降

液泛气速：填料塔正常操作气速的上限。当空气气速超过液泛气速时，填料塔持液量迅速增加，压降急剧上升，气体夹带液沫严重，填料塔的正常操作被破坏。

填料塔的压降影响动力消耗和正常操作费用。影响压降和液泛气速的因素很多，主要有填料的特性、气体和液体的流量及物理性质等。

3. 填料塔塔径的计算

D 取决于处理的气体量 Q 和适宜的空塔气速 u_0：

$$D=\sqrt{\frac{4Q}{\pi u_0}} \tag{7-43}$$

其中：D 为塔径，m；Q 为处理气量，m^3/s；u_0 为空塔气速，m/s。

Q 一定时，如果空塔气速小，塔径就大，则动力消耗少，但设备投资高；如果空塔气速大，塔径就小，则动力消耗大，但设备投资少。根据生产经验：① 由 u_t 确定，$u_0=0.66\sim0.80u_t$，其中 u_t 为液泛速度；②从有关手册中查得。

另外要注意，由式(7-43)算出的塔径应进行圆整，按照国内压力公称直径(JB 1153—73)：$\Phi<1$ m，间隔为 100 mm；$\Phi>1$ m，间隔为 200 mm。

4. 最小吸收剂用量 $L_{S\min}$ 的计算

设化学反应的方程式为 $A+bB\longrightarrow C$，进行物料衡算有：

$$G_B(C_{G_1}-CG_2)=\frac{L_S}{b}(C_{B_1}-C_{B_2})+L_S(C_{A_1}-C_{A_2}) \tag{7-44}$$

对于快速反应与瞬时反应，$L_S(C_{A1}-C_{A2})$ 可忽略不计，吸收最小用量相当于 $CB_1=0$ 时的吸收剂用量：

$$L_{S\min}=\frac{G_B(C_{G_1}-C_{G_2})B}{C_{B_2}} \tag{7-45}$$

其中：C_{A1}、C_{A2} 分别为气体入口与出口处溶液中组分 A 的摩尔浓度，$kmol/m^3$；C_{B1}、C_{B2} 分别为气体入口与出口处溶液中组分 B 的摩尔浓度，$kmol/m^3$；C_{G1}、C_{G2} 分别为气体入口与出口处气体中组分 A 的摩尔浓度，$kmol/m^3$。

例 7-3 **一逆流操作的填料塔中，用清水吸收混合气中的氨。混合气流率为 300 kmol/($m^2\cdot h$)，其氨含量 $y_1=5\%$，出塔净化器含量 $y_2=0.1\%$(均为摩尔分率)。操作条件下气液平衡关系服从亨利定律，$y=1.2x$，实际液气比为最小液气比的 2 倍，试计算清水用量和出塔氨水浓度 x_1。**

解：属于低浓度气体吸收，而且气液平衡关系服从亨利定律。

最小液气比：

$$\left(\frac{L}{G}\right)_{\min}=\frac{y_1-y_2}{\dfrac{y_1}{m}-x_2}=\frac{0.05-001}{\dfrac{0.05}{1.2}-0}=1.18$$

清水用量：

$$L=2G\left(\frac{L}{G}\right)_{\min}=2\times300\times1.18=708\ [\mathrm{kmol/(m^2\cdot h)}]$$

出塔氨水浓度：

$$x_1=\frac{y_1-y_2}{\dfrac{L}{G}}+x_2=\frac{0.05-0.001}{2\times1.18}+0=0.020\ 8=2.08\%$$

5. 填料层高度的计算

填料吸收塔计算的一项重要内容是确定填料层高度，有理论级法和传质速率法（后者又称传质单元数和传质单元高度法）。下面重点讨论物理吸收的传质单元高度法。

（1）基本关系式的导出。如图 7-19 所示，塔内某一微分段填料层 $\mathrm{d}H$ 中的传质面积 $\mathrm{d}A(\mathrm{m}^2)$如下：

$$\mathrm{d}A=a\Omega\mathrm{d}H \tag{7-46}$$

其中：Ω 为塔截面积，m^2；a 为单位体积填料层所提供的传质面积（称为有效比表面积），$\mathrm{m}^2/\mathrm{m}^3$。

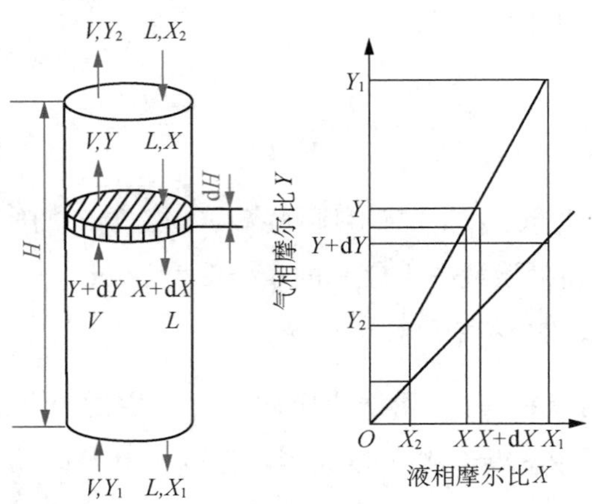

图 7-19 微元填料层的物料

对微分段 dH 内的气态污染物进行物料衡算，可得：

$$dG = VdY = LdX = K_Y(Y - Y^*)dA = K_Y(X^* - X)dA$$

其中：dG 表示 dH 微分段内、单位时间气态污染物的传递量(kmol/s)。

整理后可得微分段高 dH 表达式：

$$dH = \frac{V}{K_Y a\Omega} \cdot \frac{dY}{Y - Y^*} \tag{7-47}$$

$$dH = \frac{L}{K_X a\Omega} \cdot \frac{dX}{X^* - X} \tag{7-48}$$

以上两式中，单位体积填料层内的有效接触面积 a 是单位体积填料层内的有效接触面积。a 值不仅与填料的形状、尺寸及填充状况有关，而且受流体物性及流动状况的影响。a 值难以直接测定，为此常将它与吸收系数的乘积视为一体，作为一个整的物理量看待，一并测定，称为体积吸收系数。K_Y 及 K_X 则分别为气相总体积吸收系数和液相总体积系数，其单位为 kmol·(m^3·s)。其物理意义是在单位推动力、单位时间、单位体积填料层内吸收的气态污染物。

对于稳定操作的吸收塔，Ω、V 为常数，将式(7-47)积分，可得所需填料层高度 H(m)：

$$H = \int_{Y_2}^{Y_1} \frac{V}{K_Y a\Omega} \frac{dY}{Y - Y^*} \tag{7-49}$$

当气相污染物含量极低时，Y 较小，可以认为包含气态污染物 A 在内的气体流量 V 及液流量 L 在全塔中基本上不变，并等于惰性气体流量 V 及 L，气、液相的物性变化也较小，因而各截面上的体积传质系数 $K_Y\alpha$ 变化不大，可视为一个和塔高无关的常数。可取平均值，于是：

$$H = \frac{V}{K_Y\alpha\Omega} \int_{Y_2}^{Y_1} \frac{dY}{Y - Y^*} \tag{7-50}$$

同理可得：

$$H = \frac{L}{K_X\alpha\Omega} \int_{X_2}^{X_1} \frac{dX}{X^* - X} \tag{7-51}$$

(2) 低浓度气体传质单元高度和传质单元数。由于式(7-50)等号右端式 $V/KY\alpha\Omega$ 的单位为高度单位 m，故称其为气相总传质单元高度，以 H_{OG} 表示：

$$H_{OG} = \frac{V}{K_Y\alpha\Omega} \tag{7-52}$$

式(7-50)等号右端式$\int_{Y_2}^{Y_1}\frac{\mathrm{d}Y}{Y-Y^*}$的积分是无因次数值，称为气相总传质单元数，以$N_{OG}$表示：

$$N_{OG}=\int_{Y_2}^{Y_1}\frac{\mathrm{d}Y}{Y-Y^*} \tag{7-53}$$

故有：

$$H=H_{OG}N_{OG} \tag{7-54}$$

同理可得：

$$H=H_{OL}N_{OL} \tag{7-55}$$

及

$$H_{OL}=\frac{L}{K_X\alpha\Omega} \tag{7-56}$$

$$N_{OL}=\int_{X_2}^{X_1}\frac{\mathrm{d}X}{X^*-X} \tag{7-57}$$

其中：H_{OL}为液相总传质单元高度，m；N_{OL}为液相总传质单元数，量纲为1。

因此，填料层高度计算的通式如下：

填料层高度＝传质单元高度×传质单元数

采用不同的吸收速率方程，可得到形式类似的不同的计算填料层高度的关系式。若所用的传质速率方程是膜速率关系式，如$N_A=K_Y(Y_A-Y_{A_1})$或$N_A=K_X(X_{A_1}-X_A)$，则：

$$H=H_GN_G \tag{7-58}$$

$$H=H_LN_L \tag{7-59}$$

其中：H_G、H_L分别表示气相传质单元高度$\frac{V}{K_Y\alpha\Omega}$，以及液相传质单元高度，$\frac{L}{K_X\alpha\Omega}$；$N_G$、$N_L$表示气相传质单元数$\int_{Y_2}^{Y_1}\frac{\mathrm{d}Y}{Y-Y_1}$及液相传质单元数$\int_{X_2}^{X_1}\frac{\mathrm{d}X}{X_1-X}$。

上述传质单元数N_{OG}、N_{OL}、N_G、N_L表达式中的分子为气相(或液相)组成(摩尔比)的变化，分母为过程的推动力，它综合反映了完成该吸收过程的难易程度，其大小取决于分离要求的高低和整个填料层平均推动力大小，它与吸收的分离要求、平衡关系、气液比有关，与设备的型式和设备中气、液两相的流动状况等无关。吸收过程所需的传质单元数越多，表面吸收剂的吸收性越能差，或用量太少，或表明分离的要求高。

传质单元高度H_{OG}、H_{OL}、H_G、H_L表示达到一个传质单元分离效果所需的塔高，是吸收设备传质效能高低的反映，其大小与设备的型式、设备中气液两相的流动条件有关，H_{OG}可视为$\frac{V}{\Omega}$和$\frac{1}{KY_\alpha}$的乘积，$\frac{V}{\Omega}$为单位塔截面上惰性气体的摩尔流量，$\frac{1}{KX_\alpha}$反映传质阻力的大

小。常用填料的 H_{OG}、H_{OL}、H_G、H_L 大致在 0.5～1.5 m。

(3) 传质单元数的计算。传质单元数的表达式中，Y^*（或 X^*）是液相（或气相）的平衡组成（摩尔比），需要用相平衡关系确定。因此，根据平衡关系是直线还是曲线，传质单元数的计算有不同的方法。

① 平衡关系为直线时（平均推动力法）。当平衡关系为直线时，可用解析法求传质单元数。因操作线为直线，所以当平衡线也为直线时，操作线与平衡线间的垂直距离 $\Delta Y = Y - Y^*$（或 $\Delta X = X^* - X$），亦为 Y（或 X）的直线函数（见图 7-20）。

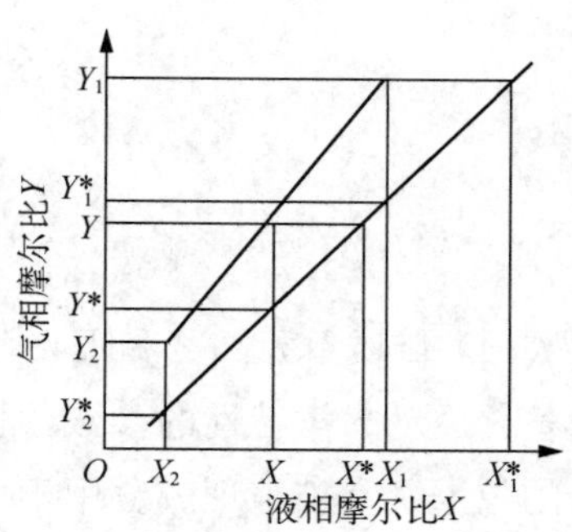

图 7-20　操作线与平衡线均为直线时的总推动力

据此可由式(7-53)导出气相总传质单元数 N_{OG}：

$$N_{OG} = \frac{Y_1 - Y_2}{\Delta Y_m} \tag{7-60}$$

$$\Delta Y_m = \frac{\Delta Y_1 - \Delta Y_2}{\ln(\Delta Y_1 / \Delta Y_2)} \tag{7-61}$$

其中：ΔY_1 为塔底的气相总推动力，$\Delta Y_1 = Y_1 - Y_1^*$；ΔY_2 为塔顶的气相总推动力，$\Delta Y_2 = Y_2 - Y_2^*$；ΔY_m 为过程平均推动力，等于吸收塔两端以气相组成差表示的总推动力的对数平均值。

类似地，对于液相有：

$$N_{OL} = \frac{X_1 - X_2}{\Delta X_m} \tag{7-62}$$

其中：ΔX_m 为平均推动力，吸收塔两端以液相组成（摩尔比）差表示的总推动力的对数平均值。

② 平衡关系为曲线时（图解积分法）。当平衡关系为曲线时，难以用解析法求传质系数，通常采用图解积分法求传质单元数：

$$N_{OG} = \int_{Y2}^{Y1} \frac{\mathrm{d}Y}{Y - Y^*} \tag{7-63}$$

图解积分步骤如下：

a. 由操作线和平衡线求出与 Y 相应的 $Y - Y^*$，如图 7-21(a)所示。

b. 在 Y_1 到 Y_2 的范围内作 $Y - [1/(Y - Y^*)]$ 曲线，如图 7-21(b)所示。

c. 在 Y_1 与 Y_2 之间，$Y - [1/(Y - Y^*)]$ 曲线和横坐标所包围的面积即传质单元数，如图 7-21(b)之阴影部分所示。

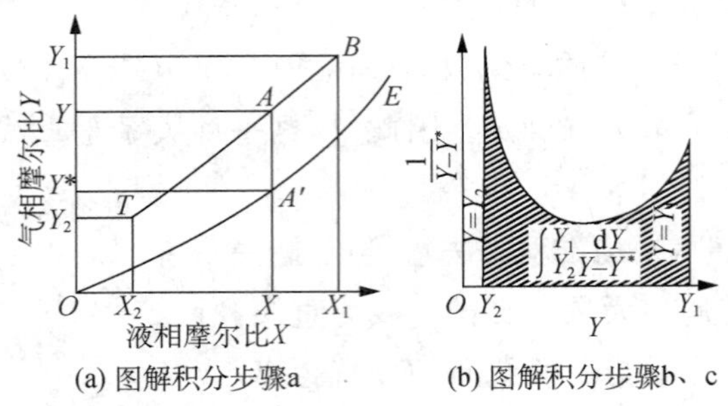

(a) 图解积分步骤a　(b) 图解积分步骤b、c

图 7-21　图解积分法求 N_{OG}

(4) 传质单元高度和吸收系数。传质单元高度或吸收系数是反映吸收过程物料体系及设备传质动力学特性的参数，是吸收塔设计计算的必需数据，多通过实验测定获得；实验测定的数据又常被整理成适用于一定条件和范围的经验公式以供计算时选用，故也可从有关手册、资料中查取。通常，对同一种填料来说，传质单元高度变化不大。

实验测定吸收系数一般在中间试验设备上或生产装置上进行。根据实际操作的物质，选定一定的操作条件实验，得出分离效果，应用相应的关系式便可求出相应的吸收系数或传质单元高度。

例如，在一填料层高度为 H、塔径为 D 的填料塔内，用一气态污染物含量（摩尔比）为 X_2 的吸收剂 S 吸收空气混合气中的溶质 A，吸收剂用量为 L，废气量为 V，其中气态污染物含量（摩尔比）为 Y_1。经实验可测得废气和吸收剂的出口组成（摩尔比）Y_2 和 X_1，当所设计的浓度范围内平衡关系为直线时，则根据平衡关系和已知的 Y_1、X_2、V、Ω 以及测得的 X_1、Y_2，由下式：

$$H=\frac{V}{K_Y a\Omega}\cdot\frac{Y_1-Y_2}{\Delta Y_m}=H_{OG}N_{OG}$$

求出 $K_Y\alpha$：

$$K_Y\alpha=\frac{V}{H\Omega}\frac{Y_1-Y_2}{\Delta Y_m}$$

测定气膜或液膜吸收系数时，通常是设法在另一相的阻力可被忽略或可以推算的条件下进行实验。例如，可用以下步骤求出用水吸收低浓度氨气时的气膜体积吸收系数 $(k_G\alpha)NH_3$，由下式计算 $(k_G\alpha)NH_3$ 的值：

$$\frac{1}{K_G\alpha}=\frac{1}{k_G\alpha}-\frac{1}{Hk_L\alpha} \tag{7-64}$$

为了求出式(7-64)中的 $(k_L\alpha)$ NH_3，可选一种在水中溶解度很小的溶质，如 O_2，在相同

条件下用水吸收，测得 $(K_L\alpha)O_2$。因为气膜阻力可以忽略，故 $(K_L\alpha)O_2=(k_L\alpha)NH_3$。然后，利用两种不同的溶质 NH_3 与 O_2 的吸收系数的关系，求出 $(k_L\alpha)NH_3$：

$$(k_L a)_{NH_3}=(k_L a)_{O_2}\left(\frac{D'_{NH_3}}{D'_{O_2}}\right)^{0.5}$$

最后由式(7-64)求出 $(k_G\alpha)NH_3$。

（三）板式吸收塔计算

1. 吸收过程的多级逆流理论板模型

板式吸收塔的塔高可以用多级逆流的理论板模型进行描述和计算，如图 7-22 所示。废气（组成即摩尔比为 Y_0）从塔底进入第 1 级理论板，从塔顶的第 N 级理论板流出。吸收剂（组成即摩尔比为 X_0）则从塔顶进入第 N 级理论板，从塔底第 1 级理论板流出。在塔中，在每一级理论板上，气体与上一级板流下的液体接触，气相中溶质 A 被吸收转入液相，气相中组分 A 浓度降低，液相中组分 A 浓度升高，最后 A 在两相间达到平衡。之后，气体继续向上进入上级理论板，液体则流入下一级理论板，分别与该级上的液相（气相）传质并达相平衡。最后，从第 N 级理论板出去的气相组成（摩尔比）Y_N 降低到要求的 Y_{out}。此 N 即此吸收过程所需的理论板数。

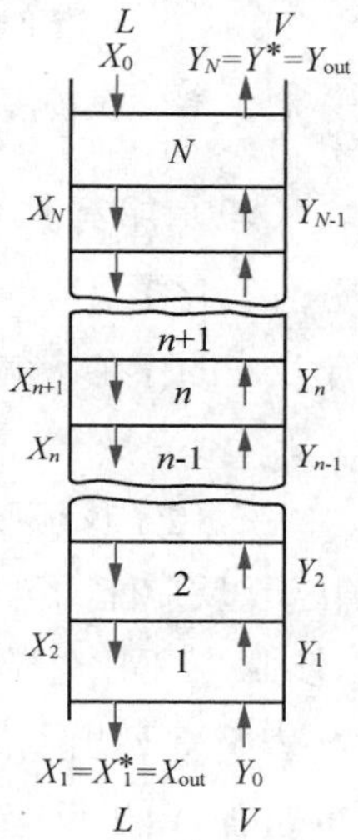

图 7-22　多级逆流理论板模型

但实际上，塔内各板上气、液间并未达平衡，因而实际所需塔板数大于理论塔板数，实际所需塔板数 N_p 可用下式确定：

$$N_P=\frac{N}{\eta} \tag{7-65}$$

其中：η 为塔效率。

2. 理论板数的计算

（1）逐板计算法求理论板数。由塔的某一端开始，根据“离开同一个理论板气、液相组成（摩尔比）呈平衡关系，相邻板间的气、液相组成（摩尔比）服从操作线方程的原则”进行逐板计算，直至两相组成（摩尔比）达到塔的另一端点的组成（摩尔比）为止。在计算过程中，平衡线的使用次数即理论板数。如从塔底端点开始进行逐板计算，其步骤如下所述：

① 由已知的气体初始组成（摩尔比）Y_0 和吸收分离要求 E_A，求出塔顶尾气组成（摩尔比）Y_{out}，$Y_{out}=(1-E_A)Y_0$。

② 由给定的操作条件确定高浓端 (X_{out}, Y_0) 和低浓端 (X_0, Y_{out}) 得出操作线方程。

③ 从塔底（也可以由塔顶）开始，进行逐板计算。用平衡关系，由 X_1 求出 Y_1，用操作线方程。由 Y_1 求出 X_2；再用平衡关系，由 X_2 求出 Y_2；如此反复逐板计算，直至求出的 Y_N 等于（刚好

小于)Y_{out} 为止。运算过程中,使用吸收相平衡关系的次数 N,即吸收所需的理论板数。

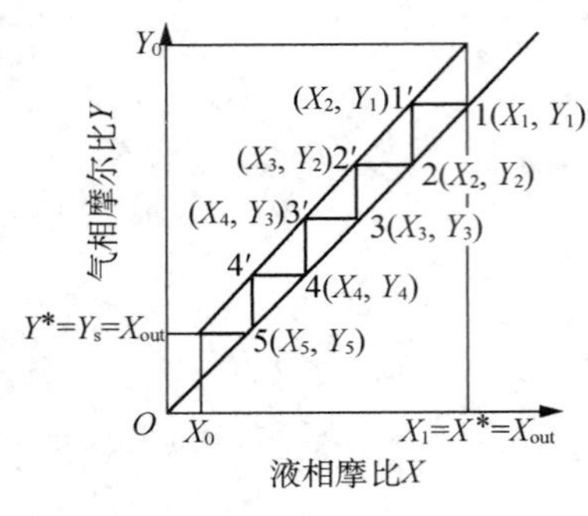

图 7-23 图解法求理论板数

(2) 图解法求理论板数。图解法的实质是根据逐板法理论板的原理,用图解来进行逐板计算。

① 在 Y-X 坐标图上绘出平衡线和操作线(见图 7-23)。

② 从操作线上的塔底高浓度端 (X_{out}, Y_0) 开始(也可以从塔顶开始),向下作一垂直线,与平衡线交于点 1,然后由点 1 作水平线与操作线交于点 $1'$。再由点 $1'$ 作垂直线与平行线交于点 2 的 X_2,由点 2 作水平线与操作线交于 $2'$ 得 X_3,如此反复作阶梯,直至 Y 等于或刚好小于 Y_N 为止,绘出的阶梯数为理论板数,如图 7-23 所示为 5 块理论板。

(四) 伴有化学反应的吸收塔计算

伴有化学反应的吸收设备的选择与物理吸收类似,其设备的计算原则也基本相同,只是由于化学反应的存在,影响了过程推动力的大小,并进而影响到吸收速率及吸收设备的选择与计算。

1. 设备选择与强化

伴有化学反应吸收设备的选择往往与化学反应的类型密切相关。化学吸收中反应过程的快慢、反应能力与扩散传质能力的相对大小决定了吸收过程的控制过程或步骤。控制过程(步骤)不同,选择设备及强化过程的措施时也有不同考虑。

表 7-3 列出了伴有化学反应吸收的几种主要设备的特性及适用范围。对于 β 与 γ 值较大的过程,由于反应速度快,过程往往由扩散控制,任何强化物质扩散的手段都会显著地提高过程的总速率。因此,要选择气液比较大或气液相界面较大、有利于传质的设备,如喷雾塔、文丘里等。填料塔与淋降板式塔也常被用来处理瞬时反应与快速反应吸收过程,因为它们持液量少(气液比大)而生产强度大。强化该过程的措施也就是强化扩散、传质的措施,如增加相际接触面、增加气相或液相湍动程度、增加过程推动力、降低吸收温度、提高吸收压力等。γ 为扩散传质系数。

表 7-3 伴有化学反应吸收几种主要设备形式的特性及其适用范围

形式	相界面积液相体积/(m^3/m)	气液比	液相所占体积分率	液相体积膜体积	适用范围
喷雾塔	1 200	19	0.05	2～10	$\gamma>2$ 的极快反应和快反应
填料塔	1 200	11.5	0.08	10～100	
板式塔	1 000	5.67	0.15	40～100	$0.02<\gamma<2$ 的中速反应和慢反应,适用于气相摩尔比高,气液比小的反应
鼓泡搅拌釜	200	0.111	0.9	150～800	
鼓泡塔	20	0.020 4	0.98	4 000～10 000	$\gamma<0.02$ 的极慢反应

β 与 γ 值较小的反应速度较低的吸收过程往往属于反应动力学控制体系，故要注意保证液相体积以及足够的反应空间。要选择气液比较小、液相体积较大的设备，如鼓泡塔、鼓泡搅拌釜等。由于鼓泡塔气速低，生产强度一般不高，也常采用具有溢流管的板式塔，如泡罩塔、筛板塔、浮阀塔、浮动喷射塔等，在这些塔的多级塔盘上，气体鼓泡通过液体层，类似多个串联的鼓泡塔。强化过程的措施包括提高吸收剂中活性组分浓度、增加设备中储液量，保证反应温度等提高反应速率措施。

一般来说，为了满足废气治理中对排放尾气的严格要求，多采用瞬时反应及快速反应化学吸收，如用 NaOH 溶液吸收含 H_2S、CO_2、SO_2 等废气。

对于瞬时不可逆化学吸收过程而言，液相中活性组分浓度高低不同，可能导致过程由液膜控制或由气膜控制的区别，强化过程的措施也相应会有所不同。

2. 填料塔计算

在逆流吸收过程中的控制膜类型，由液相组分浓度 C_{LB} 和 C_{LB0}（临界浓度）的相对大小决定，这只是其中一种情况。C_{LB} 的值自塔顶至塔底逐渐减小，塔顶 $C_{LB} \geqslant C_{LB0}$ 为气膜控制，在某一截面上出现 $C_{LB}=C_{LB0}$，此截面下 $C_{LB}<C_{LB0}$，为气、液两膜控制。

如图 7-24 所示为一逆流操作填料塔示意图，进行着伴有反应 $A+qB \longrightarrow C$ 的吸收过程。图中符号意义与前节所设符号相同，但要另外增加一些定义。

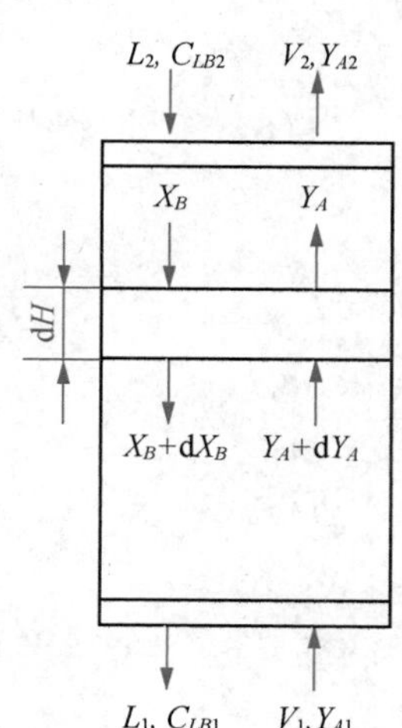

图 7-24 填料塔计算示意图

(1) C_{LB}、C_u 为液相中 B 组分及惰性组分浓度（mol/m^3）；P_u 为惰性组分气体分压（kPa）；P 为气相总压（kPa）；C_R 为液相总浓度（$mol \cdot m^{-3}$）。

如图 7-24 所示，在填料塔中取一高度为 dH 的填料层微元进行物料衡算，得：

$$V dY_A = -\frac{L dX_B}{q} = N_A \alpha dH \tag{7-66}$$

对上式进行积分：

$$H = V\int_{Y_{A2}}^{Y_{A1}} \frac{dY_A}{N_A \alpha} = \frac{L}{q}\int_{X_{B1}}^{X_{B2}} \frac{dX_B}{N_A \alpha} \tag{7-67}$$

还可以推得：

$$H = VP\int_{P_{A2}}^{P_{A1}} \frac{dP_A}{(P-P_A)^2 N_A \alpha} \tag{7-68}$$

废气中有害组分浓度很低时，$P_u \approx P$，$C_R \approx C_u$，则式(7-66)和式(7-67)可分别变换如下：

$$\frac{V}{P}\mathrm{d}P_A = -\frac{L}{qC_R}\mathrm{d}C_{LB} \tag{7-69}$$

$$H = \frac{V}{P}\int_{P_{A2}}^{P_{A1}} \frac{\mathrm{d}P_A}{N_A\alpha} = \frac{L}{qC_R}\int_{C_{LB1}}^{C_{LB2}} \frac{\mathrm{d}C_{LB}}{N_A\alpha} \tag{7-70}$$

可是，伴有化学反应时填料层高度计算与物理吸收计算式十分相似，如式(7-67)与式(7-50)、式(7-51)，不同的只是化学吸收速率式 N_A 中，比物理吸收多了一个增强因子 β 或 γ。在式(7-66)、式(7-70)中，只要将不同反应类型的化学吸收速率 N_A 代入，就可以计算相应的填料层高度 H 了。例如，伴有瞬间化学反应吸收过程，当 $C_{LB} \geqslant C_{LB0}$ 时，过程属于气膜控制，因而有：

$$H_1 = V\int_{Y_{A2}}^{Y_{ALB}} \frac{\mathrm{d}Y_A}{N_A\alpha} = V\int_{Y_{A2}}^{Y_{ALB}} \frac{\mathrm{d}Y_A}{k_{LA}p_A\alpha} = V\int_{Y_{A2}}^{Y_{ALB}} \frac{\mathrm{d}Y_A}{k_{LA}P_{yA}\alpha} \tag{7-71}$$

若 $k_{LA\alpha}$ 可视为常数，低浓度废气吸收，则 $Y_A = y_A$，$y_A = P_A/P$。

$$H_1 = \frac{V}{k_{LA}P\alpha}\int_{Y_{A2}}^{Y_{ALB}} \frac{\mathrm{d}y_A}{y_A} = \frac{V}{k_{LA}P\alpha}\ln\frac{y_{A_{LB}}}{y_{A1}} \tag{7-72}$$

当 $C_{LB} < C_{LB0}$ 时，过程属于液膜控制，由式(7-70)及下式：

$$N_A = \left[\frac{H_AP_A + \left(\frac{D_{LB}}{D_{LA}}\right)\left(\frac{C_{LB}}{q}\right)}{\frac{1}{k_{LA}} + \frac{H_A}{k_{GA}}}\right] = \frac{P_A + \frac{D_{LB}C_{LB}}{qH_AD_{LA}}}{\frac{1}{H_Ak_{LA}} + \frac{1}{k_{GA}}}$$

可得：

$$H_2 = \frac{V}{P}\int_{P_A}^{P_{A1}} \frac{\mathrm{d}P_A}{\frac{H_AP_A + \left(\frac{D_{LB}}{D_{LA}}\right)\left(\frac{C_{LB}}{q}\right)}{\frac{1}{k_{LA}}\alpha + \frac{H_A}{k_{GA}}\alpha}} \tag{7-73}$$

还可推出：

$$H_2 = \frac{L}{qC_R}\int_{C_{LB1}}^{C_{LB}} \frac{\mathrm{d}C_{LB}}{K_{LA}\alpha\left(C_{LA} + \frac{1}{q}\cdot\frac{D_{LB}}{D_{LA}}C_{LB}\right)} = \frac{L}{qC_RK_{LA}\alpha}\int_{C_{LB1}}^{C_{LB}} \frac{\mathrm{d}C_{LB}}{C_{LA} + \frac{1}{q}\cdot\frac{D_{LB}}{D_{LA}}C_{LB}} \tag{7-74}$$

填料层总高 $H = H_1 + H_2$。

例 7-4 **采用逆流稳定操作的填料塔吸收净化尾气，使尾气中某有害组分 A 从 0.1% 降低到 0.02%（体积分数），试比较用纯水吸收和采用不同浓度的 B 组分溶液进行化学吸收时的塔高。**

① 用纯水吸收，已知 $k_{GAa}=320\ \text{mol/(h·m}^3\text{·kPa)}$，$k_{LAa}=0.1\ \text{h}^{-1}$，$1/H_A=12.5\ \text{Pa·m}^3\text{/mol}$，液体流量 $L=7\times10^5\ \text{mol/(h·m}^2\text{)}$，气体流量 $V=1\times10^5\ \text{mol/(h·m}^2\text{)}$，总压 $P=10^5$ Pa，液体总浓度 $C_B=56\,000\ \text{mol/m}^3$。

② 水中加入组分 B，进行极快反应吸收，反应式为 $A+qB\longrightarrow C$，$q=1.0$，采用 B 浓度高达 $C_{LB}=800\ \text{mol/m}^3$，设 $D_{LA}=D_{LB}$。

③ 吸收剂中 B 组分采用低浓度，$C_{LB}=32\ \text{mol/m}^3$，其余情况同①，②。

④ 吸收剂中 B 组分采用中等浓度，$C_{LB}=128\ \text{mol/m}^3$，其余情况同①，②。

解： ① 用纯水吸收。由于为贫气物理吸收，可采用简化计算式：

$$\frac{V}{P}\mathrm{d}P_A=\frac{L}{C_R}\mathrm{d}C_A$$

对上式进行积分后得到：

$$P_A-P_{A1}=\frac{LP}{VC_R}(C_A-C_{A1})$$

代入已知条件得：$P_A-20=\dfrac{7\times10^5\times1\times10^5}{1\times10^5\times56\,000}c_A$

得到操作线方程：$C_A=0.08P_A-1.6$

故当 $P_{A2}=0.1\times10^3$ Pa 时，$C_{A2}=6.4\ \text{mol/m}^3$。

物理吸收速率为 $N_A=K_{GA}(p_A-p_A^*)$，其中：

$$\frac{1}{K_{GA}\alpha}=\frac{1}{k_{GA}\alpha}+\frac{1}{H_Ak_{LA}\alpha}=\frac{1}{320\times10^{-3}}+\frac{1}{0.08\times0.1}(\text{h·m}^3)$$

因此得到：$K_{GA}\alpha=0.008\ \text{mol(h·m}^3\text{·Pa)}^{-1}=7.8\ \text{mol/(h·m}^3\text{·kPa)}$

填料层高度可按照下式计算：

$$H=\frac{V}{P}\int_{P_{A1}}^{P_{A2}}\frac{\mathrm{d}P_A}{N_A\alpha}=\frac{V}{P}\int_{P_{A1}}^{P_{A2}}\frac{\mathrm{d}P_A}{K_{GA}\alpha(P_A-P_A^*)}=\frac{V}{PK_{GA}\alpha}\int_{PA1}^{P_{A2}}\frac{\mathrm{d}P_A}{P_A-\dfrac{C_A}{H_A}}$$

$$=\frac{1\times10^5}{1\times10^5\times0.007\,8}\int_{0.002\times10^5}^{0.1\times10^5}\frac{\mathrm{d}P_A}{20}=512.8(\text{m})$$

可见，用纯水吸收该尾气，所需塔的高度太高，需要采用化学吸收。由上述计算还知，热吸收在液膜，组分 A 是难溶气体。

② 采用瞬间反应进行尾气吸收，在 C_{LB} 较高的情况下，从塔顶到塔中任一截面进行物料衡算，可以得：

$$P_A - P_{A1} = \frac{LP}{qc_H V}(C_{LB1} - C_{LB})$$

即 $P_A - 20 = \frac{7\times10^5\times1\times10^5}{56\ 000\times1\times10^5}(800 - C_{LB})$

得到：

$$C_{LB} = 801.6\ \text{mol/m}^3 - 0.08P_A$$

塔顶处 $C_{LB1} = 800\ \text{mol/m}^3$，由上式得塔底处：

$$C_{LB2} = 801.6 - 0.1\times10^3\times0.08 = 793.6\ (\text{mol/m}^3)$$

临界浓度如下：

$$C_{LB临} = \frac{qP_A k_{GA}\alpha D_{LA}}{k_{LA}\alpha D_{LB}} = 3.2P_A(\text{mol/m}^3)$$

塔顶处：

$$C_{LB临} = 3.2\times0.02\times10^3 = 64\ (\text{mol/m}^3) < C_{LB1} = 800\ (\text{mol/m}^3)$$

塔底处：

$$C_{LB临} = 3.2\times0.1\times10^3 = 320\ (\text{mol/m}^3) < C_{LB1} = 793.6\ (\text{mol/m}^3)$$

可见，全塔中 C_{LB} 值均大于临界浓度，吸收过程属于气膜控制，吸收速率式为 $N_A = k_{GA}P_A$。

填料层高度可按下式计算：

$$H = \frac{V}{P}\int_{P_{A1}}^{P_{A2}} \frac{\mathrm{d}P_A}{k_{GA}\alpha P_A} = \frac{1\times10^5}{1\times10^5}\int_{0.02\times10^3}^{0.1\times10^3} \frac{\mathrm{d}P_A}{0.32P_A} = 5.03(\text{m})$$

吸收液中加入高浓度组分 B 后，由于发生瞬间化学反应，塔高由 512.8 m 下降为 5.03 m，过程液膜控制转化为气膜控制。

③ C_{LB} 值低时，由物料衡算可以列出：

$$P_A - P_{A1} = \frac{LP}{qc_R V}(c_{BL1} - c_{BL}) = \frac{7\times10^5\times1\times10^5}{1\times10^5\times56\ 000}(32 - C_{LB})$$

因此，可以得到：$C_{LB} = 33.6 - 0.08P_A$

塔顶加入吸收剂中组分B的浓度 $C_{LB1}=32\ \text{mol}\cdot\text{m}^{-3}$，由上式得塔底处B浓度如下：

$$C_{LB2}=33.6-0.08\times1\times10^{5}\times0.01=25.6(\text{mol}\cdot\text{m})^{-3}$$

临界浓度：

$$C_{LB临}=\frac{qP_{A}k_{GA}\alpha D_{LA}}{k_{LA}\alpha D_{LB}}=3.2P_{A}$$

塔顶处：

$$C_{LB临}=3.2\times0.02\times10^{3}=64\ (\text{mol/m}^{3})>C_{LB1}=32\ (\text{mol/m}^{3})$$

塔底处：

$$C_{LB临}=3.2\times0.1\times10^{3}=320\ (\text{mol/m}^{3})>C_{LB2}=25.6\ (\text{mol/m}^{3})$$

可见，全塔中 C_{LB} 均小于临界浓度，反应在液膜中进行，填料层高度如下：

$$H=\frac{V}{P}\int_{P_{A1}}^{P_{A2}}\frac{\mathrm{d}P_{A}}{N_{A}\alpha}=\frac{V}{P}\int_{P_{A1}}^{P_{A2}}\frac{\mathrm{d}P_{A}}{\dfrac{H_{A}P_{A}+C_{LB}}{\dfrac{H_{A}}{k_{GA}\alpha}+\dfrac{1}{k_{LA}\alpha}}}=\frac{1\times10^{5}}{1\times10^{5}}\int_{0.02\times10^{3}}^{0.1\times10^{3}}\frac{\mathrm{d}P_{A}}{\dfrac{0.08P_{A}+33.6-0.08P_{A}}{\dfrac{0.08}{0.32}+\dfrac{1}{0.1}}}$$

$$=\frac{10.25}{33.6}\times(0.1-0.02)\times10^{3}=24.4(\text{m})$$

可见，C_{LB} 低时，较 C_{LB} 高时所需塔高增加。

④ C_{LB} 中等值时，由物料衡算式：

$$P_{A}-P_{A1}=\frac{LP}{qC_{R}V}(C_{LB1}-C_{LB})$$

可以写出：

$$P_{A}-0.02\times10^{3}=\frac{7\times10^{5}\times1\times10^{5}}{1\times10^{5}\times56\ 000}(128-C_{LB})$$

因此，可以得到：

$$C_{LB}=129.6-0.08P_{A}$$

塔顶处 C_{LB1}：

$$C_{LB1}=128(\text{mol/m}^{3})$$

塔底处 C_{LB2}：

$$C_{LB2} = 129.6 - 0.08 \times 0.1 \times 10^{-3} = 121.6\ (\text{mol/m}^3)$$

临界浓度：

$$C_{LB临} = \frac{q p_A k_{GA}\alpha D_{LA}}{k_{LA}\alpha D_{LB}} = 3.2P_A$$

塔顶处：

$$C_{LB临} = 3.2 \times 0.02 \times 10^3 = 64\ (\text{mol/m}^3) < C_{LB1} = 128\ (\text{mol/m}^3)$$

塔底处：

$$C_{LB临} = 3.2 \times 0.1 \times 10^3 = 320\ (\text{mol/m}^3) > C_{LB2} = 121.6\ (\text{mol/m}^3)$$

可见，塔上部 C_{LB} 值大于临界浓度，属于气膜控制，化学反应发生在相界面处；在塔的下部 C_{LB} 值小于临界浓度，反应发生在液膜内。因此，塔高计算分两部分进行。

当 $C_{LB} = C_{LB临}$ 时，有 $129.6 - 0.08P_A = 3.2P_A$，因此可以得到 $P_A = 39.5$ Pa，对应地：

$$C_{LB} = 129.6 - 0.08 \times 39.5 = 126.4\ (\text{mol/m}^3)$$

塔上部：

$$H_1 = \frac{V}{P}\int_{20}^{39.5} \frac{dP_A}{k_{GA}\alpha P_A} = \frac{1 \times 10^5}{1 \times 10^5}\int_{20}^{39.5} \frac{dP_A}{0.32P_A} = \frac{1}{0.32} \times \ln\frac{39.5}{20} = 2.13\ (\text{m})$$

塔下部：

$$H_2 = \frac{V}{P}\int_{39.5}^{0.1\times10^3} \frac{dP_A}{N_A\alpha} = \frac{V}{P}\int_{39.5}^{0.1\times10^3} \frac{dP_A}{\dfrac{H_AP_A + C_{LB}}{\dfrac{H_A}{k_{GA}\alpha} + \dfrac{1}{k_{LA}\alpha}}}$$

$$= \frac{1 \times 10^5}{1 \times 10^5}\int_{39.5}^{0.1\times10^3} \frac{dP_A}{\dfrac{0.08P_A + 129.6 - 0.08P_A}{\dfrac{0.08}{0.32} + \dfrac{1}{0.1}}}$$

$$= \frac{10.25}{129.6} \times (100 - 39.5) = 4.78\ (\text{m})$$

总塔高：$H = H_1 + H_2 = 6.91\ (\text{m})$

由本例可见，吸收塔内的反应对吸收塔完成吸收任务所需要高度的影响很大，通过计算可以确定合适的 C_{LB} 值及相应的填料层高度。

以上简单介绍了填料层高度的计算。上述计算忽略了溶解热及化学反应热效应带来的吸收温度的变化。吸收温度的变化可能影响到气液间相平衡、反应速率、液体黏度等，最终会影响到吸收塔的高度。但考虑到废气中有害组分的浓度通常较低，上述简化是合理的。

3. 板式塔计算

化学吸收板式塔计算基本与物理吸收类似，是以理论板计算为基础，根据操作线方程控制气液平衡关系，采用图解法或解析法进行计算。对于反应热效应大的吸收，还要进行热量计算。

第二节　吸　附　法

气体吸附是用多孔固体吸附剂将气体(或液体)混合物中一种或数种组分浓集于固体表面，而与其他组分分离的过程。被吸附到固体表面的物质称为吸附质，附着吸附质的物质称为吸附剂。

(1) 吸附的优点：吸附过程能够有效脱除一般方法难以分离的低浓度有害物质，具有净化效率高、可回收有用组分、设备简单、易实现自动化控制等优点。

(2) 吸附的缺点：吸附容量小，设备体积大。

(3) 物理吸附：由于分子间范德华力引起，它可以是单层吸附，亦可以是多层吸附。物理吸附的特征包括：①吸附质与吸附剂间不发生化学反应；②吸附过程极快，参与吸附的各相间瞬间即达平衡；③吸附为放热反应；④吸附剂与吸附质的吸附力不强，当气体中吸附质分压降低或温度升高时，被吸附的气体易于从固体表面逸出，而不改变气体原来性质。

(4) 化学吸附：由吸附剂与吸附质间的化学键力引起，是单层吸附，吸附需要一定的活化能。化学吸附的吸附力较强，主要特征包括：①吸附具有很强的选择性；②吸附速率较低，达到平衡需要相当长的时间；③温度升高可提高吸附速率。

应该指出的是，同一污染物可能在较低温度下发生物理吸附，而在较高温度下发生化学吸附，即物理吸附发生在化学吸附之前，当吸附剂逐渐具备足够高的活化能后，即发生化学吸附。

一、吸附剂

(一) 吸附剂的性质

虽然所有的固体表面，对于流体或多或少都具有物理吸附作用，但合乎工业需要的吸附剂，必须具有6个条件。

① 内表面积大，外表面积仅占总表面积的极小部分，故可看作一种极其疏松的固态泡沫体。例如，硅胶和活性炭的内表面积均高达500 m^2/g，甚至1 000 m^2/g以上。

② 具有选择性吸附作用，一般来说吸附剂对各种吸附组分的吸附能力随吸附组分沸点的升高而加大，在与吸附剂相接触的气体混合物中，首先被吸附的是高沸点的组分。

③ 高机械强度、化学和热稳定性。

④ 吸附容量大，吸附容量除与吸附剂表面积有关外，还与吸附剂的孔隙大小、孔径分布、分子极性及吸附分子上官能团性质等有关。

⑤ 来源广泛，造价低廉，以适应对吸附剂日益增长的需要。

⑥ 良好的再生性能。

（二）常用的工业吸附剂

工业上常用的吸附剂有活性炭、活性氧化铝、硅胶、白土和沸石分子筛等，另外还有针对某种组分选择性吸附而研制的吸附材料。气体吸附分离成功与否，极大程度上依赖吸附剂的性能，因而选择吸附剂是确定吸附操作的首要问题。

(1) 白土。白土分为漂白土和酸性白土。漂白土是一种天然黏土，称为硅铝酸盐。这种黏土经加热和干燥后，可形成多孔结构的物质。将其碾碎和筛分，取其一定细度的颗粒即可作为吸附剂。漂白土吸附剂对各种油类脱色很有效，并可去除油中的臭味，使用后的漂白土经洗涤及灼烧除去吸附在表面和孔隙内的有机物后，可重复使用。

SiO_2 和 Al_2O_3 比值较低的白土，不经酸化处理是没有吸附活性的，只有经硫酸或盐酸处理后才具有吸附能力。酸处理后的白土经洗涤、干燥、碾碎即可获得酸性白土，酸性白土的脱色效率比天然漂白土高。

(2) 活性氧化铝。活性氧化铝是将含水氧化铝，在严格控制升温条件下，加热到 737 K，使之脱水而制得。它的性质取决于最初氢氧化物的结构状态，一般都不是纯粹的 Al_2O_3，而是部分水合无定形的多孔结构物质，具有良好的机械强度。活性氧化铝比表面积大约为 210～360 m^2/g。其对水分有很强的吸附能力，是一种对微量水深度干燥用的吸附剂，主要用于气体和液体的干燥、石油气的浓缩和脱硫，近年来又将其用于含氟废气的治理。

(3) 硅胶。硅胶是一种坚硬、无定形链状和网状结构的硅酸聚合物颗粒，分子式为 $SiO_2 \cdot nH_2O$，为一种亲水性的极性吸附剂。

制备：将水玻璃（硅酸钠）溶液用酸处理，然后再将得到的硅凝胶经老化、水洗，在 398～403 K 温度下，经干燥脱水制得。

用途：主要用于干燥、气体混合物及石油组分的分离等。工业上用的硅胶分成粗孔和细孔两种。粗孔硅胶在相对湿度饱和的条件下，吸附量可达吸附剂重量的 80%以上，而在低湿度条件下，吸附量大大低于细孔硅胶。

(4) 活性炭。应用最早、用途较广的一种优良吸附剂。

制备：将各种含碳物质干馏炭化，并经活化处理而得到。活化方法可分为两大类，即药剂活化法和气体活化法。药剂活化法就是在原料里加入氯化锌、硫化钾等化学药品，在非活性气氛中加热进行炭化和活化。气体活化法是把活性炭原料在非活性气氛中加热，通常在

700 ℃以下除去挥发组分以后，通入水蒸气、二氧化碳、烟道气、空气等，并在 700～1 200 ℃温度范围内进行反应使其活化。

原材料的来源：各种木材、木屑、果壳、果核、泥煤、烟煤、无烟煤以及各种含碳的工业废物。特性：比表面积巨大，吸附能力强。

用途：遍及水处理、脱色、气体吸附等各个方面，如溶剂蒸气的回收、烃类气体提取分离、动植物油的精制、空气或者其他气体的脱臭、水和其他溶剂的脱色等。

(5) 沸石分子筛。主要是指人工合成的泡沸石，它属于多孔性的硅酸铝骨架结构。每一种分子筛都具有均匀一致的孔穴尺寸，其孔径的大小相当于分子或离子的大小，又称合成沸石或分子筛，其化学组成通式为$[M_2(\mathrm{I})\cdot M(\mathrm{II})]O\cdot Al_2O_3\cdot nSiO_2\cdot mH_2O$。其中，M(Ⅰ)和M(Ⅱ)分别为一价和二价金属离子，多半是钠和钙，n 称为沸石的硅铝比，硅主要来自硅酸钠和硅胶，铝则来自铝酸钠和 $Al(OH)_3$ 等，它们与氢氧化钠水溶液反应制得的胶体物，经干燥后便成沸石，一般 $n=2\sim10$，$m=0\sim9$。

沸石的特点是具有分子筛的作用，它有均匀的孔径，如 $3A_0$、$4A_0$、$5A_0$、$10A_0$ 细孔。有 $4A_0$ 孔径的 $4A_0$ 沸石可吸附甲烷、乙烷，而不吸附 3 个碳以上的正烷烃。它已广泛用于气体吸附分离、气体和液体干燥以及正异烷烃的分离。

(6) 碳分子筛。实际上也是一种活性炭，它与一般碳质吸附剂的不同之处，在于其微孔孔径均匀地分布在一狭窄的范围内，微孔孔径大小与被分离的气体分子直径相当，微孔的比表面积一般占碳分子筛所有表面积的 90%以上。碳分子筛的孔结构主要分布形式如下：大孔直径与碳粒的外表面相通，过渡孔从大孔分支出来，微孔又从过渡孔分支出来。在分离过程中，大孔主要起运输通道作用，微孔则起分子筛的作用。

以煤为原料制取碳分子筛的方法有碳化法、气体活化法、碳沉积法和浸渍法。其中碳化法最为简单，但要制取高质量的碳分子筛必须综合使用这几种方法。碳分子筛在空气分离制取氮气领域已获得了成功，在其他气体分离方面也有广阔的应用前景。

（三）影响气体吸附的因素

1. 操作条件

低温有利于物理吸附；高温利于化学吸附；增大气相压力利于吸附。

2. 吸附剂性质

比表面积(孔隙率、孔径、粒度等)：

$$\delta=\frac{fV_m}{W},\ f=\frac{N_0A}{22.4\times10^3} \tag{7-75}$$

其中：δ 是吸附剂的比表面积，m^2/g；f 是单位体积气体铺成单分子时所占面积，m^2/mL；N_0 是阿伏伽德罗常数，$6.023\times10^{23}\ mol^{-1}$；$A$ 为吸附剂表面被单层分子铺满时的截面积，m^2；V_m 为吸附剂表面被单层分子铺满时的气体体积，mL；W 为吸附剂的重量，g。

3. 吸附质性质、浓度

临界直径即吸附质不易渗入的最大直径，代表了吸附质的特性且与吸附质分子的直径有关。吸附质的分子量、沸点、饱和性等也影响吸附量。若用同种活性炭做吸附剂，对于结构相似的有机物，分子量和不饱和性越大，沸点越高，越容易被吸附。

4. 吸附剂活性

单位吸附剂吸附的吸附质的量。

(1) 静活性：在一定温度下，与气体中被吸附物（吸附质）的初始浓度达平衡时单位吸附剂上可能吸附的最大吸附量，即在一定温度下，吸附达饱和时，单位吸附剂所能吸附吸附质的量。

(2) 动活性：吸附过程中未达到平衡时单位吸附剂吸附吸附质的量。

此外，接触时间、吸附器性能等亦影响吸附效果。

（四）吸附剂的再生

1. 加热再生

通过升高吸附剂温度、使吸附物脱附，吸附剂得到再生。几乎所有的吸附剂都可用加热解吸再生方法恢复吸附能力。不同吸附过程需要不同的温度，吸附作用越强，脱附时需要加热的温度越高。

2. 降压或真空解吸

吸附过程与气相的压力有关：压力升高时，吸附进行得快；当压力降低时，脱附占优势。通过降低操作压力可使吸附剂得到再生。

3. 置换再生

选择合适的气体（脱附剂），将吸附质置换与吹脱出来。脱附剂与吸附质的被吸附性能越接近，则脱附剂用量越省。若脱附剂被吸附程度比吸附质强，属置换再生；否则，吹脱与置换作用兼有。该法适用于对温度敏感的物质。

4. 溶剂萃取

溶剂萃取是指选择合适的溶剂，使吸附质在该溶剂中的溶解性能远大于吸附剂对吸附质的吸附作用，将吸附质溶解下来的方法。如活性炭吸附 SO_2，用水洗涤，再进行适当的干燥便可恢复吸附能力。

二、吸附机理

（一）吸附平衡

等温下，吸附达到平衡时，吸附质在气、固两相中的浓度关系一般用等温吸附线表示。吸附等温线通常根据实验数据绘制，也常用各种经验方程式来表示。已观测到的 6 种吸附等温线如图 7-25 所示。

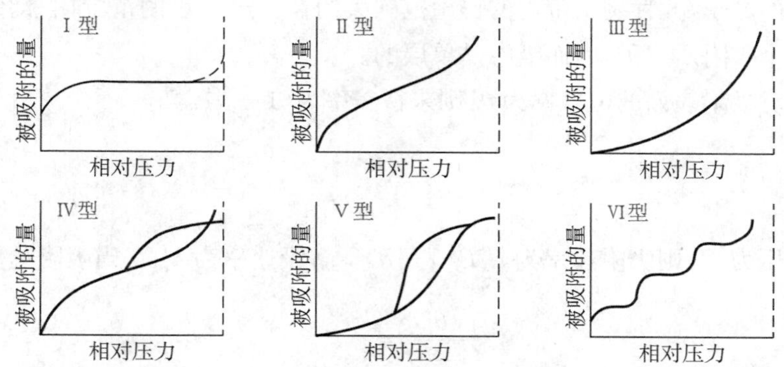

Ⅰ型—80 K 下 N_2 在活性炭上的吸附；Ⅱ型—78 K 下 N_2 在硅胶上的吸附；
Ⅲ型—351 K 下溴在硅胶上的吸附；Ⅳ型—323 K 下苯在 FeO 上的吸附；
Ⅴ型—373 K 下水蒸气在活性炭上的吸附；Ⅵ型—惰性气体分子分阶段多层吸附

图 7-25　6 种类型吸附等温线

Ⅰ型等温线的形状是微孔填充的特征，极限吸附量为微孔溶剂的一种量度，它也出现在能级高的表面吸附中。Ⅱ型可逆等温线是在许多无孔或有中间孔的粉末上吸附测得的，它代表在多相基质上不受限制的多层吸附。当吸附质与吸附剂相互之间的作用微弱时，就出现了Ⅲ型等温线。Ⅳ型等温线的特征是具有滞后回线，可解释为由于毛细管现象，该部分等温曲线适用于孔尺寸分布的估算。Ⅴ型等温线与第四类相似，只是吸附质与吸附剂之间的相互作用较弱。Ⅵ型等温线是由于均匀基质上惰性气体分子分阶段多层吸附而引起的。

常用的等温吸附方程式有弗罗德里希（Freundlich）方程、朗格缪尔（Langmuir）方程、BET 方程等。

1. 弗罗德里希方程（Ⅰ型等温线中压部分）

以 q 表示平衡吸附量，P 表示吸附质的分压，q 与 P 的关系可以表示如下：

$$q = kP^{\frac{1}{n}} \tag{7-76}$$

其中：q 是单位吸附剂的吸附量，即被吸附组分的质量与吸附剂质量之比值；P 是吸附质在气相中的平衡分压，Pa；k，n 是经验常数，与吸附剂、吸附质种类及吸附温度有关，其值由实验确定。

弗罗德里希方程只适用于吸附等温线的中压部分。在使用中经常用的是它的对数形式。直线斜率 $1/n$ 在 0.1～0.5 时，吸附容易进行，大于 2 则难以进行。

弗罗德里希方程是一个经验式，它所使用的范围一般大于朗格缪尔方程，常用于低浓度气体的吸附，未知组成物质的吸附和活性炭吸附 CO 等。

2. 朗格缪尔方程（Ⅰ型等温线）

该方程是能较好地适用于Ⅰ型等温线的理论公式。它认为，固体表面均匀分布着大量具有剩余价力的原子，此种剩余价力的作用范围大约在分子大小的范围内，即每个这样的原子只能吸附一个吸附质分子，因而吸附是单层的。

设吸附质对吸附表面的覆盖率为 θ，则未覆盖率为 $(1-\theta)$。

$$\theta=\frac{q}{q_m} \tag{7-77}$$

若气相分压为 P，则吸附速率为 $k_aP(1-\theta)$。解吸速率为 $k_d\theta$，当吸附达平衡时：

$$\frac{\theta}{1-\theta}=\frac{k_a}{k_d}P \tag{7-78}$$

经整理后可得单分子层吸附的朗格缪尔方程：

$$q=\frac{k_aPq_m}{k_d(1+P)} \tag{7-79}$$

其中：k_a、k_d 是吸附、解吸常数；q_m 是饱和吸附剂的吸附量，mg/g。

该方程能够较好地描述中低压力范围的吸附等温线。但当气相中吸附质分压较高，接近饱和蒸气压时，该方程会出现一定偏差。

3. BET 方程（Ⅰ、Ⅱ、Ⅲ型等温线，多分子层吸附）

该方程由布鲁诺(Brunauer)、埃麦特(Emmet)、泰勒(Teller)三人联合提出，适合Ⅰ、Ⅱ、Ⅲ型吸附等温线的多分子层吸附理论，其表达式如下：

$$q=\frac{k_bPq_m}{(P_0-P)\left[1-(k_b-1)\dfrac{P}{P_0}\right]} \tag{7-80}$$

其中：q 是吸附量，kg(吸附质)/kg(吸附剂)；q_m 是吸附剂被覆盖满一层时吸附气体在标准状态下的吸附量，kg(吸附质)/kg(吸附剂)；P_0 是吸附温度下吸附质的饱和蒸气压，Pa；k_b 是与吸附热有关的常数，其值与温度、吸附热和冷凝热有关。

BET 方程的用途是可测定和计算固体吸附剂的比表面积。根据斜率和截距的值求出 q_m，吸附剂的比表面积。该方程的适应性较广，可以描述多种类型的吸附等温线，在 P/P_0 在 0.05 ～ 0.35 时较准确，但在吸附质分压很低或很高时误差较大。

（二）吸附速率

1. 吸附过程

吸附平衡主要描述的是吸附过程的极限问题，未涉及吸附时间。事实上，吸附过程通常需要较长时间才能达到两相间的平衡，而在实际的生产过程中，接触时间是有限的，因而吸附量取决于吸附速率。

吸附过程一般由 3 个步骤组成(见图 7-26)。

（1）外扩散（气流主体→外表面）：吸附质由外表面经微孔扩散至吸附剂微孔表面。

（2）内扩散（外表面→内表面）：吸附质由外表面经微孔扩散至吸附剂微孔表面。

（3）吸附：到达吸附剂微孔表面的吸附质被吸附。

对于化学吸附，之后还伴随着化学过程的发生。由此可见，吸附过程的阻力主要来自外扩散阻力、内扩散阻力和吸附阻力本身 3 个方面。

通常将外扩散和内扩散视为物理过程，其吸附速率是相对较快的，而吸附过程被称为动力学过程，对于化学吸附或动力学控制的吸附，其阻力不可忽略。

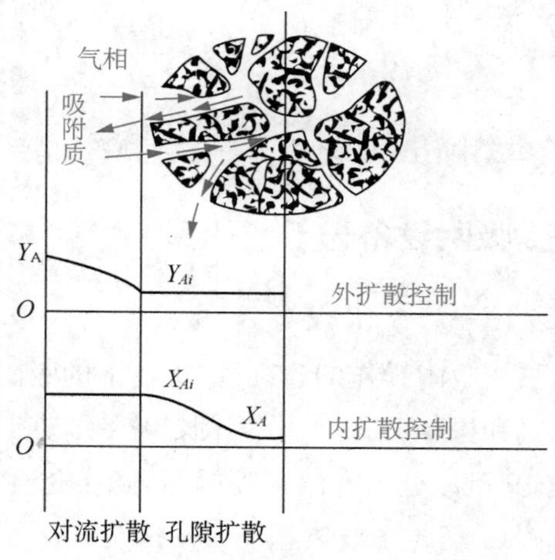

图 7-26　吸附过程与两种极端浓度曲线

2. 吸附速率方程

（1）物理吸附的速率方程：在物理吸附中，可忽略动力学过程，其过程类似于物理吸收。

① 外扩散速率：

$$\frac{\mathrm{d}M_A}{\mathrm{d}t}=k_y\alpha_p(Y_A-Y_{Ai}) \tag{7-81}$$

其中：$\mathrm{d}M_A$ 是 $\mathrm{d}t$ 时间内吸附质从气相扩散至固体表面的质量，$\mathrm{kg/m^3}$；k_y 是外扩散吸附分系数，$\mathrm{kg/(m^2 \cdot s)}$；$\alpha_P$ 是单位体积吸附剂的吸附表面积，$\mathrm{m^2/m^3}$；Y_A、Y_{Ai} 分别为 A 在气相中及吸附剂表面的浓度，质量分数。

② 内扩散速率：

$$\frac{\mathrm{d}M_A}{\mathrm{d}t}=k_x\alpha_P(X_A-X_{Ai}) \tag{7-82}$$

其中：k_x 是内扩散吸附分系数，$\mathrm{kg/(m^2 \cdot s)}$；$X_A$、$X_{Ai}$ 分别为 A 在固相外表面及内表面的浓度，质量分数。

③ 总吸附速率方程：

$$\frac{\mathrm{d}M_A}{\mathrm{d}t}=K_Ya_p(Y_A-Y_A^*)=K_Xa_p(X_A^*-X_A) \tag{7-83}$$

其中：K_Y、K_x 分别为气相即吸附相总系数，$\mathrm{kg/(m^2 \cdot s)}$；$Y_A^*$、$X_A^*$ 分别为 A 在固相外表面及内表面吸附平衡时气相及吸附相中 A 的浓度，质量分数。

(2) 动力学控制的吸附速率方程：

$$\frac{\mathrm{d}M_A}{\mathrm{d}t}=K\left[Y_A(M_\infty-M_A)-\frac{M_A}{m}\right] \tag{7-84}$$

其中：K 是化学平衡常数；M_∞ 是系统平衡时的吸附量，kg/m^3。

三、吸附设备与工艺计算

（一）吸附设备及流程

按吸附操作的连续性，工业上的吸附过程可分为间歇吸附和连续吸附；按吸附剂的移动方式和操作方式，可分为固定床、移动床、流化床和多床串联吸附等；按照吸附床再生的方式，又可以分为升温解吸循环再生(变温吸附)、减压循环再生(变压吸附)和溶剂置换再生等。

1. 固定床吸附器及吸附流程

固定床吸附器由固定的吸附剂床层、气体进出管道和脱附介质分布管等部分组成，分为卧式、立式、环式和格屉式。实际工业生产中的固定床吸附器多为圆柱形立式，内置格板或孔板，其上放置吸附剂颗粒，废气由格板下通入，向上穿过吸附剂颗粒之间的间隙，净化后的气体由吸附器上部排出。一般是定期通入废气吸附，定期再生，用两台或多台固定床循环进行吸附与再生操作。固定床吸附操作的优点是设备结构简单，吸附剂磨损小；其缺点是间歇操作，吸附和再生操作需要周期变换，因而操作复杂，设备庞大，生产强度低，在分离连续流动的气体混合物时，需要设计多台并联吸附器进行切换使用。

吸附流程：在气体净化中，最常见的是将两个以上固定床组成一个半连续式吸附流程。受污染气体连续通过床层，当达到饱和时，就切换到另一个吸附器进行吸附，达到饱和的吸附床则进行再生、干燥和冷却，以备重新使用。

2. 移动床吸附器及吸附流程

移动床吸附器主要由气流分配板、吸附剂床层、冷却器、再生器等组成。移动床吸附器中固体吸附剂与含污染物的气体以恒定的速度连续逆流运动，完成吸附过程，两相接触良好，不至于发生气流分布不均的现象，同时也克服了固定床吸附器局部过热的缺点。一般是吸附剂自上向下移动。其优点是处理气体量大，吸附和脱附连续完成，吸附剂可循环使用，适用于连续稳定、量大的气体净化；缺点是动力和热量消耗大，吸附剂磨损大。

吸附流程：吸附气态污染物后的吸附剂，送入脱附器中进行脱附，脱附后的吸附剂再返回吸附器循环使用。该流程的特点是吸附剂连续吸附和再生，向下移动的吸附剂与待净化气体逆流接触进行吸附。

3. 流化床吸附器及吸附流程

流化床吸附器的结构并不复杂，它由带溢流装置的多层吸附器和移动式脱附器组成。在脱附器的底部直接用蒸气和再生气对吸附剂进行再生和干燥。其优点是：①流体与固体

的强烈扰动大大强化了传质过程；②采用小颗粒吸附剂，而且吸附剂处于流动状态，提高了界面的传质速率；③吸附床体积小，床层温度分布均匀；④吸附与再生为连续操作。其缺点是吸附剂和容器的机械磨损严重，同时上层塔板上的吸附剂颗粒与出口气体保持平衡，单层流化床难以达标排放，因而需要用多层来实现。

吸附流程：吸附质在多层流化床吸附器中借助被净化气体较大的气流速度使其悬浮呈流化状态。

（二）吸附器的计算

1. 固定床吸附器计算方法

(1) 固定床吸附器内的浓度分布。如图 7-27 所示，当气流开始通入时，最左边的吸附层可以将气流中的污染物完全吸附(曲线 1)，因而进入后续吸附层的气流中就不含污染物了。当最左边的吸附剂已达饱和，浓度分布曲线就沿着床层平行地向右移动(曲线 2)。水平虚线 c_b 是根据排放标准确定的污染物在净化后气流中的最大容许浓度。对于设计合理的吸附器，污染物出口浓度最后达到 c_b (曲线 3)，此时吸附床已经穿透，吸附剂必须再生。

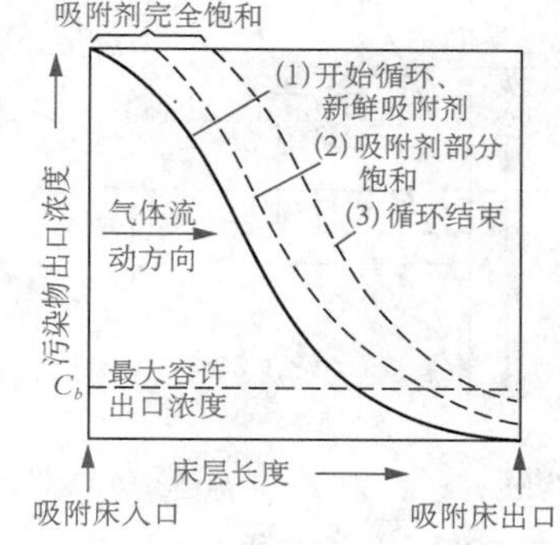

图 7-27 在不同时间内吸附床不同截面处气流中污染物的浓度分布

(2) 保护作用时间的确定。假设吸附层达到穿透点时全部处于饱和状态，即达到它的平衡吸附容量 a，也称静吸附容量或静活度。同时假定吸附过程按照朗格缪尔等温线的第三段进行，即气相中 P 相当大，那么 $a=V_m$，静活度不再与气相浓度有关。在吸附持续时间 τ' 内，所吸附污染的量如下：

$$x=aSL\rho_b \tag{7-85}$$

同时：

$$x=vS\rho_0\tau' \tag{7-86}$$

其中：x 是在时间 τ'内的吸附量，kg；a 是静活度值，%；S 是吸附层的截面积，m^2；L 是吸附层厚度，m；ρ_b 是吸附剂的堆积密度，kg/m^3；v 是气体流速，m/s；ρ_0 是气流中污染物初浓度，kg/m^3。

联立式(7-85)和式(7-86)，得：

$$\tau'=\frac{a\rho_b}{v\rho_0}L \tag{7-87}$$

由图 7-28 可以看出：

$$\tau' = \tau + \tau_0$$

即 $\tau = \tau' - \tau_0$，代入式(7-87)，得：

$$\tau = \frac{a\rho_b}{v\rho_0} \cdot L - \tau_0 \tag{7-88}$$

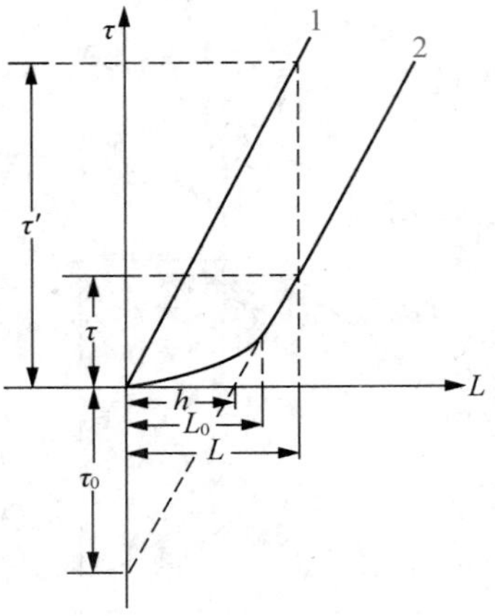

令 $K = \dfrac{a\rho_b}{v\rho_0}$，则：

$$\tau = KL - \tau_0 \tag{7-89}$$

此即著名的希洛夫方程式。其中：K 是吸附层保护作用系数，物理意义为当浓度分布曲线进入平移阶段后，浓度分布曲线在吸附层中移动单位长度所需要的时间；τ_0 是保护作用时间损失。

有时将式(7-89)改写如下：

$$\tau = K(L - h) \tag{7-90}$$

1—理论曲线；2—实际曲线

图 7-28　τ-L 实际曲线与理论曲线的比较

其中：h 为吸附层中未被利用部分的长度，亦称为“死层”，$\tau_0 = Kh$。

由于吸附剂初始层的再吸附现象，“作用过”层的静活度值随层厚的增加而增加。因此，“作用过”层的活度只有经过多次再吸附才会趋近平衡静活度值。活度的增大引起保护作用系数的增大，因此，τ 与 L 的关系实际上并不是直线。但是尽管利用式(7-90)只能近似地确定吸附的持续时间，但由于其简单方便，在计算中仍被广泛采用。

例 7-5　**由实验测得，含 CCl_4 蒸气 15 g/m³ 的空气混合物，以 5 m/min 的速度通过粒径为 3 mm 的活性炭层，得数据如下：**

吸附层长度/m：	0.1	0.2	0.35
保护作用时间/min：	220	520	850

活性炭层的堆积密度为 500 kg/m³。

试求：① 希洛夫方程式中的常数 K 和 τ_0 值；

② 浓度分布曲线在吸附层中前进的线速度；

③ 在此操作条件下活性炭吸附 CCl_4 的吸附容量。

解： ① 由希洛夫公式：

$$\tau = KL - \tau_0$$

以 τ 对 L 作图，如图 7-29 所示，其斜率为 K，在 τ 轴上的截距为 $-\tau_0$，由图得：

$$K=\frac{220}{0.078}=2\,821\ (\text{min/m})$$

$$\tau_0=65\ (\text{min})$$

② 浓度分布曲线在吸附层中前进的线速度等于 $1/K$，即 0.354 mm/min。

③ 吸附容量 $\alpha=\frac{kv\rho_0}{\rho_b}$，得到：

$$\alpha=\frac{2\,821\times5\times15}{500\times1\,000}=0.423$$

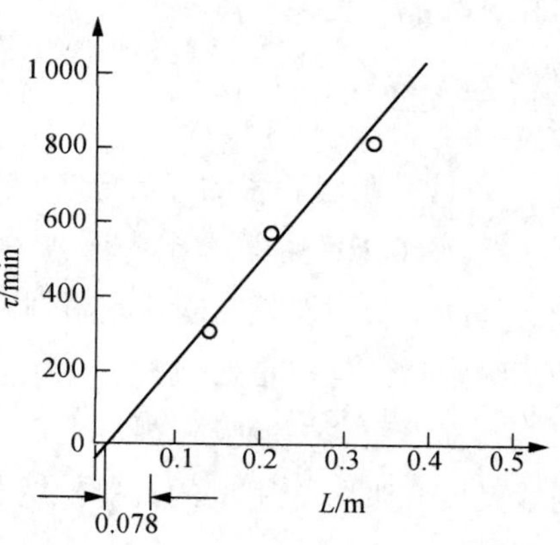

图 7-29　实验直线

即在此操作条件下活性炭吸附 CCl_4 的吸附容量为 0.423 kg CCl_4/(kg 活性炭)。

(3) 用希洛夫公式进行固定床设计计算。

① 选定吸附剂和操作条件，如温度、压力、气体流速等。空床流速一般取 0.1～0.6 m/s，可根据已知处理气量确定。

② 根据排放标准或者净化要求，确定穿透点浓度。在载气流量一定的前提下，选取不同吸附层厚度做实验，测得相应的穿透时间。

③ 以吸附剂床层高度为横坐标，以穿透时间为纵坐标，标出各测定值，作出希洛夫直线。

④ 根据计划采用的脱附方法和脱附再生时间、能耗等因素确定操作周期，从而确定所需要的穿透时间 τ_0。

⑤ 用希洛夫公式计算所需的催化剂床层高度。根据求出的高度，确定是否分层布置或者串联吸附床布置。

⑥ 根据气体流量与空床气速求吸附剂层截面积 A。根据求得的截面积，确定是否并联吸附器。根据截面积求出吸附器的直径或者边长。

⑦ 求出所需的吸附剂质量。每次吸附剂装填总质量 m 用下式计算：

$$m=SL\rho_b \tag{7-91}$$

考虑到装填损失，每次新装吸附剂时需要的吸附剂量为 1.05～1.2 m。

⑧ 计算压力损失。通过固定填充床的压力损失取决于吸附剂的形状、大小、床层厚度，以及气体流速。吸附层的气流压力损失可根据欧根公式估算：

$$\Delta p=\left[\frac{150(1-\varepsilon)}{Re_p}+1.75\right]\frac{(1-\varepsilon)v^2\rho}{\varepsilon^3 d_p}L \tag{7-92}$$

其中：Δp 是气流通过吸附剂床层的压力损失，Pa；ε 是吸附剂床层的孔隙率；d_p 是吸附剂颗粒的平均直径，m；ρ 是气体密度，kg/m^3；Re_p 是气体通过吸附剂的粒子雷诺数，$Re_p=\frac{dp\rho v}{\mu}$；$\mu$ 是气体黏度，Pa/s。

⑨ 计算吸附装置的气流分布、连接管口等附件。

2. 移动床吸附器的计算

移动床吸附器是在固体吸附剂和含污染物气体的连续逆流运动中完成吸附过程的。移动床吸附器的优点是处理气体量大，吸附剂可循环使用；其缺点是动力和热量消耗较大，吸附剂磨损严重。一般吸附剂自上而下运动。移动床吸附过程的计算主要是吸附器直径、吸附段高度和吸附剂用量的计算。为简化计算，假设操作是等温的，并且仅考虑一种组分的吸附。

(1) 移动床吸附器直径的计算。

移动床吸附器主体一般为圆柱形设备，塔径如下：

$$D=\sqrt{\frac{4V}{\pi u}} \tag{7-93}$$

其中：D 是设备直径，m；u 是空塔气速，m/s；V 是混合气体流量，m^3/h。

在吸附设计中，一般来说混合气体流量是已知的，计算塔径的关键是确定移动床中的空塔气速，一般都低于临界流化气速。球形颗粒的移动吸附床临界流化气速可通过下式求得：

$$u_{mf}=\frac{Re_{mf}\mu}{d_p\rho} \tag{7-94}$$

其中：u_{mf} 是临界流化速度，m/s；μ 是气体动力黏度，Pa·s；ρ 是气体密度，kg/m^3；d_p 是吸附剂颗粒平均粒径，m；Re_{mf} 是临界流化速度时的雷诺准数。

Re_{mf} 由下式求得：

$$Re_{mf}=\frac{A_T}{1\,400+5.22A_T^{0.5}} \tag{7-95}$$

其中：A_T 是阿基米德准数。A_T 由下式求取：

$$A_T=\frac{d_p^2}{\mu^2}g\rho(\rho_p-\rho) \tag{7-96}$$

其中：ρ_p 是吸附剂颗粒密度，kg/m^3。

若吸附剂由大小不同的颗粒组成，则其平均直径可按下式计算：

$$d_p=\frac{1}{\sum_{i=1}^{n}\frac{x_i}{d_{pi}}} \tag{7-97}$$

其中：x_i 是颗粒各筛分的质量分数；d_{pi} 是颗粒各筛分的平均直径，m。

$$d_{pi}=\sqrt{d_1 d_2}$$

其中：d_1、d_2 分别表示上下筛目尺寸，m。

计算出临界流化气速后，再乘以 0.6～0.8，即空塔气速 u，再代入式(7-93)即可求出塔径 D。

(2) 移动床吸附器吸附剂用量的计算。

① 物料衡算与操作线方程。取吸附床的任一截面分别对塔顶和塔底进行物料衡算，如图 7-29(a)所示，可得操作线方程：

$$Y=\frac{L_S}{G_S}X+\left(Y_1-\frac{L_S}{G_S}X_1\right) \tag{7-98}$$

或

$$Y=\frac{L_S}{G_S}X+\left(Y_2-\frac{L_S}{G_S}X_2\right) \tag{7-99}$$

其中：下标 1、2 分别表示气体进、出口。式(7-98)、式(7-99)即吸附操作方程。

在稳定操作条件下，G_S[kg/(m^2 · s)]、L_S[kg/(m^2 · s)]是定值，而两个操作线方程表示的是通过 D 点(X_2，Y_2) 和 E 点(X_1，Y_1) 的直线，如图 7-30(b)所示，DE 线称为移动床吸附器逆流连续吸附的操作线。操作线上的任何一点都代表着吸附床内任一截面上的气固相中污染物的状况。

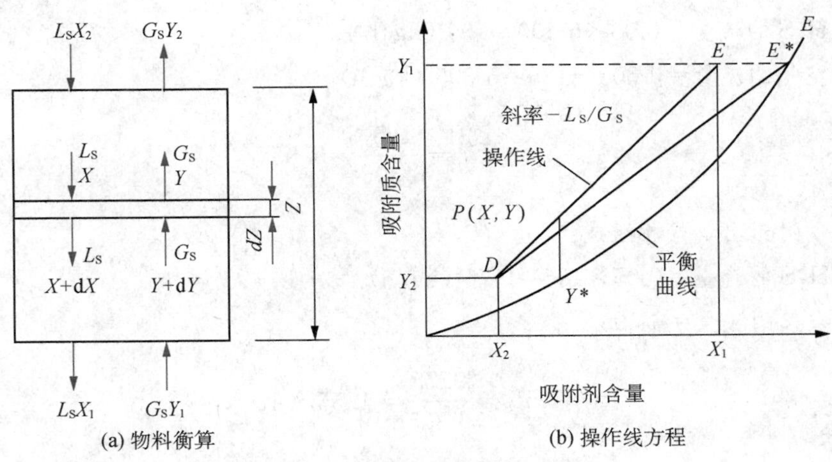

图 7-30　逆流连续吸附操作示意图

② 吸附剂用量的计算。操作线 DE 的斜率 L_S/G_S 称作“固气比”，它反映了处理单位气体量所需要的吸附剂的量。对于一定的吸附任务，G_S 都是一定的，这时希望用最少的吸附剂来完成吸附任务。若吸附剂量 L_S 减小，则操作线的斜率就会变小，当达到 E 点与平衡线上 E 点重合时，L_S/G_S 达到最小，称最小固气比 $(L_S/G_S)_{\min}$，最小固气比可用图解法求出。若吸附平衡线符合图 7-30(b) 所示情况，则需要找到进气端(浓端)气体中污染物含量 Y 与平衡线的交点 E^*，从 E^* 点读出对应的 X_1^* 值，然后计算最小固气比：

$$\left(\frac{L_S}{G_S}\right)_{\min}=\frac{Y_1-Y_2}{X_1^*-X_2} \tag{7-100}$$

得出最小吸附剂用量：

$$L_{S\min}=G\,\frac{Y_1-Y_2}{X_1^*-X_2} \tag{7-101}$$

根据实际经验，操作条件下的固气比应为最小固气比的 1.2～2.0 倍，因此，实际操作条件下的吸附剂用量应如下：

$$L_S=(1.2\sim 2.0)L_{S\min} \tag{7-102}$$

例 7-6　用连续移动床逆流等温吸附过程净化含 H_2S 的空气。吸附剂为分子筛。空气中 H_2S 的质量分数为 3%，气相流速为 6 500 kg/h，假定操作在 293 K 和 1.013×105 Pa 下进行，H_2S 的净化率要求为 95%，试确定：

(1) 分子筛的需要量(按最小需要量的 1.5 倍计)。

(2) 需要再生时，分子筛中 H_2S 的含量。

(3) 需要的传质单元数。

解： (1) 吸附器进口气相组成：

H_2S 的流量＝0.03×6 500＝195 (kg/h)

空气的流量＝6 500－195＝6 305 (kg/h)

$$Y_1=\frac{195}{6\ 305}=0.03$$

吸附器出口气相组成：

H_2S 的流量＝0.05×195＝9.75 (kg/h)

空气的流量＝6 305

$$Y_2=\frac{9.75}{6\ 305}=1.55\times 10^{-3}$$

根据实验，吸附平衡关系如图 7-31(a)所示。

假定 $X_2=0$，从图得 $(X_1)_{max}=0.1147$

那么 $(L_S/G_S)_{max}=\dfrac{0.03-0.00155}{0.1147-0.0000}=0.248$

$(L_S/G_S)_{实际}=1.5(L_S/G_S)_{max}=1.5\times0.248=0.372$

所以分子筛的实际需要量=0.372×6 305=2 345.5 (kg/h)

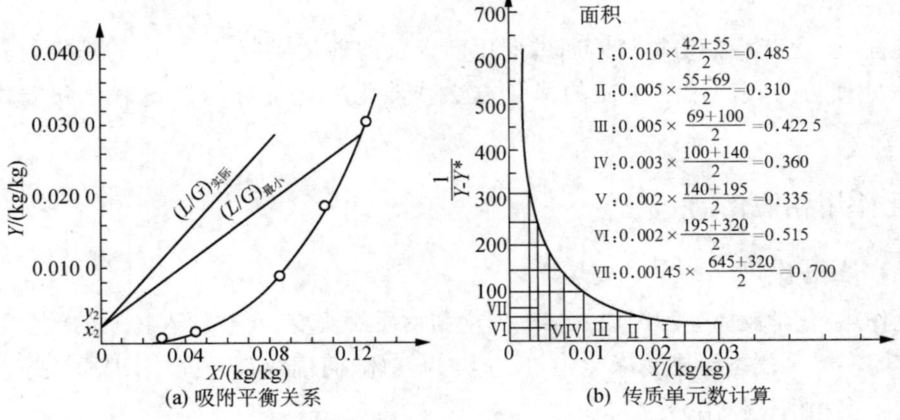

图 7-31　例 7-6 图

(2) 操作条件下吸附剂中 H_2S 的含量 X_1：

$$(X_1)_{实际}=\frac{195-9.75}{2\ 345.5}=0.079$$

(3) 传质单元数计算：

根据 $N_{OG}=\int_{Y_2}^{Y_1}\dfrac{dY}{Y-Y^*}$，用图解积分法求取传质单元数。在图 7-31(b)中，在 $Y_1=0.03$ 到 $Y_2=0.00155$ 范围内划分一系列 Y 值，在操作线上查出相应的 X 值，再查出与每一个 X 值相对应的 Y^* 值(见表 7-4)，计算 $1/(Y-Y^*)$ 对 Y 的关系。

表 7-4　传质单元数有关参数计算

Y	0.001 55	0.005	0.010	0.015	0.020	0.025	0.030
Y^*	0.00	0.00	0.000 1	0.000 5	0.001 8	0.004 3	0.007 8
$1/(Y-Y^*)$	645	200	101	69	55	48.3	45

利用图解积分法可求得：

$$N_{OG}=3.101$$

第三节 气体催化净化

催化净化:含有污染物的气体通过催化剂床层的催化反应,使其中的污染物转化为无害或易于处理与回收利用的物质的净化方法。催化净化可分为催化氧化和催化还原两大类。

一、催化作用和催化剂

(一) 催化作用

催化作用:化学反应速度因加入某种催化剂物质而改变,而被加入物质的数量和性质在反应终了时不变。气态污染物净化中,反应物为气体,而催化剂为固体,因而气态污染物催化转化属于多相催化作用。

1. 催化作用与反应速率

在化学反应过程中,当反应物变为产物时,反应物分子的某些化学键要断裂,进行分子重排,生成产物。根据多位活化络合物理论,催化剂表面存在许多具有一定形状的活性中心,能对具有适应这一形状结构的反应物分子进行化学吸附,形成多位活化络合物,使得原分子的化学结构松弛,从而降低了反应物活化能。它们之间的关系可以用阿伦尼乌斯(Arrhenius)方程表示:

$$K = A\exp[-E/(RT)] \tag{7-103}$$

其中:K 是反应速率常数;A 是频率因子,单位与 K 相同;E 是活化能,kJ/mol;R 是气体常数,kJ/(K · mol);T 是绝对温度,K。

由上式不难看出,反应速率是随着活化能的降低而呈指数增加的。当催化剂存在时,可降低反应的活化能,使活化分子的数量大大增加,从而提高反应速率。

2. 催化作用与化学平衡

一个反应是否能进行,是由反应物系自由能的改变决定的。不管催化剂的活性有多大,也不可能使在一定热力学条件下不能发生的化学反应进行下去,即催化剂不能改变自由能,因而也不会影响和改变平衡常数。其作用主要在于提高了反应速率,因而缩短了反应达到平衡所需要的时间。

(二) 催化剂

催化剂:能加速化学反应速率,而本身的化学组成在反应前后保持不变的物质。

特点：能降低反应的活化能，使它进行得比均相时更快，但是它并不影响化学反应的平衡。

1. 催化剂的组成

按形态分：气态、液态和固态（其中，固态催化剂在工业上应用最广泛，亦最重要）。

催化剂组成：活性组分＋助催化剂＋载体。

其中，活性组分是催化剂主体，能单独对化学反应起催化作用，可作为催化剂单独使用；助催化剂本身无活性，但具有提高活性组分活性的作用；载体有承载活性组分的作用，使催化剂具有合适形状与粒度，从而有大的比表面积，增大催化活性，节约活性组分用量，并有传热、稀释和增强机械强度作用，可延长催化剂使用寿命。常用的载体包括硅藻土、硅胶、活性炭、分子筛以及某些金属氧化物（如氧化铝、氧化镁）等多孔性惰性材料。

2. 催化剂的性能

① 催化剂的活性。衡量催化剂效能大小的标准，它常用单位体积（或质量）催化剂在一定条件（温度、压力、空速和反应物浓度）下，单位时间内所得的产品量来表示。

$$A=\frac{m}{tm_R} \tag{7-104}$$

其中：A 是催化剂活性，kg/(h・g)；m 是产品质量，kg；t 是反应时间，h；m_R 是催化剂质量，g。

② 催化剂的选择性。它是指当化学反应在热力学上有几个反应方向时，一种催化剂在一定条件下只对其中一个反应起加速作用的特性。

活性与选择性是催化剂本身最基本的性能指标。活性表示催化剂对提高产品产量的作用，而选择性则表示催化剂对提高原料利用率的作用。

③ 催化剂的稳定性。它是指催化剂在化学反应过程中保持活性的能力，包括热稳定性、机械稳定性和化学稳定性，常用寿命表示催化剂的稳定性。

影响催化剂寿命的因素包括催化剂的老化和中毒。所谓老化，是指催化剂在正常工作条件下逐渐失去活性的过程，原因有低熔点活性组分的流失、烧结、低温表面积炭结焦、内部杂质向表面迁移和冷热应力交替作用所造成的机械粉碎等。温度对于老化影响较大，工作温度越高，老化速度越快。在催化剂对化学反应速率发生明显加速作用的温度范围（活性温度）内选择合适的反应温度，将有助于延长催化剂的寿命。

中毒是指反应物中少量的杂质使催化剂活性迅速下降的现象，导致催化剂中毒的物质称为催化剂毒物。中毒的化学本质是毒物比反应物对活性组分具有更强的亲和力。中毒可分为暂时性中毒和永久性中毒两类。暂时性中毒指毒物与活性组分亲和力较弱，可通过水蒸气将毒物驱离催化剂表面，使催化剂恢复活性；永久性中毒则指的是毒物与活性组分亲和力很强，催化剂不能再生。对大多数催化剂而言，HCN、CO、H_2S、S、As、Pb 都是较强的毒物。

3. 催化剂的结构特性

催化剂的形状、堆积密度、孔结构、比表面积等结构特性是选择使用催化剂的重要依据。

① 催化剂的比表面积。即 1 kg 催化剂所暴露的总面积，单位为 m^2/kg。比表面积是评定催化剂性能的主要因素，为了获得巨大的比表面积，常将催化剂制成高度分散的多孔性颗粒。

② 催化剂的孔结构。孔隙率是催化剂孔结构的一种量度，是催化剂孔隙体积与催化剂颗粒体积之比。一般情况下，催化剂的活性随着孔隙率的增大而升高，压力损失随之降低，但机械强度随之下降，较理想的孔隙率在 0.4～0.6。

③ 催化剂的形状。工业催化剂往往根据使用要求被做成不同的形状，如网状、蜂窝状、片状、颗粒状等，其形状对催化床的温度分布与控制及压力损失有很大的影响。一般来说，颗粒物催化剂容易加工，与气流接触紧密性好，但颗粒状催化剂传热性差，床层阻力也大。可以使用金属丝制成网屉或者带状来改善催化剂的使用性能。

二、气固催化反应动力学

（一）气固催化反应过程

气固催化反应一般包括以下步骤（见图 7-32）：

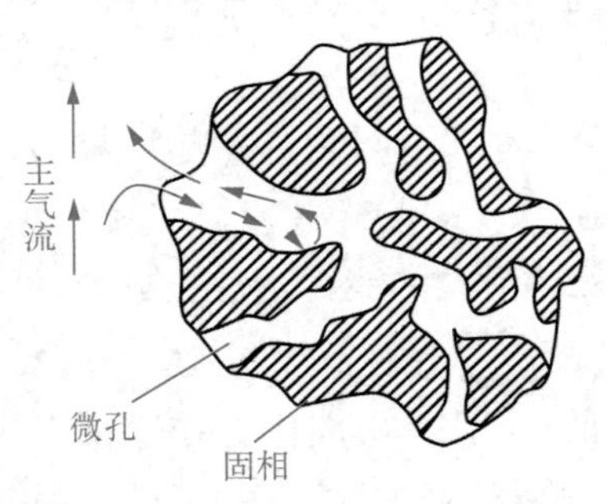

图 7-32　催化剂粒子示意图

① 反应物从气流主体移动到催化剂外表面；

② 进一步向催化剂的微孔内扩散；

③ 反应物在催化剂的内表面上被吸附；

④ 吸附的反应物转为生成物；

⑤ 生成物从催化剂内表面脱附下来；

⑥ 脱附生成物从微孔向外表面扩散；

⑦ 生成物从外表面扩散到气流主体。

其中：①和⑦属于反应物和生成物在催化剂外的扩散，称为外扩散过程；②和⑥是反应物和生成物在催化剂微孔内的扩散过程，称为内扩散过程；③④⑤是在催化剂内表面上进行的化学反应过程，称为表面反应过程或化学动力学过程。

综上所述，气固催化反应主要包括外扩散、内扩散和表面化学反应 3 个过程，因而整个催化反应速率受到这 3 个过程速率的影响，这几个过程中速率最低的决定着整个过程的总反应速率，称为控制步骤（见图 7-33）。

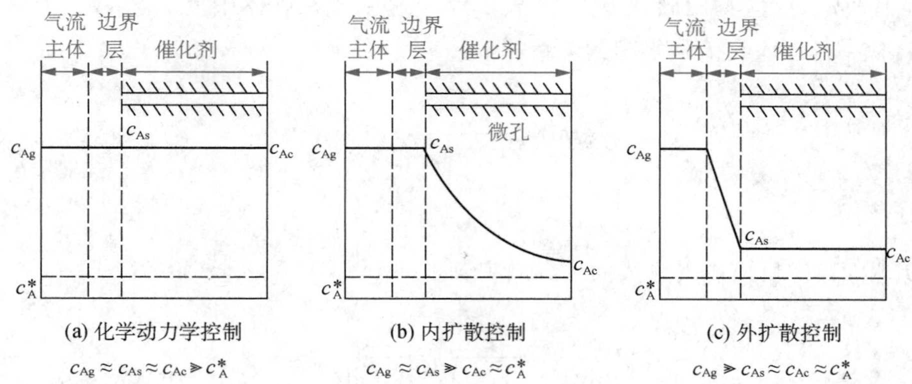

图 7-33　不同控制过程反应物 A 的浓度分布

（二）气固催化反应动力学方程

1. 表面化学反应速率

对于气固相催化连续系统（如在反应器中），反应物不断流入，产物不断流出，系统达到稳定后，物料在反应器中是没有积累的。此时反应速率可用单位反应体积中某一反应物或生产物的流量变化率来表示，对于简单反应 A→P，反应物和生成物的反应速率可分别表示如下：

$$-r_A = -\frac{1}{V} \cdot \frac{dn_A}{dt} \tag{7-105}$$

$$r_p = \frac{1}{V} \cdot \frac{dn_p}{dt} \tag{7-106}$$

其中：n_A 是反应物 A 的流量，kmol/h；n_p 是生成物 P 的流量，kmol/h；V 是反应气体体积；t 是接触时间，h。

由于反应是在催化剂表面进行的，所以式中的反应体积改用催化剂的参数（质量、表面积、体积）来表示，因而可得到 3 种反应速率表示式：

$$-r_{Am} = -\frac{1}{m} \cdot \frac{dn_A}{dt} \tag{7-107}$$

$$-r_{AS} = -\frac{1}{S} \cdot \frac{dn_A}{dt} \tag{7-108}$$

$$-r_{AV_P} = -\frac{1}{V_P} \cdot \frac{dn_A}{dt} \tag{7-109}$$

其中：m、S、V_P 分别表示单位时间内单位催化剂质量（m）、表面积（S）、颗粒体积（V_P）所能转化的某组分的量。

工程上，常以反应物的转化率 x 来表示反应速率。设气体中反应物 A 的初始流量为 N_{A_0}，则转化率与反应物流量之间的关系如下：

$$X=\frac{N_{A_0}-N_A}{N_{A_0}}\mathrm{d}x \tag{7-110}$$

$$N_A=N_{A_0}(1-X) \tag{7-111}$$

所以，将式(7-111)代入式(7-107)中，得到：

$$r_A=N_{A_0}\frac{\mathrm{d}x}{\mathrm{d}V_p}=\frac{N_{A_0}\mathrm{d}x}{A\mathrm{d}L}=\frac{N_{A_0}\mathrm{d}x}{q_v\mathrm{d}t}=c_{A_0}\frac{\mathrm{d}x}{\mathrm{d}t} \tag{7-112}$$

其中：N_{A_0} 是反应物初始流量，kmol/h；x 是转化率，%；L 是反应床长度，m；A 是反应床截面积，m^2；q_v 是反应气体流量，m^3/h；t 是反应气体与催化剂表面接触时间，h；c_{A_0} 是反应物的初始浓度，$kmol/m^3$。

2. 反应动力学方程

在温度和压力一定时，表示反应速率与反应物浓度间函数关系的方程称为反应动力学方程或者反应速率方程。对于 A→B 的 n 级不可逆反应，幂函数形式的动力学方程表示如下：

$$r_A=kc_A^n \tag{7-113}$$

其中：k 是n 级反应速率常数，是单位反应物浓度时的反应速率，$(m^3)n-1/[(kmol)n-1\cdot h]$；$n$ 是反应级数；c_A 是反应物 A 的瞬时浓度，$kmol/m^3$。

对于可逆反应，其反应速率常用正、逆反应速率之差来表示，即 $r_A=r_{正}-r_{逆}$。以均相可逆反应 $a\mathrm{A}+b\mathrm{B}\rightleftharpoons l\mathrm{L}+m\mathrm{M}$ 为例，其动力学方程式可用幂函数形式的通式表示：

$$r_A=k_1c_A^{m1}c_B^{m2}c_L^{m3}c_M^{m4}-k_2c_A^{n1}c_B^{n2}c_L^{n3}c_M^{n4} \tag{7-114}$$

其中：m_1、m_2、m_3、m_4、n_1、n_2、n_3、n_4 是各组分的反应级数；k_1、k_2 是以浓度表示的正、逆反应速率常数。

如果反应为基元反应，则幂指数与化学反应式中化学计量数相等，式(7-114)可简化如下：

$$r_A=k_1c_A^ac_B^b-k_2c_L^lc_M^m \tag{7-115}$$

若反应为非基元反应，幂指数只能由实验测定。

上述均相反应动力学方程式的表示方法同样适用于气固相催化反应，但需要考虑催化剂的影响，而且幂指数只能由实验确定。

3. 内扩散过程对表面化学反应速率的影响

催化剂微孔内扩散过程对反应速率有很大的影响[见图 7-33(b)]，故催化剂微孔内表面

积虽然很大，但不能像外表面那样全部有效。于是采用催化剂有效系数 η（亦称内表面利用率），即在等温时，催化剂床层内的实际反应速率与按外表面的反应物浓度 c_{AS} 和催化剂内表面积 S_i 计算得到的理论反应速率之比。对此进行定量说明：

$$\eta=\frac{\int_0^{S_i} f(c_A)\mathrm{d}S}{k_s f(c_{AS})S_i} \tag{7-116}$$

其中：k_s 是表面反应速率常数，单位视反应级数而定；$f(c_{AS})$ 是颗粒外表面反应物A浓度 c 的函数；$f(c_A)$ 是颗粒内A实际浓度 c_A 的函数；S_i 是单位床层体积催化剂的内表面积，m^2/m^3。

若反应为一级反应，则式(7-116)中：

$$f(c_{AS})=c_{AS}-c_A^m$$

故内扩散控制的速率方程如下：

$$r_A=k_s S_i(c_{AS}-c_A^m)\eta \tag{7-117}$$

其中：η 值可通过实验测定，也可计算求得。实验测定法即首先测得颗粒的实际反应速率 r_p，然后将颗粒逐级压碎，使其内表面转变为外表面，在相同条件下分别测定反应速率，直至反应速率不再变，这时的速率即消除了内扩散影响的反应速率 r_s，则 $\eta=r_p/r_s$。计算法即通过建立或求解催化剂颗粒内部的物料衡算式、反应动力学方程式和热量衡算式，得到颗粒内部为等温或非等温时的催化剂有效系数 η 计算公式。如等温时，催化一级不可逆反应的球形催化剂的 η 计算式如下：

$$\eta=\frac{\partial}{\Phi_n}\left[\frac{1}{\tan(n\Phi_n)}-\frac{1}{\Phi_n}\right] \tag{7-118}$$

$$\Phi_n=R\sqrt{\frac{k_s c_{As}^{n-1}}{D_{\mathrm{eff}}}} \tag{7-119}$$

其中：Φ_n 是球形催化剂的蒂勒模数(Thiele modulus)；R 是催化剂的特性长度，即球形颗粒半径；D_{eff} 是催化剂颗粒内有效扩散系数，m^2/h；k_s 是表面反应速率常数；n 是反应级数。

如把特性长度定义为催化剂颗粒的体积 V_P 和其外表面积 A_P 之比，则任意形状催化剂的蒂勒模数如下：

$$\Phi_p=\frac{A_P}{V_P}\sqrt{\frac{k_{es} c_{As}^{n-1}}{D_{\mathrm{eff}}}} \tag{7-120}$$

对于球形催化剂，$V_p/A_p = R/3$，不规则形状颗粒 $\Phi_p = 1/3\Phi_n$。其中：$V_p/A_p = \psi d_p/6$，d_p 为非球形颗粒的当量直径，m；ψ 为外表面的有效表面积系数，球形为 1，无定型为 0.91。球形、片状和长圆柱体催化剂上进行一级不可逆反应时，η 和 Φ 的关系如表 7-5 所示。

表 7-5　催化颗粒有效系数 η

Φ_n	球形	薄片	长圆柱体
0.1	0.994	0.997	0.995
0.2	0.977	0.987	0.981
0.5	0.876	0.924	0.892
1	0.672	0.762	0.698
2	0.416	0.482	0.432
5	0.187	0.200	0.197
10	0.097	0.100	0.100

由表中数据可以看出，当 Φ_n 值很小时，$\eta \approx 1$，这是因为当 Φ_n 值小时，表示催化剂颗粒很小，k_s/D_{eff} 比值很小，说明化学反应速率慢，内扩散速率快，此时内扩散对反应速率无影响，故 $\eta \approx 1$。反之，当 Φ_n 值大时，表示催化剂颗粒大，k_s/D_{eff} 值大，说明化学反应速率快，内扩散的影响不容忽视，此时 η 远小于 1，如 $\Phi_n > 3$，则 $\eta \approx 1/\Phi_n$。

在催化剂颗粒内部等温的情况下，对于大多数气固催化反应，可用一个简单的标准来判断内扩散的影响，即当 $R\sqrt{\dfrac{k_s}{D_{\text{eff}}}} < 1$ 时，内扩散的影响可以忽略不计，又由于 k_s 不易测得，此判断式又常以实测的反应速率表示，即当 $R^2 \dfrac{r_p}{D_{\text{eff}} c_{As}} < 1$ 时，内扩散的影响可以忽略不计。

工业颗粒催化剂的 η 值一般为 0.2～0.8。

4. 外扩散控制的反应速率方程

如图 7-33(c)所示，此时为外扩散控制，对于一级不可逆反应有：

$$r_A = k_G S_e (c_{Ag} - c_{As})\psi \tag{7-121}$$

其中：k_G 是以浓度差为推动力的外扩散反应系数，m/s；S_e 是单位体积催化床层中颗粒的外表面积，m^2/m^3。

5. 气固催化反应宏观动力学方程

当气固催化过程达到稳定时，单位时间内从气相主体扩散到催化剂外表面的反应物的量，等于催化剂颗粒内部的实际反应量，即外扩散速率等于表面实际反应速率，并与总速率相等。

所以：

$$r_A = k_G S_e (c_{Ag} - c_A^m)\psi = k_s S_i (c_{AS} - c_A^m)\eta \tag{7-122}$$

由式(7-122)可得：

$$r_A = \frac{c_{AS} - c_A^m}{\dfrac{1}{k_G S_e \psi} + \dfrac{1}{k_s S_i \eta}} = k\tau (c_{AS} - c_A^m) \tag{7-123}$$

其中：k_τ 是表现反应速率常数。

式(7-123)就是考虑了内、外扩散影响的单分子以及可逆气固催化反应的宏观动力学方程。分母中的第一项 $\dfrac{1}{k_G S_e \psi}$ 表示外扩散阻力，第二项 $\dfrac{1}{k_s S_i \eta}$ 表示内扩散阻力与表面反应阻力之和，根据各项阻力的大小可以判断气固催化反应的控制步骤。若 $\dfrac{1}{k_G S_e \psi} \gg \dfrac{1}{k_s S_i \eta}$，说明外扩散阻力很大，气固催化反应为外扩散控制，式(7-123)转变如下：

$$r_A = k_G S_e (c_{Ag} - c_{As})\psi \tag{7-124}$$

若 $\dfrac{1}{k_G S_e \psi} \ll \dfrac{1}{k_s S_i \eta}$ 且 $\eta < 1$，说明内扩散阻力很大，气固催化反应为内扩散控制，式(7-123)转变如下：

$$r_A = k_s S_i (c_{As} - c_A^m)\eta \tag{7-125}$$

若 $\dfrac{1}{k_G S_e \psi} \ll \dfrac{1}{k_s S_i \eta}$ 且 $\eta = 1$，说明内、外扩散阻力很小，表面化学反应阻力很大，气固催化反应为化学动力学控制，式(7-123)转变如下：

$$r_A = k_s S_i (c_{AS} - c_A^m) \tag{7-126}$$

若用 k_τ 来表示式(7-123)中分母的倒数，则宏观动力学方程可表示如下：

$$r_A = k_\tau (c_{Ag} - c_A^m) \tag{7-127}$$

三、气固相催化反应器的设计

（一）气固相催化反应器类型

工业上常用的气固相催化反应器分为固定床和流动床两大类。固定床反应器的优点是：①返混小，流体同催化剂可进行有效接触，当反应伴有串联副反应时可得到较高的选择性；②催化剂机械损耗小；③结构简单。固定床反应器的缺点是：①传热差，反应放热量很大时，即使列管式反应器也可能出现飞温（反应温度失去控制，急剧上升，超过允许范围）；②操作过程中催化剂不能更换，催化剂需要频繁再生的反应一般不宜使用，常代之以流化床反应器或移动床反应器。固定床催化反应分为绝热式反应器和列管式反应器。

1. 绝热式反应器

绝热式反应器是不与外界进行交换的反应器，可分为单段绝热式和多段绝热式反应器。

如图 7-34(a)所示，单段绝热式反应器为一高径比不大的圆筒体，内无换热构件，下部装有均匀堆置催化剂的栅板，预热到适当温度的反应气体从反应器上部通入，经气体预分布装置，均匀通过床层进行反应，反应后气体经下部引出。优点是结构简单，造价便宜，反应体积得到充分利用。缺点是只适用于反应热效应较小、反应温度允许波动范围较宽的场合。

如图 7-34(b)所示，多段绝热式反应器与单段绝热式反应器结构相似，只是增加了分段及段间反应物料的换热，能在一定程度上调节反应温度。根据换热要求可以在反应器外另设换热器，也可以在反应期内各段之间设置换热构件。

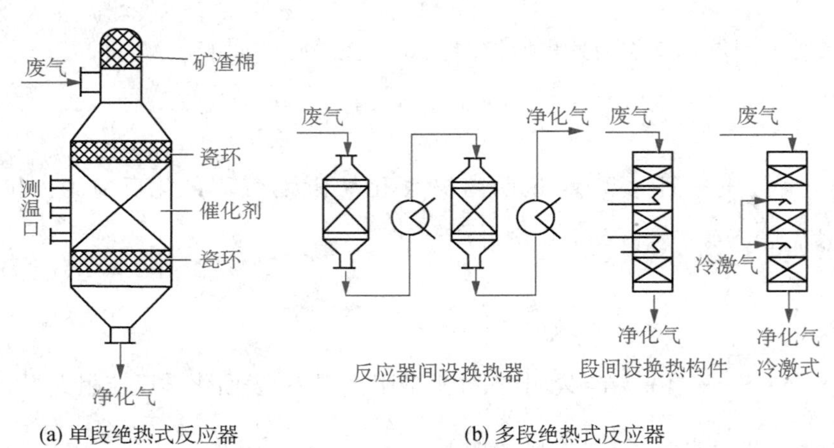

(a) 单段绝热式反应器　　(b) 多段绝热式反应器

图 7-34　绝热式反应器

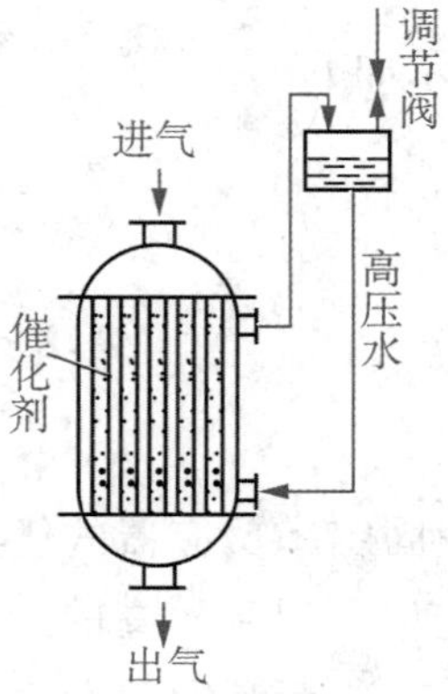

2. 列管式反应器

列管式反应器如图 7-35 所示，适用于温度分布要求很高或者反应热特别大的催化反应。列管式反应器通常在管内装催化剂，管外装载热体。根据反应温度、反应热效应、操作情况以及过程对温度波动的敏感性来选择载热体。管径在 20～30 mm 及以上，最小不小于 15 mm。催化剂的颗粒直径不得超过管内径的1/8，一般为 2～6 mm 的颗粒。

图 7-35　列管式反应器

气固催化反应器选择的一般原则如下：①根据反应热的大小、反应对温度的敏感程度、催化剂的活性温度范围，选择反应器的结构类型，把床温分布控制在一个合适的范围内；② 反应器的气流压

力损失要尽量小；③反应器应易于操作，安全可靠，并力求结构简单，造价低廉，运行与维护费用低。

（二）气固相催化反应器的设计基础

反应器的作用主要是提供与维持发生化学反应所需要的条件，并保证反应进行到指定程度所需要的反应时间。因此，气固相催化反应器的设计，即在选择反应条件的基础上确定催化剂的合理装量，并为实现所选择的条件提供技术手段。

1. 停留时间

反应物通过催化床的时间决定反应的转化率，取决于催化床的空间体积、物料的体积流量和流动方式。

2. 反应器的流动模型

有两种理论流动模型，即活塞流和混合流。

活塞流反应器：物料以相同的流速沿流动方向流动，而且没有混合和扩散，就像活塞那样做整体运动，因而通过反应器的时间完全相同。

理论混合流反应器：物料在进入的瞬间即均匀地分散在整个反应空间，反应器出口的物料浓度与反应器内完全相同。

实际流态介于两者之间，反应器内每一点的流态各不相同，停留时间各异。不同停留时间的物料在总量中所占的比例具有相应的统计分布——停留时间分布函数。

返混：在连续流动状态下，不同停留时间的物料在各个流动截面上难免会发生混合，这种现象即称为返混。返混会使反应物浓度降低，生成物浓度升高，从而降低了过程的推动力，进而降低转化率。

工程上对某些反应器常做近似处理，如把连续釜式反应器简化为理论混合流反应器，而把径高比大的固定床简化为活塞流反应器。

3. 空间速度

空间速度指单位时间内通过单位体积催化剂的反应物料体积，记为 W_{SP}：

$$W_{SP}=\frac{q_{vN}}{V_R} \tag{7-128}$$

其中：q_{vN} 是标准状况下的反应气体体积流量，m^3/h；V_R 是催化剂床层体积，m^3。

有时也可用进口状态下反应气体体积流量来表示，显然，空间速度越大，停留时间越短。基于这种关系，把空间速度的倒数称为反应物与催化剂的接触时间：

$$t'=\frac{1}{W_{SP}}=\frac{V_R}{q_{vN}} \tag{7-129}$$

工程上常用接触时间来表征气体在催化剂中的停留时间。

(三)气固相催化反应器设计计算

1. 一般方法

气固催化反应器的设计有两种计算方法:一种是经验计算法;另一种是数学模型法。

经验计算法是把整个催化床作为一个整体,利用生产上的经验参数设计新的反应器,或通过中间试验测得最佳工艺条件参数(如反应温度和空间速度等)和最佳操作参数(如空床气速和许可压力损失等),在此基础上求出相应条件下的催化剂体积和反应床截面及高度。经验计算法要求设计条件符合所借鉴的原生产工艺条件或中间试验条件,在反应物浓度、反应温度、空间速度以及催化床上的温度分布和气流分布等方面,尽量保持一致。因此,不宜高倍放大,并要求中间试验有足够的试生产规模,否则将导致大的误差。

数学模型法即借助反应的动力学方程、物料流动方程,以及物料衡算和热量计算方程,通过对它们的联立求解,求出在指定反应条件下达到规定转换率所需要的催化剂体积。这些基础方程的建立,最后通过实验测定来完成。实际上,数学模型法是建立在对化学反应进行深入的实验研究之基础上的。尽管固定床催化反应器很接近理想化学反应器,它的数学模型计算相对简化,但是建立可靠的动力学方程,获得准确的化学反应基本数据(如反应热)和传递过程数据一般离不开实验测定研究。因此,数学模型法的实际应用受限制,而以实验模拟作为基础的经验计算法反而显得简便可靠,因而得到了普遍应用。

2. 催化剂装量的经验计算

经验计算法的要点已如前所述,催化剂用量的计算过程是很简单的,因为事先已经有生产经验数据或中间实验结果,已经掌握所选用的催化剂在一定的反应条件下在参数范围内达到规定转换率的空间速度。设计流量下的催化剂体积如下:

$$V_R = \frac{q_{vN}}{W_{SP}} \tag{7-130}$$

当然,各种反应条件的设计参数必须与该空间速度所对应的全套反应条件参数相一致。

3. 固定床催化剂装量的数学模型计算

根据催化床的温度分布,催化剂装量的数学模型计算分为等温分布和轴向温度分布两种计算类型。

(1) 等温分布。对绝热式固定床,通常忽略通过器壁与外界的传热(设计上要有相应的保温措施),而认为径向温度分布是均匀的。对反应热效应小的化学反应,如低浓度气态污染物的催化转化,因其反应热小,一般又采用预热进口气体的方式来提供和维持催化床的反应温度,所以其轴向温差也可忽略不计,这样的绝热式固定床可认为是一种等温反应器。因此,只要对流动体系的速度方程积分,即可得到以化学动力学为控制步骤时的催化剂装量:

$$\mathrm{d}W_R = N_{AO}\frac{\mathrm{d}x_A}{r_A} \tag{7-131}$$

两边积分，得：

$$W_R = N_{AO}\int_0^x \frac{dx_A}{r_A} \tag{7-132}$$

对等温床，r_A 仅仅是转化率 x 的函数。如对单分子反应，有：

$$r_A = kc_A^n = kq_v^{-n}[N_{AO}(1-x)]^n \tag{7-133}$$

对恒分子反应，气体的流量 q_v 是常数。就一般情况而言，q_v 是变化的，并按理想气体处理，有：

$$q_v = \frac{RT}{p}\sum n_i \tag{7-134}$$

其中：$\sum n_i$ 是反应体系中各种气体(包括生成物)分子的总物质的量。在指定的化学反应中，它与转化率有确定的线性关系，代入相应的动力学方程，即可求得催化剂的装量。

(2) 轴向温度分布。对工业反应器，由于要求较高的转化率，它的温度分布一般有较明显的轴向温差，这时需要借助热量衡算求出转化率与温度的关系，才能求得催化剂的用量。考虑微元反应体积 dV，设反应物通过微元的转化率为 dx_A 微元内的反应热 Q_r：

$$Q_r = r_A dV(-\Delta H_r) = N_{AO} dx_A(-\Delta H_r) \tag{7-135}$$

其中：ΔH_r 是反应热效应，kJ/(mol·k)。

反应热的释放使反应气流通过微元后温度变化了 dT，当反应体系温度平衡时，有：

$$N_{AO} dx_A(-\Delta H_r) = N_O \bar{c}_p dT \tag{7-136}$$

其中：N_O 是总的恒分子流量，mol/h；$\bar{c}_p$ 是混合气体的平均比定压热容，kJ/(mol·k)。

设过程的转化率从 x_0 变化到 x，体系的温度相应地从 T_0 变化到 T。对式(7-136)两边积分，对总分子数不变的反应体系，可得：

$$T - T_0 = \frac{N_{AO}}{N_{AO}\bar{c}_p}(-\Delta H_r)(x - x_0) = \frac{y_{AO}}{\bar{c}_p}N_O(-\Delta H_r)(x - x_0)$$

其中：y_{AO} 是物料 A 的初始摩尔分数。

对总物质的量变化的反应体系，要根据指定的化学反应求出 N_O 和转化率关系，再代入式(7-136)进行积分，从而求出温度 T 与转化率 x 的关系。将两者的函数关系代入下面的积分式：

$$V_R = N_{AO}(1-x)$$

同时，将对转化率的积分变为对温度 T 的积分，从而求出催化剂床层的体积。

上面所介绍的催化剂用量的数学模型计算，只适用于活塞流反应器。关系式如下：

$$N_A = N_{AO}(1-x)$$

该关系式只在活塞流反应器中成立。另外，对于受内外扩散控制的过程，催化剂的计算应在前面计算的基础上，再除以一个效率因数：

$$V_R = \frac{N_{AO}}{\eta}\int_0^x \frac{dx_A}{r_A} \tag{7-137}$$

对内扩散控制过程，η 即内扩散效率。对于外扩散控制过程：

$$\eta = \frac{1}{1+k/k_G So\psi_S} \tag{7-138}$$

本章小结

人类活动产生的气态污染物种类很多，可分为有机污染物和无机污染物。气态污染物的净化与原材料、生产工艺及操作条件有着密切关系，应根据各种气态污染物的来源和性质，采取适宜的控制技术措施减少或消除气态污染物向大气环境的排放。

吸收法即通过扩散方式将废气中气态污染物转移到液相，形成溶解的水合物或某种新化合物。吸附法通过分子力作用使废气中某些组分向多孔固体介质（吸附剂）的表面聚集，以达到分离的目的。燃烧法即通过燃烧将可燃性气态污染物转变为无害物质。催化转化法即在催化剂的作用下，将废气中气态污染物转化为非污染物或其他易于清除的物质。冷凝法即利用气体沸点不同，通过冷凝将气态污染物分离。生物法主要依靠微生物的生化降解作用分解污染物。膜分离法利用不同气体透过特殊薄膜的不同速度，使某种气体组分得以分离。电子辐射-化学净化法则利用高能电子射线激活、电离、裂解废气中的各组分，从而发生氧化等一系列化学反应，将污染物转化为非污染物。

关键词

气态污染物净化；吸收法；吸附法；催化转化法；燃烧法；冷凝法；膜分离法；电子辐射-化学净化法

习题

1. 某混合气体中含有2%(体积分数)的CO_2,其余为空气。混合气体的温度为30 ℃,总压力为500 kPa。从手册中查得30 ℃时水中的亨利系数$E=1.88\times10^5$ kPa,试求溶解度系数H[单位kmol/(m^3·kPa)]及相平衡常数m,并计算每100 g与该气体相平衡的水中溶有多少克CO_2。
2. 常压下20 ℃时O_2溶解于水的亨利系数为4.01×10^9 Pa,试计算平衡时水中氧的含量。
3. 在吸收塔内用清水吸收混合气中的SO_2,气体流量为5 000 m^3N/h,其中SO_2占5%,要求SO_2的回收率为95%,气、液逆流接触,在塔的操作条件下,SO_2在两相间的平衡关系近似为$Y^*=26.7X$。若用水量为最小用水量的1.5倍,试求用水量应为多少。
4. 把处理量为250 mol/min的某一污染物引入催化反应器,要求达到74%的转化率。假设采用长6.1 m、直径3.8 cm的管式反应器,求所需要的反应管数目和所需要催化剂的质量。假定反应速度可表示为$R_A=-0.15(1-x_A)$ mol/(kg催化剂·min)。催化剂堆积密度为580 kg/m^3。
5. 为减少SO_2向大气环境的排放量,用一管式催化反应器把SO_2转化为SO_3。其反应方程式为$2SO_2+O_2\rightarrow2SO_3$。总进气量是7 264 kg/d,进气温度为250 ℃,二氧化硫的流速是227 kg/d。假设反应绝热进行且二氧化硫的允许排放量是56.75 kg/d,试计算气流的出口温度。SO_2反应热是171.38 kJ/mol,混合气体平均热容是0.20 J/(g·K)。
6. 某活性炭填充固定吸附床层的活性炭颗粒直径为3 mm,把浓度为0.15 kg/m^3的CCl_4蒸气通入床层,气体速度为5 m/min。在气流通过220 min后,吸附质达到床层0.1 m处;505 min后达到0.2 m处。设床层高1 m,计算吸附床最长能够操作多少分钟,而CCl_4蒸汽不会逸出。
7. 在直径为1 m的立式吸附器中,装有1 m高的某种活性炭,填充密度为230 kg/m^3,当吸附$CHCl_3$与空气混合气时,通过气速为20 m/min,$CHCl_3$的初始浓度为30 g/m^3。设$CHCl_3$蒸气完全被吸附,已知活性炭对$CHCl_3$的静活性为26.29%,解吸后炭层对$CHCl_3$的残留活性为1.29%,求吸附操作时间及每一周期对混合气体的处理能力。
8. 对于一级可逆气固相催化反应过程,假设催化剂内外温差可忽略,且为稳态操作,试写出其总反应速率方程式,并探讨不同控制步骤的条件。

第八章 硫氧化物的污染控制

学习目标

1. 了解 SO_2 的污染控制技术操作工艺条件及相关计算。

2. 掌握 SO_2 的污染控制技术，包括其基本原理、操作工艺条件、主要设备、适用范围等。

3. 熟悉 SO_2 的污染控制技术基本原理。

早期的二氧化硫污染限于局地，造成局地环境大气中二氧化硫浓度升高。近 100 年来，由二氧化硫等酸性气体导致的酸沉降成为举世关注的区域性环境问题(见图 8-1)。目前，人们开始关注由二氧化硫等气态污染物在大气中形成的二次微细粒子，它不仅影响人体健康、大气可见度，甚至导致全球气候变化。控制二氧化硫的排放已经成为世界各国的共同行动。本章在简要介绍硫循环和硫排放的基础上，系统讨论二氧化硫的各种控制方法，包括基本原理、操作工艺条件、设备选择、适用范围及经济特性。

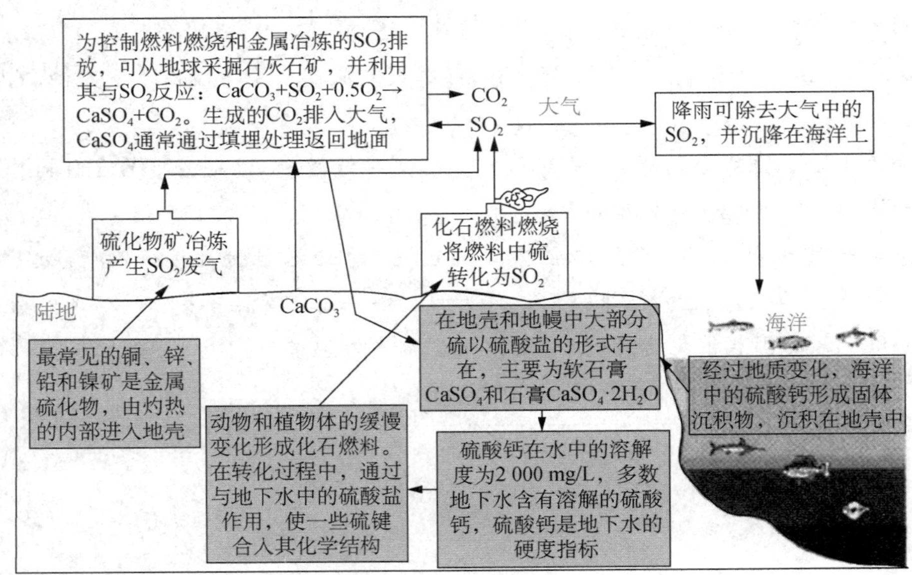

图 8-1 受人类活动影响的硫在环境中的循环

第一节 硫循环及硫排放

如图 8-1 所示为由于人为活动造成的硫在自然环境中的循环。人类使用的所有有机燃料都含有一定的硫。例如，木材的硫含量较低，约为 0.1%或更低，大多数煤炭的含硫量在 0.5%～3%，石油的硫含量在木材和煤炭之间。燃料燃烧时，其中的硫大部分转化为 SO_2。

$$S + O_2 \longrightarrow SO_2$$

如果 SO_2 排入大气，将最终沉降(干沉降和湿沉降)，大部分落入海洋，随着长期的地质变化变成陆地物质的一部分，再经过漫长的地质变化，最终进入燃料和硫化物矿，并被人类采掘利用。燃料和矿物的利用通常会形成 SO_2，如果希望控制 SO_2 排入大气，可以采取本章介绍的各种方法。涉及的大部分控制方法都以生成 $CaSO_4 \cdot 2H_2O$ 的形式捕集 SO_2，并通过综合利用使硫返回地球，其总的化学反应可以用下式表示：

$$CaCO_3 + SO_2 + 0.5O_2 \longrightarrow CaSO_4 + CO_2$$

人为活动是造成 SO_2 大量排放的主要原因。在天然气中，硫主要以 H_2S 的形式存在，因而可以较容易地与其他气体成分分离。在石油燃料以及油岩中，硫与碳氢化合物化学键合(这种硫称为有机硫)，如果不打破化学键通常不易分离。在石油制品中，硫浓缩在高沸点组分中，因而原油可以提炼出低硫含量的汽油(0.03%S)和高硫含量的重油(0.5%～1%S)。有机硫也是硫存在于煤中的重要化学形式，但有一些煤种有较大比例的硫分是以细的黄铁矿晶体(FeS_2)形式存在的，这种硫称为无机硫。在燃料燃烧时，无论有机硫还是无机硫都将转化为 SO_2，并随烟气排出燃烧设施。工业行业 SO_2 排放情况如图 8-2 所示。

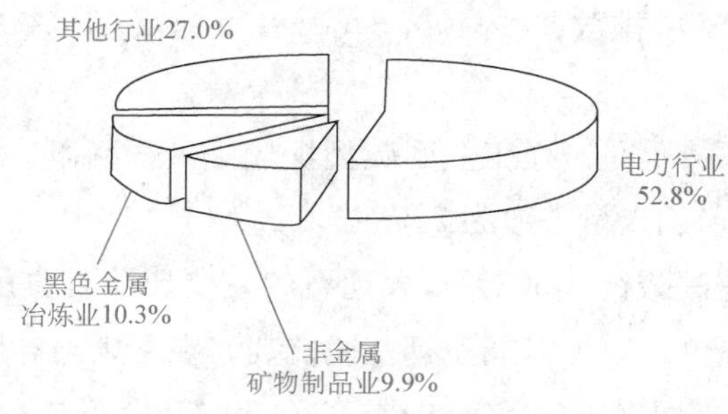

图 8-2 工业行业 SO_2 排放情况

大量的 SO_2 排放与能源活动密切相关，化石燃料(主要是煤炭和石油)的燃烧造成的排放占了其中的80%。因此,控制 SO_2 排放的重点是控制与能源活动有关的排放。控制方法包括采用低硫燃料和清洁能源代替、燃烧脱硫、燃烧过程中脱硫和末端尾气脱硫。以下各节将就燃料的燃烧前脱硫、燃烧过程中脱硫和末端尾气脱硫分别展开讨论。

第二节 燃烧前燃料脱硫

煤燃烧前脱硫即“煤脱硫”,主要指的是对于煤炭和重油等高硫燃料的燃烧前处理,是通过各种物理、化学方法等对煤进行净化,去除原煤中所含的硫分、灰分等杂质。

一、煤炭的加工

(一) 煤炭洗选

原煤的脱硫方法有物理脱硫法、化学脱硫法、生物脱硫法等多种方法。目前,各国主要采用重力分选法去除原煤中的无机硫。该法可使原煤中的硫含量降低40%~90%。硫的脱除率取决于煤中黄铁矿的颗粒大小及无机硫的含量。在有机硫含量较大或煤中黄铁矿嵌布很细的情况下,仅用重力脱硫法,精煤硫分达不到环境保护条例的要求。

其他研究中的脱硫方法包括氧化脱硫法、化学浸出法、化学破碎法、细菌脱硫法、微波脱硫法、磁力脱硫及溶剂精炼等多种方法,但至今在工业上实际应用的方法仍然很少。

(二) 型煤燃烧固硫

型煤燃烧固硫是另一条控制 SO_2 污染的经济有效的途径。该技术是将不同的原料煤经筛分后按照一定的比例配煤,粉碎后同经过预处理的黏结剂和固硫剂混合,经机械设备挤压成型及干燥,即可得到具有一定强度和形状的型煤。型煤主要分为民用型煤和工业型煤两种。型煤燃烧固硫可使 SO_2 排放减少40%~60%,可提高燃烧效率20%~30%,节煤率达15%。

石灰、大理石粉、电石渣等是制作工业固硫型煤较好的固硫剂。固硫剂的加入量视煤含硫量的高低而定,如石灰粉加入量一般为2%~3%。

石灰石的主要成分是碳酸钙($CaCO_3$),大理石的主要成分是方解石和白云石($CaCO_3 \cdot MgCO_3$),它们均含有大量的 $CaCO_3$,属于钙基脱硫剂。在型煤高温燃烧时,其中的固硫剂被煅烧分解成 CaO 和 MgO,烟气中的 SO_2 即与 CaO 和 MgO 反应,生成 $CaSO_3$ 和 $MgSO_3$。由于炉膛内有足够的氧气,同时还会发生氧化反应,生成 $CaSO_4$ 和 $MgSO_4$。

电石渣的主要成分为 $Ca(OH)_2$ 和 CaO,其中 CaO 是生成碳化钙时带入的。电石渣在型

煤燃烧时，$Ca(OH)_2$ 与 SO_2 发生反应，生成 $CaSO_4$，从而达到固硫效果。

二、煤的转化

煤的转化是指用化学方法将煤转化为气体或液体燃料、化工原料或产品，主要包括气化和液化。通过脱碳和加氢改变原煤的碳氢比，可把煤转化为清洁的二次燃料。

（一）煤的气化

煤的气化是指以煤炭为原料，以空气、O_2、CO_2 或水蒸气为气化剂，在气化炉中一定温度和压力下进行煤的气化反应，煤中可燃的部分转化为 CO、H_2、CH_4 等可燃气体和 CO_2、N_2 等非可燃气体(煤气)，而灰分以废渣的形式排出的过程。它不仅能将含杂质的固态煤转化为洁净的气体燃料，也是发展煤化工的基础。

按照气化炉内煤料与气化剂的接触方式，气化工艺可分为 4 类。

(1) 固定床气化，也称移动床气化。在气化过程中，燃料基本不发生湍动，随自身的气化和炉底灰渣的排出，缓慢地自上而下移动，气化剂则自下而上逆向通过煤层，取得较好的热交换。工业上传统使用的发生炉和水煤气炉都属于固定床气化，近年来开发的固定床新工艺则是加压固定床气化，如鲁奇(Lurgi)加压气化法，以 O_2 与水蒸气为气化剂，生产的煤气中 CH_4 含量高，适合处理灰分高、水分高的块粒状褐煤。

(2) 流化床气化，也称沸腾床气化。以 8 mm 以下的小煤粒为原料，受气化剂推动，小煤粒发生湍动，以致翻滚，床层疏松膨胀，犹如液体沸腾。由于液化床温度均匀，气固接触良好，细煤粒的比表面积大，因而气化强度高。

(3) 气流床气化，也称粉尘法气化。它是一种并流气化，用气化剂将粒度为 100 μm 以下的煤粉带入气化炉，也可将煤粉先制成水煤浆，然后用泵打入气化炉。煤料在高于其灰熔点的温度下与气化剂发生燃烧反应和气化反应，灰渣以液态形式排出气化炉。

(4) 熔融床气化。熔融床气化是将粉煤和气化剂以切线方向高速喷入一温度较高且高度稳定的熔池内进行气化。气化过程中，池内熔融物高速旋转。作为粉煤与气化剂的分散介质的熔融物，可以是熔融的灰渣、熔盐或熔融的金属。

煤气主要是 H_2、CO 和 CH_4 等可燃混合气，煤气中的硫主要以 H_2S 形式存在。大型煤气厂先用湿法洗涤脱除大部分 H_2S，再用干法吸附和催化转化除去其余部分；小型煤气厂一般用氧化镁法脱除 H_2S，也可用克劳斯法来回收硫，反应如下：

$$H_2S+\frac{1}{2}O_2 \longrightarrow S+H_2O$$

工艺的关键是避免反应生成 SO_2：

$$H_2S+\frac{3}{2}O_2 \longrightarrow SO_2+H_2O$$

（二）煤的液化

煤的液化是将煤在适宜的反应条件下转化为洁净的液体燃料和化工原料的过程。煤和石油都以碳和氢为主要元素成分，不同之处在于煤中氢元素含量只有石油的一半左右，而相对分子质量大约是石油的 10 倍或更高。因此，理论上讲，煤的液化主要是加氢的过程。

煤的液化可分为直接液化和间接液化两大类。

(1) 煤直接液化工艺。煤在较高温度和压力(400 ℃和 100 MPa 以上)、催化剂和溶剂作用下，进行加氢裂解，转化为液体产品的过程称为直接液化。直接液化工艺是利用煤浆进行加氢液化。在液化过程中，溶剂起着溶解煤、溶解气相氢，以使溶剂向煤和催化剂表面扩散、供氢或传递氢、防止煤热解的自由基碎片缩聚等作用。催化剂在煤液化过程中起着提高反应速率和转化率，以及降低氢耗、反应温度和压力的作用，一般选用铁系或镍钼钴类物质直接液化的催化剂。直接液化的固液分离方法多采用蒸馏，有的采用超临界萃取，残渣用于气化制氢。

(2) 煤间接液化工艺。煤气化产生合成气(CO 和 H_2)，再以合成气为原料，在一定温度和压力下，定向地催化合成液体烃类燃料或化工产品的工艺就称为间接液化。由于气化生产合成气方法较多，几乎所有煤类均可生产合成气，所以间接液化应用面比直接液化广，但其产油率比直接液化低。典型的间接液化工艺包括费托合成法和甲醇转化制汽油法两种，均已实现工业生产。

煤炭液化工厂耗水量很大，所排水的化学需氧量(COD)值很高，需要大规模废水处理设施。此外，成本问题也是影响煤炭液化的重要因素。

（三）重油脱硫

燃油在燃烧过程中全部以氧化物的形式转移到排烟中，所以使用前必须进行脱硫。石油中所含的硫分以复杂的有机化合物形式存在，实现燃油脱硫是十分困难的。要脱除油中的硫分，必须在高温(950 ℃)或高温和氧化剂同时配合的作用下，彻底地加工燃料，破坏原来的组织，并产生新的固态、液态和气态产物。通常使用的重油脱硫方法有催化碱洗脱硫和加氢催化精制脱硫。另外，可以将重油催化裂化转化为气体，通过燃气脱硫来实现燃油的脱硫目标。

燃气脱硫包括天然气的脱硫以及燃料转化为气态燃料以后进行脱硫。一般煤气中含硫组分包括硫化氢(H_2S)、羟基硫(CSH)、二硫化碳(CS_2)、噻吩(C_2H_4S)、硫醚($CH_3—S—CH_3$)、硫醇(CH_3HS)等，其中以硫化氢、羟基硫和二硫化碳为主。硫化氢占煤气总硫的 90%以上，所以燃气的脱硫主要指硫化氢的脱硫。

目前，重油脱硫存在着脱硫率低、费用高等问题。据国外报道，若将硫分降到 0.5%，重油价格将增加 35%～50%，因而还要进一步研究更经济有效的脱硫技术。

第三节 燃烧脱硫

一、流化床燃烧脱硫

作为减少 SO_2 排放的有效途径，流化床燃烧特别适合用于炉内脱硫，因为这种燃烧方式提供了理想的脱硫环境：①脱硫剂和 SO_2 能充分混合、接触；②燃烧温度适宜；③脱硫剂和 SO_2 在炉内停留时间长。

（一）流化床燃烧技术概述

煤的流化床燃烧是继层燃燃烧和悬浮燃烧之后，发展起来的一种较新的燃烧方式。

流化床为固体燃料的燃烧创造了良好的条件。首先，流化床内物料颗粒在气流中进行强烈的湍动和混合，强化了气固两相的热量和质量交换；其次，燃料颗粒在料层内上下翻滚，延长了它在炉内的停留时间；最后，由于流化床内的料层主要由炙热的灰渣粒子组成，占95%以上，新煤不超过5%，料层内有很大的蓄热量，一旦新煤加入，即被高温灼热的灰渣颗粒包围加热、干燥以致着火燃烧。燃烧过程中，处于沸腾状的煤粒和灰渣粒子相互碰撞，使煤粒不断更新表面，再加上能与空气充分混合并在床内停留较长时间，促进了它的燃烬过程。流化床燃烧的这些特点，使其对煤种有广泛的适用性，可燃用其他锅炉无法燃用的劣质燃料，如高灰煤、高硫煤、高水合煤、石煤、油页岩和炉渣等。

流化燃烧的床层温度一般控制在850～950 ℃。床层温度过低时，煤中析出的某些挥发分和燃烧中产生的CO来不及燃尽就从床层逸出，从而降低燃烧效率。由于料层中绝大部分是灰粒，为防止运行中结渣，床层温度一般不宜超过1 000 ℃。

（二）流化床燃烧脱硫的化学过程

流化床燃烧脱硫广泛采用的脱硫剂是石灰石（$CaCO_3$）和白云石（$CaCO_3 \cdot MgCO_3$），它们大量存在于自然界，而且易于采掘。

当石灰石或白云石脱硫剂进入锅炉的灼热环境，其有效成分 $CaCO_3$ 遇热发生煅烧分解，煅烧时 CO_2 的析出会产生并扩大石灰石中的孔隙，从而形成多孔状、富孔隙的 CaO：

$$CaCO_3 \longrightarrow CaO + CO_2 \uparrow$$

CaO 与 SO_2 作用形成 $CaSO_4$，从而达到脱硫的目的：

$$CaO + SO_2 + 0.5O_2 \longrightarrow CaSO_4$$

（三）流化床燃烧脱硫的主要影响因素

当气流速度达到使升力和煤粒的重力相当的临界速度时，煤粒将开始浮动流化。维持料层内煤粒间的气流实际速度大于临界值而小于输送速度是建立流化状态的必要条件。按流态的不同可把流化床锅炉分为鼓泡流化床锅炉和循环流化床锅炉两类，其结构如图 8-3 所示。

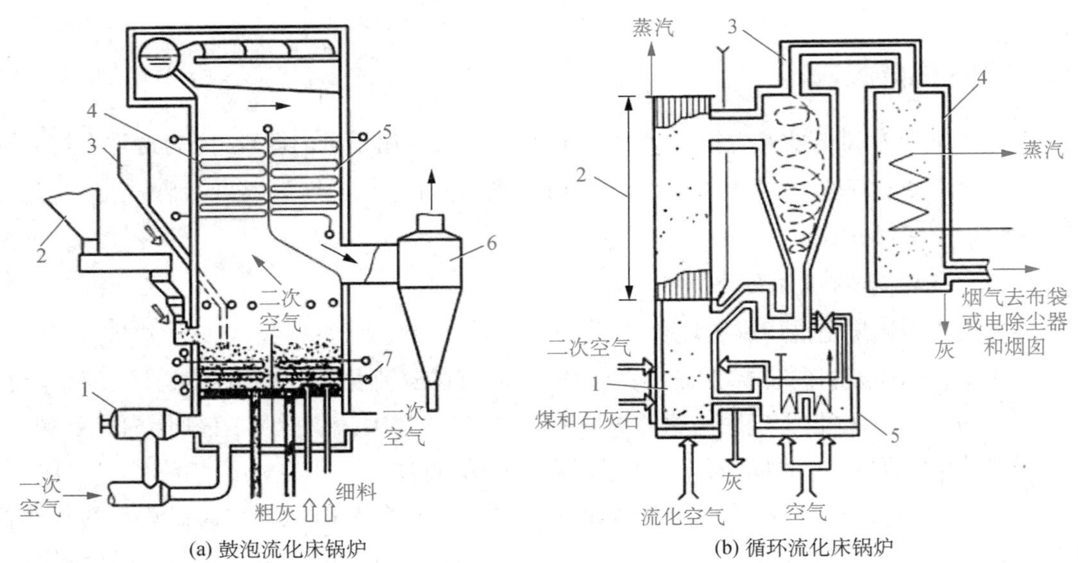

(a) 鼓泡流化床锅炉　　(b) 循环流化床锅炉

(a) 1—启动预热空气燃烧器；2—煤斗；3—脱硫剂进料斗；4—过热器管束；5—对流管束和省煤器；6—旋风除尘器；7—水平管束

(b) 1—密相床层；2—水冷壁；3—旋风除尘器；4—对流式锅炉；5—外部换热器

图 8-3　流化床示意图

1. 钙硫比

钙硫比(Ca/S)是表示脱硫剂用量的一个指标。在影响 SO_2 脱除性能的所有参数中，钙硫比影响最大。无论何种类型的流化床锅炉，钙硫比(R)与脱硫率 η 的关系可用下式近似表示：

$$\eta = 1 - \exp(-mR)$$

其中：R 是钙硫比，脱硫剂所含钙与煤中硫的摩尔比；m 是综合影响参数，是床高、流化速度、脱硫剂颗粒尺寸、脱硫剂种类、床温和运行压力等的函数。

不同类型的流化床锅炉有不同的 m 值。因此，在不同炉型和燃烧工况下，要达到相同的脱硫效率，所需的钙硫比是不同的。一般要达到 90%的脱硫率，常压鼓泡流化床、常压循环流化床和增压流化床的钙硫比分别为 3.0～3.5、1.8～2.5 和 1.5～2.0。

2. 煅烧温度

根据研究结果，对于常压流化床锅炉，最佳脱硫温度范围为 800～850 ℃。出现这种现象的原因与脱硫剂的孔隙状态有关。温度较低时，脱硫剂孔隙数量少，孔径小。反应几乎完全

被限制在颗粒外表面。随着温度增加,煅烧反应速率增大,孔隙扩展速率增大,相应地,与 SO_2 反应的脱硫剂表面也增大,由此导致脱硫率增大。但是,当床层温度超过 $CaCO_3$ 煅烧平衡温度约 50 ℃以上时,烧结作用变得越来越严重,其结果是使煅烧获得的大量孔隙消失,从而造成脱硫活性降低。

3. 脱硫剂的颗粒尺寸和孔隙结构

由于脱硫剂颗粒形状、孔径分布不一,床内又存在颗粒磨损、爆裂和扬析等影响,使得脱硫率与颗粒尺寸的关系十分复杂。在一定范围内减小颗粒尺寸,脱硫率变化不明显。当颗粒尺寸小于发生扬析的临界粒径时,脱硫剂发生扬析,使颗粒停留时间减少,但小颗粒的比表面积较大,因而脱硫效率提高。综合考虑脱硫和流化床的正常运行,脱硫剂颗粒尺寸有一适宜范围,并非越小越好。

脱硫剂颗粒孔隙大小的分布对其固硫作用也有重要影响。含有小孔径的颗粒有更大的比表面积,但其内孔入口容易堵塞。大孔可提供通向脱硫剂颗粒内部的便利通道,却不能提供大的反应比表面积。因此,脱硫剂颗粒的孔隙结构应有适当的孔径大小,既要保证有一定的孔隙容积,又要保证孔道不易堵塞。

新的研究进展包括以下两个方面。

(1) 提高吸收剂的活性,改善 SO_2 的扩散过程:

① 以有机钙盐代替石灰石;

② 以有机固体废物和石灰为燃料制备有机钙混合物。

优点:

① 方便地用于现有锅炉的脱硫脱硝,使锅炉达到环保要求;

② 有效地回收和利用城市固体废物,进一步改善环境;

③ 有机钙具有一定的热值,使用后能降低锅炉的煤耗。

(2) 改变吸收剂的喷入位置,避免吸收剂的烧结失活。

4. 脱硫剂种类

石灰石和白云石在含钙量、煅烧分解温度、孔隙尺寸分布、爆裂和磨损等特性方面互不相同。与石灰石相比,白云石的平衡孔径分布和低温煅烧性能好,但锅炉低压运行时,更易于爆裂成细粉末,在吸收更多的硫之前遭到扬析。此外,对于相同的钙硫比,白云石的用量比石灰石将近大两倍,相应地,脱硫剂处理量和废渣量也大得多。因此,锅炉常压运行时,倾向于采用石灰石作为脱硫剂;锅炉增压运行时,视具体情况而定。

二、炉内喷钙

炉内喷钙脱硫是将干的脱硫剂直接喷到锅炉炉膛的气流中进行脱硫。该法工艺简单,脱硫费用低,但钙硫比较高,脱硫率较低;当钙硫比在 2 以上时,脱硫率只有 30%~40%。

炉内喷钙技术是将磨细到 325 目左右的石灰石粉料用压缩空气直接喷入锅炉炉膛后部,

在高温下石灰石被煅烧成 CaO，烟气中的 SO_2 被煅烧出的 CaO 所吸附。当炉膛内有足量氧气存在，在吸附的同时还会发生氧化反应。由于石灰石粉在炉膛内的停留时间很短，所以必须在较短时间内完成煅烧、吸附、氧化 3 个过程，基本化学反应如下：

$$CaCO_3 \rightleftharpoons CaO + CO_2 \uparrow$$

$$CaO + SO_2 \rightleftharpoons CaSO_3$$

$$2CaSO_3 + O_2 \rightleftharpoons 2CaSO_4$$

$$2CaO + 2SO_2 + O_2 \rightleftharpoons 2CaSO_4$$

在采用白云石（$CaCO_3 \cdot MgCO_3$）作为吸附剂时，还会发生如下反应：

$$MgCO_3 \rightleftharpoons MgO + CO_2 \uparrow$$

$$2MgO + 2SO_2 + O_2 \rightleftharpoons 2MgSO_4$$

石灰石/石灰直接喷射法与其他脱硫方法相比，投资最少。除了需要贮存、研磨和喷射装置外，不再需要其他设备。但该法也存在一些严重的缺点，如：①脱硫效率较低；②锅炉内石灰和灰分的反应可能产生污垢沉积在管束上，使系统阻力增大；③气流中未反应的石灰将使烟尘比电阻增高，导致电除尘器的除尘效率显著降低。

第四节　高浓度二氧化硫的回收和净化

在冶炼厂、硫酸厂和造纸厂等工业排放尾气中，SO_2 的浓度通常在 2%～40%。当废气中的 SO_2 浓度超过 2%，称这种废气为高浓度废气。由于 SO_2 浓度很高，对尾气进行回收处理是经济的。通常的方法是采用干式接触催化氧化制酸，常用的催化剂为 V_2O_5。干式氧化法处理硫酸尾气技术成熟，现已加装于硫酸生产，即将硫酸尾气加热后再进行第二次转化，使尾气中 SO_2 转为 SO_3，再经过第二次吸收后排放。这就构成两转两吸新流程，成为硫酸生产工艺的一部分。

一、基本原理

在钒催化剂表面上，SO_2 被氧化为 SO_3 的反应式如下：

$$SO_2 + 0.5O_2 \rightleftharpoons SO_3 + (-\Delta H)$$

这是一个可逆放热反应。当反应达到动态平衡时，根据质量作用定律，其平衡常数 K_P

可用下式表示：

$$K_P = \frac{[SO_3]}{[SO_2][O_2]^{1/2}} \tag{8-1}$$

K_P 是温度的函数，其数值可由下式近似算出：

$$\lg K_P = \frac{4\ 956}{T} - 4.678 \tag{8-2}$$

如果我们把氧化为 SO_3 的 SO_2 量与氧化前的 SO_2 量之比叫作 SO_2 的转化率 r，反应达到平衡时的 SO_2 转化率就称为平衡转化率 x_T。当 SO_2 起始浓度为 $a\%$(体积)，O_2 起始浓度为 $b\%$(体积)时，平衡转化率 x_T 可用下式表示：

$$x_T = \frac{K_P}{K_P + \sqrt{\dfrac{100 - 0.5ax_T}{P(b - 0.5ax_T)}}} \tag{8-3}$$

其中：P 为混合气体的总压力(atm)。

由式(8-3)可知，平衡转化率与混合气体的总压力、混合气体的起始浓度及反应温度有关。常压下，SO_2 的氧化反应有较高的转化率，因而工业生产中一般在常压下操作。常压下(压力一定)，平衡转化率主要与反应温度及混合气体的起始浓度有关(见表 8-1)。

表 8-1　平衡转化率与温度和气体组成的关系

温度/℃	K_P	x_T		
		$a=5\%$ $b=14\%$	$a=8\%$ $b=9\%$	$a=12\%$ $b=5.5\%$
400	442.9	99.3%	99.0%	90.9%
450	137.4	97.9%	96.9%	87.5%
500	49.78	94.5%	92.1%	80.6%
550	20.49	87.6%	83.3%	70.3%
600	9.38	76.6%	70.4%	57.7%

如表 8-1 所示，当 SO_2 氧化反应的温度降低时，平衡常数和平衡转化率随之增大，这是因为 SO_2 氧化反应为放热反应。但反应温度降低，却使反应速度下降很快(见表 8-2)，当反应温度降低到催化剂能够催化 SO_2 氧化的最低温度(即起燃温度)以下时，催化剂便不能起催化作用了，此时氧化反应更加缓慢。常用的钒催化剂的起燃温度为 400～420 ℃。

表 8-2 反应速率常数与温度的关系

温度/℃	400	420	440	450	500	525	550	575	600
反应速率常数	0.34	0.55	0.87	1.05	2.9	4.6	7.0	10.5	15.2

由于平衡转化率和反应速率对反应温度的要求不一致，所以实际生产中，在钒催化剂的活性温度(400～600 ℃)范围内，要根据既要有较高转化率又要有较快的反应速率的原则，来选择最适宜的反应温度。

最适宜的反应温度不是一个常数，在 SO_2 氧化的整个过程中，它随着转化率的升高而逐渐降低。根据这一变化规律，可以在反应初期，使 SO_2 在较高温度下进行氧化，以便具有较高的反应速度；在反应后期，则在较低温度下进行氧化，以达到较高的转化率。但因 SO_2 的氧化反应是放热反应，烟气温度将不断升高，要满足上述要求，就需要将 SO_2 的氧化反应分段进行，以便不断导出反应热，来调节反应气体的温度，使氧化反应尽可能以最适宜的温度进行，以保证有较高的反应速度和达到较高的转化率(见图 8-4)。当然，段数越多，最终转化率也越高，但段数过多将使操作控制难以进行，一般以 3～4 段为宜。

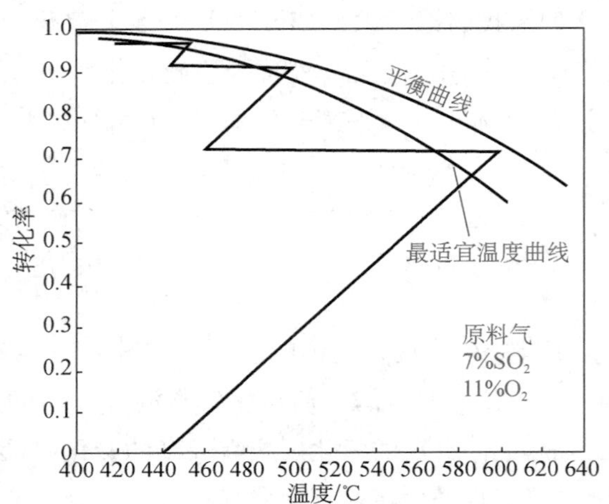

图 8-4 传统转化流程的转化率温度图

SO_2 的起始浓度不同，最适宜反应温度也有差异，因而各转化段的反应温度及转化率也不相同。

二、工艺流程

图 8-5 给出了单级和二级吸收工艺的流程图。由图 8-5 可见，与一般的吸收相比，制酸工艺中的吸收塔并不需要吸收液的分离循环装置。这是由于 SO_3 溶于水后所制得的 H_2SO_4 溶液是一种可销售的产品，所以不必回收并循环利用吸收液。20 ℃时，SO_3 在水中的亨利系数大约为 10^{25} atm，因而吸收过程十分快捷有效，以至于在吸收过程中非常容易形成细的硫酸酸雾。在净化后，气体排入大气前必须去除硫酸酸雾。

通过多层催化段间换热，干式催化氧化工艺可保证大约 98%的 SO_2 转化为硫酸。在简单的制酸工艺中(一级工艺)，剩下 2%的 SO_2 直接排空。

随着环保法规的日益严格，二级制酸工艺已得到发展，从而进一步减少了 SO_2 的排放。其原理是经一级工艺排出的较低浓度 SO_2 再经过催化剂床，使 SO_2 继续转化为 SO_3，产生的

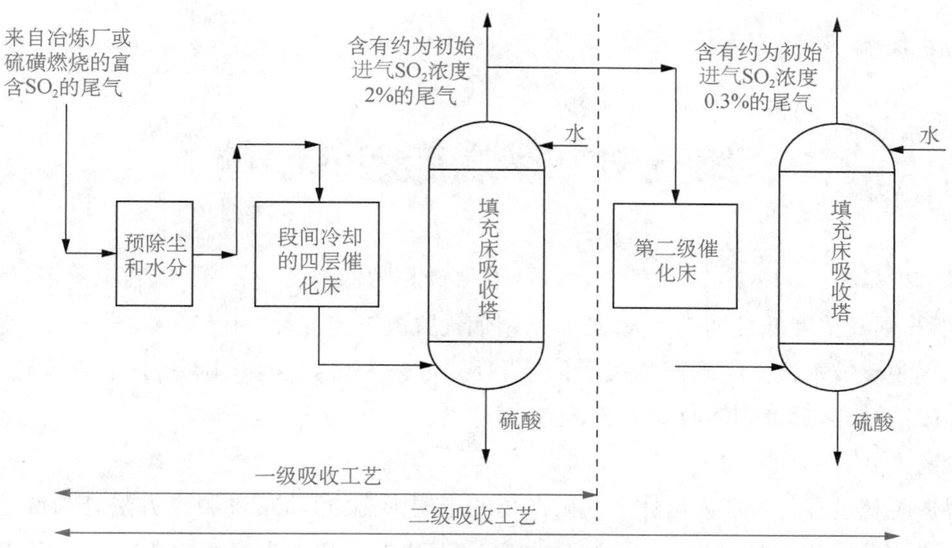

图 8-5　单级和二级吸收工艺的流程图

SO_3 再用水吸收，生产硫酸。两级工艺通常可使 99.7%的 SO_3 转化为 H_2SO_4。从制酸的角度看，由于高浓 SO_2 气体的获得(如直接来自工艺废气或由燃烧硫黄产生)非常廉价，第二级催化转化和吸收步骤的费用并不足以由所制得的硫酸来补偿，这完全是为了满足污染控制的要求。

硫酸是最廉价的工业用酸，它有许多用途。在世界范围内，硫酸的最大用途是生产磷肥。自然形成的磷矿石含有氟磷灰石 $Ca_{10}F_2(PO_4)_6$。这种矿石难溶于水，所以并不直接用作肥料。将它与硫酸反应可生成水溶性的磷酸，而磷酸是磷肥的有效成分，反应也同时产生 HF 废气和固体 $CaSO_4$，需要净化和填埋处理。

当 SO_2 在尾气中的浓度较低时，利用 SO_2 生产硫酸可能并不经济。美国的实践表明，当尾气中 SO_2 的浓度高于 4%，同时在附近有酸的市场需求时，制酸厂才有收益。其原因在于，无论是工厂投资还是运行费用都只与所处理的气体流量有关，而几乎与气体浓度大小无关。例如，管道、风机和吸收器等的尺寸以及动力消耗等，不管气体浓度大小，都只正比于处理的气体量。酸的产率正比于 SO_2 的排放量，即气体流量和 SO_2 浓度的乘积，因此：

$$\text{生产单位硫酸的费用} \propto \frac{Q}{Q \cdot y_{SO_2}} \approx \frac{1}{y_{SO_2}}$$

另外，处理 SO_2 浓度大于 4%的尾气进行制酸时，工艺过程的热量可以自给，即反应本身的放热可以提供所有的工艺用热。当尾气中 SO_2 的浓度低于 4%时，反应放热不足以提供工艺用热，需要额外的燃料费用，也增加了工艺的复杂程度。

第五节　燃烧后烟气脱硫

SO_2 含量在 2%以下的(大多为 0.1%～0.5%)称为低浓度 SO_2 烟气，它主要来自燃料的燃烧过程，因其浓度低且烟气量大，通常采用烟气脱硫工艺进行净化。

烟气脱硫技术根据脱硫产物是否回收利用，可分为抛弃法和回收法。前者脱硫产物作为固体废物抛弃；后者则回收硫资源，避免固体废物二次污染，但回收法工艺流程复杂、脱硫费用较高。

根据脱硫过程是否加入液体和脱硫产物的干湿形态，可将烟气脱硫方法分为湿法、半干法和干法。湿法脱硫是用溶液或浆液吸收 SO_2，其直接产物也为溶液或浆液，具有工艺成熟、脱硫效率高、操作简单等优点，但脱硫液处理较麻烦，容易造成二次污染，而且脱硫后烟气的温度较低，不利于扩散。干法烟气脱硫过程无液体介入，完全在干燥状态下进行，而且脱硫产物也为干粉状，因而工艺简单，投资较低，净化后烟气温度降低很少，利于扩散且无废水排出，但净化效率一般不高。半干法是用雾化的脱硫剂或浆液脱硫，但在脱硫过程中，雾滴被蒸发干燥，直接产物呈干态粉末，具有干法和湿法脱硫的优点。表 8-3 列出了使用较多且较为成熟的脱硫方法。综合考虑技术成熟度和费用因素，尽管脱硫工艺非常多，但目前广泛采用的烟气脱硫技术仍然是湿法石灰石脱硫工艺。

表 8-3　一些烟气脱硫方法介绍

脱硫原理	方法分类	脱硫剂	脱硫方法	干湿状态	脱硫产物处理	终产品
吸收	石灰石/石灰法	$Ca(OH)_2$ $CaCO_3$	石灰石/石灰直接喷射法	干法	—	—
			炉内喷钙-炉后活化法	半干法	抛弃或利用	脱硫灰
			喷雾干燥法	半干法	抛弃或利用	脱硫灰
			循环流化床脱硫法	半干法	抛弃或利用	脱硫灰
			增湿灰循环脱硫法	半干法	抛弃或利用	脱硫灰
			湿式石灰石/石灰石膏法	湿法	氧化	石膏
			石灰-亚硫酸钙法	湿法	加工产品	亚硫酸钙

（续表）

脱硫原理	方法分类	脱硫剂	脱硫方法	干湿状态	脱硫产物处理	终产品
吸收	氨法	$(NH_4)_2SO_3$ $NH_3 \cdot H_2O$	氨-酸法	湿法	酸化分解	浓 SO_2、化肥
			氨-亚铵法	湿法	氨中和	亚硫酸铵
			氨-硫铵法	湿法	氧化	硫酸铵
		$NH_3 \cdot H_2O$	新氨法	湿法	酸分解、制酸	化肥、硫酸
	钠碱法	$NaSO_3$（NaOH、Na_2CO_3）	亚硫酸钠循环法	湿法	热再生	浓 SO_2
			亚硫酸钠法	湿法	碱中和	亚硫酸钠
			钠盐-酸分解法	湿法	酸化分解	浓 SO_2、冰晶石
	海水脱硫	海水中 CO_3^{2-}、HCO_3^- 等碱性物质	海水脱硫法	湿法	排入大海	—
	间接石灰石/石灰法	$NaSO_3$ 或 NaOH	双碱法	湿法	石灰中和	石膏
		$Al_2(SO_4)_3 \cdot Al_2O_3$	碱性硫酸铝-石膏法	湿法	石灰中和	石膏

一、石灰石/石灰法

在现有的烟气脱硫工艺中，湿式石灰石/石灰洗涤工艺技术最为成熟，运行最为可靠，该工艺钙硫比较低，操作简便，吸收剂价廉易得，所得石膏副产品可作为轻质建筑材料。因此，这种工艺应用最为广泛。湿式石灰石/石灰洗涤工艺分为抛弃法和回收法两种，其主要区别是回收法中强制使 $CaSO_3$ 氧化成 $CaSO_4$（石膏）。

（一）基本原理

该脱硫过程以石灰石或石灰浆液为吸收剂吸收烟气中的 SO_2，首先生成 $CaSO_3$，然后 $CaSO_3$ 再被氧化为 $CaSO_4$。整个过程发生的主要反应包括吸收和氧化两部分。

1. 吸收

$$CaO + H_2O \longrightarrow Ca(OH)_2$$

$$Ca(OH)_2 + SO_2 \longrightarrow CaSO_3 \cdot H_2O$$

$$CaCO_3 + SO_2 + 0.5H_2O \longrightarrow CaSO_3 \cdot 5H_2O + CO_2\uparrow$$

$$CaSO_3 \cdot 0.5H_2O + SO_2 + 0.5H_2O \longrightarrow Ca(HSO_3)_2$$

2. 氧化

$$2CaSO_3 \cdot 0.5H_2O + O_2 + 3H_2O \longrightarrow 2CaSO_4 \cdot 2H_2O$$

$$Ca(HSO_3)_2 + 0.5O_2 + H_2O \longrightarrow CaSO_4 \cdot 2H_2O + SO_2\uparrow$$

吸收塔内由于氧化副反应生成溶解度很低的石膏，很容易在吸收塔内沉积下来造成结垢和堵塞。溶液 pH 越低，氧化副反应越容易进行。

（二）工艺流程及设备

传统的石灰石/石灰湿法工艺流程如图 8-6 所示。锅炉烟气经除尘、冷却后送入吸收塔，吸收塔内用配制好的石灰石或石灰浆液洗涤含 SO_2 烟气，经洗涤净化的烟气经除雾和再热后排放。石灰浆液在吸收 SO_2 后，成为含有 $CaSO_3$ 和 $Ca(HSO_3)_2$ 的混合液进入循环槽，加入新鲜的石灰石或石灰浆液进行再生。

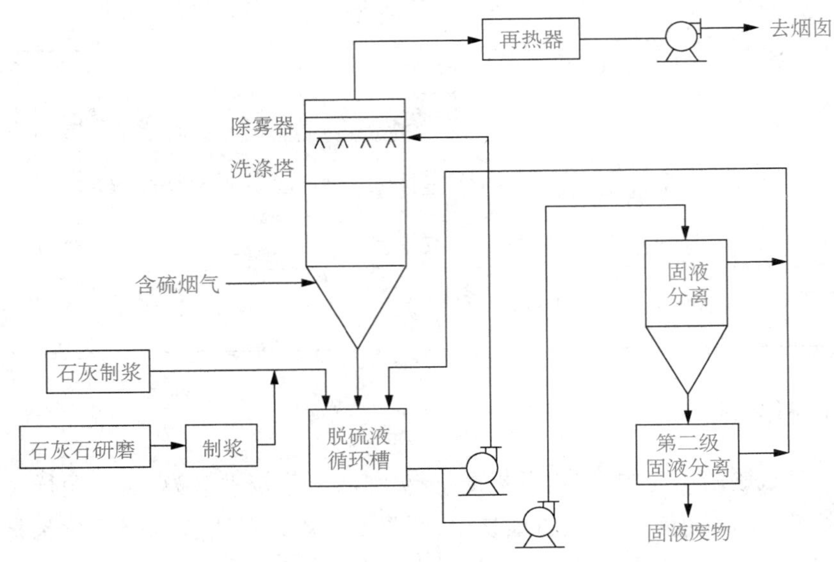

图 8-6 石灰石/石灰湿法烟气脱硫工艺流程

吸收塔是整个工艺的核心设备，其性能对 SO_2 的去除率有很大影响。考虑到传质和结垢等问题，吸收设备应具备的条件是：塔持液量大；气液间相对速度高；气液接触面积大；内部构件少；压力损失小。当然，任何一种吸收塔很难同时满足这些条件，应从技术和经济两方面进行权衡。目前较常用的吸收塔主要有喷淋塔、填料塔、喷射鼓泡塔及道尔顿型塔 4 类，其中喷淋塔是湿法脱硫工艺的主流塔型。

石灰石-石膏法脱硫的主要缺点是设备容易结垢堵塞，严重时可使系统无法运行。固体沉积来源包括：因溶液或料浆中的水分蒸发而使固体沉积；$Ca(OH)_2$ 或 $CaCO_3$ 沉积或结晶析出；$CaSO_3$ 或 $CaSO_4$ 从溶液中结晶析出，其中后者是导致脱硫塔发生结垢的主要原因，特别是 $CaSO_4$ 结垢坚硬板结，一旦结垢难以去除，影响所有与脱硫液接触的阀门、水泵、控制仪表和管道等。

为了防止结垢，特别是防止 $CaSO_4$ 结垢，除使吸收塔满足持液量大、气液间相对速度高、有较大的气液接触面积、内部构件少及压力损失小等条件外，还可采用控制吸收液过饱和以

及使用添加剂等方法。控制吸收液过饱和最好的办法是在吸收液中加入二水硫酸钙晶种或亚硫酸钙晶种，以提供足够的沉积表面，使溶解盐优先沉淀于其上，可以控制溶液过饱和。添加剂不仅可以改善吸收过程，还可以减少设备产生结垢的可能，并提高脱硫效率。目前使用的添加剂有镁粒子、氯化钙、己二酸等。

另外，脱硫产物及综合利用也是该工艺应用的一个主要问题。半水亚硫酸钙通常是较细的片状晶体，这种固体难以分离，也不符合填埋要求；而二水硫酸钙是大的圆形晶体，易于析出和过滤。因此从分离的角度看，在循环池中鼓氧或空气将亚硫酸盐氧化为硫酸盐是十分必要的，通常要求保证 95%的脱硫产物转化为硫酸钙。

此外，煤中所含的汞在燃烧过程中以气态单质汞(Hg^0)、气态二价汞(Hg^{2+})或者颗粒汞(Hg^P)的形式进入烟气，在通过烟气脱硫系统时，其中大部分的 Hg^{2+} 被浆液捕集下来，进入石膏。进入脱硫石膏的汞的量与煤炭种类有关，但有研究表明，进入脱硫石膏的汞高达煤中汞的 20%～30%。脱硫石膏被大量运用在墙板和其他建筑材料的制造中，其中经过许多高温加工过程，有可能导致石膏中汞的二次排放。

(三) 影响脱硫效率的主要因素

影响石灰石/石灰湿法烟气脱硫的主要工艺参数包括 pH 值、石灰石粒度、液气比、钙硫比、气体流速、浆液的固体含量等。上述部分因素的典型值如表 8-4 所示。

表 8-4　石灰石/石灰湿法烟气脱硫的典型操作条件

	石灰	石灰石
烟气中 SO_2 体积分率/10^{-6}	4 000	4 000
浆液固体含量/%	10～15	10～15
浆液 pH	7.5	5.6
钙硫比	1.05～1.1	1.1～1.3
液气比/(L/m^3)	4.7	>8.8
气流速度/(m/s)	3.0	3.0

浆液的 pH 值是影响脱硫效率的一个重要因素。一方面，pH 值高，SO_2 的吸收速度就快，但是系统设备结垢严重；pH 值低，SO_2 的吸收速度就会下降，当 pH 值小于 4 时，则几乎不能吸收 SO_2。另一方面，pH 值的变化对 $CaSO_3$ 和 $CaSO_4$ 的溶解度有重要的影响，如表 8-5 所示。

pH 值较高时，$CaSO_3$ 的溶解度明显下降，但 $CaSO_4$ 的溶解度则变化不大，因此当溶液 pH 降低时，溶液中存在较多的 $CaSO_3$。又由于在石灰石粒子表面形成一层液膜，其中溶解的 $CaSO_3$ 使液膜的 pH 值上升，这就造成 $CaSO_3$ 沉积在石灰石粒子表面，在石灰石粒子表面形成一层外壳，即所谓的包固现象。由于包固现象的出现，石灰石粒子表面钝化，抑制化学反应的进行，同时还造成结垢和堵塞。因此，浆液的 pH 值应控制适当，一般情况下，采用石灰石浆液时的最佳 pH 值为 5.8～6.2，采用石灰浆液时 pH 值应控制在 7 左右。

表 8-5　50 ℃时 pH 对 $CaSO_3 \cdot 0.5H_2O$ 和 $CaSO_4 \cdot 0.5H_2O$ 溶解度的影响

pH	溶解度/(mg/L)		
	Ca	$CaSO_3 \cdot 0.5H_2O$	$CaSO_4 \cdot 0.5H_2O$
7.0	675	23	1 320
6.0	680	51	1 340
5.0	731	302	1 260
4.5	841	785	1 179
4.0	1 120	1 873	1 072
3.5	1 763	4 198	980
3.0	3 135	9 375	918
2.5	5 873	21 995	873

(1) 液气比。液气比对吸收推动力、吸收设备的持液量有影响。增大液气比对吸收有利，但在大液气比条件下维持操作的运行费用很高，实际操作中应根据设备的运行情况决定吸收塔的液气比。实验表明：液气比在 5.3 L/m^3 以上时，SO_2 脱除率平均为 87%；液气比小于5.3 L/m^3 时，平均为 78%。其他因素恒定而改变液体流量的实验表明，增大液气比对吸收更有利。

(2) 石灰石的粒度。石灰石颗粒的大小即比表面积的大小，对脱硫率和石灰石的利用率均有影响。一般说来，粒度减小，脱硫率及石灰石利用率增高。为保证脱硫石膏的综合利用及减少废水排放量，用于脱硫的石灰石中 $CaCO_3$ 的含量宜高于 90%。石灰石粉的细度应根据石灰石的特性和脱硫系统与石灰石粉磨制系统综合优化确定。对于燃烧中含低硫量煤质的锅炉，石灰石粉的细度应保证 250 目 90%过筛率；当燃烧含中高硫量煤质时，石灰石粉的细度宜保证 325 目 90%过筛率。

(3) 吸收温度。吸收温度较低时，吸收液面上 SO_2 的平衡分压亦较低，有助于气液相间传质；但温度过低时，H_2SO_3 和 $CaCO_3$ 或 $Ca(OH)_2$ 之间的反应速率降低。通常认为吸收温度不是一个独立可变的因素，它取决于进气的湿球温度。

(4) 烟气流速。烟气流速对脱硫效率的影响较为复杂。随气速的增加，气液相对运动速度增加，传质系数提高，脱硫效率就可能提高，同时还有利于降低设备投资。经实测，当气速在 2.44～3.66 m/s 的范围内逐渐增加时，随气速的增加，脱硫效率下降；但当气速在 3.66～24.57 m/s的范围内逐渐增加时，脱硫效率几乎与气速的变化无关。

二、双碱法

双碱法烟气脱硫工艺是为了克服石灰石/石灰法容易结垢的缺点而发展起来的。双碱法的特点是先用碱液吸收液(如 NH_4^+、Na^+、K^+ 等)进行烟气吸收,然后用石灰乳或石灰石粉末进行再生。由于在吸收和吸收液的处理中使用了不同类型的碱,所以称之为双碱法。双碱法的种类很多,这里主要介绍钠钙双碱法。

(一) 基本原理

钠钙双碱法采用 Na_2CO_3 或 NaOH 溶液(第一碱)吸收烟气中的 SO_2,再用石灰石或石灰(第二碱)中和再生,可制得石膏,再生后的溶液继续循环使用。其工艺过程可分为吸收和再生两个工序。

吸收反应:

$$Na_2CO_3 + SO_2 \longrightarrow Na_2SO_3 + CO_2\uparrow$$
$$2NaOH + SO_2 \longrightarrow Na_2SO_3 + H_2O$$
$$Na_2SO_3 + SO_2 + H_2O \longrightarrow 2NaHSO_3$$

由于烟气中存在 O_2,吸收过程中还会发生氧化副反应:

$$2Na_2SO_3 + O_2 \longrightarrow 2Na_2SO_4$$

锅炉烟气在吸收过程中大约有 5%~10% 的 Na_2SO_3 被氧化,由于 Na_2SO_4 的积累会影响吸收效率,必须不断地从系统中排除。

再生反应:

$$2NaHSO_3 + Ca(OH)_2 \longrightarrow Na_2SO_3 + CaSO_3 \cdot 0.5H_2O\downarrow + 1.5H_2O$$
$$Na_2SO_3 + Ca(OH)_2 + 0.5H_2O \longrightarrow 2NaOH + CaSO_3 \cdot 0.5H_2O\downarrow$$
$$2NaHSO_3 + CaCO_3 \longrightarrow Na_2SO_3 + CaSO_3 \cdot 0.5H_2O\downarrow + CO_2\uparrow + 0.5H_2O$$
$$CaSO_3 + 0.5O_2 + 2H_2O \longrightarrow CaSO_4 \cdot 2H_2O$$

中和再生后的溶液返回吸收系统循环使用,所得固体进一步氧化可制得石膏,也可以抛弃。

(二) 工艺流程

双碱法典型的工艺流程如图 8-7 所示。

含 SO_2 烟气经除尘、降温后被送入吸收塔,塔内喷淋含 NaOH 或 Na_2CO_3 溶液进行洗涤净化,净化后的烟气排入大气。

从塔底排出的吸收液被送至再生槽,加入 $CaCO_3$ 或 $Ca(OH)_2$ 进行中和再生。再生后的吸收液经固液分离后,清液返回吸收系统;所得固体物质加入 H_2O 重新浆化后,加入硫酸降低 pH 值,鼓入空气进行氧化可制得石膏。

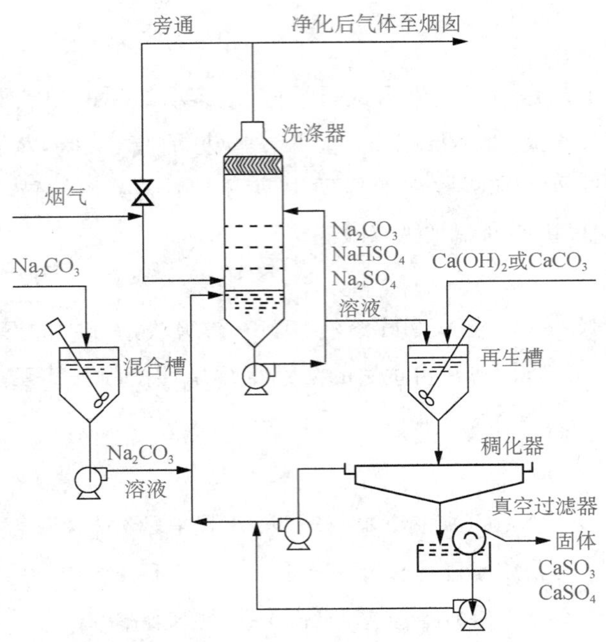

图 8-7　双碱法工艺流程

（三）工艺特点

与石灰石/石灰湿法相比，钠钙双碱法原则上具有如下优点：①在循环过程中的基本上是钠盐的水溶液，对管道的堵塞少；②吸收剂的再生和沉淀发生在吸收塔外，减少了塔内结垢的可能性，并可用高效的填料吸收塔脱硫；③脱硫效率高，一般在 90%以上。其缺点是由于形成的石膏脱水困难，仍然有部分钠损失。

三、氧化镁法

氧化镁法具有脱硫效率高(可达 90%以上)、可回收硫、可避免产生固体废物等特点，在有镁矿资源的地区，是一种有竞争性的脱硫技术。氧化镁法可分为再生法、抛弃法和氧化回收法。

（一）再生法

由美国化学基础公司（Chemico-Basic）开发的氧化镁浆洗-再生法（即 Chemico-Basic 法）是氧化镁湿法脱硫的代表工艺，其工艺流程如图 8-8 所示。其基本原理是用 MgO 的浆液吸收 SO_2，生成含水亚硫酸镁和少量硫酸镁，然后送入流化床加热，当温度在约1 143 K 时释放出 MgO 和高浓度 SO_2，再生的 MgO 可循环利用，SO_2 可回收制酸（排气中浓度为 10%～16%，符合制酸要求）。

整个过程可分为 SO_2 吸收、固体分离和干燥、$MgSO_3$ 再生 3 个主要工序，主要反应如下所述。

氧化镁浆液的制备：

$$MaO + H_2O \longrightarrow Mg(OH)_2$$

SO_2 的吸收反应：

$$Mg(OH)_2 + SO_2 + 5H_2O \longrightarrow MgSO_3 \cdot 6H_2O \downarrow$$
$$MgSO_3 + SO_2 + H_2O \longrightarrow Mg(HSO_3)_2 \downarrow$$
$$Mg(HSO_3)_2 + Mg(OH)_2 + 10H_2O \longrightarrow 2MgSO_3 \cdot 6H_2O \downarrow$$

为了保证上述反应完成，MgO 过量 5%是必要的。

吸收过程发生的主要副反应(氧化反应)如下：

$$Mg(HSO_3)_2 + 0.5O_2 + 6H_2O \longrightarrow MgSO_4 \cdot 7H_2O \downarrow + SO_2 \uparrow$$
$$MgSO_3 + 0.5O_2 + 7H_2O \longrightarrow MgSO_4 \cdot 7H_2O \downarrow$$
$$Mg(OH)_2 + SO_3 + 6H_2O \longrightarrow MgSO_4 \cdot 7H_2O \downarrow$$

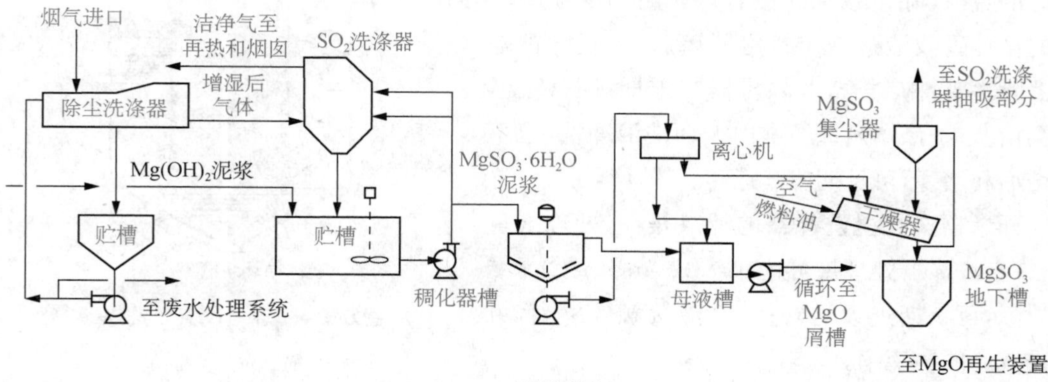

(a) 洗涤部分

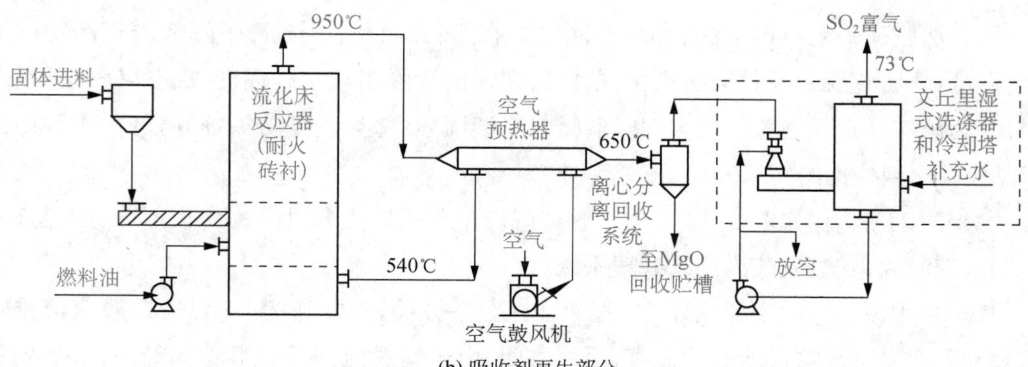

(b) 吸收剂再生部分

图 8-8　氧化镁法烟气脱硫工艺流程示意图

分离、干燥：

$$MgSO_3 \cdot 6H_2O \xrightarrow{\triangle} MgSO_3 + 6H_2O\uparrow$$

$$MgSO_4 \cdot 7H_2O \xrightarrow{\triangle} MgSO_4 + 7H_2O\uparrow$$

氧化镁再生：在煅烧过程中，为了还原硫酸盐，要添加焦炭或煤，发生如下反应：

$$C + 0.5O_2 \longrightarrow CO$$

$$CO + MgSO_4 \longrightarrow CO_2 + MgO + SO_2\uparrow$$

$$MgSO_3 \xrightarrow{\triangle} MgO + SO_2\uparrow$$

氧化镁浆洗-再生法的主要设备为开米柯文丘里洗涤器，结构如图 8-9 所示。

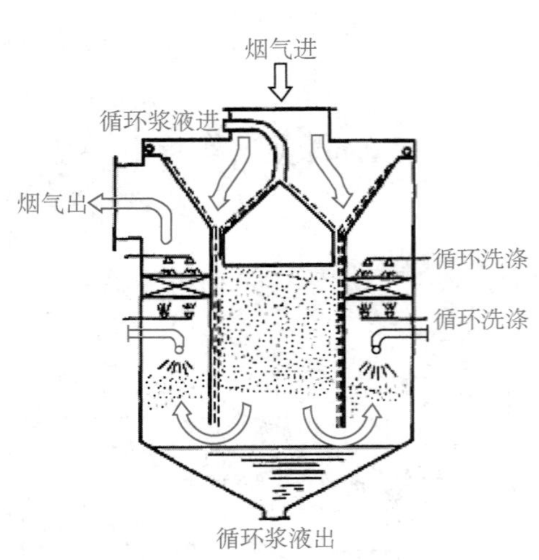

图 8-9　开米柯文丘里洗涤器

含 SO_2 烟气由洗涤器顶部引入，在文丘里喉部强烈雾化的循环吸收液与烟气充分接触，获得较好的脱硫、除尘效果。接着烟气再与从喷嘴喷出的循环吸收液进一步接触脱硫后，由百叶窗除雾器除去雾沫后排空。除雾器应定期进行清洗，不会堵塞；洗涤器内壁经常由循环洗液冲洗，也不会结垢和堵塞，可长期连续运转。

开米柯文丘里洗涤器的特点是：①处理气量大，一台洗涤器处理量可达 $90\times10^4\ m_N^3/h$；②无结垢故障，可长期连续运转；③气液接触效率高，可获得较高的脱硫率。

（二）抛弃法

抛弃法脱硫工艺与再生法相似，不同之处在于：在再生法中，为了降低脱硫产物的煅烧分解温度，要防止脱硫吸收液的氧化；抛弃法则须进行强制氧化以促使亚硫酸镁全部或大部分转变为硫酸镁。强制氧化能大大降低吸收浆液固体含量，利于防垢，同时降低了脱硫液的 COD 从而达到外排的要求。

抛弃法工艺流程如图 8-10 所示。整个脱硫工艺系统主要可分为三大部分：脱硫剂制备系统、脱硫吸收系统、脱硫副产物处理系统。

日本是用该工艺的主要国家之一。原因是：一方面，日本作为一个岛国，脱硫液排入大海，短期不会对环境造成明显的危害；另一方面，由于镁脱硫剂具有显著的经济性，装置易于维护，连续作业运转安全可靠，不产生石膏结垢等，日本成为世界上镁脱硫剂规模最大、用量最多的国家。

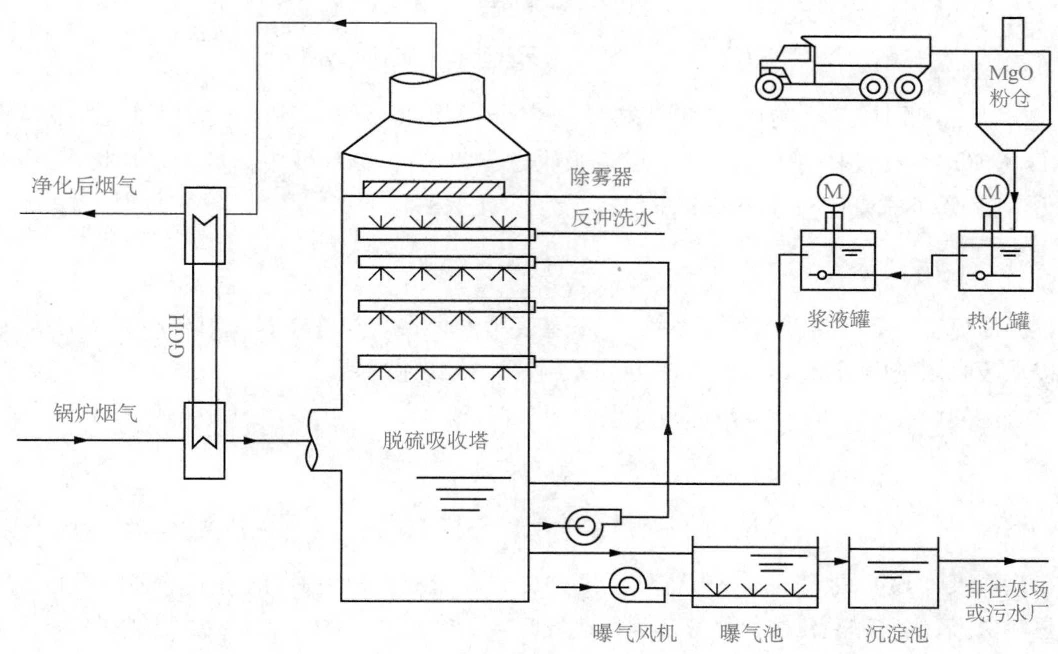

图 8-10　抛弃法脱硫工艺流程图

近年来，清华大学已完成了抛弃法氧化镁脱硫工艺的多项工程应用，如深圳 500 t/d 玻璃窑炉烟气脱硫工程，无锡 1 000 t/h 煤粉炉烟气脱硫工程等。

（三）氧化回收法

氧化回收法是指将脱硫产物氧化成硫酸镁再予回收。其脱硫工艺与抛弃法类似，同样利用了亚硫酸镁易氧化和硫酸镁易溶解的特点，对脱硫液进行强制氧化并生成高浓度硫酸镁溶液。不同之处在于，回收法将强制氧化后的硫酸镁溶液进行过滤以除去不溶杂质，再浓缩后结晶生成 $MgSO_4 \cdot 7H_2O$。

四、氨法

湿式氨法脱硫工艺采用一定浓度的氨水做吸收剂，它是一种较为成熟的方法，较早地应用于工业。其主要优点是吸收剂利用率和脱硫效率高（90%～99%），最终的脱硫副产物可用作农用肥，但氨易挥发，因而吸收剂的消耗量较大。另外，氨的来源受地域以及生产行业的限制较大，但在氨有稳定来源、副产品有市场的地区，氨法仍具一定的吸引力。

根据吸收液再生方法不同，将氨法分为氨-酸法、氨-亚硫酸铵法及氨-硫酸铵法。

（一）基本原理

氨法烟气脱硫主要包括二氧化硫的吸收和吸收液的处理两部分。

把 SO_2 尾气和氨水同时通入吸收塔中，SO_2 即被吸收，反应式如下：

$$2NH_4OH + SO_2 \longrightarrow (NH_4)_2SO_3 + H_2O$$
$$(NH_4)_2SO_3 + SO_2 + H_2O \longrightarrow 2NH_4HSO_3$$

实际上，吸收 SO_2 的吸收剂是循环的 $(NH_4)_2SO_3-HN_4HSO_3$ 水溶液，其中只有 $(NH_4)_2SO_3$ 具有吸收 SO_2 的能力。随着吸收过程的进行，循环液中 NH_4HSO_3 增多，吸收能力下降，需补充氨使部分 NH_4HSO_3 转变为 $(NH_4)_2SO_3$：

$$NH_4HSO_3 + NH_3 \longrightarrow (NH_4)_2SO_3$$

因而该法中氨只是补入循环系统，并不直接用来吸收 SO_2。含 NH_4HSO_3 量高的溶液，可以从吸收系统中引出，以各种方法再生得到 SO_2 或其他产品。

若尾气中有 O_2 和 SO_3 存在，可能发生如下副反应：

$$2(NH_4)_2SO_3 + O_2 \longrightarrow 2(NH_4)_2SO_4$$
$$2(NH_4)_2SO_3 + SO_3 + H_2O \longrightarrow (NH_4)_2SO_4 + 2NH_4HSO_3$$

以氨吸收 SO_2 的大量研究与各种再生方法的研究密切相关，目前研究较多的再生方法有热解法、氧化法和酸化法。热解法利用蒸气间接加热使 SO_2 放出，该方法的副产品是硫酸铵。一般认为，热解法处理硫酸厂尾气更为有效。由于用来解吸的蒸气消耗相当，化学再生方法更为经济。化学方法主要是指氧化法和酸化法。氧化法是为了避免热解法存在的问题提出的，即有目的地将所有亚硫酸盐和亚硫酸氢盐氧化为硫酸盐，以硫酸铵为最后产物。酸化法是基于亚硫酸的一种弱酸，任何强酸加到洗涤器排出液中均可捕获氨，并从亚硫酸盐和亚硫酸氢盐中释放二氧化碳。酸化法可得到两种产品，用放出的 SO_2 制成硫酸或单质硫和所加酸的铵盐。硫酸、硝酸和磷酸都可用来再生洗涤液。

（二）新氨法(NADS)脱硫工艺

传统氨法是将 NH_3 和 H_2O 加入吸收塔的循环槽，使吸收液中的 NH_4HSO_3 转变为 $(NH_4)_2SO_3$，从而保证吸收塔有较高的脱硫率。新氨法则是将 NH_3 和 H_2O 分别直接加入吸收塔，吸收净化烟气中 SO_2。“十五”期间，我国研发了新氨法，该法在工艺上的主要特点是，它不仅可生产硫酸铵，还可生产磷酸铵和硝酸铵，同时联产高浓度硫酸。结合不同生产条件，生产不同化肥，灵活性较大，因而它也称为氨-肥法。

1. 反应原理

吸收塔内用 NH_3 和 H_2O 脱硫反应如下：

$$SO_2 + xNH_3 + H_2O \longrightarrow (NH_4)_xH_{2-x}SO_3$$

根据不同情况，脱硫液可用 H_2SO_4、H_3PO_4 或 HNO_3 中和，化学反应如下：

$$(NH_4)_xH_{2-x}SO_3 + \frac{x}{2}H_2SO_4 \longrightarrow \frac{x}{2}(NH_4)_2SO_4 + SO_2 + H_2O$$

或：$(NH_4)_xH_{2-x}SO_3 + xH_3PO_4 \longrightarrow x(NH_4)_2H_2PO_4 + SO_2\uparrow + H_2O$

$$(NH_4)_xH_{2-x}SO_3 + xHNO_3 \longrightarrow xNH_4NO_3 + SO_2\uparrow + H_2O$$

在脱硫液用不同酸中和时，可副产相应酸的铵盐，即硫酸铵或磷酸二氢铵、硝酸铵，作为化肥使用；在酸中和脱硫液的同时可联产高浓度 SO_2 气体。控制中和槽中空气的吹入量可得 8%～10%的 SO_2 气体，送入制酸装置生产 98%的浓硫酸。化学反应如下：

$$SO_2 + 0.5O_2 + H_2O \longrightarrow H_2SO_4 + (-\Delta H)$$

2. 工艺流程

新氨法工艺流程如图 8-11 所示。来自电除尘器的温度为 140～160 ℃的含 SO_2 烟气经再热冷却器回收热量后，温度降为 100～120 ℃，再经水喷淋冷却到小于 80 ℃，进入吸收塔。塔内烟气中 SO_2 被加入的 NH_3 和 H_2O 进行多级循环吸收，一般级数为 3～5 级。SO_2 的吸收率大于 95%。经吸收后的烟气进入再热器，升温到 70 ℃以上由烟囱排放。由吸收塔排出的含亚硫酸铵溶液送入中和反应釜，用该系统制酸装置生产的 98%硫酸中和，同时向中和釜鼓入空气，可得到硫铵溶液和浓度为 8%～10%的 SO_2 气体。硫铵溶液经过蒸发结晶、干燥可得硫铵化肥。SO_2 气体进入硫酸生产装置生产 98%的硫酸，约 70%～80%返回中和釜，20%～30%作为产品出售。

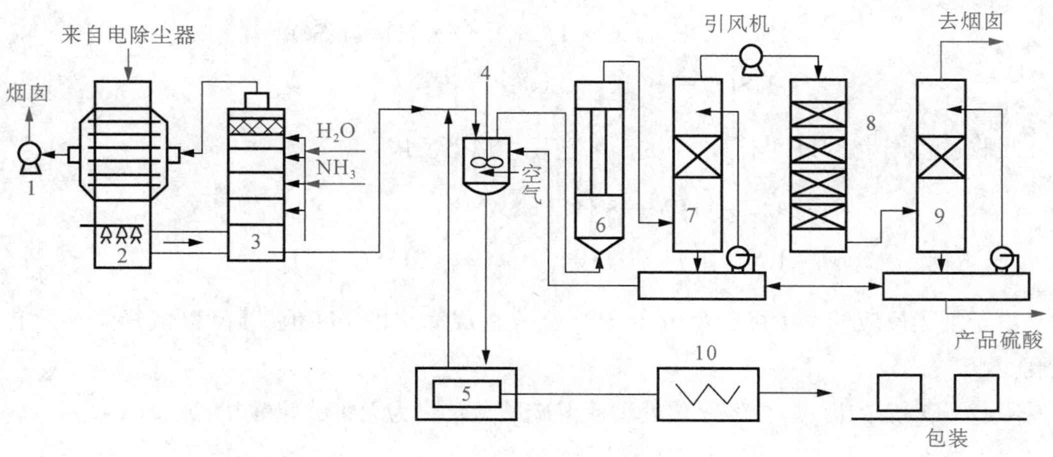

图 8-11　新氨法工艺流程

新氨法的吸收塔是大孔径、高开孔率的筛板塔，每块塔板压力损失为 150～300 Pa，是传统塔板的 50%，空塔气速达 4 m/s，是传统塔的 2 倍。

新氨法中的 NH_3 和 H_2O 分别进入吸收塔，因而该法具有以下特点：①吸收塔出口烟气的 NH_3 含量低，氨损耗小；②吸收液循环量小，气液比较大，能耗低，解决了大型循环泵的技术难题；③得到的吸收液中亚硫酸铵浓度较高，为后续化肥生产装置节省蒸气。

该法直接使用 NH_3 和水脱硫，因而氨的供应必须保证，即燃煤电厂附近最好有合成氨厂,才能具备采用新氨法进行烟气脱硫的条件。

五、海水脱硫

世界上第一座用海水进行火电厂排烟脱硫的装置是在印度孟买建成的。其一期工程1988年投产,二期工程1994年投产,它采用的是挪威ABB公司的海水脱硫技术。我国第一座海水脱硫工程也采用的是ABB的技术,应用在深圳西部电厂,1999年投产运行。海水脱硫工艺目前在一些国家和地区得到日益广泛的应用。

海水脱硫工艺流程按是否添加其他化学吸收剂可分为两类:①用纯海水作为吸收剂的工艺,以挪威ABB公司开发的弗拉克特水电(Flakt-Hydro)海水脱硫工艺为代表,这种工艺已得到较多的工业应用;②在海水中添加一定量石灰以调节吸收液的碱度,以美国贝克特尔(Bechtel)公司的海水脱硫工艺为代表。

(一)弗拉克特水电海水脱硫

天然海水含有大量的可溶性盐,其中主要成分是氯化钠、硫酸盐及一定量的可溶性碳酸盐。海水通常呈碱性,自然碱度约为1.2～2.5 mmol/L,因而海水具有天然的酸碱缓冲能力及吸收SO_2的能力。

烟气中SO_2与海水接触主要发生以下反应:

$$SO_2 + H_2O \longrightarrow H_2SO_3 \longrightarrow H^+ + HSO_3^-$$

$$HSO_3^- \longrightarrow H^+ + SO_3^{2-}$$

吸收过程产生的H^+与海水中的碳酸盐发生以下反应:

$$CO_3^{2-} + H^+ \longrightarrow HCO_3^-$$

$$HCO_3^- + H^+ \longrightarrow H_2CO_3 \longrightarrow CO_2\uparrow + H_2O$$

由于上述反应的发生可避免由于SO_2吸收造成海水的pH值下降,以恢复海水原有的碱度。

吸收SO_2后的海水,再经氧化处理使亚硫酸盐转化为无害的硫酸盐:

$$2SO_3^{2-} + O_2 \longrightarrow 2SO_4^{2-}$$

由于硫酸盐也是海水的天然成分,经脱硫而流回海洋的海水,其硫酸盐只会稍微提高,当离开排放口一定距离,硫酸盐浓度就会降低。

弗拉克特水电海水脱硫工艺流程如图8-12所示。工艺装置主要由烟气系统、供排海水系统、海水恢复系统等组成。锅炉排出的烟气经除尘器除尘后,先经气-气换热器冷却,以提高吸收塔内的SO_2吸收效率。冷却后的烟气从塔底送入吸收塔,在吸收塔中与由塔顶均匀喷洒的纯海水逆向充分接触混合,海水将烟气中SO_2吸收生成亚硫酸根离子。净化后的烟

气通过气-气换热器升温后，经高烟囱排入大气。

海水恢复系统的主体结构是曝气池。来自吸收塔的酸性海水与凝汽器排出的碱性海水在曝气池中充分混合，同时通过曝气系统向池中鼓入适量的压缩空气，使海水中的亚硫酸盐转化为稳定无害的硫酸盐，同时释放出 CO_2，使海水中的 pH 值升到 6.5 以上，达标后排入大海。

弗拉克特水电海水烟气脱硫主要依靠海水的天然碱性进行脱硫，是一种湿式抛弃法脱硫工艺，适用于沿海地区燃中低硫煤电厂的烟气脱硫。该工艺只需要天然海水和空气，因而对缺乏淡水资源和石灰石资源的沿海地区更为适用。

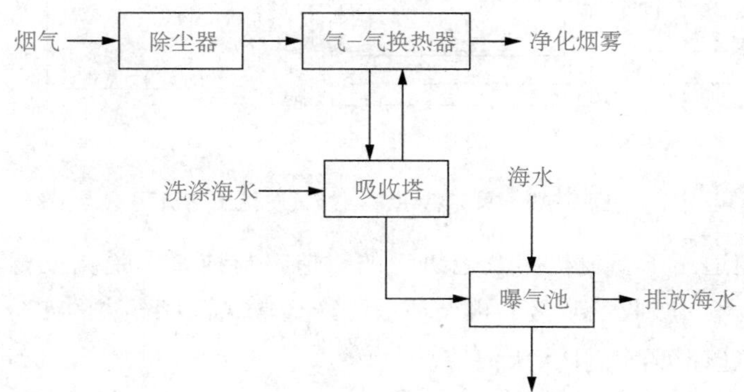

图 8-12　弗拉克特水电海水脱硫工艺简图

（二）贝克特尔海水烟气脱硫

一般海水中大约含镁 1 300 mg/L，以氯化镁和硫酸镁为主要存在形式。在吸收塔中，喷入的海水与石灰浆液相遇，镁与石灰浆液反应生成氢氧化镁，它可有效地吸收二氧化硫。主要反应如下所述。

SO_2 吸收器：

$$SO_2 + H_2O \longrightarrow H_2SO_4$$

$$H_2SO_3 + 0.5O_2 + Mg(OH)_2 \longrightarrow MgSO_4 + 2H_2O$$

$$MgSO_4 + 2H_2SO_4 \longrightarrow Mg(HSO_4)_2$$

$$Mg(HSO_4)_2 + Mg(OH)_2 \longrightarrow 2MgSO_4 + 2H_2O$$

循环槽：

$$MgSO_3 + 0.5O_2 \longrightarrow MgSO_4$$

再生箱：

$$MgSO_4 + Ca(OH)_2 + 2H_2O \longrightarrow Mg(OH)_2 + CaSO_4 \cdot 2H_2O$$

$$MgCl_2 + Ca(OH)_2 \longrightarrow Mg(OH)_2 + CaCl_2$$

贝克特尔海水烟气脱硫工艺流程如图 8-13 所示。系统主要由烟气冷却系统、吸收系统、再循环系统、电气及仪表控制系统等组成。

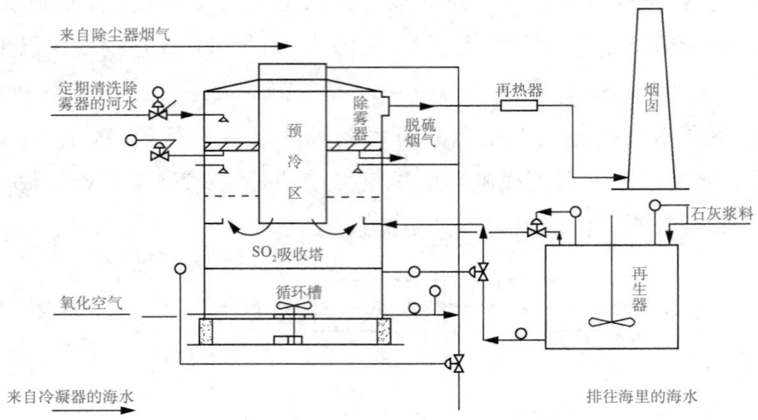

图 8-13　贝克特尔海水烟气脱硫工艺流程

贝克特尔工艺适用于新建机组及老机组的改造。与纯海水脱硫及石灰石法相比，其脱硫效率高（可达 95%），吸收剂浆液的再循环量可降至常规石灰石法的四分之一，工艺生成完全氧化产物，不经处理可直接排入大海等。

六、喷雾干燥法脱硫

喷雾干燥法烟气脱硫是 20 世纪 80 年代由美国乔伊宾（JOYBEAN）公司和丹麦尼罗（Niro）公司开发并迅速发展起来的烟气脱硫技术。喷雾干燥法是目前市场份额仅次于湿钙法的烟气脱硫技术，该法吸收剂主要为石灰乳，也可采用碱液或氨水。

（一）烟气脱硫与干燥原理

1. 烟气脱硫反应

在喷雾干燥吸收器中，当喷入的雾化石灰浆液与高温烟气接触后，浆液中的水分开始蒸发，烟气降温并增湿，石灰浆液中的 $Ca(OH)_2$ 与 SO_2 反应生成呈干粉状产物。化学反应式如下所述。

SO_2 被液滴吸收：

$$SO_2 + H_2O \longrightarrow H_2SO_3$$

被吸收的 SO_2 与吸收剂 $Ca(OH)_2$ 反应：

$$H_2SO_3 + Ca(OH)_2 \longrightarrow CaSO_3 + 2H_2O$$

液滴中 $CaSO_3$ 过饱和，并析出结晶：

$$CaSO_3(aq) \longrightarrow CaSO_3(s)\downarrow$$

部分溶液中的 $CaSO_3$ 被溶于液滴中的 O_2 氧化：

$$CaSO_3(aq)+\frac{1}{2}O_2(q)\longrightarrow CaSO_4(aq)$$

$CaSO_4$ 难溶于水，从溶液中结晶析出：

$$CaSO_4(aq)\longrightarrow CaSO_4(s)\downarrow$$

2. 烟气脱硫干燥过程

在喷雾干燥吸收器内，脱硫和干燥过程可分为两个阶段进行。

第一阶段为恒速干燥阶段。在这一阶段，吸收剂浆液雾滴存在较大的自由液体表面。液滴内部水分子处于自由运动状态，水分由液滴内部很容易移动到液滴表面，补充表面汽化失去的水分，以保持表面饱和，蒸发速度仅受热量传递到液体表面的速度控制，单位面积的液滴蒸发速度较大且恒定。这一阶段内表面水分的存在为吸收剂与 SO_2 的反应创造了良好的条件，约 50%的脱硫反应发生在这一阶段，其所需时间仅为 1～2 s。此阶段的持续时间称为临界干燥时间，此时间的长短与雾粒直径、固含量等因素有关，雾粒直径越小或固含量越高，临界干燥时间就越短。

随着蒸发继续进行，雾滴表面的自由水分减少，内部粒子间距离减小。当液滴表面出现固体时，进入第二干燥阶段，即降速干燥阶段。在这一阶段内，由于蒸发表面变小，水分必须从颗粒内部向外扩散，因而干燥速度降低，液滴温度升高。当接近烟气温度时，水分扩散距离增加，干燥速度继续降低。同时表面水分减少，致使 SO_2 的吸收反应逐渐减弱。此阶段由于烟气相对湿度较高，降速干燥阶段可持续较长时间。

在第一干燥阶段，浆液雾滴表面温度迅速达到烟气绝热饱和温度，此温度与塔内瞬时烟气平均温度之差决定了雾滴的蒸发推动力。较高的烟气平均温度驱使浆滴快速蒸发。吸收塔出口烟气平均温度控制得越接近绝热饱和温度，则完成浆液雾滴干燥以达到允许残余水分含量的时间就越长，便可期望达到更高的脱硫率。一般采用“趋近绝热饱和温度” ΔT 表示吸收塔出口烟气接近绝热饱和的程度，这有利于分析塔内工况及与脱硫率的关系。

（二）工艺流程

该法主要利用喷雾干燥原理进行烟气脱硫，工艺流程图如图 8-14 所示。

120～160 ℃的锅炉烟气从喷雾干燥器顶部送入，同时通过安装于顶部的高速旋转的喷头，将制备好的石灰乳喷射成直径小于 100 μm 的均匀雾粒。这些具有很大表面积的分散石灰乳微粒同烟气接触后，一方面与烟气中 SO_2 发生化学反应，另一方面烟气与石灰乳滴进行热交换，迅速将大部分水分蒸发，最终形成含水较少，而且含亚硫酸钙、硫酸钙、飞灰和未反应氧化钙的固体灰渣。大颗粒的灰渣在喷雾干燥器中沉积下来，由底部排出。细小的脱硫灰颗粒随烟气从干燥器下部排出进入袋式除尘器，由于脱硫灰未完全干燥，此处未反应的

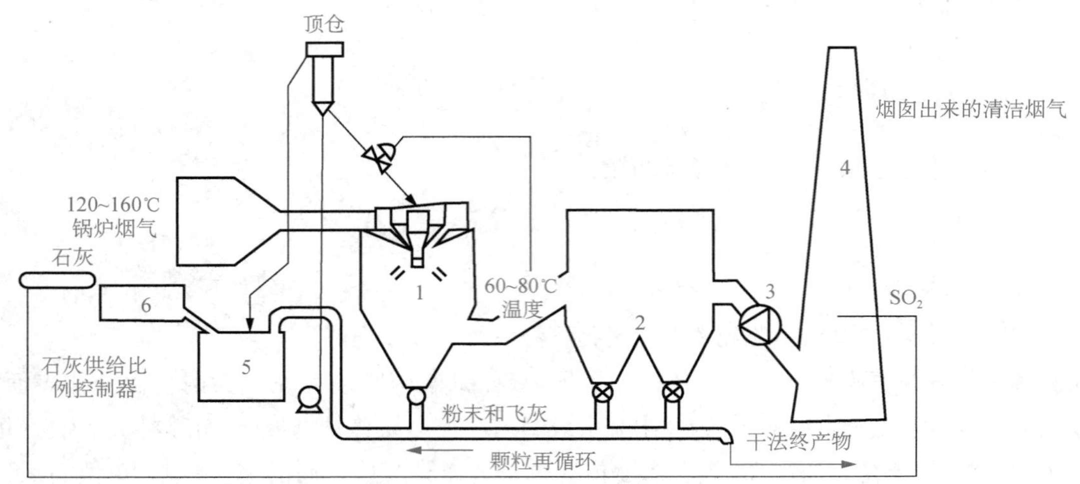

1—喷雾吸收器；2—除尘器；3—引风机；4—烟囱；5—供给槽；6—钙化器

图 8-14 喷雾干燥法烟气脱硫工艺流程图

CaO 还可继续与 SO_2 反应，使脱硫率进一步提高。从袋式除尘器出来的烟气经风机排空；袋式除尘器收下的脱硫灰颗粒和喷雾干燥器底部排出的脱硫灰颗粒再循环回系统，继续使用，以提高吸收剂的利用率。当灰渣中 CaO 含量低时，脱硫灰也可排出。喷入干燥器石灰乳的量由出干燥器烟气的温度进行自动控制，使出塔烟气温度与绝热饱和温度之差 ΔT 为 10～15 ℃，以保证有较高的脱硫率及能将雾滴完全干燥。

综上所述，喷雾干燥烟气脱硫工艺流程应包括：①吸收剂的制备；②吸收剂浆液雾化；③雾滴与烟气接触混合；④液滴蒸发与 SO_2 吸收；⑤灰渣再循环和排出。其中②～④在喷雾干燥吸收器内完成。

（三）影响脱硫率的主要因素

1. Ca/S

由实验结果知，脱硫率随 Ca/S 增大而增大，但 Ca/S 大于 1 时，脱硫率增加缓慢，而石灰利用率下降。因此，为了提高系统运行经济性及所要求的脱硫率，Ca/S 一般控制为1.4～1.8。

2. 出塔烟气温度

吸收塔烟气出口温度是影响脱硫率的一个重要因素。烟气出口温度越低，说明浆液的含水量越大，SO_2 脱除反应越容易进行，因而脱硫效率越高。但烟气出口温度不能达到露点温度，否则除尘器将无法工作。一般控制 ΔT 为 10～15 ℃，最高不超过 30 ℃。

3. 烟气进塔 SO_2 浓度

由实验结果知，脱硫率随吸收塔入口 SO_2 浓度升高而降低。这是因为在 Ca/S 等条件相同的情况下，烟气中 SO_2 浓度越高，需要吸收的 SO_2 就越多，因而加入石灰也越多，这就提高了雾滴中石灰的含量，同时生成的 $CaSO_3$ 量也随之增大，使雾滴中水分相应减少，限制了

$Ca(OH)_2$ 与 SO_2 的传质过程，造成了脱硫率降低。因此，喷雾干燥法不适合燃烧高硫煤烟气的脱硫。

4. 烟气入口温度

较高的烟气入口温度可使浆液雾滴含水量提高，改善 SO_2 传质条件，从而使脱硫率提高。

5. 吸收剂浆液中添加脱硫灰和飞灰

在吸收剂浆液中掺入一部分脱硫灰，即灰渣再循环。一方面能提高吸收剂利用率，另一方面可增大吸收剂表面积，改善传质、传热条件，有利于雾滴干燥，减少吸收塔壁结垢的趋势，同时还提高了脱硫率。

喷雾干燥法属于半干法，既具有湿法脱硫率高的优点，又不会有污泥或污水排放。同时还具有投资较低、占地面积较小的优点。

七、干法脱硫

（一）炉内喷钙-炉后增湿活化法（LIFAC）

炉内喷钙脱硫工艺简单，脱硫费用低，但相应的脱硫效率也较低。为了提高脱硫率，由芬兰 IVO 公司开发的 LIFAC(limestone injection into the furnace and activation of calcium oxide)工艺在炉后烟道上增设了一个独立的活化反应器，构成炉内喷钙尾部烟气增湿脱硫工艺。

该工艺分 3 步实现脱硫。

第一步，喷入炉膛上方的 $CaCO_3$ 在 900～1 250 ℃的温度下受热分解生成 CaO。

$$CaCO_3 \longrightarrow CaO + CO_2 \uparrow$$

烟道中的 SO_2、O_2 和少量的 SO_3 与生成的 CaO 进一步反应：

$$CaO + SO_2 + 0.5O_2 \longrightarrow CaSO_4$$

$$CaO + SO_3 \longrightarrow CaSO_4$$

这一步的脱硫率约为 25%～35%，投资占整个脱硫系统总投资的 10%左右。

第二步，炉后增湿活化及干灰再循环，即向安装于锅炉与电除尘器之间的活化反应器内喷入雾化水，进行增湿，烟气中未反应的 CaO 与水反应生成活性较高的 $Ca(OH)_2$：

$$CaO + H_2O \longrightarrow Ca(OH)_2$$

生成的 $Ca(OH)_2$ 与烟气中剩余的 SO_2 反应生成 $CaSO_3$，部分 $CaSO_3$ 被烟气中 O_2 氧化成 $CaSO_4$：

$$Ca(OH)_2 + SO_2 \longrightarrow CaSO_3 + H_2O$$

$$CaSO_3 + 0.5O_2 + 2H_2O \longrightarrow CaSO_4 \cdot 2H_2O$$

由于较高温度烟气的蒸发作用，反应产物为干粉态。为了保证足够的脱硫率和使反应产物呈干粉状态，对喷水量及水滴直径必须严格控制，使增湿后烟气温度与绝热饱和温度的差值（ΔT）尽可能小，但又不能造成活化器内形成湿壁和脱硫产物变湿。同时还要保证烟气有足够的停留时间，以使化学反应完全及液滴干燥。大部分干粉（含未反应的 CaO 和 $Ca(OH)_2$）进入电除尘器被捕集，其余部分从活化器底部分离出来，与电除尘器捕集的一部分干粉料返回活化器中，以提高钙的利用率。这一步可使总脱硫率达 75%以上。仅加水和干灰再循环部分的投资占整个脱硫系统总投资的 85%。

第三步，加湿灰浆再循环，即将电除尘器捕集的部分物料加水制成灰浆，喷入活化器增湿活化，可使系统总脱硫率提高到 85%。仅石灰浆再循环的投资占整个脱硫系统总投资的 5%。

LIFAC 工艺流程如图 8-15 所示。喷入炉膛的 325 目的石灰石粉在高温下生成氧化钙粉，并脱除烟气中部分 SO_2，烟气经空气预热器降温后进入活化器。在活化器中，用二相流喷嘴喷入一定量的雾化水，在未反应完的 CaO 颗粒表面生成了活性较高的 $Ca(OH)_2$，并与 SO_2 反应脱除大部分 SO_2。由于高温烟气的蒸发作用，喷入的水滴和颗粒表面的水分被蒸发，脱硫产物呈干粉状，其中大颗粒从活化器底部排出，大部分脱硫产物与飞灰一起随烟气进入电除尘器被捕集。由于脱硫产物中含有未反应完的 CaO 和 $Ca(OH)_2$，为了提高脱硫剂利用率，将其一部分再循环输入活化器。为避免烟气在电除尘器和烟囱中结露腐蚀，在活化器与电除尘之间对烟气再加热。

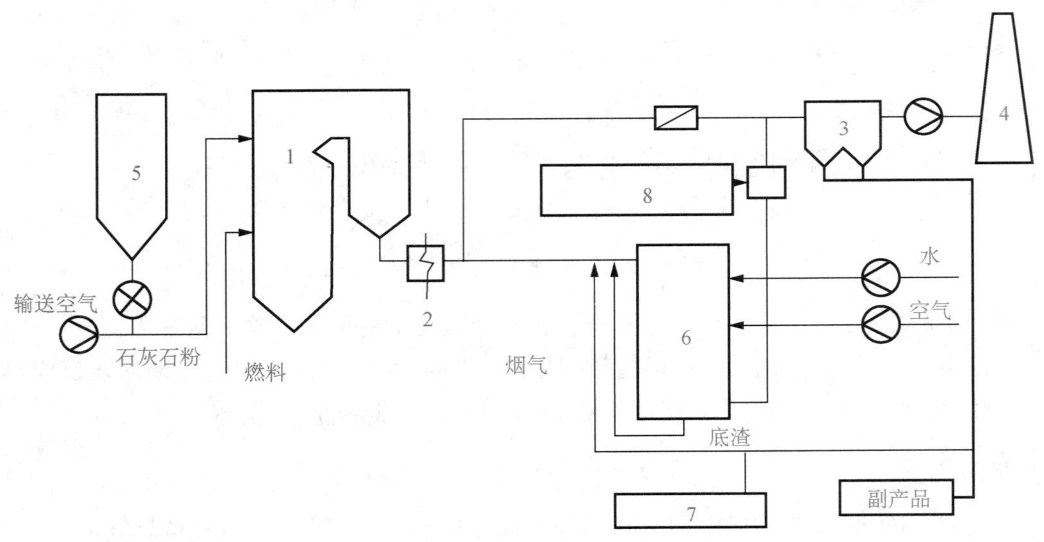

1—锅炉；2—空气预热器；3—电除尘器；4—烟囱；5—石灰石粉计量仓；6—活化器；7—再循环灰；8—空气加热器

图 8-15 LIFAC 工艺流程图

影响系统脱硫性能的主要因素包括：①炉膛喷射石灰石的位置和粒度。在炉膛上方温

度为 950～1 150 ℃的范围内喷射石灰石粉，要求石灰石粉的 CaO 含量＞90％，80％以上粒度＜40 μm。②活化器内反应温度和钙硫比。活化器内的脱硫反应要求烟气温度越接近露点越好，但不应引起烟气在活化器壁、除尘器和引风机内结露。根据实验结果，当烟气温度与烟气露点温度的差值 $\Delta T=5\sim10$ ℃，钙硫比(Ca/S)＝2 时，脱硫效果最好。控制活化器出口烟气温度关键在于控制喷水量。为了保证最佳的喷水量，需要配备自动控制系统，以便根据运行中有关参数的变化控制喷水量，从而控制活化器出口烟气温度。

炉内喷钙会对锅炉效率和传热特性产生一定的影响。脱硫剂煅烧吸热和脱硫剂输送造成的过剩空气量将导致额外的热损失。同时，锅炉内由于喷钙增加的灰负荷以及灰的化学性质改变也会影响对流面的传热特性、炉膛水冷壁和过热器的结渣和积灰特性。

喷钙法的另一个问题是会影响电除尘器的除尘性能。主要原因有两个：一是喷钙后除尘器入口的尘负荷大大增加；二是灰的电阻率发生改变。加入石灰石粉使灰中 CaO 和 MgO 含量增加，造成飞灰比电阻值增大，但增湿活化使进入电除尘器的烟气湿度明显增加，又会使飞灰比电阻下降。电除尘器除尘性能的变化受这两种因素的综合影响。目前的研究表明，喷钙前后电除尘器的除尘效率下降不超过 3％。

LIFAC 工艺简单，投资及运行费用低，占地面积小，在 Ca/S≥2 时，脱硫率达 80％以上，而且无废水排放。炉内喷钙工艺已达到工业应用的水平，欧美等国已有数十套投入工业运行，我国南京下关电厂也从芬兰 IVO 公司引入了该装置。

（二）循环流化床烟气脱硫(CFB-FGD)

循环流化床烟气脱硫(CFB-FGD)技术是 20 世纪 80 年代后期由德国鲁奇(Lurgi)公司研究开发的。循环流化床通过控制通入烟气的速度，使喷入的吸收剂——石灰颗粒流化，在床中形成稠密颗粒悬浮区；然后再喷入适量的雾化水，使 CaO、SO_2、H_2O 充分进行反应；再利用高温烟气的热量使多余的水分蒸发，以形成干脱硫产物。目前，该技术的 200 MW 循环流化床烟气脱硫系统已投入运行。下面以鲁奇型循环流化床为例，介绍循环流化床烟气脱硫技术。

该工艺中发生的主要反应如下所述。

脱硫反应：

$$CaO + H_2O \longrightarrow Ca(OH)_2$$

$$SO_2 + H_2O \longrightarrow H_2SO_3$$

$$Ca(OH)_2 + H_2SO_3 \longrightarrow CaSO_3 \cdot 0.5H_2O + 1.5H_2O$$

部分 $CaSO_3 \cdot 0.5H_2O$ 被烟气中 O_2 氧化：

$$CaSO_3 \cdot 0.5H_2O + 0.5O_2 + 1.5H_2O \longrightarrow CaSO_4 \cdot 2H_2O\downarrow$$

由上述反应看出，在 CFB 反应器中进行的是气液固三相反应，反应产物将沉积在 CaO

颗粒表面，必定对反应速率产生影响。但流化床中由于颗粒物在流化过程中不断磨损，使颗粒表面形成的产物不断被剥落，未反应的 CaO 表面就会暴露在气流中不断进行脱硫反应，因而反应速度基本上不受生成产物的影响。循环流化床烟气脱硫工艺流程如图 8-16 所示。整个循环流化床烟气脱硫系统由石灰制备系统、脱硫反应系统和收尘引风系统 3 部分组成。

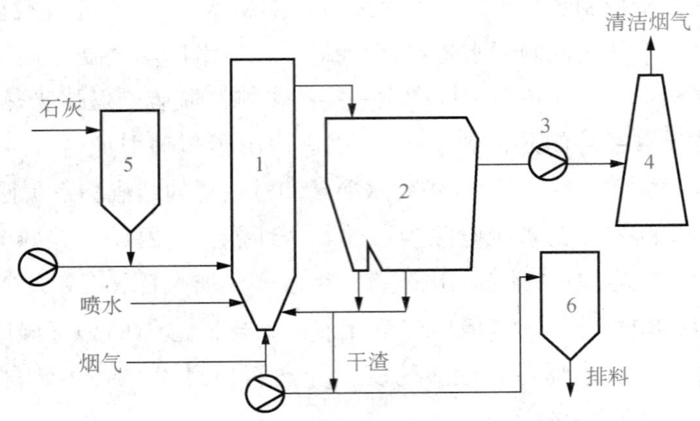

图 8-16　循环流化床烟气脱硫工艺流程

含 SO_2 高温烟气从循环流化床底部通入，并将石灰粉料从流化床下部喷入，同时喷入一定量的雾化水。在气流作用下，高密度的石灰颗粒悬浮于流化床中，与喷入的水及烟气中 SO_2 进行反应，生成亚硫酸钙及硫酸钙。同时，烟气中多余的水分被高温烟气蒸发。带有大量微小固体颗粒的烟气从吸收塔顶部排出，然后进入用于吸收剂再循环的除尘器，此处烟气中大部分颗粒被分离出来，再返回流化床中循环使用，以提高吸收剂的利用率。从用于吸收剂再循环的除尘器出来的烟气再经过电除尘器除掉更细小的固体颗粒后，经风机由烟囱排入大气。从电除尘器收下的固体颗粒和从吸收剂再循环除尘器分离出来的固体颗粒一起返回流化床，多余的循环灰也可排出。

为了保证足够的脱硫率和流化床的正常运行，必须对石灰的喷入量、循环灰回料量以及喷入流化床的水量进行自动控制。

循环流化床脱硫的主要影响因素包括 Ca/S、喷水量和床层温度。

(1) Ca/S。实验表明，脱硫率随 Ca/S 的增加而增加，但当 Ca/S 达到一定值后，脱硫率随 Ca/S 上升而上升的趋势变慢。一般 Ca/S 控制为 1.5～1.8。

(2) 喷水量。在 Ca/S 一定时，随着喷水量的增加，可在石灰颗粒表面形成一定厚度的稳定液膜，使 $Ca(OH)_2$ 和 SO_2 的反应变为快速的离子反应，从而使脱硫效率大幅度提高。但喷水量不宜过大，以流化床出口烟气温度接近绝热饱和温度为限。

(3) 床层温度。以循环流化床出口烟气温度与绝热饱和温度之差 ΔT 来表示床层温度的影响。脱硫率随 ΔT 增大而下降，ΔT 在很大程度上决定了液膜的蒸发干燥特性和脱硫特性。ΔT 降低可使液膜蒸发缓慢，SO_2 与 $Ca(OH)_2$ 的反应时间增大，脱硫率和钙利用率提

高，但 ΔT 过小又会引起烟气结露，容易在流化床壁面沉积固态物。因此，一般将 ΔT 控制在 14 ℃左右。

该系统采用循环流化床作为脱硫反应器，其优点是可以通过喷水将床温控制在最佳反应温度下，达到最好的气固间紊流混合并不断暴露出来反应的石灰的新表面，而且通过固体物料的多次循环使脱硫剂石灰在流化床内具有较长的停留时间，从而大大提高脱硫率及钙利用率。因此，它适合处理燃高硫煤的烟气，脱硫率可达 92%，而且系统简单，基建投资相对较低。

知识链接 8-1

脱硫技术应用实例

本章小结

本章在简要介绍硫循环和硫排放的基础上，系统讨论了二氧化硫的各种控制方法，包括基本原理、操作工艺条件、设备选择、适用范围及经济特性，并介绍了不同工厂的脱硫技术实例。

关键词

燃料脱硫；燃烧脱硫；烟气脱硫；脱硫实例

习 题

1. 根据污染范围，我国的二氧化硫污染属于什么性质的污染？
2. 通过碱液吸收气体中的 SO_2 实验，写出采用 NaOH 或 Na_2CO_3 溶液作吸收剂时，其吸收过程发生的主要化学反应式。
3. 试述石灰石/石灰法洗涤烟气脱硫的工艺过程。
4. 某新建电厂的设计用煤如下：硫含量 3%，热值 26 535 kJ/kg。为达到目前我国火电厂的排放标准，采用的 SO_2 排放控制措施至少要达到的脱硫效率为多少？
5. 实验测得某循环流化床锅炉的钙硫摩尔比与脱硫效率关系如下：$\eta = 1 - \exp(-0.78R)$，计算达到 50%、70% 及 90% 的钙硫摩尔比。

6. 某冶炼厂采用二级催化转化制酸工艺回收尾气中的 SO_2。尾气中含 SO_2 为 12%，O_2 为 13.4%，N_2 为 74.6%(体积)。假设第一级的 SO_2 回收效率为 98%，第二级的回收率为 95%。问：(1)总的回收率是多少？(2)如果第二级催化床操作温度为 700 K，催化转化反应的平衡常数 $K=100$，反应平衡时 SO_2 的转化率为多少？
7. 某电厂采用石灰石湿法进行烟气脱硫，脱硫率为 90%。电厂燃煤含硫为 3.6%，含灰为 7.7%。试计算：
   (1) 如果按照化学计量比反应，脱除每千克 SO_2 需要多少千克的 $CaCO_3$？
   (2) 如果实际应用时 $CaCO_3$ 过量 30%，每燃烧 1 t 煤需要消耗多少 $CaCO_3$？
   (3) 脱硫污泥中含有 60%的水分和 40%$CaSO_4 \cdot 2H_2O$，如果灰渣与脱硫污泥一起排放，每吨燃煤会排放多少污泥？
8. 查阅文献，分析目前脱硫技术的发展方向。
9. 某 300 MW 机组的燃煤化学组成(质量分数)如下：C 68.95%；H 2.25%；N 1.4%；S 1.5%；O 6.0%；Cl 0.1%；H_2O 7.8%；灰分 12%。燃煤热值为 27 000 kJ/kg，在空气过剩 20%的条件下燃烧(假设为完全燃烧)，机组热效率为 35%。烟气先经袋式除尘器脱出 99%的颗粒物，在除尘器的出口温度为 530 K；再进入换热器经 25 ℃清水冷凝后，温度降至 350 K；最后进入烟气脱硫装置。计算进入脱硫系统的烟气流量和组成。
10. 在双碱法烟气脱硫工艺中，SO_2 被 Na_2SO_3 溶液吸收。溶液中的总体反应为 $Na_2SO_3 + H_2O + SO_2 + CO_2 \longrightarrow Na^+ + H^+ + OH^- + HSO_3^- + SO_3^{2-} + HCO_3^- + CO_3^{2-}$，在 333 K 时，$CO_2$ 溶解和离解反应的平衡常数如下：

$$\frac{[CO_2 \cdot H_2O]}{P_{CO_2}} = K_{bc} = 0.016\,3\ \text{M/atm},\quad \frac{[HCO_3^-]\cdot[H^+]}{[CO_2 \cdot H_2O]} = K_{c1} = 10^{-6.35}\ \text{M},$$

$$\frac{[CO_3^{2-}]\cdot[H^+]}{[HCO_3^-]} = K_{c2} = 10^{-10.25}\ \text{M}$$

溶液中的钠全部以 Na^+ 形式存在，即$[Na]=[Na^+]$；

溶液中含硫组分包括，$[S]=[SO_2 \cdot H_2O]+[HSO^{3-}]+[SO_3^{2-}]$。

如果烟气的 SO_2 体积分数为 0.2%，CO_2 的浓度为 20%，试计算脱硫反应的最佳 pH 值。

第九章 固定源氮氧化物污染控制

学习目标

1. 了解氮氧化物性质、来源、危害及燃烧过程中氮氧化物的形成机理。
2. 掌握烟气脱硝技术及烟气同时脱硫脱硝技术。
3. 熟悉脱硝工程实例。

第一节 氮氧化物性质及来源

氮氧化物(NO_x)是一种重要的大气污染物。当前,我国大气复合污染日益严重,NO_x 是导致酸雨、二次细颗粒物等问题的重要前体物。人为来源排放的 NO_x 主要来自煤等化石燃料的燃烧过程。燃烧生成的 NO_x 可分为 3 类:第一类为燃料中固定氮生成的 NO_x,称为燃料型 NO_x;第二类由燃烧过程中空气中的 N_2 转化形成,称为热力型 NO_x;第三类是由含碳自由基与 N_2 生成的 NO_x,称为快速型 NO_x。我国 NO_x 排放总量居高不下,燃煤电厂、交通运输等是 NO_x 排放最多的行业;同时,各地区 NO_x 排放量极不均衡,给我国全面推进 NO_x 排放控制带来了挑战。

本章主要从宏观层面介绍 NO_x 与几个重要环境问题的关系,以及 NO_x 的生成机理及主要来源分布,最后介绍国内外 NO_x 排放控制法规和政策,希望对读者了解 NO_x 控制背景有所帮助。

一、氮氧化物的性质与来源

(一) NO_x 的性质

NO_x 是指由氮、氧两种元素组成的化合物。常见的 NO_x 有一氧化氮(NO)、二氧化氮(NO_2)和一氧化二氮(N_2O)等。NO 和 NO_2 为大气中主要的污染物质。燃烧产生的 NO_x 主要是 NO,占排放总量的 90%以上;NO_2 的数量很少,占排放总量的0.5%~10%。但是,

NO在大气中极易被氧化生成NO_2，故大气中的NO_x普遍以NO_2的形式存在。空气中的NO和NO_2通过光化学反应，相互转化而达到平衡。大气中的NO_x最终转化为硝酸和硝酸盐微粒经湿沉降和干沉降从大气中去除，其中湿沉降是最主要的消除方式。

NO_x的排放给人类生产生活以及自然环境带来极大的危害。在人体健康方面，NO易于结合血红蛋白，造成人体缺氧；NO_2主要刺激人体肺部和呼吸道，造成人体器官的腐蚀损害，严重时会导致死亡；此外，NO_2还会导致支气管炎症、哮喘和慢性支气管炎。在生态环境方面，NO_x会引发酸雨、酸雾及光化学烟雾，加速全球变暖。此外，氮沉降量的增加，会导致地表水的富营养化和陆地、湿地、地下水系的酸化和毒化，进一步对陆地和水生态系统造成破坏。其影响范围已经由局地性污染发展成区域性污染，甚至成为全球性污染。鉴于NO_x对人类和生态环境存在的危害，控制NO_x的生成和排放是十分重要的问题。

（二）NO_x的来源

NO_x的来源可分为自然源和人为源。天然排放的NO_x主要来自土壤和海洋中有机物的分解，属于自然界的氮循环过程。人为源可以分为移动源、固定源和工业生产过程中的中间产物。其中：固定源主要包括工业锅炉、焚烧炉、电炉等排放；移动源主要包括汽油车和柴油车的尾气排放；工业生产主要指生产、使用硝酸的过程，如氮肥厂、有机中间体厂、有色及黑色金属冶炼厂等。在经济水平快速提高的现代社会，能源消耗量和机动车保有量持续增加，导致以机动车为主的移动源和以燃煤锅炉等为主的固定源消耗大量化石燃料，NO_x的排放量也迅速上升。NO和NO_2为大气中主要的污染物质，它们的人为来源主要是燃料的燃烧，城市大气中的NO和NO_2一般有2/3来自汽车等移动燃烧源的排放，1/3来自固定燃烧源的排放。

二、NO_x的危害

（一）酸雨

酸雨通常指酸性物质以湿沉降的方式随雨降落到地面。酸雨会造成土壤、湖泊酸化，内陆水域水生生物灭绝，农作物减产，森林衰亡，材料腐蚀，建筑物和文化古迹损毁等巨大破坏。酸雨中的阴离子主要为SO_4^{2-}和NO^{3-}，SO_2和NO_x分别是SO_4^{2-}和NO_3^-最重要的前体物。NO在氧化性自由基(如$RO_2\cdot$和$HO_2\cdot$等)作用下氧化成NO_2，NO_2与$HO\cdot$反应生成HNO_3。主要反应式如下：

$$RO_2\cdot + NO \longrightarrow RO\cdot + NO_2 \tag{9-1}$$

$$HO_2\cdot + NO \longrightarrow HO\cdot + NO_2 \tag{9-2}$$

$$HO\cdot + NO_2 \longrightarrow HNO_3 \tag{9-3}$$

此反应是大气中气态 HNO_3 的主要来源，对酸雨和酸雾的形成起着重要作用(见表 9-1)。所产生的 HNO_3 与 HNO_2 不同，它在大气中光解速度很慢，沉降是它在大气中的主要去除方式，形成硝酸型酸雨。

表 9-1　NO_x 及其他大气污染物与环境问题之间的相关性

环境问题	污染物名称				PPM(一次颗粒物)
	SO_2	NO_x	NH_3	VOCs	
酸雨	✓	✓	✓		
富营养化		✓	✓		
近地面臭氧		✓		✓	
细颗粒物	✓	✓	✓	✓	✓
气候变化	✓	✓	✓	✓	✓

工业革命后 SO_2 和 NO_x 的排放量逐年增加，并且 NH_3、烟尘及工业粉尘等碱性中和物质的含量降低，降水酸度逐渐升高。各地区 SO_4^{2-} 与 NO_3^- 的比例有很大差异。20 世纪 80 年代以来，日本和欧美等国家或地区出现的酸雨中 NO_3^- 比例逐渐上升，现在硫氮比已经接近 1∶1。早期我国酸性降水中 SO_4^{2-}/NO_3^- 值一般在 5～10，所以最初中国的酸雨主要是硫酸型酸雨。一些长期的降水化学观测结果显示，随着中国机动车保有量的大幅增长，汽车尾气排放不断增加，导致 NO_x 对降水酸性的贡献率也不断升高，降水中 SO_4^{2-}/NO_3^- 值明显回落，酸雨污染开始由硫酸型逐步向硫酸-硝酸型转变。许多研究者发现，我国上海、南京、广州、成都、长沙等大中城市的降水中 SO_4^{2-} 含量逐年下降，而 NO_3^- 含量逐年上升，SO_4^{2-}/NO_3^- 当量比有明显的下降趋势，表明 NO_x 排放造成的硝酸盐对酸雨的贡献在增加。根据 20 世纪 90 年代以来的酸雨成分探测分析，可以认为，我国的酸雨正在由硫酸盐型向硫酸盐和硝酸盐复合型酸雨转变。

（二）光化学烟雾

含有氮氧化物和碳氢化合物等一次污染物的大气，在阳光照射下发生一系列光化学反应，生成具有强氧化性的 O_3、H_2O_2、PAN 和醛类等二次污染物，这种由一次污染物和二次污染物的混合物形成的烟雾污染现象，称为光化学烟雾。光化学烟雾会对人体健康和环境生态造成极大的危害。光化学烟雾的主要前体物是 NO_x 和非甲烷碳氢化合物(NMHC)。

NO_2 经光解而产生活泼的氧原子，氧原子与空气中的 O_2 结合生成 O_3。O_3 又可把 NO 氧化成 NO_2，因而 NO、NO_2 与 O_3 之间存在的化学循环是大气光化学过程的基础。主要反应式如下：

$$NO_2 + h\nu \longrightarrow NO + O\cdot \qquad (9\text{-}4)$$

$$O\cdot + O_2 + M \longrightarrow O_3 + M \tag{9-5}$$

$$O_3 + NO \longrightarrow NO_2 + O_2 \tag{9-6}$$

在 HO· 与烃反应时，HO· 可从烃中摘除一个 H· 而形成烷基自由基，该自由基与大气中的氧结合生成 RO_2· 和 HO_2·。RO_2 具有氧化性，可将 NO 氧化成 NO_2。

$$RH + HO\cdot \longrightarrow R\cdot + H_2O \tag{9-7}$$

$$H\cdot + O_2 \longrightarrow HO_2 \tag{9-8}$$

$$R\cdot + O_2 \longrightarrow RO_2 \tag{9-9}$$

$$RO_2\cdot + NO \longrightarrow RO\cdot NO_2 \tag{9-10}$$

$$HO_2\cdot + NO \longrightarrow HO\cdot NO_2 \tag{9-11}$$

在一个烃被 HO· 氧化的链循环中，往往有两个 NO 被氧化成 NO_2，同时 HO· 得到了复原。这类反应速率很高，能与 O_3 氧化反应竞争。在光化学烟雾形成过程中，由于 HO· 引发了烃类化合物的链式反应，RO_2·、HO_2· 数量大增，从而迅速地将 NO 氧化成 NO_2，这样就使 O_3 得以积累，以至于成为光化学烟雾的重要产物。

光化学烟雾是在以排放 NO_x 和 NMHC 为主的石油化工业和汽油动力燃料业迅速发展之后出现的新型大气污染现象。在我国，伴随经济的持续高速增长和城市化进程的加快，城市居民的交通需求自进入 21 世纪以来迅速增长，城市机动车保有量大幅增加。从表 9-2 可以看出，我国大中城市大气中 NO_x 含量较高，而且机动车的污染排放分担较大比重。大中城市中车流量的增加导致排入大气的 NO_x 和 NMHC 持续增加，为城市光化学烟雾的形成提供了丰富的前体污染物来源，在强阳光和低湿度的夏日午间和午后，城市光化学烟雾污染频繁发生并日趋严重。1986 年，北京首次出现光化学烟雾的迹象，随后典型的大中城市如上海、成都和广州等也均出现了该大气污染现象。相关研究表明，除了兰州西固区和北京燕山等全国重点石油化工区外，机动车排放已经成为我国城市大气光化学烟雾前体污染物的主要来源。

表 9-2　北京、上海和广州的 NO_x 排放日均值和机动车排放 NO_x 污染分担率

城市	北京	上海	广州
NO_x 日均值/(mg/m^3)	0.133～0.156	0.073～0.105	0.101～0.139
机动车排放 NO_x 污染分担率/%	54.8	40.9	38.2

（三）细颗粒物 $PM_{2.5}$

$PM_{2.5}$ 是指环境空气中空气动力学当量直径≤2.5 μm 的颗粒物，又称细颗粒物。$PM_{2.5}$ 浓度的增加直接导致灰霾天气的形成，严重影响空气质量和大气能见度。$PM_{2.5}$ 能负载大量的污

染物和细菌进入肺部，严重危害人体健康。细颗粒物来源包括火电、钢铁、水泥等工业源，机动车、飞机等移动源，装修等无组织排放的面源和植物排放的自然源。人类活动是细颗粒物排放的主要来源。例如，我国北方城市冬季供暖大量排放的烟尘悬浮物和汽车尾气等污染物在低气压、风小的条件下不易扩散，与低层空气中的水汽相结合，比较容易形成灰霾，而这种灰霾持续时间往往比较长。$PM_{2.5}$不是一种单一成分的空气污染物，化学组分中的一次粒子主要有元素碳(EC)、有机碳(OC)和土壤尘等。二次粒子主要有硫酸盐、硝酸盐、铵盐和半挥发性有机物等。一次粒子主要由尘土性粒子及植物和矿物燃料燃烧产生的炭黑(有机碳)粒子两大类组成。二次粒子主要由硫酸盐和硝酸铵(由大气中的二氧化硫及氮氧化物和氨反应生成)组成。其形成的主要过程是大气中的一次气态污染物二氧化硫和氮氧化物通过均相和非均相的氧化形成酸性气溶胶，再和大气中唯一的偏碱性气体氨气反应生成硫酸铵(亚硫酸铵)和硝酸铵气溶胶粒子。如图 9-1 所示，北京空气中 $PM_{2.5}$ 主要成分为有机物(OM)、硝酸盐(NO_3^-)、硫酸盐(SO_4^{2-})、地壳元素和铵盐(NH_4^+)等，分别占 $PM_{2.5}$ 质量浓度的 26%、17%、16%、12%和 11%。

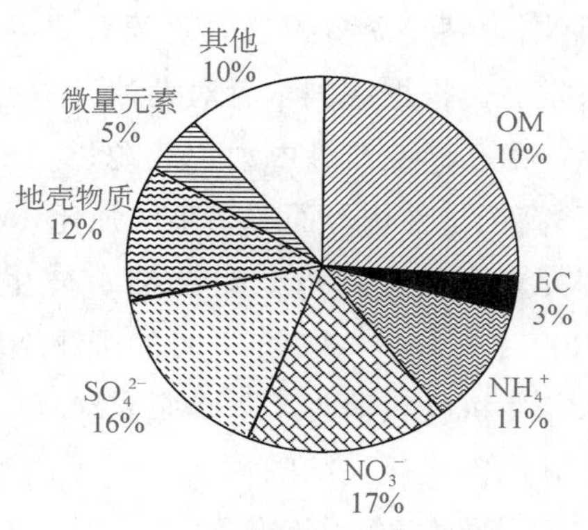

图 9-1 北京 2012—2013 年 $PM_{2.5}$ 主要成分质量百分比
(来源：北京市环境保护局)

细颗粒物成分中最大的组分为有机碳气溶胶，约占 40%。第二大组分为硫酸盐气溶胶，占 16%，主要来自燃煤。第三大组分为硝酸盐气溶胶，约占 13%，其中既有机动车燃油的贡献，也有燃煤的影响。通过模型解析，北京全年 $PM_{2.5}$ 来源中，区域传输贡献占 28%～36%，本地污染排放贡献占 64%～72%，特殊重污染过程中，区域传输贡献可达 50%以上。在本地污染贡献中，机动车、燃煤、工业生产、扬尘为主要来源，分别占 31.1%、22.4%、18.1%和 14.3%，餐饮、汽车修理、畜禽养殖、建筑涂装等其他排放约占 $PM_{2.5}$ 的 14.1%。

我国各地区内的二次气溶胶中，硝酸所占比例平均在 5%～9%。城市中浓度较高的出现在郑州、西安和河北固城(17.0～23.9 $\mu g/m^3$)，成都、广东番禺和大连的浓度在 10～16 $\mu g/m^3$。北京的硝酸盐与硫酸盐的比例在 2003 年是 3∶5 的关系(硝酸盐/硫酸盐＝0.6)，而现在硝酸盐已超过硫酸盐(硝酸盐/硫酸盐＝1.05)。城市大气中的 NO_x 多来自人类活动使用的化石燃料燃烧，如汽车等移动源和工业窑炉等固定源。由于近几十年中国经济的高速发展，化石燃料的用量连年攀升，NO_x 等污染物的排放量也逐年升高，加之各大城市机动车保有量不断上升，导致我国硝酸盐气溶胶浓度也不断升高。

研究发现，大城市中 $PM_{2.5}$ 成分和来源呈现两个突出特点：一是二次粒子影响大，不可忽视；二是机动车对 $PM_{2.5}$ 产生综合性贡献。以北京为例，$PM_{2.5}$ 中的有机物、硝酸盐、硫酸盐和铵盐主要由气态污染物二次转化生成，累计占 $PM_{2.5}$ 的 70%，是重污染情况下 $PM_{2.5}$ 浓度升高的主导因素。机动车直接排放 $PM_{2.5}$，包括有机物和元素碳等；同时，机动车排放的气态污染物包括 NO_x、挥发性有机物等，是 $PM_{2.5}$ 中二次有机物和硝酸盐的"原材料"，同时也是造成大气氧化性增强的重要"催化剂"。

（四）富营养化

富营养化是指生物所需的氮、磷等营养物质大量进入湖泊、河口、海湾等自流水体，引起藻类及其他浮游生物迅速繁殖，水体溶解氧量下降，鱼类及其他生物大量死亡的现象。目前，湖泊富营养化已成为我国所面临的重大环境问题之一，引发的蓝藻水华已在我国太湖、滇池、巢湖等众多湖泊中频繁出现，导致水质恶化，影响了居民的用水安全且制约了社会经济发展。根据我国学者对湖泊营养盐输入的分析，大气氮沉降对湖泊的富营养化有很大贡献。由于湖泊流域电力等能源供应的增长，汽车、船舶等运输能力的扩张，化肥农药的高频率、高剂量使用等面源污染的强化，人类活动干扰日益加大，大气污染及传输造成的氮、磷营养元素干湿沉降负荷对湖泊水体生态系统富营养化的影响不容忽视。秦伯强等对太湖 2002 年 7 月—2003 年 6 月的观测期间，总氮（TN）的大气年沉降负荷为 881 t，总磷（TP）的大气年沉降负荷为 715 t，而太湖水体每年平均由河道输入的 TN、TP 污染物的入湖量巨大，太湖水面直接受纳的大气 TN、TP 污染物分别仅占环湖河道年输入污染物总量的 49%和 46%。通过 2008 年春季、夏季对临安青山湖区湿沉降中氮素化学形态的分析，估算大气氮湿沉降的输入通量，研究湿沉降对湖区水体富营养化的贡献。结果表明，青山湖春季大气氮沉降负荷为 6.64 kg/hm^2，雨水中平均氮浓度为（4.86±0.65）mg/L，严重超过了水体富营养化 0.2 mg/L 的阈值，对青山湖水生生态系统造成潜在的威胁。根据 2000—2004 年广东省惠州市降水中氮浓度，采用单因子评估模式评价大气氮湿沉降及其对惠州两湖水体富营养化的影响。结果表明，该 5 年惠州市湿沉降平均 NO_3^--N 含量为 0.469 mg/L，NH_4^+-N 含量为 0.391 mg/L，总无机氮（TIN）含量为 0.861 mg/L，远大于富营养水体中氮浓度阈值（0.2 mg/L）。湿沉降中氮含量呈逐年增加趋势，2004 年湿沉降氮含量较 2000 年增加了近 1 倍。因此，湿沉降输入氮对惠州两湖水生态环境特别是水体富营养化的影响值得关注。

（五）臭氧层破坏

臭氧层存在于距离地面 10～50 km 的平流层中。一方面，平流层中的 O_2 在强紫外线的作用下分解生成 O·，O·进而与 O_2 反应生成 O_3；另一方面，O_3 吸收紫外线分解。这时 O_3 的生成与消耗处于平衡态，O_3 浓度保持恒定进而形成臭氧层。O_3 能吸收 99%以上来自太阳的紫外辐射，保护地球生命。臭氧层的破坏会导致大量紫外辐射到达地面，危害人类健康，使皮肤癌和白内障的患病率大幅度增加。同时，动植物的生存生长也将受到严重威胁，危害生态平衡。

由于人类活动的影响，NO_x 等污染物进入平流层，形成了 NO_x 等活性基团，加速了 O_3 的消耗过程，破坏了臭氧层的稳定状态。这些活性基团在加速臭氧层破坏的过程中可以

起到催化剂的作用。NO_x 清除 O_3 的催化循环反应如下：NO 与臭氧发生反应，产生 NO_2 和 O_2；NO_2 又重新与 O· 反应生成 NO。

$$NO + O_2 \longrightarrow NO_2 + O_2 \tag{9-12}$$

$$NO_2 + O\cdot \longrightarrow NO + O_2 \tag{9-13}$$

$$O_3 + O\cdot \longrightarrow 2O_2 \tag{9-14}$$

根据国家海洋大气局的报告，按照 O_3 消耗率的评估结果，NO_x 是目前对地球臭氧层破坏最为严重的一种污染物。大气中的 N_2O 一般稳定分布于大气层的最底层(对流层)，当 N_2O 迁移到平流层时，它转换为 NO 并与 O_3 发生反应。在 O_3 被损耗的过去 10 年中，人们普遍关注的焦点只是氯化物和溴化物，但 NO_x 才是对臭氧层威胁最大的化学物质。研究发现，大约 1/3 的 N_2O 来自人类活动，并且正以每年 1%的速度不断增长。同时，飞机直接排放的 NO 也逐年升高，主要在平流层的中上部起到对臭氧的清除作用。

（六）温室效应

地球表面吸收太阳能(主要为可见光)增温，向宇宙空间以红外线长波的形式辐射能量降温，这种能量的收支平衡决定了地球表面的温度。地球大气中的 H_2O、CO_2、CH_4、N_2O 等可吸收长波红外辐射，截留地面辐射的红外长波辐射，对大气起到加热保温的作用，这种现象称为温室效应，此类气体称为温室气体。如果大气温室气体增多，便会有过多的能量保留在大气中而不能正常地向外空间辐射，造成地表面和大气的平衡温度升高，对整个地球的生态平衡会有巨大的影响。随着全球人口的增长，人类活动加剧，使得大气中温室气体的含量成倍增加，全球变暖已经成为全世界所关注的热点，甲烷和氮氧化物等对大气增温的作用仅次于二氧化碳。科学家估计，到 2030 年甲烷的贡献将达到 50%，成为头号温室气体。甲烷的削减途径如下：和对流层的 HO· 反应，削减量为 290～350 Tg/年；和平流层 HO· 反应的削减量为 25～35 Tg/年。此外，氧化性土壤吸收的削减量为 10～30 Tg/年。甲烷的削减过程中，与 HO· 反应削减贡献最大，大气中大约 87.8%的甲烷是通过该反应消耗的。

但 HO· 可与 NO 和 NO_2 反应生成 HNO_2 和 HNO_3，造成 HO· 的消耗。所以当 NO_x 的排放量增加时，会造成大气中 HO· 浓度的降低，从而抑制 CH_4 的削减过程，使 CH_4 得以积累，浓度升高，加剧温室效应。

$$HO\cdot + NO_2 \longrightarrow HNO_3 \tag{9-15}$$

$$HO\cdot + NO \longrightarrow HNO_2 \tag{9-16}$$

三、NO_x 的排放

大气中 NO_x 的来源主要有两方面：一方面是由自然界中的固氮菌、雷电等自然过程产生，每年约生成 5×10^8 t；另一方面是由人类活动产生，每年全球的产生量多于 5×10^7 t。人

类活动所产生的 NO_x 多集中于城市、工业区等人口稠密地区，因而危害较大。在人为产生的 NO_x 中，由燃料高温燃烧产生的占 90%以上，接下来是化工生产中的硝酸生产、硝化过程、炸药生产和金属表面硝酸处理等。从燃烧系统中排出的氮氧化物 95%以上是 NO，其余的主要为 NO_2，由于在环境中 NO 最终将转化为 NO_2，所以，估算氮氧化物的排放时都按 NO_2 计。根据美国 1999 年的统计，人类活动排放的 NO_x 约 55.5%来自交通运输，约 39.5%来自固定燃烧源，3.7%来自工业过程，约 1.3%为其他来源（见表 9-3）。

表 9-3　1999 年美国各类污染源排放的 NO_x（以 NO_2 表示）

污染源类别	排放量/(10^4 t・a^{-1})	百分比/%
固定源燃烧过程		
煤燃烧：电力	447.7	
工业	49.2	
商业	3.4	
小计	500.3	21.7
油燃烧：电力	18.3	
工业	19.4	
商业	7.3	
其他	96.1	
小计	141.1	6.1
气燃烧：电力	34.9	
工业	109.0	
商业	24.1	
小计	168.0	7.3
其他燃烧过程	100.0	4.3
合计	909.4	39.5
工业过程		
化工行业	11.9	
冶金行业	8.0	
石化行业	13.0	
其他工业过程	42.6	
其他	10.0	

中国尚未建立完整的氮氧化物排放清单，据统计，1998 年与能源消费相关的部门共排放氮氧化物 11.18×10^8 t，其中：电力部门排放 4.23×10^6 t，占 37.9%；工业部门排放 4.59×10^6 t，占 41.0%；交通运输排放约为 1.45×10^6 t，占 13.0%。若按燃料类型统计，72.3%的

NO_x 源自煤燃烧，18.7%源自各种油品燃烧，7.3%源自焦炭使用过程。氮氧化物的排放系数受多种因素影响，表 9-4 列出了部分污染源未采取控制措施时的平均排放系数。

表 9-4 NO_x 排放系数

污染源	平均排放系数
煤	
民用(包括商业)	4 kg/t 煤
工业及电力	7～18.5 kg/t 煤
燃料油	
民用(包括商业)	1.4～8.6 kg/1 000 L 油
工业	8.7 kg/1 000 L 油
电力	12.5 kg/1 000 L 油
天然气	
民用(包括商业)	1.85 kg/1 000 m^3 天然气
工业	3.4 kg/1 000 m^3 天然气
电力	6.25 kg/1 000 m^3 天然气
燃气轮机	3.2 kg/1 000 m^3 天然气
移动燃烧源	
汽油机	13.6 kg/1 000 L 汽油
柴油机	26.0 kg/1 000 L 柴油
硝酸生产工厂	28.5 kg/吨酸

第二节　燃烧过程中氮氧化物的形成机理

燃烧过程中形成的 NO_x 分为 3 类。一类为燃料中固定氮生成的 NO_x，称为燃料型 NO_x(fuel NO_x)。天然气基本不含氮的化合物，石油和煤中的氮原子通常与碳或氢原子化合，大多为氨、氮苯以及其他胺类。这些氮化物的结构可表示为 R—NH_2，其中 R 为有机基或氢原子。燃烧中形成的第二类 NO_x 由大气中的氮生成，主要产生于原子氧和氮之间的化学反应。这种 NO_x 只在高温下形成，所以通常称作热力型 NO_x(themal NO_x)。在低温火焰中，由于含碳自由基的存在，还会生成第三类 NO_x，通常称为瞬时型 NO_x(prompt NO_x)。

一、热力型 NO_x

（一）NO 生成量与温度的关系

在高温下产生 NO 和 NO_2 的两个最重要反应如下：

$$N_2 + O_2 \rightleftharpoons 2NO \tag{9-17}$$

$$NO + \frac{1}{2}O_2 \rightleftharpoons NO_2 \tag{9-18}$$

这两个反应均为可逆反应，温度和反应物化学组成影响它们的平衡。对于反应式(9-17)，平衡常数的典型值如表 9-5 所示。可见，当温度低于 1 000 K 时，NO 分压很低，即 NO 的平衡常数非常小。在 1 000 K 以上，将会形成可观的 NO。表 9-6 列出了两种平衡情况下 NO 的理论值。表中第二栏是指无其他气体存在、氮气与氧气初始浓度比为 4∶1(体积分数)时的数值；第三栏是氮气与氧气比为 40∶1 时的情况，粗略地代表空气过量 10%的碳氢化合物燃烧产生的烟气。这些数值仅是对实际条件的近似，因为忽略了烟气中 CO_2 和水蒸气的存在。这些数据表明：第一，平衡时 NO 浓度随温度升高而迅速增加；第二，NO 平衡浓度与在热电厂的实测值(500×10^{-6}～$1\ 000\times10^{-6}$)是同一数量级。

表 9-5　O_2 和 N_2 生成 NO 的平衡常数

$N_2+O_2 \longrightarrow 2NO$	T/K	K_P
$K_P=\frac{(p_{NO})^2}{(p_{O_2})(p_{N_2})}$	300	10^{-30}
	1 000	7.5×10^{-9}
	1 200	2.8×10^{-7}
	1 500	1.1×10^{-5}
	2 000	4.0×10^{-4}
	2 500	3.5×10^{-3}

表 9-6　温度和 N_2/O_2 初始浓度比对 NO 平衡浓度的影响

T/K	NO 平衡浓度/10^{-6}	
	$N_2/O_2=4$	$N_2/O_2=40$
1 200	210	80
1 500	1 300	500
1 800	4 400	1 650
2 000	8 000	2 950
2 200	13 100	4 800
2 400	19 800	7 000

（二）NO 和 NO_2 的转化

反应式(9-18)的平衡常数 K_p 如表 9-7 所示。在实际燃烧过程中，反应式(9-17)和式(9-18)同时发生。K_p 随温度升高而减小，因而低温有利于 NO_2 形成。但在较高温度下，NO_2 分解为 NO，当温度高于 1 000 K 时，NO_2 生成量比 NO 低得多。例如，对于2 000 K 的空气，当上述两个反应达到平衡时，NO 的平衡浓度为 $8\ 100\times10^{-6}$，而 NO_2 的平衡浓度仅为 13×10^{-6}。表 9-8 列出了初始组成为 O_2 3.3%，N_2 76%时，NO 和 NO_2 平衡时的平衡浓度。

这些热力学数据说明：①在室温条件下，几乎没有 NO 和 NO_2 生成，并且所有 NO 转化为 NO_2；②在 800 K 左右，NO 和 NO_2 生成量仍然微不足道，但 NO 的生成量已经超过 NO_2；③在常规的燃烧温度(>1 500 K)下有大量的 NO 生成，然而 NO_2 的量仍然是微不足道的。

表 9-7　NO 氧化为 NO_2 反应的平衡常数

$NO+\frac{1}{2}O_2\longrightarrow NO_2$	T/K	K_P
$K_p=\frac{(p_{NO_2})}{(p_{NO})(p_{O_2})^{0.5}}$	300	10^6
	500	1.2×10^2
	1 000	1.1×10^{-1}
	1 500	1.1×10^{-2}
	2 000	3.5×10^{-3}

表 9-8　同步反应 $N_2+O_2\rightarrow NO$ 和 $NO+O_2\rightarrow NO_2$ 初始浓度比对 NO 平衡浓度的影响

T/K	$NO/10^{-6}$	$NO_2/10^{-6}$
300	1.1×10^{-10}	3.3×10^{-5}
800	0.77	0.11
1 400	250	0.87
1 873	2 000	1.8

注：烟气初始组成为 O_2 3.3%，N_2 76%。

（三）烟气冷却对 NO 和 NO_2 平衡的影响

所有烟气最终都要被冷却。理论上讲，温度降低将改变 NO 和 NO_2 的平衡组成。烟气冷却过程中若有过剩氧存在，NO 向 NO_2 转化是可能的。根据热力学计算，冷却后的燃烧烟气中，NO_x 将主要以 NO_2 形式存在；实际上并非如此，大部分燃烧过程排出的尾气中，大约 90%～95%的 NO_x 仍然以 NO 形式存在。

从热力学上讲，烟气温度降低后，NO 是不稳定的；然而，NO 分解为 N_2 和 O_2 的反应，以及 NO 与 O_2 形成 NO_2 的反应，在动力学上都受到限制。当温度降低到 1 550 K 以下，其反应速率非常低，尾气中各种氮氧化物的浓度基本上“冻结”在高温下它们形成时的浓度。因此，高温下形成的氮氧化物将以 NO 形式排入大气环境。NO 转化为 NO_2 的氧化反应将主要发生在大气中，所需要的时间由反应动力学支配。NO 分解为 N_2 和 O_2 的反应具有较高反应活化能（约 375 kJ/mol），限制了反应速率。因此，高温下形成的 NO 在低温下将氧化为 NO_2，而不是分解。

二、热力型 NO_x——捷里道维奇(Zeldovich)模型

燃烧过程中生成 NO 的化学反应机理虽然相当复杂，并且对一些细节仍存在争论，但对反应过程的理解自 20 世纪 60 年代中期以来已经取得显著进展。现在广泛采用的基本模式起源于捷里道维奇及其合作者的工作。根据他们的自由基链机理，一旦氧原子形成，将有下述主要反应发生：

$$O_2 + M \longrightarrow 2O + M \tag{9-19}$$

$$O + N_2 \longrightarrow NO + N \tag{9-20}$$

$$N + O_2 \longrightarrow NO + O \tag{9-21}$$

虽然氧原子能够由氧分子分解产生，但氮分子并不能分解产生氮原子。氮原子主要由反应式(9-20)产生。与氮原子比较，由 O_2 分解能够产生较多氧原子，其原因在于这两种分解过程的平衡常数随温度的变化而变化（见表 9-9）。

表 9-9　温度对 O_2 和 N_2 热分解平衡常数的影响

温度/K	2 000	2 200	2 400	2 600	2 800
$\lg K_P$（对于 $O_2 \rightleftharpoons 2O$）	−6.356	−5.142	4.130	−3.272	−2.536
$\lg K_P$（对于 $N_2 \rightleftharpoons 2N$）	−18.092	−15.810	−13.908	−12.298	−10.914

应当指出，O_2 分解的平衡常数是非常小的，即使在火焰区温度下，氧原子浓度也非常低，N_2 分解的平衡常数更小，氧原子浓度实际上可以忽略。应用化学动力学基本理论，根据反应式(9-20)形成 NO 的净速率如下：

$$\frac{d[NO]}{dt} = k_4[O][N_2] - k_{-4}[NO][N]$$

其中：k_4 和 k_{-4} 为反应式(9-20)的正、逆反应速率常数。考虑反应式(9-20)和反应式(9-21)，生成 NO 的总速率如下：

$$\frac{d[NO]}{dt} = k_4[O][N_2]k_{-4}[NO][N] + k_5[N][O_2]k_{-5}[O][N_2] \tag{9-22}$$

接下来,用其他变量对方程式右端做转换。

首先假定氮原子以稳定的浓度存在。这在普通燃烧过程中是可以满足的。根据反应式(9-20)和反应式(9-21),有:

$$\frac{d[N]}{dt}=k_4[O][N_2]-k_{-4}[NO][N]+k_5[N][O_2]-k_{-5}[O][N_2]$$

在稳定状态下 $\frac{d[N]}{dt}=0$,因此:

$$[N]_{稳态}=\frac{k_4[O][N_2]-k_{-5}[NO][O]}{k_{-4}[NO]/k_5[O_2]} \tag{9-23}$$

将上述结果代入式(9-22),变换后得到:

$$\frac{d[NO]}{dt}=2[O]\frac{k_4[N_2]-k_{-4}k_{-5}[NO]^2/k_5[O_2]}{1+(k_{-4}[NO]/k_5[O_2])} \tag{9-24}$$

假如反应式(9-20)和反应式(9-21)的平衡常数分别是 K_4 和 K_5,那么:

$$K_4K_5=\left(\frac{k_4}{k_{-4}}\right)\left(\frac{k_5}{k_{-5}}\right)=\frac{[NO]^2}{[N_2][O_2]}\equiv K_{p,\,NO} \tag{9-25}$$

其中:$K_{p,\,NO}$ 为下述反应的平衡常数:

$$N_2+O_2 \longrightarrow 2NO$$

当然 $K_{p,\,NO}$ 的值是精确可知的,将式(9-24)代入式(9-25),则:

$$\frac{d[NO]}{dt}=\frac{2k_4[O][N_2]\left\{1-\left(\frac{[NO]^2}{K_{p,\,NO}}\right)\cdot[N_2][O_2]\right\}}{1+(k_{-4}[NO]/k_5[O_2])} \tag{9-26}$$

这是燃烧过程由空气中氮形成 NO 的速率方程式一种可能的表达形式。

在任何时间 t 所形成 NO 量可以积分式(9-26)求得。通常假定氮气浓度等于给定温度下的平衡值。此外,通常假定氧原子浓度等于下述反应在热烟气中的平衡值$[O]_e$:

$$\frac{1}{2}O_2 \longrightarrow O$$

火焰温度越高且燃料气越贫时,这个假定越能成立。$[O]_e$ 的值可由平衡常数 $K_{p,\,O}$ 求得,因此:

$$K_{p,\,O}=\frac{p_O}{(p_{O_2})^{1/2}}=\frac{[O]_e\cdot R\cdot T}{[O_2]_e^{\frac{1}{2}}(RT)^{1/2}}=\frac{[O]_e(RT)^{1/2}}{[O_2]_e^{1/2}}$$

或者：

$$[O]_e = \frac{[O_2]_e^{\frac{1}{2}} K_{p,O}}{(RT)^{1/2}} \tag{9-27}$$

式(9-27)右端每个量的值通常都是已知的。

运用式(9-24)和式(9-25)，式(9-26)可以改写如下：

$$\frac{dY}{dt} = \frac{M(1-Y^2)}{2(1+CY)} \tag{9-28}$$

假设后燃烧区为常温区，那么式(9-28)就可以直接积分，其结果如下：

$$(1-Y)^{C+1}(1+Y)^{C-1} = \exp(-Mt) \tag{9-29}$$

这个方程式用参数 C 和 M 关联了 NO 的形成分数(Y) 与时间 t 之间的关系。

参数 M 可以写作：

$$M = 5.7 \times 10^{15} T^{-1} P^{1/2} \cdot \exp\left(-\frac{58\ 400}{T}\right)$$

其中：M 的单位为 s^{-1}，P 为 101 325 Pa，T 为 K。

可以看出，压力对 M 的影响是弱的，而温度的影响却很强，它不仅影响 t 时 NO 生成总量，也影响 NO 生成速率。

总压为 101 325 Pa 时，M 随温度 T 的变化如下：

T/K	1 800	2 000	2 200	2 400	2 500
M/s^{-1}	0.024 4	0.56	7.27	60.9	154

基于这一模式，对于实际的燃烧温度，M 值在 0.1～100 s^{-1}的范围内可能是最重要的。C 值的影响是小的，它的值在 0～1 变化。

对于上面讨论的 M 和 C 值范围，图 9-2 给出了式(9-28) 的典型曲线。应当注意的是，对于给定的 M 值，C 对[NO]/$[NO]_e$ 几乎没有影响。然而，M(或者 T) 的影响是显著的。当温度为 2 200～2 400 K 时，在不到 0.1 s 的时间内可能生成大量的 NO；只有当温度显著低于 2 000 K 时，0.1 s 内生成的 NO 才是较低的。这种趋势对于火电厂等固定燃烧源是特别重要的。在这些情况下，烟气流速相当小，流体元在高温的后燃烧区停留时间相对较长(可能在数秒范围内)。图中每条曲线的斜率是在所处条件下 NO 生成速率的度量。在同一时间 t，不同温度(或 M 值) 下的 NO 生成速率有显著差别。例如，C= 1 和 $t = 10^{-2}$ s时的$\frac{dY}{dt}$ 值如下：

M/s^{-1}	T /K	$\frac{dY}{dt}/s^{-1}$
1	2 040	0.498
10	2 230	4.76
100	2 450	30.25

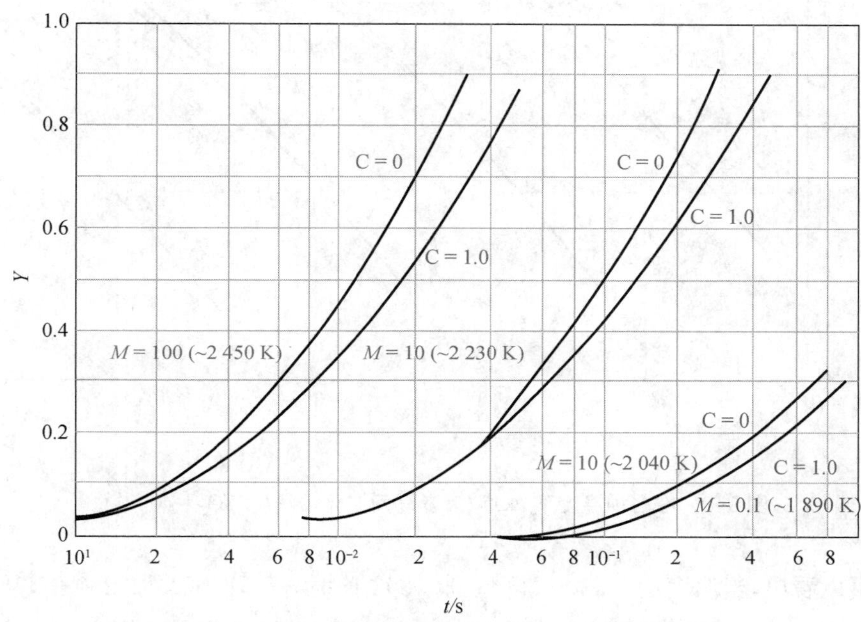

图 9-2 各种温度下形成 NO 浓度-时间分布曲线

数据表明，当温度变化大约为 200 K 时，$\frac{dY}{dt}$ 的变化约为一个数量级。对于 $t=10^{-1}$ s，M 为 0.1 s^{-1}、1 s^{-1}、10 s^{-1}的情况，这种变化趋势也是成立的。为防止 NO 浓度过高，必须控制反应速率尽可能低，这就需要火焰区的温度适当地降低。

如图 9-2 所示，在给定温度下可以估算达到各种 NO 浓度水平所需要的时间。图 9-2 给出了估算的部分结果。由图 9-2 可见，在高温下（>2 000 K），NO 浓度向平衡水平的迅速积累是显然的。图 9-2 是根据最初混合物仅含有氮气和氧气（其比例为 40∶1）而绘制的，由于 CO_2 和水蒸气的浓度已经忽略，所以它仅是实际燃烧烟气的一种近似。此外，在后火焰区内 N_2 与 O_2 的比值还取决于空气过剩系数。

T/K	2 230	2 040	1 890
t/ms	4	70	1 000

若保持 NO 体积分数低于 1×10^{-4}，当 C=1 时，从图 9-3 能够得到不同温度下达到给定

NO 浓度所需要的时间。

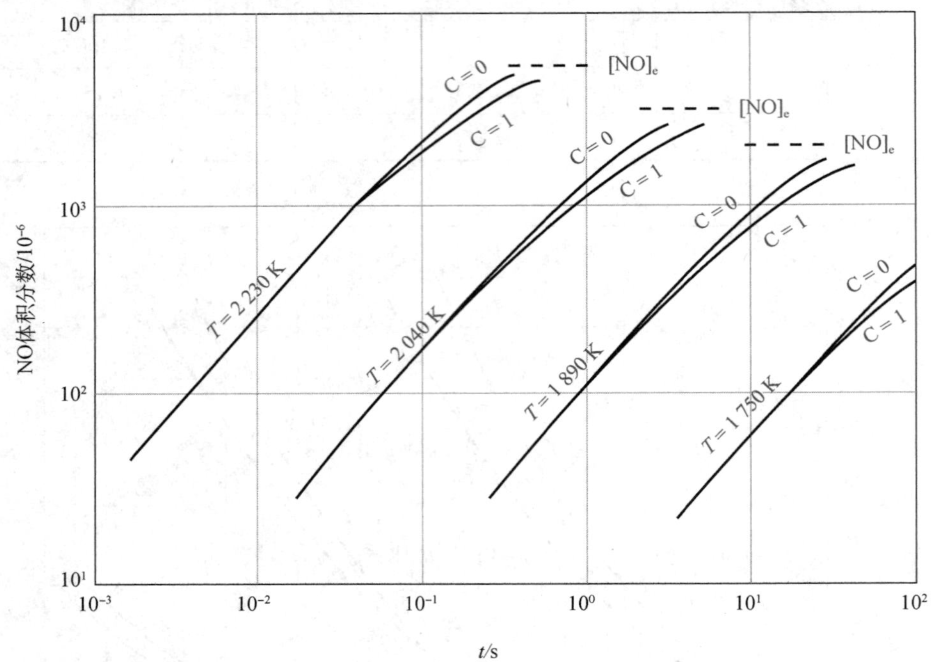

图 9-3　在各种温度下 NO 浓度随时间变化曲线($N_2/O_2=40：1$)

由此可以看出，当温度从 2 230 K 降低到 1 890 K 时，停留时间增加 250 倍，从而 NO 保证体积分数不超过 1×10^{-4}。因此，欲减少 NO 生成量，控制后燃烧过程的温度及时间是极端重要的。

应当指出，上述数据是半定量的，它们基于下述主要假设：①反应式(9-20)和反应式(9-21)是控制 NO 形成的基本步骤；②后火焰区的温度保持不变；③混合气的初始组成 $N_2/O_2=40：1$。

以上讨论的是简化的模型，捷里道维奇机理比较复杂的模型包括了更多反应，例如：

$$N+OH \rightleftharpoons NO+N$$

简化的捷里道维奇模型的精度对于预测高温火焰中 NO_x 的形成是令人满意的。

三、瞬时型 NO_x

在燃烧的第一阶段，来自燃料的含碳自由基与氮气分子发生如下反应：

$$CH+N_2 \rightleftharpoons HCN+N \tag{9-30}$$

反应生成的原子 N 通过反应式(9-21)与 O_2 反应，增加了 NO 的生成量；部分 HCN 与

O_2 反应生成 NO,部分 HCN 与 NO 反应生成 N_2。目前还没有任何简化的模型可以预测这种机理生成 NO 的量,但是在低温火焰中生成 NO 的量明显高于根据捷里道维奇模型预测的结果。通常将这种机理形成的 NO 称为瞬时型 NO_x。可以相信低温火焰中形成的 NO 多数为瞬时 NO。由图 9-3 可以看出,温度对瞬时型 NO 形成的影响较弱,其生成量平均为 30 g/GJ。

四、燃料型 NO_x

研究表明,燃用含氮燃料的燃烧系统也会排出大量 NO_x。燃料中氮的形态多为以 C—N 键存在的有机化合物,从理论上讲,氮气分子中 N≡N 的键能比有机化合物中 C—N 的键能大得多,因而氧倾向于首先破坏 C—N 键。

化石燃料的氮含量差别很大。石油的平均含氮量为 0.65%(重量),而大多数煤的含氮量为 1%~2%,当燃用含氮燃料时,含氮化合物在进入燃烧区之前,很可能产生某些热离解。因此,在生成 NO 之前,将会出现低分子量的氮化物或一些自由基(NH_2、HCN、CN、NH_3 等)。现在广泛接受的反应过程是:大部分燃料氮先在火焰中转化为 HCN,然后转化为 NH 或 NH_2;NH_2 和 NH 能够与氧反应生成 NO+H_2O,或者它们与 NO 反应生成 N_2 和 H_2O。因此,在火焰中燃料氮转化为 NO 的比例依赖于火焰区内 NO 与 O_2 之比。一些实验结果表明,燃料中 20%~80%的氮转化为 NO_x,在含有 0.5%氮(杂)苯的煤油燃烧过程中,接近 100%的燃料转化为 NO_x。

所有实验数据都表明:燃料中的氮化物氧化成 NO 是快速的,反应所需时间与燃烧器中能量释放反应的时间差不多。燃烧区附近的 NO 实际浓度显著超过计算的量,其原因在于使 NO 量减少到平衡浓度的下列反应都较缓慢。

$$O + NO \longrightarrow N + O_2 \tag{9-31}$$

$$NO + NO \longrightarrow N_2O + O \tag{9-32}$$

在燃烧后区,贫燃料混合气中 NO 浓度减少得十分缓慢,NO 生成量较高;富燃料混合气中 NO 浓度减少得比较快,NO 生成量相对也低,NO 的生成量仅与温度略有关系。因此,它是个低活化能步骤。

为了减少烃和一氧化碳的排出,应该使用较贫的燃料物,但使用含氮燃料可能会提高 NO 生成量。在某些状态下,NO 通过 CH 基和 NH 基来还原,这些基在富燃料系统中浓度比较大。

含氮燃料形成 NO 的反应动力学至今仍不十分清楚,已提出的理论包括:①运用 CN 基作为中间物;②当键破坏时释放出原子态氮;③部分平衡机理。

综合考虑燃烧过程中 3 种 NO 的形成机理,有人给出了如图 9-4 所示的简化的 NO 形成路径。实际上,燃烧过程中 NO 的形成包含了许多其他反应,许多因素影响 NO 的生成量,3 种机理对形成 NO 的贡献率随燃烧条件而异。如图 9-4 所示为煤燃烧过程的 3 种机理对 NO 排放的相对贡献。

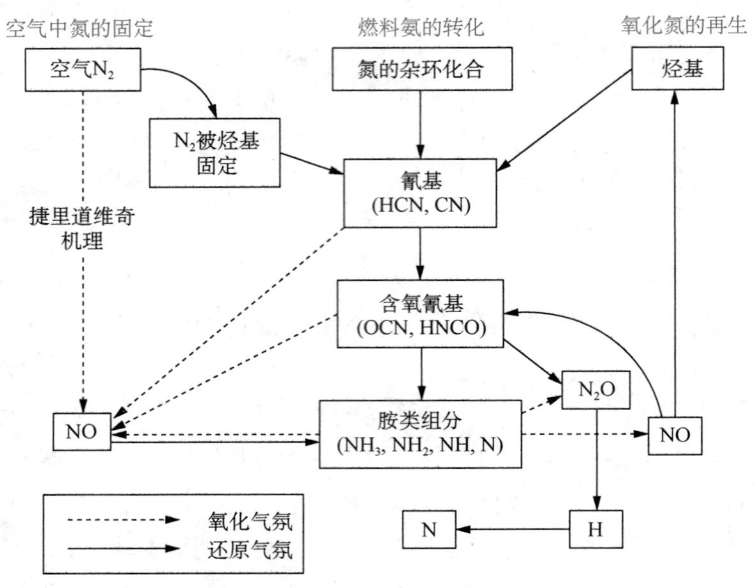

图 9-4　燃烧过程中氮氧化物的形成路径

第三节　低 NO_x 燃烧技术

NO_x 控制技术的发展已经有相当长的历史。从 20 世纪 50 年代开始，研究人员研究开发了一系列实用的 NO_x 控制技术，总体上可以分成 3 类，即燃烧前 NO_x 控制技术、燃烧中 NO_x 控制技术（低 NO_x 燃烧技术等）和燃烧后 NO_x 控制技术（烟气 NO_x 脱除技术）。燃烧前 NO_x 控制技术是指在燃烧之前把燃料中的含氮化合物去除或进行转化，但该方法降低 NO_x 排放的作用有限，对由于燃烧生成的 NO_x 无能为力，如热力型 NO_x 和瞬时型 NO_x。该方法局限性较大，费用也较高，应用较少。目前，控制 NO_x 排放的技术主要指低 NO_x 燃烧技术和烟气 NO_x 脱除技术。在烟气 NO_x 脱除技术中，选择性非催化还原（SNCR）和选择性催化还原（SCR）是应用最为广泛的两种技术。

一、低 NO_x 燃烧技术

低 NO_x 燃烧技术一直是应用最广泛的脱氮技术之一，在排放标准要求宽松的情况下，采用该技术降低 NO_x 浓度即可达到排放要求。20 世纪 70 年代末和 20 世纪 80 年代，低

NO_x 燃烧技术的研究和开发达到高潮，开发出了低 NO_x 燃烧器等实用技术。进入 20 世纪 90 年代后，许多企业又对低 NO_x 燃烧器做了大量的改进和优化工作，使其日臻完善。

影响燃烧过程中 NO_x 生成的主要因素是燃烧温度、烟气在高温区的停留时间、烟气中各种组分的浓度及混合程度。从实践的观点看，控制燃烧过程中 NO_x 形成的因素包括空燃比、燃烧区的温度分布、后燃烧区的冷却程度、燃烧器的形状设计等。各种低 NO_x 燃烧技术就是在综合考虑了以上各因素的基础上形成和发展起来的。

（一）传统低 NO_x 燃烧技术

早期开发的低 NO_x 燃烧技术不要求对燃烧系统做大的改动，只是对燃烧装置的运行方式进行微调和改进，方法简单易行，可以方便地用于现有装置，但 NO_x 的降低程度十分有限。这类技术包括低氧燃烧、烟气循环燃烧、分段燃烧、浓淡燃烧技术等。

1. 低空气过剩系数运行技术

一般来讲，NO_x 的排放量随着炉内空气量的增加而增加。为了降低 NO_x 的排放量，锅炉应在炉内空气量降低的工况下运行。炉内采用低空气过剩系数运行技术，不仅可以降低 NO_x 的排放，而且可以减少锅炉排烟热损失，提高锅炉的热效率。如图 9-5 所示是 NO_x 生成量与烟气中氧含量的关系。低空气过剩系数运行抑制 NO_x 生成量的幅度与燃料种类、燃烧方式以及排渣方式有关。需要说明的是，采用低空气过剩系数会导致一氧化碳、碳氢化合物及炭黑等污染物相应增加，飞灰中可燃物质的量也可能增加，从而使燃烧效率下降，电站锅炉实际运行时的空气过剩系数可调整的幅度有限。因此，在确定空气过剩系数时，必须同时满足锅炉和燃烧效率较高而 NO_x 等有害物质最少。我国燃用燃煤的电锅炉多数设计在过剩系数 $\alpha=1.17\sim1.20$（氧浓度为 3.5%～4.0%）下运行，此时一氧化氮的体积分数为 $30\times10^{-6}\sim40\times10^{-6}$；若氧含量降至 3.0%以下，则一氧化碳的含量将急剧上升，不仅导致燃料不完全燃烧，而且会引起炉内的结渣和腐蚀。因此，以炉内氧浓度为 3%以上或一氧化氮体积分数为 2×10^{-4} 作为最小过剩空气系数的选择依据。

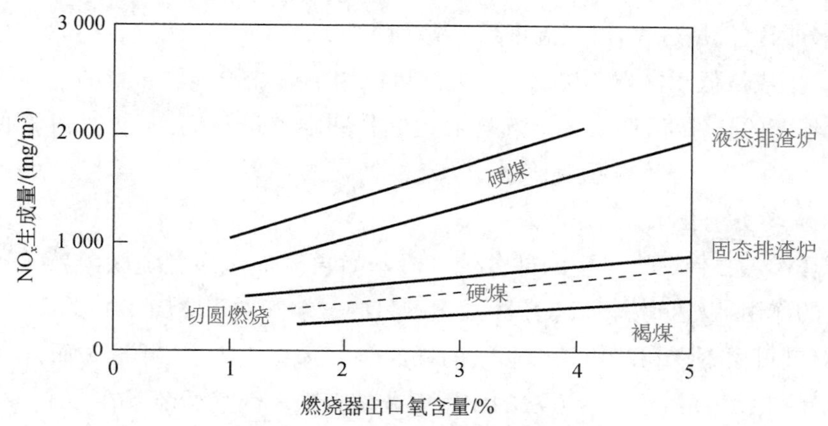

图 9-5　NO_x 生成量与烟气中氧含量的关系

2. 降低助燃空气预热温度

在工业实际操作中，经常利用尾气的废热预热进入燃烧器的空气。虽然这样有助于节约能源和提高火焰温度，但也导致 NO_x 排放量增加。实验数据表明，当燃烧空气由 27 ℃预热到 315 ℃时，一氧化氮的排放量将会增加 3 倍。降低助燃空气预热温度可降低火焰区的温度峰值，从而减少热力型 NO_x 的生成量。实践表明，这一措施不宜用于燃煤、燃油锅炉，对于燃气锅炉，降低 NO_x 排放的效果明显(见图 9-6)。

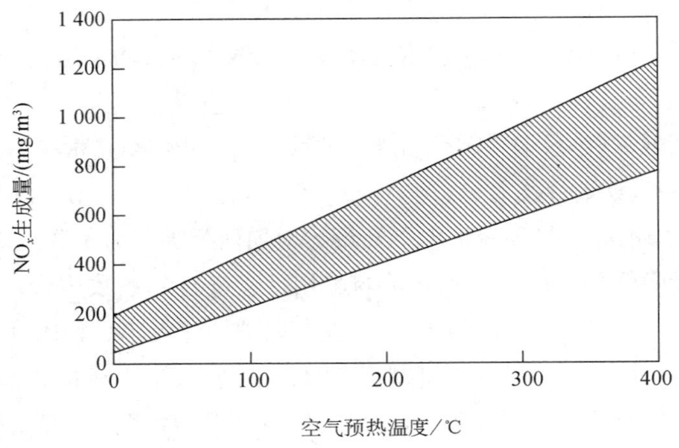

图 9-6　空气预热温度对天然气燃烧系统 NO_x 生成量的影响

3. 浓淡偏差燃烧技术

这种方法是让一部分燃料在空气不足的条件下燃烧，即燃料过浓燃烧；另一部分燃料在空气过剩的条件下燃烧，即燃料过淡燃烧。无论过浓燃烧还是过淡燃烧，其过剩空气系数 α 都不等于 1。前者 $\alpha<1$，后者 $\alpha>1$，故又称为非化学当量燃烧或偏差燃烧。浓淡偏差燃烧时，燃料过浓部分因氧气不足，燃烧温度不高，所以燃料型 NO_x 和热力型 NO_x 生成量减少。燃料过淡部分因空气量过大，燃烧温度低，热力型 NO_x 生成量也减少。因此，利用该方法可以使得 NO_x 生成量低于常规燃烧。这一方法可以用于燃烧器多层布置的电站锅炉，在保持入炉总风量不变的条件下，调整各层燃烧器的燃料和空气量分配，便能达到降低 NO_x 排放的效果。

4. 烟气循环燃烧技术

烟气循环燃烧法将燃烧产生的部分烟气冷却后再循环送回燃烧区，起到降低氧浓度和燃烧区温度的作用，以达到减少 NO_x 生成量的目的。烟气循环燃烧法主要减少热力型 NO_x 的生成量，对燃料型 NO_x 和瞬时型 NO_x 的减少作用甚微。对固态排渣炉而言，大约 80%的 NO_x 是由燃料氮生成的，这一种方法的作用就非常有限。烟气循环率在 25%～40%的范围内最为适宜，通常的做法是从省煤器出口抽出烟气，加入二次风或一次风中。加入二次风

时，火焰中心不受影响，其唯一的作用是降低火焰温度。对于不分级的燃烧器，在一次风中加入循环烟气效果较好，但由于燃烧器附近的燃烧工况会有所变化，要对燃烧过程进行调整。如图 9-7 所示为这种方法的实验结果。

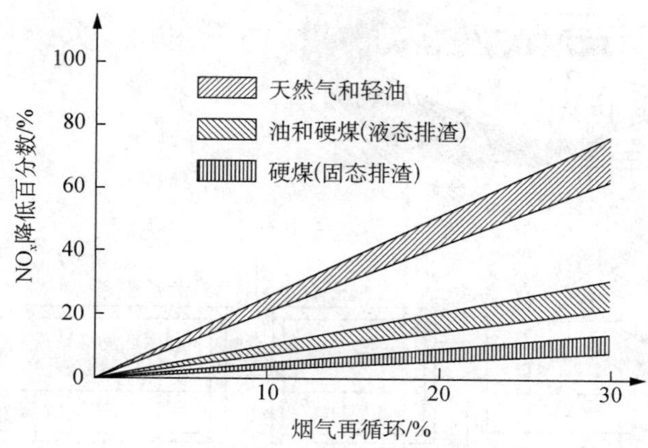

图 9-7　烟气循环燃烧对降低 NO_x 的影响

5. 两段燃烧技术

前述结果表明，较低的空气过剩系数有利于控制 NO_x 的形成。两段燃烧法就是利用该原理控制 NO_x 在两段燃烧装置中，燃料在接近理论空气量下燃烧；通常空气总需要量（一般为理论空气量的 1.1～1.3 倍）的 85%～95%与燃料一起供到燃烧器，因为富燃料条件下的不完全燃烧使第一段燃烧的烟气温度较低，此时氧量不足，NO_x 生成量很小。在燃烧装置的尾端，第二次通过空气，使得第一阶段剩余的不完全燃烧产物一氧化碳和碳氢化合物完全燃尽。此时虽然氧过剩，但由于烟气温度仍然较低，动力学上限制了 NO_x 的形成。应当指出，在低空气过剩系数下，不合理的燃料空气分布可能出现，这将导致一氧化碳和粉尘排放量增加，降低燃烧效率。

6. 部分燃烧器退出运行技术

这种方法适用于燃烧器多层布置的电站锅炉。具体做法是停止最上层或几层燃烧器的燃料供应，只送空气。所有的燃料从下面的燃烧器送入炉内，下面的燃烧器区实现富燃料燃烧，上层送入的空气形成分级送风。这种方法尤其适用于燃气、燃油锅炉而不必对燃料输送系统进行重大改造。德国把这种方法用在褐煤大机组上，效果较为理想。

（二）先进低 NO_x 燃烧技术

该技术的主要特征是空气和燃料都是分级送入炉膛，燃料分级送入可在燃烧器区的下游形成一个富集氨、碳氢化合物、HCN 的低氧还原区，燃烧产物通过此区时，已经生成的 NO_x 会部分地被还原为 N_2。

1. 空气/燃料分级低 NO_x 燃烧器

这种燃烧器的特点是在一次火焰的下游投入部分燃料（又称辅助燃料、还原燃料），形成

可使部分已生成的 NO_x 还原的二次火焰区。以下以某公司的低 NO_x 燃烧器为例，说明其原理（见图 9-8）。

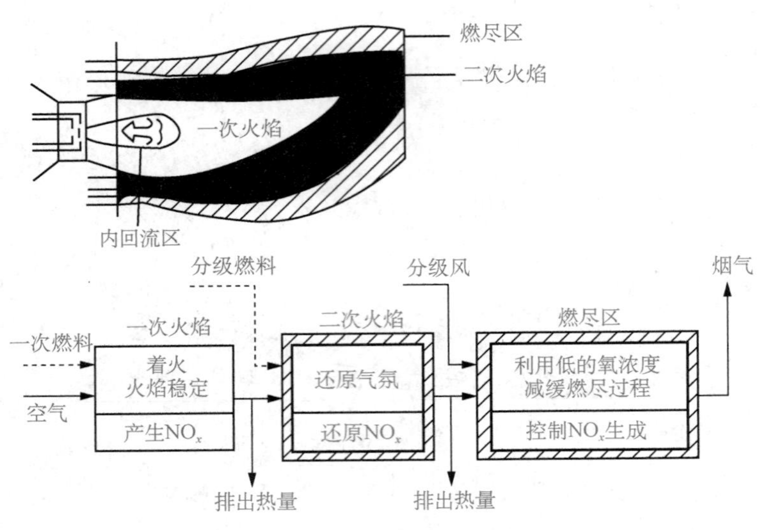

图 9-8 低 NO_x 燃烧器技术（LNB）

首先，与空气分级低 NO_x 燃烧器一样形成一次火焰，二次风的旋流作用和接近理论空气量燃烧可以保证火焰稳定性。其次，在一次火焰下游一定距离将还原燃料混入，形成二次火焰（超低氧条件）。在此区域内，已经生成的 NO_x 在 NH_3、HCN 和 CO 等原子团的作用下被还原为 N_2。最后，分级风在第三阶段送入，完成燃尽过程。

这种燃烧器的成功与否取决于以下因素：①一次火焰的扩散度；②二次火焰区的空气比例（还原燃料量）；③燃烧产物在二次火焰区的停留时间；④还原燃料的反应活性。增加还原燃料量有利于 NO_x 的还原，但还原燃料过多会使一次火焰不能维持其主导作用并产生不稳状况。最佳还原燃料比例在 20%～30%。还原燃料的反应活性会影响燃尽时间和燃烧产物在还原区的停留时间。用氮含量低、挥发分高的燃料作为还原燃料较佳。

2. 三级燃烧技术

三级燃烧又称再燃烧/炉内还原（lFNR）或 MACT 法，是直流燃烧器在炉膛内同时实施空气和燃料分级的方法（见图 9-9）。采用此技术时，炉膛内形成 3 个区域，即一次区、还原区和燃尽区。在一次区内，主燃料在稀相条件下燃烧，还原燃料投入后，形成欠氧的还原区，在高温（>1 200 ℃）和还原气氛下析出的 NH_3、HCN、碳氢化合物等原子团与来自一次区已生成的 NO_x 反应，生成 N_2。燃尽风投入后，形成燃尽区，实现燃料的完全燃烧。这种方法操作容易，费用远远低于 SCR 法，与其他先进的手段结合，可使 NO_x 排放量下降 80%左右，是目前在发达国家颇受青睐的方法。

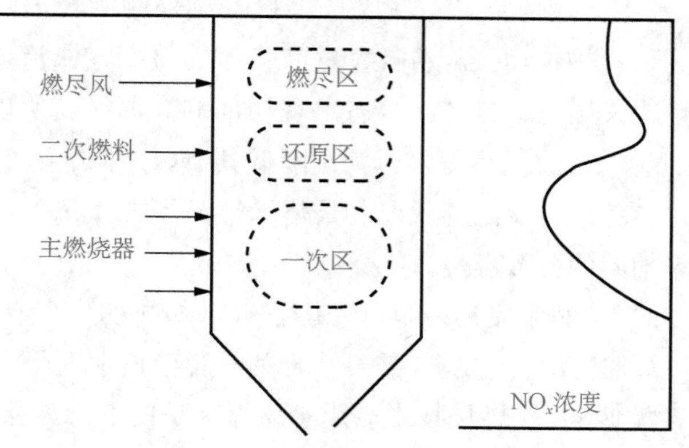

图 9-9　三级燃烧原理

3. 四角切圆低 NO_x 燃烧器

四角切圆低 NO_x 燃烧器又称角置直流低 NO_x 燃烧器，这种燃烧方式因气流在炉膛内形成一个强烈旋转的整体火焰，有利于稳定着火和强化后期混合。此外，四角切圆燃烧时，炉内火焰充满情况较好，四角水冷壁吸热量和热负荷分布较均匀，火焰峰值温度低，有利于减少 NO_x 排放。同轴的四角切圆低 NO_x 燃烧器开发于 20 世纪 80 年代初，有两种形式：一种是二次风射流轴线向水冷壁偏转一定角度，在炉内形成一次风煤粉气流在内、二次风在外的同轴同向双切圆燃烧方式——CFSⅠ，如图 9-10(a)所示；另一种是一次风煤粉气流与二次风射流方向相反的同轴反向双切圆燃烧方式——CFSⅡ，如图 9-10(b)所示。

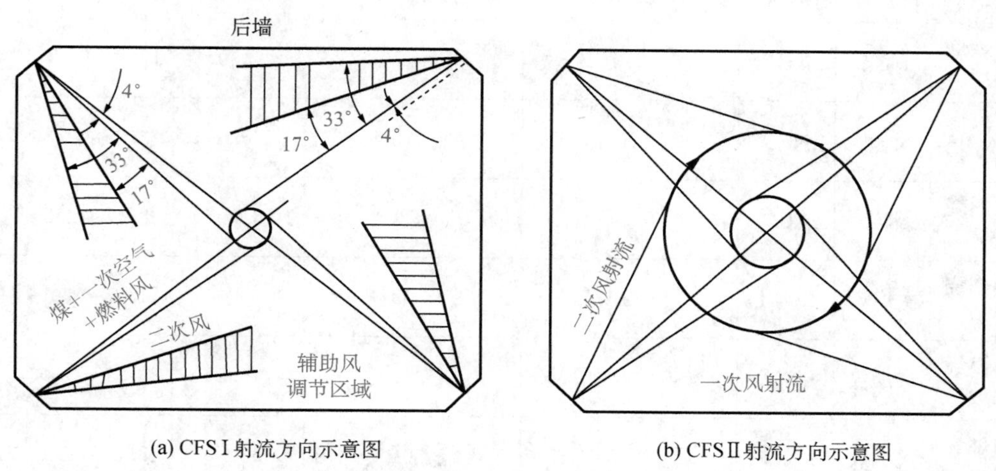

(a) CFSⅠ射流方向示意图　(b) CFSⅡ射流方向示意图

图 9-10　CFS 射流方向示意图

4. 墙式燃烧低 NO_x 燃烧器

旋流燃烧器墙式燃烧是广泛用于电站锅炉的另一种燃烧方式，它的特点是煤粉气流以直流或者旋转射流的形式进入炉膛。二次风从煤粉气流外侧旋转进入炉膛，射流的强烈旋转使两股气流进入炉膛后便强烈混合，卷吸大量已着火的热烟气回流，在着火段形成氧气过剩的强烈燃烧区，而且因火焰短、放热集中，易出现局部的高温区。所以，传统的旋流燃烧器比角置直流燃烧器的 NO_x 排放量高得多。为了降低其 NO_x 排放量，就要克服着火段一、二次风强烈混合及易形成高温、富氧区的状况。具体做法是使二次风渐次混入一次风气流，实现沿燃烧器出口、射流轴向的分级燃烧。

总体来讲，低 NO_x 燃烧技术发展较早，但其对 NO_x 减排的作用有限，在 NO_x 排放标准要求严格的地区难以单独达到排放要求，需要结合烟气脱硝技术进行 NO_x 控制。

表 9-10 总结了各类低 NO_x 燃烧技术应用于燃煤锅炉的实际效果。这些数据表明各类低 NO_x 燃烧技术组合使 NO_x 浓度平均降低了 35%～63%，低 NO_x 燃烧器可使 NO_x 的浓度降低 35%。

表 9-10　各类低 NO_x 燃烧技术应用燃煤锅炉的实际效果

锅炉类型	煤种	一次控制技术	1995 年平均基准 NO_x 排放量/[kg·$(10^9\ J)^{-1}$]	2003 年平均控制后 NO_x 排放量/[kg·$(10^9\ J)^{-1}$]	平均 NO_x 去除率/%	NO_x 去除率范围	锅炉数量
墙式锅炉	烟煤	LNB①	0.31	0.18	39.2	8.6～70.1	62
墙式锅炉	烟煤	LNBO②	0.35	0.15	53.3	32.7～71.9	16
墙式锅炉	次烟煤	LNB	0.25	0.12	45.5	19.4～80.3	16
墙式锅炉	次烟煤	LNBO	0.18	0.06	63.4	40.0～80.9	4
切向燃烧锅炉	烟煤	LNC1③	0.27	0.17	35.0	17.2～65.4	26
切向燃烧锅炉	烟煤	LNC2④	0.21	0.13	36.6	23.3～70.8	15
切向燃烧锅炉	烟煤	LNC3⑤	0.24	0.11	54.9	38.1～72.2	19
切向燃烧锅炉	次烟煤	LNC1	0.16	0.09	45.4	11.3～74.4	18
切向燃烧锅炉	次烟煤	LNC2	0.18	0.10	45.6	33.9～65.4	3
切向燃烧锅炉	次烟煤	LNC3	0.15	0.06	60.5	48.2～77.2	23

注：① LNB：低 NO_x 燃烧器。
② LNBO：低 NO_x 燃烧器＋燃尽风。
③ LNC1：强耦合式燃尽风。
④ LNC2：分离式燃尽风。
⑤ LNC3：LNB＋强耦合式燃尽风＋分离式燃尽风。

第四节 烟气脱硝技术

一、选择性非催化还原法脱硝

SNCR 是选择性非催化还原(selective non-catalytic reduction)的英文缩写,SNCR 技术是一种成熟的 NO_x 控制技术。此方法原理是,在 930～1 090 ℃下,将还原剂(一般是 NH_3 或尿素)喷入烟气中,将 NO_x 还原,生成氮气和水。如图 9-11 所示为 SNCR 工艺的原理。

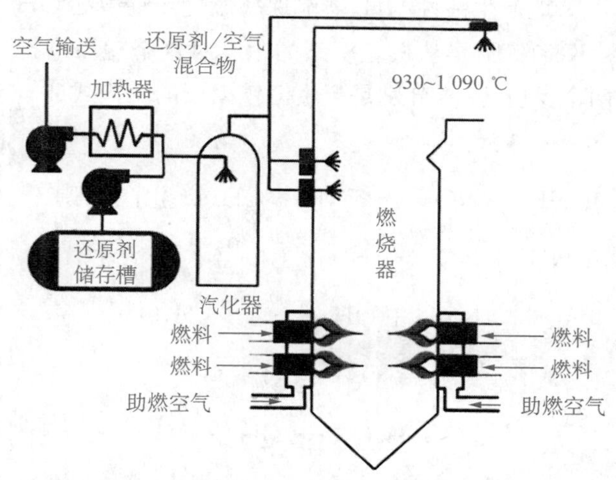

图 9-11 SNCR 工艺原理示意图

与 SCR 技术相比,SNCR 技术利用炉内的高温驱动还原剂与 NO 的选择性还原反应,因此,不需要昂贵的催化剂和体积庞大的催化塔。SNCR 相对于低 NO_x 燃烧器和 SCR 来说,初期投资低,停工安装期短,脱硝效率处于中等水平。由于受到锅炉结构形式和运行方式的影响,SNCR 技术的脱硝性能变化比较大,据统计,脱硝率在 30%～75%。此外,由于 SNCR 成本较低,改造方便,适宜协同应用其他低 NO_x 技术,在捷克、韩国等国家和地区都有发展应用。

(一) SNCR 反应机理

关于 NH_3—NO 高温非催化还原反应机理,国内外的研究人员做了很多的研究工作,这些研究得出了几个基础结论。

1. NH_3—NO 反应

NH_3—NO 反应是自维持的，而且需要氧气参与。NH_3—NO 反应中最关键的一步是初始的 NH_3 与 OH 反应生成 NH_2 的反应：

$$NH_3 + OH \longrightarrow NH_2 + H_2O \tag{9-33}$$

$$NH_3 + O \longrightarrow NH_2 + OH \tag{9-34}$$

NH_3 与 NO 直接反应的活化能是很大的，反应式(9-33)、反应式(9-34)能将 NH_3 转化成容易反应的 NH_2，因此，这个反应在 NO—NH_3—O_2 反应系统中是至关重要的一步。从反应式中可以看出，作为 SNCR 反应的启动因子，反应系统中 OH 的浓度对 SNCR 脱硝反应来说是至关重要的。它的重要性反映在 NH_3 选择性还原 NO 反应的“温度窗口”上，只有在一定的温度区间，OH 活性根的浓度比较适宜，选择性脱硝反应才能有效进行。但是随着反应式(9-33)的进行，OH 浓度会降低。因此，NH_3—NO 反应必须是能自维持的反应，也就是说能在反应过程中连续不断地产生活性 OH，才能保持燃烧产物中的 OH 不被消耗殆尽。萨利米娜和凯(Salimian & Kee)等最早从机理模型的角度对这个现象进行研究。按照其提出的模型，NH_2 与 NO 有两个反应途径，分别是产生链锁因子的反应式(9-35)和不产生链锁因子的反应式(9-36)。

$$NH_2 + NO \longrightarrow NNH + OH\text{(产生活性根)} \tag{9-35}$$

$$NH_2 + NO \longrightarrow N_2 + H_2O\text{(不产生活性根)} \tag{9-36}$$

$$NNH + OH \longrightarrow N_2 + H_2O \tag{9-37}$$

$$H + O_2 \longrightarrow O + OH \tag{9-38}$$

$$O + H_2O \longrightarrow OH + OH \tag{9-39}$$

如果缺少链锁因子，NH_3 +NO 的自维持反应就无法继续，因此，这两个反应途径的相对速率决定了脱硝反应进行的程度。同时，NNH 分解后可以再通过反应式(9-38)和反应式(9-39)生成 3 个 OH。根据反应式(9-38)可以看出，产生的 OH 链锁因子的反应过程是需要氧气参与的。这个结论已经多次被实验结果证明。

2. NH_3—NO 脱硝反应

NH_3—NO 脱硝的反应只能在 1 250 K 左右的温度发生，加入添加剂(如 H_2、H_2O_2、CO 和 H_2O 等)可以使脱硝反应的“温度窗口”有所移动，但其宽度基本不变。

NH_3—NO 反应的温度依赖性可以从 NH_2 的反应机理上来解释。生成的 NH_2 会沿还原和氧化两条反应路径进行。还原反应在较低温度下占主导，而氧化反应在高温下影响更大。还原反应主要依赖自维持的反应路径，即反应式(9-35)。氧化反应主要是 NH_2 与 OH 反应生成 NH，NH 通过生成 HNO 而最终转化成 NO。

$$NH_2 + OH \longrightarrow NH + H_2O$$

可见，NH_2 的氧化反应路径产生 NO。因此，当温度超过 1 250 K 左右时，相对于还原反应路径来说，氧化反应路径的重要性增加，NO 会逐渐增加。两条反应路径的相互竞争就会使得脱硝率在某个最佳温度（T_{opt}）时达到最大值。

添加剂可以使 NH_3—NO 反应的温度窗口向低温方向移动。最初研究的添加剂是燃烧产物中常见的碳氢化合物，如 H_2、H_2O_2、CO、H_2O 等。同样，可以从脱硝反应温度窗口的形成机理来解释这些添加剂对温度窗口的作用。从上述分析可知，产生活性 OH 的反应式(9-35)是低温下 NH_3—NO 反应启动的关键一步。但如果反应物中含有 H_2，OH 就可以通过逆反应、反应式(9-38)和反应式(9-39)得到积累，反应即可在较低温度下进行。同时，由于 H_2 导致 OH 浓度升高，在较低的温度下就达到不添加 H_2 时的 OH 浓度水平。氧化路径与还原路径的竞争会在较低温度下进行，使得 NO 浓度在较低的温度下重新上升。由于添加剂的作用只是简单地在各个温度下增加 OH 的浓度，所以在温度窗口向低温移动的同时，其宽度并不变。

其他添加剂的作用和 H_2 类似，如 H_2O_2 是反应式(9-40)产生 OH：

$$H_2O_2 + M \longrightarrow OH + OH + M \tag{9-40}$$

而 CO 则通过反应式(9-41)产生 H：

$$CO + OH \longrightarrow CO_2 + H \tag{9-41}$$

产生的 H 继续通过反应式(9-35)和反应式(9-39)产生更多的活性 OH。

因此，从上述分析可以得知，NH_3^- NO 反应中加入可以产生活性 OH 的添加剂，可以使 NH_3^- NO 反应的温度窗口向低温移动。

3. 反应是非爆炸性的

反应是非爆炸性的，反应时间在 100 ms 左右。有学者对 NH_3—NO 高温非催化还原反应进行系统研究①，他们的均相流反应器实验在 982 ℃下进行，反应停留时间为0.075 s。在 NH_3—NO_x 比小于 1～5 的情况下，达到了 95%左右的脱硝率。机理实验也清楚表明，尽管反应的程度不尽相同，反应时间为 0.039～0.227 s 时，NH_3 和 NO 的还原反应都能比较有效地进行。

（二）SNCR 脱硝过程的影响因素

SNCR 脱硝的基本原理已经被大家熟知，但在实际应用过程中存在许多影响脱硝率的因素。需要考虑的主要因素如下。

1. 还原剂的喷入点

还原剂的喷入点必须保证还原剂进入炉膛内适宜的反应温度区间(870～1 205 ℃)。温

---

① Lyon R K. The NH_3—NO—O_2 reaction[J]. International Journal of Chemical Kinetics, 1976, 8(2): 315-318.

度过高，还原剂容易被氧化成 NO_x，烟气中的 NO_x 含量不但不会减少，反而有所增加；温度过低，则反应不充分造成还原剂的流失，最终腐蚀和堵塞下游设备。同时，流失的还原剂还会造成新的污染。

2. NH_3—NO_x 物质的量比

NH_3—NO_x 物质的量比对脱硝效率的影响也很大。由化学反应方程式可知，NH_3—NO_x 物质的量比理论值应该为 1。但高桥(Takahashi)等的流反应器实验结果表明，加入的 NH_3 初始浓度升高，脱硝效果增强，在 NH_3—NO_x 物质的量比为 1.83 时，脱硝率达到 80%，而脱硝率-温度图线的形状基本不变，脱硝的最佳温度 T_{opt} 基本恒定在 950 ℃左右。与此同时，也有研究人员认为在理想的情况下，温度在 1 200～1 300 K，氧浓度合适，混合充分时存在一个最低的 NO_x 浓度。无论 NH_3—NO_x 物质的量比如何增大，最终的 NO 浓度都不会低于这个最低的 NO_x 浓度。卢卡斯和布朗(Lucas & Brown)的实验中，贫燃油炉生成的尾气气流在反应器中的停留时间短(仅为 40 ms)，因此，他们的实验使用的 NH_3—NO_x 物质的量比从 0.4 上升到 4.4，脱硝率持续上升。他们的实验结果表明，在不同的过量空气系数下，温度窗口(最佳脱硝温度)随着 NH_3—NO_x 比的提高而向高温方向移动。

3. 还原剂类型

卡顿(Caton)等研究了氨、尿素、氰尿酸(异氰酸)3 种不同的还原剂的脱硝过程，发现 3 种还原剂在不同的氧量和温度下还原 NO 的特性不一样，氨的合适反应温度最低，异氨酸的合适反应温度最高，氨、尿素、氰尿酸 3 种还原剂分别在 1%、5%和 12%的氧量下脱硝效果最好。同时，卡顿还发现尿素在热解过程中等量地生成 NH_3 和 HCN，因此，尿素的脱硝过程应该是氰尿酸和氨的组合。虽然不同氮还原剂的反应机理各有不同，但是其脱硝过程的主要特性是相似的。

4. 停留时间

多数的研究者认为，NH_3 和 NO_x 发生的高温选择性非催化还原反应时间量级为 0.1s。反应在 0.3 s 左右就进行到一个比较高的水平。实验发现，停留时间在 0.039～0.227 s 时，脱硝率随着停留时间的上升而上升，在低温区这一现象十分明显；但在高温区，由于反应速率加快，不同的停留时间下 SNCR 反应的差别并不大，脱硝率温度曲线基本重合。卡顿等在高氧浓度下对停留时间 t 的影响做了研究，他们的实验表明，停留时间的增加使脱硝的最佳温度 T_{opt} 下降。

5. 还原剂和烟气混合程度

喷入的 SNCR 氮还原剂必须与 NO_x 混合才能发挥比较好的选择性还原 NO_x 的效果，但是如果混合时间太长或者混合不充分，就会降低反应的选择性。因为局部的 NO_x 浓度低，过量的氨等物质会与氧气发生反应，还原剂的效率降低，整体脱硝率也会降低。

二、SCR 技术原理

选择性催化还原法(selective catalytic reduction, SCR)是目前国际上应用最为广泛的烟

气脱硝技术。该方法主要采用氨(NH_3)作为还原剂，将 NO_x 选择性地还原成 N_2。其具有无副产物、不形成二次污染、装置结构简单、脱除效率高(可达 90%以上)、运行可靠、便于维护等优点。NH_3 具有较高的选择性，在一定温度范围内，在催化剂的作用和氧气存在的条件下，NH_3 优先和 NO_x 发生还原脱除反应，生成 N_2 和水，而不和烟气中的氧进行氧化反应，因而比无选择性的还原剂脱硝效果好。当采用催化剂来促进 NH_3 和 NO_x 的还原反应时，其反应温度操作窗口取决于所选用催化剂的种类。根据所采用的催化剂的不同，催化反应器应布置在局部烟道中相应温度的位置。

在没有催化剂的情况下，上述化学反应只在很高的温度范围内(980 ℃左右)进行，采用催化剂时反应温度可控制在 300～400 ℃进行，相当于锅炉省煤器与空气预热器之间的烟气温度。上述反应为放热反应，由于 NO_x 在烟气中浓度较低，故反应引起催化剂温度的升高可以忽略。

在我国，大多数电厂已经安装了脱硫装置，基本满足了 SO_2 排放的标准，但在 NO_x 排放的控制技术上还远远落后于世界先进国家。随着人们对环境污染治理的重视和一些高新技术的开发应用，必然会有更多的新技术应用到 NO_x 的治理工作中。在国家颁布的最新排放标准中，对电站 NO_x 排放有了严格的规定：燃煤火电厂的 NO_x 最高允许排放浓度为 100 mg/m^3。随着国民对环境保护的日益重视，寻找有效且经济的脱氮方法也就成了我们面临的新的挑战。就目前国内电站脱氮技术而言，如果简单依靠低 NO_x 燃烧技术降低排放，其控制过程受到各个方面条件的制约，脱硝效率很低，远远不能达到排放标准。国内有近 2 亿千瓦的装机容量，并且大多数为燃煤机组，达成控制 NO_x 排放的任务十分艰巨。借鉴国外烟气脱氮 SCR 法的运行经验和结果，在我国燃煤电厂使用 SCR 法控制 NO_x 排放是切实可行的。

目前，工业上主要使用氨作为还原剂对含 NO_x 的气体进行处理，这是在一定的温度范围内，使氨能有效地将气体中的 NO_x 还原，而不和氧发生反应的方法。这样反应中可以不必消耗大量的氧，使得催化剂床与出口气体温度较低。SCR 脱硝装置具有结构简单、脱硝效率高、运行可靠、便于维护等优点，广泛应用于工业催化中。随着 SCR 技术的日益推广、SCR 催化剂性能的改进和反应操作条件的优化，SCR 技术将日趋成熟。

(一) SCR 反应原理

SCR 是还原剂在催化剂作用下选择性地将 NO_x 还原为 N_2 的方法。对于固定源脱硝来说，主要采用的方法是向温度为 280～420 ℃的烟气中喷入尿素或氨，将 NO_x 还原为 N_2 和 H_2O。

如果采用尿素做还原剂，首先要发生水解反应：

$$NH_2-CO-NH_2 \longrightarrow NH_3+HNCO(\text{异烟酸}) \tag{9-42}$$

$$HNCO+H_2O \longrightarrow NH_3+CO_2 \tag{9-43}$$

NH_3 选择性还原 NO_x 的主要反应式如下：

$$4NH_3 + 4NO + O_2 \longrightarrow 4N_2 + 6H_2O \tag{9-44}$$

$$8NH_3 + 6NO_2 = 7N_2 + 12H_2O \tag{9-45}$$

除了发生以上反应外，在实际过程中随着烟气温度升高还存在如下副反应：

$$4NH_3 + 3O_2 \longrightarrow 2N_2 + 6H_2O(> 350\ ℃) \tag{9-46}$$

$$4NH_3 + 5O_2 \longrightarrow 4NO + 6H_2O(> 350℃) \tag{9-47}$$

$$4NH_3 + 4O_2 \longrightarrow 2N_2O + 6H_2O(> 350℃) \tag{9-48}$$

$$2NH_3 + 2NO_2 \longrightarrow N_2O + N_2 + 3H_2O \tag{9-49}$$

$$3NH_3 + 4NO_2 \longrightarrow 3\frac{1}{2}N_2O + 4\frac{1}{2}H_2O \tag{9-50}$$

$$4NH_3 + 4NO + O_2 \longrightarrow 4N_2O + 6H_2O \tag{9-51}$$

$$4NH_3 + 4NO + 3O_2 \longrightarrow 4N_2O + N_2 + 6H_2O \tag{9-52}$$

$$2NH_3 \longrightarrow N_2 + 3H_2 \tag{9-53}$$

在 SO_2 和 H_2O 存在条件下，SCR 系统也会在催化剂表面发生如下不利反应：

$$SO_2 + \frac{1}{2}O_2 \longrightarrow SO_3 \tag{9-54}$$

$$NH_3 + SO_3 + H_2O \longrightarrow NH_4HSO_4 \tag{9-55}$$

反应中形成的 $(NH_4)_2SO_4$ 和 NH_4HSO_4 很容易沾污空气预热器，对空气预热器损害很大。在催化反应时，氮氧化物被还原的程度依赖于所用的催化剂、反应温度和气体空速。

催化剂一般由基材、载体和活性成分组成。基材是催化剂形状的骨架，主要由钢或陶瓷构成；载体用于承载活性金属，现在很多蜂窝状催化剂则把载体材料本身作为基材制成蜂窝状；活性成分一般有 V_2O_5、WO_3、MoO_3 等。

在采用选择性催化还原法时，其流程要求的温度范围比非选择性催化还原要严格得多。如温度过高时，氮氧化可进一步进行，甚至可生成一些 NO_x；当温度偏低时，会生成一些硝酸铵与亚硝酸铵粉尘或白色烟雾，并可能堵塞管道或引起爆炸。因此，需要通过使用适当的催化剂，使主反应在 200～450 ℃的温度范围内有效进行。反应时，排放气体中的 NO_x 和注入的 NH_3 几乎以 1∶1 的物质的量之比进行反应，可以得到 80%～90%的脱硝率。NH_3—SCR 法去除 NO_x 的基本原理如图 9-12 所示。

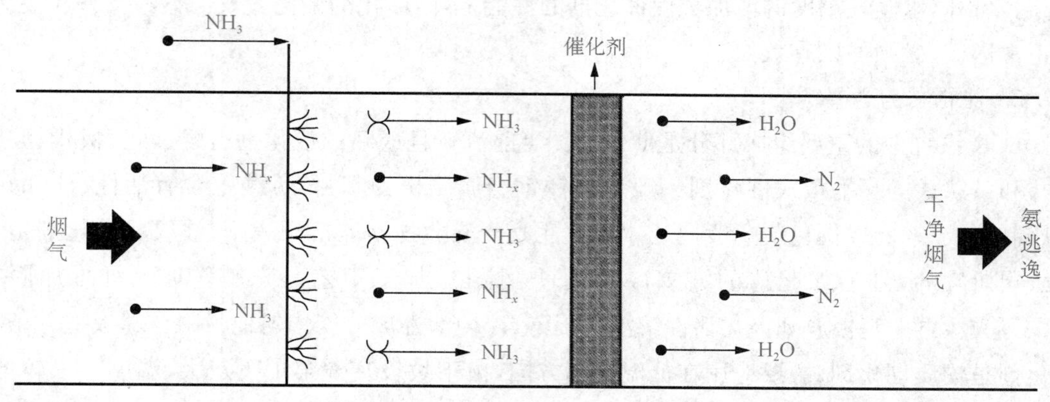

图 9-12 NH_3—SCR 法脱硝基本原理

1. SCR 反应主要影响因素

催化剂活性直接决定脱硝反应进行的程度，是影响脱硝性能最重要的因素。目前，广泛应用的 SCR 催化剂大多是以 TiO_2 为载体，以 V_2O_5 或 V_2O_5—WO_3、V_2O_5—MoO_3 为活性成分组成的蜂窝状催化剂。催化剂活性丧失主要有催化剂中毒、烧结、冲蚀和堵塞等现象。典型的 SCR 催化剂中毒主要是由砷、碱金属、金属氧化物等引起的催化剂中毒。

在 SCR 系统设计中，为保持催化剂活性和整个 SCR 系统的高效运转，最重要的运行参数包括烟气温度、烟气流速、氧气浓度、SO_2/SO_3 浓度、水蒸气浓度、钝化影响和氨逃逸等。

烟气温度是选择催化剂的重要运行参数，催化反应只能在一定的温度范围内进行，同时还存在催化的最佳温度（这是每种催化剂特有的性质），因而烟气温度会直接影响反应的进程。

烟气的流速直接影响 NH_3 与 NO_x 的混合程度，需要设计合理的流速以保证 NH_3 与 NO_x 充分混合而使反应充分进行。同时，反应需要氧气的参与，但氧浓度不能过高，一般控制在 2%～3%。

在脱硝系统运行过程中，烟气中会有部分 SO_2 氧化成 SO_3，SO_3 在省煤器段形成硫酸蒸气，在空气预热器冷端 177～232 ℃浓缩成酸雾，腐蚀受热面；泄露的 NH_3 与烟气中 SO_3 在 SCR 催化剂中 V_2O_5 的催化作用下发生反应，生成难以清除且具有黏性沉积的铵盐，从而造成空气预热器的腐蚀及堵塞；SO_3 的泄露还会使烟气露点温度升高，提高排烟温度，降低锅炉热效率；SO_3 产生的蓝羽降低了排烟透明度，而且 SO_3 在排烟时若水蒸气含量较高，则会转化为硫酸，直接形成酸雨。所以，需要严格控制 SO_2/SO_3 浓度。

氨逃逸是影响 SCR 系统运行的另一个重要参数，实际生产中通常被喷射进系统的氨多于理论量，反应后在烟气下游多余的氨称为氨逃逸。NO_x 脱除效率随着氨逃逸量的增加而提高。另外,水蒸气浓度的增加会使催化剂的性能下降,催化剂钝化失效也不利于 SCR 系统的正常运行,必须加以有效控制。

2. 催化剂的选择

SCR 系统中的重要组成部分是催化剂。当前流行且成熟的催化剂有蜂窝式、板式、波纹状式和条状式等。平板式催化剂一般以不锈钢金属网格为基材,负载上含有活性成分的载体压制而成;蜂窝式催化剂一般把载体和活性成分混合物整体挤压成型;波纹状催化剂是丹麦公司研发的,外形如起伏的波纹,从而形成小孔。加工工艺是先制作玻璃纤维加固的 TiO_2 基板,再把基板放到催化活性溶液中浸泡,以使活性成分能均匀地吸附在基板上。条状催化剂是均质催化剂,主要应用在低温脱硝方向,由于垃圾焚烧窑炉飞灰大,温度要求较低,所以条状催化剂在国内外大型垃圾焚烧场都有所应用。各种催化剂活性成分均为 WO_3 和 V_2O_5。

3. 还原剂的选择

在 SCR 系统中,靠氨与 NO_x 反应达到脱硝的目的。稳定、可靠的氨系统在整个 SCR 系统中是不可或缺的。制氨一般有尿素、纯氨、氨水 3 种方法。

(1) 尿素法。典型的用尿素制氨的方法为即需制氨法(ammonia on demand, AOD)。运输卡车把尿素卸到卸料仓,干尿素被直接从卸料仓送入混合罐。尿素在混合罐中和水被搅拌器搅拌,以确保尿素的完全溶解,然后用循环泵将溶液抽出来。此过程不断重复,以维持尿素溶液存储罐的液位。从存储罐里出来的溶液在进入水解槽之前要过滤,并要送入热交换器吸收热量。在水解槽中,尿素溶液首先通过蒸汽预热器加热到反应温度,然后与水反应生成氨和二氧化碳。

尿素法安全无害,但系统复杂、设备占地大、初始投资大,大量尿素的存储还存在潮解问题。

(2) 纯氨法。液氨由槽车运送到液氨贮槽,液氨贮槽输出的液氨在 NH_3 蒸发器内经 40 ℃左右的温水蒸发为 NH_3,并将 NH_3 加热至常温后,送到 NH_3 缓冲槽备用。缓冲槽的 NH_3 经调压阀减压后,送入各机组的 NH_3/空气混合器中,与来自送风机的空气充分混合后,通过喷氨格栅(AIG)之喷嘴喷入烟气,与烟气混合后进入 SCR 催化反应器。纯氨属于易燃易爆物品,必须有严格的安全保障和防火措施,其运输、存储涉及国家和地方的法规及劳动卫生标准。

(3) 氨水法。通常将 25%的氨水溶液(20%～30%)置于存储罐中,然后通过加热装置使其蒸发,形成 NH_3 和水蒸气,可以采用接触式蒸发器和喷淋式蒸发器。氨水法较纯氨法更为安全,但其运输体积大,运输成本较纯氨法高。

上述 3 种物质消耗的比例为纯氨∶氨水(25%)∶尿素=1∶4∶1.9。3 种制氨方法的比较如表 9-11 所示。

表 9-11 3 种制氨方法的比较

项目	纯氨	氨水	尿素
反应剂费用	便宜	较贵	最贵
运输费用	便宜	贵	便宜
安全性	有毒	有害	无害
储存条件	高压	常规大气压	常规大气压，固态（加热，干燥空气）
储存方式	液压（箱装）	液态（箱罐）	微粒状（料仓）
初投资费用	便宜	贵	贵
运行费用	便宜，需要热量蒸发液氨	贵，需要高热量蒸发蒸馏水和氨	贵，需要高热量水解尿素和蒸发氨
设备安全要求	有法律规定	需要	基本上不需要

由表 9-11 可见，使用尿素制氨的方法最安全，但投资、运行总费用最高；纯氨的运行、投资费用最低，但安全性要求较高；氨水介于两者之间。

对于单机容量为 600 MW 的燃煤机组，在省煤器出口 NO_x 浓度（标）为 500 mg/m^3，脱硝率为 80%的情况下，脱硝剂耗量大致如下：纯氨为 300 kg/h，氨水为 1 100 kg/h，尿素为 500 kg/h。

（二）SCR 工艺流程

SCR 系统包括催化剂反应室、氨储运系统、氨喷射系统及相关的测试控制系统。SCR 工艺的核心装置是脱硝反应器，水平和垂直气流的两种布置方式如图 9-13 所示。在燃煤锅炉中，烟气中的含尘量很高，因而一般采用垂直气流方式。

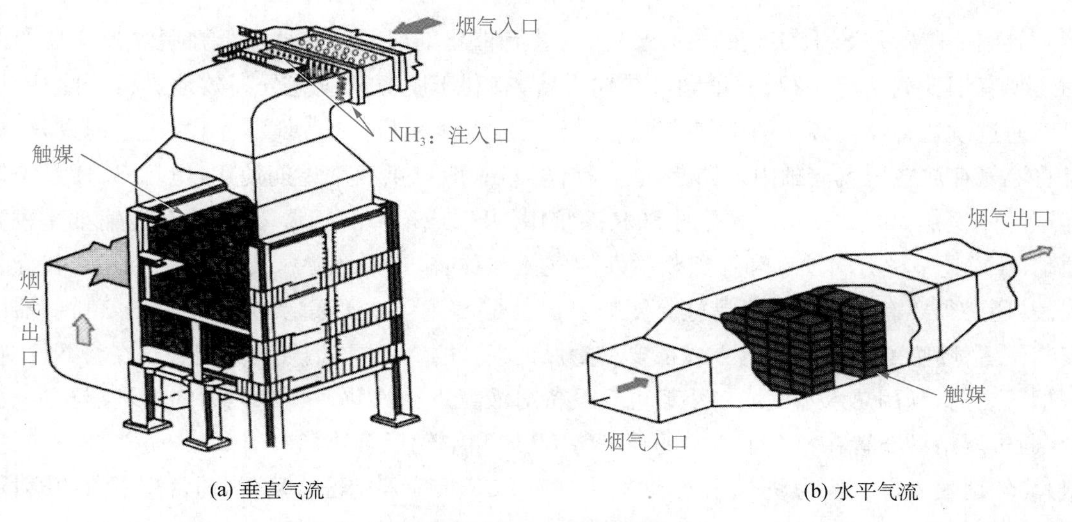

图 9-13 反应器布置方式

选择性催化还原脱硝系统主要包括脱硝反应器、还原剂储存及供应系统、氨喷射器、控制系统 4 个部分(见图 9-14)。

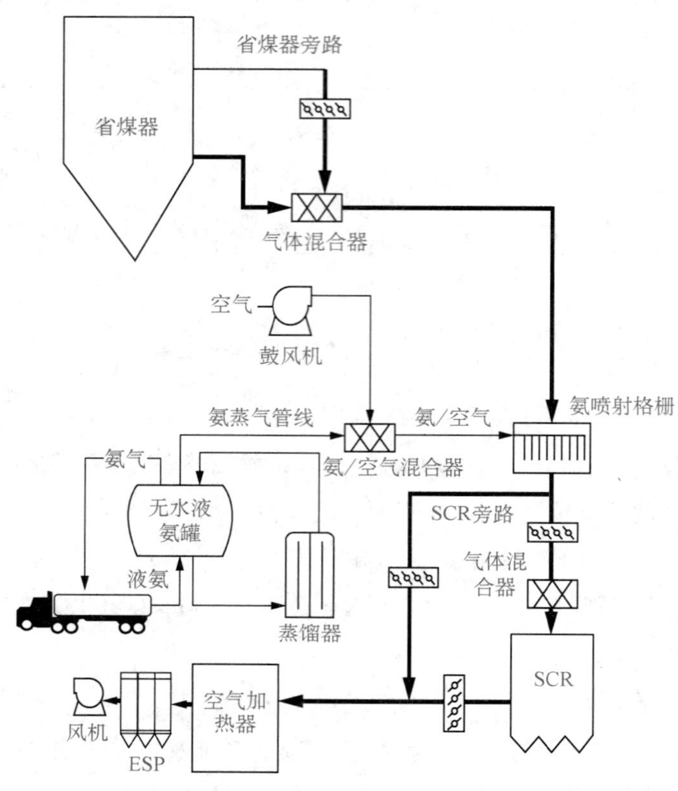

图 9-14 SCR 系统示意图

脱硝反应器是 SCR 工艺的核心装置，内装有催化剂以及吹灰器等。在脱氮反应器的前面还装有烟气流动转向阀、矫正阀等导向设备，有利于脱氮反应充分高效地进行。此外，还可以通过改变省煤器旁路的烟气流量来调节反应温度。目前应用最广泛的还原剂是氨，通常将液氨存放在压力储罐内。储存罐的设计容量一般可供两个星期使用，电厂 SCR 系统储存罐的体积在 50～200 m^3，也有的 SCR 系统用 NH_3 或稀释的氨水，其存放和运输都比较方便。NH_3 是一种有腐蚀性和强烈刺激性的气体，氨的输送系统除了要有必需的阀门和计量仪表，还必须要有相应的安全措施。氨喷射器也是 SCR 系统的重要组成之一。氨喷射器的安装位置、喷嘴的结构与布置方式都要尽量保证喷入的 NH_3 与烟气充分混合。在将 NH_3 喷入烟气之前，利用热水蒸气或者小型电气设备对液氨进行汽化。将汽化后的 NH_3 与空气混合，通过网格型布置在整个烟道中的喷嘴将 NH_3 和空气混合物(95%～98%空气、2%～5%氨)均匀地喷入烟气。为使 NH_3 与烟气在进入 SCR 反应器前混合均匀，通常将 NH_3 喷射位置选在催化剂上游较远的地方，另外还往往通过设置导流板强化混合程度。SCR 控制系统

根据在线采集的系统数据，对 SCR 反应器中的烟气温度、还原剂注入量、吹灰进行自动控制。例如，根据烟气在反应器入口处 NO_x 的分布、控制系统可以分别调整每一个喷嘴的喷射量，以达到最佳的反应条件。

三、吸收法净化烟气中的 NO_x

氮氧化物能够被水、氢氧化物和碳酸盐溶液、硫酸、有机溶液等吸收。当用碱溶液如 NaOH 或 $Mg(OH)_2$ 吸收 NO_x 时，欲完全去除 NO_x，必须首先将一半以上的 NO 氧化为 NO_2，或者向气流中添加 NO_2。当 NO 与 NO_2 体积比等于 1 时，吸收效果最佳。电厂用碱溶液脱硫的过程已经证明，NO_x 可以被碱溶液吸收。在烟气进入洗涤器之前，烟气中的 NO 约有 10%被氧化为 NO_2，洗涤器大约可以去除总氮氧化物的 20%，即等物质的量的 NO 和 NO_2。碱溶液吸收 NO_x 的反应过程可以简单地表示如下：

$$2NO_2 + 2MOH \longrightarrow MNO_3 + MNO_2 + H_2O$$

$$NO + NO_2 + 2MOH \longrightarrow 2MNO_2 + H_2O$$

$$2NO_2 + Na_2CO_3 \longrightarrow NaNO_3 + NaNO_2 + CO_2$$

$$NO + NO_2 + Na_2CO_3 \longrightarrow NaNO_3 + NaNO_2 + CO_2$$

其中：M 可为 K^+、Na^+、Ca^{2+}、Mg^{2+}、NH^{4+} 等阳离子。

用强硫酸吸收氮氧化物已广为人知，其生成物为对紫光谱敏感的 H_2SO_4、NO 和亚硝基硫酸 $NOHSO_4$，$NOHSO_4$ 在浓酸中是非常稳定的。反应式如下：

$$NO_2 + NO + 2H_2SO_4 \longrightarrow 2NOHSO_3 + H_2O$$

烟气中的所有水分都会被酸吸收，吸收后的水将会使上述反应向左移动。为减少水的不良影响，系统可在较高温度下（>115 ℃）操作，以使溶液中水的蒸气压等于烟气中水的分压。

此外，熔融碱类或碱性盐也可作为吸收剂净化含 NO_x 的尾气。

四、吸附法净化烟气中的 NO_x

吸附法既能比较彻底地消除 NO_x 的污染，又能将 NO_x 回收利用。常用的吸附剂为活性炭、分子筛、硅胶、含氨泥煤等。

过去已经广泛研究了利用活性炭吸附氮氧化物的可能性。与其他材料相比，活性炭具有吸附速率高和吸附容量大等优点，但是再生是个大问题。由于大多数烟气中有氧存在，防止活性炭材料着火或爆炸是另一个困难。

氧化锰和碱化的氧化亚铁表现出了技术上的潜力，但吸附剂的磨损是主要的技术障碍，离实际应用尚有较大距离。

最近，正在开发氮氧化物和二氧化硫联合控制技术。例如，美国匹兹堡能源技术中心采用浸渍了碳酸钠的 γ—Al_2O_3 圆球作为吸附剂同时去除烟气中的氮氧化物和二氧化硫，处理过程包括吸附、再生等步骤，主要反应过程可表示如下：

$$Na_2CO_3 + Al_2O_3 \longrightarrow 2NaAlO_2 + CO_2$$

$$2NaAlO_2 + H_2O \longrightarrow 2NaOH + Al_2O_3$$

$$2NaOH + SO_2 + 0.5O_2 \longrightarrow Na_2SO_4 + H_2O$$

$$2NaOH + 2NO + 1.5O_2 \longrightarrow 2NaNO_3 + H_2O$$

$$2NaOH + 2NO_2 + 0.5O_2 \longrightarrow 2NaNO_3 + H_2O$$

采用天然气、一氧化碳可以对吸附剂进行再生，再生反应如下：

$$4Na_2SO_4 + CH_4 \longrightarrow 4Na_2SO_3 + CO_2 + 2H_2O$$

$$4Na_2SO_4 + 3CH_4 \longrightarrow 4Na_2S + 3CO_2 + 6H_2O$$

$$Na_2SO_3 + Al_2O_3 \longrightarrow 2NaAlO_2 + SO_2$$

$$Na_2S + Al_2O_3 + H_2O \longrightarrow 2NaAlO_2 + H_2S$$

该技术对烟气中二氧化硫的去除率达 90%，氮氧化物的去除率达 70%～90%，但需要大量吸附剂，设备庞大，投资大，运行动力消耗也大。

第五节　烟气同时脱硫脱硝技术

烟气同时脱硫脱硝技术目前大多处于研究和工业示范阶段，但由于其在一套系统中能同时实现脱硫和脱硝，特别是随着 NO_x 控制标准的不断严格化，同时脱硫脱硝技术正受到各国的日益重视。烟气同时脱硫脱硝技术主要有 3 类：第一类是烟气脱硫和烟气脱硝的组合技术；第二类是利用吸附剂同时脱除 SO_x 和 NO_x；第三类是对现有的烟气脱硫（flue gas desulfurization，FGD）系统进行改造（如在脱硫液中投加脱硝剂等），增加脱硝功能。本节介绍几种主要脱硫脱硝技术的原理和工艺。

一、电子束法

电子束法脱硫是一种脱硫新工艺，经过 20 多年的研究开发，已从小试、中试和工业示范逐步走向工业化。其主要特点是：过程为干法，不产生废水废渣；能同时脱硫脱硝，可达到 90%以上的脱硫率和 80%以上的脱硝率；系统简单，操作方便，过程易于控制；对于不同含硫量的烟气

和烟气量的变化有较好的适应性和负荷跟踪性；副产品为硫酸铵和硝酸铵混合物，可用作化肥。

如图 9-15 所示为电子束法烟气脱硫的工艺流程。锅炉烟气经除尘后进入冷却塔，在塔中由喷雾水冷却到 65～70 ℃。在烟气进入反应器之前，按化学计量数注入相应的氨气。在反应器内，烟气经受高能电子束照射，烟气中的 N_2、O_2 和水蒸气等发生辐射反应，生成大量的离子、自由基、原子、电子和各种激发态的原子、分子等活性物质，它们将烟气中的 SO_2 和 NO_x 氧化为 SO_3 和 NO_2。这些高价的硫氧化物和氮氧化物与水蒸气反应，生成雾状的硫酸和硝酸，这些酸再与事先注入反应器的氨反应，生成硫酸铵和硝酸铵。最后用电除尘器收集气溶胶状的硫酸铵和硝酸铵，净化后的烟气经烟囱排放，副产品经造粒处理后可作为化肥销售。

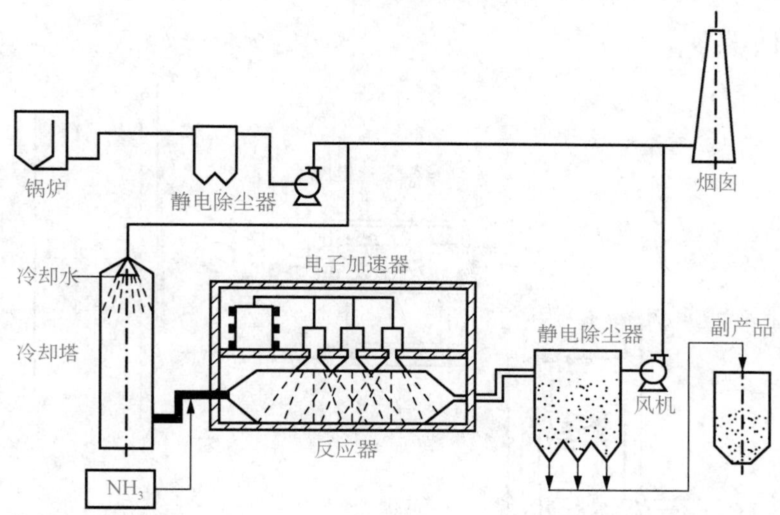

图 9-15　电子束烟气处理流程图

反应器中的主要反应过程如下所述。

(1) 自由基生成：

$$N_2, O_2, H_2O + e^- \longrightarrow OH^*, O^*, HO_2^*, N^*$$

(2) SO_2 氧化并生成 H_2SO_4：

$$SO_2 \xrightarrow{O^*} SO_3 \xrightarrow{H_2O} H_2SO_4$$

$$SO_2 \xrightarrow{OH^*} HSO_3^* \xrightarrow{OH^*} H_2SO_4$$

(3) NO_x 氧化并生成硝酸：

$$NO \xrightarrow{O^*} NO_2 \xrightarrow{OH^*} HNO_3$$

$$NO \xrightarrow{HO_2^*} NO_2 + OH^* \longrightarrow HNO_3$$

(4) 酸与氨反应生成硫酸铵和硝酸铵：

$$H_2SO_4 + 2NH_3 \longrightarrow (NH_4)_2SO_4$$

$$HNO_3 + NH_3 \longrightarrow NH_4NO_3$$

脱硫系统的关键设备是电子束发生装置。如图 9-16 所示为电子束发生装置示意图。电子束发生装置由发生电子束的直流高压电源、电子加速器及窗箔冷却装置组成。电子在高真空的加速管里通过高电压加速，加速后的电子通过保持高真空的扫描管透射过一次窗箔及二次窗箔(均为 30～50 μm 的金属箔)照射烟气。窗箔冷却装置由窗箔间喷射空气进行冷却，控制因电子束透过的能量损失引起的窗箔温度的上升。

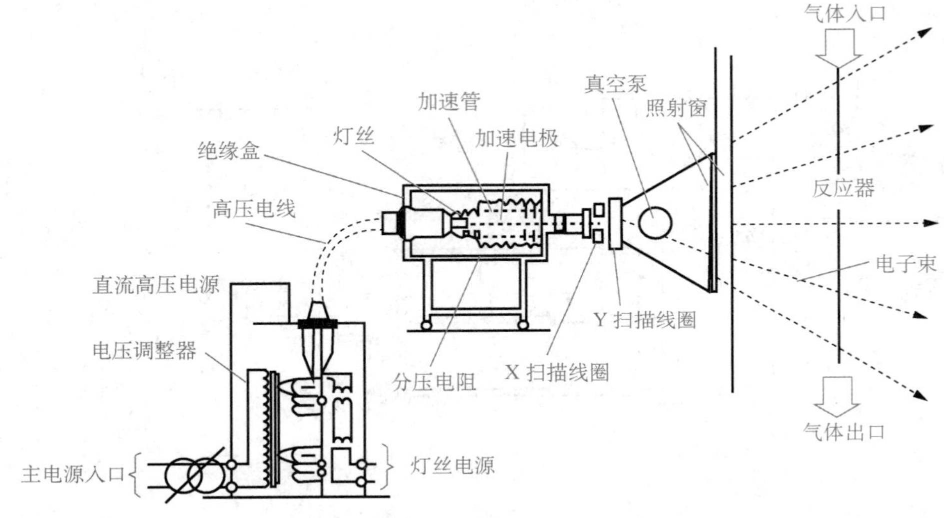

图 9-16 电子束发生装置示意图

在已建成的中试厂中，最大的单台加速功率为 90 kW，2 台串联使用。波兰工业示范厂设计单台功率为 300 kW。美国已生产出单台功率在 500 kW 束流(约 600 mA)的高频高压型加速器，功率 1.5 MW 的加速器正在研制中。一般来说，能量转化效率可达到 90%以上，束流利用率为 80%～90%。加速器最薄弱的环节是窗箔和阴极灯丝，未来这些消耗部件的更换可望做到与电厂年度维修同步进行。

影响硫硝脱除率的主要因素是电子辐射剂量和温度。剂量由 0 升到 9 kGy，脱硫率显著增加。当反应器出口温度为 74～77 ℃，剂量为 6 kGy 时，脱硫率接近 90%；剂量更高时，脱硫率趋于稳定(见图 9-17)。温度也是一个极敏感的参数，温度每升高 5 ℃，脱硫率约下降 10%，NO_x 的去除主要决定于剂量。随着剂量增加，NO_x 脱除率逐渐增加，在 18 kGy 时，脱硝率接近 90%(见图 9-18)。

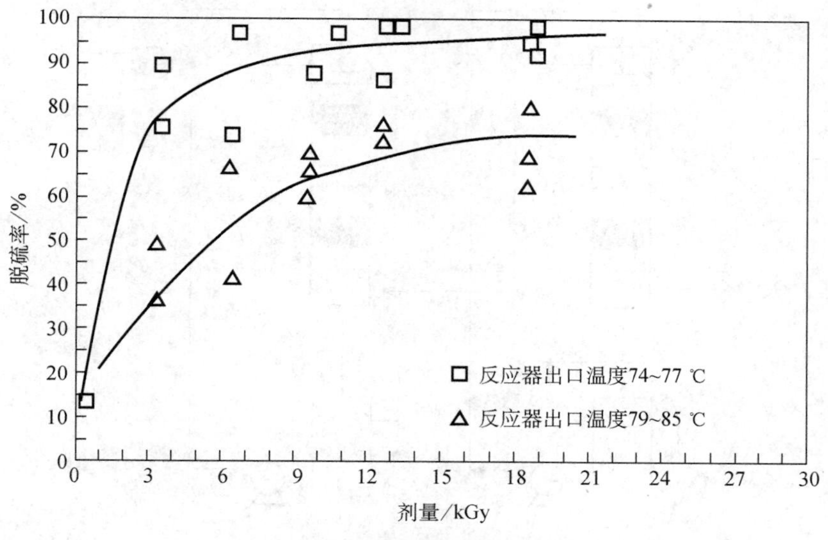

图 9-17 脱硫率与辐射剂量的关系

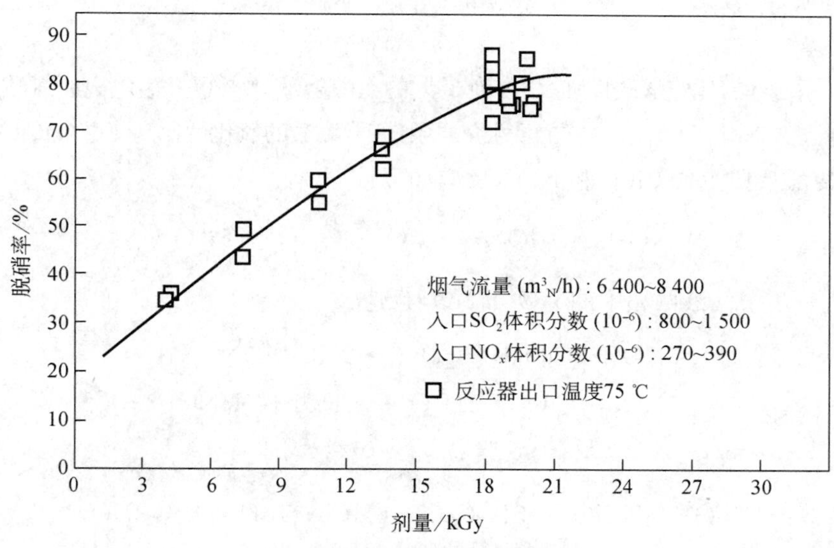

图 9-18 脱硝率与辐射剂量的关系

二、湿法同时脱硫脱硝工艺

1. 氯酸氧化法

氯酸氧化法又称 T_{ri}—NO_x—NO_x Sorb 法。脱硫脱硝采用氧化吸收塔和碱式吸收塔两段工艺，如图 9-19 所示。氧化吸收塔是采用氧化剂 $HClO_3$ 来氧化 NO 和 SO_2 及有毒金属，碱式吸收塔则作为后续工艺采用 Na_2S 及 NaOH 作为吸收剂，吸收残余的碱性气体。该工艺脱除效率达 95%以上。

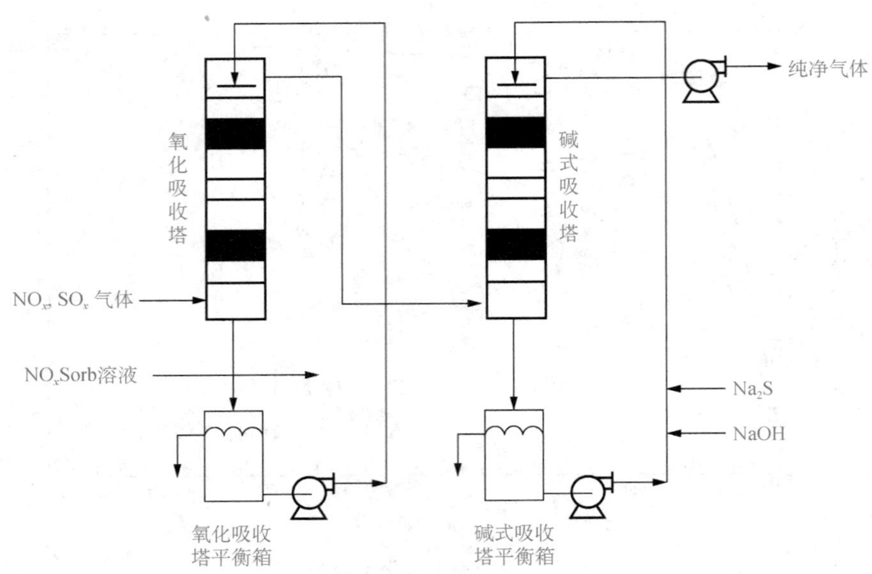

图 9-19　氯酸氧化脱硫脱硝流程图

氯酸是一种强酸，比硫酸酸性强，浓度为 35%的氯酸溶液 99%可发生电离。氯酸是一种强氧化剂，氧化电位受液相 pH 值控制。在酸性介质条件下，氯酸的氧化性比高氯酸($HClO_4$)还要强。

NO 与氯酸反应生成 ClO_2 和 NO_2，反应如下：

$$NO + 2HClO_3 \longrightarrow NO_2 + 2ClO_2 + H_2O$$

ClO_2 进一步与气液两相中的 NO 与 NO_2 反应：

$$5NO + 2ClO_2 + H_2O \longrightarrow 2HCl + 5NO_2$$

$$5NO_2 + ClO_2 + 3H_2O \longrightarrow HCl + 5HNO_3$$

脱硝总反应式如下：

$$13NO + 6HClO_2 + 5H_2O \longrightarrow 6HCl + 10HNO_3 + 3NO_2$$

氯酸氧化 SO_2 的反应过程如下：

$$SO_2 + 2HClO_3 \longrightarrow SO_3 + 2ClO_2 + H_2O$$

$$SO_3 + H_2O \longrightarrow H_2SO_4$$

以上总反应如下：

$$SO_2 + 2HClO_3 \longrightarrow H_2SO_3 + 2ClO_2$$

产生的副产品 ClO_2 与多余的 SO_2 在气相中反应：

$$4SO_2 + 2ClO_2 \longrightarrow 4SO_3 + Cl_2$$

产生的 Cl_2 进一步与 H_2O 和 SO_2 在气相、液相中反应，生成 HCl 和 SO_3：

$$Cl_2 + H_2O \longrightarrow HClO + HCl$$
$$SO_2 + HClO \longrightarrow SO_3 + HCl$$

与 SCR、SNCR 相比较，氯酸氧化法脱除 NO_x 可以在更大的 NO_x 入口浓度范围内脱除 NO_2；同时，该工艺的操作温度低，可在常温下进行。但工艺产生酸性废液，存在运输及贮存等问题。此外，由于氯酸对设备的腐蚀性较强，设备须加防腐内衬，这增加了需要的投资。

2. WSA—SNO_x 法

WSA—SNO_x 法的原理是烟气先经过 SCR 反应器，在催化剂作用下 NO_x 被氨气还原成 N_2，随后烟气进入改质器，SO_2 催化氧化为 SO_3，在降膜冷凝中凝结水合为硫酸，进一步浓缩为可销售的浓硫酸（>90%）。该技术除消耗氨气外，不消耗其他化学药品，不产生废水、废物等二次污染，不产生采用石灰石脱硫所产生的 CO_2。

SNO_x 工艺列为美国能源部洁净煤示范项目，已在俄亥俄州的 Edison Niles 电站 2 号 108 MW 锅炉进行示范改造，处理相当于 35 MW 的烟气量。装置从 1992 年开始运行，脱氮率 94%，脱硫率 95%，生产硫酸 23.40×10^4 t，纯度为 93%。

3. 湿法 FGD 添加金属螯合剂

湿法脱硫可脱除 90%以上的 SO_2，但由于 NO 在水中溶解度很低，对 NO 几乎无脱除作用。一些金属螯合物如 Fe(Ⅱ)—EDTA 等可与溶解的 NO 迅速发生反应，具有促进 NO_x 吸收的作用。美国 Dravo 石灰公司采用含 6%氧化镁的增强石灰作为脱硫剂，并在脱硫液中添加 Fe(Ⅱ)—EDTA，进行了同时脱硫脱氮的中试研究，实现了 60%以上的脱氮率和约 99%的脱硫率。湿式 FGD 加金属螯合物工艺的缺点主要是在反应中螯合物有损失，其循环利用困难，造成运行费用很高。

三、干法同时脱硫脱硝工艺

1. NO_xSO 法

NO_xSO 法的工艺流程如图 9-20 所示。系统中，烟气通过一个置于除尘器下游的流化床，在流化床内 SO_2 和 NO_x 为吸附剂所吸收，吸附剂是用碳酸钠泡制过的具有大比表面积的球形粒状氧化铝，净化过的烟气再排入烟囱。

吸附剂饱和后用高温空气加热放出 NO_x，含有 NO_x 的高温空气再送入锅炉进行含氮烟气再循环。被吸附的硫在再生器内回收，硫化物在高温下与甲烷反应，生成高浓度 SO_2 和 H_2S 的气体排出，所排出的气体在专门的装置中变成副产品——单质硫。该技术可脱除 97%的 SO_2 和 70%的 NO_x，目前尚在试验阶段。

2. SNRB 法

SNRB(SO_x—NO_x—RO_x—BO_x)法把所有的 SO_2、NO_x 和颗粒处理都集中在一个设

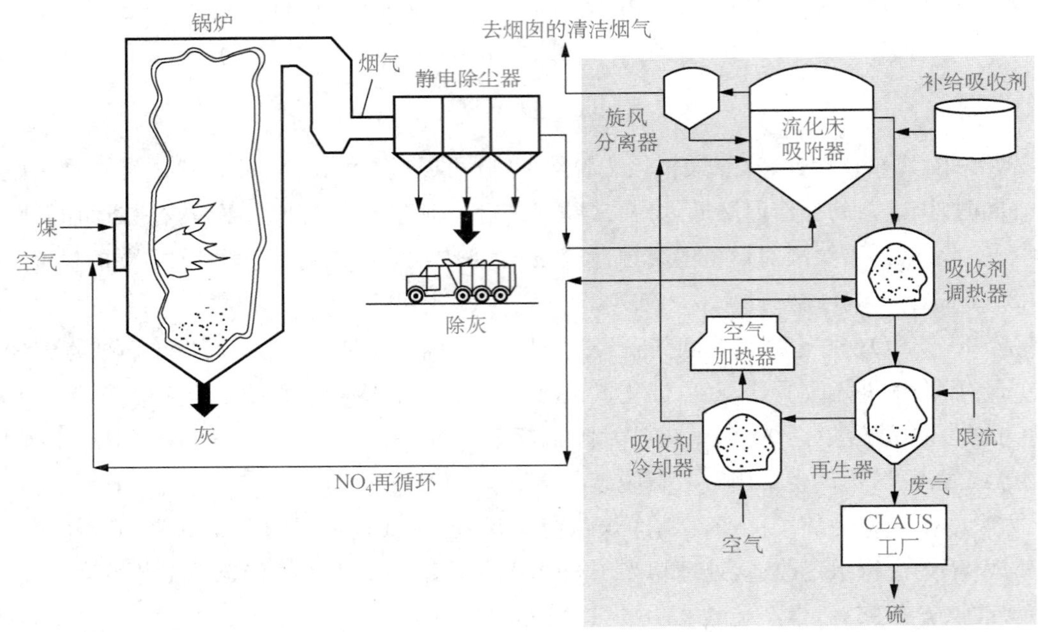

图 9-20　NO_xSO 系统图

备内，即一个高温的集尘室中。其原理是在省煤器后喷入钙基吸收剂脱除 SO_2，在气体进袋式除尘器前喷入 NH_3，在袋式除尘器的滤袋中悬浮 SCR 催化剂以去除 NO_x，布袋除尘器位于省煤器和换热器之间，以保证反应温度在 300～500 ℃。

该技术已在美国 R.E.Burger 电厂进行了 5 MW 规模的示范，对 3 种污染物的排放控制效果如下：在 NH_3/NO_x 摩尔比为 0.85、氨的泄漏量小于 4 mg/m^{3}N 时，脱硝率达 90%；在以熟石灰为脱硫剂、钙硫比为 2.0 时，可达到 80%～90%的脱硫率；除尘效率达到 99.89%。

SNRB 工艺将 3 种污染物的清除集中在一个设备上，从而减少了占地面积。该工艺在脱硝之前已除去 SO_2 和颗粒物，因而减少了催化剂层的堵塞、磨损和中毒，其缺点是需要采用特殊的耐高温陶瓷纤维编织的过滤袋，因而增加了成本。

3. CuO 同时脱硫脱硝工艺

CuO 作为活性组分用于同时脱除烟气中的 SO_x 和 NO_x 已得到较深入的研究，其中以 CuO/Al_2O_3 和 CuO/SiO_2 为主。CuO 含量通常占 4%～6%，在 300～450 ℃的温度范围内，与烟气中的 SO_2 发生反应，形成的 $CuSO_4$ 及 CuO 对选择性催化还原 NO_x 有很高的活性。吸附饱和的 $CuSO_4$ 被送去再生，再生过程一般用 H_2 或 CH_4 气体对 $CuSO_4$ 进行还原，释放的 SO_2 可制酸，还原得到的金属铜或 Cu_2S 再用烟气或空气氧化，生成的 CuO 又重新用于吸附-还原过程。

吸附-还原过程最初采用固定床反应器。20 世纪 80 年代，匹兹堡能源技术中心改用流

化床以保证吸附和再生连续进行，后来又设计了气-固旋流床、径向移动床等反应器。CuO 法至今仍没有工业化的报道，主要原因在于 CuO 在不断的吸附、还原和氧化过程中，活性逐步下降，经过多次循环之后就失去了作用，载体 Al_2O_3 长期处在含 SO_2 的气氛中也会逐渐失活。此外，虽然脱硫脱硝是在一个反应器中完成的，但后处理过程比较复杂。

四、烟气脱硫工艺性能的综合比较

烟气脱硫工艺性能的综合比较涉及以下 11 个主要因素。

1. 脱硫效率

脱硫率是由很多因素决定的，除了工艺本身的脱硫性能外，还取决于烟气的状况，如 SO_2 浓度、烟气量、烟温、烟气含水量等。通常湿法工艺的效率最高，可达到 95%以上，而干法和湿干法工艺的效率通常在 60%～85%。

2. 钙硫比

湿法工艺的反应条件较为理想，因而实用中的钙硫比接近于 1，一般为 1.0～1.2。干法和湿干法的脱硫反应为气固反应，反应速率较在液相慢，通常为达到要求的脱硫效率，其钙硫比要比湿法大得多，如湿干法一般为 1.5～1.6，干法一般为 2.0～2.5。

3. 脱硫剂利用率

脱硫剂利用率是指与 SO_2 反应消耗掉的脱硫剂与加入系统的脱硫剂总量之比。脱硫剂的利用率与钙硫比有密切关系，达到一定脱硫率时所需要的钙硫比越低，脱硫剂的利用率越高，所需脱硫剂量及所产生脱硫产物量也越少。在烟气脱硫工艺中，湿法的脱硫剂利用率最高，一般可达到 90%以上，湿干法为 50%左右，而干法最低，通常在 30%以下。

4. 脱硫剂的来源

大部分烟气脱硫工艺都采用钙基化合物作为脱硫剂，其原因是钙基物如石灰石储量丰富，价格低廉且生成的脱硫产物稳定，不会对环境造成二次污染。有些工艺也采用钠基化合物、氨水、海水作为吸收剂。

5. 脱硫副产品的处理处置

脱硫副产品是硫或硫的化合物，如硫黄、硫酸、硫酸钙、亚硫酸钙、硫酸镁和硫酸钠等。石灰石/石灰法的脱硫副产品是石膏，干法和湿干法的脱硫副产品是 $CaSO_4$ 和 $CaSO_3$ 的混合脱硫灰渣。选用的脱硫工艺应尽可能考虑到脱硫副产品的综合利用；如果进行堆放或填埋，应保证脱硫副产品化学性质稳定，对环境不产生二次污染。

6. 对锅炉原有系统的影响

石灰石/石灰法或氨法等湿法脱硫工艺一般安装在电厂的除尘器后面，因而对锅炉燃烧和除尘系统基本没有影响。但是经过脱硫后，烟气温度降低，一般在 45 ℃左右，大都在露点以下，若不经过再加热而直接排入烟囱，则容易形成酸雾，严重腐蚀烟囱，也不利于烟气的扩散。

在喷钙干法脱硫系统中，石灰石喷入锅炉炉膛后，将增加灰量，并将改变灰成分，使锅炉的运行状况发生变化，影响锅炉受热面的结渣、积灰、腐蚀和磨损特性。

干法和湿干法脱硫工艺通常安装在锅炉原有的除尘器之前。脱硝系统对除尘器的运行有较大影响。其原因包括：①烟气的温度降低，含湿量增加；②除尘器入口烟尘浓度增加；③进入除尘器的颗粒成分、粒径分布和电阻率特性发生变化。据研究，其对电除尘器的除尘效率影响不大，但由于尘的浓度成倍增加，排放浓度仍可能超标。因此，对原有电除尘器的改造可能是必要的。

7. 对机组运行方式适应性的影响

由于电网运行的需要，电厂的机组有可能作为调峰机组，负荷变动较大。与调峰机组配套的脱硫装置必须能适应这种机组经常起停的特点。因此，脱硫装置的各种设备必须能耐受经常性的热冲击，有良好的负荷跟踪特性，而且脱硫系统停运后维护工作量小。

8. 占地面积

烟气脱硫工艺占地面积的大小对现有电厂的改造十分重要，有时甚至限制了某些脱硫工艺的应用可能。在各种脱硫工艺中，回收法湿法工艺的占地面积最大，湿干法次之，干法工艺最小。以容量为 300 MW 的电厂机组为例，石灰石/石灰法占地约为 3 000～5 000 m^2，湿干法约为 2 000～3 500 m^2，干法约为 1 500～2 000 m^2，氨法约为 1 000～1 500 m^2。

9. 流程的复杂程度

工艺流程的复杂与否，在很大程度上决定了系统投入运行后的操作难易、可靠性、可维护性以及维修费用的高低。烟气脱硫系统是整个电厂的辅助系统，必须具有操作方便、可靠性高的特点。

典型的石灰石/石灰法脱硫工艺流程的机械设备总数约为 150 台(套)，工艺流程最为复杂。喷雾干燥法的流程中等复杂，工艺采用石灰进行消化，然后制成石灰浆液，而浆液的处理比较复杂。干法流程较简单，几乎没有液体罐槽，仅有少量的风机。

10. 动力消耗

动力消耗包括脱硫系统的电耗、水耗和蒸汽耗量。以 300 MW 机组为例，配套各种烟气脱硫工艺的动力消耗如表 9-12 所示。

表 9-12　烟气脱硫工艺的动力消耗

工艺	水耗/$(t\cdot h^{-1})$	蒸汽①/$(t\cdot h^{-1})$	电耗/$[(kW\cdot h)\cdot h^{-1}]$	占电厂用量/%
石灰石-石膏法	45	2	5 000	1.6
喷雾干燥法	40	—	3 000②	1.0
炉内喷钙尾部增湿法	40	—	1 500	0.5
循环流化床法	40	—	1 200	0.4

注：① 蒸汽用于烟气-烟气再热器吹灰。
② 不包括新增加的电除尘器电耗。

11. 工艺成熟程度

烟气脱硫工艺的成熟程度是技术选用的重要依据之一。只有成熟的、已商业化运行的系统才能保障运行的可靠性。

湿法工艺的生产商比较多，主要集中在美国、德国和日本。制造厂对于大型锅炉湿法烟气脱硫装置的设计、制造、置装和调试都已积累了丰富的经验。目前，湿法洗涤法的单塔最大容量已能用于1 000 MW锅炉烟气脱硫。由于湿法工艺的历史长、数量多，系统的可用率已有极大的提高，一般能达到98%以上。喷雾干燥法脱硫工艺在电厂已安装118台，总容量为15 GW，是仅次于湿法洗涤工艺的主要脱硫工艺，其可用率也较高，大多数电厂超过97%。喷钙法虽然由于脱硫率低、吸收剂耗量大等原因运用不多，但仍有不少欧洲的电厂在使用，如德国、奥地利和瑞典，系统的可用率可达到95%。

根据以上指标，对7种烟气脱硫技术的综合评价如表9-13所示。中国目前正在制定政策，积极推动烟气脱硫技术的开发应用。由于地域辽阔，各地经济条件、燃煤煤质、脱硫剂来源、环保要求等不尽相同，技术的选用应考虑以下主要原则：

① 技术成熟、运行可靠，至少在国外已商业化，并有较多的应用业绩。

② 脱硫后烟气中的SO_2达到脱硫要求，系统具有很好的可升级性能。

③ 脱硫设施的投资和运行费用适中，一般应低于电厂主体工程总投资的15%，烟气脱硫后发电成本增加不超过0.03元/(kW·h)。

④ 脱硫剂供应有保障，占地面积小，脱硫产物可回收利用或便于卫生处理处置。

表9-13 烟气脱硫技术综合评价

评价指标	石灰石石膏法	简易湿法	喷雾干燥法	LIFAC	电子束法	新氨法	磷铵肥法
环境性能	很好	好	好	好	很好	好	好
工艺流程简易情况	石灰浆制备要求较高，流程也复杂	流程较简单	流程较简单	流程简单	流程简单，为干法过程	流程复杂，要求电厂和化肥厂联合实现	脱硫流程简单，制肥部分复杂
工艺技术指标	脱硫率95%，钙硫比1.1，利用率90%	脱硫率70%，钙硫比1.1，利用率90%	脱硫率80%，钙硫比1.5，利用率50%	脱硫率80%，钙硫比2，利用率50%	脱硫率可达90%以上，并可脱一部分氮	脱硫率85%～90%，利用率大于90%	脱硫率95%以上
吸收剂获得	容易	容易	较易	较易	一般	一般	一般
脱硫副产品	脱硫渣为$CaSO_4$及少量烟尘，可以综合利用，或送堆渣场堆放	脱硫渣为$CaSO_4$及少量烟尘，可以综合利用，或送堆渣场堆放	脱硫渣为烟尘、$CaSO_4$、$CaSO_3$、$Ca(OH)_2$的混合物，目前尚不能利用	脱硫渣为烟尘、$CaSO_4$、$CaSO_3$、CaO的混合物，目前尚不能利用	副产品为硫铵和硝铵混合物，含氨量20%以上，可用作氨肥或复合肥料，无二次污染	副产品为磷酸铵和高浓度二氧化硫气体(7%～11%)，可直接用于工业硫酸生产	脱硫产品为含N+$P_2O_3$35%以上的氨磷复合肥料

（续表）

	石灰石石膏法	简易湿法	喷雾干燥法	LIFAC	电子束法	新氨法	磷铵肥法
适用情况或应用前景	燃高中硫煤锅炉，当地有石灰石矿	燃烧高中硫煤锅炉，当地有石灰石矿	燃烧中、低硫煤锅炉	燃烧中低硫煤锅炉	燃烧高中硫煤锅炉，附近有液氨供应	燃高中硫煤锅炉，附近有联合化肥厂和液氮	燃烧高硫煤锅炉，附近有磷矿
对锅炉及烟道的负面影响	腐蚀出口烟囱	腐蚀出口烟囱	增加除尘器除灰量，塔壁易积灰	影响锅炉和除尘器效率	—	腐蚀烟道	腐蚀烟道
电耗占总发电量的比例	1.5%～2%	1%	1%	<0.5%	2%～2.5%	1.0%～1.5%	1%～1.5%
占地面积/m^2（300 MW机组）	3 000～5 000	2 000～3 500	2 000～3 500	1 500～2 000	6 000～7 000	1 000～2 000	3 000～5 000
技术成熟度	商业化	国内已工业示范	商业化	商业化	国内已工业示范	国内已工业试验	国内已中试
FGD占电厂总投资的比例	13%～19%	8%～11%	8%～12%	5%～8%	10%～15%	8%～10%	12%～17%
脱硫成本/（元·$吨^{-1}$）	1 000～1 400	800～1 000	900～1 200	800～1 000	1 400～1 600	1 000～1 200	1 400～2 000
脱除单位重量SO_2的副产品效益/（元·$吨^{-1}$）	有待开发	有待开发	无	无	800	600	1 600

知识链接 9-1

脱硝技术应用实例

本章小结

本章介绍了氮氧化物的来源与危害，对氮氧化物形成机理进行了分析，重点描述了氮氧化物的去除技术与反应机理，本章内容是大气污染控制技术的重要组成部分。

关键词

氮氧化物;低 NO_x 燃烧技术;烟气脱硝技术;脱硝反应机制;烟气同时脱硫脱硝技术

习 题

1. 简述氮氧化物的来源、危害和生成机理。
2. 简述低 NO_x 燃烧技术的种类及其影响因素。
3. 简述选择性催化还原技术的定义、反应机理和影响脱硝活性因素。
4. 简述垃圾焚烧烟气处理工艺流程。
5. 简述工业尾气脱硝常用的方法及其优缺点。
6. 简述 NH_3—SCR 工艺流程。
7. 简述电子束照射法脱硫脱硝技术的机理及其优缺点。
8. 简述 NH_3—SCR 技术与 SNCR 技术的优缺点,并结合工业处理案例加以分析。

第十章 挥发性有机物污染控制

学习目标

1. 了解挥发性有机物(volatile organic compounds, VOCs)的来源及危害。

2. 掌握控制 VOCs 的主要技术手段。

3. 熟悉这些技术的主要优缺点,在分析 VOCs 特性的基础上,匹配合适的控制手段。

第一节 概 述

一、VOCs 定义、分类及危害

VOCs 在国际范围内并没有统一的定义。世界卫生组织对总挥发性有机物(TVOCs)的定义是:熔点低于室温而沸点在 50～260 ℃的挥发性有机物的总称。美国国家环境保护局(Environmental Protection Agency, EPA)将其定义为除 CO、CO_2、碳酸、金属碳化物或碳酸盐之外的,任何能参加大气光化学反应的含碳化合物。欧盟排放上限指令 2001/81/EC 将其定义为除甲烷外的,能和氮氧化物在阳光照射作用下发生反应的任何人为源和自然源排放的有机化合物。在我国,不同的领域对此也有不同的定义。如《炼油与石油化学工业大气污染物排放标准》(DB11/447—2015)定义 VOCs 为在 20 ℃条件下蒸气压大于或等于 0.01 kPa,或者特定适用条件下具有相应挥发性的全部有机化合物的统称。《环境标志产品技术要求 杀虫气雾剂》(HJ/T423—2008)中规定 VOCs 是在 101.3 kPa 下,除丙酮、乙酸乙酯、1,1,1,2-四氟乙烷、1,1-二氟乙烷以外的,沸点低于 216 ℃的有机化合物。全国科学技术名词审定委员会 2014 年审定公布的《建筑学名词》将 VOC 定义为在 101.3 kPa 标准压力下,任何初沸点低于或等于 250 ℃的有机化合物。在本书中,我们采用物理层面定义,即包括那些不活泼的,不参与大气光化学反应的,可挥发的有机化合物。

大气环境中 VOCs 的浓度虽低(一般为 $\mu g/m^3$ 级),却在大气化学过程中扮演着极为重要的角色,影响着大气的氧化性、二次气溶胶的形成和大气辐射平衡等,对一些区域或全球气候环境问题有着重要影响。此外,一些 VOCs 物质还具有毒性、致畸致癌性,严重危害人体健康,如乙醛、苯、甲苯等。因此,对 VOCs 的排放及控制研究成为大气污染控制的一个重要方向,也被纳入了世界各国的限制法规,如 1990 年美国颁布的《清洁空气法修正案》、欧盟 94/63/EC 指令、欧盟 99/13/EC 指令等。中国的《大气污染物综合排放标准》(GB 16297—1996)也对 14 类 VOCs 规定了最高允许排放浓度、最高允许排放速率和无组织排放限值。

二、VOCs 来源

VOCs 的排放有天然源和人为源两种。前者全球排放量约 1 200 Mt(C),主要代表物为异戊二烯、α-蒎烯、β-蒎烯、甲基丁烯醇等,属植物生态功能性排放,基本为不可控源;后者则主要源于人类生产生活中的不完全燃烧过程和涉及有机产品的挥发散逸过程,其化学组分极为丰富,如表 10-1 所示为 2005 年中国、美国和欧盟 27 国 VOCs 的主要人为排放源及其排放估量。从表 10-1 可知,交通运输和溶剂使用是共同重点源,约占排放总量的一半以上,其中道路机动车排放约占交通移动源总排放量的 80%以上;而涂料喷涂和油墨印刷等过程也是重要排放源,约占溶剂使用过程总排放量的 50%。另外,我国固定燃烧源和废物处理处置源的相对高排放则主要源于农村地区生物质家庭炉灶燃烧和农业秸秆废物野外焚烧两大活动行为。较天然源而言,VOCs 人为源排放量较低,仅为其百分之几;但是道路机动车和各种工业活动在城市区域的高度集中,使得人为排放的 VOCs 成为影响区域空气质量的重要污染物。人为排放的 VOCs 含有一定比例的苯、甲苯、二甲苯、正己烷、甲醛等毒性化学组分,威胁到人体的健康安全。因此,人为源 VOCs 的控制技术受到研究领域和市场领域的广泛关注。机动车尾气 VOCs 的控制将在第十一章详述,本章仅针对溶剂使用、石化企业等重要点源,简要介绍 VOCs 的相关控制技术和措施。

表 10-1　2005 年中国、美国、欧盟 27 国 VOCs 排放量

分部门	中国①		美国②		欧盟 27 国③	
	排放量	所占比例/%	排放量	所占比例/%	排放量	所占比例/%
固定燃烧源	5 500	21.2	1 545	9.6	1 285	10.3
化学及相关工业	1 150	4.4	217	1.4	181	1.4
石油及相关工业	1 100	4.2	1 773	11.1	663	5.3
其他工业过程	1 324	5.1	429	2.7	698	5.6
溶剂使用	3 419	13.2	3 846	24.0	3 599	28.7
涂料	1 883	7.2	1 576	9.8	1 459	11.6

（续表）

分部门	中国①		美国②		欧盟27国③	
	排放量	所占比例/%	排放量	所占比例/%	排放量	所占比例/%
废物处理处置	1 251	4.8	346	2.2	155	1.2
交通移动源	5 600	21.6	6 289	39.3	1 890	15.1
道路机动车	4 694	18.1			1 677	13.4
其他	61	0.2	0	0.0	917	7.3
总计	25 980	100.0	16 201	100.0	12 524	100.0

注：① 来源于清华大学环境科学与工程系研究结果。
② 来源于美国国家环境保护局网络公告数据。
③ 来源于欧盟环境署（European Environment Agency，EEA）网络公告数据。

三、工业源VOCs气体排放特征

目前，我国工业源VOCs的排放量占人为源VOCs排放量的一半左右，并且工业源VOCs的种类众多，因而需要重点对其进行控制。通过文献和现场调研，席劲瑛等学者收集了大量国内外工业VOCs源案例，并在此基础上，对不同行业和不同类型工业VOCs源产生气体的排放特征进行了统计和分析，为进一步开展工业VOCs控制技术选择提供了依据①。

（一）案例调查与数据处理

通过文献调查和现场调查两种方式，席劲瑛等获得了国内外大量工业VOCs源案例（主要是工业点源），同时调查了其产生的VOCs气体流量、VOCs浓度、组分等数据。其中，文献调查以VOCs、典型VOCs物质名称（如苯、甲苯等）和各工业行业（如化工、制药等）的中英文作为关键词，通过搜索引擎或中国知网、中文科技期刊、万方数据库、Web of Science等数据库搜索相关案例。现场调查则是直接到相关企业对工业VOCs源开展现场调研和监测。

为提高数据可靠性，根据数据的完整性和规范性对所获得的工业VOCs源案例进行筛选。然后，对不同来源的数据进行归一化处理，统一流量、质量浓度数据的单位和保留位数。通过筛选和归一化处理，共获得552个案例，其中文献调查获得案例517个，现场调查获得案例35个。

席劲瑛等采用分类统计方法对不同行业案例数量、产生气体流量、VOCs浓度和VOCs种类的分布状况进行了分析，分析软件采用Origin 7.5。

（二）案例的行业分布与典型产生过程

1. 行业的分类方法

依据《国民经济行业分类》（GB/T 4754—2011），将行业划分为门类、大类、中类和小类4级。门类采用英文字母编码，大、中、小类采用阿拉伯数字编码。行业门类划分如表10-2所示。

① 席劲瑛，胡洪营，武俊良，等.不同行业点源产生VOCs气体的特征分析[J].环境科学研究，2014，27(2)：134-138.

表 10-2 《国民经济行业分类》(GB/T 4754—2011)行业门类划分

代码	行业门类	代码	行业门类
A	农、林、牧、渔业	K	房地产业
B	采矿业	L	租赁和商务服务业
C	制造业	M	科学研究和技术服务业
D	电力、热力、燃气及水生产和供应业	N	水利、环境和公共设施管理业
E	建筑业	O	居民服务、修理和其他服务业
F	批发和零售业	P	教育
G	交通运输、仓储和邮政业	Q	卫生和社会工作
H	住宿和餐饮业	R	文化、体育和娱乐业
I	信息传输、软件和信息技术服务业	S	公共管理、社会保障和社会组织
J	金融业	T	国际组织

由表 10-2 可知，我国共有 20 个行业门类，其中“制造业”是涉及工业源 VOCs 排放的主要门类。制造业下包括 31 个大类、175 个中类、532 个小类。表 10-3 列出了制造业下的各行业大类，而表 10-4 以“化学原料和化学制品制造业”为例，列出了该大类下的中类和小类。

表 10-3 制造业下的各行业大类(GB/T 4754—2011)

代码	行业大类	代码	行业大类
13	农副食品加工业	29	橡胶和塑料制品业
14	食品制造业	30	非金属矿物制品业
15	酒、饮料和精制茶制造业	31	黑色金属冶炼和压延加工业
16	烟草制品业	32	有色金属冶炼和压延加工业
17	纺织业	33	金属制品业
18	纺织服装、服饰业	34	通用设备制造业
19	皮革、毛皮、羽毛及其制品和制鞋业	35	专用设备制造业
20	木材加工和木、竹、藤、棕、草制品业	36	汽车制造业
21	家具制造业	37	铁路、船舶、航空航天和其他运输设备制造业
22	造纸和纸制品业		
23	印刷和记录媒介复制业	38	电气机械和器材制造业
24	文教、工美、体育和娱乐用品制造业	39	计算机、通信和其他电子设备制造业
25	石油加工、炼焦和核燃料加工业	40	仪器仪表制造业
26	化学原料和化学制品制造业	41	其他制造业
27	医药制造业	42	废弃资源综合利用业
28	化学纤维制造业	43	金属制品、机械和设备修理业

表 10-4 化学原料和化学制品制造业分类

行业中类代码	行业小类代码	行业名称
261		基础化学原料制造
	2611	无机酸制造
	2612	无机碱制造
	2613	无机盐制造
	2614	有机化学原料制造
	2619	其他基础化学原料制造
262		肥料制造
	2621	氮肥制造
	2622	磷肥制造
	2623	钾肥制造
	2624	复混肥料制造
	2625	有机肥料及微生物肥料制造
	2629	其他肥料制造
263		农药制造
	2631	化学农药制造
	2632	生物化学农药及微生物农药制造
264		涂料、油墨、颜料及类似产品制造
	2641	涂料制造
	2642	油墨及类似产品制造
	2643	颜料制造
	2644	染料制造
	2645	密封用填料及类似品制造
265		合成材料制造
	2651	初级形态塑料及合成树脂制造
	2652	合成橡胶制造
	2653	合成纤维单(聚合)体制造
	2659	其他合成材料制造
266		专用化学产品制造
	2661	化学试剂和助剂制造
	2662	专项化学用品制造
	2663	林产化学产品制造
	2664	信息化学品制造
	2665	环境污染处理专用药剂材料制造
	2666	动物胶制造
	2669	其他专用化学产品制造

（续表）

行业中类代码	行业小类代码	行业名称
267		炸药、火工及焰火产品制造
	2671	炸药及火工产品制造
	2672	焰火、鞭炮产品制造
268		日用化学产品制造
	2681	肥皂及合成洗涤剂制造
	2682	化妆品制造
	2683	口腔清洁用品制造
	2684	香料、香精制造
	2689	其他日用化学产品制造

2. 工业 VOCs 源案例的行业分布

席劲瑛等对所收集到的工业 VOCs 源案例行业分布情况进行统计，结果如图 10-1 所示。从图中可以看出，工业 VOCs 源案例涉及制造业下几乎所有行业大类，也反映了调研结果具有一定的广泛性和代表性。在相关行业大类中，化学原料和化学制品制造业、医药制造业、汽车制造业是 VOCs 源案例最多的 3 个行业，分别占调研案例的 26%、13%和 12%。

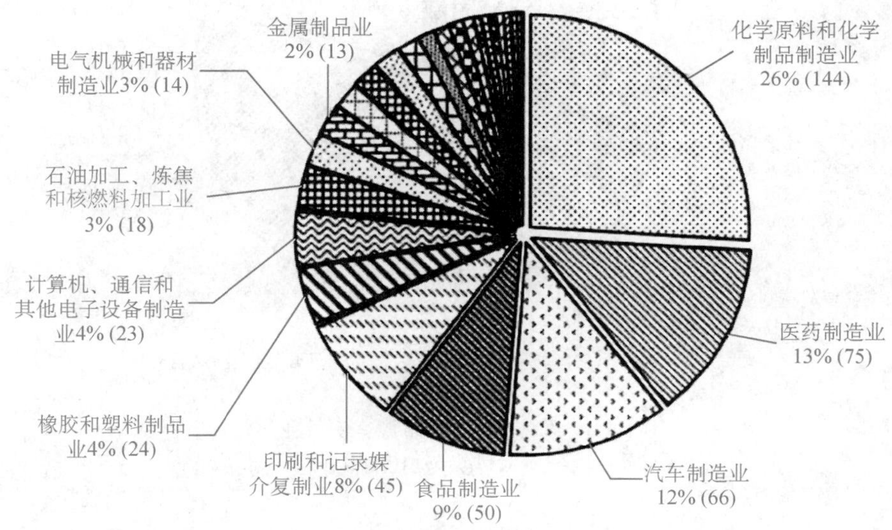

图 10-1　所有工业 VOCs 源案例行业分布

注：括号内为案例数，案例数少于“金属制品业”的行业未列出。

针对国内和国外的工业源 VOCs 排放案例，分别进行行业分布的统计，结果如图 10-2 和图 10-3 所示。

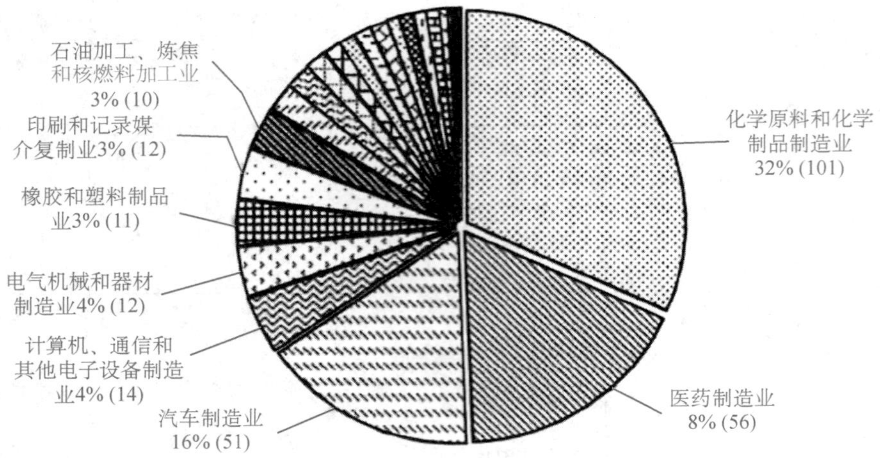

图 10-2　国内工业 VOCs 源案例行业分布

注：括号内为案例数，案例数少于“石油加工、炼焦和核燃烧加工业”的行业未列出。

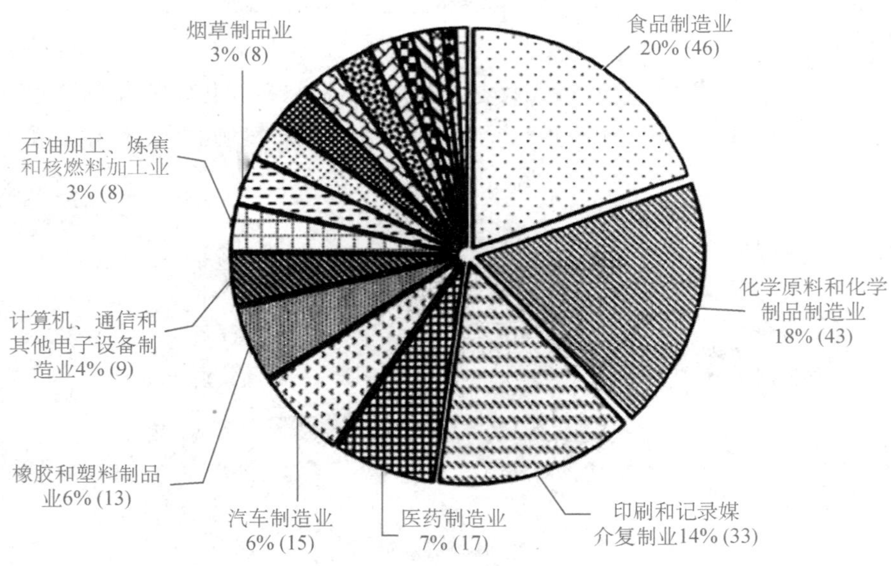

图 10-3　国外工业 VOCs 源案例行业分布

注：括号内为案例数，案例数少于“烟草制品业”的行业未列出。

由此可知，国内和国外工业 VOCs 源案例的行业分布情况也不相同。国内工业 VOCs 源案例主要来自化学原料和化学制品制造业、医药制造业和汽车制造业，而国外的案例主要来自食品制造业、化学原料和化学制品制造业以及印刷和记录媒介复制业。

3. 不同行业工业源 VOCs 产生环节

根据 VOCs 源案例调研结果进行统计，列出 21 个行业大类所涉及的一些 VOCs 产生环

节，如表 10-5 所示。

表 10-5　不同行业工业源 VOCs 典型产生环节

行业编号	行业大类	VOCs 典型产生环节
13	农副食品加工业	食用油加工、饲料加工
14	食品制造业	食品发酵、烘烧、味精生产尾液喷浆、废物消化
16	烟草制品业	烟叶烧制
17	纺织业	织物印染过程
18	纺织服装、服饰业	胶粘过程
19	皮革、毛皮、羽毛及其制品和制鞋业	皮革上光、眩皮、上胶
20	木材加工和木、竹、藤、棕、草制品业	人造板制造
21	家具制造业	家具表面喷涂
22	造纸和纸制品业	纸张干燥
23	印刷和记录媒介复制业	喷漆、洗版、烘干、油墨稀释
25	石油加工、炼焦和核燃料加工业	石油炼制、炼焦、原料和产品的储存输送过程泄漏、污水处理过程挥发、罐体检修或发生事故
26	化学原料和化学制品制造业	涂料、油墨、农药、合成材料等的制造、储罐呼吸气、管线泄露、污水处理、罐体检修或发生事故
27	医药制造业	反应釜尾气、药物有效成分萃取、污水处理
28	化学纤维制造业	人造纤维制造、合成纤维制造
29	橡胶和塑料制品业	炼胶、橡胶硫化、人造革生产、泡沫板生产、上胶、表面喷涂
30	非金属矿物制品业	窑炉尾气
31	黑色金属冶炼和压延加工业	钢、铁件铸造过程
32	有色金属冶炼和压延加工业	有色金属件铸造过程
33	金属制品业	表面喷涂
34	通用设备制造业	表面喷涂
35	专用设备制造业	表面喷涂
36	汽车制造业	表面喷涂
38	电气机械和器材制造业	表面喷涂
39	计算机、通信和其他电子设备制造业	电路板制造、表面喷涂

五、工业源 VOCs 控制的重要性与科技需求

（一）工业源 VOCs 控制的重要性

在人为源 VOCs 中，工业源 VOCs 控制非常重要，应当优先考虑。这主要基于以下 3 点原因。一是工业源 VOCs 排放量大。国内外有关研究结果表明，工业源 VOCs 在城市 VOCs 排放中占有很大比重，占人为源总排放量的 30%～60%。因此，要想控制城市大气 VOCs 排放总量，对工业源 VOCs 的控制势在必行。二是工业源 VOCs 种类多，部分 VOCs 浓度高、毒性大。与其他人为源 VOCs（如交通源和农业源 VOCs）相比，工业源 VOCs 中含有更多有毒、有害或高浓度的 VOCs，更容易引起危害和关注。三是工业源 VOCs 的控制相对较为容易。多数工业源 VOCs 一般为固定源，分布相对集中（相对于移动源），易于进行排放源的定位和排查。另外，工业 VOCs 源分布在管理较为严格的工厂企业中，排放控制的责任主体明确。

国外的 VOCs 控制和管理经验表明，针对工业源 VOCs 污染和排放进行控制，从典型行业入手往往能够收到很好的效果。不同行业在 VOCs 产生过程和排放特征方面往往存在许多相同点，因而在制定控制对策和选择处理技术时往往可以相互借鉴，减少技术推广的风险和不确定性。

（二）工业 VOCs 控制管理领域的科技需求

“十一五”以来，国家和地方都加大了 VOCs 污染控制的科研投入，取得了一系列成果。但由于我国工业 VOCs 污染控制和管理工作刚刚起步，还需要在以下几个方面开展研究。

（1）典型行业 VOCs 产生和排放特征。全面、细致地掌握工业源 VOCs 的排放情况和特征是对其开展有效控制和防治的基础。目前，对工业 VOCs 经处理后的排放清单关注较多，而对于不同典型行业 VOCs 排放源的 VOCs 产生和排放特征研究较少，尤其对排放源产生的 VOCs 气体（未经处理的 VOCs 气体）的研究更少。然而，这些信息对于工业源 VOCs 气体控制技术选择和 VOCs 污染防治至关重要。

（2）VOCs 控制技术应用状况和适用范围。VOCs 的控制技术包括物理、化学、生物方法的多种工艺过程，每种控制技术或工艺的特点和适用范围也差别很大。目前，关于某种单一技术或工艺特性和性能的研究和报道较多，而关于不同控制技术或工艺应用状况、适用范围、特点的研究较少。另外，国内虽然已经建设运行了一大批 VOCs 控制工程，但缺乏相关运行数据和建设运行经验的系统总结。

（3）VOCs 控制技术评价和筛选方法。由于不同 VOCs 气体的组成和特性千差万别，而 VOCs 控制技术的选择缺乏依据，往往导致技术的选择具有盲目性。因此，需要针对 VOCs 污染特征和问题存在共性的行业，研究控制技术的评价方法和最佳可行技术的筛选方法，在此基础上制定针对不同典型行业的 VOCs 控制对策和技术规范。

第二节　蒸气压及蒸发

一、蒸气压

判断有机物是否属于挥发性有机物，主要依据该有机物的蒸气压。液态或固态物质蒸气压的大小与温度有关，温度越高，蒸气压越大。图 10-4 给出了部分有机物的蒸气压随温度的变化曲线，表 10-6 给出了几种液体的平衡蒸气压数据。

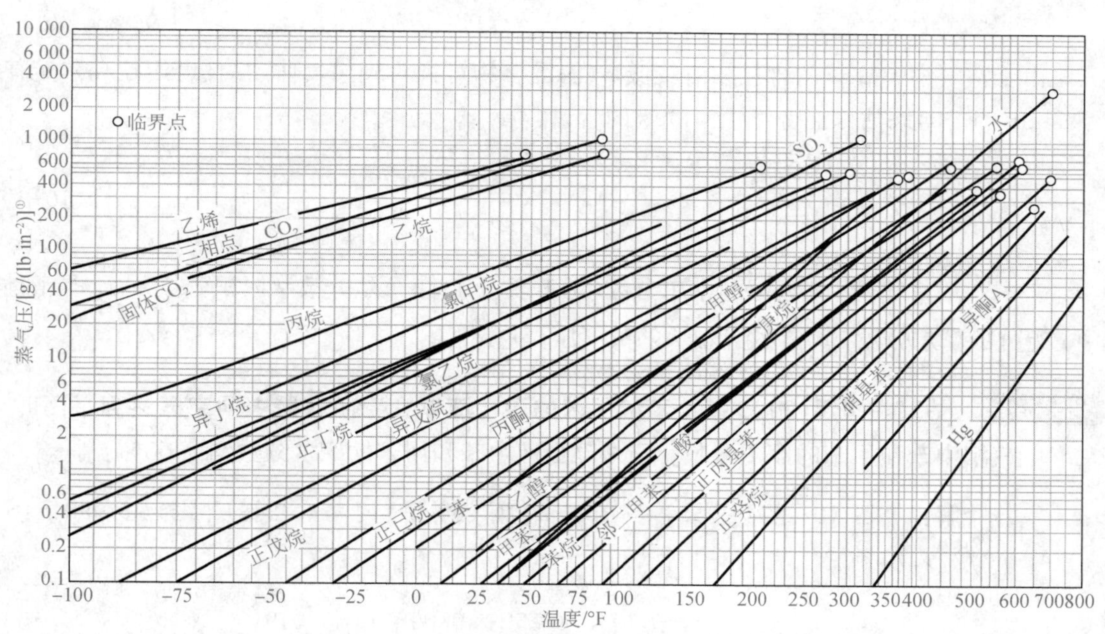

图 10-4　部分有机物蒸气压随温度的变化曲线

注：1 lb/in^2（磅/英寸^2）= 0.07 kg/cm^2。

表 10-6　几种液体的平衡蒸气压数据

温度/℃	$p_{水}$/mmHg①	$p_{乙醇}$/mmHg	$p_{苯}$/mmHg	$p_{甲苯}$/mmHg
0	4.6	12.2		6.9
10	9.2	23.6	44.8	13.0
20	17.5	43.9	74.8	22.3

（续表）

温度/℃	$p_{水}$/mmHg①	$p_{乙醇}$/mmHg	$p_{苯}$/mmHg	$p_{甲苯}$/mmHg
30	31.8	78.8	118.4	36.7
40	55.3	135.3	181.5	59.1
50	92.5	222.2	268.7	92.6
60	149.4	352.7	388.0	139.5
70	233.7	542.5	542.0	202.4
80	355.1	812.6	748.0	289.7
90	525.8	1 187.0	1 013.0	404.6
100	760	1 690.0	1 335.0	557.2

注：1 mmHg=133.322 4Pa。

由于空气中VOCs的含量相对较低，气态混合物可视为理想气体，并且可用拉乌尔定律(Raoult's Law)来估算混合物中VOCs的含量：

$$y_i = x_i \cdot \frac{p_i}{p} \tag{10-1}$$

其中：y_i 是气相中 i 组分的摩尔分数（对于理想气体，摩尔分数=体积分数）；x_i 是液体中 i 组分的摩尔分数；p_i 是纯组分 i 的蒸气压；p 是总压。

例 10-1　估算在室温(20 ℃)时，苯和甲苯的混合液体在密闭容器中同空气达到平衡时，气相中苯和甲苯的摩尔分数。已知混合液中苯和甲苯的摩尔分数均为50%。

解： 由图10-14得，苯和甲苯在20 ℃(68 ℉)的蒸气压分别约为0.098 p 和0.028 p，分别代入式(10-1)：

$$y_{苯} = x_{苯}\, p_{苯}/p = 0.50 \times 0.098/1 = 0.049$$

$$y_{甲苯} = x_{甲苯}\, p_{甲苯}/p = 0.50 \times 0.028/1 = 0.014$$

$$y_{空气} = 1 - 0.049 - 0.014 = 0.937$$

这里，我们假定苯和甲苯形成理想溶液，这对于该类混合体系和空气污染中的大多数VOCs混合体系而言是可行的。对更复杂的非理想混合体系，可参考化学工程热力学的有关书籍。

为了计算气液平衡体系的有关参数，在热力学中，通常选用克劳修斯-克拉佩龙(Clausius-Clapyron)方程：

$$\lg p = A - \frac{B}{T} \tag{10-2}$$

其中：p 是与液相平衡的气体蒸气压，mmHg；T 是系统温度，K；A 和 B 是由实验确定的经验常数。通常情况下，实验数据可以利用安托万(Antoine)方程更好地表示：

$$\lg p = A - \frac{B}{(T + C)} \tag{10-3}$$

其中：A、B 和 C 是经验常数，由实验确定；T 的单位为℃。表 10-7 给出了 23 种物质的经验常数值。

表 10-7 安托万方程参数

名称	分子式	温度范围/℃	A	B	C
乙醛	C_2H_4O	−40～70	6.810 89	992.0	230
乙酸	$C_2H_4O_2$	0～36	7.803 07	1 651.1	225
		36～170	7.188 07	1 416.7	211
丙酮	C_3H_6O	—	7.024 47	1 161.0	224
氨	NH_3	−83～60	7.554 66	1 002.7	247.9
苯	C_6H_6	—	6.905 65	1 211.0	220.8
四氯化碳	CCl_4	—	6.933 90	1 242.4	230.0
氯苯	C_6H_5Cl	0～42	7.106 90	1 500.0	224.0
		42～230	6.945 04	1 413.1	216.0
氯仿	$CHCl_3$	−30～150	6.903 28	1 163.0	227.4
环己烷	C_6H_{12}	−50～200	6.844 98	1 203.5	222.9
醋酸乙酯	$C_4H_8O_2$	−20～150	7.098 08	1 238 7	217.0
乙醇	C_2H_6O	—	8.044 94	1 554.3	222.7
乙苯	C_8H_{10}	—	6.957 19	1 424.3	213.2
n-庚烷	C_7H_{16}	—	6.902 40	1 268.1	216.9
n-乙烷	C_6H_{14}	—	6.877 76	1 171.5	224.4
铅	Pb	525～1 325	7.827 00	9 845.4	273.2
汞	Hg	—	7.975 76	3 255.6	282.0
甲醇	CH_4O	−20～140	7.878 63	1 471.1	230.0

（续表）

名称	分子式	温度范围/℃	A	B	C
丁酮	C_4H_8O	—	6.974 21	1 209.6	216
n-戊烷	C_5H_{12}	—	6.852 21	1 064.6	232.0
异戊烷	C_5H_{12}	—	6.789 67	1 020.0	233.2
苯乙烯	C_8H_8	—	6.924 09	1 420.0	206
甲苯	C_7H_8	—	6.953 34	1 343.9	219.4
水	H_2O	0～60	8.107 65	1 750.3	235.0
		60～150	7.966 81	1 668.2	228.0

例 10-2 **已知 30 ˚F和 220 ˚F时苯的蒸气压分别为 0.034 p_0 和 2.04 p_0（p_0＝101 325 Pa），分别利用图 10-14、克劳修斯-克拉佩龙方程及安托万方程计算 20 ℃时苯的蒸气压。**

解：① 由图 10-14 可得，20 ℃时苯的蒸气压 p＝9 929.8 Pa。

② 利用克劳修斯-克拉佩龙方程计算：

将 $p_{30}=0.034\ p_0$ 和 $p_{220}=2.04\ p_0$ 分别代入式(10-2)，有：

$$\lg(0.034\times760)=A-\frac{B}{272} \text{ 和 } \lg(2.04\times760)=A-\frac{B}{378}$$

解上述方程组，得 $A=7.776\ 20$ 和 $B=1\ 732.4$ K。将 A 和 B 的值再代入式(10-2)，求得 20 ℃时苯的蒸气压 p：

$$\lg p=7.776\ 20-\frac{1\ 732.4}{293}=1.863\ 57$$

$$p=74.042\ \text{mmHg}=9\ 738.1\ \text{Pa}$$

③ 利用安托万方程计算：

查表得 $A=6.905\ 65$，$B=1\ 211.0$，$C=220.8$，并代入式(10-3)得：

$$\lg p=6.905\ 65-\frac{1\ 211.0}{(20+220.8)}=1.876\ 58$$

$$p=75.263\ \text{mmHg}=10\ 034.2\ \text{Pa}$$

例 10-2 表明，3 种方法都可用来计算蒸气压，可视具体情况选择计算方法。

二、挥发与溶解

实际应用中，大部分有机物均置于与大气相通的容器内，因而容易发生汽化，进入大气环境，引起污染。部分有机物（如乙烷、丙烷、丁烷）在室温时的蒸气压大于大气压，而会剧烈

沸腾，因此，此类物质必须加压密闭保存。作为燃料用的有机物如汽油、液化气等，在装卸、运输过程中都会因挥发排出大量的VOCs，导致大气环境的污染。如表10-8所示为不同蒸气压VOCs在标准大气压下的行为。

表10-8　蒸气压和标准大气压下VOCs的行为

蒸气压 p	与大气相通的容器内	密闭且无通风口的容器内	密闭而有通风口的容器内
$p>p_0$	剧烈沸腾，并冷却直到 $p=p_0$	容器内部压力 $=p_0$	剧烈沸腾，通过通风口排出气体
$p=p_0$	沸腾，沸腾速率依赖于输入容器的热量	容器内部压力 $=p_0$	沸腾，沸腾速率依赖于输入容器的热量，通过通风口排出气体
$p<p_0$	液体缓慢汽化	容器内部压力 $<p_0$	容器顶空大部分被蒸气饱和

另外，VOCs在水中的溶解度也与其排放和控制有密切关系，表10-9给出了部分VOCs 25 ℃时在水中的溶解度。如表10-9所示，大部分VOCs微溶于水，可以通过简单的相分离和滗析法去除部分VOCs。但是，由于去除VOCs的水中仍然含有少量溶解性碳氢化合物，所以必须经进一步处理方可排入市政排水管网或受纳水体。极性的VOCs除了含有C、H元素外，还含有N、O元素（醇、醚、醛、酮、羟基酸、酯、胺等），比只含C、H元素的非极性VOCs更易溶于水。溶解性能的差异使气体中的极性VOCs更易通过洗涤而被去除，但是溶解于水中的VOCs则更难除去。相对分子质量相同时，极性有机物的溶解度是非极性有机物的100多倍。属同族的有机物，溶解度随相对分子质量的增加而减少。

表10-9　部分VOCs在水中的溶解度(25 ℃)

族	化合物	相对分子质量	溶解度(质量分数)/%
直链烃	正戊烷	72	0.003 8
	异乙烷	86	0.000 95
环烃	环已烷	84	0.005 5
芳烃	苯	78	0.18
	甲苯	92	0.052
	乙苯	106	0.020
醇	甲醇、乙醇	32、46	互溶
	正丙醇、异丙醇	60、60	互溶
	乙二醇	62	互溶
	丁醇	74	7.3
	环已醇	100	4.3

(续表)

族	化合物	相对分子质量	溶解度(质量分数)/%
酮	丙酮	58	互溶
	丁酮	72	26
	甲基异丁基酮	100	1.7
醚	二乙醚	74	6.9
	二异丁醚	102	1.2
酸	甲酸	74	24.5
	乙酸	88	7.7
	正丁酸	116	0.7

第三节　VOCs 控制技术

一、VOCs 燃烧转化原理及燃烧动力学

(一) 燃烧反应

燃烧反应是放热的化学反应,可用普通的热化学反应方程式来表示,例如:

$$C_8H_{17} + 12.25O_2 \longrightarrow 8CO_2 + 8.5H_2O + Q$$

$$C_6H_6 + 7.5O_2 \longrightarrow 6CO_2 + 3H_2O + Q$$

$$H_2S + 1.5O_2 \longrightarrow SO_2 + H_2O + Q$$

其中:Q 是反应时放出的热量,J。

每摩尔燃料燃烧时所放出的热量称为燃烧热,单位为 kJ/mol。部分有机物的燃烧热如表 10-10 所示。热化学反应方程式是进行物料衡算、热量衡算及设计燃烧装置的依据。

表 10-10　部分有机物的燃烧热(101 325 Pa, 298 K)

物质	$-\Delta H/(\text{kJ}\cdot\text{mol}^{-1})$	物质	$-\Delta H/(\text{kJ}\cdot\text{mol}^{-1})$
甲烷	890.31	正戊烷	3 536.1
乙烷	1 559.8	正己烷	4 163.1
丙烷	2 219.9	乙烯	1 411.0

(续表)

物质	$-\Delta H/(\text{kJ}\cdot\text{mol}^{-1})$	物质	$-\Delta H/(\text{kJ}\cdot\text{mol}^{-1})$
乙炔	1 299.6	丙酮	1 790.4
环丙烷	2 091.5	甲酸	254.6
环丁烷	2 720.5	乙酸	874.5
环戊烷	3 290.9	丙酸	1 527.3
环己烷	3 919.9	丙烯酸	1 368
苯	3 267.5	正丁酸	2 183.5
萘	5 153.9	乙酸酐	1 806.2
甲醇	726.5	甲酸甲酯	979.5
乙醇	1 366.8	苯酚	3 053.5
正丙醇	2 019.8	苯甲醛	3 528
正丁醇	2 675.8	苯乙酮	4 148.9
二乙醚	2 751.1	苯甲酸	3 226.9
甲醛	570.8	邻苯二甲酸	3 223.5
己醛	1 166.4	邻苯二甲酯	3 958
丙醛	1 816		

(二) 燃烧动力学

VOCs燃烧反应速率,即单位时间浓度减少量,可以表示如下:

$$-\frac{\mathrm{d}\rho_{\mathrm{VOCs}}}{\mathrm{d}t}=r=k'\rho_{\mathrm{VOCs}}^{n}\rho_{\mathrm{O_2}}^{m} \tag{10-4}$$

多数情况下,氧气的浓度远远高于VOCs浓度,式(10-4)可表示如下:

$$r=-\frac{\mathrm{d}\rho_{\mathrm{VOCs}}}{\mathrm{d}t}=k\rho_{\mathrm{VOCs}}^{n} \tag{10-5}$$

其中:r是燃烧速率;k是燃烧动力学速率常数;ρ_{VOCs}是VOCs的浓度;n是反应级数。

对多数化学反应,动力学速率常数k和温度T之间的关系由阿伦尼乌斯(Arrhenius)方程表示:

$$k=A\cdot\exp\left(-\frac{E}{RT}\right)$$

其中:A是频率分数,为实验常数,与反应分子的碰撞频率有关;E是活化能,为实验常数,与分子的键能有关;R是摩尔气体常数;T是反应温度,K。

表10-11给出了部分有机物的热氧化参数。

表 10-11 部分有机物的热氧化参数(基于一级反应)

VOCs	A/s^{-1}	$E/(kcal^{①}\cdot mol^{-1})$	k/s^{-1}		
			538 ℃	649 ℃	760 ℃
丙烯醛	3.30×10^{10}	35.9	6.992 58	102.37	841.47
丙烯腈	2.13×10^{12}	52.1	0.019 46	0.96	20.34
丙醇	1.75×10^{6}	21.4	2.995 28	14.83	52.07
氯丙烷	3.89×10^{7}	29.1	0.560 34	4.93	27.21
苯	7.43×10^{21}	95.9	0.000 11	0.14	38.59
1-丁烯	3.74×10^{14}	58.2	0.077 60	6.02	183.05
氯苯	1.34×10^{17}	76.6	0.000 31	0.09	8.41
环己胺	5.13×10^{12}	47.6	0.764 67	26.84	438.42
1,2-二氯乙烷	4.82×10^{11}	45.6	0.248 51	7.51	109.11
乙烷	5.65×10^{14}	63.6	0.004 11	0.48	19.93
乙醇	5.37×10^{11}	48.1	0.058 69	2.14	35.97
乙基丙烯酸酯	2.19×10^{12}	46.0	0.880 94	27.44	407.99
乙烯	1.37×10^{12}	50.8	0.028 04	1.25	24.64
甲酸甲酯	4.39×10^{11}	44.7	0.395 62	11.18	154.04
乙硫醇	5.20×10^{5}	14.7	58.863 53	170.64	404.29
正己烷	6.02×10^{8}	34.2	0.366 28	4.72	35.13
甲烷	1.68×10^{11}	52.1	0.001 53	0.08	1.60
氯甲烷	7.43×10^{8}	40.9	0.007 08	0.15	1.66
丙酮	1.45×10^{14}	58.4	0.026 58	2.09	64.38
天然气	1.65×10^{12}	49.3	0.085 65	3.41	61.61
丙烷	5.25×10^{19}	85.2	0.000 58	0.34	49.99
丙烯	4.63×10^{8}	34.2	0.281 71	3.63	27.02
甲苯	2.28×10^{13}	56.5	0.013 58	0.93	25.54
三乙胺	8.10×10^{11}	43.2	1.851 39	46.78	590.11
乙酸乙酯	2.54×10^{9}	35.9	0.538 22	7.88	64.77
氯乙烯	3.57×10^{14}	63.3	0.003 13	0.36	14.58

注:1 kcal=4.2 kJ。

例 10-5 **试计算燃烧温度分别为 538 ℃、649 ℃和 760 ℃时，去除废气中 99.9%的苯所需的时间。**

解：假设燃烧反应为一级，即 $n=1$，一级反应，对式(10-5)积分，得：

$$\frac{\rho}{\rho_0}=\exp[-k(t-t_0)] \tag{10-6}$$

当 $T=538$ ℃时，由表 10-11 得 $k=0.00\,011\ \mathrm{s}^{-1}$，代入式(10-6)，得：

$$t=\frac{1}{k}\ln\frac{\rho_0}{\rho}=\frac{1}{0.000\,11}\ln\frac{1}{0.001}=62.798\ \mathrm{s}=17.4\ \mathrm{h}$$

同理可求得 $T=649$ ℃、760 ℃时所需的燃烧时间分别为 49.3 s、0.2 s。

该例表明，当燃烧温度低于 538 ℃时，所需燃烧时间太长，实际上是不可行的；随着燃烧温度的提高，完全燃烧所需的停留时间迅速减少，当燃烧温度达到 760 ℃时，所需燃烧时间从 17.4 h 减小为 0.2 s，燃烧方法变得可行。从表 10-11 可知，苯的 k 值很低，说明苯是最难燃烧的物质之一；同时，它有最高的 E 值，说明随着 T 的增加，k 以最快的速率增加。例10-5也说明，对一级动力学反应而言，燃烧时间与起始 VOCs 浓度无关，对非一级反应（$n\neq 1$）而言，去除给定百分比的污染物质所需时间与 VOCs 起始浓度相关，可通过实验来测定 k 值。

（三）燃烧与爆炸

当混合气体中含有的氧和可燃组分在一定的浓度范围内，某一点被燃着时产生的热量可以继续引燃周围的混合气体，此浓度范围就是燃烧极限浓度范围。当燃烧在一有限空间内迅速蔓延，则形成爆炸。因此，对于混合气体的组成浓度而言，可燃的混合气体就是爆炸性混合气体，燃烧极限浓度范围也就是爆炸极限浓度范围。

对于空气而言，氧的体积分数为 21%，因而只要确定空气中可燃组分的含量即可，该极限范围有上限和下限两个值。空气中可燃组分含量低于下限时，燃烧产生的热量不足以引燃周围混合气体，因而不能继续燃烧，也不会引起爆炸。空气中可燃组分含量高于上限时，由于氧气不足也不能引起爆炸。

多种可燃物与空气混合时，其爆炸极限范围近似由下式求得：

$$C_m=\frac{1}{\dfrac{a}{C_1}+\dfrac{b}{C_2}+\cdots+\dfrac{m}{C_i}} \tag{10-7}$$

其中：C_m 是混合气体的爆炸极限；C_i 是 i 组分的爆炸极限；a、b、m 是各组分的含量，%。

表 10-12 给出了部分有机蒸气的爆炸极限含量范围。

表 10-12　部分有机蒸气的爆炸极限含量范围(101 325 Pa, 293 K)

有机蒸气	爆炸极限含量范围				有机蒸气	爆炸极限含量范围			
	体积分数/%		质量浓度/($g\cdot m^{-3}$)			体积分数/%		质量浓度/($g\cdot m^{-3}$)	
	下限	上限	下限	上限		下限	上限	下限	上限
醋酸异戊酯	2.2	10	119	541	乙醚	1.85	40	57	1 232
丙酮	2	13	48.3	314	甲乙酮	1.8	11.5	54	345
汽油	1.2	7	—	—	环己酮	3.2	9	131	368
苯	1.4	9.5	45.5	308	甲醛	7	73	87.5	913
正丁醇	3.7	10.2	114	314	乙醛	4	57	73.3	1 045
二氯乙烷	6.2	15.9	256	656	氯乙烯	4	22	104	573
二氯乙烯	9.7	12.8	392	517	丙烯腈	3	17	66.2	375
二甲苯	1.1	6.4	48.6	283	环氧乙烷	3.6	78	66	1 430
醋酸甲酯	3.1	15.6	97.1	481	环氧丙烷	2.5	38.5	60.4	931
甲醇	5.5	37	73.4	493	吡啶	1.8	12.4	59.2	408
二硫化碳	1	50	31.6	1 580	氰化氢	6	40	67.5	450
甲苯	1.3	7	49.8	268	乙醇	3.3	19	63.2	364
醋酸己酯	2.2	11.4	80.6	418					

二、吸收工艺及吸收剂

(一) 吸收工艺

吸收(洗涤)法控制 VOCs 污染的典型工艺如图 10-5 所示。

含 VOCs 的气体由底部进入吸收塔,在上升的过程中与来自塔顶的吸收剂逆流接触而被吸收,被净化后的气体由塔顶排出。吸收了 VOCs 的吸收剂通过热交换器后,进入汽提塔顶部,在温度高于吸收温度或/和压力低于吸收压力时得以解吸,吸收剂再经过溶剂冷凝器冷凝后进入吸收塔循环使用。解吸出的 VOCs 气体经过冷凝器、气液分离器后以纯 VOCs 气体的形式离开汽提塔,被进一步回收利用。该工艺适用于 VOCs 浓度较高、温度较低和压力较高的场合。

(二) 吸收剂

吸收剂必须对被去除的 VOCs 有较大的溶解性,同时,如果需要回收有用的 VOCs 组分,则回收组分不得和其他组分互溶;吸收剂的蒸气压必须足够低,如果净化过的气体被排

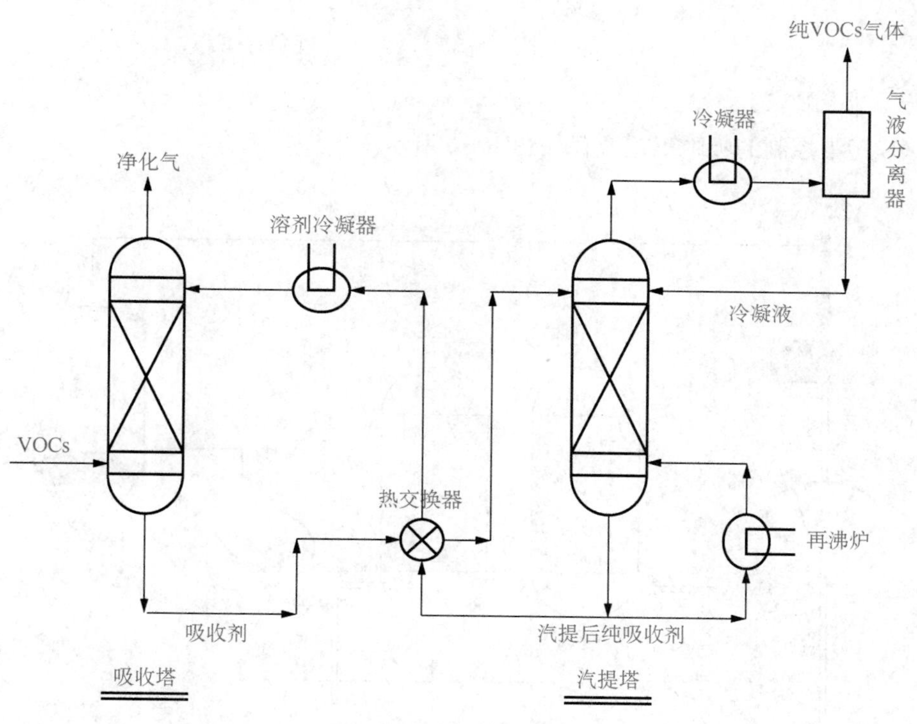

图 10-5　VOCs 吸收工艺

放到大气环境中，吸收剂的排放量必须降到最低；洗涤塔在较高的温度或较低的压力下，被吸收的 VOCs 必须易于从吸收剂中分离出来，并且吸收剂的蒸气压必须低于被回收的 VOCs 蒸气压；吸收剂在吸收塔和汽提塔的运行条件下必须具有较好的化学稳定性并且无毒无害；吸收剂摩尔质量要尽可能低（同时要考虑低吸收剂蒸气压的要求），以使它的吸收能力最大化。

三、冷凝原理

物质在不同温度和压力下具有不同的饱和蒸气压。废气中有害物质的饱和蒸气压下的温度，称为该混合气体的露点温度。也就是说，在一定压力下，某气体物质开始冷凝出现第一个液滴时的温度，即露点温度，简称为露点。因此，混合气体中有害物质的温度必须低于露点，才能冷凝下来。在衡压下加热液体，液体开始出现第一个气泡时的温度，简称泡点。冷凝温度一般在露点和泡点之间，冷凝温度越接近泡点，则净化程度越高。通常可用压缩法使气态有害物质在临界温度和临界压力下变成液态，从而除去或回收有害物质，但由于费用较高，目前使用较少。

四、吸附工艺

（一）吸附工艺

VOCs 污染控制的吸附工艺流程如图 10-6 所示。

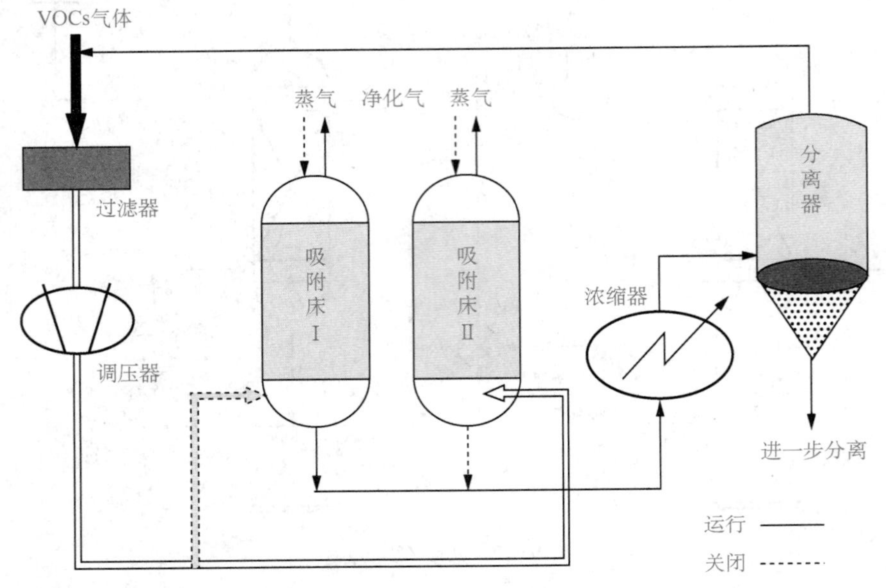

图 10-6 活性炭吸附 VOCs 工艺流程

含 VOCs 的混合气体先去除颗粒状污染物后，再经过调压器调整压力，然后进入吸附床进行吸附净化，净化后的气体排入大气环境。当吸附床Ⅰ内的活性炭饱和后，通过阀门转换至吸附床Ⅱ进行吸附。向吸附床Ⅰ通入蒸气进行脱附，解吸出来的蒸气（空气）混合物冷凝后由浓缩器、分离器进行分离，脱附后的活性炭用热空气干燥后循环使用，一般可重复使用 5 年。该法适用于处理中低浓度 VOCs 尾气，吸附效果取决于吸附剂性质，VOCs 种类、浓度、性质，以及吸附系统的操作温度、湿度、压力等因素。在一般情况下，不饱和化合物比饱和化合物吸附更完全，环状化合物比直链结构的物质更易被吸附。

研究表明，活性炭吸附 VOCs 性能最佳，原因在于其他吸附剂（如硅胶、金属氧化物等）具有极性，在水蒸气共存条件下，水分子和吸附剂极性分子结合，从而降低了吸附剂吸附性能，而活性炭分子不易与极性分子相结合，从而提高了吸附 VOCs 的能力。但是，也有部分 VOCs 被活性炭吸附后难以再从活性炭中除去（见表 10-13），对于此类 VOCs，不宜采用活性炭作为吸附剂，而应选用其他吸附材料。

表 10-13 难以从活性炭中除去的 VOCs

丙烯酸	丙烯酸乙酯	谷朊醛	皮考啉
丙烯酸丁酯	2-乙基己醇	异佛尔酮	丙酸
丁酸	丙烯酸二乙基酯	甲基乙基吡啶	二异氰酸甲苯酯
丁二胺	丙烯酸异丁酯	甲基丙烯酸甲酯	三亚乙基四胺
二乙酸三胺	丙烯酸异癸酯	苯酚	戊酸

（二）吸附容量

对工程应用而言，吸附容量直接决定了吸附质在吸附床中的停留时间和吸附设备的规模。通过吸附实验可得到吸附质在指定吸附剂中的吸附容量曲线。这里，简单介绍利用波拉尼（Polanyi）曲线估算吸附容量的方法。波拉尼曲线如图 10-7 所示。

图 10-7 中，曲线 A、B、C 以硅胶为吸附剂，曲线 D～I 以不同种类的活性炭为吸附剂，吸附质是 C1～C6 的链烷烃、石蜡和烯烃。

w^*：单位吸附剂吸附质的量，g/g；

ρ_L'：温度达沸点时液相吸附质的密度，g/cm^3；

T：温度，°R；

M：吸附质的摩尔质量，g/mol；

f：气相中吸附质的逸度；

f_s：企业平衡时吸附质的逸度，低压时，$f_s/f \approx p/(yp_0)$。

例 10-6 利用图 10-7，估算 101 325 Pa 下，311 K 和 422 K 时，活性炭吸附甲苯的吸附容量曲线。

解： 图 10-7 从曲线 D 到曲线 I 都以活性炭为吸附剂，其中曲线 F 位于中间。这里选择曲线 F 进行计算。

如图 10-7 所示，计算气相组分中任一甲苯摩尔分数 x 下，活性炭平衡吸附量 w^*，绘制 w^*-x，即得吸附平衡曲线。当 $p_0=101\ 325$ Pa，$T=311$ K$=560$°R 时，甲苯的摩尔质量 $M=92$ g/mol，沸点 110.6 ℃时的甲苯溶液密度 $\rho_L'=0.782\ g/cm^3$（20 ℃时为 0.867 g/cm^3），有机溶液的热扩散系数为 0.67×10^{-3}/°F。

常压下逸度 f 和饱和逸度 f_s 可分别用分压 p 和饱和蒸气压 p_s 代替，当 $x=1\%$ 时，$f=p=0.01p_0$，$f_s=0.070\ p_0$。由此得：

$$\frac{T\rho_L'}{1.8M}\lg\left(\frac{f_s}{f}\right)=\frac{560\times0.782}{1.8\times92}\lg\left(\frac{0.070}{0.010}\right)=2.2$$

查图：$100w^*/\rho_L'=41$，进而求得 $w^*=41\rho_L'/100=0.41\times0.782=0.32$ [g（甲

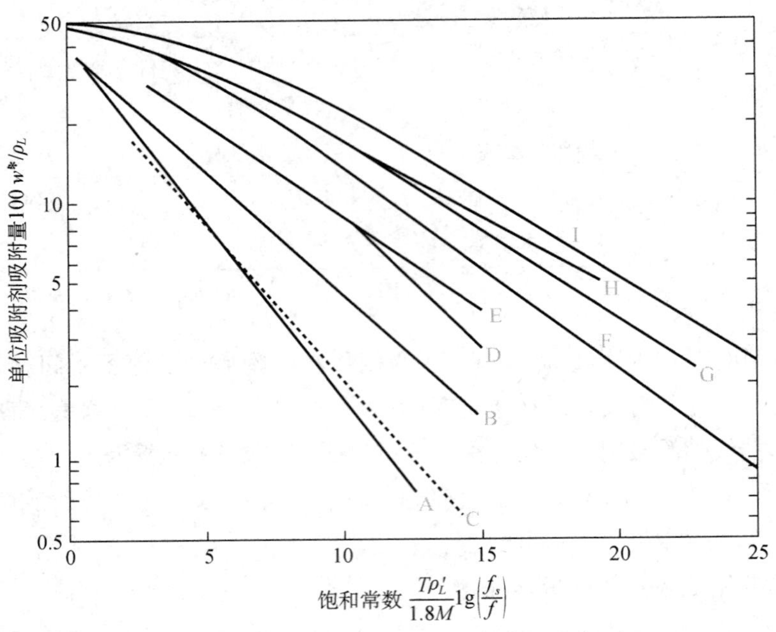

图 10-7　吸附量随吸附饱和常数变化曲线

苯)/g(活性炭)]。同理,可计算不同 x 时以及 $T=422$ K 时的 w^*,计算结果如图 10-8 所示。

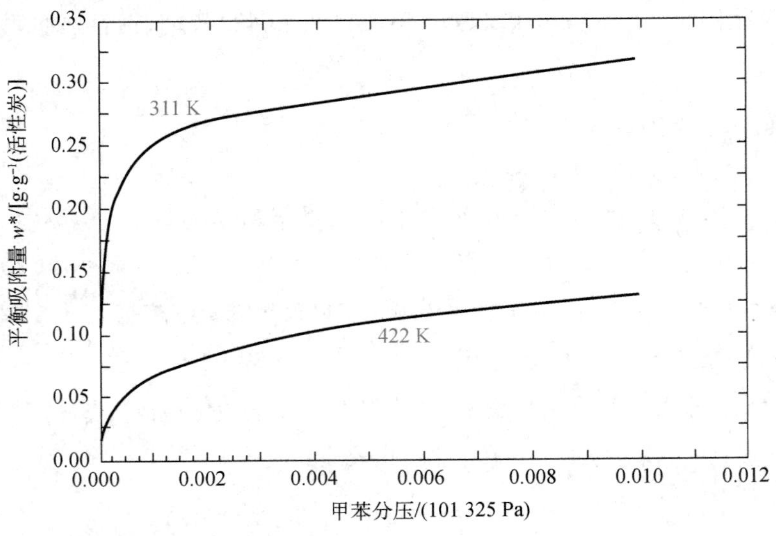

图 10-8　活性炭吸附甲苯曲线

由图 10-8 可知，两条吸附曲线贴近 y 轴，说明该活性炭能很好地去除甲苯；422 K 时吸附剂的吸附能力远远低于 311 K 时的吸附能力，因而可在 311 K 时进行吸附，而在 422 K 时再生。

五、生物法控制 VOCs 污染的原理

VOCs 生物净化过程的实质是附着在滤料介质中的微生物在适宜的环境条件下，利用废气中的有机成分作为碳源和能源，维持其生命活动，并将有机物同化为 CO_2、H_2O 和细胞质的过程。其主要包括 5 个过程，即 VOCs 从气相传递到液相，VOCs 从液相扩散到生物膜表面，VOCs 在生物膜内部的扩散，生物膜内的降解反应，代谢产物排出生物膜。简言之，它是吸收传质过程和生物氧化过程的结合。前者取决于气液间的传递速率，后者则取决于生物的降解能力，即该方法针对水溶性好、生物降解能力强的 VOCs 具有较好的处理效果。表 10-14 给出了一些有机化合物被生物降解的难易程度。

表 10-14　部分有机化合物的生物降解难易程度

被生物降解的难易程度	化合物
极易	芳香族化合物：甲苯、二甲苯
	含氧化合物：醇类、醋酸类、酮类
	含氮化合物：胺类、铵盐类
容易	脂肪族化合物：正己烷
	芳香族化合物：苯、苯乙烯
	含氧化合物：酚类
	含硫化合物：硫醇、二硫化碳、硫氰酸盐
中	脂肪族化合物：甲烷、正戊烷、环己烷
	含氧化合物：醚类
	含氯化合物：氯酚、二氯甲烷、三氯乙烷、四氯乙烯、三氯苯
较难	含氯化合物：二氯乙烯、三氯乙烯；醛类

用来降解污染物的微生物种类繁多，在生物滤塔运行初期，微生物对有机物有一个适应过程，其种群及数量分布逐步向处理目标有机物的微生物转化。对易降解有机物，大约需要驯化 10 天；对难生物降解或对微生物有毒的物质需要采用专门驯化培养的菌种来净化，而且要比较严格地控制负荷。

微生物对有机物不仅有独立氧化作用，而且还有协同氧化作用(共同代谢)，当微生物有

可利用的碳源存在时，对它原来不能利用的物质也能分解代谢。在有些情况下，多种微生物在相同条件下均可正常繁殖，因而在一套滤塔中可同时处理多种成分的气体。研究表明，微生物对几种高氯代脂肪族的共代谢降解大于对单一组分的降解，以甲苯作为唯一碳源的微生物，当有其他碳源存在时，对甲苯的降解速率比单一甲苯存在时的速率要快。当然，关于多类有机物的共存对微生物抑制作用，研究中也有提及。例如，当有丁醇存在时，微生物对甲烷的同化能力有所下降。

在某些行业，其工艺是间歇过程，废气的排放是周期性的。因此，设备的停运、有机营养分的不足是否会影响微生物的生存和处理设施的再运转，已成为生物处理系统运行的关键所在。奥特格拉夫(Ottengraf)研究表明，设备停运两周之内，生物降解性能不会明显下降，如果在滤塔中加入充分的营养物质，那么停运时间可达两个月以上。为避免生物缺氧和缺水，停运期间必须定期供氧、增湿。

六、半导体光催化剂基本原理

(一) 半导体光催化反应过程

半导体光催化原理基于固体能带理论。半导体能带结构不连续，从充满电子的价带顶端(VB Top，VBT)到空的导带底端(CB Botton，CBB)的区域称为带隙。典型半导体的带隙在 1～4 eV，如图 10-9 所示是几种半导体的带隙以及价带和导带的位置。

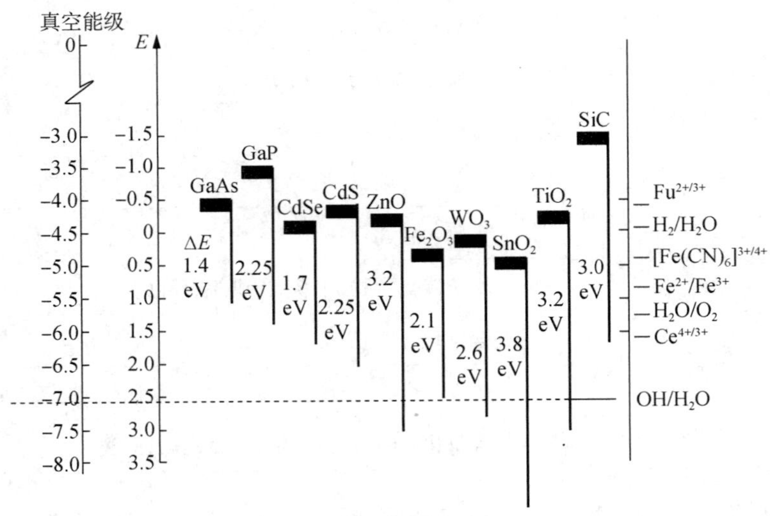

图 10-9　各种半导体在 pH＝1 时价带和导带的位置以及一些物质的氧化还原电势

当半导体吸收能量大于带隙宽度的光子时，由于电子的跃迁将产生寿命在纳秒范围的光生电子空穴对，这是半导体光催化的初始步骤。这种电子和空穴对与激子(相互作用的电子和空穴对）是不同的，激子可以在低于带隙能量的激发下产生。光生电子和空穴对互相接近，并且通过静电力相互作用，因而存在电子和空穴的复合。如图 10-10 所示，电子和空穴可以通过体相复合或表面复合的途径消失，并将能量以热量或光子方式释放。另外，光生电子和空穴初始状态是分离的，表 10-15 给出了以 TiO_2 为代表的光催化有机污染物反应的重要步骤及其相应的特征时间，如图 10-11 所示是光催化过程所涉及步骤的时间范围。从动力学时间上可以看出，初始生成光生载流子是很快的，远高于载流子的捕获和复合，因而能够保证足够数量的光生载流子转移到表面并发生表面电荷迁移的化学反应。

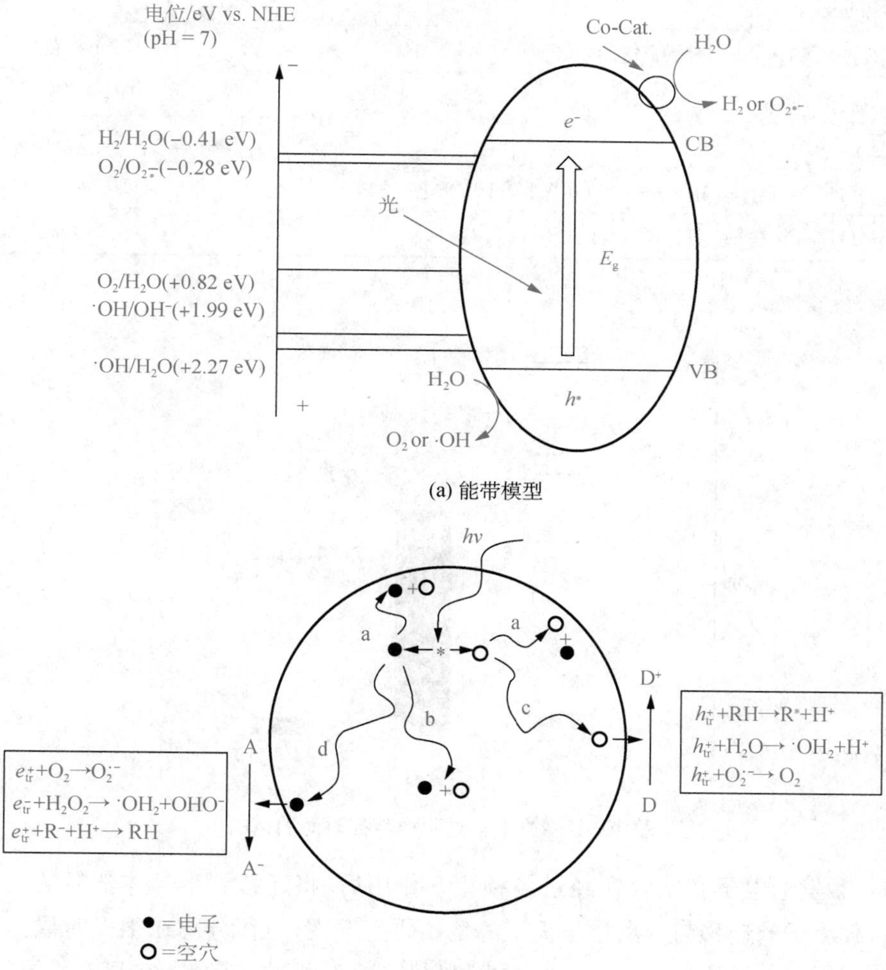

(a) 能带模型

(b) 颗粒模型

图 10-10　半导体光催化反应机理

表 10-15 TiO_2 光催化有机污染物的重要步骤及其相应的特征时间

初级过程	特征时间
光生载流子的生成 $TiO_2+h\nu \longrightarrow e^- + h^+$	fs(非常快)
电荷载流子的捕获	
$h^+ + >Ti(IV)OH \longrightarrow (>Ti(IV)OH\cdot^+)$	10 ns(快)
$e^- + >Ti(IV)OH \rightleftharpoons \{>Ti(III)OH\}$	100 ps(浅捕获;动力学平衡)
$e^- + >Ti(IV) \longrightarrow Ti(III)$	深捕获
电荷载流子的复合	
$e^- + \{>Ti(IV)OH\cdot^+\} \longrightarrow >Ti(IV)OH$	100 ns(慢)
$h^+ + \{>Ti(III)OH\} \longrightarrow >Ti(IV)OH$	10 ns(快)
表面电荷迁移	
$\{>Ti(IV)OH\cdot^+\}$+有机分子$\longrightarrow >Ti(IV)OH$+氧化产物	100 ns(慢)
$\{>Ti(III)OH\}+O_2 \longrightarrow >Ti(IV)OH+O_2\cdot^-$	ms(很慢)

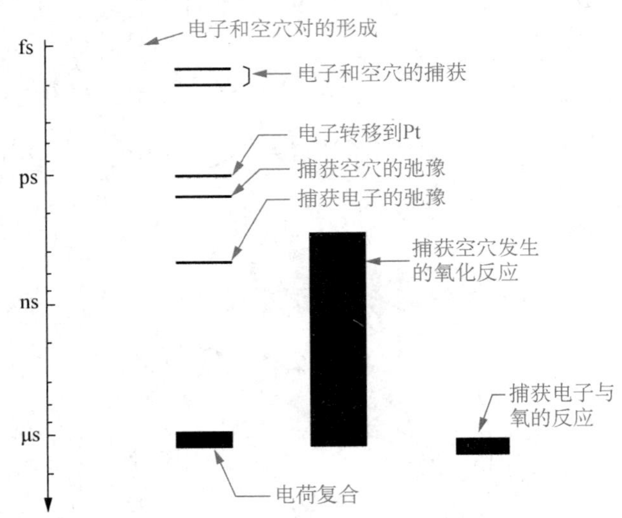

图 10-11 光催化过程中特征时间的范围

光辐射激发的电子和空穴在经过各种相互作用后，将迁移到半导体颗粒的表面。在纳米颗粒内，载流子的迁移与分离过程仍不清楚。研究发现，电荷分离在很多时候是自然发生的，与光催化剂的电子能带结构无关。至少可以确定，对于纳米颗粒，空间电荷层很小，不足以引起电荷的有效分离。光生载流子转移到表面之后，如果能带边缘位置符合某种要求，光生电子和空穴就会与表面吸附的水或有机物发生氧化还原反应，从而产生光催化作用。这种多相界面电子转移的驱动力是半导体能带和受体氧化还原对电位之间的能级差，界面电子传递的速率常数大于 $5\times10^{10}\ s^{-1}$。

光催化中电荷载流子必须先被捕获，才可能抑制复合并促进界面间的电荷转移。纳晶TiO_2薄膜中载流子复合时间被延长到μs范围，电子转移到分子氧的慢过程将与复合发生竞争。通常决定量子产率和电荷界面转移的两个关键是：电荷载流子的复合和捕获的竞争（在ps至ns的时间尺度）；捕获载流子的复合和界面电荷迁移的竞争（在ps至ms的时间尺度）。延长电荷载流子寿命或者提高界面电荷转移速率可望获得更高的量子产率。顺磁共振(electron paramagnetic resonance, EPR)可以用来跟踪捕获的电子和空穴。通常低温下捕获的电子以Ti^{3+}形式存在，表面吸附的氧可以消除Ti^{3+}信号。捕获的空穴被认为是位于较深能级的态，而其确切形式还没有一致的结论，可能的形式有连接羟基的次表面氧自由基(Ti—O—·—Ti—OH)、从表面羟基生成的表面氧自由基(Ti—O—Ti—O·)以及晶格氧自由基($O\cdot^-$)等。

通过实验可以估测捕获电子态的能量。例如：通过热发光或热激发电流，测定金红石TiO_2单晶的捕获电子态位于导带下0.21～0.87 eV的位置；对于纳晶TiO_2薄膜，捕获电子态测定位于导带下的0.5～0.7 eV；通过发光光谱分析，锐钛矿TiO_2纳米粒子的4个浅捕获电子态位于导带下0.4 eV、0.5 eV、0.64 eV和0.86 eV。捕获空穴态的能级位置可以通过间接方法测定。例如，TiO_2颗粒与·OH反应产物被认为是颗粒表面的深能级捕获空穴，其氧化还原电位位于价带上1.3 eV；通过导带电子与深能级的捕获空穴复合发光光谱测定捕获空穴位于价带上约1.5 eV的位置。

事实上，TiO_2纳米颗粒具有高度水化的表面，不同环境下均存在大量的羟基，因而羟基的作用非常复杂。通常认为，两种不同的表面Ti—OH基团在捕获载流子(捕获空穴Ti—·OH和捕获电子Ti^{3+}—OH)中起到重要作用。其一是质子化的桥连羟基Ti—OH^+—Ti；其二是端基Ti—OH(可简单认为是OH^-离子吸附在五配位的Ti或者这些位置上的解离吸附水)。两者酸碱性不同，导致反应活性不同。桥氧上电子捕获的途径是：先电子捕获，随后发生质子转移，或者反之，最终形成中性的桥氧Ti—OH基团，电子被六配位的Ti^{4+}捕获。另外，几乎所有的光生空穴都被或深或浅的捕获位捕获，而电子则大部分是未捕获的自由电子。这点能够解释为什么TiO_2表面氧的还原非常慢，因为自由电子与分子氧的反应比捕获电子慢得多。

(二) 影响光催化活性的内因

1. 半导体的能带位置

半导体的带隙宽度决定了催化剂的光学吸收性能。半导体的光吸收阈值λ_g与E_g有关，其关系式为$\lambda_g = 1\,240/E_g$。半导体的能带位置和被吸附物质的氧化还原电势，从本质上决定了半导体光催化反应的能力。热力学允许的光催化氧化还原反应要求受体电势比半导体导带电势低(更正)；给体电势比半导体价带电势高(更负)。导带与价带的氧化还原电势对光催化活性具有重要影响。通常价带顶VBT越正，空穴的氧化能力越强；CBB越负，电子的还原能力越强。价带或导带的离域性越好，光生电子或空穴的迁移能力越强，越有利于发生氧化还原反应。对于用于光解水的光催化剂，导带位置必须低于 H^+/H_2O（−0.41 eV）的，才能产生 H_2；价带位置必须高于 O_2/H_2O（+0.82 eV），才能产生 O_2。因此，发生光解水必须具有合适的导带和价带位置，而且考虑到超电压的存在，半导体禁带宽度 E_g 应至少大于 1.8 eV。目前常被用作光催化剂的半导体大多具有较大的禁带宽度，这使得电子-空穴具有较强的氧化还原能力。如 TiO_2 在 pH 值为 1.0 时的 E_g 为 3.2 eV，光激化电荷跃迁所需入射光最大波长为 387 nm。常用半导体的禁带宽度以及标准氢电极电位、真空能级的相对位置如图 10-9 所示。

许多用于光解水的催化剂不适用于有机污染物的降解。在光催化降解环境污染物的过程中，涉及多种活性物质：光生空穴、羟基自由基（$\cdot OH$）和超氧自由基（$\cdot O_2^-$）以及最近确切检测到的另一重要活性物种单线态氧$^1O_2$。通常电子转移的情况下，导带底位置比 $O_2/\cdot O_2^-$（−0.28 eV vs. NHE）的氧化还原势负，氧气作为电子受体（acceptor）被还原生成 $\cdot O_2^-$；价带顶比 $\cdot OH/H_2O$（+2.27 eV vs. NHE）或 $\cdot OH/OH^-$（+1.99 eV vs. NHE）的氧化还原势正，表面吸附的水或羟基作为电子供体（donator）被空穴氧化为 $\cdot OH$，但是最近的研究结果对此提出了质疑。从能量转移角度看，复合作用消耗的能量可能被 O_2 获取而生成单线态氧。当能带位置符合氧化还原势能要求时，3 种主要活性物种均存在且对污染物的降解发挥作用，而羟基自由基的作用尤其重要；但是当价带位置较高时，光催化反应中不能直接空穴氧化水生成 $\cdot OH$，此时可以通过空穴和 $\cdot O_2^-$ 为主的作用有效降解污染物；另外，特殊情况下，单线态氧还能通过其他途径降解特殊有机物如氰尿酸。总之，在设计用于降解污染物的可见光催化剂的过程中，一方面应保证较窄的带隙，使之尽可能多地吸收可见光，另一方面由于其导带位置不存在类似光解水的限制，应尽可能考虑构筑位置较正的价带，以保证强的空穴氧化能力和羟基自由基的生成。

2. 光生电子和空穴的分离与捕获

光激发产生的电子和空穴可经历多种变化途径，其中最主要的是分离和复合两个相互竞争的过程。对光催化反应来说，光生空穴和电子的分离与给体或受体发生作用才是有效的。如果没有适当的电子或空穴捕获剂，分离的电子和空穴可在半导体粒子内部或表面复合并放出荧光或热量。空穴捕获剂通常是光催化剂表面吸附的 OH^- 基团或水分子，可生成活性物种 $\cdot OH$，它无论在吸附相还是溶液相都易引发物质的氧化反应，是强氧化剂。光生电子的捕获剂主要是吸附于光催化剂表面上的氧，它既能够抑制电子与空穴的复合，同时也是氧化剂，可以氧化已经羟基化的反应产物。此外，在实验中经常在反应体系中额外加入空穴或自由基捕获剂（常用的自由基捕获剂有甲醇、异丙醇、KI、SO_3^{2-} 等）或电子捕获剂（常用的电子捕获剂有 $C(NO_3)_4$、SF_6、Ag、H_2O_2、O_3 等），用于研究光催化反应机理或者加速光催化反应。作为良好电子受体的电子捕获剂能够快速捕集光生电子，也可以抵消反应体系缺氧的倾向，以至于尽可能地抑制了光生电子与空穴复合，使它们各自更有效地参与目标

反应。

光生载流子的有效分离决定了光催化活性，一般认为该过程与晶体体相结构以及催化剂、表面积、表面形貌等微观表面结构密切相关。目前对于载流子分离和复合的研究较少，详细调控机制尚处于探索中。通常晶化度越高，电荷迁移速度越快，有利于提高光催化活性。研究发现，$BaZn_{1/3}Nb_{2/3}O_3$ 载流子迁移的电荷交换步骤中迁移能与 Zn—O—Nb 键角有关，该键角越接近 180°，迁移能越低，越有利于光生载流子的分离。进一步的拉曼(Raman)散射谱研究表明晶格振动对 $BaM_{1/3}N_{2/3}O_3$(M=Ni，Zn；N=Nb，Ta)光催化活性的影响，含 Ta 光催化剂活性较低，而其弯曲振动模式相对红移，这些弯曲模式较“软”，其晶格振动更强，M—O—Ta 键角有更多机会偏离 180°，从而使得光生电子和空穴需要更高的迁移能，不易迁移分离，光催化活性较低。另外，构成晶胞单元的主要金属氧化物的四面体或八面体单元的偶极矩对光生载流子分离也有影响，因为其偶极矩形成的内电场有利于光生电子和空穴的分离。如 InO_6 八面体单元构成的铟酸盐化合物 $LiInO_2$、$NaInO_2$ 和 $SrIn_2O_4$，前两者的 InO_6 接近正八面体结构，偶极矩几乎为 0 D，无光解水活性，而 $SrIn_2O_4$ 的两种 InO_6 八面体偶极矩分别为 1.11 D 和 2.80 D，显示出较好的光催化活性。RuO_2 负载的 Zn_2GeO_4 的光解水活性也与其畸变的 GeO_4 四面体的偶极矩为 1.6 D 有关。因此，可以认为，组成结构的主要多面体单元的偶极矩越大，光生载流子越易迁移，催化剂的活性越好。

3. 晶体结构

除了对晶胞单元的主要金属氧化物的四面体或八面体单元的偶极矩的影响，晶体结构(晶系、晶胞参数等)也影响半导体的光催化活性。TiO_2 是目前认为最好的光催化剂之一。TiO_2 主要有两种晶型，即锐钛矿和金红石，两种晶型结构均可由相互连接的 TiO_2 八面体表示，两者的差别在于八面体的畸变程度和八面体间相互连接的方式不同。结构上的差异导致了两种晶型有不同的质量密度及电子能带结构。锐钛矿型的质量密度略小于金红石，而且带隙能(3.2 eV)略大于金红石(3.1 eV)，这使其光催化活性比金红石的高。

4. 晶格缺陷

根据热力学第三定律，除了在绝对零度，所有的物理系统都存在不同程度的不规则分布，实际晶体都是近似的空间点阵式结构，总有一种或几种结构上的缺陷。当有微量杂质元素掺入晶体时，也可能形成杂质置换缺陷。这些缺陷的存在对光催化活性可能起着非常重要的影响。有的缺陷可能成为电子或空穴的捕获中心，抑制了两者的复合，以至于光催化活性有所提高，但有的缺陷也可能成为电子-空穴的复合中心而降低反应活性。

5. 比表面积

对于一般的多相催化反应，在反应物充足的条件下，当催化剂表面的活性中心密度一定时，比表面积越大则活性越高。但对于光催化反应，它是由光生电子与空穴引起的氧化还原反应，在催化剂表面不存在固定的活性中心。因此，比表面积是决定反应基质吸附量的重要因素，在晶格缺陷等其他因素相同时，比表面积大则吸附量大，活性也越高。然而实际上，由于对催化剂的热处理不充分，具有大比表面积的往往晶化度较低，存在更多的复合中心，也会出现活性降低的情况。

6. 半导体粒径尺寸

半导体颗粒的大小强烈地影响着光催化剂的活性。半导体纳米粒子比普通的粒子具有更高的光催化活性，原因主要有：纳米粒子表现出显著的量子尺寸效应，主要表现在导带和价带变成分立能级，能隙变宽，价带电势变得更正，导带电势变得更负，这使得光生电子空穴具有更强的氧化还原能力，提高了半导体光催化氧化污染物的活性；纳米粒子的表面积很大，这大大提高了半导体吸附污染物的能力，而且表面效应使粒子表面存在大量的氧空穴，以至于反应活性点明显增加，从而提高了光催化降解污染物的能力；对于半导体纳米粒子而言，其粒径通常小于空间电荷层的厚度，在此情况下，空间电荷层的影响可以忽略，光生载流子可通过简单的扩散从粒子的内部迁移到粒子的表面而与电子给体或受体发生氧化或还原反应。由扩散方程 $\tau = {r_0}^2/(\pi^2 D)$（τ 为扩散平均时间，r_0 为粒子半径，D 为电子和空穴在半导体中的扩散系数）计算可知，对于粒径为 1 μm 的半导体粒子，电子的传输时间大约是 100 ns，而对于粒径为 10 mm 的半导体粒子，电子的传输时间大约是 10 ps，即粒子的尺寸越小，电子的传输时间就越短。通常认为光生载流子的复合时间为 10 ns，这就意味着对半导体粒子而言，粒径越小，电子和空穴复合几率就越小，光催化活性就越高。然而纳米粒子光催化剂在开放环境体系的污染控制应用中，面临如何有效固定化、同时保持高效活性的问题，而且实际应用中还需要解决纳米粒子严重团聚的问题。

七、光催化空气净化基本原理

光催化降解气相污染物的实验研究和理论模型已比较成熟，甚至已出现了一些商业化的产品。影响气相 VOCs 光催化降解的主要因素有光强、污染物种类和浓度、O_2 分压、湿度等，在某些情况下，由于生成相对稳定的中间产物并由于中间产物在催化剂表面活性位置的吸附，将导致催化剂的失活并抑制污染物的光催化彻底降解。

空气污染物的光催化降解反应可以用动力学方程来描述。动力学方程根据反应物降解的机理描述给出反应速率，而且动力学方程可以指导反应器的放大设计和应用，实验室测定的动力学参数和动力学反应速率等数据是进行实际光催化反应器尺寸设计所必需的参数。对于单分子反应，可以根据反应动力学级数直接进行描述，如反应物 A 的降解速率可以表示为式(10-8)，其中，n 可以为 0、0.5、1 和 2，C_A 为反应物浓度，k 为速率常数。

$$r_A = kC_A^n (n=0,\ 0.5,\ 1,\ 2) \tag{10-8}$$

然而目标污染物的光催化降解速率通常与各种影响因素有关（如光强、反应物浓度、氧

浓度、水蒸气浓度、温度等），动力学方程中必须考虑这些因素并优化实验条件，从而指导反应器的设计。对于气相污染物的光催化反应，反应速率与吸附量成正比，而且光催化反应是表面吸附的氧（或含氧分子）与可还原反应物的表面双分子反应历程，因而式（10-9）被广泛采用：

$$r = k\theta_R\theta_{O_2(ads)} \tag{10-9}$$

其中：θ_R 表示反应物R 在光催化剂表面吸附的覆盖率，而$\theta_{O_2(ads)}$ 是氧气在催化剂表面吸附的覆盖率。基于单分子层表面吸附的朗格缪尔模型，R 的表面吸附覆盖率可以用式（10-10）表示。

$$\theta_R = \frac{K_A[R]}{1+K[R]} \tag{10-10}$$

其中：K_A 为吸附平衡系数。经测定，O_2 在德固赛（Degussa）P25 表面的吸附平衡系数在 $3.4\times10^3\sim20\times10^4$ M^{-1}，通常空气中氧气充足（体积比约为 20.8%），可以认为 $\theta_{O_2(ads)}$ 接近 1，则式（10-9）可以简化为单分子 L-H 模型（ULH），即得到动力学表达式：

$$r = -\frac{dC}{dt} = \frac{kKC}{1+KC} \tag{10-11}$$

其中：r 表示初始光催化氧化速率；C 表示反应物浓度；t 表示光照时间；k 是反应速率常数；K 是反应物在催化剂表面的吸附系数。

然而在光催化空气净化的实际应用中，通常存在多种化合物的竞争吸附，因而在多组分共存情况下，ULH 模型需要修改为多组分的 L-H 模型（MLH），如下：

$$r_A = k\frac{K_AC_A}{1+K_AC_A+\sum ik_iC_i} \tag{10-12}$$

水蒸气是一种重要的反应物，水分子在催化剂表面的吸附有助于形成高活性的羟基自由基，但是也可以与目标污染物分子形成竞争吸附。研究发现，过量的水存在将抑制一些气相污染物的降解，包括甲醛、丙酮、甲苯、间二甲苯和四氯乙烯等。

知识链接 10-1

典型行业 VOCs 气体排放特征与最佳可行技术

本章小结

本章介绍了挥发性有机物(VOCs)的来源与危害,分析不同行业 VOCs 的性质特点,阐述 VOCs 控制技术及其优缺点,进一步介绍了 VOCs 废气处理新技术、工业源 VOCs 控制技术应用状况、典型行业 VOCs 气体排放特征与最佳可行技术。本章内容是大气污染控制技术的重要组成部分。

关键词

挥发性有机物(VOCs);VOCs 来源与危害;典型行业 VOCs 成分;工业污染源;VOCs 控制技术;新技术

习　题

1. 简述 VOCs 定义、分类及其危害。
2. 简述不同行业 VOCs 源产生气体的排放特征。
3. 简述 VOCs 控制的相关标准和技术规范。
4. VOCs 常用的处理方法及其优缺点。
5. 简述合成树脂厂、塑料彩印厂和制药厂 VOCs 处理工艺,并利用所学知识分析其优缺点。
6. 简述光催化法净化 VOCs 的工艺、原理和优缺点。
7. 简述 VOCs 处理新工艺。
8. 简述影响 VOCs 控制技术选择的主要因素。
9. 结合工程案例,分析 VOCs 控制工艺的合理性与发展趋势,从技术、经济等方面比较各工艺的优劣,并给出各工艺的最佳使用条件和适用范围。

第十一章　城市机动车污染控制

学习目标

1. 了解我国机动车污染状态。
2. 掌握机动车污染控制技术。
3. 熟悉机动车发展新技术。

随着汽车保有量的迅速增加，汽车尾气排放正在成为城市大气污染的重要来源之一，一些大城市的大气污染已逐渐由煤烟型转向汽车尾气污染型，或呈现出二者综合的污染特征。汽车尾气排放量极大，成分复杂，主要污染气体包括一氧化碳、氮氧化物、碳氢化合物(HC)和颗粒物(PM)等。本章学习内容包括机动化交通污染排放及发展趋势，汽油机、柴油机车辆的污染与控制，以及新型动力车的发展。本章学习难点为汽油机、柴油机车辆污染控制的相关知识。

第一节　城市交通对空气环境的影响

一、机动车保有量的增长

全球汽车工业经过100多年的发展，已步入稳定发展的成熟期，产销量增长平稳，成为世界各国重要的经济支柱之一，是国民经济的发动机。2011—2017年，全球汽车产量分别为7 988万辆、8 424万辆、8 731万辆、8 978万辆、9 078万辆、9 498万辆及9 730万辆。据估计，2030年前，全世界机动车数量将超过20亿辆，主要增量来自发展中国家。据我国公安部交管局统计，截至2019年6月底，我国机动车保有量达3.4亿辆，其中汽车2.5亿辆。为了防治大气污染、改善城市交通状况、形成绿色发展方式和生活方式，我国必须探索出一条绿色城市交通发展道路。

二、城市交通对城市空气环境的影响

（一）我国城市汽车排放污染现状

汽车是能源消耗和污染排放的主要来源。根据城市大气污染物来源的分类统计，在我国主要大城市中，有80%左右的污染物来源于汽车排放废气。自20世纪80年代以来，随着人民生活水平的提高及城市化进程的加快，我国汽车保有量在急剧增加。2018年年末，全国民用汽车保有量24 028万辆（包括三轮汽车和低速货车906万辆），比上年年末增长10.5%，其中私人汽车保有量20 730万辆，增长10.9%。汽车保有量的增加，伴随产生了严重的大气污染，控制汽车污染已迫在眉睫。

根据城市大气污染物来源的分类统计，很多大城市汽车污染排放量都呈上升趋势，汽车尾气排放的HC、CO和NO_x等有毒气体已经成为城市的第一空气污染源。《中国移动源环境管理年报（2019）》公布了2018年全国移动源环境管理情况。2018年，全国机动车4项污染物排放总量初步核算为4 065.3万吨。其中，CO为3 089.4万吨，HC为368.8万吨，NO_x为562.9万吨，PM为44.2万吨。汽车是机动车大气污染排放的主要贡献者，其排放的CO、NO_x和PM超过90%，HC超过80%。按车型分类，货车排放的NO_x和PM明显高于客车，其中重型货车是主要贡献者；客车CO和HC排放量明显高于货车。按燃料分类，柴油车排放的NO_x接近汽车排放总量的70%，PM超过90%；汽油车CO和HC排放量较高，CO超过汽车排放总量的80%，HC超过70%；占汽车保有量7.9%的柴油货车，排放了60.0%的NO_x和84.6%的PM，是机动车污染防治的重中之重。

（二）城市汽车排放对环境及人类健康的影响

1. 汽车污染物

成分复杂的机动车尾气的排放会造成周围环境的污染，给人们的身体健康带来极大的危害，主要污染气体包括CO、NO_x、HC、PM，并且含硫、铅等多种有害物质。目前，排放法规限制的是CO、HC、NO_x和柴油车颗粒物4种污染物。

2. 汽车污染物的影响

CO是一种无色无味的有毒气体，与血液中输送氧的载体血红蛋白的亲合力是氧的300倍。当人体吸入CO时，它会与人体中的血红蛋白结合生成羧基血红素，剥夺了血红蛋白对人体组织的供氧能力。汽车尾气中直接排放的NO_x基本上是NO，之后在大气中被氧化为NO_2。NO_2是对人体产生主要危害的物质，当人在低浓度NO_2环境中短暂停留，就会出现呼吸困难，吸入量较大时会引起肺水肿。HC成分超过100种，含有少部分多环芳香烃和醛类，其中苯并芘是致癌性很强的一种多环芳香烃，对人体影响较大。NO_x和HC在阳光作用下发生光化学反应而生成刺激性产物，称为光化学烟雾，主要成分为酮、醛、过氧乙酰硝酸酯和臭氧等。颗粒物会吸附有毒有害物质，如NO_2、未燃HC、SO_2等，危

害人体的呼吸系统。

第二节　汽油车污染排放的形成与控制

一、汽油机的工作原理与污染来源

（一）汽油机工作原理

汽油发动机(gasoline engine)是以汽油作为燃料，将内能转化成动能的发动机。汽油发动机类型很多，结构各异，但工作原理都相同。通常使用的是四冲程汽油机，如图 11-1 所示为汽油机的一个缸体。汽车发动机常用缸数有 3、4、5、6、8、10、12 缸。

汽油机发动机工作原理简单来说就是进气、压缩、做功、排气 4 个冲程。

(1) 进气冲程。燃油和空气的混合气进入发动机；进气门开启，排气门关闭；活塞由上向下移动；当活塞运动至最低时，进气阀关闭。

(2) 压缩冲程。进气门和排气门关闭，活塞上移，燃油和空气的混合气体被压缩；当活塞运动至最顶部时，压缩冲程结束。

(3) 做功冲程。火花点燃混合气体，燃烧的气体急剧膨胀，推动活塞下行，将内能转化为机械能。

(4) 排气冲程。排气门打开，活塞上升，燃烧后的气体从气缸中排出；排气冲程结束时，活塞位于最顶部。

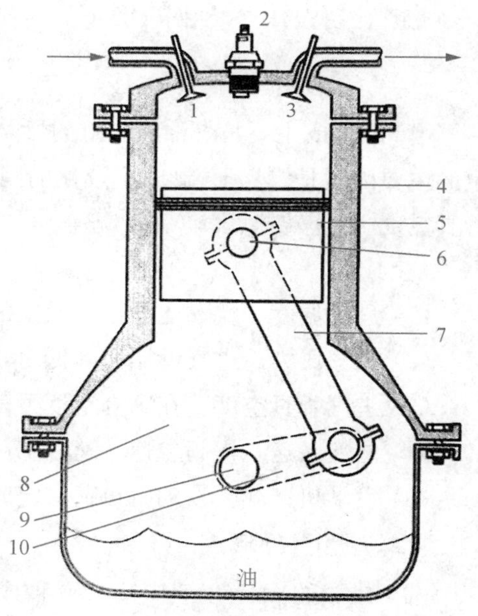

1—进气门；2—火花塞；3—排气门；4—缸体；5—活塞；6—活塞销；7—连杆；8—曲轴箱；9—曲轴；10—曲轴柄

图 11-1　四冲程汽油机缸体结构示意图

（二）汽油车的污染来源

汽油车的污染主要来源于发动机排放的废气、曲轴箱窜气和燃料供给系统中蒸发的汽油蒸气。对于一辆没有采用排放控制措施的汽油车，其污染物来源和相对排放比例如表 11-1 所示。

表 11-1　汽油车污染物来源及其相对排放比例

排放源	相对排放比例(占该污染物总排放量的比例)/%		
	CO	NO_x	HC
尾气管	98～99	98～99	55～65
曲轴箱	1～2	1～2	25
蒸发排放	0	0	10～20

通过提高发动机的热效率或者其他减少汽车发动机燃料消耗的方法(如减少车辆自重),对于减少汽车污染物排放总量是很重要的。更为关键的是,提高汽车燃料经济性是削减汽车排放温室气体总量的根本措施。

二、燃烧过程中污染物的形成

(一) CO 的形成

CO 的生成主要是燃油在气缸内燃烧不充分所致,是由氧气不足引起的。决定 CO 排放量的主要因素是空燃比,影响空燃比的因素都会影响 CO 生成,如进气温度、大气压力、进气管真空度、怠速转速、发动机工况等。空气和燃料的混合程度、内壁的淬熄效应等也会影响 CO 的生成。

(1) 进气温度。空燃比随空气温度的上升而变大,CO 的排放量将增加。

(2) 大气压力。进气管压力降低时,空气密度下降,空燃比下降,CO 的排放量增加。

(3) 进气管真空度。在高真空度下,混合气瞬时过浓,CO 的排放量增加。

(4) 怠速转速。提高怠速转速,空气流量增加,CO 的排放量降低。

(5) 发动机工况。发动机负荷一定时,CO 的排放量随转速增加而降低。

(二) HC 的形成

汽车排放的 HC 约有 100～200 种成分,包括未燃和未完全燃烧的燃油、润滑油及其裂解和部分氧化产物,如芳香烃、烯烃、烷烃、醛类,酮类等。

(1) 未燃燃料。未燃燃料从活塞组和汽缸之间的缝隙漏入曲轴箱,形成窜气。

(2) 不完全燃烧。空气和燃料的混合过浓或过稀都会引起燃料的不完全燃烧,未完全燃烧的碳氢燃料随废气排入大气,其生成的原因包括火焰在壁面淬冷、狭隙效应、燃烧室内沉积物和油膜等对燃油蒸气的吸附和解吸、体积淬熄和后期氧化等。

① 壁面淬冷效应。燃烧室对火焰的迅速冷却使火焰前封面的温度降到自燃温度以下,燃烧反应链中断,使化学反应放缓或停止。淬冷层如图 11-2 所示,产生大量 HC。淬冷层在整个缸体中只是很小的一部分,但是由于发动机的富集作用,残留气体中 HC 的浓度非常高。

② 狭隙效应。汽油机燃烧室中各种狭缝如活塞、活塞环与气缸壁之间，火花塞周围的空隙等，火焰传不过去，形成淬冷层，称为狭隙效应。狭隙效应生成的 HC 占总量的 50%～70%。

③ 壁面油膜和积炭的吸附。在进气和压缩过程中，汽缸壁面上和活塞顶上的润滑油膜会吸附未燃混合气及燃料蒸气，在膨胀过程和排气过程时压力降低，部分 HC 脱附进入燃烧产物中。这种由油膜和积炭吸附产生的 HC 占总量的 35%～50%。一些在用车上往往有较厚的积炭层，当清除积炭后，HC 排放会降低 20%～30%。

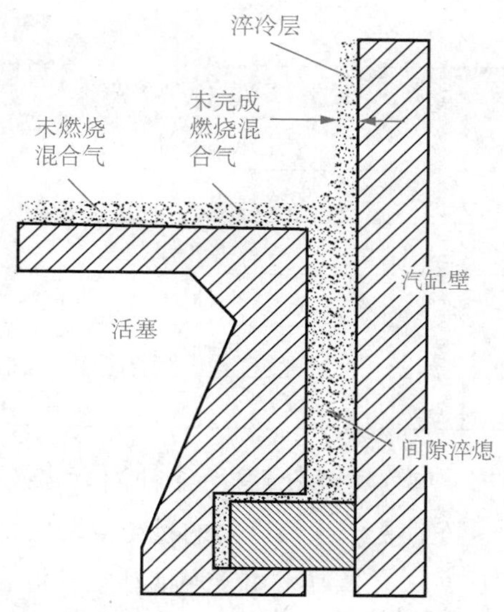

图 11-2　燃烧过程中的淬冷层

（三）NO_x 的形成

汽车发动机燃烧过程中生成 NO_x 的机理与燃煤基本相同，主要生成 NO，另有少量的 NO_2，统称 NO_x，主要包括热力型 NO_x、瞬时型 NO_x 和燃料型 NO_x。热力型 NO_x 是汽车发动机产生 NO_x 的主要的来源。

(1) 热力型 NO_x。热力型 NO_x 是汽车发动机尾气中 NO_x 的主要生成来源。在燃烧温度低于 1 500 ℃时，NO_x 的生成量很少；只有当温度高于 1 500 ℃时，NO_x 的生成反应才变得明显起来，而且随着温度的升高，NO_x 的生成速率按指数规律迅速增加。内燃机中，燃烧用空气中的 N_2 在高温下氧化而生成的氮氧化物，其生成机理是由苏联科学家捷里道维奇提出来的。在理论空燃比下，整个体系达到的温度最高，所以在理论空燃比略小的条件下，NO_x 浓度最大。空气过剩系数直接影响燃烧时的气体温度和可利用的氧浓度，因而对 NO_x 生成的影响是很大的。在浓混合气区，主要是氧浓度起作用：当 $\alpha < 1$ 时，由于缺氧，即使燃烧室内温度很高，NO_x 的生成量仍会随着 α 的降低而降低，此时氧浓度起着决定性作用；但当 $\alpha > 1$ 时，NO_x 生成量随温度升高而迅速增大，此时温度起着决定性作用。

(2) 瞬时型 NO_x。瞬时型 NO_x 的生成过程由一系列活化能不高的反应组成，因而并不需要很高的温度就可进行。内燃机中，在 $\alpha < 1$ 的过浓条件下，容易产生瞬时型 NO_x；但就燃烧过程中 NO_x 生成总量来看，瞬时型 NO_x 只占很小的比例。

(3) 燃料型 NO_x。燃料油生成 NO_x 的机理与燃煤基本相同，汽油可看作基本不含氮，一般车用柴油的含氮率较低，如表 11-2 所示。所以，NO_x 生成量很小，基本可以不考虑燃料型 NO_x。

表 11-2　各种燃料的含氮率

燃料种类	含氮率(质量分数)/%
中东系原油	0.09～0.22
C 重油	0.1～0.4
A 重油	0.05～0.1
柴油	0.002～0.03
煤油	0.000 1～0.000 5
煤炭	0.2～3.4

(四) 发动机运行条件对污染物排放的影响

发动机产生污染物的量与空燃比直接相关。理论上 $\alpha > 14.7$，排气中不生成 CO，而只生成 CO_2。实际上由于燃油和空气混合不均匀，排气中还含有少量 CO。即使混合均匀，由于燃烧后的温度很高，已经生成的 CO_2 也会有一小部分分解成 CO 和 O_2，H_2O 会部分分解成 O_2 和 H_2，生成的 H_2 也会使 CO_2 还原成 CO，故而在排气中还含有少量 CH 和 CO。$\alpha <$ 14.7，燃烧不完全，生成的 HC 和 CO 较多。NO_x 的产生量在理论空燃比附近最高，这是由于燃烧温度较高。

发动机运转工况不同，污染物的生成量也大不相同。车速是影响污染物排放的重要因素。NO_x 的生成与发动机内部环境中温度和空燃比情况有着重要关系，汽车在加速和高速行驶时，燃烧温度高，因而 NO_x 排放浓度较高。CO 主要来自烃化物中含碳成分的不完全氧化反应。汽车在刚刚启动的一段时间里，排放中的 CO 含量大大高于其他行驶工况，原因是催化器温度较低，CO 在其中反应效率很低。汽车在加减速和怠速，尤其是加速时，尾气中的 CO 增量明显，这是因为加速时的喷油量加大、空燃比偏低，而怠速和减速时发动机节气门开度很小，燃烧混合气中的 O_2 不足，即空燃比较低，导致较高的 CO 排放。汽油喷射式发动机在减速时不再供油，而且进气管中油膜少，因而 CO 排放较少。CH 的生成主要分为两类：没有被燃烧或燃烧不完全的燃料本身和燃料在高温状态下的裂解产物。汽车在刚刚启动的一段时间里，其中的 CH 含量极高，可能原因为气缸壁温度大大低于燃气温度，导致壁面淬冷效应，同时催化器温度较低，也导致 CH 含量的增加。汽车在加速时，尾气中的 CH 明显增高，原因是加速时的喷油量加大，空燃比偏低，油膜和缸壁吸附。

此外，发动机运行过程中，外界空气温度、压力、湿度、使用的燃料等都会影响发动机污染物的形成。

三、汽车燃油的改用

严格执行国家技术标准，控制燃油质量。车用燃料对车辆排放有很大影响，故要有计划地改善燃油品质，包括取消低辛烷值汽油、提高汽油辛烷值、引进使用汽油发动机清洁剂、大

力推广乙醇汽油等。

（一）使用乙醇汽油

节约能源，大力开发乙醇代替汽油，是项有利于保护环境和资源的新课题。因乙醇是一种以小麦、玉米等原料生产的变性燃料乙醇和汽油以一定的比例混合而成的汽车燃料，它与纯汽油相比，汽车尾气中一氧化碳量可降低1/3左右，碳氢化合物降低13.4%。此计划推广使用，将对改善城市大气污染、保障人民健康起到重要作用。

（二）采用无铅汽油

采用无铅汽油代替有铅汽油，可减少汽车尾气毒性物质的排放量。铅的污染程度与交通密度（每小时通过的车辆数）以及汽油中铅的含量有密切关系。以无铅汽油代替四乙基铅汽油，这种汽油使用甲醛树丁醚作为掺合剂，它不仅无铅，而且汽车尾气排出的CO、NO_x、HC均会减少。

（三）选用润滑添加剂

在机油中添加一定量（比例为3%～5%）石墨、二硫化钼、聚四氟乙烯粉末等固体添加剂，加入引擎的机油箱，可节约发动机燃油5%左右。此外，采用上述固体润滑剂可使汽车发动机汽缸密封性能大大改善，汽缸压力增加，燃烧完全。尾气排放中，CO和碳氢含量随之下降，可减轻对大气环境的污染。

（四）掺入添加剂

掺入添加剂，改变燃料成分。在汽油中掺入15%以下的甲醇燃料，或者含10%水分的水-汽油燃料，都能在一定程度上减少或者消除CO、NO_x、HC和铅尘的污染效果。

四、降低污染排放的发动机技术

不断提高汽油发动机的燃烧效率，减少污染物的排放，是发动机技术近30多年来持续进步的主要推动力。这些技术包括降低发动机燃烧室的面容比、改进点火系统（包括延迟点火提前角）、提高燃烧过程的压缩比、采用多气阀汽缸设计、改善燃料供给系统、采用汽油喷射技术、引入废气再循环（exhaust gas re-circulation，EGR）、使用电子控制的发动机管理系统等。应用这些技术已经使得现代发动机的污染物排放比传统发动机减少60%～70%。

（一）延迟点火提前角

点火提前角对发动机的动力性、经济性、排放特性和噪声有重要影响，延迟点火提前角一直是最简单易行、最普遍应用的排放控制技术。一般发动机在压缩冲程结束前点火，可以得到最大的压缩比以及最高的温度和压力。但是，降低燃烧温度有利于降低NO_x的浓度，所以往往采用延迟点火的办法，点火时间甚至可以延迟到活塞达到上止点后。

采用电子点火系统，这一系统的作用就是对点火提前角的操控。在发动机的运行过程中，电控单元会对各种传感信号进行分析判断，来确定当前发动机的工作状况，选择合适的

提前角把混合气点燃，这样可以把发动机在点火时的燃烧效率发挥到最大效果。现代汽车已普遍采用无触点电子点火系统，加强点火强度并延长火花持续时间，可以加强发动机燃烧过程，降低 HC 的排放。

（二）电子控制燃油喷射系统

汽油机降低排放污染和提高热效率的关键问题之一是精确控制空燃比，如今电子控制燃油喷射系统（electronic fuel injection, EFI）的应用可以控制喷油器的喷油量，使发动机在各种工况下都能获得最佳空燃比。电子控制燃油喷射系统利用各种传感器监测发动机的各种工作状态，经微机的判断、计算，使发动机在不同工况下均能获得合适空燃比的混合气。因混合气浓度时刻与发动机工况相适应，燃油混合气燃烧完全，所以发动机排放的污染物浓度较低。国外汽油机几乎 100%采用 EFI 系统，而其中绝大多数是多点电喷汽油车。目前，我国已停止生产化油器式汽油车。

由于三效催化转化器的使用，需要对汽油发动机的空燃比进行精确控制，闭环电子控制的汽油喷射系统正好适应了这一需求。通过安装在排气管上的氧传感器反馈的氧浓度信号，闭环控制系统可以将发动机的空燃比控制在理论空燃比±1%的范围内。由于汽油喷射发动机在所有工况下的动力性、经济性和排气净化性能均可实现优化控制，各项性能指标都已经超过使用化油器的汽油机，不久将在轿车上完全取代传统的化油器供油系统。

（三）废气再循环

发动机工作过程中，将一部分未充分燃烧的废气引入进气系统，使它重新与刚吸入的新鲜空气（或混合气）混合进入气缸再进行循环燃烧的方法称为废气再循环控制，是减少发动机 NO_x 排放的一种有效方法。废气再循环法由于废气返流，减少了排气总量，稀释了进气，增加燃烧室内气体的热容量，降低了燃烧的最高温度和氧气的相对浓度，从而降低了 NO_x 的生成量。废气循环量一般在 20%左右，超过这一范围，动力性和经济性将很快恶化，同时由于混合气过度稀释导致失火，使 HC 排放量增加。

（四）稀薄燃烧技术

所谓稀薄燃烧，是指空燃比 A/F 大于理论空燃比 14.7 时的燃烧。但在实际使用中，为保证各缸不失火，混合气不能太稀，其空燃比的稀限为 17：1，所以将空燃比大于 17 的燃烧视为稀薄燃烧。

稀薄燃烧有大量的氧富余，燃料可燃烧完全，有害排放物 CO、HC 减少，同时稀薄气体导致燃烧的最高温度下降，降低了 NO_x 的排放量。稀薄燃烧另一显著的优点是由于燃烧效率大大提高，可降低油耗 15%，减少温室效应气体 CO_2 的排放。因此，稀薄燃烧技术被称为将来汽油发动机车辆的主流技术。

稀薄燃烧尾气中含大量的 O_2，使得原有的三元催化剂对 NO_x 的净化效率大大降低，几乎不起净化作用，无法满足排放法规要求。对稀燃发动机排放处理催化剂的开发研究势在必行。

1. 进气道喷射汽油机(pore fuel injector, PFI)

PFI 发动机产品中，20%喷嘴装在气缸盖上进气门的背面，80%安装在进气歧管上靠近气缸盖位置，在发动机起动时，会在进气门附近形成瞬时的液态油膜，这些燃油会在每次进气过程中逐渐蒸发进入气缸燃烧。因此，进气口处的油膜如同电容，具有积分的作用，发动机瞬时的供油量不能通过喷油器实现精确控制。部分蒸发现象导致油量控制延迟和计量偏差，冷机起动时由于燃油蒸发困难，实际供油量远大于需求空燃比的供油量，这样会导致冷起动时发动机有 4～10 个循环的不稳定燃烧，显著加大发动机未燃 HC 排放。

2. 缸内直喷汽油机(gasoline direct injection, GDI)

GDI 发动机通过把汽油直接喷射到气缸内，高精度的高压喷油嘴和控制缸内的气流运动等方式实现缸内的稀薄燃烧，使发动机无论在燃油经济性还是在降低排放等方面都表现出比 PFI 发动机更大的发展潜力。

丰田、三菱及福特等汽车企业都开发了比较完善的 GDI 机型和产品。作为一种新型燃烧方式，GDI 发动机有着广阔的发展前景，对解决能源危机和防治环境污染有着很大作用。

五、汽油车尾气排放后处理技术

排气后处理技术是指在发动机的排气系统中进一步削减污染物排放的技术。常见的排气后处理装置有改进排气管、二次空气喷射系统、氧化型催化转化器、还原型催化转化器、三效催化转化器等。氧化型和还原型催化转化器分别用来净化排气中的 HC+CO 和 NO_x，这些技术目前已经被三效催化净化技术所取代。

(一) 改进排气管

在化油器正中的排气管底面设有许多褶叶，以便使所排的废气能存积在夹空中，利用其热量使混合气体进一步气化。另外，这些突出的叶翅尖端已被废气加热，可成为未燃 HC、CO 再循环的热源。

(二) 二次空气喷射系统

新鲜空气被吸入或喷入发动机排气门后面，促使高温废气中的 CO、HC 与空气中的 O_2 进一步化合变成无害的 H_2O 和 CO_2。

(三) 氧化、还原型催化转化器

氧化型催化转化器利用排气中残留的或二次空气供给的氧，使 CO 和 HC 完全氧化，其反应过程如下：

$$CO + (1/2)O_2 \longrightarrow CO_2$$

$$C_xH_y + (x + y/4)O_2 \longrightarrow xCO_2 + (y/2)H_2O$$

NO_x 还原催化转化器利用排气中的 CO、HC 和 H_2 为还原剂来净化 NO，可能的化学反应主要有 7 个：

$$NO + CO \longrightarrow 0.5N_2 + CO_2$$
$$2NO + 5CO + 3H_2O \longrightarrow 2NH_3 + 5CO_2$$
$$NO + H_2 \longrightarrow 0.5N_2 + H_2O$$
$$2NO + 5H_2 \longrightarrow 2NH_3 + 2H_2O$$
$$4NO + C_xH_y + (x + y/4 - 4)O_2 \longrightarrow N_2 + (y/2 - 3)H_2O + CO + (x-1)CO_2 + 2NH_3$$
$$2NO + CO \longrightarrow N_2O + CO_2$$
$$2NO + H_2 \longrightarrow N_2O + H_2O$$

以上最后两个反应发生在 200 ℃以下。NO 还原反应一般在空燃比偏高的条件下进行，并且通常与氧化型催化转化器串接起来使用，如图 11-3 所示。

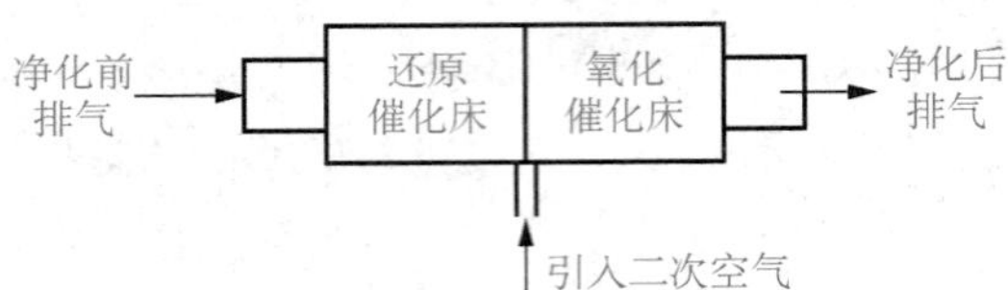

图 11-3　双床轴流式催化转化器

（四）三效催化转化器

三效催化转化器是在 NO_x 还原催化转化器的基础上发展起来的，它能同时使 CO、HC 和 NO_x 这 3 种成分都得到高度净化。从上一节可以看出，氧化和还原反应是可以同时发生的，关键是如何能够使 3 种污染物同时获得很高的净化效果。如图 11-4 所示为不同空燃比下 3 种污染物的净化效率，由图可见，只有将空燃比精确控制在理论空燃比附近很窄的窗口内（一般为 14.7±0.25），才能使 3 种污染物同时得到净化。为了满足在不同工况下都能严格控制空燃比的要求，通常采用以氧传感器为中心的空燃比反馈控制系统，这种系统只有在汽油喷射发动机上才能实现。最常见的氧传感器是氧化锆（ZrO_2）传感器。

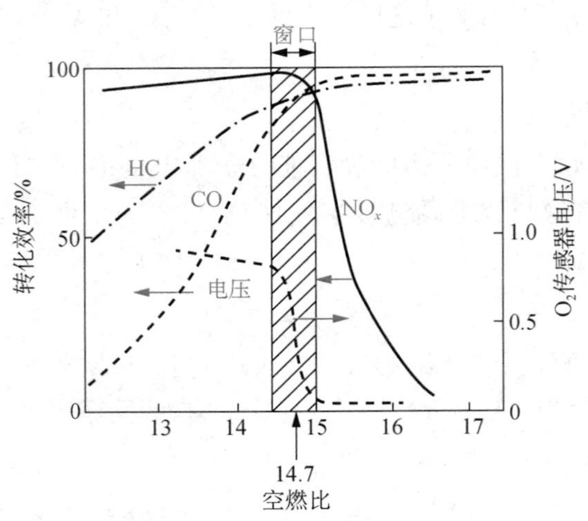

图 11-4　空燃比对三效催化转化器性能的影响

汽车尾气催化转化器主要由载体、涂层、减振垫和壳体几部分组成，典型的催化转化器结构如图 11-5 所示。外壳通常由合金钢材或不锈钢板材经冲压、机械加工及焊接而成。催化转化器的核心部件是催化床，它一般包括载体（即构成催化转化器的支撑骨架）、载体上浸制的表面积活性涂层和催化材料等。如多孔蜂窝陶瓷载体，表面涂附活性 AL_2O_3（增大比表面积），负载铂（Pt）、钯（Pd）、铑（Rh）等贵金属或其他催化剂。除陶瓷载体外，也有使用金属

载体的。目前在汽车尾气净化器中广泛使用多孔蜂窝状陶瓷载体，其蜂窝孔的内径约为 1 mm，在蜂窝孔内有大约 20 μm 厚的活性表层，孔之间的壁面为多孔陶瓷材料，厚度为 0.15～0.33 mm，横截面上每平方厘米有 30～60 个通道。汽车排气温度变化范围大，运行路况复杂，因此，对催化剂载体的机械稳定性和热稳定性要求都很高。

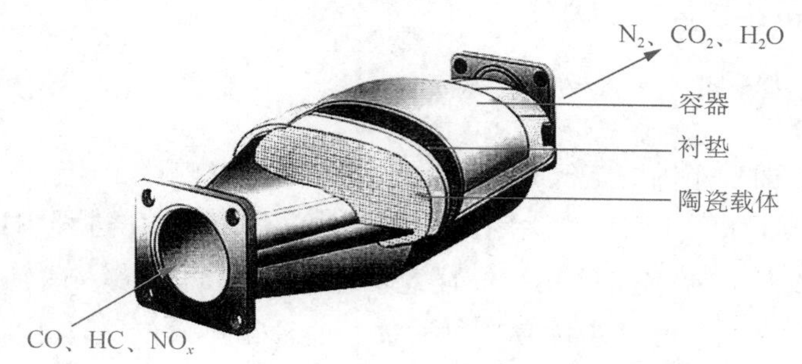

图 11-5　三效催化转化器结构示意图

催化剂的关键是催化剂活性组分，常用的活性组分有铂、铑、钯等贵金属以及铈(Ce)、镨(Pr)等稀土元素和铜、铁、锰等贱金属，不同的贵金属成分决定不同的催化剂特性。铂在还原反应中有良好的活性，用量少且有较好的抗硫中毒能力，但铂的价格太贵，不能在氧化剂中广泛使用。铂对 CO 和 HC 具有特别好的转化作用。相对于锗和铂来说，钯是廉价的。钯在低温下有良好活性，但对 Pb、S、P 中毒特别敏感，在还原气氛下易烧结，当它与铑使用时易与铑生成合金而使铑的活性降低。CuO、TiO_2、ZrO_2、NiO 等普通金属氧化物为催化剂，虽有一定催化作用，但作为催化主体使用时稳定性差、寿命短、起燃温度高，热稳定性也不理想，应用很少。稀土复合金属氧化物能够在很高温度下维持晶粒结构无变化，具有三效催化能力，并具有较好的抗硫、铅能力，而且我国稀土资源丰富，价格低廉，是近十几年来研究的热点。

（五）车载诊断技术

国际上，按不同国家和地区研制、生产和装用车载诊断技术(on-board diagnostic, OBD)的情况，当前已形成 3 大种类 OBD，即美国 OBD(OBD-Ⅱ)、欧洲 OBD(EOBD)和日本 OBD(JOBD)。其中，装用最多的是 EOBD，我国 GB 18352.3—2005《轻型汽车污染物排放限值及测量方法(中国Ⅲ、Ⅳ阶段)》标准中参考采用的就是 EOBD 技术体系。车载诊断系统的应用是国Ⅲ、国Ⅳ排放标准中的最大特点，也是排放控制的重点措施，车载诊断系统的出现为用车管理带来了新思路和新内容。

自 2018 年 1 月 1 日起，GB 18352.5—2013《轻型汽车污染物排放限值及测量方法(中国第五阶段)》代替 GB 18352.3—2005 开始实行，自 2020 年 7 月 1 日起，GB 18352.6—2016《轻型汽车污染物排放限值及测量方法(中国第六阶段)》代替 GB 18352.5—2013 开始实行，OBD 技术将在我国汽车尾气排放控制中愈加被重视和运用。OBD 系统实时监控车辆与排放系统相关的各部件，出现故障时将给出警告并对当时的运行参数进行记录，这样就为我们提供了新的机动车排放管理的技术手段。同时，用对车载诊断系统的检查代替在用车的尾气排放测试，可以提高检测效率和降低车检费用。OBD系统除了监控催化转化器的效率外，还对汽车蒸发控制系统的碳罐、二次空气装置、废气再循环装置、点火系统等进行监测，以确保整个排放控制系统始终处于正常工作状态。

六、曲轴箱的污染物排放与控制

发动机工作时，曲轴箱内的空气必须流通。由于燃烧室内产生的高压、活塞环存在间隙和背隙、活塞环转成对口、活塞环失去密封作用等，在发动机工作过程中，燃烧室内的废气、未燃净油气、碳烟微粒及水蒸气等往往会通过活塞与缸壁间隙渗入曲轴箱，这种现象叫窜气。当发动机负荷增加时，曲轴箱排放量也增加。曲轴箱排放的气体由大约85%的未燃烧的空气燃料混合气和15%的燃烧产物组成，其中未燃烧HC是主要的污染物，窜气中HC占70%～80%，其余成分是CO、CO_2、NO_x 和 SO_2。

曲轴箱污染物净化装置通常称为曲轴箱通风系统。净化原理是利用进气系统的真空，把从燃烧室漏入曲轴箱的未燃HC吸出曲轴箱，使其重新进入燃烧室燃烧，并生成无害的燃烧产物。现代汽车普遍使用的是曲轴箱强制通风系统，窜气的控制是靠PCV（positive crankcase ventilation）阀实现的，故称为PCV系统。强制通风系统可分为开式和闭式两种，在环保政策日趋严格的今天，闭式强制曲轴箱通风装置能完全实现控制曲轴箱的污染排放。

七、燃油蒸发排放控制

机动车燃油蒸发污染物除了少部分来自内外饰中苯等物质的挥发，其余大部分来自燃油供给系统受热形成的燃油蒸气。根据高温、低压的燃油蒸发性较强的原理，环境空气、排气管、汽油泵摩擦损失以及发动机回油都会对油箱进行传热，促进燃油蒸气的蒸发；在燃油管路中，燃油内小管径流入大管径时，压力发生突变，也易使液态燃油形成蒸气；在加油过程中，由于燃油泼溅作用，也会形成燃油蒸气，逸散到大气中。

通过减少蒸发排放源，可以有效降低汽车的燃油蒸发排放。油箱是HC的主要排放源，理论上通过减少油箱排出的HC，可以降低整车的蒸发排放量。研究发现，HC的蒸发量与油箱内的装油量和汽油表面积有关，装油量越少，燃油表面积越大，蒸发排放越大。采用塑料或者隔热的油箱，比采用金属材质的油箱，具有更低的蒸发排放。采用无回油式的发动机供油方式，也可以降低油箱内燃油温度，达到降低蒸发排放的目的。通过合理选用密封材料和密封设计，可以增加燃油系统的密闭性，从而减少燃油蒸发泄露，具体方法有减少燃油系统连接件的数目、减少用于连接的橡胶管的长度等。

目前，主要采用燃油蒸发控制系统来对汽车蒸发排放污染物进行减排控制。燃油蒸发控制系统由油箱、活性碳罐、吸附阀、脱附阀及相关管路构成。其中，活性碳罐起到储存燃油

蒸气的作用,是整个控制系统中最重要的部分,吸附阀和脱附阀对整个系统起到协调控制的作用。燃油蒸发控制系统的原理是:当油箱内燃油蒸气压力升高,大于吸附阀的开启压力时,燃油蒸气通过管路进入碳罐并储存其中,碳罐内部的活性炭具有吸附并储存燃油蒸气的能力。在适当的工况下,当电子控制单元控制碳罐脱附阀开启,发动机进气歧管内将形成负压,气流通过碳罐的大气口进入碳罐,并将储存在碳罐中的燃油蒸气吹扫到发动机缸内燃烧掉。

减少燃料分配时,HC 排放的技术有两个阶段。第一阶段控制是在汽油转运过程中,将贮油罐的蒸气通过封闭管道通入注油卡车的油罐,其效率约为 95%,可将每升油的蒸发排放从 1.14 g 降到 0.06 g。国际上的经验证明,对贮油罐、输油卡车和加油站进行翻新改造,增加蒸气回收装置的花费很小,仅考虑节约燃料部分的效益,资金回收期也只有 2～3 年。第二阶段的控制针对的是汽车的加油过程,有两种方法可以减少汽车油箱中燃油蒸气的排放:一种选择是改进加油枪为负压操作以捕获蒸气;另一种选择是在汽车上安装活性炭吸附罐,就像控制汽车蒸发排放一样。

八、汽油车排放污染控制的最新进展

(一) 汽车磁化净化技术

利用磁性原理及磁驱动技术,可以改变燃油的分子结构,使燃油能充分燃烧,形成高燃烧率,使不可燃烧的物质达到可燃烧的程度,增加发动机的旋转扭力。实践证明,可使发动机尾气排放削减率超过 60%,使柴油发动机尾气削减率超过 55%。

(二) 等离子体处理技术

通常采用辉光放电、电晕放电、沿面放电或介质阻挡放电产生。强电离放电所形成的等离子体中含有的大量高能电子、离子、激发态粒子,其平均能量高于一般气体分子分解、分解电离、分解附着等过程所需的激励能量。研究证明,这些活性粒子对汽车尾气净化效率高,具有能同时处理多种污染物以及无二次污染等优点。利用等离子体处理技术制作的设备,若安装在发动机进气管中,使吸入发动机的空气在送入燃烧室之前等离子化,能使得空气中含有富足的原子氧和臭氧及其他激发态的氧,从而大大提高燃料的燃烧速率。同时,等离子化的空气中含有的氧粒子参与反应的能力比中性的氧气分子更强,可以使 HC、CO 得到充分氧化而大大减少有害物气体的生成,这样不仅可以节约能量,而且能在一定程度上降低污染物的排放量。若安装在发动机排气管中,使发动机排出的尾气等离子化,由于等离子化后的尾气中含有足够的激发态活性氧,极易与 CO、HC 发生反应;同时,尾气中含有的 HC 和炭黑粒子又可以直接作为还原剂,在等离子区域与 NO_x 化合,生成 N、CO 和 HO。此外,低温等离子体技术通过静电捕集的方法可以去除尾气中的微粒物。

(三) 纳米催化技术

纳米技术可以制成非常好的催化剂。纳米微粒尺寸小,比表面积大,表面原子的活性

高，极不稳定，很容易与其他原子结合，所以纳米粒子具有高表面能、高表面结合能和很高的化学活性，作为催化剂材料可显著提高其吸附和催化性能。纳米材料用于汽车尾气催化，有极强的氧化还原性能，能够产生优良的尾气净化催化效果。如用纳米级稀土化合物作为催化剂制作的催化设备，安装在发动机进气口，可以使稀土催化材料受热后产生活性催化气体，随着真空吸力（负压）吸入气缸内促进燃料完全燃烧，增强燃气热值，降低排气污染。若安装在发动机排气口，可以更有效地解决汽车尾气中 CO、NO_x 和 HC 的污染问题。

第三节　柴油发动机车污染的形成与控制

一、四冲程柴油机的工作原理

（一）柴油机与汽油机的区别

汽油机和柴油机是目前广泛应用在工农业生产和交通运输部门的热机，它们的区别主要在于压缩比、点火方式、所用燃料等。

压缩比是内燃机的重要指标，压缩比越大，其压强越大，温度越高。汽油机的压缩比为4～6，柴油机的压缩比为15～18。从理论上讲，压缩比越大，效率越高。

汽油机和柴油机点火方式不同：汽油机是把吸入气缸的汽油蒸气与空气混合、加压，然后用火花塞点火；柴油机是把由喷油嘴喷出的雾状柴油与纯空气混合、加压，靠压缩来提高混合气体的温度自动点火。这种燃料一边扩散混合一边燃烧的方式称为扩散燃烧；像汽油机那样，在燃烧空间之外（化油器或进气道中）预先形成可燃混合气的方式称为预混燃烧。

汽油机用汽油做燃料，表征汽油等级的单位是辛烷值，辛烷值高的汽油自燃温度高，抗爆性好；柴油机用柴油做燃料，表征柴油等级的单位是十六烷值，十六烷值高的柴油，容易着火，不宜敲缸。柴油的黏度比汽油大，不易蒸发，而且其自燃温度比汽油低。

汽油具有很强的挥发性，而柴油很难挥发，因而汽油车污染物中有燃料蒸发排放物，其组分是 HC。汽油具有容易与空气混合，且混合后不易分离的特性。汽油车燃料混合气的形成是在发动机燃烧室外进行的（在化油器和/或进气管），在点燃之前又经过进气、压缩过程，有相对较长的混合时间。因此，汽油与空气可以混合得很均匀，基本不存在局部过浓或过稀和液态油滴的情况，而汽油的分子又小，决定了汽油车排放物中颗粒物较少。进入发动机燃烧室的空气与汽油的比例基本控制在理论空燃比附近，采用火花塞放电点火燃烧，燃烧速度很快；汽油机压缩比低，燃烧最高压力低，最高温度高，燃烧后产物发生高温离解的倾向比较严重，某些“死区”点不着火或在某些工况下断火，使汽油机排放物中有较多的 CO、HC。同

时，发动机燃烧室内的高温又导致了 NO_x 的产生和排放。柴油机的压缩比高，并且是大面积多点同时着火，因而其初期放热率、压力升高率以及最高爆发压力都比汽油机高，加上在空气富余的条件下燃烧，不完全燃烧产物少，这是柴油机的热效率和燃油经济性明显好于汽油机的原因。但由于柴油的扩散混合只能在极短的时间内进行，混合气浓度分布极不均匀，所以容易产生碳烟，而像汽油机那样的预混燃烧中一般不产生碳烟。柴油机的燃烧室内始终存在富余的空气，这些富余的空气在高温作用下容易产生 NO_x，而 CO 和 HC 则不容易形成。

（二）柴油机的燃烧过程

柴油机的燃烧过程可分为 4 个时期，即着火延迟期、速燃期、缓燃期和后燃期。

(1) 着火延迟期，也称滞燃期，指从柴油开始喷入气缸起到着火开始为止的这一段时期，即从喷油开始到压力急剧升高之前的这段时期。着火延迟期内，燃烧室内的混合气进行着燃油的粉碎分散、蒸发汽化和混合的物理准备过程，以及混合气的先期化学反应直至开始自燃的化学准备过程。着火延迟期一般为 1～1.5 ms，着火延迟期的长短对柴油机的排放和其他特性有着至关重要的影响。喷油时缸内的温度和压力越高，则着火延迟期越短。

(2) 速燃期，指从开始着火到出现最高压力的时期。由于在着火延迟期内做好燃烧准备的大量可燃混合气同时着火燃烧，缸内温度和压力急剧升高，在过剩空气系数 α 较小的高温缺氧区域产生大量的碳烟，而在 α 较大的高温富氧区域产生大量的 NO_x。此外，过急的压力升高还会导致过高的噪声和振动。柴油机的最高爆发压力 $p_c=5\sim9$ MPa，增压柴油机的 p_c 往往高达 10 MPa 以上，比汽油机高出一倍多。

(3) 缓燃期，指从最大压力点至最高温度点的时期。在缓燃期中，燃烧速度仍然很快。缸内大量预混合气被消耗后，燃烧放热速率明显降低。这一阶段，低负荷工况时燃油喷射已经完成，但高负荷时喷油仍在继续，后续喷入的燃油一边扩散混合一边着火燃烧，因而也被称为扩散燃烧阶段。由于这一阶段燃油直接喷入火焰，若混合不好，燃油接触不到空气，则会因高温缺氧产生碳烟。

(4) 后燃期，指由汽缸最高温度点开始到燃烧基本结束的这一阶段。由于柴油机混合气形成时间短，混合很不均匀，总有部分燃料不能迅速烧完，特别是高速和高负荷时，过剩空气系数 α 较小，后燃现象比较严重。这部分燃料的热量不能有效利用，使得发动机的热效率下降和热负荷增大，因而应尽可能缩短后燃期和减少后燃期的燃烧放热量。

（三）柴油机排放污染物的来源

与汽油发动机相比，柴油发动机通常在较高的空燃比下运行，HC 和 CO 可以得到比较完全的燃烧。直接将液体柴油喷入汽缸，避免了器壁淬熄和间隙淬熄现象，所以 HC 的排出量通常很低。柴油发动机排放的 HC、CO 一般只有汽油发动机的几十分之一，但其 NO_x 排放量在中小负荷时远低于汽油机，在大负荷时与汽油机大致处于同一数量级甚至更高。柴油机的颗粒物排放量相当高，约为汽油机的 30～80 倍。

有别于汽油车以降低 CO、HC 和 NO_x 为主要排放控制目标，柴油机主要以控制微粒(黑烟)和 NO_x 排放为目标。与汽油车不同的还有，柴油车基本不存在曲轴箱泄漏排放和燃油蒸发排放。

二、柴油机污染物的形成过程

柴油机燃烧过程中 CO 和 NO_x 的产生机理与汽油机基本相同，这里重点介绍柴油机 HC 和碳烟的形成机理。

（一）柴油机中 HC 的生成机理

由于柴油机的燃烧是扩散燃烧，混合气的浓度分布不均匀，局部地区的过量空气系数 α 变化范围可在 $0\sim\infty$，在过浓或过稀混合气区域里，会产生局部不完全燃烧或者完全不燃烧，产生大量的 HC。

燃烧过程后期，低速离开喷油器的燃油混合及燃烧不良造成燃油无法充分燃烧和氧化，也会导致大量 HC 产生。喷油器压力室容积对 HC 排放有重要影响。由于制造工艺的需要，一般喷油器针阀密封座面以下有一小空间，称为压力室。喷油结束时，压力室容积中充满燃油，随燃烧和膨胀过程的进行，这部分柴油被加热和汽化，并以液态或气态低速进入燃烧室。由于这时混合及燃烧速率都极为缓慢，这部分柴油很难充分燃烧和氧化，从而导致大量的 HC 产生。随压力室容积的减少，HC 排放明显下降。可以认为柴油机的 HC 排放中，由压力室容积造成的 HC 排放占到总量的 3/4 左右。

（二）颗粒物及碳烟的生成机理

1. 颗粒物的成分

汽油机排放微粒主要是含铅微粒和硫酸盐化合物，柴油机排放微粒的组成要复杂得多，它是一种类似石墨形式的含碳物质并吸附凝聚了大量高分子的聚合物，一般认为微粒主要由 3 个部分组成，即(干)碳烟(DS)、可溶性有机物(SOF)和硫酸盐。柴油机微粒可表示为 PM。粒中各种成分在 PM 中所占的质量分数并不是一成不变的，它会随发动机的工况、发动机类型和技术水平以及燃油品质等因素的改变而变化。其中，碳烟是 PM 总含量最大的成分，其他成分在 PM 中所占的比例很低。柴油机颗粒物的直径大约在 0.1～10 μm，其中对人体和大气环境危害最大的是 2.5 μm 以下的颗粒物 $PM_{2.5}$。

2. 碳烟及颗粒物的生成机理

碳烟是柴油在高温缺氧条件下裂解而形成的，其详细过程和机理，即从燃油分子到生成碳烟颗粒整个过程中的化学动力学及物理变化过程尚不十分清楚。一般认为，当燃油喷射到高温的空气中时，轻质烃很快汽化，而重质烃会以液态暂时存在。重质烃液滴在高温缺氧的环境下，直接脱氢碳化成为液相析出型碳粒，粒度一般比较大；汽化了的轻质烃，经过一系

列复杂途径，产生气相析出型碳粒，粒度相对较小。

轻质烃燃油分子在高温缺氧环境下发生部分氧化和热裂解，生成各种不饱和烃类，如乙烯、乙炔及多环芳烃；它们不断脱氢形成原子级的碳粒子，逐渐聚合成直径 2 nm 左右的碳烟核心(碳核)。气相的烃和其他物质在碳核表面的凝聚，以及碳核相互碰撞发生的凝聚，使碳核继续增大，成为直径 20～30 nm 的碳烟基元，而碳烟基元经过相互聚集形成直径 1 μm 以下的球状或链状多孔性聚合物。由于重馏分的未燃烃、硫酸盐以及水分等在碳粒上吸附和凝集，然后作为碳烟排放出去，所以很多情况下，碳烟指的就是颗粒物 PM。

柴油十六烷值较高，稳定性较差，分子量大，在高温高压环境中易于裂解，容易形成碳烟。碳烟的生成是柴油在高温缺氧区脱氢反应所致，柴油中的游离烃和残碳含量起了颗粒物“成核”的作用。柴油硫含量比汽油要高得多，这也明显增加了颗粒物的排放。

已经生成的碳烟，只要能遇到足够的氧化氛围和高温，也会通过氧化反应部分甚至完全氧化掉。在整个燃烧过程中，碳烟要经历生成和氧化两个阶段。汽缸内不同局部区域的氧化条件不同，碳烟的氧化速率也不同。如果能够在燃烧前期避免高温缺氧，减少碳烟的生成，而在燃烧后期保证高温富氧条件并加强混合强度，以加速碳烟的氧化，则可以实现优化燃烧来控制碳烟颗粒的排放。

3. 碳烟(微粒)与 NO_x 的平衡关系

柴油机尾气中碳烟微粒的浓度与 NO_x 的浓度之间存在着一条平衡曲线(trade-off)，降低 NO_x 生成的条件往往有利于微粒的产生，NO_x 和微粒的生成条件是相互矛盾的，这一点从 NO_x 与微粒的生成机理中也可以看出来。NO_x 和微粒之间的这种平衡关系，即降低碳烟的方法往往会引起 NO_x 的上升，为消除柴油机排气中的有害成分、全面满足排放标准带来了不小的困难。

（三）空燃比对柴油机排放的影响

柴油机总是在 $\alpha>1$ 的稀混合气条件下运转，但由于柴油机是扩散燃烧，混合气的浓稀分布极不均匀，完全燃烧所需的空气要比预混合燃烧时多。

柴油机油气混合不均匀，燃烧室中局部缺氧，温度低，反应物在燃烧区停留时间较少，容易发生不完全燃烧，生成 CO。一般 CO 排放量很低，不到汽油机的 1/10，只有在高负荷时($\alpha<2$)才开始急剧增加。

柴油机的 HC 排放量随着过量空气系数的增加而增加。过量空气系数增大，则混合气变稀，燃油不能自燃，或火焰不能传播，HC 排放量增加。在中小负荷时($\alpha>2$)，由于在燃烧喷雾边缘区域形成了过稀混合气，以及缸内温度过低，造成 HC 排放略有上升，但仍比汽油机低得多。

NO_x 的生成规律与汽油机相同，但生成量低于汽油机，这主要与柴油机的混合气浓度分布不均匀有关。在考虑 NO_x 生成与 α 的关系时，不仅要看平均 α，也应看局部 α。实际燃烧区内，当过量空气系数 $\alpha>0.9$ 时，NO_x 生成量增加；当 $\alpha<0.6$ 时，则碳烟生成量增加。这造

成了柴油机排气中，碳烟（微粒）与 NO_x 的相互矛盾变化。

碳烟的生成机理是，过量空气系数 $\alpha<0.5$ 的混合气燃烧后必定产生碳烟，为使柴油机燃烧后碳烟和 NO_x 都很少，α 应在 0.6～0.9。

三、控制柴油机污染物排放的机内净化技术

在过去的 20 年，柴油机采用了一系列新技术，大大降低了污染排放。柴油机排出的 CO 和 HC 仅为汽油机的 1/10 或更少。因此，柴油发动机的机内净化技术主要针对 PM 和 NO_x，其中高压喷射进气增压主要针对 PM 控制，而增压中冷和废气再循环（EGR）主要针对 NO_x 排放，均质预混合燃烧则同时具有降低 PM 和 NO_x 的潜能。

（一）废气再循环

柴油机废气再循环的作用与汽油机相同，主要也是降低热力型 NO_x。由于柴油机排气中氧含量相对汽油机要高得多，因而必须使用更大的 EGR 率，可以达 25%～40%。EGR 虽然可以明显降低 NO_x，但由于进气加热作用和过剩空气系数下降，会造成碳烟和耗油率情况的恶化，采用冷却废气再循环的方法则可以明显抑制发动机性能的恶化。废气再循环还有其他方面的积极作用，如改善启动加热，降低怠速时耗油量，提高低负荷下的排温，从而提高催化反应的转化率，并能降低燃烧噪声和爆发压力。

EGR 系统一般可通过内部 EGR 和外部 EGR 两种方式来实现循环。内部 EGR 实质上是通过扩大气门重叠角来实现的，即通过进气门提前开启和排气门延迟关闭或提高排气背压等方法来增加缸内的残余废气，参与下一个循环的燃烧，从而实现 EGR。但由于减低了新鲜进气量，而且妨碍了进气惯性效应的利用，所以要牺牲功率和燃油消耗。其控制和调节没有外部 EGR 灵活，所以应用面不广。

外部 EGR 是通常所指的 EGR 技术，即将排气管中的废气经外部管路引入进气管参与再燃烧。EGR 一般分为机械式、电气式和电控式，其中电控式 EGR 代表技术的发展方向。

（二）改进供油参数及结构

1. 喷油提前角

喷油提前角对 NO_x、HC 及 PM 排放影响较大。如果喷油提前角过大，燃油在较低的温度和压力下喷入气缸，使滞燃期延长，喷注中稀火焰区的混合气变浓，会导致 NO_x 排放量增加；同时，较多的燃油蒸气和小油粒被气流带走，形成一个较宽的稀熄火区，并且此时燃油与壁面碰撞增加，会导致 HC 排放增加。此外，混合气自燃着火后，缸内压力和温度急剧上升，这样油束其他区域的 NO_x 生成量也增加。过分推迟喷油，最高燃烧压力降低，较多的油得不到足够的反应时间，燃油经济性变差并产生后燃现象，排气冒烟，HC 排放增加。最佳喷油提前角的确定必须综合考虑动力性、经济性和排放特性，根据不同工况进行自动调控。

2. 喷油速率

提高喷油速率，缩短喷油延续时间，则在固定喷油终点时可推迟喷油，从而降低 NO_x 的排放，但喷油速率过高及尾喷油量增加都会使 HC 排放量增加。

3. 喷油器的结构和性能

直喷式柴油机喷油器在一定范围内随喷孔数的增加可降低碳烟排放，但过多的喷孔则会由于贯穿力不足而影响效果。减小喷孔直径会使燃油喷雾颗粒细化，可降低微粒物的排放。

其他条件不变时，喷孔直径会直接决定喷入气缸的燃油量的多少。喷孔直径大的柴油机有更多燃油进入气缸参与燃烧，因而燃烧室内氧浓度降低，NO_x 排放随之减小。

4. 高压喷射技术

喷油过程中，喷油压力是对柴油机性能影响极大的一个因素，特别是直喷式柴油机。高的喷射压力可明显改善燃油和空气的混合，从而降低碳烟和颗粒物的排放，喷射压力从原来的几十兆帕提高到 100 MPa、120 MPa、180 MPa。目前采用的高压共轨燃油喷射系统的喷射压力最高可以达到 200 MPa。

（三）采用增压和中冷技术

增压和中冷技术是提高柴油机功率、燃油经济性以及降低污染物排放量最有效的措施之一。我国常见的废气涡轮增压，即利用发动机排出的高温废气进入涡轮并膨胀做功，带动涡轮高速旋转，从而驱动与涡轮机同轴旋转的压气机，在压气机中将新鲜空气压缩后再送入汽缸，使汽缸进气量提高。废气涡轮增压与压气机通常装成一体，称为废气涡轮增压器，其结构简单，工作可靠。由于进气密度的大幅提高，柴油机功率可提高 30%～50%，燃油消耗率降低 5%左右，CO、HC 和碳烟的排放都有一定程度的降低。柴油机采用进气涡轮增压后，由于燃烧温度升高，空气过剩系数增大，反而使 NO_x 的比排放量[g/(kW・h)]增加。为此，可采用增压中冷技术使进气温度降低，防止 NO_x 排放性能恶化。研究表明，进气温度每降低 1 ℃，NO_x 可减少 0.5%～0.67%。常用的中冷系统有水-空和空-空两种。水-空中冷系统受发动机冷却温度的影响，进入汽缸的空气温度较高，而空-空中冷系统采用环境空气冷却，中冷器后的温度可降至 50 ℃。

（四）改进燃烧系统

柴油机的燃烧属于喷雾扩散燃烧，喷雾时间短(1～3 ms)，缸内混合气极不均匀，可燃混合气的品质决定燃烧的质量，进而影响柴油机的动力性、经济性和排放性。

改进燃烧系统是使燃烧室的几何形状与尺寸以及它与供油系统、进气系统三者之间的匹配得到最优组合。

柴油机按燃烧室形式不同可分为两类，即直喷式(direct injection, DI)柴油机和非直喷式(indirect injection, IDI)柴油机。涡流室式和预燃室式燃烧室统称为 IDI 燃烧室。DI 柴油机将燃油直接喷入统一的燃烧室空间；IDI 柴油机首先将燃油喷入副燃烧室，进行一次混合燃烧，然后冲入主燃烧室进行二次混合燃烧。

（五）电控高压柴油喷射

电控高压柴油喷射系统是降低柴油机排放的核心技术，通常有高压共轨、电控单体泵和电控泵喷嘴系统等。电控柴油喷射系统可以在任何工况下都选择最佳的喷油量、喷油压力、喷油提前角、喷油速率等参数，从而改善柴油机的燃油经济性和排放性能，是柴油机排放控制的有效手段。排放标准越严格，喷油压力要求越高，目前高压共轨系统可达 200 MPa 以上，电控泵喷嘴可达 220 MPa 以上，高压共轨系统由于明显的技术优势而被广泛应用。

四、柴油车排气后处理技术

柴油发动机排气净化后处理技术主要有过滤捕集法和催化转化法两大类。其中催化转化法与汽油发动机基本类似，主要分为氧化型催化转化器和 NO_x 还原催化转化器。柴油机的排放污染物中含有大量微粒，这些微粒主要靠过滤器、收集器等装置来捕获，然后通过清扫或燃烧的办法去除，使颗粒捕集器再生使用。颗粒捕集（氧化）器和氧化型催化转化器已在部分柴油车上得到应用，而柴油机稀燃氮氧化物催化净化技术目前还处于研究开发阶段。国际上还提出了四效催化转化器的想法，即在同一催化转化器中同时实现 HC、CO、颗粒物和 NO_x 这 4 种污染物的净化。

（一）催化氧化器

柴油机催化氧化器是最早用于柴油车尾气净化的技术，该技术仅对 HC、CO 和有机物的净化有效，而对柴油车尾气中的主要污染物 NO_x 和 PM 的净化效果较差。因为不捕集固态的颗粒物，催化氧化剂不需要再生，可以长期连续使用。在不影响燃料消耗和 NO_x 排放的情况下，净化挥发性 HC 和 CO 的效率可达 50%～90%，对 SOF 的去除率也能达到 90%左右，消除 50%以上的碳烟，因而可在一定程度上减少柴油车的颗粒物排放。

虽然柴油车不存在排气中铅中毒问题，但是，低温时排气中的碳粒、焦油等附着在催化剂表面，也会降低其活性。为此，必须避免低负荷或变工况下发动机的燃烧恶化，也可使催化器尽量靠近排气歧管安装，以保证催化剂有足够的工作温度。氧化催化器应用于重型柴油机的主要困难是，尾气中的 SO_2 会被氧化为硫酸盐，反而增加颗粒物的排放，并导致催化剂慢性中毒。因此，使用低硫柴油是非常重要的。氧化型催化转化器的最佳工作温度范围是 200～350 ℃。

与汽油机类似，柴油机催化氧化剂活性成分也可用铂和钯，不含铑。铂的主要贡献是转化 CO 和 CH，铂对 NO_x 也有一些还原能力，但不如铑有效，而且还原 NO_x 的窗口要比铑窄。钯的作用与铂相同，但钯的活性不如铂，产生的硫酸盐也要少得多，同时价格也便宜。另外，用氧化硅代替氧化铝作为涂层材料也可以减少硫酸的生成。为了提高催化转化器的

机械稳定性能，柴油机也多采用蜂窝状陶瓷结构作为载体材料。影响转化效率的因素主要有催化剂种类、载体、发动机工况、燃油的含硫量、排气流速等。

（二）颗粒捕集器

颗粒捕集器是在发动机的排气管上装设颗粒过滤器，利用一种内部孔隙极微小、能捕获微粒物的过滤介质来捕集排气中的微粒，捕集到的绝大部分是干的或吸附着可溶性有机成分的碳粒，然后采取不同的方法来燃烧（氧化）/清除过滤器中收集的颗粒物，使颗粒捕集器再生后循环使用。

过滤材料可采用陶瓷蜂窝载体、金属蜂窝载体和陶瓷纤维等。过滤效率随过滤介质的不同略有差异，一般对碳烟的过滤效率可达 60%～90%，但它对 HC 等可溶性有机成分的过滤效率较低。所有颗粒捕集器中，整体壁流式设计得到最为广泛的应用。整体壁流式捕集器常用的过滤材料为特殊的陶瓷材料如堇青石或连续式的陶瓷纤维，可以制成各种型号的标准产品。如图 11-6 所示为一种整体式陶瓷蜂窝过滤器的滤芯。

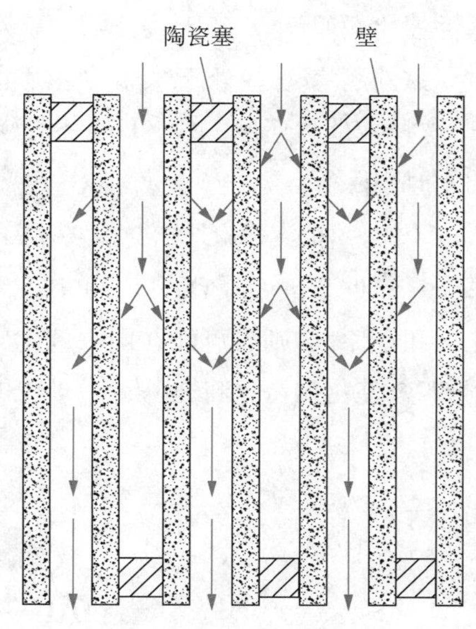

图 11-6 整体式陶瓷蜂窝过滤器的滤芯示意图

开发颗粒物捕集系统存在的主要问题，是如何有效去除捕集下来的炭黑并使过滤器再生。柴油机颗粒物中包含固态的碳，外裹一层相对分子质量很大的碳氢化合物。这种混合物的燃点在 500～600 ℃，远大于柴油机排气的正常温度范围(150～400 ℃)。因此，需要设计特殊的方法来保证点火再生，但是一旦被点燃，这些物质燃烧产生的高温又可能使过滤器熔化和断裂。颗粒捕集器开发的关键问题就是要在不损坏捕集器的前提下实现点火和再生。

再生的方法可分为消极再生方法和积极再生方法。消极再生方法的主要特点是利用催化剂降低碳烟的燃点。其中最常见的是催化过滤器，在催化过滤器的基础上，又开发出连续再生颗粒捕集系统（CRT 过滤器）和使用添加剂的过滤器等多种过滤器。这种捕集器与催化转化于一体的再生方法，装置简单，不需要外加能量。催化过滤器实际上是负载有催化剂的颗粒捕集器，再生的原理是在捕集器的载体表面涂覆含有贵金属的催化剂涂层，催化分解所捕集的颗粒物，从而有效地使过滤器的再生温度降低约 100 ℃，使过滤器在排气温度较高的阶段能够实现自身再生。大多数催化过滤器采用整体壁流式堇青石蜂窝陶瓷过滤器作为载体。CRT 过滤器是在颗粒捕集器前设置氧化催化剂，利用氧化催化剂产生的 NO_2 不断氧化被捕集器截留的颗粒物，从而实现连续再生的目的。为保证 CRT 系统的正常运行，要求使用脱硫燃油。使用添加剂的过滤器最常用的燃油催化剂中含有铁、铈、铜和铂。其中，铈作为添加剂已在柴油轿车用的商业过滤器中得到使用。

积极再生方法需要借助电加热系统、燃油燃烧器或其他附属设施来燃烧被捕集的颗粒物。电加热再生即采用通电加热方法对颗粒捕集器加热，以促使微粒起燃。燃烧器加热再生即在过滤器的入口处设置燃烧器，喷入柴油和二次空气，燃烧后引燃微粒进行再生的方法。

（三）柴油机稀燃氮氧化物控制技术

由于柴油机是在稀燃条件下运行的，普通汽油机的三效催化剂不能用于净化柴油机 NO_x 的排放。针对柴油车尾气的 NO_x 控制，应用比较广泛的技术主要有 NO_x 选择性催化还原(SCR)和 NO_x 储存-还原(NSR)等。其中，SCR 技术根据还原剂不同又可以分为氨选择性催化还原 NO_x(NH_3—SCR)和碳氢化合物选择性催化还原 NO_x(HC—SCR)。

另外还有一些处于实验研究阶段的柴油车尾气 NO_x 控制技术，如 NO_x 催化分解、H_2 选择性催化还原 NO_x(H_2—SCR)、低温等离子体(NTP)辅助 SCR 技术以及 NO_x 和 PM 的同时去除等。

（四）四效催化转化器技术

三元催化剂中，CO、HC 和 NO_x 互为氧化剂和还原剂，如果能使颗粒和 NO_x 也互为氧化剂和还原剂，则有可能在同一催化床上同时除去 CO、HC、PM 和 NO_x，实现一种柴油车用“四效催化剂”，这将是一种最理想的柴油发动机废气净化方法。

第四节 新型动力车

电动汽车包括纯电动汽车(battery electric vehicle, BEV)、混合动力汽车(hybrid electric vehicle, HEV)、燃料电池汽车(fuel cell electric vehicle, FCEV)。我国从“十五”时期开始实施新能源汽车科技规划，国家高技术研究发展计划(863 计划)共投入 20 亿元研发经费，形成了以纯电动、油电混合动力、燃料电池 3 条技术路线为“三纵”，以多能源动力总成控制系统、驱动电机及其控制系统、动力蓄电池及其管理系统 3 种共性技术为“三横”的电动汽车研发格局。

一、电动汽车

电动汽车是由电动机驱动的汽车。电动机的驱动电能来源于车载可充电蓄电池或其他能量储存装置。大部分车辆直接采用电机驱动，有一部分车辆把电动机装在发动机舱内，也有一部分直接以车轮作为四台电动机的转子，其难点在于电力储存技术。电动汽车的最大特点是在行驶过程中不排放任何有害气体，是目前唯一的零排放车。

（一）环境效益

电动汽车没有直接的空气污染，它的污染主要来自上游的发电厂。电动汽车的环境效益因环境条件的不同而有所差异。例如：如果用天然气发电（如日本），则硫氧化物的排放将会降低；如果主要采用燃煤发电（如英国和美国），会导致硫氧化物的增加；如果采用太阳能、原子能、风能和水能发电，则不会对空气造成污染。如果仍采用化石燃料，则发电厂控制空气污染依然很重要。

电动汽车还能减少温室气体的排放。即使现阶段引进电池驱动的电动汽车，也可以有效减少温室气体的排放，因为根据原油计算驱动汽车车轮的效率（即能源利用率），电动汽车比传统汽车高 2～5 个百分点，达 14%～17%。随着电动车能源效率的提高和电厂技术的进步，其效果将会更稳定。目前绝大部分温室气体是化石燃料燃烧产生的；天然气电力的电动汽车排放的温室气体比传统的汽油车少，因为天然气的含碳率较低；原子能电力或水力发电驱动的电动汽车的温室气体排放几乎为零，即使考虑混合电力资源，电动汽车也将略优于汽油车。

（二）电池技术

电池是电动汽车的动力源，是关键核心部分。可供选择的电池技术相当多，包括固态、液态和气态电解液电池，高温及中温电池，代用金属电池，代用液体电池，以及用其他各种各样的材料制成的电池。

锂电池是当前应用最为广泛的电池。液体锂离子电池因其具有能量密度高、自放电率低、循环效率高、循环寿命长等特点，颇受新能源汽车产业的青睐，市场发展潜力巨大。和液体锂电池相比，固态电池有着自己的优势。有研究表明，可以解决锂离子固体电池低能量密度的问题，并且使充电速度变得更快。

铅酸电池在新能源汽车产业中应用也较为广泛，但由于铅酸电池能量密度较低，充电速度较慢，寿命较短，逐渐被其他电池取代。其他有竞争力的电池还有镍镉电池、钠硫电池和燃料电池等，但目前技术不成熟，需要进一步改进。

电池作为能量存储媒介，其性能比汽油差很多。为开发较长行程且载重量较大的电动汽车，就必须提高电池的能量密度，纯电动汽车对一次充电续航能力的要求必然呼唤新一代电池正极材料的出现。

（三）电动汽车的成本

电动汽车的大三电包括电池、电机、电控，这些成本就可以占整车成本的 80%。汽车研发成本巨大，电动汽车销售价格较高，因为电动汽车具有比汽油车更低的行驶成本和更长的使用寿命，若将电动汽车所需的总成本分摊到整个生命周期中，电动汽车并不比普通汽油车贵很多。但随着电动车销售量的增加，电池成本会快速下降。电动汽车行驶成本：百公里费用＝百公里耗电量（25 kWh）×电价（0.6 元/kWh）＝15 元；燃油汽车行驶成本：百公里费用=百公里耗油量(10 L)×汽油价(5.5 元/L)=55 元。电动汽车行驶成本低，节能，环境效益和社会效益好。

二、燃料电池汽车

燃料电池汽车是以燃料电池作为动力电源的汽车。燃料电池的化学反应过程不会产生有害产物，因而燃料电池车辆是无污染汽车；燃料电池的能量转换效率比内燃机要高 2~3 倍。所以，在能源的利用和环境保护方面，燃料电池汽车是一种理想的车辆。燃料电池优点是无须充电，比能量高；缺点是成本高，燃料贮藏和运输较为困难。在开发燃料电池汽车时仍然存在着技术性挑战，如燃料电池组的一体化、提高商业化电动汽车燃料处理器性能等，汽车制造厂在朝着集成部件和减少部件成本的方向努力，并已取得了显著的进步。早期的燃料电池车是靠来自天然气或甲醇的氢驱动的，或者直接利用石油产品。未来的燃料电池也许可以靠太阳能分解水产生的氢为燃料，用这种方法，从燃料反应到汽车行驶的整个过程，都接近零排放。

(一) 燃料电池

燃料电池是将氢和氧的化学能通过电极化学反应直接转化为电能的装置，由燃料(氢、煤气、天然气等)、氧化剂(氧气、空气、氯气等)、电极(多孔烧结镍电极、多孔烧结银电极等)组成。只要不断加入燃料和氧化剂，电池就会不断地产生电能，而产生的废料只是水和热量，从而通过电机驱动汽车行驶。它不像传统电池那样贮存能量，这一点区别正是燃料电池系统的优势所在：它解决了行驶受限的问题。

常见的燃料电池可分为 6 种，包括含碱性燃料电池、直接甲醇燃料电池、质子交换膜(proton exchange membrane, PEM)燃料电池、固体氧化物燃料电池、含磷酸燃料电池和熔融碳酸盐燃料电池。其中，质子交换膜燃料电池是一种技术成熟且没有污染的能量转换装置，具有操作温度低、输出功率可随意调整、腐蚀性低、启动快等特性，非常适合电动汽车使用。

燃料电池汽车关键技术一直就是新能源汽车的战略制高点，2008 年以来，在燃料电池的主要瓶颈——成本和寿命上取得了重要的进展。美国和加拿大是燃料电池研发和示范的主要区域，中国燃料电池汽车正处于商业化示范运行考核与应用的阶段。

(二) 氢的来源和贮运

工业制氢主要有几种方法：一是采用化石燃料制取氢气；二是从化工副产物中提取氢气；三是采用来自生物的甲醇、甲烷制取氢气；四是利用太阳能、风能等自然能量进行水的电解。

目前的加油站很容易转变成氢燃料电池加料站。

(三) 燃料电池汽车的成本

燃料电池汽车的成本与使用哪类电池密切相关。以汽车一个使用周期的成本为基准，

使用太阳能氢的燃料电池汽车比传统汽油车的成本稍微低一些，而使用由生物质制成的甲醇为燃料的燃料电池汽车则比汽油车的成本低得多，使用由天然气制成氢为燃料的汽车是最廉价的。由于将来存在着重大技术突破等不确定因素，上述成本比较是可能发生变化的。

商业化的车用燃料电池汽车的成本只有降到汽油发动机的价格时，才能创造较大的市场效益。目前高容量和低容量燃料电池制造成本分别为 55 美元/kW 和 280 美元/kW，汽车燃料电池的制造成本自 2006 年已下降 50%，并自 2008 年以来进一步下降 30%以上（基于高容量电池制造），这必将促进燃料电池汽车工业的发展。

燃料电池汽车成本中最关键的是燃料电池系统成本。电池堆成本在燃料电池系统成本中占比高达 61%。电池堆成本则由催化剂、质子交换膜、双极板和气体扩散层组成，其中催化剂成本占比高达 53%。目前燃料电池主要使用贵金属铂作为催化剂，再加上昂贵的质子交换膜和石墨双极板加工成本，使得燃料电池组的成本达到 1 000～2 000 美元/kW，约为汽油机和燃油机（50 美元/kW）的 20～40 倍。因此，如何降低铂的使用量、降低质子交换膜及双极板成本，进而让燃料电池组成本降到 50 美元/kW，就成了燃料电池汽车商用化的最大课题。

（四）环境效益

以氢为燃料的 PEM 燃料电池汽车是真正的零排放汽车，水是唯一的排放物。甲醇燃料电池汽车的甲醇反应器会产生痕量的 NO_x 和 CO，燃料供应和贮存系统会有少量甲醇蒸发。以汽油和其他石油产品为原料的燃料电池汽车也会存在一定的排放，不是源于燃料电池本身，而是来自转换反应器、燃料箱等。

燃料电池汽车除了排放量低外，其噪声也很低。泵、风机和压缩机等燃料电池辅助系统会发出部分噪声，发电机也会产生一定的噪声，但由于电池内部的电化学反应是无声的，所以整体上噪声比内燃机要低，特别是在低速行驶的时候。

三、混合动力汽车

混合动力汽车简称混合动力车，其技术种类很多，但基本技术原理是让内燃机在燃烧效率相对稳定的行驶条件下发电，并将电能贮存进电池，借助电动机驱使车辆行驶。它不仅废气排放少、能耗低、噪声小，而且也不像纯电动汽车那样受每次充电后行驶距离的限制，能够像一般汽油车一样长距离行驶。混合动力汽车集成了两套不同的动力系统和各自相关的燃料贮备/辅助系统，在制动时蓄电池还能回收多余的能量，因而比单一电池驱动或单一内燃机汽车在构造上复杂得多。混合动力车作为城市交通的新动力源而备受关注，特别是新型的插电式混合动力车还集成了纯电动车的优点，更适合在城市运行。

混合动力汽车的缺点是有两套动力，再加上两套动力的管理控制系统，结构复杂，技术较难，价格较高。

（一）混合动力汽车类型

根据混合动力驱动的联结方式，一般把混合动力汽车分为3类。

(1) 串联式混合动力汽车(SHEV)主要由发动机、发电机、驱动电机等三大动力总成用串联方式组成动力系统。

(2) 并联式混合动力汽车(PHEV)的发动机和发电机都是动力总成，两大动力总成的功率可以互相叠加输出，也可以单独输出。

(3) 混动式混合动力汽车(PSHEV)是综合了串联式和并联式的结构而组成的电动汽车，主要由发动机、电动-发电机和驱动电机三大动力总成组成。

（二）混合动力汽车的环境效益

混合动力汽车产生的气体排放比传统汽车的排放少，如果尽量提高车辆的全电力行驶能力，使发动机以恒定速率和功率运行(减少电机运行波动)，在连续混合动力汽车中采用低排放的气体涡轮机或直喷甲醇-柴油混合内燃机等，还可以进一步降低排放。

平均来说，紧凑型混合动力汽车产生的烟霾排放比传统汽车少10%左右。通常，汽车越大，混合动力和传统汽车之间尾气排放差异越大。

在实际状况下，混合燃料汽车排放会比理论的计算值高。造成这种状况的原因主要包括：驾驶员不是很频繁地对电池充电；使电池保持原样，而完全靠内燃机发动；不顾控制电脑的指示，使发动机超负荷工作等。

（三）混合动力汽车的成本和市场分析

购买相同等级的混合动力汽车，比汽油车大约要贵3.5万元，不需要国家额外补贴，70%以上用户在使用周期内节省的油费就可收回差价投资，同时得到动力的提升，即购买2.5升排量的混合动力汽车，享受的是3.0升排量的动力。如果和动力输出相同的汽车比较，购买混合动力汽车相对还便宜一些。单从经济效益考虑，购买混合动力汽车较为合算。此外，混合动力汽车还带来节能和环保的双重社会效益。

混合动力车型技术已经很成熟，从节能减排看来，效果十分明显。随着消费者环保意识的崛起，践行低碳环保生活的升级消费需求增加，混合动力车型在我国有着广阔的市场应用前景。

随着世界各国环境保护措施越来越严格，混合动力车辆由于其节能、低排放等特点成为汽车研究与开发的一个重点，并已经开始商业化。

知识链接 11-1

汽车污染控制案例

本章小结

本章主要介绍了机动车污染物的形成机理，针对污染物生成特性所采取的不同控制措施及其进展，并在此基础上介绍了新型动力车的特点及发展趋势。

关键词

机动车污染；发动机改进；燃油改用；尾气处理；新型动力车

习 题

1. 假设某汽车行驶速度为 80 km/h，4 缸发动机的转速为 2 000 r/min，已知该条件下汽车的油耗为 8 L/(100 km)，请计算每次燃烧过程喷入发动机汽缸的汽油量。
2. 在冬季 CO 超标地区，要求汽油中有一定的含氧量，假设全部添加 MTBE($CH_3OC_4H_9$)。要达到汽油(C_8H_7)中质量比为 2.7%的含氧要求，需要添加多少 MTBE(%)？假设两者密度均为 0.75 g/cm^3。含氧汽油的理论空燃比是多少？
3. 请计算汽缸内燃烧前、燃烧刚开始时，以及燃烧全部完成后的气体温度。已知汽油发动机的压缩比为 7，在理论空燃比下工作，转速为 2 000 r/min，燃烧过程为上止点前后各 15°区间。
4. 请解释污染物形成与空燃比关系图(图 11-4)中 NO_x 的浓度线为何随空燃比增加呈圆拱状。
5. ①用与上面第 3 题相似的方法估算发动机的排气温度(大约在上止点 TDC 之后 90°)；②实际排气温度比上述计算值要低，在怠速情况下，虽然其空燃比与满负荷时基本相同，但排气温度却低很多，为什么？
6. 由燃油蒸发控制装置控制的两个 HC 排放源是下列哪项？①燃油泵和化油器；②化油器和空气滤清器；③空气滤清器和燃油箱；④燃油箱和化油器。
7. 在汽油喷射系统中，汽油喷进空气是在下列哪个部位？①各燃烧室；②进气歧管；③化油器；④排气管。
8. 减少发动机燃烧室表面积可以有以下哪种作用？①减少废气中 HC 含量；②增加废气中 HC 含量；③减少废气中 NO_x 的含量；④以上都不是。
9. 请根据你所在城市的特征，分析出可持续性最高的 3 项交通规划与管理措施，并给出简要依据。

第十二章　净化系统的设计

学习目标

1. 掌握净化系统的构成。
2. 掌握管路系统设计计算及风机的选择。

废气净化系统是指把污染物质收集起来，输送到净化设备中将其分离出来或转化成无害物质，净化后的干净气体排入大气的整个过程体系，它包括污染物的捕集、输送、净化、气流动力设备及排气烟囱5个部分。本章学习内容包括捕集装置、管路设计以及风机的选择等，本章学习难点为管路系统的设计内容。

第一节　净化系统的组成及设计的基本内容

一、废气净化系统定义及组成

废气净化系统是利用治理工艺及设备将粉尘或气态污染物从废气中分离出来或转化为无害物质的整个过程体系。

如图12-1所示，完整的废气净化系统主要由收集装置(集气罩)、连接系统各组成部分的输送管道、污染物的净化设备、提供气流流动动力的通风机、排气烟囱等部分组成。各部分作用如表12-1所示。

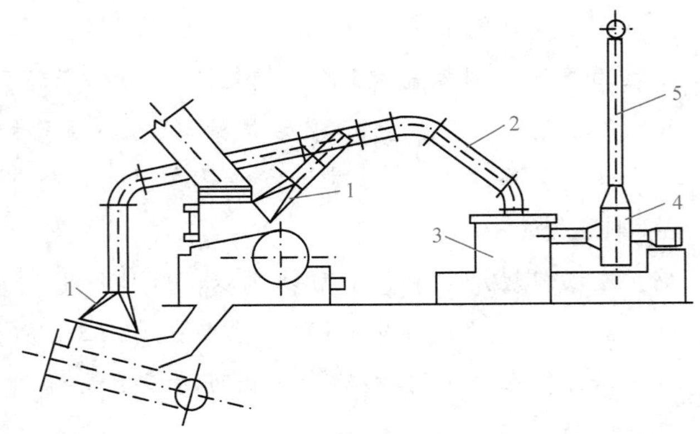

1—集气罩；2—管道；3—净化设备；4—通风机；5—排气烟囱

图12-1　废气排气净化系统示意图

表 12-1 废气净化系统的组成

组成	作用
集气罩	集气罩是用来捕集污染气流的装置，以保证周围良好的生产环境和生活环境。集气罩是废气净化系统的重要组成部分，其性能对净化系统的技术经济指标有直接影响
管道	管道是在净化系统中用来输送气流的。管道使系统的设备和部件连成一个整体。合理地设计、施工和使用管道，可以充分发挥净化装置的性能，并且关系到设计和运转的经济合理性
净化设备	净化设备是排气净化系统的核心部分，当排气中污染物含量超过净化标准时，必须进行净化处理，达到排放标准后才能排入大气
通风机	通风机是净化系统中气体流动的动力装置。通常通风机设在净化设备后面，以防止通风机的磨损和腐蚀
烟囱	烟囱是净化系统的排气装置。净化后气体中仍然含有一定浓度的污染物，排放后在大气中扩散、稀释、悬浮或沉降到地面。为了保证污染物的地面浓度不超过环境空气质量标准，烟囱必须具有一定高度

根据净化处理对象的不同，在净化系统中往往增设必要的辅助设备，如处理高温气体时的冷却装置、余热利用装置，满足钢材热胀冷缩变化的管道补偿器，输送易燃易爆气体时的防爆装置，以及用来调节系统风量和压力平衡的各种阀门，用于测量系统内各种参数的测量仪器、控制仪器和测孔，用于支撑和固定管道、设备的支架，用于降低风机噪声的消音装置等。

二、废气净化系统设计的基本内容

废气净化系统设计的基本内容包括污染物的收集装置、净化设备、管道系统及烟囱设计 4 个部分。当然，为满足系统正常运行的需要，还应针对处理污染物的特性，完成上述系统辅助设备的设计。

（一）收集装置设计

污染物的收集装置通常称为集气罩。设计内容主要包括集气罩结构形式、尺寸和安装位置，有组织的排放源多数情况下不存在集气罩的设计。

（二）净化设备设计

净化设备将污染物从气流中分离出来或转化成无害物质。净化设备主要包括颗粒物处理设备及气态污染物处理设备。净化设备的设计详见前面相关章节。

（三）管道系统设计

管道系统设计主要包括管道布置、管道内气体流速确定、管径大小、管道压力损失计算及各种管件确定等内容。

（四）风机选择

根据废气净化系统的整个压力降（包括各个组成部分的压力损失）和处理的废气量，选择相应的风机。

（五）烟囱设计

烟囱设计的主要内容包括结构尺寸、排气管高度、出口直径、排气速度等，详见前面相关章节。

本章重点介绍集气罩设计、管道系统设计和风机的选择。

第二节　集气罩气流流动基本理论

研究集气罩罩口气流运动规律，对于合理设计、使用集气罩和有效捕集污染物是十分重要的。罩口气流流动的方式有两种：一种是吸风口的吸入流动；另一种是喷气口的射流流动。集气罩对气流的控制均以这两种流动原理为基础。

一、吸入流动的基本理论

一个敞开的管口是最简单的吸气口。当吸气管吸气时，在吸气管口附近形成负压，周围空气从四面八方流向吸气口。当吸气口面积较小时，可视为“点汇”。假定流动没有阻力，在吸气口外气流流动的流线是以吸气口为中心的径向线，等速面是以吸气点为球心的球面，如图 12-2(a)所示。

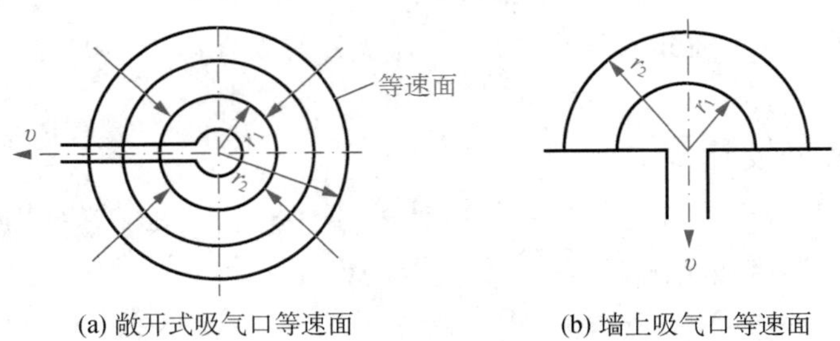

(a) 敞开式吸气口等速面　　(b) 墙上吸气口等速面

图 12-2　点汇气流流动情况

1. 外部吸气罩罩口气流流动规律

假设点汇的吸气量为 q_v，等速面的半径分别为 r_1 和 r_2，相应的气流速度为 v_1 和 v_2，则有：

$$q_v = 4\pi r_1^2 v_1 = 4\pi r_2^2 v_2 \tag{12-1}$$

即

$$\frac{v_1}{v_2}=\left(\frac{r_2}{r_1}\right)^2 \tag{12-2}$$

由式(12-2)可见，吸气口外气流速度衰减很快，应尽量减少罩口至污染源的距离。

2. 罩口的设置位置对气流分布的影响

如果吸气口设在墙上，如图 12-2(b)所示，吸气范围减少一半，其等速面为半球面，则吸气口的吸气量如下：

$$q_v=2\pi r_1^2 v_1=2\pi r_2^2 v_2 \tag{12-3}$$

比较式(12-1)和式(12-3)，可见：①吸气速度相同时，同一距离上悬空设置的吸气口的吸气量比有一面阻挡的吸气口的吸气量大一倍；②吸气量相同时，同一距离上，悬空设置吸气口的速度比有一面阻挡的吸气口的速度小一半。

3. 吸风罩的形式对气流速度分布的影响

有边的吸气口比无边的吸气口流速衰减慢，实际等速面不是球面而是椭球面。

根据实验结果，吸气口气流速度分布具有以下 3 个特点。

(1) 在吸气口附近的等速面近似与吸气口平行，随离吸气口距离的增大，逐渐变成椭圆面，而在一倍吸气口直径处已接近为球面。因此，当距离大于一倍吸气口直径处时，可近似当作点汇。

(2) 吸气口气流速度衰减较快，当距离一倍吸气口直径处时，该点气流速度已大约降至吸气口流速的 7.5%。

(3) 对于结构一定的吸气口，不论吸气口风速大小，其等速面形状大致相同，而吸气口结构形式不同，其气流衰减规律也不同。

二、吹出气流流动的基本理论

空气从管口喷出，在空间形成的一股气流称为出口气流或射流。

按孔口形状可以将射流分为圆射流、矩形射流和扁射流(条缝射流)；按空间界壁对射流的约束条件，射流可分为自由射流(吹向无限空间)和受限射流(吹向有限空间)；按射流温度与周围空气温度是否相等，可分为等温射流和非等温射流；按射流产生的动力，还可将射流分为机械射流和热射流。

圆射流可向上下左右扩散；扁射流只能向条缝吹出口两侧方向扩散；方形吹出口及长宽比接近 1 的矩形风口喷出的矩形射流，在距离大于 10 倍吹出口直径(面积的平方根)后，射流断面几乎成为圆形。非等温射流由于热浮力的作用，射流轴线将产生弯曲。射流温度高于室内空气温度时，轴线向上弯曲，反之轴线向下弯曲。在设计热设备上方集气罩和吹吸式集气罩时，均要应用空气射流的基本理论。

等温圆射流和等温扁射流是自由射流中的常见流型。等温圆射流结构如图 12-3 所示。管口速度假设是完全均匀的，M 为射流极点，圆锥的半顶角 α 称为射流的扩散角，射流中保持原出口速度 v_0 的部分称为射流核心，速度小于 v_0 的部分称为射流主体，射流核心消失的断面 BOE 称为过渡断面，出口断面至过渡断面称为起始段，过渡断面以后称为主体段。

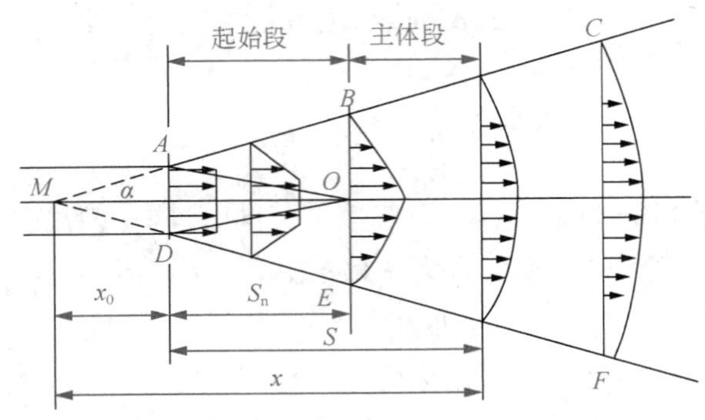

图 12-3　射流结构示意图

等温自由圆射流的一般特性包括：①射流边缘有卷吸周围空气的作用，这主要是由紊流动量交换引起的。②由于射流边缘的卷吸作用，射流断面不断扩大，其扩散角 α 约为 15°～20°。射流流量随射流长度增加而增大。③射流核心段呈锥形不断缩小。④核心段以后，射流速度逐渐下降。射流各断面的速度值虽不同，但速度分布相似。⑤射流中的静压与周围静止空气的压强相同。⑥射流各断面动量相等。

单位时间内通过射流各断面的动量相等，这是推导射流各运动参数的主要依据。

三、吸入气流与吹出气流

吸入气流与吹出气流的差异主要有以下两点。

(1) 吹出气流由于卷吸作用，沿射流方向流量不断增加，射流呈锥形；吸入气流的等速面为椭球面，通过各等速面的流量相等，并等于吸入口的流量。

(2) 射流轴线上的速度基本上与射程成反比，而吸气区内气流速度与距吸气口距离的平方成反比。所以，吸气口能量衰减很快，其作用范围较小。

吸入气流与吹出气流的流动特性不同，吹出气流控制能力大，吸入气流有利于接受。因此，可以利用吹出气流作为动力，或者利用吹出气流阻挡、控制污染物的扩散，利用吸入口作为污染物捕集口。

四、吹吸气流

吹气气流和吸气气流结合起来的集气方式称为吹吸气流，即以吹气气流为动力，把污染物输送到吸气口再捕集，或者利用吹出气流阻挡、控制污染物的扩散。

第三节 集气罩的基本形式及性能参数

按罩口气流流动方式可将集气罩分为两大类，即吸气式集气罩和吹吸式集气罩。利用吸气气流捕集污染空气的集气罩称为吸气式集气罩，而吹吸式集气罩则是利用吹吸气流来控制污染物扩散的装置。按集气罩与污染源的相对位置及围挡情况，还可将吸气式集气罩分为密闭罩、排气柜、外部集气罩、接受式集气罩等。

一、集气罩的基本形式

（一）密闭罩

密闭集气罩简称密闭罩，是将污染源的局部或整体密闭起来的一种集气罩。其作用原理是把污染物的扩散限制在一定的密闭空间内，通过动力设备的抽气，使罩内保持一定负压，让罩外的空气经罩上的缝隙流入罩内，以达到防止污染物外逸的目的。其优点是所需排风量最小，控制效果最好，而且不受室内横向气流的干扰。因此，设计集气罩时，在操作工艺允许的条件下，应优先考虑采用密闭式集气罩。一般来说，密闭罩多用于粉尘发生源，常称为防尘密闭罩。按密闭罩的围挡范围和结构特点，可将其分为局部密闭罩（见图 12-4）、整体密闭罩（见图 12-5）和大容积密闭罩（见图 12-6）。

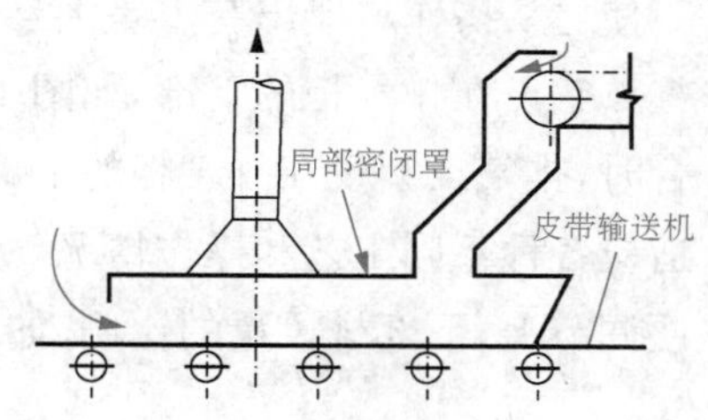

图 12-4 局部密闭罩

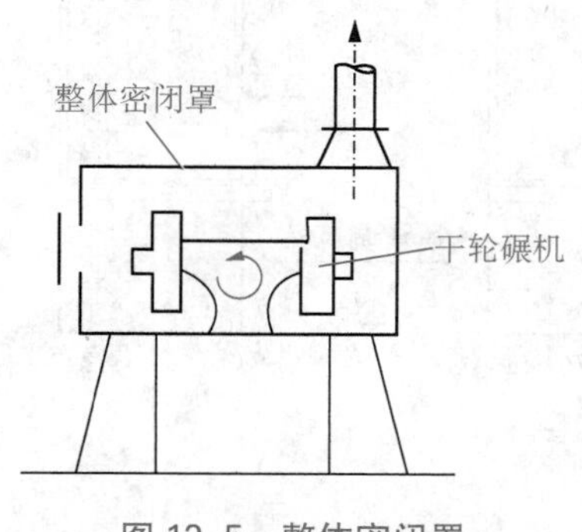

图 12-5 整体密闭罩

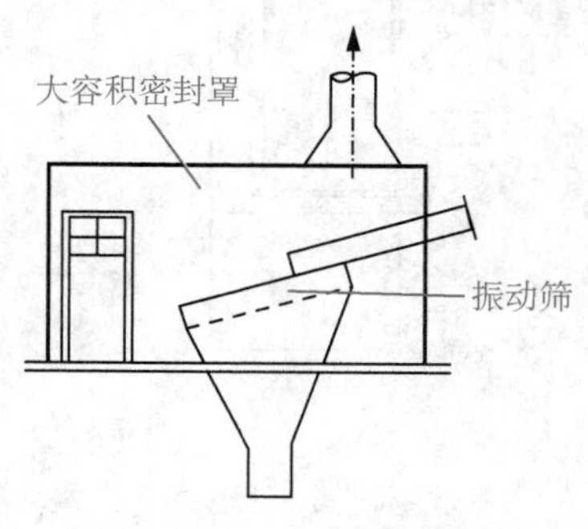

图 12-6 大容积密闭罩

局部密闭罩只将设备的污染物产生点局部密闭起来，工艺设备大部分露在罩外。特点是容积比较小，方便操作和设备检修，一般适用于污染气流速度低、瞬时增加不大的地点。

整体密闭罩是把污染源全部或大部分密闭起来，只把设备需要经常观察和维护的部分留在罩外，罩本身基本上成为独立整体。其特点是容积较大，容易做到严密，一般适用于有振动且气流速度高的场合或全面散发污染物的污染源。

大容积密闭罩是将污染设备或地点全部密闭起来，也称为密闭小室。其特点是罩内容积很大，可以缓冲污染气流，减少局部正压，设备检修可在罩内进行，一般适用于多点、阵发性、污染气流速度大的设备或地点。

（二）半密闭罩

半密闭罩又称通风柜或排气柜。由于生产工艺操作的需要，在密闭罩上开有较大的操作孔。操作时，通过操作孔吸入大量的气流来控制污染物外逸。其捕集机理和密闭罩相类似，即将有害气体发生源围挡在柜状空间内，可视为开有较大孔口的密闭罩，多呈柜型或箱型，化学实验室的通风柜和小零件喷漆箱就是排气柜的典型代表。其特点是控制效果好，排风量比密闭罩大，而小于其他形式集气罩。排气柜排气点位置，对于有效地排除有害气体，不使之从操作口泄出有着重要影响。用于冷污染源或产生有害气体密度较大的场合时，排气点宜设在排气柜的下部，如图 12-7(a)所示；用于热污染源或产生有害气体密度较小的场合时，排气点宜设在排气柜的上部，如图 12-7(b)所示；对于排气柜内产热不稳定的场合，为适应各种不同工艺和操作情况，应在柜内空间的上、下部均设置排气点，并装设调节装置，以便调节上、下部排风量的比例，如图 12-7(c)所示。

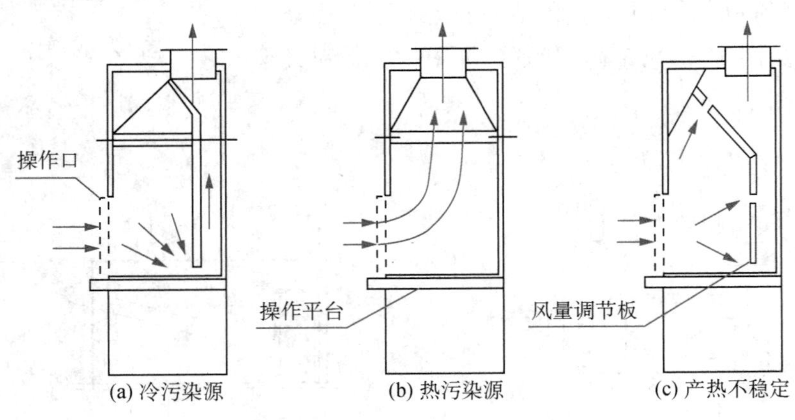

图 12-7　排气柜

（三）外部集气罩

由于工艺条件的限制，有时无法对污染源进行密闭，则只能在其附近设置外部集气罩。外部集气罩依靠罩口外吸入气流的运动而实现捕集污染物的目的。外部集气罩形式多样，

按集气罩与污染源的相对位置可将其分为 4 类,即上部集气罩、下部集气罩、侧吸罩和槽边集气罩,如图 12-8 所示。

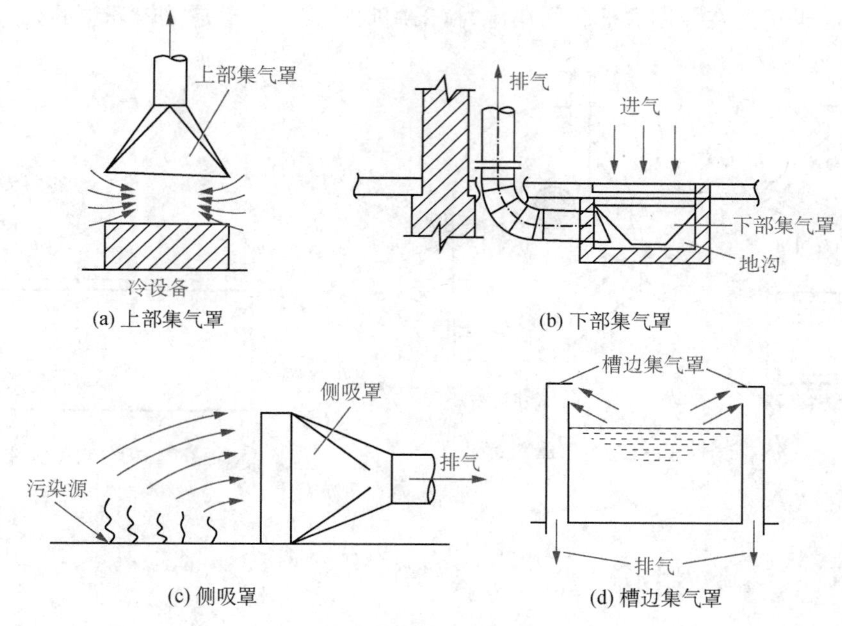

图 12-8　外部集气

上部集气罩位于污染源上方,其形状多为伞形,又称伞形罩;下部集气罩位于污染源的下方。当污染源向下散发出污染物,或由于工艺操作的限制在上面或侧面不允许设置集气罩时,才采用下部集气罩。侧吸罩是位于污染源一侧的集气罩。为改进吸气效果,可在集气罩罩口上加边,或把其放在工作台上。槽边集气罩是外部集气罩的一种特殊形式,主要应用于各工业槽,如电镀槽、酸洗槽、中和槽等。罩设置在槽的侧旁,从侧面吸取槽面散发出的工业有害物。槽边集气罩分条缝式、平口式及周边型集气罩等形式。

由于外部集气罩吸气方向与污染气流运动方向往往不一致,一般需要较大风量才能控制污染气流的扩散,而且容易受室内横向气流的干扰,致使捕集效率降低。

（四）接受式集气罩

有些生产过程或设备本身会产生或诱导气流运动,并带动污染物一起运动，如由于加热或惯性作用形成的污染气流。接受式集气罩即沿污染气流流线方向设置集气罩口,污染气流便可借助自身的流动能量进入罩口。热源上部的伞形接受罩如图 12-9(a)所示;捕集砂轮磨削时抛出的磨屑及粉尘的接受式集气罩如图 12-9(b)所示。

（五）吹吸式集气罩

在外部集气罩的对面设置一排喷气嘴或条缝形吹气口,它和外部集气罩结合起来称为吹吸式集气罩,如图 12-10 所示。喷吹气流形成一道气幕,把污染物限制在一个很小的空间内，使之不外逸。同时由于吹出气流的速度衰减得慢，再加上气幕的作用，室内空气混入量大为减少，所以达到同样的控制效果时，要比单纯采用外部集气罩节约风量，并且不易受室内横向气流的干扰。在控制大面积污染源时，采用吹吸式集气罩是比较理想的。

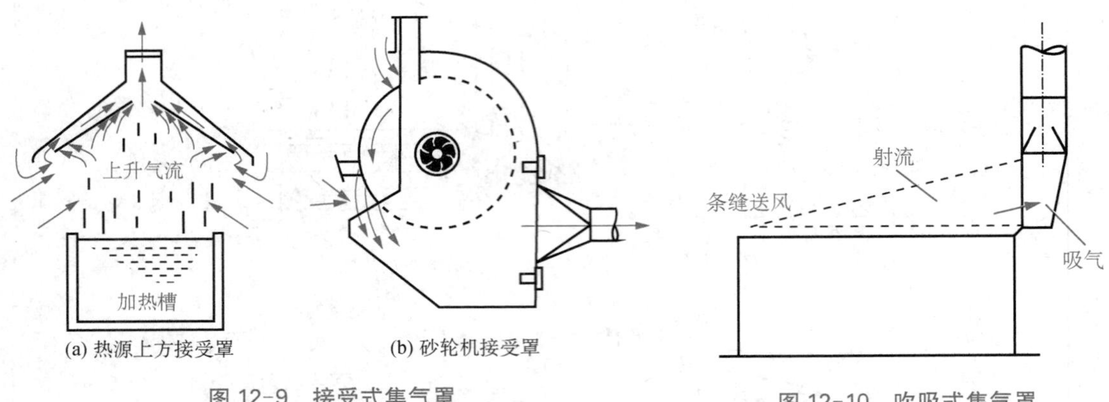

图 12-9　接受式集气罩

图 12-10　吹吸式集气罩

二、集气罩性能参数及计算

表示集气罩性能的主要技术经济指标为集气量和压力损失。现对其确定方法进行简要介绍。

（一）集气量的确定

1. 集气量的测定方法

集气罩集气量 q_V（m^3/s）可以通过实测罩口上的平均吸气速度 v_0（m/s）和罩口面积 A_0（m^2）确定：

$$q_V = A_0 v_0 \ (m^3/s) \tag{12-4}$$

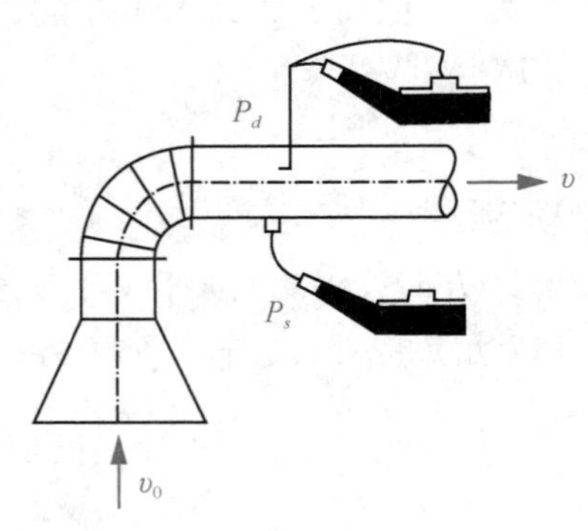

图 12-11　集气量的测定

也可以通过实测连接集气罩直管中的平均速度 v（m/s）、气流动压 p_d（Pa）或气体静压 p_s（Pa），以及管道断面积 A（m^2）按下式确定（见图 12-11）：

$$q_V = Av = A\sqrt{(2/\rho)p_d} \ (m^3/s) \tag{12-5}$$

或：
$$q_V = \varphi A\sqrt{(2/\rho)\,|\,p_s\,|} \ (m^3/s) \tag{12-6}$$

在实际中，测定平均速度 v 或平均动压 p_d 比较麻烦，则可以测定连接直管中的气流静压并按式（12-6）确定集气量，一般称之为静压法，而将式（12-5）称为动压

法，这是工程中常用的两种测定方法。

2. 集气量计算方法

在工程设计中，计算集气罩集气量的方法有两种，即控制速度法和流量比法。这里只介绍常用的控制速度法。

所谓控制速度，是指在罩口前污染物扩散方向的任意点上均能使污染物随吸入气流流入罩内并将其捕集所必需的最小吸气速度。吸气气流有效作用范围内的最远点称为控制点。控制点距罩口的距离称为控制距离，如图 12-12 所示。

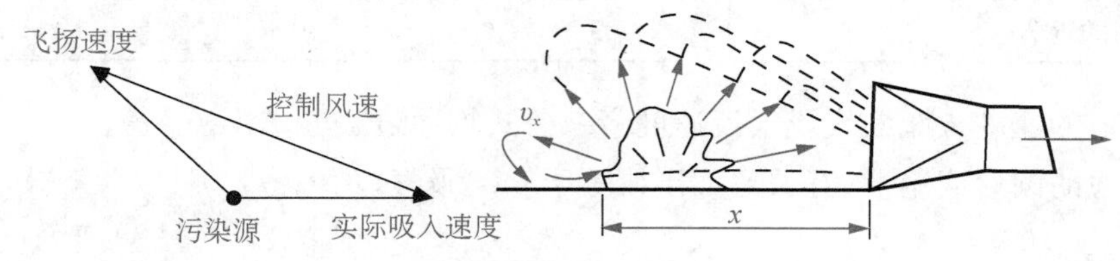

图 12-12　控制速度法

计算集气罩集气量时，应先根据工艺设备及操作要求确定集气罩形状及尺寸，由此可确定罩口面积 A_0，然后根据控制要求安排罩口与污染源相对位置，确定罩口几何中心与控制点的距离 x。

确定控制速度 v_x 后，即可根据不同形式集气罩罩口的气流衰减规律求得罩口上气流速度 v_0，在已知罩口面积 A_0 时，即可按式(12-5)求得集气罩的集气量。采用控制速度法计算集气罩的集气量，关键在于确定控制速度 v_x 和集气罩结构、安设位置及周围气流运动情况，一般通过现场实测确定。如果缺乏现场实测数据，设计时可参考表 12-2、表 12-3 确定。在工程设计中，针对不同类型的集气罩，可参考相关设计手册，采用经验公式计算集气罩的集气量。

表 12-2　污染源的控制速度 v_x

污染物的产生状况	举例	控制速度/$(m \cdot s^{-1})$
以轻微的速度放散到相当平静的空气中	蒸气的蒸发，气体或烟气从敞口容器中外逸	0.25～0.5
以轻微的速度放散到尚属平静的空气中	喷漆室内喷漆；断续地倾倒有尘屑的干物料到容器中；焊接	0.5～1.0
以相当大的速度放散出来，或放散到空气运动迅速的区域	翻砂、脱模、高速(大于 1 m/s)皮带运输机的转运点、混合、装袋或装箱	1.0～2
以高速放散出来，或是放散到空气运动迅速的区域	磨床，重破碎；在岩石表面工作	2.5～10

表 12-3　考虑周围气流情况及污染物危害性选择控制速度

周围气流运动情况	控制速度/(m·s^{-1})	
	危害性小时	危害性大时
无气流或容易安装挡板的地方	0.20～0.2	0.25～0.30
中等程度气流的地方	0.25～0.30	0.30～0.35
较强气流或不安挡板的地方	0.35～0.40	0.38～0.50
强气流的地方	0.5	1.0
气流非常强的地方	1.0	2.5

集气罩口的速度分布曲线或气流速度衰减公式均通过实验求得。

对于无边的圆形或矩形(宽长比大于或等于 0.2)吸气口：

$$\frac{v_0}{v_x}=\frac{10x^2+A}{A} \tag{12-7}$$

$$q_V=v_0A=(10x^2+A)v_x \tag{12-8}$$

对于有边的圆形或矩形(宽长比大于或等于 0.2)吸气口：

$$\frac{v_0}{v_x}=0.75\,\frac{10x^2+A}{A} \tag{12-9}$$

$$q_V=v_0A=0.75(10x^2+A)v_x \tag{12-10}$$

其中：v_0、v_x 分别是吸入口平均风速和控制面上的控制风速，m/s；x 是控制面到吸入口的距离，m；A 是吸入口的横断面积，m^2；q_V 是集气罩的集气量，m^3/s。

用同样方法，可以得到各种形状的集气罩的集气量计算公式，它们可以在有关手册中查到。

例 12-1　有一圆形的外部集气罩，罩口直径 $d=25$ mm，要在罩口轴线距离为 0.2 m 处形成 0.5 m/s 的吸气速度，试计算该集气罩的集气量。

解： 若该集气罩为四周无法兰的侧吸罩，则利用式(12-8)得：

$$q_V=v_0A=(10x^2+A)v_x=(10\times0.2^2+\pi\times0.25^2/4)\times0.5$$
$$=0.225\ (\text{m}^3/\text{s})$$

若该集气罩为四周有法兰的侧吸罩，则利用式(12-10)得：

$$q_V=v_0A=0.75(10x^2+A)v_x=0.75(10\times0.2^2+\pi+0.25^2/4)\times0.5$$
$$=0.169\ (\text{m}^3/\text{s})$$

由此可见，罩子周边加上法兰后，减少了无效气流的吸入，集气量可节省 25%。

（二）集气罩的压力损失

集气罩的压力损失 Δp 一般表示为压力损失系数 ξ 与连接直管中动压 p_d 乘积的形式：

$$\Delta p = \xi p_d = \xi \rho v^2/2 \text{ (Pa)} \tag{12-11}$$

由于集气罩罩口处于大气中，所以该处的全压等于零（见图 12-11）。因此，集气罩的压力损失亦可表示如下：

$$\Delta p = 0 - p = -(p_d + p_s) = |p_s| - p_d \tag{12-12}$$

其中：p、p_d、p_s 为集气罩连接直管中测试断面的气体全压、动压、静压，Pa；v 为连接直管中气流速度，m/s。

如图 12-11 所示，只要测出连接直管中测试断面的动压 p_d 和静压 p_s，便可求得集气罩的流量系数 φ 值：

$$\varphi = \sqrt{p_d/p_s} \tag{12-13}$$

由式(12-6)、式(12-12)和式(12-13)便可得流量系数 φ 和压力损失系数 ξ 的关系：

$$\varphi = 1/\sqrt{1+\xi} \tag{12-14}$$

第四节　管道系统设计

管道系统设计内容广泛，本节重点介绍管道系统压力损失计算，管道系统布置及部件，管道系统保温、防腐和防爆等设计内容。

一、管道系统压力损失计算

（一）管道内气体流动的压力损失

管道内气体流动的压力损失有两种：一种是由于气体本身的黏滞性及其与管壁间的摩擦而产生的压力损失，称为摩擦压力损失或沿程压力损失；另一种是气体流经管道系统中某些局部构件时，由于流速大小和方向改变形成涡流而产生的压力损失，称为局部压力损失。摩擦压力损失和局部压力损失之和即管道系统总压力损失。

1. 摩擦压力损失

根据流体力学的原理，气体流经断面不变的直管时，摩擦压力损失 Δp_l 可按下式计算：

$$\Delta p_l = l \cdot \frac{\lambda}{4R_S} \cdot \frac{\rho v^2}{2} = lR_m \ (\text{Pa}) \tag{12-15}$$

其中：

$$R_m = \frac{\lambda}{4R_S} \cdot \frac{\rho v^2}{2} \ (\text{Pa/m}) \tag{12-16}$$

其中：R_m 是单位长度管道的摩擦压力损失，简称比压损（或比摩阻），Pa/m；l 是直管段长度，m；λ 是摩擦压力损失系数；v 是管道内气体的平均流速，m/s；ρ 是管道内气体的密度，kg/m^3；R_S 是管道的水力半径，m，它是指流体流经直管段时，流体的断面积 A（m^2）与润湿周边 x（m）之比：

$$R_S = A/x \ (\text{m}) \tag{12-17}$$

对于气体充满直径为 d 的圆形管道的水力半径：

$$R_S = \pi d^2/(4\pi d) = d/4 \tag{12-18}$$

代入式(12-9)，得：

$$R_m = \frac{\lambda}{d} \cdot \frac{\rho v^2}{2} \ (\text{Pa/m}) \tag{12-19}$$

2. 局部压力损失

气体流经管道系统中的异形管件（如阀门、弯头、三通等）时，由于流动情况发生骤然变化，所产生的能量损失称为局部压力损失。局部压力损失 Δp_m 一般用动压头的倍数表示：

$$\Delta p_m = \xi \rho v^2/2 \ (\text{Pa}) \tag{12-20}$$

其中：ξ 是局部压力损失系数；v 是异形管件处管道断面平均流速，m/s。

局部压力损失系数通常是通过实验确定的。实验时，先测出管件前后的全压差（即该管件的局部压力损失），再除以相应的动压 $\rho v^2/2$，即可求得 ξ 值。各种管件的局部压力损失系数在有关设计手册中可以查到。选用时要注意实验用的管件形状和实验条件，特别要注意 ξ 值对应的是何处的动压值。

管件三通的作用是使气流分流或合流。对合流三通，两股气流汇合过程中的能量损失不同，两分支管的局部阻力应分别计算。合流三通的直管和支管流速相差较大时，会发生引射现象。在引射过程中，流速大的气流失去能量，流速小的气流获得能量。因此，其支管的局部阻力系数会出现负值，为了减小三通局部阻力，宜使总管和支管内流速接近。

（二）管道系统压力损失计算

管道系统压力损失计算的目的是确定管道断面尺寸和系统的压力损失，并由系统的总风量和总压力损失选择适当的通风机和电动机。管道计算的常用方法是流速控制法，也称

比摩阻法，即以管道内气流速度作为控制因素，据此计算管道断面尺寸和压力损失。

用流速控制法进行管道计算通常按下述步骤进行。

(1) 确定各抽风点位置和风量，净化装置、通风机和其他部件的型号规格，风管材料等。

(2) 根据现场实际情况布置管道，绘制管道系统轴测图，进行管段编号，标注长度和风量。管段长度一般按两管件中心线间距离计算，不扣除管件(如三通、弯头)本身长度。

(3) 确定管道内的气体流速。当气体流量一定时，若流速选高了，则管道断面尺寸小，材料消耗少，一次投资减少。但系统压力损失增大，噪声增大，动力消耗增大，运转费用增高。对于除尘管道，还会增加管道的磨损。反之，若流速选低了，噪声和运转费用降低，但一次投资增加。对于除尘管道，若流速过低，还可能发生粉尘沉积而堵塞管道的现象。因此，要使管道系统设计经济合理，必须选择适当的流速，使投资和运行费的总和最小。表 12-4 所列为除尘管道内最低气流速度，可供设计参考。

表 12-4　除尘管道内最低气流梯度(单位:m/s)

粉尘性质	垂直管	水平管	粉尘性质	垂直管	水平管
粉状的黏土和沙	11	13	铁和钢	18	20
耐火泥	14	17	灰土、沙尘	16	18
重矿物粉尘	14	16	锯屑、刨屑	12	14
轻矿物粉尘	12	14	大块干木屑	14	15
干型砂	11	13	干微尘	8	10
煤灰	10	12	染料粉尘	14～16	16～18
湿土(2%以下水分)	15	18	大块湿木屑	18	20
铁和钢(尘末)	13	15	谷物粉尘	10	12
棉絮	8	10	麻(短纤维粉尘杂质)	8	12
水泥粉尘	8～12	18～22			

(4) 根据系统各管段的风量和选择的流速确定各管段的断面尺寸。对于圆形管道，在已知流量 q_V 和预先选取流速 v 的前提下，管道内径可按下式计算：

$$d = 18.8\sqrt{q_V/v} \text{ 或 } d = 18.8\sqrt{q_m/(\rho v)} \text{ (mm)} \tag{12-21}$$

其中：q_V 为体积流量，m^3/h；q_m 为质量流量，kg/h。

对于除尘管道，为防止积尘堵塞，管径要求如下：输送细小颗粒粉尘(如筛分和研磨细粉)，$d \geqslant 80$ mm；输送较粗粉尘(如木屑)，$d \geqslant 100$ mm；输送粗粉尘(有小块物)，$d \geqslant 130$ mm。

确定管道断面尺寸时，应尽量采用“计算表”中所列的全国通用通风管道的统一规格，以利于工业化加工制作。

(5) 风管断面尺寸确定后，按管内实际流速计算压力损失。压力损失计算从最不利环路(系统中压力损失最大的环路)开始。具体计算方法前文已介绍。

(6) 对并联管道进行压力平衡计算。两分支管段的压力差应满足以下要求：除尘系统应小于10%，其他通风系统应小于15%。否则，必须进行管径调整或增设调压装置(阀门、阻力圈等)，使之满足上述要求。调整管径平衡压力，可按下式计算：

$$d_2 = d_1(\Delta p_1/\Delta p_2)^{0.225} \text{ (mm)} \tag{12-22}$$

其中：d_2 是调整后的管径，mm；d_1 是调整前的管径，mm；Δp_1 是管径调整前的压力损失，Pa；Δp_2 是压力平衡基准值(若调整支管管径，即干管的压力损失)，Pa。

(7) 计算管道系统的总压力损失(即系统中最不利环路的总压力损失)，以上计算内容可列表进行。

选择通风机的风量按下式计算：

$$q_{V,0} = (1 + K_1)q_V \text{ (m}^3\text{/h)} \tag{12-23}$$

其中：q_V 是管道计算的总风量，m^3/h；K_1 是考虑系统漏风所附加的安全系数。一般管道取 $K_1 = 0.1$；除尘管道取 $K_1 = 0.1 \sim 0.15$。

选择通风机的风压按下式计算：

$$\Delta p_0 = (1 + K_2)\Delta p \frac{\rho_0}{\rho} = (1 + K_2)\Delta p \frac{TP_0}{T_0 P} \tag{12-24}$$

其中：Δp 是管道计算的总压力损失，Pa；K_2 是考虑管道计算误差及系统漏风等因素所采用的安全系数，一般管道取 $K_2 = 0.1 \sim 0.15$，除尘管道取 $K_2 = 0.15 \sim 0.2$；ρ_0、P_0、T_0 是通风机性能表中给出的标定状态的空气密度、压力、温度。一般来说：$P_0 = 101.325$ kPa；对于通风机，$T_0 = 20$ ℃，$\rho_0 = 1.2$ kg/m^3；对于引风机 $T = 200$ ℃，$\rho_0 = 0.745$ kg/m^3。ρ、P、T 是运行工况下进入通风机时的气体密度压力和温度。

计算出 $q_{V,0}$ 和 Δp_0 后，即可按通风机产品样本给出的性能曲线或表格选择所需通风机的型号规格。

所需电动机的功率 N_e 可按下式计算：

$$N_e = \frac{q_{V,0}\Delta p_0 K}{3.6 \times 10^6 \eta_1 \eta_2} \text{ (kW)} \tag{12-25}$$

其中：K 是电动机备用系数，通风机电动机功率为2～5 kW时取1.2，大于5 kW时取1.15，引风机取1.3；η_1 是通风机全压效率，可以由通风机样本查得，一般为0.5～0.7；η_2 是机械传动效率，直联传动为1，联轴器传动为0.98，皮带传动为0.95。

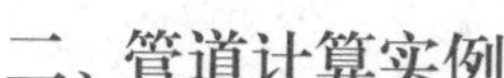

二、管道计算实例

例 12-2 某有色冶炼车间除尘系统管道布置如图 12-13 所示。系统内的气体平均温度为 20 ℃，钢板管道的粗糙度 $k=0.15$ mm，气体含尘浓度为 10 g/m³，所选除尘器的压力损失为 981 Pa。集气罩 1 和 2 的局部压力损失系数分别为 $\xi_1=0.12$，$\xi_2=0.19$，集气罩排风量分别为 $q_{V,1}=4\ 950$ m³/h，$q_{V,2}=3\ 120$ m³/h。要求确定该系统的管道直径和压力损失，并选择通风机。

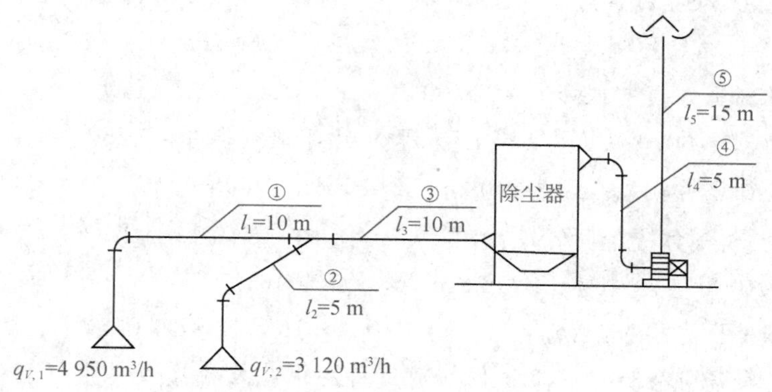

图 12-13 除尘系统图

解：(1) 管道编号并注上各管段的流量和长度。

(2) 选择计算环路。一般从最远的管段开始计算。本题从管段①开始。

(3) 有色冶炼车间的粉尘为重矿粉及灰土，按表 12-4 取水平管内流速为 16 m/s。

(4) 计算管径和压力损失。

如图 12-13 所示的除尘系统：

管段①：据 $q_{V,1}=4\ 950$ m³/h，$v=16$ m/s，查“计算表”得 $d_1=320$ mm，$\lambda/d=0.056\ 2$，实际流速 $v_1=17.1$ m/s，动压为 182 Pa。

则摩擦压力损失：$\Delta p_{l1}=l\dfrac{\lambda}{d}\cdot\dfrac{\rho v^2}{2}=10\times0.056\ 2\times182=102.3$ (Pa)

各管件局部压力损失系数(查手册)如下：

集气罩 1：$\xi_1=0.12$；90°弯头($R=1.5$)，$\xi=0.25$；30°直流三通，$\xi_{21(2)}=0.12$(对应直通管动压的局部压力损失系数)。

$$\sum\xi=0.12+0.25+0.12=0.49$$

则局部压力损失：$\Delta p_{l1}=\sum\xi\dfrac{\rho v^2}{2}=0.49\times182=89.2$ (Pa)

管段③：据 $q_{V,3}=8\ 070\ m^3/h$，$v=16\ m/s$，查"计算表"得 $d_3=420\ m$，$\lambda/d=0.040\ 3$，实际流速 $v_3=16.2\ m/s$，动压为 161.5 Pa。

则摩擦压力损失：$\Delta p_{l3}=l\dfrac{\lambda}{d}\cdot\dfrac{\rho v^2}{2}=10\times0.040\ 3\times161.5=65.1\ (Pa)$

局部压力损失为合流三通对应总管动压的压力损失，其局部压力损失系数 $\xi_{21(1)}=0.11$，除尘器压力损失 981 Pa(进出口压力损失忽略不计)。

则局部压力损失：$\Delta p_{m3}=0.11\times161.5+981=998.8\ (Pa)$

管段④：气体流量同管段③，即 $q_{V,4}=q_{V,3}=8\ 070\ m^3/h$，选择管径 $d_4=420\ mm$，$\lambda/d=0.040\ 3$，实际流速 $v_4=16.2\ m/s$，动压为 161.5 Pa。

则摩擦压力损失：$\Delta p_{l4}=5\times0.040\ 3\times161.5=32.5\ (Pa)$

该管段有 90°弯头 ($R/d=1.5$) 两个，由手册查得 $\xi=0.25$。

则局部压力损失：$\Delta p_{m4}=0.25\times2\times161.5=80.8\ (Pa)$

管段⑤：气体流量同管段④，即 $q_{V,5}=q_{V,4}=8\ 070\ m^3/h$，选择管径 $d_5=420\ m$，$\lambda/d=0.040\ 3$，实际流速 $v_5=16.2\ m/s$，动压为 161.5 Pa。

则摩擦压力损失：$\Delta p_{l5}=15\times0.040\ 3\times161.5=97.6\ (Pa)$

该管段局部压力损失主要包括通风机进出口及排风口伞形风帽的压力损失，若通风机入口处变径管压力损失忽略不计，通风机出口 $\xi=0.1$(估算)，伞形风帽 $(h/D_0=0.5)$，$\xi=1.3$，$\sum\xi=0.1+1.3=1.4$。

则局部压力损失：$\Delta p_{m5}=1.4\times161.5=226.1\ (Pa)$

管段②：据 $q_{V,2}=3\ 120\ m^3/h$，$v=16\ m/s$，查"计算表"得 $d_2=260\ mm$，$\lambda/d=0.072\ 8$，实际流速 $v_2=16.3\ m/s$，动压为 167 Pa。

则摩擦压力损失：$\Delta p_{l2}=5\times0.072\ 8\times167=60.8\ (Pa)$

该管段局部压力损失系数：集气罩 2，$\xi_2=0.19$；90°弯头($R/d=1.5$)，$\xi=0.25$；合流三通旁支管，$\xi_{31(3)}=0.20$。$\sum\xi=0.19+0.25+0.20=0.64$，则：

$$\Delta p_{m2}=0.64\times167=106.9\ (Pa)$$

(5) 并联管路压力平衡：

$$\Delta p_1=\Delta p_{l1}+\Delta p_{m1}=102.3+89.2=191.5\ (Pa)$$

$$\Delta p_2=\Delta p_{l2}+\Delta p_{m2}=60.8+106.9=167.7\ (Pa)$$

$$\frac{\Delta p_1-\Delta p_2}{\Delta p_1}=\frac{191.5-167.7}{191.5}=12.4\%>10\%$$

节点压力不平衡，采用调整管径方法，进行压力平衡调节。

调整后管径如下：

$$d'_2 = d_2(\Delta p_2/\Delta p_1)^{0.225} = 260(167.7/191.5)^{0.225} = 252\ (\text{mm})$$

圆整管取径 $d'_2 = 250$ mm。

(6) 除尘系统总压力损失如下：

$$\Delta p = \Delta p_1 + \Delta p_2 + \Delta p_3 + \Delta p_4 + \Delta p_5$$
$$= 191.5 + 1\,063.9 + 113.3 + 323.7 = 1\,692.4\ (\text{Pa})$$

把上述结果填入计算表 12-5 之中。

表 12-5　管道计算表

管段编号	流量 q_V/(m³/h)	管长 l/m	管径 d/mm	流速 v/(m·s⁻¹)	λ/(d/m⁻¹)	动压 $\frac{\rho v^2}{2}$/Pa	摩擦压力损失/(Δp_l/Pa)	局部压力损失系数 $\sum\xi$	局部压力损失 Δp_m/Pa	管段总压力损失 Δp/Pa	管段压力损失累计 $\sum\Delta p$/Pa	备注
①	4 950	10	320	17.1	0.056 2	182	102.3	0.49	89.2	191.5		
③	8 070	10	420	16.2	0.040 3	161.5	65.1	0.11	998.8	1 063.9		
④	8 070	5	420	16.2	0.040 3	161.5	32.5	0.50	80.8	113.3	1 692.4	
⑤	8 070	15	420	16.2	0.040 3	161.5	97.6	1.4	226.1	323.7		
②	3 120	5	260	16.3	0.072 8	167	60.8	0.64	106.9	167.7		压力不平衡
②	3 120	5	250	17.7	0.072 8	197	71.7	0.64	126.1	197.8		

(7) 选择通风机和电动机：

① 选择通风机的计算风量：$q_{V,0} = q_V(1 + K_1) = 8\,070 \times 1.1 = 8\,877$ (m³/h)

② 选择通风机的计算风压：$\Delta p_0 = \Delta p(1 + K_2) = 1\,692.4 \times 1.2 = 2\,030.9$ (Pa)

根据上述风量和风压，在通风机样本上选择 C6—48，No.8C 通风机，当转数 n = 1 250 r/min 时，$q_V = 8\,906$ m³/h，$p = 2\,060$ Pa，配套电动机为 $\text{Y160}_\text{L}-4$，15 kW，基本满足要求。

复核电动机功率：

$$N_e = \frac{q_{V,0}\Delta p_0 K}{3.6 \times 10^6 \eta_1 \eta_2} = 8\,877 \times 2\,030.9 \times 1.3/(3\,600 \times 1\,000 \times 0.5 \times 0.95)$$
$$= 13.7\ (\text{kW})$$

配套电动机满足需要。

三、管道系统布置及部件

(一) 管道系统布置

管道系统布置主要包括系统划分和管道布置等内容。

1. 系统划分

系统划分应充分考虑管道输送气体(粉尘)的性质、操作制度、相互距离、回收处理等因素,以确保管道系统的正常运转。符合以下条件者,可以合为一个管道系统:

(1) 污染物性质相同,生产设备同时运转,便于污染物统一集中回收处理的场合;

(2) 污染物性质不同,生产设备同时运转,但允许不同污染物混合或污染物无回收价值的场合;

(3) 尽可能将同一生产工序中同时操作的污染设备排风点合为一个系统。

凡发生下列几种情况之一者不能合为一个系统:

(1) 不同排风点的污染物混合后会引起燃烧或爆炸危险,或形成毒性更大的污染物的场合;

(2) 不同温度和湿度的污染气流,混合后会引起管道内结露和堵塞的场合;

(3) 因粉尘或气体性质不同,共用一个系统会影响回收或净化效率者。

2. 管道布置

管道系统的布置通常是和各种装置的定位紧密联系在一起的。各种装置的安装位置确定了,基本上管道系统的布置方案就确定了。各种装置的定位受生产工艺及空气污染控制工艺限制,如集气罩的定位受污染源设备位置限制,冷却设备、净化设备等在满足工艺流程的条件下定位较灵活,应满足管道系统布置原则。

(1) 管道布置一般原则。输送不同介质的管道,布置原则不完全相同,取其共性作为管道布置的一般原则。

布置管道时,应对所有管线统筹安排,统一布置。管道布置应力求简单、紧凑,安装、操作和检修方便,并使管路最短,占地和空间少,投资省。在可能的条件下做到整齐美观。

管道敷设分明装和暗设,应尽量明装,以便检修;管道应尽量集中成列,平行敷设,尽量沿墙或柱敷设;管道与梁、柱、墙、设备及管道之间应留有足够距离,以满足施工、运行、检修和热胀冷缩的要求,一般间距不应小于100～200 mm。管道通过人行横道时,与地面净距不应小于2 m,横过公路时不应小于4.5 m,横过铁路时与轨面净距不得小于6 m;水平管道敷设应有一定的坡度,以便于放气、放水、疏水和防止积尘,一般坡度不小于0.005。坡度应考虑斜向风机方向,并应在风管的最低点和风机底部装设水封泄液管。管道应尽量避免遮挡室内采光和妨碍门窗的启闭,应避免通过电动机、配电盘、仪表盘的上空,应不妨碍吊车的工作。管道和阀件的重量不宜支撑在设备上,应设支架或吊架,保温管道的支架上应设管托。捕集含有剧毒、易燃、易爆物质的管道系统,其正压段一般不应穿过其他房间;穿过其他房间时,该段管道上不宜设法兰或阀门。

(2) 除尘管道布置原则。除尘管道布置除应遵守上述一般原则外,还应满足以下5个要求。

① 除尘管道力求顺直，保证气流通畅。

② 当必须水平敷设时，要有足够的流速以防止积尘。对易产生积灰的管道，必须设置清灰孔。

③ 为减轻风机磨损，特别是当气体含尘浓度较高时（大于 3 g/m^3 时），应将净化装置设在风机的吸入段；分支管与水平管或倾斜主干管连接时，应从上部或侧面接入。

④ 三通管的夹角一般不大于 30°。当有几个分支管汇合于同一主干管时，汇合点最好不设在同一断面上。

⑤ 输送气体中含磨琢性强的粉尘时，在局部压力较大的地方应采取防磨措施，并在设计中考虑到管件的检修方便。

（二）管道和配件

1. 管道材料和连接

（1）管道材料。制作管道的材料一般有金属类和非金属类。金属管材耐高温、高压，有一定耐腐蚀性，易加工与安装，如钢板（普通钢板）、镀锌板（白铁）、不锈钢等。非金属管材耐腐蚀性好，资源丰富，品种多，如砖、混凝土、复合材料、塑料、石棉板、玻璃等。总之，管道材料的选择主要依据生产工艺要求（介质温度、压力、性质）、货源和价格。

（2）管道连接。管道系统大都采用焊接或法兰连接。所有压力管道尽量采用焊接，管径大于 32 mm 且厚度在 4 mm 以上的采用电焊；管径在 32 mm 以下且厚度在 3.5 mm 以下的采用气焊。法兰连接适用于一般管径、密封性要求高的管道连接。此外，管道还有其他连接方式，如水泥砂浆接口、快速接头、螺纹连接、承插连接等。

2. 管道系统配件

（1）阀门。阀门为截断、接通流体通路或改变流向、流量及压力值的装置，按照阀门的作用可分为截止阀、调节阀、止逆阀、稳压阀、减压阀、换向阀、防爆安全阀、卸灰阀等。

（2）管件。管件是管与管之间的连接部件，延长管路、连接支管、堵塞管道、改变管道直径或方向等均可通过相应的管件来实现。管件主要包括测定孔、管托、支架、吊架、弯头、三通、变径管、补偿器等。

测孔通常设在除尘系统的设备出入口管段上，用于测定风量、风压、温度、湿度、污染物浓度等。为测试风机性能参数，需在风机进出口设置测孔；对于多分支管路，为调节管网压力平衡，需要在各支管设置测孔。

管托、支架、吊架用来支撑、固定和约束管道。选用和设计支、吊架，必须考虑其强度和刚度，保证管网的稳定性，避免产生过大的弯曲应力，满足管道热位移和热补偿的要求。此外，在安全可靠的前提下，应采用较简单的结构，以节省钢材，方便施工。

弯头、三通、变径管等属于管道系统的异形管件。异形管件产生的局部压力损失，在管道系统总压力损失中所占的比例较大。为了减少系统的局部压力损失，异形管件的制作和安装应符合设计规范要求。弯管的曲率半径可按管径的 1～1.5 倍设计；三通夹角宜采用 15°～45°；变径管（渐缩管和渐扩管）的扩散角一般不大于 15°。对于除尘系统，为防止含尘气流改向时对异形管件的磨损，其弯头、三通迎风面管壁厚度可按其管壁厚的1.5～2倍设计，亦可采用耐磨材料衬垫。

管道输送高温流体时，还需要设置热补偿器。

四、管道系统保温、防腐和防爆

（一）管道系统保温

在管道系统设计中，为减少输送过程中的热量损耗或防止烟气结露而影响系统正常运行，需要对管道与设备进行保温。管道系统保温设计的主要内容包括保温材料选择、保温结构设计和保温层厚度计算。

1. 保温材料选择

保温材料选择应符合以下基本条件：在平均温度为298 K时的热导率值不应大于0.08 W/(m·K)，而且具有较高的耐热性；材料孔隙率大，密度小，一般不超过300 kg/m^3，具有一定的机械强度，吸水率低，不腐蚀金属；成本较低，便于施工安装。

保温材料种类很多，常用的有岩棉、矿渣棉、玻璃棉、石棉、珍珠岩、蛭石、聚苯乙烯泡沫塑料、聚氨酯泡沫塑料等，以及它们的制品。矿渣棉及玻璃棉制品用于管道保温时，有的可制成板材和管壳，有的可制成卷毡等。

2. 保温结构设计

保温结构设计直接影响保温效果、投资费用和使用年限，管道和设备保温结构由保温层和保护层两部分组成，在潮湿环境中的设备和管道应设置防潮、防水层。保温结构设计应满足保温需要，有足够的机械强度，处理好保温层和管道、设备的热补偿，要有良好的保护层，适应安装的环境条件和防雨防潮要求，结构简单，投资低，施工简便，维护检修方便。

管道和设备保温的常用保温结构和材料有以下4种：

(1) 预制瓦块：有泡沫混凝土、珍珠岩、蛭石、石棉瓦块等。

(2) 管壳制品：有岩棉、矿渣棉、玻璃棉、硬聚氨酯泡沫塑料、聚苯乙烯泡沫塑料管壳等。

(3) 卷材：有聚苯乙烯泡沫塑料、岩棉等。

(4) 其他材料：有铅丝网、石棉灰，或用以上预制板块砌筑或粘接等。

管道设备保护层应该具有保护保温层和防水的性能。金属保护层应采用厚0.3～0.8 mm的镀锌薄钢板，或用厚度为0.5～1 mm的防锈铝板制成护壳。玻璃布保护层一般在室内使用。纤维水泥类保护层不得在室外使用。其他已被确认可靠的材料可作为外保护层材料。

3. 保温层厚度计算

《设备及管道绝热设计导则》(GB/T 8175—2008)中规定了保温层厚度的计算方法。

（二）管道系统防腐

管道系统受到腐蚀，会缩短使用寿命，引起滴漏等无组织排放，甚至造成事故。管道系

统防腐主要采用防腐涂料和防腐材料。选用防腐方法时，应考虑材料来源、现场加工条件及施工能力，经技术经济比较后确定。

对于金属管道材料，可增加耐腐蚀金属镀层进行防腐，也可采用非金属保护涂层防腐，把有机和无机化合物涂覆在金属表面，如油漆、搪瓷、沥青、复合塑料、防锈油等。

对于非金属管道材料，硬聚氯乙烯塑料（硬 PVC）、玻璃钢和其他复合衬里材料等本身就属于防腐材料。硬聚氯乙烯塑料耐酸碱腐蚀性强，物理机械性能好，表面光滑，易于二次加工成型，施工维修方便。玻璃钢质轻，强度高，耐化学腐蚀性优良，电绝缘性好，耐温 90～180 ℃，便于加工成型，但价格较贵，施工时有气味。

（三）管道系统防爆

当管道输送介质中含有可燃气体或易燃易爆粉尘时，管道系统设计时应采取下述防爆措施。

（1）加强可燃物浓度的检测与控制。防止系统内可燃物达到爆炸浓度。

（2）消除火源。对可能引起爆炸的火源严格控制。例如：选用防爆风机，并采用直联或轴联传动方式；采用防爆型电气元件、开关、电机；物料进入系统前，先消除其中的铁屑等异物。

（3）阻火与泄爆措施。设计可燃气体管道时，应使管内最低流速大于气体燃烧时的火焰传播速度，以防止火焰传播；为防止火焰在设备间传播，可在管道上装设内有数层金属网或砾石的阻火器；防止可燃物在管道系统的局部地点（死角）积聚，并在这些部位装设泄爆孔或泄爆门，气体管道中采用的连接水封和溢流水封亦能起一定的泄爆作用。

（4）设备密闭。保证设备系统的密闭性，当管道与设备密闭不良时，可能因空气漏入或可燃物泄漏而燃烧爆炸。

（5）厂房通风。要求管道系统达到绝对密闭是不可能的，所以必须加强厂房通风，以保证车间内可燃物浓度不至于达到危险的程度。此外，对于设备发生偶然事故或系统发生运行故障时会散发大量可燃气体的车间，应设置事故排风系统，以备急需时使用。

除尘管网平衡实例

集气罩设计实例

本章小结

本章主要介绍了净化系统的组成，集气罩的基本形式及设计，管道系统的布置、压损计算、保温及防腐。本章内容是大气污染控制系统的重要基础。

关键词

净化系统；集气罩；压力损失；管道系统布置

习　题

1. 简述局部排气净化系统的组成及其系统设计基本内容。
2. 试分析吸入气流与吹出气流的差异及其在集气罩设计中的应用。
3. 简述集气罩的基本形式，并说明各类集气罩设计的基本要求。
4. 多分支管道系统设计中，为什么必须进行并联分支管节点压力平衡计算？简述节点压力平衡调整的常用技术措施。
5. 管道计算选择风机时，为什么必须对样本所给出的风机压头进行风机标定状态和运行工况的换算？简述常用的换算方法。
6. 简述管道系统布置的基本要求。
7. 试说明管道系统保温的必要性以及保温设计的主要内容。
8. 简述高温烟气管道常用的防腐涂料及防腐材料。
9. 简述管道系统发生爆炸的条件及常用防爆措施。
10. 根据现场测定，已知某外部集气罩(参见图 12-11)连接管直径 $D=200$ mm，连接管中的静压 $p_s=-55$ Pa，并已知该罩的流量系数 $\varphi=0.82$，罩口尺寸 $A\times B=500$ mm$\times$600 mm，假定气体密度 $\rho=1.2$ kg/m^3，试确定：①该集气罩的排风量；②集气罩罩口吸气速度；③集气罩的压力损失。
11. 某侧吸罩罩口尺寸为 350 mm$\times$400 mm，已知该罩排风量为 1.12 m^3/s，试按下列情况计算距罩口 0.3 m 处的控制速度：①前面无障碍，无法兰边；②前面无障碍，有法兰边；③设在工作台上，无法兰边。

附　录

附录一　空气的物理参数(压力为 101 325 Pa)

空气温度 t/℃	1 m^3 干空气			饱和水蒸气压力/kPa	饱和时水蒸气的含量/g		
	质量/kg	自 0 ℃换算成 t ℃时的体积值 $(1+at)/m^3$	自 t ℃换算成 0 ℃时的体积值 $\left(\frac{1}{1+at}\right)/m^3$		在 1 m^3 湿空气中	在 1 kg 湿空气中	在 1 kg 干空气中
−20	1.396	0.927	1.079	0.123 6	1.1	0.8	0.8
−19	1.390	0.930	1.075	0.135 3	1.2	0.8	0.8
−18	1.385	0.934	1.071	0.148 8	1.3	0.9	0.9
−17	1.379	0.938	1.066	0.160 9	1.4	1.0	1.0
−16	1.374	0.941	1.062	0.174 4	1.5	1.1	1.1
−15	1.368	0.945	1.058	0.186 7	1.6	1.2	1.2
−14	1.363	0.949	1.054	0.206 5	1.7	1.3	1.3
−13	1.358	0.952	1.050	0.224 0	1.9	1.4	1.4
−12	1.353	0.956	1.046	0.264 2	2.0	1.6	1.6
−11	1.348	0.959	1.042	0.264 2	2.2	1.6	1.6
−10	1.342	0.963	1.038	0.279 0	2.3	1.7	1.7
−9	1.337	0.967	1.031	0.302 2	2.5	1.9	1.9
−8	1.332	0.971	1.030	0.327 3	2.7	2.0	2.0
−7	1.327	0.974	1.026	0.354 4	2.9	2.2	2.2
−6	1.322	0.978	1.023	0.383 4	3.1	2.4	2.4
−5	1.317	0.982	1.019	0.415 0	3.4	2.6	2.60
−4	1.312	0.985	1.015	0.449 0	3.6	2.8	2.80
−3	1.308	0.989	1.011	0.485 8	3.9	3.0	3.00
−2	1.303	0.993	1.007	0.525 4	4.2	3.2	3.20
−1	1.298	0.996	1.004	0.568 4	4.5	3.5	3.50
0	1.293	1.000	1.000	0.613 3	4.9	3.8	3.80
1	1.288	1.001	0.996	0.658 6	5.2	4.1	4.10
2	1.284	1.007	0.993	0.706 9	5.6	4.3	4.30
3	1.279	1.011	0.989	0.758 2	6.0	4.7	4.70
4	1.275	1.015	0.986	0.812 9	6.4	5.0	5.00

（续表）

空气温度 t/℃	1 m^3 干空气			饱和水蒸气压力/kPa	饱和时水蒸气的含量/g		
	质量/kg	自 0 ℃换算成 t ℃时的体积值 $(1+at)$/m^3	自 t ℃换算成 0 ℃时的体积值 $\left(\frac{1}{1+at}\right)$/$m^3$		在 1 m^3 湿空气中	在 1 kg 湿空气中	在 1 kg 干空气中
5	1.270	1.018	0.982	0.871 1	6.8	5.4	5.40
6	1.265	1.022	0.979	0.933 0	7.3	5.7	5.82
7	1.261	1.026	0.975	0.998 9	7.7	6.1	6.17
8	1.256	1.029	0.972	1.068 8	8.3	6.6	6.69
9	1.252	1.033	0.968	1.143 1	8.8	7.0	7.12
10	1.248	1.037	0.965	1.221 9	9.4	7.5	7.64
11	1.243	1.040	0.961	1.301 5	9.9	8.0	8.07
12	1.239	1.044	0.958	1.394 2	10.6	8.6	8.69
13	1.235	1.048	0.955	1.488 2	11.3	9.2	9.30
14	1.230	1.051	0.951	1.587 6	12.0	9.8	9.91
15	1.226	1.055	0.948	1.693 1	12.8	10.5	10.62
16	1.222	1.059	0.945	1.804 7	13.6	11.2	11.33
17	1.217	1.062	0.941	1.922 7	14.4	11.9	12.10
18	1.213	1.066	0.938	2.047 5	15.3	12.7	12.93
19	1.209	1.070	0.935	2.181 7	16.2	13.5	13.75
20	1.205	1.073	0.932	2.318 6	17.2	14.4	14.61
21	1.201	1.077	0.929	2.465 8	18.2	15.3	15.60
22	1.197	1.081	0.925	2.621 0	19.3	16.3	16.60
23	1.193	1.084	0.922	2.784 9	20.4	17.3	17.68
24	1.189	1.088	0.919	2.957 7	21.6	18.4	18.81
25	1.185	1.092	0.916	3.139 8	22.9	19.5	19.95
26	1.181	1.095	0.913	3.331 5	24.2	20.7	21.20
27	1.177	1.099	0.910	3.533 7	25.6	22.0	22.55
28	1.173	1.103	0.907	3.746 5	27.0	23.1	21.00
29	1.169	1.106	0.904	3.970 6	28.5	24.8	25.47
30	1.165	1.110	0.901	4.206 1	30.1	26.3	27.03
31	1.161	1.111	0.898	4.453 8	31.8	27.8	28.65
32	1.157	1.117	0.895	4.714 2	33.5	29.5	30.41
33	1.154	1.121	0.892	4.987 8	35.4	31.2	32.29
34	1.150	1.125	0.889	5.275 0	37.3	33.1	34.23
35	1.146	1.128	0.886	5.576 5	39.3	35.0	36.37
36	1.142	1.132	0.884	5.893 0	41.4	37.0	38.58

（续表）

空气温度 t/℃	$1\ m^3$ 干空气			饱和水蒸气压力/kPa	饱和时水蒸气的含量/g		
	质量/kg	自 0 ℃换算成 t ℃时的体积值 $(1+at)/m^3$	自 t ℃换算成 0 ℃时的体积值 $\left(\frac{1}{1+at}\right)/m^3$		在 $1\ m^3$ 湿空气中	在 1 kg 湿空气中	在 1 kg 干空气中
37	1.139	1.136	0.881	6.225 0	43.6	39.2	40.90
38	1.135	1.139	0.878	6.573 1	45.9	41.1	43.35
39	1.132	1.113	0.875	6.938 0	48.3	43.8	45.93
40	1.128	1.117	0.872	7.320 3	50.8	46.3	48.64
41	1.124	1.150	0.869	7.720 8	53.4	48.9	51.20
42	1.121	1.154	0.867	8.140 1	56.1	51.6	54.25
43	1.117	1.158	0.864	8.578 8	58.9	54.5	57.56
44	1.114	1.161	0.861	9.038 0	61.9	57.5	61.04
45	1.110	1.165	0.858	9.518 1	65.0	60.7	64.80
46	1.107	1.169	0.856	10.020 3	68.2	64.0	68.61
47	1.103	1.172	0.853	10.545 0	71.5	67.5	72.66
48	1.100	1.176	0.850	11.093 1	75.0	71.1	76.90
49	1.096	1.180	0.848	11.665 7	78.6	75.0	81.45
50	1.093	1.183	0.845	12.263 4	82.3	79.0	86.11
51	1.090	1.187	0.843	12.887 2	86.3	83.2	91.30
52	1.086	1.191	0.840	13.536 9	90.4	87.7	96.92
53	1.083	1.194	0.837	14.217 1	94.6	92.3	102.29
54	1.080	1.198	0.835	14.924 9	99.1	97.2	108.22
55	1.076	1.202	0.832	15.662 6	103.6	102.3	114.43
56	1.073	1.205	0.830	16.431 3	108.4	107.3	121.06
57	1.070	1.209	0.827	17.232 2	133.3	113.2	127.98
58	1.067	1.213	0.825	18.066 0	118.5	119.1	135.13
59	1.063	1.216	0.822	18.934 0	123.8	125.2	142.88
60	1.060	1.220	0.820	19.837 4	129.3	131.7	152.45
65	1.044	1.238	0.808	24.924 2	160.6	168.9	203.50
70	1.029	1.257	0.796	31.076 8	196.6	216.1	275.00
75	1.014	1.275	0.784	38.466 1	239.9	276.0	381.00
80	1.000	1.293	0.773	47.282 3	290.7	352.8	544.00
85	0.986	1.312	0.763	57.734 6	350.0	452.1	824.00
90	0.973	1.330	0.752	70.047 2	418.8	582.5	1 395.00
95	0.959	1.348	0.742	84.486 2	498.3	757.6	3 110.00
100	0.947	1.367	0.732	101.325	589.5	1 000.0	∞

附录二　水的物理参数

温度 t /℃	压力 P /atm	密度 ρ/(kg·m^{-3})	热焓 H/(kJ·kg^{-1})	比热 C/(kJ·kg^{-1}·℃$^{-1}$)	导热系数 λ/(W·m^{-1}·℃$^{-1}$)	导温系数 α/(10^{-4} m·h^{-1})	黏滞系数 μ/(10^{-5} Pa·s)	运动黏滞系数 ν/(10^{-6} m^2·s^{-1})
0	0.968	999.8	0	4.208	0.558	4.8	182.5	1.790
10	0.968	999.7	42.04	4.191	0.563	4.9	133.0	1.300
20	0.968	998.2	83.87	4.183	0.593	5.1	102.0	1.000
30	0.968	995.7	125.61	4.179	0.611	5.3	81.7	0.805
40	0.968	992.2	167.40	4.179	0.627	5.4	66.6	0.659
50	0.968	988.1	209.14	4.183	0.642	5.6	56.0	0.556
60	0.968	983.2	250.97	4.183	0.657	5.7	48.0	0.479
70	0.968	977.8	292.80	4.191	0.668	5.9	41.4	0.415
80	0.968	971.8	334.75	4.195	0.676	6.0	36.3	0.366
90	0.968	965.3	376.75	4.208	0.680	6.1	32.1	0.326
100	0.997	958.4	418.87	4.216	0.683	6.1	28.8	0.295
110	1.41	951.0	461.07	4.229	0.685	6.1	26.0	0.268
120	1.96	943.1	503.70	4.246	0.686	6.2	23.5	0.244
130	2.66	934.8	545.98	4.267	0.686	6.2	21.6	0.226
140	3.56	926.1	587.85	4.292	0.685	6.2	20.0	0.212
150	4.69	916.9	631.82	4.321	0.684	6.2	18.9	0.202
160	6.10	907.4	657.36	4.354	0.683	6.2	17.5	0.190
170	7.82	897.3	718.91	4.388	0.679	6.2	16.6	0.181
180	9.90	886.9	762.87	4.426	0.675	6.2	15.6	0.173
190	12.39	876.0	807.25	4.463	0.670	6.2	14.8	0.166
200	15.35	864.7	852.05	4.514	0.663	6.1	14.1	0.160
210	18.83	852.8	897.27	4.606	0.655	6.0	13.4	0.154
220	23.00	840.3	943.33	4.648	0.645	6.0	12.8	0.149
230	27.61	827.3	989.81	4.689	0.637	6.0	12.2	0.145
240	33.04	813.6	1 037.12	4.731	0.628	5.9	11.7	0.141

图书在版编目(CIP)数据

大气污染控制工程 /宋忠贤，焦桂枝主编. —上海：复旦大学出版社，2022.9
(复旦卓越. 环境管理系列)
ISBN 978-7-309-16220-2

Ⅰ. ①大… Ⅱ. ①宋… ②焦… Ⅲ. ①空气污染控制-高等学校-教材 Ⅳ. ①X510.6

中国版本图书馆 CIP 数据核字(2022)第 098715 号

大气污染控制工程
DAQI WURAN KONGZHI GONGCHENG
宋忠贤　焦桂枝　主编
责任编辑/李　荃

复旦大学出版社有限公司出版发行
上海市国权路 579 号　邮编：200433
网址：fupnet@fudanpress.com　http://www.fudanpress.com
门市零售：86-21-65102580　团体订购：86-21-65104505
出版部电话：86-21-65642845
上海四维数字图文有限公司

开本 787×1092　1/16　印张 27　字数 573 千
2022 年 9 月第 1 版
2022 年 9 月第 1 版第 1 次印刷

ISBN 978-7-309-16220-2/X · 41
定价：68.00 元